全国硕士研究生农学门类
入学考试辅导丛书

2025

数学

复习指南暨习题解析

一

王来生◎主　编

中国农业大学出版社
China Agricultural University Press
·北京·

图书在版编目(CIP)数据

数学复习指南暨习题解析/王来生主编. —北京:中国农业大学出版社,2020.6(2024.5 重印)
(全国硕士研究生农学门类入学考试辅导丛书)
ISBN 978-7-5655-2380-9

Ⅰ.①数…　Ⅱ.①王…　Ⅲ.①高等数学-硕士生入学考试-自学参考资料　Ⅳ.①O13

中国版本图书馆 CIP 数据核字(2020)第 113061 号

书　　名 数学复习指南暨习题解析
作　　者 王来生　主编

策划编辑 席　清　丛晓红　张　蕊　　**责任编辑** 洪重光　张　玉
封面设计 李尘工作室
出版发行 中国农业大学出版社
社　　址 北京市海淀区圆明园西路 2 号　　**邮政编码** 100193
电　　话 发行部 010-62733489,1190　　读者服务部 010-62732336
编辑部 010-62732617,2618　　出　版　部 010-62733440
网　　址 http://www.caupress.cn　　**e-mail** cbsszs@cau.edu.cn
经　　销 新华书店
印　　刷 河北朗祥印刷有限公司
版　　次 2020 年 8 月第 1 版　　2024 年 5 月第 4 次印刷
规　　格 787×1 092　16 开本　27.75 印张　693 千字
定　　价 72.00 元

封面图片出处:© IMAGEMORE Co.,Ltd.　　**读者反馈邮箱** zhangrui973@126.com

编写人员

主　编　王来生（中国农业大学）

副主编　王云诚（山东农业大学）
张良云（南京农业大学）
崔克俭（山西农业大学）
杨丽明（中国农业大学）
钟　萍（中国农业大学）

出版说明

最新版“全国硕士研究生农学门类入学考试辅导丛书”如期和广大考生见面了。本版辅导丛书是以教育部最新考试大纲为依据，分析往年农学门类联考试题及考试情况，征询有关权威专家的意见和建议，充分吸纳各有关高校辅导老师的教学经验，以前数版为基础，经过必要的扩充和修改而成的。

本丛书包括“复习指南暨习题解析”和“历年真题与全真模拟题解析”两个系列，根据考生复习备考的通常做法，按照基础知识的复习、知识的梳理与归纳以及冲刺模拟训练等不同阶段分别组织编写而成。

“复习指南暨习题解析”系列辅导书，主要是依据考纲对知识点进行全面阐述和总结梳理，按照数学（含高等数学、线性代数、概率论与数理统计）、化学（含无机及分析化学、有机化学）、动物生理学、植物生理学、生物化学 5 个科目分别组织编写和出版的。其中，对重点难点进行详细的剖析，对疑点做了详尽的解释；对考点、要点、重要公式和结论也都一一总结和梳理；对例题进行详解，每个步骤做到详细、不缺步跳步，便于考生理解和熟悉解题思路；每章节后还附有一定量的习题，对复习内容及时进行训练和巩固。

“历年真题与全真模拟题解析”系列辅导书，是考生在冲刺阶段的复习用书，采取历年真题加模拟题的训练和解析的模式编写。真题部分包含了十余年的统考试题，其中包含了诸多有价值的信息，例如出题角度、试题题型、内容的涵盖面以及出题规律等。考生可以通过这部分的演练进一步掌握命题规律，查缺补漏，了解考研试题的解答方式、得分点以及解题的技巧，达到“观千剑而后识器”的目的。模拟题针对考生在复习阶段出现的问题，从考研热考内容和重点题型中多角度设计题目，旨在冲刺阶段进行考前摸底与练兵，增强考生在应试中的变通能力。

为了编好这套书，我们邀请了学术水平高、治学严谨、经验丰富、权威性强的知名专家学者担任主编，编写队伍汇聚了教育部直属的多所国家重点农林高校和多所省属重点高校常年从事相关学科教学的骨干教师和考研辅导专家。各位编写人员本着为考生着想、对教学负责的态度，牺牲了大量休息时间，反复斟酌拿捏内容的广度和深度，把握例题、习题和模拟题的代表性，尽心尽力从考生的角度去组织内容和体系。这种高度的责任心和奉献精神使我们深受感动，在此向他们表示诚挚的感谢和崇高的敬意！

自出版发行以来，该套丛书受到农学门类考生的格外青睐。这既是在全国范围内率先正式出版发行、最系统全面的农学门类考研辅导书，同时也是目前权威性高、适用性广、实用性强的考研宝典。我们真诚地希望考生能通过这套丛书的学习和引导，熟悉各科考试大纲，温习贯通考试内容，巩固和掌握所学知识，提高解题能力和应试技巧。同时，希望本丛书能成为大学生在校学习有关课程的好帮手、好伙伴。

尽管我们本着帮助考生更好地系统复习和备考的良好愿望，尽力组织编写好和出版好这套书，但仍不免有疏漏之处，恳请各位同学及老师们批评指正，以利于我们今后不断地改进和提高。

最后，预祝各位考生取得好成绩！

中国农业大学出版社

2021 年 6 月

前　言

本书是专门针对农学门类硕士研究生考试而编写的辅导书。为了方便考生的复习和应考，在总结分析历年联考试题以及部分院校有关课程教学大纲的基础上，中国农业大学、南京农业大学、山东农业大学和山西农业大学联合编写了这本数学考研复习指导书。

全书分三篇。第一篇是高等数学，内容为函数、极限、连续，一元函数微分学，一元函数积分学，多元函数微积分学和常微分方程。第二篇是线性代数，内容为行列式，矩阵，向量，线性方程组，矩阵的特征值和特征向量。第三篇是概率论与数理统计，内容为随机事件与概率，随机变量及其分布，二维随机变量及其分布，随机变量的数字特征，大数定律、中心极限定理，数理统计的基本概念。

本书的主要特点是：依据农学门类数学教学基本要求，精选出具有启发性、典型性和针对性的题目，许多典型例题都选自考研真题，通过对这些题目的分析解答，帮助读者掌握基本知识点和提高综合解题能力。

根据农学门类数学的考试需要，作者团队对辅导书进行了修改。

每一章首先给出考研大纲中的考试内容和考试要求以及本章的重点。每一章根据知识点分类总结，给出基本概念、定义、重要定理与常用公式，方便学生的学习。在典型例题的选择上，相当一部分典型例题综合性较强并具有一定的深度。对于典型例题中难度较大的题，先给出解题思路分析，然后给出正式解答，有的题最后还加以评注；目的是帮助学生正确理解和掌握基本的数学概念、理论和方法，开拓思维模式，培养学生综合分析问题和解决问题的能力。每章后面附有练习题，有助于学生掌握本章的学习内容。

根据几年来的考研实际情况，为了更好地帮助考生复习，我们还同时配套编写了《数学历年真题与全真模拟题解析》一书，供广大农学门类考生考研冲刺使用。

目　录

第一篇　高等数学

第二篇 线性代数

第一篇　高 等 数 学

第一章　函数、极限、连续

考试内容

函数的概念及表示法；函数的有界性、单调性、周期性和奇偶性；复合函数、反函数、分段函数和隐函数；基本初等函数的性质及其图形；初等函数函数关系的建立；数列极限与函数极限的定义及其性质；函数的左极限与右极限；无穷小量和无穷大量的概念及其关系；无穷小量的性质及无穷小量的比较；极限的四则运算；极限存在的两个准则；单调有界准则和夹逼准则；两个重要极限：

$$\lim_{x \to 0} \frac{\sin x}{x} = 1, \quad \lim_{x \to \infty}\left(1 + \frac{1}{x}\right)^{x} = \mathrm{e}$$

函数连续的概念；函数间断点的类型；初等函数的连续性；闭区间上连续函数的性质。

考试要求

1. 理解函数的概念，掌握函数的表示法，会建立应用问题中的函数关系。
2. 了解函数的有界性、单调性、周期性和奇偶性。
3. 理解复合函数及分段函数的概念，了解反函数及隐函数的概念。
4. 掌握基本初等函数的性质及其图形，了解初等函数的概念。
5. 了解数列极限和函数极限(包括左极限和右极限)的概念。
6. 了解极限的性质与极限存在的两个准则，掌握极限四则运算法则，掌握利用两个重要极限求极限的方法。
7. 理解无穷小量的概念和基本性质，掌握无穷小量的比较方法，了解无穷大量的概念和无穷小量的关系。
8. 理解函数连续性的概念(含左连续与右连续)，会判别函数间断点的类型。
9. 了解连续函数的性质和初等函数的连续性，理解闭区间上连续函数的性质(有界性、最大值和最小值定理、介值定理)，并会应用这些性质。

本章重点

求极限或给定极限值确定式中的常数；利用洛必达法则求七种未定式的极限；讨论函数的连续性；判断间断点的类型；无穷小的比较；利用极限存在准则和两个重要极限求极限；方程在给定区间内有无实根；分段函数在分界点处的极限与连续；闭区间上连续函数的性质。

一、函数的定义与性质

1. 函数的概念

如果变量 x 在数集 D 中任取一个值，变量 y 按某个对应法则 f 总有唯一确定的值与它对应，则称 y 是 x 的函数，记作 $y=f(x)$，$x\in D$。其中 x 称为自变量，y 称为因变量，D 称为定义域，集合 $W=\{y\mid y=f(x),x\in D\}$ 称为函数 $y=f(x)$ 的值域。

2. 函数的特性

(1)函数的有界性　若存在 $M>0$，使得 $|f(x)|\leqslant M$ 对于任一 $x\in D$ 都成立，则称 $f(x)$ 在 D 上有界，也称 $f(x)$ 是 D 上的有界函数，否则称为无界。

(2)函数的单调性　设 $y=f(x)$ 在区间 (a,b) 内有定义，x_1,x_2 为 (a,b) 内任意两点，当 $x_1<x_2$ 时，总有 $f(x_1)<f(x_2)$，则称 $f(x)$ 在区间 (a,b) 内为单调增加的函数；当 $x_1<x_2$ 时，总有 $f(x_1)>f(x_2)$，则称 $f(x)$ 在区间 (a,b) 内为单调减少的函数。单调增加和单调减少的函数统称为单调函数。

(3)函数的奇偶性　设函数 $f(x)$ 的定义域 D 关于原点对称，如果对于任一 $x\in D$，有 $f(-x)=f(x)$，则称 $f(x)$ 是偶函数；若 $f(-x)=-f(x)$，则称 $f(x)$ 是奇函数。偶函数的图形关于 y 轴对称，奇函数的图形关于坐标原点对称。

(4)函数的周期性　若存在一个非零常数 T，使得函数 $y=f(x)$ 在其定义域内有 $f(x+T)=f(x)$ 成立，则称函数 $y=f(x)$ 为周期函数，T 称为 $f(x)$ 的周期。

3. 复合函数与初等函数

(1)反函数　设函数 $y=f(x)$，$x\in D$ 的值域为 W，且 x 与 y 是一一对应的，对任何 $y\in W$，按照对应法则 f^{-1} 总有唯一确定的 x 与之对应，称函数 $x=f^{-1}(y)$ 为 $y=f(x)$ 的反函数，$y=f(x)$ 又称为直接函数。习惯上用 y 表示函数，所以反函数可写成 $y=f^{-1}(x)$，$x\in W$。它们的图形关于 $y=x$ 对称。

(2)基本初等函数　幂函数、指数函数、对数函数、三角函数和反三角函数统称为基本初等函数。

(3)复合函数　设函数 $y=f(u)$ 的定义域 D_f，而函数 $u=\varphi(x)$ 的值域为 Z_φ，若 $D_f\cap Z_\varphi\neq\varnothing$，则称函数 $y=f[\varphi(x)]$ 为 x 的复合函数。

(4)隐函数　设二元方程为 $F(x,y)=0$，如果对任意的 $x\in D$，总有满足上述方程的 y 与之对应，则称 y 是 x(由方程 $F(x,y)=0$ 确定)的隐函数。

(5)初等函数　由基本初等函数经过有限次的四则运算和有限次的复合运算所构成的并能用一个式子表示的函数称为初等函数。

例 1　求下列函数的定义域：

(1)$y=\log_{(x-1)}(16-x^2)$

(2)$y=\arcsin\dfrac{2x-1}{7}+\dfrac{\sqrt{2x-x^2}}{\ln(2x-1)}$

解　(1) 要使函数有定义，则有 $\begin{cases}16-x^2>0\\x-1>0\\x-1\neq 1\end{cases}\Rightarrow\begin{cases}-4<x<4\\1<x\\x\neq 2\end{cases}$

所以所求定义域为 $(1,2)\cup(2,4)$。

(2) 由题意可知$\begin{cases}\left|\dfrac{2x-1}{7}\right|\leqslant 1\\ 2x-x^2\geqslant 0\\ 2x-1>0\\ 2x-1\neq 1\end{cases}\Rightarrow\begin{cases}-3\leqslant x\leqslant 4\\ 0\leqslant x\leqslant 2\\ x>\dfrac{1}{2}\\ x\neq 1\end{cases}$，

所求定义域是$\left(\dfrac{1}{2},1\right)\cup(1,2]$。

例 2　设$f(x)=\begin{cases}-x^2,x\geqslant 0\\ -e^x,x<0\end{cases}$，$\varphi(x)=\ln x$，求$f[\varphi(x)]$的定义域。

解　由于$D_f=(-\infty,+\infty)$，$D_\varphi=(0,+\infty)$，对$\forall x\in D_\varphi$，$\varphi(x)\in D_f$故$f[\varphi(x)]$的定义域为$(0,+\infty)$。

实际上$f[\varphi(x)]=\begin{cases}-\varphi^2(x),\varphi(x)\geqslant 0\\ -e^{\varphi(x)},\varphi(x)<0\end{cases}$，即$f[\varphi(x)]=\begin{cases}-\ln^2 x,x\geqslant 1\\ -e^{\ln x},0<x<1\end{cases}$定义域为$(0,+\infty)$。

例 3　设$f(x)=\dfrac{x}{\sqrt{1+x^2}}$，求$\underbrace{f(f(\cdots f(x)))}_{n}$

解　记$f_n(x)=\underbrace{f(f(\cdots f(x)))}_{n}$

$$f_2(x)=f(f(x))=\frac{f(x)}{\sqrt{1+f^2(x)}}=\frac{\frac{x}{\sqrt{1+x^2}}}{\sqrt{1+\frac{x^2}{1+x^2}}}=\frac{x}{\sqrt{1+2x^2}}$$

$$f_3(x)=f(f_2(x))=\frac{f_2(x)}{\sqrt{1+f_2^2(x)}}=\frac{\frac{x}{\sqrt{1+2x^2}}}{\sqrt{1+\frac{x^2}{1+2x^2}}}=\frac{x}{\sqrt{1+3x^2}}$$

设$f_k(x)=\dfrac{x}{\sqrt{1+kx^2}}$，则有

$$f_{k+1}(x)=\frac{f_k(x)}{\sqrt{1+f_k^2(x)}}=\frac{\frac{x}{\sqrt{1+kx^2}}}{\sqrt{1+\frac{x^2}{1+kx^2}}}=\frac{x}{\sqrt{1+(k+1)x^2}}$$

由数学归纳法可知，对正整数n，$f_n(x)=\dfrac{x}{\sqrt{1+nx^2}}$。

例 4　设$f(x)=\begin{cases}e^x,x<1\\ x,\ x\geqslant 1\end{cases}$，$\varphi(x)=\begin{cases}x+2,\ x<0\\ x^2-1,x\geqslant 0\end{cases}$，求$f[\varphi(x)]$。

解　由于$f(x)=\begin{cases}e^x,x<1\\ x,\ x\geqslant 1\end{cases}$，所以　$f[\varphi(x)]=\begin{cases}e^{\varphi(x)},\ \varphi(x)<1\\ \varphi(x),\varphi(x)\geqslant 1\end{cases}$，

(1)$\varphi(x)<1$

当 $x<0$ 时,$\varphi(x)=x+2<1\Rightarrow x<-1$,$f[\varphi(x)]=e^{x+2}$;

当 $x\geqslant 0$ 时,$\varphi(x)=x^2-1<1\Rightarrow 0\leqslant x<\sqrt{2}$,$f[\varphi(x)]=e^{x^2-1}$。

(2)$\varphi(x)\geqslant 1$

当 $x<0$ 时,$\varphi(x)=x+2\geqslant 1\Rightarrow -1\leqslant x<0$,$f[\varphi(x)]=x+2$;

当 $x\geqslant 0$ 时,$\varphi(x)=x^2-1\geqslant 1\Rightarrow x\geqslant\sqrt{2}$,$f[\varphi(x)]=x^2-1$

综上所述
$$f[\varphi(x)]=\begin{cases}e^{x+2}, x<-1\\ x+2, -1\leqslant x<0\\ e^{x^2-1}, 0\leqslant x<\sqrt{2}\\ x^2-1, x\geqslant\sqrt{2}\end{cases}$$

例 5 设 $f(e^x+1)=e^{2x}+e^x+x$,求 $f(x)$。

解 令 $e^x+1=t$,$x=\ln(t-1)$

$$f(t)=(t-1)^2+(t-1)+\ln(t-1)=t^2-t+\ln(t-1)$$

于是
$$f(x)=x^2-x+\ln(x-1)。$$

例 6 已知 $2f(x)+f(1-x)=x^2$,求 $f(x)$ 的表达式。

解法 1 由题设可知,$f(x)$ 应是多项式函数,且最高次数为二次,所以设 $f(x)=ax^2+bx+c$,由已知等式可得

$$2(ax^2+bx+c)+a(1-x)^2+b(1-x)+c=x^2$$

整理得 $3ax^2+(b-2a)x+a+b+3c=x^2$。

比较两端同次幂系数得
$$\begin{cases}3a=1\\ b-2a=0\\ a+b+3c=0\end{cases}$$

解得 $a=\dfrac{1}{3}$,$b=\dfrac{2}{3}$,$c=-\dfrac{1}{3}$,

故有 $f(x)=\dfrac{1}{3}x^2+\dfrac{2}{3}x-\dfrac{1}{3}$。

解法 2 利用函数表示与变量字母无关的特性,是求解这类问题常用的方法。欲求 $f(x)$ 表达式,若能得出 $f(x)$ 与 $f(1-x)$ 的另一个方程,则可解出 $f(x)$。

解 由已知 $2f(x)+f(1-x)=x^2$ (1)

令 $1-x=t\Rightarrow x=1-t$,代入方程(1),得

$$2f(1-t)+f(t)=(1-t)^2,$$

故有
$$2f(1-x)+f(x)=(1-x)^2 \quad (2)$$

将上述方程(2)与已知方程(1)联立,解得

$$f(x)=\frac{1}{3}x^2+\frac{2}{3}x-\frac{1}{3}。$$

例 7 设 $g(x)=\begin{cases}1, & 0\leqslant x<2\\ 2, & 2\leqslant x\leqslant 4\end{cases}$，求函数 $f(x)=g(2x)+g(x-1)$ 的定义域，并求 $f\left(\frac{3}{2}\right)$。

分析 由题设，要求 $f(x)$ 的定义域，应先求 $g(2x)$ 和 $g(x-1)$ 的定义域，然后求其交集即为所求 $f(x)$ 的定义域。

解 $g(x)$ 的定义域为$[0,4]$，对于 $g(2x)$，应有 $0\leqslant 2x\leqslant 4$，则有 $0\leqslant x\leqslant 2$，对于 $g(x-1)$，要求 $0\leqslant x-1\leqslant 4$，则 $1\leqslant x\leqslant 5$，故 $f(x)$ 的定义域为$[1,2]$。

则 $f\left(\frac{3}{2}\right)=g(3)+g\left(\frac{1}{2}\right)=2+1=3$。

例 8 设 $y=f(x)$ 为奇函数，对 $x\in(-\infty,+\infty)$，有 $f(x+2)=f(x)+f(2)$，且 $f(1)=a$

(1) 求 $f(5)$；

(2) $y=f(x)$ 是周期 $T=2$ 的周期函数，求常数 a。

分析 求 $f(5)$，应利用已知条件凑出 $f(5)$，首先须求出 $f(3)$。

解 (1) 对已知等式令 $x=-1$，则有

$$f(1)=f(-1)+f(2)$$

因为 $y=f(x)$ 为奇函数，因此 $f(2)=2f(1)=2a$

令 $x=1\Rightarrow f(3)=f(1)+f(2)=3a$

再令 $x=3$，则有 $f(5)=f(3)+f(2)=5a$。

(2) 由题设有 $f(x+T)=f(x)$，$T=2$，则有

$$f(x+2)=f(x)+f(2)=f(x)$$

由此得 $f(2)=0$，故 $a=0$。

二、数列与函数的极限

1. 数列极限的定义

$\lim\limits_{n\to\infty}x_n=a\Leftrightarrow$ 任意 $\varepsilon>0$，存在正整数 N，当 $n>N$ 时，恒有 $|x_n-a|<\varepsilon$，称常数 a 是数列 x_n 的极限，又称数列 x_n 收敛于 a。

2. 数列极限的性质

有界性 收敛的数列必定有界。

唯一性 每个收敛的数列只有一个极限。

3. 函数极限的定义

定义 1 $\lim\limits_{x\to\infty}f(x)=A\Leftrightarrow$ 任意 $\varepsilon>0$，存在正数 X，当 $|x|>X$ 时，恒有 $|f(x)-A|<\varepsilon$。

在上述定义中，将 $|x|>X$ 改写成 $x>X$（或 $x<-X$），便得到 $x\to+\infty$（或 $x\to-\infty$）时函数的极限。

定义 2 $\lim\limits_{x\to x_0}f(x)=A\Leftrightarrow$ 任意 $\varepsilon>0$,存在正数 δ,当 $0<|x-x_0|<\delta$ 时,恒有 $|f(x)-A|<\varepsilon$。

在上述定义中,将 $0<|x-x_0|<\delta$ 改写成 $0<x_0-x<\delta$(或 $0<x-x_0<\delta$),便得到 $x\to x_0$ 时的左(右)极限的定义。

左极限记为 $$\lim_{x\to x_0^-}f(x)=f(x_0-0)$$

右极限记为 $$\lim_{x\to x_0^+}f(x)=f(x_0+0)$$

4. 函数极限的性质

定理 1 函数 $f(x)$ 极限存在的充分必要条件是 $f(x)$ 的左、右极限均存在并且相等。

定理 2(函数极限的唯一性) 若函数 $f(x)$ 极限存在,则极限值是唯一的。

定理 3(函数极限的保号性) 若 $\lim\limits_{x\to x_0}f(x)=A$,且 $A>0$(或 $A<0$),则存在 $\delta>0$,当 $0<|x-x_0|<\delta$ 时,恒有 $f(x)>0$[或 $f(x)<0$]。

例 9 若 $\lim\limits_{n\to\infty}u_n=a$,证明 $\lim\limits_{n\to\infty}|u_n|=|a|$,并举例说明反之未必成立。

证明 对于任意 $\varepsilon>0$,由于 $\lim\limits_{n\to\infty}u_n=a$,故存在正整数 N,当 $n>N$ 时,有 $|u_n-a|<\varepsilon$,此时,有

$$||u_n|-|a||\leqslant|u_n-a|<\varepsilon$$

因此,若 $\lim\limits_{n\to\infty}u_n=a$,则 $\lim\limits_{n\to\infty}|u_n|=|a|$。反之,令 $u_n=(-1)^n$,$\lim\limits_{n\to\infty}|u_n|=1$,但 $\lim\limits_{n\to\infty}u_n$ 不存在,故反过来结论未必成立。但若 $a=0$,则易知逆命题成立,这是我们经常用到的结论,即 $\lim\limits_{n\to\infty}u_n=0$ 的充分必要条件是 $\lim\limits_{n\to\infty}|u_n|=0$。

例 10 讨论函数 $f(x)=\begin{cases}e^{\frac{1}{x}}+1, & x<0\\ 1, & x=0\\ 1+x^2, & x>0\end{cases}$,当 $x\to0$,$x\to-\infty$,$x\to+\infty$ 时的极限。

分析 $f(x)$ 为分段函数,在分界点处应考虑函数的左极限和右极限。

解 因为 $\lim\limits_{x\to0^-}f(x)=\lim\limits_{x\to0^-}(e^{\frac{1}{x}}+1)=1$,$\lim\limits_{x\to0^+}f(x)=\lim\limits_{x\to0^+}(1+x^2)=1$

所以 $$\lim_{x\to0}f(x)=1$$

$$\lim_{x\to-\infty}f(x)=\lim_{x\to-\infty}(e^{\frac{1}{x}}+1)=2,\ \lim_{x\to+\infty}f(x)=\lim_{x\to+\infty}(1+x^2)=+\infty$$

例 11 设 $f(x)=\dfrac{1}{1+e^{\frac{1}{x}}}$,求 $\lim\limits_{x\to0}f(x)$。

分析 利用 $\lim\limits_{x\to0}f(x)$ 存在的充要条件:$\lim\limits_{x\to0^-}f(x)=\lim\limits_{x\to0^+}f(x)$。

解 因为 $\lim\limits_{x\to0^-}f(x)=\lim\limits_{x\to0^-}\dfrac{1}{1+e^{\frac{1}{x}}}=1$,$\lim\limits_{x\to0^+}f(x)=\lim\limits_{x\to0^+}\dfrac{1}{1+e^{\frac{1}{x}}}=0$

所以,$\lim\limits_{x\to0^-}f(x)\neq\lim\limits_{x\to0^+}f(x)$,故 $\lim\limits_{x\to0}f(x)$ 不存在。

例 12 求极限$\lim\limits_{n\to\infty}\left(1-\frac{1}{2^2}\right)\left(1-\frac{1}{3^2}\right)\cdots\left(1-\frac{1}{n^2}\right)$。

解 原式$=\lim\limits_{n\to\infty}\left(1-\frac{1}{2}\right)\left(1+\frac{1}{2}\right)\left(1-\frac{1}{3}\right)\left(1+\frac{1}{3}\right)\cdots\left(1-\frac{1}{n}\right)\left(1+\frac{1}{n}\right)$

$$=\lim_{n\to\infty}\frac{1}{2}\cdot\frac{3}{2}\cdot\frac{2}{3}\cdot\frac{4}{3}\cdots\frac{n-1}{n}\cdot\frac{n+1}{n}$$

$$=\lim_{n\to\infty}\frac{n+1}{2n}=\frac{1}{2}$$

评注 此题不是利用重要极限$\lim\limits_{n\to\infty}\left(1+\frac{1}{n}\right)^n=\mathrm{e}$。

例 13 已知$\lim\limits_{x\to\infty}\left(\frac{x^2+1}{x+1}-ax+b\right)=3$，求常数 a，b。

解法 1 由已知$\lim\limits_{x\to\infty}\left(\frac{x^2+1}{x+1}-ax+b\right)=\lim\limits_{x\to\infty}\frac{(1-a)x^2+(b-a)x+1+b}{x+1}=3$，故有

$$\begin{cases}1-a=0\\ b-a=3\end{cases}$$

解得 $a=1$，$b=4$。

解法 2 因为$\lim\limits_{x\to\infty}\left(\frac{x^2+1}{x+1}-ax+b\right)=3$，所以

$$\lim_{x\to\infty}\frac{1}{x}\left(\frac{x^2+1}{x+1}-ax+b\right)=0$$

又 $\lim\limits_{x\to\infty}\frac{1}{x}\left(\frac{x^2+1}{x+1}-ax+b\right)=\lim\limits_{x\to\infty}\left(\frac{x^2+1}{x^2+x}-a+\frac{b}{x}\right)=1-a=0$，则 $a=1$。故由已知有

$$\lim_{x\to\infty}\left(\frac{x^2+1}{x+1}-x+b\right)=\lim_{x\to\infty}\frac{(b-1)x+1+b}{x+1}=3$$

则 $b-1=3$，$b=4$，即得 $a=1$，$b=4$。

三、极限运算法则、无穷小与无穷大

1. 极限的四则运算法则

设 $\lim f(x)=A$，$\lim g(x)=B$，则

(1)$\lim[f(x)\pm g(x)]=A\pm B$；

(2)$\lim[f(x)\cdot g(x)]=A\cdot B$；

(3)$\lim\frac{f(x)}{g(x)}=\frac{A}{B}$，其中 $B\neq 0$。

2. 无穷小与无穷大

无穷小定义 如果$\lim\limits_{x\to x_0}f(x)=0$(或$\lim\limits_{x\to\infty}f(x)=0$)，则称函数 $f(x)$ 当 $x\to x_0$(或 $x\to\infty$)

时为无穷小。

$\lim\limits_{x\to x_0}f(x)=0\Leftrightarrow$ 任意$\varepsilon>0$,存在一个$\delta>0$,当$0<|x-x_0|<\delta$时,恒有$|f(x)|<\varepsilon$。

$\lim\limits_{x\to\infty}f(x)=0\Leftrightarrow$ 任意$\varepsilon>0$,存在正数$X>0$,当$|x|>X$时,恒有$|f(x)|<\varepsilon$。

无穷大定义 如果$\lim\limits_{x\to x_0}f(x)=\infty$(或$\lim\limits_{x\to\infty}f(x)=\infty$),则称函数$f(x)$当$x\to x_0$(或$x\to\infty$)时为无穷大。

$\lim\limits_{x\to x_0}f(x)=\infty\Leftrightarrow$任意$M>0$,存在一个$\delta>0$,当$0<|x-x_0|<\delta$时,恒有$|f(x)|>M$。

$\lim\limits_{x\to\infty}f(x)=\infty\Leftrightarrow$ 任意$M>0$,存在正数$X>0$,当$|x|>X$时,恒有$|f(x)|>M$。

3. 无穷小与函数极限的关系

定理 1 $\lim\limits_{x\to x_0}f(x)=A\Leftrightarrow f(x)=A+\alpha(x)$,其中$\lim\limits_{x\to x_0}\alpha(x)=0$。

4. 无穷小与无穷大的关系

在同一过程中,无穷大的倒数为无穷小;恒不为零的无穷小的倒数为无穷大。

5. 无穷小的运算性质

定理 2 在同一过程中,有限个无穷小的代数和仍是无穷小。

定理 3 有界函数与无穷小的乘积是无穷小。

推论 1 在同一过程中,有极限的变量与无穷小的乘积是无穷小。

推论 2 常数与无穷小的乘积是无穷小。

推论 3 有限个无穷小的乘积也是无穷小。

6. 无穷小的比较

设α,β是同一个极限过程中的两个无穷小,且$\lim\dfrac{\beta}{\alpha}=\rho$。若$\rho=0$,则称在此极限过程中$\beta$是比$\alpha$高阶的无穷小,记作$\beta=o(\alpha)$。若$\rho=c$($c$为非零常数),则称在此极限过程中$\beta$与$\alpha$是同阶的无穷小。特别地,当$c=1$时,称在此极限过程中$\beta$与$\alpha$是等价无穷小,记作$\beta\sim\alpha$。

若$\lim\dfrac{\beta}{\alpha^k}=c$,$(c\neq0,k>0)$,则称在此极限过程中$\beta$是$\alpha$的$k$阶的无穷小,若在同一极限过程中,$\beta\sim\beta'$,$\alpha\sim\alpha'$,且极限$\lim\dfrac{\beta'}{\alpha'}$存在或为无穷大,则有

$$\lim\frac{\beta'}{\alpha'}=\lim\frac{\beta}{\alpha}$$

当$x\to0$时,常用的等价无穷小有

$\sin x\sim x$; $\tan x\sim x$; $1-\cos x\sim\dfrac{1}{2}x^2$

$\ln(1+x)\sim x$; $e^x-1\sim x$; $a^x-1\sim x\ln a$

$(1+x)^a-1\sim ax$; $\arcsin x\sim x$; $\arctan x\sim x$

7. 等价无穷小的关系

定理 4　$\beta(x)$ 与 $\alpha(x)$ 是等价无穷小的充分必要条件为

$$\beta(x)=\alpha(x)+o(\alpha(x))$$

定理 5　设 $\beta(x)\sim\beta'(x)$，$\alpha(x)\sim\alpha'(x)$，且极限 $\lim\dfrac{\beta'(x)}{\alpha'(x)}$ 存在，则有

$$\lim\frac{\beta(x)}{\alpha(x)}=\lim\frac{\beta'(x)}{\alpha'(x)}$$

常用的等价无穷小：

当 $x\to0$ 时，$\sin x\sim x$，$\tan x\sim x$，$1-\cos x\sim\dfrac{1}{2}x^2$，$\ln(1+x)\sim x$，$e^x-1\sim x$，$a^x-1\sim x\ln a$，$(1+x)^a-1\sim ax$，$\arcsin x\sim x$，$\arctan x\sim x$

8. 常用的重要结论

(1)$\lim\limits_{n\to\infty}q^n=0\quad(0<q<1)$；　(2)$\lim\limits_{n\to\infty}\dfrac{a^n}{n!}=0\quad(a>0)$；　(3)$\lim\limits_{n\to\infty}\dfrac{\ln n}{n}=0$；

(4)$\lim\limits_{n\to\infty}\sqrt[n]{a}=1\quad(a>0)$；　(5)$\lim\limits_{n\to\infty}\sqrt[n]{n}=1$。

例 14　证明 $f(x)=\dfrac{1}{x}\cos\dfrac{1}{x}$ 在 $(0,1)$ 内无界，但当 $x\to0$ 时，$f(x)$ 不是无穷大。

分析　(1)要证明 $f(x)$ 在 (a,b) 内无界，常去寻找 $x_n\in(a,b)$，使 $\lim\limits_{n\to\infty}f(x_n)=\infty$。

(2)要证明 $\lim\limits_{x\to x_0}f(x)\neq A$(或 ∞) 的一个常用方法是：寻找 $y_n\to x_0$(当 $n\to\infty$ 时)，使 $\lim\limits_{n\to\infty}f(y_n)=B$ 且 $B\neq A$(或 ∞)。

证明　取 $x_n=\dfrac{1}{2n\pi}$，则 $x_n\in(0,1)$，$n\in N$。

$$\lim_{n\to\infty}f(x_n)=\lim_{n\to\infty}2n\pi\cos(2n\pi)=\lim_{n\to\infty}2n\pi\cdot1=+\infty$$

因此 $f(x)$ 在 $(0,1)$ 内无界。

再证 $\lim\limits_{x\to0}f(x)\neq\infty$。取 $y_n=\dfrac{1}{2n\pi+\dfrac{\pi}{2}}$，则 $y_n\to0(n\to\infty)$，但

$$\lim_{n\to\infty}\left(2n\pi+\frac{\pi}{2}\right)\cos\left(2n\pi+\frac{\pi}{2}\right)=\lim_{n\to\infty}0=0\neq\infty$$

所以 $\lim\limits_{x\to0}f(x)\neq\infty$。

评注　无穷大量一定是无界变量，但无界变量不一定是无穷大量。

例 15　求极限 $\lim\limits_{x\to0}\dfrac{[\sin x-\sin(\sin x)]\sin x}{x^4}$。

解法 1　当 $x\to0$ 时，$\sin x\sim x$，利用等价无穷小替换得

$$\lim_{x\to0}\frac{[\sin x-\sin(\sin x)]\sin x}{x^4}=\lim_{x\to0}\frac{[\sin x-\sin(\sin x)]\sin x}{\sin^4x}$$

作变量替换 $t=\sin x$，当 $x\to 0$ 时，$t\to 0$，应用洛必达法则得

$$\lim_{x\to 0}\frac{[\sin x-\sin(\sin x)]\sin x}{x^4}=\lim_{x\to 0}\frac{t-\sin t}{t^3}=\lim_{x\to 0}\frac{1-\cos t}{3t^2}=\frac{1}{6}。$$

解法 2 $\lim\limits_{x\to 0}\dfrac{[\sin x-\sin(\sin x)]\sin x}{x^4}=\lim\limits_{x\to 0}\dfrac{\sin x-\sin(\sin x)}{x^3}$

$$=\lim_{x\to 0}\frac{\cos x[1-\cos(\sin x)]}{3x^2}$$

$$=\lim_{x\to 0}\frac{\cos x\cdot\frac{1}{2}\sin^2 x}{3x^2}=\frac{1}{6}。$$

例 16 求极限 $\lim\limits_{x\to 1}\dfrac{x^x-1}{x\ln x}$。

解 当 $x\to 1$ 时，$x\ln x\to 0$，则 $x^x-1=e^{x\ln x}-1\sim x\ln x$，故有

$$\lim_{x\to 1}\frac{x^x-1}{x\ln x}=\lim_{x\to 1}\frac{x\ln x}{x\ln x}=1$$

例 17 求极限 $\lim\limits_{x\to 0}\dfrac{\sqrt{1+x\sin x}-1}{e^{x^2}-1}$。

解 因为当 $x\to 0$ 时，$\sin x\sim x$，$(e^{x^2}-1)\sim x^2$，所以

$$原式=\lim_{x\to 0}\frac{(\sqrt{1+x\sin x}-1)(\sqrt{1+x\sin x}+1)}{(e^{x^2}-1)(\sqrt{1+x\sin x}+1)}=\lim_{x\to 0}\frac{x\sin x}{x^2(\sqrt{1+x\sin x}+1)}$$

$$=\lim_{x\to 0}\frac{x^2}{x^2(\sqrt{1+x\sin x}+1)}=\frac{1}{2}$$

例 18 求极限 $\lim\limits_{x\to 0}\dfrac{\sqrt{\cos x}-\sqrt[3]{1+\sin^2 x}}{(\arcsin x)^2}$。

分析 本题主要应用等价无穷小代换求极限。

解
$$原式=\lim_{x\to 0}\left[\frac{\sqrt{\cos x}-1}{(\arcsin x)^2}+\frac{1-\sqrt[3]{1+\sin^2 x}}{(\arcsin x)^2}\right]$$

$$=\lim_{x\to 0}\left[\frac{\sqrt{1+(\cos x-1)}-1}{(\arcsin x)^2}+\frac{1-\sqrt[3]{1+\sin^2 x}}{(\arcsin x)^2}\right]$$

$$=\lim_{x\to 0}\frac{-\frac{1}{2}(1-\cos x)}{x^2}+\lim_{x\to 0}\frac{-\frac{1}{3}\sin^2 x}{x^2}=-\frac{1}{4}-\frac{1}{3}=-\frac{7}{12}。$$

评注 应用等价无穷小代换求极限，经常需要变换先凑出等价无穷小形式。

例 19 求极限 $\lim\limits_{x\to 0}\dfrac{e^x-e^{\tan x}}{x-\tan x}$。

解 当 $x\to 0$ 时，$(e^{x-\tan x}-1)\sim(x-\tan x)$，所以

$$\lim_{x\to 0}\frac{e^x-e^{\tan x}}{x-\tan x}=\lim_{x\to 0}\frac{e^{\tan x}(e^{x-\tan x}-1)}{x-\tan x}=\lim_{x\to 0}\frac{e^{\tan x}(x-\tan x)}{x-\tan x}=\lim_{x\to 0}e^{\tan x}=1$$

本题也可以适当变形后用洛必达法则求解，

$\lim\limits_{x\to0}\dfrac{e^x-e^{\tan x}}{x-\tan x}=\lim\limits_{x\to0}\dfrac{e^{\tan x}(e^{x-\tan x}-1)}{x-\tan x}=\lim\limits_{x\to0}e^{\tan x}\cdot\lim\limits_{x\to0}\dfrac{(e^{x-\tan x}-1)}{x-\tan x}$，由于$\lim\limits_{x\to0}e^{\tan x}=1$，由洛必达法则$\lim\limits_{x\to0}\dfrac{(e^{x-\tan x}-1)}{x-\tan x}=\lim\limits_{x\to0}\dfrac{e^{x-\tan x}(1-\sec^2 x)}{1-\sec^2 x}=\lim\limits_{x\to0}e^{x-\tan x}=1$，故

$$\lim_{x\to0}\frac{e^x-e^{\tan x}}{x-\tan x}=1$$

例 20　求极限$\lim\limits_{x\to0}\dfrac{3\sin x+x^2\cos\dfrac{1}{x}}{(1+\cos x)\ln(1+x)}$。

解法 1　此题分子、分母分别求导后极限不存在，故不能用洛必达法则，

$$原式=\lim_{x\to0}\frac{1}{1+\cos x}\left[\frac{3\dfrac{\sin x}{x}+x\cos\dfrac{1}{x}}{\dfrac{\ln(1+x)}{x}}\right]=\frac{3}{2}$$

解法 2　当 $x\to0$ 时，$\ln(1+x)\sim x$，故有

$$\begin{aligned}\lim_{x\to0}\frac{3\sin x+x^2\cos\dfrac{1}{x}}{(1+\cos x)\ln(1+x)}&=\lim_{x\to0}\frac{3\sin x+x^2\cos\dfrac{1}{x}}{(1+\cos x)x}\\&=\lim_{x\to0}\frac{1}{1+\cos x}\left(\frac{3\sin x+x^2\cos\dfrac{1}{x}}{x}\right)\\&=\lim_{x\to0}\frac{1}{1+\cos x}\left(\frac{3\sin x}{x}+\frac{x^2\cos\dfrac{1}{x}}{x}\right)=\frac{3}{2}\end{aligned}$$

例 21　若$\lim\limits_{x\to0}\dfrac{\sin x}{e^x-a}(\cos x-b)=5$，求 a,b 的值。

解　由题设$\lim\limits_{x\to0}\dfrac{\sin x}{e^x-a}(\cos x-b)=5$，$\lim\limits_{x\to0}\sin x=0$，有$\lim\limits_{x\to0}(e^x-a)=0$，故$1-a=0$，$a=1$。又

$$\lim_{x\to0}\frac{\sin x}{e^x-1}(\cos x-b)=\lim_{x\to0}\frac{\sin x}{x}(\cos x-b)=5$$

所以$\lim\limits_{x\to0}(\cos x-b)=1-b=5$，$b=-4$，故 $a=1$，$b=-4$。

例 22　已知当 $x\to0$ 时，$(1+ax^2)^{\frac{1}{3}}-1$ 与 $\cos x-1$ 是等价无穷小，求 a 的值。

解　当 $x\to0$ 时，$(1+ax^2)^{\frac{1}{3}}-1\sim\dfrac{1}{3}ax^2$，$\cos x-1\sim-\dfrac{1}{2}x^2$，故

$$\lim_{x\to0}\frac{(1+ax^2)^{\frac{1}{3}}-1}{\cos x-1}=\lim_{x\to0}\frac{\dfrac{1}{3}ax^2}{-\dfrac{1}{2}x^2}=-\frac{2}{3}a=1$$

则 $a=-\dfrac{3}{2}$。

例 23 已知$\lim\limits_{x\to 0}\dfrac{\sin 6x+xf(x)}{x^3}=0$，求$\lim\limits_{x\to 0}\dfrac{6+f(x)}{x^2}$。

解法 1 因为

$$\frac{\sin 6x+xf(x)}{x^3}=\frac{\sin 6x-6x+6x+xf(x)}{x^3}=\frac{\sin 6x-6x}{x^3}+\frac{6+f(x)}{x^2}$$

又

$$\lim_{x\to 0}\frac{\sin 6x+xf(x)}{x^3}=0$$

$$\lim_{x\to 0}\frac{\sin 6x-6x}{x^3}=\lim_{x\to 0}\frac{6\cos 6x-6}{3x^2}=\lim_{x\to 0}\frac{-36\sin 6x}{6x}=-36$$

所以$\lim\limits_{x\to 0}\dfrac{6+f(x)}{x^2}=36$。

解法 2 因为$\lim\limits_{x\to 0}\dfrac{\dfrac{\sin 6x}{x}+f(x)}{x^2}=\lim\limits_{x\to 0}\dfrac{\sin 6x+xf(x)}{x^3}=0$，

$$\begin{aligned}\lim_{x\to 0}\frac{6+f(x)}{x^2}&=\lim_{x\to 0}\frac{f(x)+\dfrac{\sin 6x}{x}}{x^2}+\lim_{x\to 0}\frac{6-\dfrac{\sin 6x}{x}}{x^2}\\&=\lim_{x\to 0}\frac{6x-\sin 6x}{x^3}=\lim_{x\to 0}\frac{6-6\cos 6x}{3x^2}\\&=\lim_{x\to 0}\frac{36\sin 6x}{6x}=36\end{aligned}$$

例 24 试确定常数 A,B,C 的值，使得 $e^x(1+Bx+Cx^2)=1+Ax+o(x^3)$，其中 $o(x^3)$ 是当 $x\to 0$ 时比 x^3 高阶的无穷小。

分析 此题就是确定常数 A,B,C 的值，使得$\lim\limits_{x\to 0}\dfrac{e^x(1+Bx+Cx^2)-(1+Ax)}{x^3}=0$。

解 由题设知，$\lim\limits_{x\to 0}(e^x(1+Bx+Cx^2)-(1+Ax))=0$，利用洛必达法则，有

$$\begin{aligned}\lim_{x\to 0}\frac{e^x(1+Bx+Cx^2)-(1+Ax)}{x^3}&=\lim_{x\to 0}\frac{(e^x-1)+(Be^x-A)x+Ce^xx^2}{x^3}\\&=\lim_{x\to 0}\frac{(e^x+Be^x-A)+(Be^x+2Ce^x)x+Ce^xx^2}{3x^2}\qquad(1)\\&=\lim_{x\to 0}\frac{(e^x+2Be^x+2Ce^x)+(Be^x+4Ce^x)x+Ce^xx^2}{6x}\qquad(2)\\&=0\end{aligned}$$

故由式(1) 有 $\lim\limits_{x\to 0}(e^x+Be^x-A)=1+B-A=0$

由式(2) 有 $\lim\limits_{x\to 0}(e^x+2Be^x+2Ce^x)=1+2B+2C=0$

$\lim\limits_{x\to 0}(Be^x+4Ce^x)=B+4C=0$

解方程组$\begin{cases}1+B-A=0\\1+2B+2C=0\\B+4C=0\end{cases}$，解得 $A=\dfrac{1}{3}$，$B=-\dfrac{2}{3}$，$C=\dfrac{1}{6}$。

例 25 设极限 $\lim\limits_{x\to 0}\dfrac{\cos 2x-\sqrt{\cos 2x}}{x^k}=a\neq 0$，试求常数 k 与 a。

分析 首先将分子有理化，并利用无穷小量比阶方法求出常数 k 与 a。

解
$$\lim_{x\to 0}\frac{\cos 2x-\sqrt{\cos 2x}}{x^k}=\lim_{x\to 0}\frac{\cos^2 2x-\cos 2x}{x^k(\cos 2x+\sqrt{\cos 2x})}$$
$$=\lim_{x\to 0}\frac{\cos 2x-1}{x^k\left(1+\frac{1}{\sqrt{\cos 2x}}\right)}$$
$$=-\lim_{x\to 0}\frac{2x^2}{x^k\left(1+\frac{1}{\sqrt{\cos 2x}}\right)}=a$$

显然当 $k>2$ 时，$a=\infty$，$k<2$ 时，$a=0$，因此，欲使 $a\neq 0$ 或 ∞，则必须 $k=2$，$a=-1$。

例 26 当 $x\to 0^+$ 时，与 $\sqrt{x}$ 等价的无穷小量是（　　）。

(A) $1-e^{\sqrt{x}}$.　(B) $\ln\dfrac{1+x}{1-\sqrt{x}}$.　(C) $\sqrt{1+\sqrt{x}}-1$.　(D) $1-\cos\sqrt{x}$.

解 答案(B)。

当 $x\to 0^+$ 时，$1-e^{\sqrt{x}}=-(e^{\sqrt{x}}-1)\sim-\sqrt{x}$

$$\sqrt{1+\sqrt{x}}-1\sim\frac{1}{2}\sqrt{x}$$

$$1-\cos\sqrt{x}\sim\frac{1}{2}(\sqrt{x})^2=\frac{1}{2}x$$

而
$$\ln\frac{1+x}{1-\sqrt{x}}=\ln\left[1+\left(\frac{1+x}{1-\sqrt{x}}-1\right)\right]$$
$$=\ln\left(1+\frac{x+\sqrt{x}}{1-\sqrt{x}}\right)\sim\frac{x+\sqrt{x}}{1-\sqrt{x}}\sim\sqrt{x}$$

故应选(B)。

四、极限存在法则、未定式的极限

1. 极限存在准则

准则 Ⅰ（夹逼准则） 如果数列 x_n，y_n 及 z_n 满足下列条件：

(1) $y_n\leqslant x_n\leqslant z_n$　$(n=1,2,3,\cdots)$，

(2) $\lim\limits_{n\to\infty}y_n=a$，　$\lim\limits_{n\to\infty}z_n=a$，

那么数列 x_n 的极限存在，且 $\lim\limits_{n\to\infty}x_n=a$，在函数极限情形下，上述准则也成立。

准则Ⅰ′ 如果当 $x \in \mathring{U}_\delta(x_0)$(或 $|x|>M$)时,有

(1) $g(x) \leqslant f(x) \leqslant h(x)$,

(2) $\lim\limits_{\substack{x\to x_0\\(x\to\infty)}} g(x)=A$, $\lim\limits_{\substack{x\to x_0\\(x\to\infty)}} h(x)=A$,

那么 $\lim\limits_{\substack{x\to x_0\\(x\to\infty)}} f(x)$ 存在,且等于 A。

准则Ⅱ 单调有界数列必有极限。

2. 两个重要极限

(1) $\lim\limits_{x\to 0}\dfrac{\sin x}{x}=1$,该极限的特点是 $\dfrac{0}{0}$ 型未定式。

要注意 $\lim\limits_{x\to\infty}\dfrac{\sin x}{x}=0\left(\lim\limits_{x\to\infty}\dfrac{\sin x}{x}\neq 1\right)$,$\lim\limits_{x\to\infty}\dfrac{\sin x}{x}$ 非 $\dfrac{0}{0}$ 型未定式。

(2) $\lim\limits_{x\to\infty}\left(1+\dfrac{1}{x}\right)^x=\mathrm{e}$ 或 $\lim\limits_{x\to 0}\left(1+\dfrac{1}{x}\right)^{\frac{1}{x}}=\mathrm{e}$,该极限的特点是 1^∞ 型未定式。

3. 未定式的极限

定义 1 $\left(\dfrac{0}{0}\text{ 或 }\dfrac{\infty}{\infty}\text{ 型未定式}\right)$ 如果当 $x\to a$ 或 $x\to\infty$ 时,两个函数 $f(x)$ 与 $F(x)$ 都趋于零或都趋于无穷大,那么 $\lim\limits_{\substack{x\to a\\(x\to\infty)}}\dfrac{f(x)}{F(x)}$ 极限有可能存在,也有可能不存在。通常把这种极限称为 $\dfrac{0}{0}$ 或 $\dfrac{\infty}{\infty}$ 型未定式(或不定式)。

4. 洛必达法则

定理 1 $\left(x\to a\text{ 时},\dfrac{0}{0}\text{ 型洛必达法则}\right)$

设①当 $x\to a$ 时,函数 $f(x)$ 与 $F(x)$ 都趋于零;②在点 a 某去心邻域内,$f'(x)$ 及 $F'(x)$ 都存在,且 $F'(x)\neq 0$;③ $\lim\limits_{x\to a}\dfrac{f(x)}{F(x)}$ 存在(或为无穷大),那么 $\lim\limits_{x\to a}\dfrac{f(x)}{F(x)}=\lim\limits_{x\to a}\dfrac{f'(x)}{F'(x)}$。

定理 2 $\left(x\to\infty\text{ 时},\dfrac{0}{0}\text{ 型洛必达法则}\right)$

设①当 $x\to\infty$ 时,函数 $f(x)$ 与 $F(x)$ 都趋于零;②当 $|x|>N$ 时,$f'(x)$ 及 $F'(x)$ 都存在,且 $F'(x)\neq 0$;③ $\lim\limits_{x\to a}\dfrac{f'(x)}{F'(x)}$ 存在(或为无穷大),那么 $\lim\limits_{x\to\infty}\dfrac{f(x)}{F(x)}=\lim\limits_{x\to\infty}\dfrac{f'(x)}{F'(x)}$。

注意 对 $x\to a$ 或 $x\to\infty$ 时的未定式 $\dfrac{\infty}{\infty}$,也有相应的洛必达法则。

5. 其他类型的未定式

除 $\dfrac{0}{0}$ 或 $\dfrac{\infty}{\infty}$ 型未定式外,常见类型还有:$0\cdot\infty$,$\infty-\infty$,1^∞,0^0,∞^0 五种,它们可以化为 $\dfrac{0}{0}$ 或

$\frac{\infty}{\infty}$ 型未定式,然后使用洛必达法则。

例 27　设 $f(x)$ 是区间 $[0,+\infty)$ 上单调减少且非负的连续函数,且

$$a_n=\sum_{k=1}^{n}f(k)-\int_1^n f(x)\mathrm{d}x\quad(n=1,2,\cdots)$$

证明数列 $\{a_n\}$ 的极限存在。

证明　由积分中值定理知:

$$\int_k^{k+1}f(x)\mathrm{d}x=f(\xi)\quad(k\leqslant\xi\leqslant k+1)$$

所以,由题设可得:

$$f(k+1)\leqslant\int_k^{k+1}f(x)\mathrm{d}x\leqslant f(k)\quad(k=1,2,\cdots)$$

因此

$$\begin{aligned}a_n&=\sum_{k=1}^{n}f(k)-\int_1^n f(x)\mathrm{d}x=\sum_{k=1}^{n}f(k)-\sum_{k=1}^{n-1}\int_k^{k+1}f(x)\mathrm{d}x\\&=\sum_{k=1}^{n-1}\left[f(k)-\int_k^{k+1}f(x)\mathrm{d}x\right]+f(n)\geqslant 0\end{aligned}$$

又

$$a_{n+1}-a_n=f(n+1)-\int_n^{n+1}f(x)\mathrm{d}x\leqslant 0$$

即数列 $\{a_n\}$ 单调下降,且下方有界,故数列 $\{a_n\}$ 的极限存在。

例 28　设 $a>0,x_1>0,x_{n+1}=\frac{1}{2}\left(x_n+\frac{a}{x_n}\right),(n=1,2,\cdots)$,证明数列 $\{x_n\}$ 收敛,并求 $\lim\limits_{n\to\infty}x_n$。

解　因为

$$x_{n+1}=\frac{1}{2}\left(x_n+\frac{a}{x_n}\right)\geqslant\sqrt{x_n\cdot\frac{a}{x_n}}=\sqrt{a}$$

所以 $\{x_n\}$ 有界。又因为

$$\frac{x_{n+1}}{x_n}=\frac{1}{2}\left(1+\frac{a}{x_n^2}\right)\leqslant\frac{1}{2}\left[1+\frac{a}{(\sqrt{a})^2}\right]=1$$

即　$x_{n+1}\leqslant x_n$,所以 $\{x_n\}$ 单调减少,由准则 Ⅱ 知,$\lim\limits_{n\to\infty}x_n$ 收敛。

令 $\lim\limits_{n\to\infty}x_n=l$,则 $l=\frac{1}{2}\left(l+\frac{a}{l}\right)\Rightarrow l=\sqrt{a}$,故 $\lim\limits_{n\to\infty}x_n=\sqrt{a}$。

例 29　设 $x_1=10,x_{n+1}=\sqrt{x_n+6}\,(n=1,2,\cdots)$,证明数列 $\{x_n\}$ 收敛,并求此极限。

分析　利用 x_{n+1} 和 x_n 的递推关系证明数列 $\{x_n\}$ 单调有界,从而证明 $\lim\limits_{n\to\infty}x_n$ 存在,再取极限。

证明　先用归纳法证明 $\{x_n\}$ 单调减少。

由 $x_1=10,x_{n+1}=\sqrt{x_n+6}$ 得,$x_2=\sqrt{10+6}=4$,即 $x_1>x_2$。

假设 $n=k$ 时,$x_k>x_{k+1}$,由 $x_{k+1}=\sqrt{x_K+6}>\sqrt{x_{k+1}+6}=x_{k+2}$,

即 $n=k+1$ 时不等式仍成立，所以 $x_n > x_{n+1}(n=1,2,\cdots)$。

又由 $x_{n+1}=\sqrt{x_n+6}>0$ 知 $\{x_n\}$ 有下界，故 $\{x_n\}$ 单调减少有下界，即 $\lim\limits_{n\to\infty}x_n$ 存在。

设 $\lim\limits_{n\to\infty}x_n=A$，在等式 $x_{n+1}^2=x_n+6$ 两边取极限，得 $A^2=A+6$，

解出 $A=3$ 或 $A=-2$（舍去），故 $\lim\limits_{n\to\infty}x_n=3$。

评注 在利用递推公式两端取极限之前要先证明数列收敛，否则会得到荒谬的结果。例如，设 $x_1=1,x_{n+1}=1+2x_n(n=2,3\cdots)$，若在 $x_{n+1}=1+2x_n$ 两端取极限，并设 $\lim\limits_{n\to\infty}x_n=A$，则有 $A=1+2A$，于是得到 $\lim\limits_{n\to\infty}x_n=-1$ 的荒谬结果，其原因就在于这个数列不收敛。

例 30 证明 $\lim\limits_{n\to\infty}(1+2^n+3^n)^{\frac{1}{n}}=3$。

证明 由于 $(1+2^n+3^n)^{\frac{1}{n}}=3\left[\left(\frac{1}{3}\right)^n+\left(\frac{2}{3}\right)^n+1\right]^{\frac{1}{n}}$，因此，$3<(1+2^n+3^n)^{\frac{1}{n}}<3\cdot 3^{\frac{1}{n}}$，

又 $\lim\limits_{n\to\infty}3\cdot 3^{\frac{1}{n}}=3\lim\limits_{n\to\infty}3^{\frac{1}{n}}=3$，故由夹逼定理得

$$\lim_{n\to\infty}(1+2^n+3^n)^{\frac{1}{n}}=3$$

例 31 求极限 $\lim\limits_{n\to\infty}\left[\frac{1}{(n+1)^2}+\frac{1}{(n+2)^2}+\cdots+\frac{1}{(2n)^2}\right]$。

分析 这是 n 项和求极限问题，可考虑使用夹逼准则。

解 因为

$$\frac{n}{(2n)^2}=\frac{1}{(2n)^2}+\frac{1}{(2n)^2}+\cdots+\frac{1}{(2n)^2}\leqslant\frac{1}{(n+1)^2}+\frac{1}{(n+1)^2}+\cdots+\frac{1}{(2n)^2}$$
$$\leqslant\frac{1}{(n+1)^2}+\frac{1}{(n+1)^2}+\cdots+\frac{1}{(n+1)^2}=\frac{n}{(n+1)^2}$$

而 $\lim\limits_{n\to\infty}\frac{n}{(2n)^2}=\frac{1}{4}\lim\limits_{n\to\infty}\frac{1}{n}=0,\lim\limits_{n\to\infty}\frac{n}{(n+1)^2}=\lim\limits_{n\to\infty}\frac{\frac{1}{n}}{\left(1+\frac{1}{n}\right)^2}=0$，

故原式 $=0$。

评注 对于 n 项和求极限问题，通常考虑使用夹逼准则或者利用定积分定义求极限，有时也可以二者结合。

例 32 求极限 $\lim\limits_{n\to\infty}\frac{n}{\ln n}(\sqrt[n]{n}-1)$。

解 因 $\lim\limits_{n\to\infty}\sqrt[n]{n}=1$，令 $\sqrt[n]{n}-1=x$，则

$$\lim_{n\to\infty}\frac{n}{\ln n}(\sqrt[n]{n}-1)=\lim_{n\to\infty}\frac{\sqrt[n]{n}-1}{\ln\sqrt[n]{n}}=\lim_{x\to 0}\frac{x}{\ln(1+x)}=1$$

例 33 求极限 $\lim\limits_{n\to+\infty}(\sqrt{x+\sqrt{x+\sqrt{x}}}-\sqrt{x})$。

分析　此极限为 $\infty-\infty$ 型。

解

$$\lim_{x\to+\infty}(\sqrt{x+\sqrt{x+\sqrt{x}}}-\sqrt{x})=\lim_{x\to+\infty}\frac{(\sqrt{x+\sqrt{x+\sqrt{x}}}-\sqrt{x})(\sqrt{x+\sqrt{x+\sqrt{x}}}+\sqrt{x})}{(\sqrt{x+\sqrt{x+\sqrt{x}}}+\sqrt{x})}$$

$$=\lim_{x\to+\infty}\frac{\sqrt{x+\sqrt{x}}}{(\sqrt{x+\sqrt{x+\sqrt{x}}}+\sqrt{x})}$$

$$=\lim_{x\to+\infty}\frac{\dfrac{\sqrt{x+\sqrt{x}}}{\sqrt{x}}}{\dfrac{(\sqrt{x+\sqrt{x+\sqrt{x}}}+\sqrt{x})}{\sqrt{x}}}$$

$$=\lim_{x\to+\infty}\frac{\sqrt{1+\dfrac{\sqrt{x}}{x}}}{\left(\sqrt{1+\dfrac{\sqrt{x+\sqrt{x}}}{x}}+1\right)}=\frac{1}{2}。$$

例 34　求极限 $\lim_{n\to\infty}\left(n\sin\frac{1}{n}\right)^{n^2}$。

分析　这是 1^∞ 型，首先转化为函数极限问题，然后利用$\lim_{x\to0}(1+x)^{\frac{1}{x}}=\mathrm{e}$进行计算。

解　因为　$\lim_{x\to+\infty}\left(x\sin\frac{1}{x}\right)^{x^2}=\lim_{x\to+\infty}\left[1+\left(x\sin\frac{1}{x}-1\right)\right]^{\frac{1}{\left(x\sin\frac{1}{x}-1\right)}\cdot x^2\cdot\left(x\sin\frac{1}{x}-1\right)}$

令$\frac{1}{x}=u$，则

$$\lim_{x\to+\infty}x^2\left(x\sin\frac{1}{x}-1\right)=\lim_{u\to0^+}\frac{\dfrac{1}{u}\sin u-1}{u^2}=\lim_{u\to0^+}\frac{\sin u-u}{u^3}=\lim_{u\to0^+}\frac{\cos u-1}{3u^2}=-\frac{1}{6}$$

所以$\lim_{x\to+\infty}\left(x\sin\frac{1}{x}\right)^{x^2}=\mathrm{e}^{-\frac{1}{6}}$，故$\lim_{n\to\infty}\left(n\sin\frac{1}{n}\right)^{n^2}=\mathrm{e}^{-\frac{1}{6}}$。

例 35　求极限$\lim_{x\to\infty}\left(\cos\frac{1}{x}+\sin\frac{1}{x}\right)^x$。

解

$$\lim_{x\to\infty}\left(\cos\frac{1}{x}+\sin\frac{1}{x}\right)^x=\lim_{x\to\infty}\left[\left(\cos\frac{1}{x}+\sin\frac{1}{x}\right)^2\right]^{\frac{x}{2}}$$

$$=\lim_{x\to\infty}\left(1+\sin\frac{2}{x}\right)^{\frac{x}{2}}$$

$$=\lim_{x\to\infty}\left(1+\sin\frac{2}{x}\right)^{\frac{1}{\sin\frac{2}{x}}\cdot\sin\frac{2}{x}\cdot\frac{x}{2}}$$

$$=\lim_{x\to\infty}\mathrm{e}^{\sin\frac{2}{x}\cdot\frac{x}{2}}=\mathrm{e}^{\lim\limits_{x\to\infty}\frac{\sin\frac{2}{x}}{\frac{2}{x}}}=\mathrm{e}^1=\mathrm{e}$$

例 36 计算$\lim\limits_{x\to0^+}\dfrac{(1+x)^{\frac{1}{x}}-\mathrm{e}}{x}$。

分析 此极限属于$\dfrac{0}{0}$型未定式。可利用洛必达法则,但涉及到幂指函数的求导问题。

解 原式$=\lim\limits_{x\to0^+}\dfrac{\mathrm{e}^{\frac{1}{x}\ln(1+x)}-\mathrm{e}}{x}=\lim\limits_{x\to0^+}\dfrac{\mathrm{e}^{\frac{1}{x}\ln(1+x)}\cdot\left[\dfrac{\dfrac{x}{1+x}-\ln(1+x)}{x^2}\right]}{1}$

$$=\lim_{x\to0^+}\mathrm{e}^{\frac{\ln(1+x)}{x}}\cdot\lim_{x\to0^+}\frac{\dfrac{x}{1+x}-\ln(1+x)}{x^2}$$

$$=\mathrm{e}\cdot\lim_{x\to0^+}\frac{\dfrac{1}{(1+x)^2}-\dfrac{1}{1+x}}{2x}=\mathrm{e}\cdot\lim_{x\to0^+}\frac{\dfrac{-x}{(1+x)^2}}{2x}=-\frac{\mathrm{e}}{2}。$$

评注 在使用洛必达法则求不定式极限的过程中,合理地使用极限运算法则等求极限的方法,可使运算简单。

例 37 求极限$\lim\limits_{x\to0}\dfrac{\sin^2x-x\tan x}{x^4}$。

分析 属于$\dfrac{0}{0}$型未定式,计算时要注意先化简再用洛必达法则。

解 $\lim\limits_{x\to0}\dfrac{\sin^2x-x\tan x}{x^4}=\lim\limits_{x\to0}\dfrac{\tan x}{x}\cdot\dfrac{\sin x\cos x-x}{x^3}=\lim\limits_{x\to0}\dfrac{\tan x}{x}\cdot\lim\limits_{x\to0}\dfrac{\sin x\cos x-x}{x^3}$

$$=\lim_{x\to0}\frac{\sin x\cos x-x}{x^3}=\lim_{x\to0}\frac{\cos^2x-\sin^2x-1}{3x^2}=\lim_{x\to0}\frac{-2\sin^2x}{3x^2}=-\frac{2}{3}$$

例 38 计算极限$\lim\limits_{x\to\infty}\dfrac{x+\sin x}{x-\sin x}$。

解 此极限虽然属于$\dfrac{\infty}{\infty}$型未定式,但不能用洛必达法则,如用洛必达法则

$$\lim_{x\to\infty}\frac{x+\sin x}{x-\sin x}=\lim_{x\to\infty}\frac{1+\cos x}{1-\cos x},极限\lim_{x\to\infty}\frac{1+\cos x}{1-\cos x}不存在。$$

正确解法

$$\lim_{x\to\infty}\frac{x+\sin x}{x-\sin x}=\lim_{x\to\infty}\frac{1+\dfrac{\sin x}{x}}{1-\dfrac{\sin x}{x}}=1。$$

评注 洛必达法则只是$\lim\dfrac{f(x)}{g(x)}$存在的充分条件,但是当$\lim\dfrac{f'(x)}{g'(x)}$不存在时,并不能说$\lim\dfrac{f(x)}{g(x)}$不存在,只是洛必达法则失效。

例 39 求极限$\lim\limits_{x\to0}\dfrac{x-\arcsin x}{\sin^3x}$。

分析 洛必达法则与等价无穷小代换结合。

解 由洛必达法则，$\lim\limits_{x\to 0}\dfrac{x-\arcsin x}{\sin^3 x}=\lim\limits_{x\to 0}\dfrac{1-\dfrac{1}{\sqrt{1-x^2}}}{3\sin^2 x\cos x}$

因为当 $x\to 0$ 时，$(1+x)^a-1\sim ax$，故$\dfrac{1}{\sqrt{1-x^2}}-1=(1-x^2)^{-\frac{1}{2}}-1\sim\dfrac{x^2}{2}$，$\sin^2 x\sim x^2$。

所以，有 $$\lim_{x\to 0}\frac{x-\arcsin x}{\sin^3 x}=\lim_{x\to 0}\frac{1-\dfrac{1}{\sqrt{1-x^2}}}{3\sin^2 x\cos x}=\lim_{x\to 0}\frac{-\dfrac{x^2}{2}}{3x^2\cos x}=-\frac{1}{6}$$

例 40 求极限$\lim\limits_{x\to 1}\left(\dfrac{1}{\ln x}-\dfrac{x}{x-1}\right)$。

解
$$\lim_{x\to 1}\left(\frac{1}{\ln x}-\frac{x}{x-1}\right)=\lim_{x\to 1}\frac{x-1-x\ln x}{(x-1)\ln x}$$
$$=\lim_{x\to 1}\frac{-x\ln x}{x\ln x+x-1}=-\lim_{x\to 1}\frac{\ln x+1}{\ln x+2}=-\frac{1}{2}$$

例 41 求极限$\lim\limits_{x\to+\infty}\dfrac{x^3+x^2+1}{2^x+x^3}(\sin x+\cos x)$。

解
$$\lim_{x\to+\infty}\frac{x^3+x^2+1}{2^x+x^3}=\lim_{x\to+\infty}\frac{1+\dfrac{x^2}{x^3}+\dfrac{1}{x^3}}{\dfrac{2^x}{x^3}+1}=\lim_{x\to+\infty}\frac{1+\dfrac{1}{x}+\dfrac{1}{x^3}}{\dfrac{2^x}{x^3}+1}$$

由于 $$\lim_{x\to+\infty}\frac{x^3}{2^x}=\lim_{x\to+\infty}\frac{3x^2}{2^x\ln 2}=\lim_{x\to+\infty}\frac{6x}{2^x(\ln 2)^2}=\lim_{x\to+\infty}\frac{6}{2^x(\ln 2)^3}=0$$

故 $$\lim_{x\to+\infty}\frac{2^x}{x^3}=\infty$$

所以 $$\lim_{x\to+\infty}\frac{x^3+x^2+1}{2^x+x^3}=\lim_{x\to+\infty}\frac{1+\dfrac{1}{x}+\dfrac{1}{x^3}}{\dfrac{2^x}{x^3}+1}=0$$

而 $\sin x+\cos x$ 有界，故
$$\lim_{x\to+\infty}\frac{x^3+x^2+1}{2^x+x^3}(\sin x+\cos x)=0$$

例 42 已知$\lim\limits_{x\to 2}\dfrac{x^3+ax^2+b}{x-2}=8$，求 a，b 的值。

解 因为$\lim\limits_{x\to 2}\dfrac{x^3+ax^2+b}{x-2}=8$，

且分母的极限 $\lim\limits_{x\to 2}(x-2)=0$

所以 $\lim\limits_{x\to 2}(x^3+ax^2+b)=0$

于是 $8+4a+b=0$ (1)

由洛必达法则，有 $\lim\limits_{x\to 2}\dfrac{x^3+ax^2+b}{x-2}=\lim\limits_{x\to 2}(3x^2+2ax)=8$，即

$$12+4a=8 \tag{2}$$

方程(1),(2) 联立,解得 $a=-1,b=-4$。

例 43 已知 $\lim\limits_{x\to1}\dfrac{x^2+ax+b}{\sin(x^2-1)}=3$,求 a,b 值。

解 因 $\lim\limits_{x\to1}(x^2+ax+b)=1+a+b=0$

且 $\lim\limits_{x\to1}\dfrac{x^2+ax+b}{\sin(x^2-1)}=\lim\limits_{x\to1}\dfrac{x^2+ax+b}{x^2-1}=\lim\limits_{x\to1}\dfrac{2x+a}{2x}=\dfrac{2+a}{2}=3$

所以 $a=4,b=-5$。

例 44 求极限 $\lim\limits_{x\to0}\left(\dfrac{a^x+b^x+c^x}{3}\right)^{\frac{1}{x}}$,其中 $a>0,b>0,c>0$。

分析 这是 1^∞ 型,可以取对数或利用 $\lim\limits_{x\to0}(1+x)^{\frac{1}{x}}=\mathrm{e}$ 进行计算。

解法 1 令 $y=\left(\dfrac{a^x+b^x+c^x}{3}\right)^{\frac{1}{x}}$,取对数

$$\ln y=\frac{1}{x}\ln\left(\frac{a^x+b^x+c^x}{3}\right)$$

$$\begin{aligned}\lim_{x\to0}\ln y&=\lim_{x\to0}\frac{1}{x}\ln\left(\frac{a^x+b^x+c^x}{3}\right)\\&=\lim_{x\to0}\frac{\ln(a^x+b^x+c^x)-\ln3}{x}\\&=\lim_{x\to0}\frac{a^x\ln a+b^x\ln b+c^x\ln c}{a^x+b^x+c^x}\\&=\frac{1}{3}\ln(abc)=\ln\sqrt[3]{abc}\end{aligned}$$

所以,$\lim\limits_{x\to0}\left(\dfrac{a^x+b^x+c^x}{3}\right)^{\frac{1}{x}}=\mathrm{e}^{\ln\sqrt[3]{abc}}=\sqrt[3]{abc}$。

解法 2 $\lim\limits_{x\to0}\left(\dfrac{a^x+b^x+c^x}{3}\right)^{\frac{1}{x}}=\lim\limits_{x\to0}\mathrm{e}^{\ln\left(\frac{a^x+b^x+c^x}{3}\right)^{\frac{1}{x}}}=\lim\limits_{x\to0}\mathrm{e}^{\frac{1}{x}\ln\left(\frac{a^x+b^x+c^x}{3}\right)}$,仿照解法 1,求出 $\lim\limits_{x\to0}\dfrac{1}{x}\ln\left(\dfrac{a^x+b^x+c^x}{3}\right)$ 即可。

解法 3
$$\begin{aligned}\lim_{x\to0}\left(\frac{a^x+b^x+c^x}{3}\right)^{\frac{1}{x}}&=\lim_{x\to0}\left(1+\frac{a^x+b^x+c^x-3}{3}\right)^{\frac{1}{x}}\\&=\lim_{x\to0}\left(1+\frac{a^x+b^x+c^x-3}{3}\right)^{\frac{3}{a^x+b^x+c^x-3}\cdot\frac{a^x+b^x+c^x-3}{3}\cdot\frac{1}{x}}\\&=\mathrm{e}^{\lim\limits_{x\to0}\frac{a^x+b^x+c^x-3}{3}\cdot\frac{1}{x}}=\mathrm{e}^{\lim\limits_{x\to0}\frac{a^x+b^x+c^x-3}{x}\cdot\frac{1}{3}}\\&=\mathrm{e}^{\lim\limits_{x\to0}\frac{a^x\ln a+b^x\ln b+c^x\ln c}{1}\cdot\frac{1}{3}}\\&=\mathrm{e}^{\frac{1}{3}(\ln a+\ln b+\ln c)}=\mathrm{e}^{\frac{1}{3}\ln(abc)}=\sqrt[3]{abc}。\end{aligned}$$

例 45　已知 $\lim\limits_{x\to 0}\dfrac{\sqrt{1+f(x)\sin x}-1}{e^x-1}=A$，求$\lim\limits_{x\to 0}f(x)$。

解法 1　因为当 $x\to 0$ 时，$e^x-1\sim x$，所以

$$原式=\lim_{x\to 0}\frac{f(x)\sin x}{(e^x-1)(\sqrt{1+f(x)\sin x}+1)}$$

$$=\lim_{x\to 0}\frac{f(x)\sin x}{x(\sqrt{1+f(x)\sin x}+1)}=\frac{1}{2}\lim_{x\to 0}f(x)=A$$

故 $\lim\limits_{x\to 0}f(x)=2A$。

解法 2　利用等价无穷小代换，由于$\lim\limits_{x\to 0}\dfrac{\sqrt{1+f(x)\sin x}-1}{e^x-1}=A$，

知 $\lim\limits_{x\to 0}\sqrt{1+f(x)\sin x}-1=0$，因此 $\lim\limits_{x\to 0}f(x)\sin x=0$，

因此，当 $x\to 0$ 时，$e^x-1\sim x$，$\sqrt{1+f(x)\sin x}-1\sim\dfrac{1}{2}f(x)\sin x$

所以　$$\lim_{x\to 0}\frac{\sqrt{1+f(x)\sin x}-1}{e^x-1}=\lim_{x\to 0}\frac{\frac{1}{2}f(x)\sin x}{x}=\lim_{x\to 0}\frac{1}{2}f(x)\cdot\frac{\sin x}{x}=A$$

故 $\lim\limits_{x\to 0}f(x)=2A$。

例 46　求极限$\lim\limits_{x\to 0}\left(\dfrac{1}{x^2}-\cot^2 x\right)$。

分析　这是 $\infty-\infty$ 型，应化为$\dfrac{0}{0}$ 型或$\dfrac{\infty}{\infty}$ 型。

解 $$\lim_{x\to 0}\left(\frac{1}{x^2}-\cot^2 x\right)=\lim_{x\to 0}\frac{\sin^2 x-x^2\cos^2 x}{x^2\sin^2 x}=\lim_{x\to 0}\frac{(\sin x-x\cos x)(\sin x+x\cos x)}{x^4}$$

$$=\lim_{x\to 0}\frac{(\sin x+x\cos x)}{x}\frac{(\sin x-x\cos x)}{x^3}=2\lim_{x\to 0}\frac{(\sin x-x\cos x)}{x^3}$$

$$=2\lim_{x\to 0}\frac{(\cos x-\cos x+x\sin x)}{3x^2}=2\lim_{x\to 0}\frac{x\sin x}{3x^2}=\frac{2}{3}$$

例 47　设函数 $f(x)$ 可导，$f(0)=0$，且有 $F(x)=\int_0^x t^{n-1}f(x^n-t^n)\mathrm{d}t$，求$\lim\limits_{x\to 0}\dfrac{F(x)}{x^{2n}}$。

分析　当 $x\to 0$ 时，$\lim\limits_{x\to 0}\dfrac{F(x)}{x^{2n}}$ 为$\dfrac{0}{0}$ 型，应利用洛必达法则求极限，但由于被积函数中 f 的自变量为 x^n-t^n，故应先做变换，令 $u=x^n-t^n$，然后再用洛必达法则。

解　作变量替换：$u=x^n-t^n$，则 $\mathrm{d}u=-nt^{n-1}\mathrm{d}t$

$$F(x)=\int_0^x t^{n-1}f(x^n-t^n)\mathrm{d}t=-\frac{1}{n}\int_{x^n}^0 f(u)\mathrm{d}u=\frac{1}{n}\int_0^{x^n}f(u)\mathrm{d}u$$

由洛必达法则，有

$$\lim_{x\to 0}\frac{F(x)}{x^{2n}}=\lim_{x\to 0}\frac{F'(x)}{2nx^{2n-1}}=\lim_{x\to 0}\frac{x^{n-1}f(x^n)}{2nx^{2n-1}}=\frac{1}{2n}\lim_{x\to 0}\frac{f(x^n)}{x^n}$$

$$=\frac{1}{2n}\lim_{x\to 0}\frac{f(x^n)-f(0)}{x^n-0}=\frac{1}{2n}f'(0)$$

五、函数的连续性

1. 函数连续的概念

定义 1 设函数 $f(x)$ 在 $U(x_0,\delta)$ 内有定义，如果 $\lim\limits_{\Delta x\to 0}\Delta y=\lim\limits_{\Delta x\to 0}[f(x_0+\Delta x)-f(x_0)]=0$，则称函数 $f(x)$ 在点 x_0 连续。

定义 2 设函数 $f(x)$ 在 $U_\delta(x_0)$ 内有定义，如果 $\lim\limits_{x\to x_0}f(x)=f(x_0)$，则称函数 $f(x)$ 在点 x_0 连续。

在区间上每一点都连续的函数，叫作在该区间上的连续函数，或者说函数在该区间上连续。

2. 函数的间断点及其分类

使函数 $f(x)$ 不连续的点 x_0 称为 $f(x)$ 的间断点。左、右极限都存在的间断点称为第一类间断点，其中左、右极限相等的间断点称为可去间断点，左、右极限不等的间断点称为跳跃间断点；左、右极限至少有一个不存在的间断点称为第二类间断点，无穷间断点和振荡间断点是第二类间断点。

3. 连续函数的运算及初等函数的连续性

连续函数的四则运算性质：设 $f(x)$，$g(x)$ 在点 x_0 连续，则 $f(x)\pm g(x)$，$f(x)g(x)$，$f(x)/g(x)$，$(g(x_0)\neq 0)$ 在点 x_0 也连续。

复合函数的连续性　若 $u=\varphi(x)$ 在点 x_0 连续，函数 $y=f(u)$ 在相应点 $u_0=\varphi(x_0)$ 连续，则复合函数 $y=f[\varphi(x)]$ 在点 x_0 连续。

基本初等函数在定义域内是连续的，一切初等函数在其定义区间内都是连续的。

4. 闭区间上连续函数的性质

定理 1(有界性定理) 在闭区间上连续的函数一定在该区间上有界。

定理 2(最大值和最小值定理) 在闭区间上连续的函数一定有最大值和最小值。

定理 3(零点定理) 设函数 $f(x)$ 在闭区间 $[a,b]$ 上连续，且 $f(a)$ 与 $f(b)$ 异号(即 $f(a)\cdot f(b)<0$)，则在开区间 (a,b) 内至少存在一点 $\xi(a<\xi<b)$，使 $f(\xi)=0$。

定理 4(介值定理) 设函数 $f(x)$ 在闭区间 $[a,b]$ 上连续，且在该区间的端点取不同的函数值 $f(a)=A$ 及 $f(b)=B$，那么，对于 A 与 B 之间的任意一个数 C，在开区间 (a,b) 内至少有一点 ξ，使得 $f(\xi)=C$　$(a<\xi<b)$。

推论　在闭区间上连续的函数必取得介于最大值 M 与最小值 m 之间的任何值。

例 48　设 $f(x)=\lim\limits_{n\to\infty}\dfrac{x^{2n-1}+ax^2+bx}{x^{2n}+1}$ 为连续函数，试确定 a 和 b 的值。

分析　$f(x)$ 是用极限式定义的分段函数，应当先通过求极限把 $f(x)$ 写成分段表示式，再进一步讨论。

解　当 $|x|>1$ 时，$f(x)=\lim\limits_{n\to\infty}\dfrac{\dfrac{1}{x}+\dfrac{a}{x^{2n-2}}+\dfrac{b}{x^{2n-1}}}{1+\dfrac{1}{x^{2n}}}=\dfrac{1}{x}$；

当 $x=1$ 时，$f(x)=\dfrac{1+a+b}{2}$；

当 $x=-1$ 时，$f(x)=\dfrac{-1+a-b}{2}$；

当 $|x|<1$ 时，$f(x)=ax^2+bx$。所以

$$f(x)=\begin{cases}ax^2+bx, & |x|<1\\ \dfrac{1}{x}, & |x|>1\\ \dfrac{1+a+b}{2}, & x=1\\ \dfrac{-1+a-b}{2}, & x=-1\end{cases}$$

在 $x=1$ 处，$\lim\limits_{x\to1^+}f(x)=\lim\limits_{x\to1^+}\dfrac{1}{x}=1$，$\lim\limits_{x\to1^-}f(x)=\lim\limits_{x\to1^-}(ax^2+bx)=a+b$

$$f(1)=\frac{1+a+b}{2}$$

在 $x=-1$ 处，$\lim\limits_{x\to-1^-}f(x)=\lim\limits_{x\to-1^-}\dfrac{1}{x}=-1$，$\lim\limits_{x\to-1^+}f(x)=\lim\limits_{x\to-1^+}(ax^2+bx)=a-b$

$$f(-1)=\frac{a-b-1}{2}$$

因为 $f(x)$ 为连续函数，因此有$\begin{cases}1=a+b=\dfrac{a+b+1}{2}\\ -1=a-b=\dfrac{a-b-1}{2}\end{cases}$，解得：$a=0$，$b=1$。即当 $a=0$，$b=1$ 时 $f(x)$ 为连续函数。

例 49　讨论函数 $f(x)=\lim\limits_{n\to\infty}\dfrac{\ln(e^n+x^n)}{n}\quad(x>0)$ 在定义域内的连续性。

解　当 $0<x\leqslant e$ 时，有

$$\lim_{n\to\infty}\frac{\ln(e^n+x^n)}{n}=\lim_{n\to\infty}\frac{\ln\left[1+\left(\frac{x}{e}\right)^n\right]e^n}{n}=\lim_{n\to\infty}\frac{n+\ln\left[1+\left(\frac{x}{e}\right)^n\right]}{n}=1$$

当 $x>e$ 时，有

$$\lim_{n\to\infty}\frac{\ln(e^n+x^n)}{n}=\lim_{n\to\infty}\frac{\ln\left[1+\left(\frac{e}{x}\right)^n\right]x^n}{n}=\lim_{n\to\infty}\frac{n\ln x+\ln\left[1+\left(\frac{e}{x}\right)^n\right]}{n}=\ln x$$

所以

$$f(x)=\begin{cases}1, & 0<x\leqslant e\\ \ln x, & x>e\end{cases}$$

又

$$\lim_{x\to e^-}f(x)=1,\lim_{x\to e^+}f(x)=\lim_{x\to e^+}\ln x=1,f(e)=1$$

所以 $f(x)$ 在 $x=e$ 处连续，从而 $f(x)$ 在定义域 $x>0$ 上连续。

例 50 求函数 $f(x)=\dfrac{\ln|x|}{x^2-3x+2}$ 的间断点，并指出其类型。

解 由于 $\ln|x|$ 的定义域为 $x\neq 0$，又由 $x^2-3x+2=0$ 得

$$x_1=1,x_2=2$$

因为 $f(x)$ 在 $(-\infty,0)(0,1),(1,2),(2,+\infty)$ 内是初等函数，所以 $f(x)$ 在 $(-\infty,0)(0,1),(1,2),(2,+\infty)$ 内是连续的。故 $f(x)$ 的可能间断点是 $x=0,1,2$。

由于 $\lim\limits_{x\to 0}\ln|x|=-\infty,\lim\limits_{x\to 0}(x^2-3x+2)=2$，所以 $\lim\limits_{x\to 0}f(x)=-\infty$，故 $x=0$ 是 $f(x)$ 的无穷间断点，属于第二类；又

$$\lim_{x\to 1}f(x)=\lim_{x\to 1}\frac{\ln x}{x^2-3x+2}=\lim_{x\to 1}\frac{\frac{1}{x}}{2x-3}=-1$$

故 $x=1$ 是 $f(x)$ 的可去间断点，属于第一类。

在 $x=2$ 处，因为 $\lim\limits_{x\to 2}f(x)=\infty$，所以 $x=2$ 是 $f(x)$ 的无穷间断点，属于第二类。

例 51 试确定常数 a,b 的值，使

$$f(x)=\frac{e^x-b}{(x-a)(x-1)}$$

有无穷间断点 $x=0$ 及可去间断点 $x=1$。

解 如果 $x=0$ 是函数 $f(x)$ 的无穷间断点，则

$$\lim_{x\to 0}f(x)=\lim_{x\to 0}\frac{e^x-b}{(x-a)(x-1)}=\infty$$

即

$$\lim_{x\to 0}\frac{(x-a)(x-1)}{e^x-b}=\frac{(-a)(-1)}{1-b}=0$$

所以，当 $a=0,b\neq 1$ 时，$x=0$ 是 $f(x)$ 的无穷间断点。

如果 $x=1$ 是 $f(x)$ 的可去间断点，则当 $a\neq 1,b=\mathrm{e}$ 时，以下极限存在

$$\lim_{x\to 1}\frac{\mathrm{e}^x-b}{(x-a)(x-1)}=\lim_{x\to 1}\frac{\mathrm{e}(\mathrm{e}^{x-1}-1)}{(x-1)(x-a)}=\frac{\mathrm{e}}{1-a}$$

所以，当 $a\neq 1,b=\mathrm{e}$ 时，$x=1$ 是 $f(x)$ 的可去间断点。

故当 $a=0,b=\mathrm{e}$ 时，$f(x)$ 有无穷间断点 $x=0$ 及可去间断点 $x=1$。

例 52　设函数 $f(x)=\lim\limits_{t\to x}\left(\dfrac{\sin t}{\sin x}\right)^{\frac{x}{\sin t-\sin x}}$，求 $f(x)$ 的间断点并指出其类型。

解　$f(x)=\lim\limits_{t\to x}\left(1+\dfrac{\sin t-\sin x}{\sin x}\right)^{\frac{\sin x}{\sin t-\sin x}\cdot\frac{x}{\sin x}}=\mathrm{e}^{\frac{x}{\sin x}}$，又

$$\lim_{x\to 0}f(x)=\lim_{x\to 0}\mathrm{e}^{\frac{x}{\sin x}}=\mathrm{e}^{\lim\limits_{x\to 0}\frac{x}{\sin x}}=\mathrm{e}$$

但函数 $f(x)$ 在 $x=0$ 处无定义，故 $x=0$ 是 $f(x)$ 的第一类(可去)间断点。而

$$\lim_{x\to k\pi}f(x)=\lim_{x\to k\pi}\mathrm{e}^{\frac{x}{\sin x}}=\mathrm{e}^{\lim\limits_{x\to k\pi}\frac{x}{\sin x}}=\infty\quad(k\neq 0)$$

故 $x=k\pi\quad(k=\pm 1,\pm 2,\cdots)$ 是 $f(x)$ 的第二类(无穷)间断点。

例 53　求下列函数的间断点并判断其类型

$$f(x)=\begin{cases}\cos\dfrac{\pi x}{2}, & |x|\leqslant 1\\ |x-1|, & |x|>1\end{cases}$$

解
$$f(x)=\begin{cases}\cos\dfrac{\pi}{2}x, & -1\leqslant x\leqslant 1\\ x-1, & x>1\\ 1-x, & x<-1\end{cases}$$

由于 $f(x)$ 在 $(-\infty,-1),(-1,1),(1,+\infty)$ 上分别都是初等函数，因此在这三个开区间上 $f(x)$ 是连续的。只有 $x=-1,x=1$ 可能是间断点。

在 $x=-1$ 处，因为　$f(-1+0)=\lim\limits_{x\to -1^+}f(x)=\lim\limits_{x\to -1^+}\cos\dfrac{\pi x}{2}=0$

而　$$f(-1-0)=\lim_{x\to -1^-}f(x)=\lim_{x\to -1^-}|x-1|=2\neq f(-1+0)$$

故 $x=-1$ 是第一类跳跃型间断点。

在 $x=1$ 处，因为　$f(1-0)=\lim\limits_{x\to 1^-}f(x)=\lim\limits_{x\to 1^-}\cos\dfrac{\pi x}{2}=0$

而　$$f(1+0)=\lim_{x\to 1^+}f(x)=\lim_{x\to 1^+}|x-1|=0=f(1)=f(1-0)$$

故 $x=1$ 不是间断点。

例 54　试确定常数 a,b 的关系，使函数

$$f(x)=\begin{cases}a+bx^2, & x\leqslant 0\\ \dfrac{\sin bx}{x}, & x>0\end{cases}$$

在 $x=0$ 处连续。

分析 这是分段函数,应采用左右极限相等的方法。

解 $\lim\limits_{x\to 0^-}f(x)=\lim\limits_{x\to 0^-}(a+bx^2)=a$, $\lim\limits_{x\to 0^+}f(x)=\lim\limits_{x\to 0^+}\dfrac{\sin bx}{x}=b$

因此必须 $a=b$ 时,$y=f(x)$ 在 $x=0$ 处才能连续。

例 55 设函数 $f(x)$ 在$(-\infty,+\infty)$ 上连续,且

$$\lim_{x\to+\infty}\frac{f(x)}{x}=\lim_{x\to-\infty}\frac{f(x)}{x}=0$$

证明存在一个 $\xi\in(-\infty,+\infty)$,使得 $f(\xi)+\xi=0$。

证明 令 $F(x)=f(x)+x$,显然,$F(x)$ 在$(-\infty,+\infty)$ 内连续。由题设有

$$\lim_{x\to-\infty}F(x)=\lim_{x\to-\infty}x\left(1+\frac{f(x)}{x}\right)=-\infty$$

因此,存在 $X_1<0$,使得 $F(X_1)<0$。同理,由于

$$\lim_{x\to+\infty}F(x)=\lim_{x\to+\infty}x\left(1+\frac{f(x)}{x}\right)=+\infty$$

存在 $X_2>0$,使得 $F(X_2)>0$。

故 $F(x)$ 在$[X_1,X_2]$上满足零点定理,即存在 $\xi\in(X_1,X_2)$,使得 $F(\xi)=0$,即 $f(\xi)+\xi=0$。

例 56 设 $y=f(x)$ 在$[0,2a]$上连续,且 $f(0)=f(2a)\neq f(a)$,证明存在 $x_0\in(0,a)$,使得 $f(x_0)=f(x_0+a)$。

分析 构造辅助函数,利用零点定理。

证明 取 $F(x)=f(x)-f(x+a)$,$F(x)$ 在$[0,a]$上连续,则

$$F(0)=f(0)-f(a),\quad F(a)=f(a)-f(2a)$$

那么

$$F(0)+F(a)=f(0)-f(2a)$$

又因为 $f(0)=f(2a)$,因此 $F(0)+F(a)=0$,即 $F(0)\cdot F(a)<0$,由零点定理,存在 $x_0\in(0,a)$,使得 $F(x_0)=0$,即有

$$f(x_0)=f(x_0+a)$$

例 57 设 $f(x)$ 在闭区间$[0,1]$上连续,且 $f(x)<1$,证明方程 $2x-\int_0^x f(t)\mathrm{d}t=1$ 在$(0,1)$ 内只有一个实根。

证明 令 $F(x)=2x-\int_0^x f(t)\mathrm{d}t-1$,则 $F(x)$ 在$[0,1]$上连续,且

$$F(0)=-1<0,F(1)=1-\int_0^1 f(t)\mathrm{d}t>0$$

由零点定量,至少存在一个 $\xi\in(0,1)$,使得

$$F(\xi)=2\xi-\int_0^x f(t)\mathrm{d}t-1=0$$

又 $F'(x)=2-f(x)>2-1=1>0$，所以，$F(x)$ 在$[0,1]$上单调增加，故方程 $F(x)=0$ 在$(0,1)$内只有一个实根，即方程 $2x-\int_0^x f(t)\mathrm{d}t=1$ 在$(0,1)$内只有一个实根。

例 58　设函数 $f(x)$ 在(a,b)内连续，且 $a<x_1<x_2<b$，试证在(a,b)内至少存在一点 $\xi\in(a,b)$，使得

$$t_1 f(x_1)+t_2 f(x_2)=(t_1+t_2)f(\xi)$$

其中 $t_1>0,t_2>0$。

证明　由于函数 $f(x)$ 在(a,b)内连续，且 $a<x_1<x_2<b$，故 $f(x)$ 在闭区间$[x_1,x_2]$上连续，由闭区间上连续函数的最大值和最小值定理知，$f(x)$ 在闭区间$[x_1,x_2]$上存在最大值和最小值，设最小值为 m，最大值为 M，则

$$m\leqslant f(x)\leqslant M$$

由于 $t_1>0,t_2>0$，故有 $t_1m\leqslant t_1f(x)\leqslant t_1M$，　$t_2m\leqslant t_2f(x)\leqslant t_2M$，则

$$(t_1+t_2)m\leqslant t_1f(x_1)+t_2f(x_2)\leqslant(t_1+t_2)M$$

即得

$$m\leqslant\frac{t_1f(x_1)+t_2f(x_2)}{t_1+t_2}\leqslant M$$

故由介值定理，至少存在一点 $\xi\in(x_1,x_2)$，使得

$$f(\xi)=\frac{t_1f(x_1)+t_2f(x_2)}{t_1+t_2}$$

由于 $a<x_1<x_2<b$，故至少存在一点 $\xi\in(a,b)$，使得

$$f(\xi)=\frac{t_1f(x_1)+t_2f(x_2)}{t_1+t_2}$$

即

$$t_1f(x_1)+t_2f(x_2)=(t_1+t_2)f(\xi)$$

例 59　设 $f(x)$ 和 $g(x)$ 都在$[a,b]$上连续，且 $f(a)<g(a)$，$f(b)>g(b)$，试证在(a,b)内至少存在一点 ξ，使 $f(\xi)=g(\xi)$。

分析　要证 $f(\xi)=g(\xi)$，只要证 $f(\xi)-g(\xi)=0$ 即可。作辅助函数 $F(x)=f(x)-g(x)$。

证明　令 $F(x)=f(x)-g(x)$，$F(x)$ 在$[a,b]$上连续，且

$$F(a)=f(a)-g(a)<0,F(b)=f(b)-g(b)>0$$

由零点定理，在(a,b)内至少存在一点 ξ，使得 $F(\xi)=0$，即 $f(\xi)=g(\xi)$。

六、极限计算中的其他典型例题

例 60　求 $\lim\limits_{n\to\infty}(1+x)(1+x^2)(1+x^4)\cdots(1+x^{2^n})$　$(|x|<1)$。

分析　这是 n 项乘积求极限问题，对于无穷多个因子的积的极限，应当先求出其积，再求

极限。

解 $\lim\limits_{n\to\infty}(1+x)(1+x^2)(1+x^4)\cdots(1+x^{2^n})$

$$=\lim_{n\to\infty}\frac{(1-x)(1+x)(1+x^2)(1+x^4)\cdots(1+x^{2^n})}{1-x}$$

$$=\lim_{n\to\infty}\frac{(1-x^2)(1+x^2)(1+x^4)\cdots(1+x^{2^n})}{1-x}$$

$$=\cdots=\lim_{n\to\infty}\frac{(1-x^{2^n})(1+x^{2^n})}{1-x}=\lim_{n\to\infty}\frac{(1-x^{2^{n+1}})}{1-x}=\frac{1}{1-x}$$

$$(|x|<1,\lim_{n\to\infty}x^{2^{n+1}}=0)$$

例 61 求$\lim\limits_{n\to\infty}\cos\dfrac{x}{2}\cos\dfrac{x}{4}\cdots\cos\dfrac{x}{2^n}\quad(x\neq 0)$。

分析 这也是 n 项乘积求极限问题，先求出其积，再求极限。

解 原式$=\lim\limits_{n\to\infty}\dfrac{2^n\sin\dfrac{x}{2^n}\cos\dfrac{x}{2}\cos\dfrac{x}{4}\cdots\cos\dfrac{x}{2^n}}{2^n\sin\dfrac{x}{2^n}}$

$$=\lim_{n\to\infty}\frac{2^{n-1}\cos\dfrac{x}{2}\cos\dfrac{x}{4}\cdots\left(2\sin\dfrac{x}{2^n}\cos\dfrac{x}{2^n}\right)}{2^n\sin\dfrac{x}{2^n}}$$

$$=\lim_{n\to\infty}\frac{2^{n-2}\cos\dfrac{x}{2}\cos\dfrac{x}{4}\cdots\left(2\sin\dfrac{x}{2^{n-1}}\cos\dfrac{x}{2^{n-1}}\right)}{2^n\sin\dfrac{x}{2^n}}$$

$$=\cdots=\lim_{n\to\infty}\frac{\sin x}{2^n\sin\dfrac{x}{2^n}}=\lim_{n\to\infty}\frac{\sin x}{2^n\cdot\dfrac{x}{2^n}}=\frac{\sin x}{x}$$

例 62 求极限$\lim\limits_{n\to\infty}\left(\dfrac{1}{1\cdot 2}+\dfrac{1}{2\cdot 3}+\cdots+\dfrac{1}{n(n+1)}\right)$。

分析 这是 n 项和求极限问题，可考虑拆项、化简使其变为有限项。

解 $\lim\limits_{n\to\infty}\left(\dfrac{1}{1\cdot 2}+\dfrac{1}{2\cdot 3}+\cdots+\dfrac{1}{n(n+1)}\right)=\lim\limits_{n\to\infty}\left(1-\dfrac{1}{2}\right)+\left(\dfrac{1}{2}-\dfrac{1}{3}\right)+\cdots+\left(\dfrac{1}{n}-\dfrac{1}{n+1}\right)$

$$=\lim_{n\to\infty}\left(1-\frac{1}{n+1}\right)=1$$

例 63 求极限$\lim\limits_{n\to\infty}\dfrac{\sqrt{n}}{n^2}(\sqrt{1}+\sqrt{2}+\cdots+\sqrt{n})$。

分析 这也是 n 项和求极限问题，可考虑用定积分定义求极限。

解 原式$=\lim\limits_{n\to\infty}\dfrac{1}{n}\left(\sqrt{\dfrac{1}{n}}+\sqrt{\dfrac{2}{n}}+\cdots+\sqrt{\dfrac{n}{n}}\right)=\lim\limits_{n\to\infty}\sum\limits_{i=1}^{n}\dfrac{1}{n}\cdot\sqrt{\dfrac{i}{n}}=\int_0^1\sqrt{x}\,dx=\dfrac{2}{3}$。

例 64　求极限$\lim\limits_{n\to\infty}\left(\dfrac{\sin\frac{\pi}{n}}{n+1}+\dfrac{\sin\frac{2\pi}{n}}{n+\frac{1}{2}}+\cdots+\dfrac{\sin\pi}{n+\frac{1}{n}}\right)$。

分析　此题可以考虑先用夹逼准则，再用定积分定义求极限。

解　由于$\dfrac{\sin\frac{i\pi}{n}}{n+1}<\dfrac{\sin\frac{i\pi}{n}}{n+\frac{1}{i}}<\dfrac{\sin\frac{i\pi}{n}}{n}$，所以

$$\frac{1}{n+1}\sum_{i=1}^{n}\sin\frac{i\pi}{n}<\sum_{i=1}^{n}\frac{\sin\frac{i\pi}{n}}{n+\frac{1}{i}}<\frac{1}{n}\sum_{i=1}^{n}\sin\frac{i\pi}{n}$$

又
$$\lim_{n\to\infty}\frac{1}{n}\sum_{i=1}^{n}\sin\frac{i\pi}{n}=\int_0^1\sin x\pi\,\mathrm{d}x=\frac{2}{\pi}$$

$$\lim_{n\to\infty}\frac{1}{n+1}\sum_{i=1}^{n}\sin\frac{i\pi}{n}=\lim_{n\to\infty}\left(\frac{n}{n+1}\cdot\frac{1}{n}\sum_{i=1}^{n}\sin\frac{i\pi}{n}\right)=\frac{2}{\pi}$$

故
$$\lim_{n\to\infty}\left(\frac{\sin\frac{\pi}{n}}{n+1}+\frac{\sin\frac{2\pi}{n}}{n+\frac{1}{2}}+\cdots+\frac{\sin\pi}{n+\frac{1}{n}}\right)=\frac{2}{\pi}。$$

评注　上面解法$\lim\limits_{n\to\infty}\dfrac{1}{n}\sum\limits_{i=1}^{n}\sin\dfrac{i\pi}{n}=\int_0^1\sin x\pi\,\mathrm{d}x=\dfrac{2}{\pi}$，是将积分区间确定为[0,1]，被积函数$f(x)$为$\sin\pi x$，如果积分和式变换一下，则积分区间和被积函数也随之改变，$\lim\limits_{n\to\infty}\dfrac{1}{n}\sum\limits_{i=1}^{n}\sin\dfrac{i\pi}{n}=\lim\limits_{n\to\infty}\dfrac{1}{\pi}\cdot\dfrac{\pi}{n}\sum\limits_{i=1}^{n}\sin\dfrac{i\pi}{n}=\dfrac{1}{\pi}\int_0^{\pi}\sin x\,\mathrm{d}x=\dfrac{2}{\pi}$，这时将积分区间确定为[0,π]，被积函数$f(x)$为$\sin x$，因此，具体问题可灵活考虑。

例 65　设函数$f(x)$在$x=a$处有二阶导数，求$\lim\limits_{h\to0}\dfrac{f(a+h)+f(a-h)-2f(a)}{h^2}$。

分析　由题设一阶导函数连续，先用洛必达法则，然后利用导数定义求极限。

解

$$\begin{aligned}\lim_{h\to0}\frac{f(a+h)+f(a-h)-2f(a)}{h^2}&=\lim_{h\to0}\frac{f'(a+h)-f'(a-h)}{2h}\\&=\frac{1}{2}\lim_{h\to0}\frac{f'(a+h)-f'(a)+f'(a)-f'(a-h)}{h}\\&=\frac{1}{2}\left[\lim_{h\to0}\frac{f'(a+h)-f'(a)}{h}+\lim_{h\to0}\frac{f'(a-h)-f'(a)}{-h}\right]\\&=\frac{1}{2}[f''(a)+f''(a)]=f''(a)\end{aligned}$$

评注　此题容易犯的错误是连续用两次洛必达法则：

$$\lim_{h\to 0}\frac{f(a+h)+f(a-h)-2f(a)}{h^2}=\lim_{h\to 0}\frac{f'(a+h)-f'(a-h)}{2h}$$

$$=\lim_{h\to 0}\frac{f''(a+h)+f''(a-h)}{2}=f''(a)$$

尽管答案正确，但上述解法是错误的，因为本题没有给出 $f(x)$ 在 $x=a$ 处二阶导数连续，$\lim\limits_{h\to 0}f''(a+h)$ 是未知的，正确解法是先用洛必达法则，然后利用导数定义及 $f(x)$ 在 $x=a$ 处二阶可导的条件求极限。

例 66 设当 $x\to 0$ 时，$f(x)=e^x-\dfrac{1+ax}{1+bx}$ 为 x 的 3 阶无穷小，求常数 a,b 的值。

解 由题设，$\lim\limits_{x\to 0}\dfrac{f(x)}{x^3}=\lim\limits_{x\to 0}\dfrac{e^x-\dfrac{1+ax}{1+bx}}{x^3}=C\neq 0$

由洛必达法则

$$\lim_{x\to 0}\frac{e^x-\dfrac{1+ax}{1+bx}}{x^3}=\lim_{x\to 0}\frac{e^x+bxe^x-1-ax}{x^3(1+bx)}$$

$$=\lim_{x\to 0}\frac{e^x+bxe^x-1-ax}{x^3}$$

$$=\lim_{x\to 0}\frac{e^x+be^x+bxe^x-a}{3x^2} \tag{1}$$

$$=\lim_{x\to 0}\frac{e^x+2be^x+bxe^x}{6x^2} \tag{2}$$

由式(1)得 $\lim\limits_{x\to 0}(e^x+be^x+bxe^x-a)=1+b-a=0$

由式(2)得 $\lim\limits_{x\to 0}(e^x+2be^x+bxe^x)=1+2b=0$

即 $b=-\dfrac{1}{2}, a=\dfrac{1}{2}$。

例 67 设 $f(x)$ 连续，求极限 $\lim\limits_{x\to 0}\dfrac{\int_0^x(x-t)f(t)dt}{x\int_0^x f(x-t)dt}$。

分析 当 $x\to 0$ 时，此为 $\dfrac{0}{0}$ 型，应利用洛必达法则求极限，但由于被积函数中 f 的自变量为 $x-t$，此类问题应先做变换，然后再用洛必达法则。

解 作变换 $u=x-t$，则

$$\int_0^x f(x-t)dt=\int_x^0 f(u)d(-u)=\int_0^x f(u)du=\int_0^x f(t)dt,$$

因此 $\lim\limits_{x\to0}\dfrac{\int_0^x(x-t)f(t)\mathrm{d}t}{x\int_0^x f(x-t)\mathrm{d}t}=\lim\limits_{x\to0}\dfrac{x\int_0^x f(t)\mathrm{d}t-\int_0^x tf(t)\mathrm{d}t}{x\int_0^x f(t)\mathrm{d}t}$

$$=\lim_{x\to0}\frac{\int_0^x f(t)\mathrm{d}t}{\int_0^x f(t)\mathrm{d}t+xf(x)}=\lim_{x\to0}\frac{f(\xi)x}{f(\xi)x+xf(x)}$$

$$=\frac{f(0)}{f(0)+f(0)}=\frac{1}{2}$$

其中 $0<\xi<x$，$x\to0$ 时 $\xi\to0$。

评注　解法中用了洛必达法则和积分中值定理。

例 68　设 $f(x)$ 具有连续的二阶导数，且 $\lim\limits_{x\to0}\left[1+x+\dfrac{f(x)}{x}\right]^{\frac{1}{x}}=\mathrm{e}^3$，试求：$f(0)$，$f'(0)$，$f''(0)$ 及 $\lim\limits_{x\to0}\left[1+\dfrac{f(x)}{x}\right]^{\frac{1}{x}}$。

解　由题设知 $\lim\limits_{x\to0}\dfrac{1}{x}\ln\left[1+x+\dfrac{f(x)}{x}\right]=3$，故有

$$\lim_{x\to0}\ln\left[1+x+\frac{f(x)}{x}\right]=0$$

从而可知 $\lim\limits_{x\to0}\dfrac{f(x)}{x}=0$，则有 $f(0)=\lim\limits_{x\to0}f(x)=\lim\limits_{x\to0}x\cdot\dfrac{f(x)}{x}=0$，故有

$$f'(0)=\lim_{x\to0}\frac{f(x)}{x}=0$$

由于 $f(x)$ 具有连续的二阶导数，则有

$$\lim_{x\to0}\left[1+x+\frac{f(x)}{x}\right]^{\frac{1}{x}}=\lim_{x\to0}\left[1+\frac{x^2+f(x)}{x}\right]^{\frac{x}{x^2+f(x)}\cdot\frac{x^2+f(x)}{x^2}}$$

$$=\mathrm{e}^{\lim\limits_{x\to0}\frac{x^2+f(x)}{x^2}}=\mathrm{e}^{\lim\limits_{x\to0}\frac{2x+f'(x)}{2x}}=\mathrm{e}^{\lim\limits_{x\to0}\frac{2+f''(x)}{2}}=\mathrm{e}^{\frac{2+f''(0)}{2}}=\mathrm{e}^3$$

于是 $\dfrac{2+f''(0)}{2}=3$，则 $f''(0)=4$。

又 $$\lim_{x\to0}\left[1+\frac{f(x)}{x}\right]^{\frac{1}{x}}=\lim_{x\to0}\left[1+\frac{f(x)}{x}\right]^{\frac{x}{f(x)}\cdot\frac{f(x)}{x^2}}$$

由于 $$\lim_{x\to0}\frac{f(x)}{x^2}=\lim_{x\to0}\frac{f'(x)}{2x}=\lim_{x\to0}\frac{f''(x)}{2}=\frac{f''(0)}{2}=2$$

故 $\lim\limits_{x\to0}\left[1+\dfrac{f(x)}{x}\right]^{\frac{1}{x}}=\mathrm{e}^2$。

例 69 设$\lim\limits_{x\to 0}\dfrac{\ln(1+x)-(ax+bx^2)}{\int_0^{x^2}e^{t^2}dt}=3$，求 a,b 的值。

分析 这是已知极限，确定参数问题。

解 由于

$$\lim_{x\to 0}\frac{\ln(1+x)-(ax+bx^2)}{\int_0^{x^2}e^{t^2}dt}=\lim_{x\to 0}\frac{\frac{1}{1+x}-(a+2bx)}{2xe^{x^4}}$$

$$=\lim_{x\to 0}\frac{1-(a+2bx)(1+x)}{2x(1+x)e^{x^4}}$$

当 $x\to 0$ 时，$2x(1+x)e^{x^4}\sim 2x$，故有

$$\lim_{x\to 0}\frac{1-(a+2bx)(1+x)}{2x(1+x)e^{x^4}}=\lim_{x\to 0}\frac{1-(a+2bx)(1+x)}{2x}=3$$

所以，$\lim\limits_{x\to 0}[1-(a+2bx)(1+x)]=0$，则 $a=1$，于是

$$\lim_{x\to 0}\frac{1-(a+2bx)(1+x)}{2x}=\lim_{x\to 0}\frac{1-(1+2bx)(1+x)}{2x}$$

$$=\lim_{x\to 0}\frac{-(2b+1+4bx)}{2}$$

$$=-\frac{2b+1}{2}=3$$

故 $b=-\dfrac{7}{2}$。

例 70 设函数 $y=f(x)$ 在$[0,+\infty)$上有定义，在 $x=1$ 点处连续，并且在$[0,+\infty)$上满足 $f(x^2)=f(x)$，证明：$f(x)=c$（常数），$x\in[0,+\infty)$。

分析 $f(x)$ 在 $x=1$ 处连续，则 $f(1)$ 存在，且$\lim\limits_{x\to 1}f(x)=f(1)$。

证明 由 $f(x^2)=f(x)$，则 $\forall x\in[0,+\infty)$ 有

$$f(x)=f\left(x^{\frac{1}{2}}\right)=f\left(x^{\frac{1}{4}}\right)=\cdots=f\left(x^{\frac{1}{2n}}\right)$$

对于 $\forall x\in[0,+\infty)$，令 $n\to\infty$，则$\lim\limits_{n\to\infty}f\left(x^{\frac{1}{2n}}\right)=\lim\limits_{x\to 1}f(x)$。又因为 $f(x)$ 在 $x=1$ 处连续，则有

$$f(x)=\lim_{n\to\infty}f\left(x^{\frac{1}{2n}}\right)=\lim_{x\to 1}f(x)=f(1)$$

取 $c=f(1)$，则 $\forall x\in[0,+\infty)$ 有 $f(x)=c$。

练　习　题

一、填空题

1. 设 $f(x)=e^{x^2}$，$f(\varphi(x))=1-x$，且 $\varphi(x)\geqslant 0$，求 $\varphi(x)$ 及其定义域为________。

2. 极限 $\lim\limits_{x\to\infty}\dfrac{3x^2+5}{5x+3}\sin\dfrac{2}{x}=$________。

3. 极限 $\lim\limits_{n\to\infty}\left(\dfrac{1}{n}\sin n-n\sin\dfrac{1}{n}\right)=$________。

4. 极限 $\lim\limits_{x\to\infty}x\sin\dfrac{2x}{x^2+1}=$________。

5. 函数 $f(x)=\lim\limits_{n\to\infty}\dfrac{x^{2n}-1}{x^{2n}+1}x$ 的连续区间是________。

6. 设 $f(x)=\begin{cases}\sin x, & x\leqslant 0\\ x^2+\ln x, & x>0\end{cases}$，则 $f(1-x)=$________。

7. 设 $f(x)$ 在 $x=1$ 处连续，且 $\lim\limits_{x\to 1}\dfrac{f(x)-2}{x-1}=1$，则 $f(1)=$________。

8. 设 $\lim\limits_{x\to\infty}\left(\dfrac{x-c}{x+c}\right)^x=4$，$c=$________。

二、选择题

1. 设 $f(x)=\left(1-\dfrac{1}{x}\right)^{-x}$，则当 $x\to+\infty$ 时 $f(x)$ 的极限是(　　)。

(A) e；　(B) $a+b$；　(C) $2a+b$；　(D) 1。

2. 设 $f(x)=x\,e^{\frac{1}{x}}$，则当 $x\to 0$ 时，$f(x)$ 的极限是(　　)。

(A) 0；　(B) $+\infty$；　(C) $-\infty$；　(D) 不存在，但也不是 ∞。

3. 设 $F(x)=\begin{cases}\dfrac{f(x)}{x}, & x\neq 0\\ f(0), & x=0\end{cases}$，其中 $f(x)$ 在 $x=0$ 处可导，$f'(0)\neq 0$，$f(0)=0$，则 $x=0$ 是 $F(x)$ 的(　　)。

(A) 连续点；　(B) 第一类间断点；

(C) 第二类间断点；　(D) 连续点或间断点不能由此确定。

4. 已知极限 $\lim\limits_{n\to\infty}\left(\dfrac{n^2+2}{n}+an\right)=0$，则常数 $a=$(　　)。

(A) -1；　(B) 0；　(C) 1；　(D) 2。

5. 设 $f(x)=\dfrac{x^2-1}{x-1}e^{\frac{1}{x-1}}$，则当 $x\to 1$ 时，$f(x)$ 的极限是(　　)。

(A) 2；　(B) 0；　(C) 不存在，但也不是 ∞；　(D) ∞。

6. 设 $f(x)=x^{\frac{1}{1-x}}$，则当 $x\to 1$ 时 $f(x)$ 的极限是(　　)。

(A)e^{-1}；　(B)e；　(C)e^2；　(D)1。

7. 若极限 $\lim\limits_{x\to\infty}\left(1+\dfrac{k}{x}\right)^x=\sqrt{e}$，则常数 $k=$(　　)。

(A) -2；　(B)2；　(C) $-\dfrac{1}{2}$；　(D) $\dfrac{1}{2}$。

8. 设 $f(x)=3\sin x^2$，$g(x)=4(x^3+x^2)$，则当 $x\to 0$ 时，$f(x)$ 是 $g(x)$ 的(　　)。

(A)等价无穷小；　(B)同阶但不等价无穷小；

(C)高阶无穷小；　(D)低阶无穷小。

三、解答题

1. 求极限 $\lim\limits_{x\to\infty}\left(\sin\dfrac{2}{x}+\cos\dfrac{1}{x}\right)^x$。

2. 设 $\lim\limits_{x\to+\infty}(3x-\sqrt{ax^2+bx+1})=2$，求常数 a，b。

3. 试确定常数 a 的值，使函数

$$f(x)=\begin{cases}a+x^2, & x\leqslant 0\\ x\sin\dfrac{1}{x}, & x>0\end{cases}$$

在 $(-\infty,+\infty)$ 内连续。

4. 设 $P(x)$ 是多项式，且 $\lim\limits_{x\to\infty}\dfrac{P(x)-2x^3}{x^2}=1$，$\lim\limits_{x\to 0}\dfrac{P(x)}{x}=3$，求 $P(x)$。

5. 求下列极限：

(1) $\lim\limits_{n\to\infty}2^n\sin\dfrac{x}{2^n}$；　(2) $\lim\limits_{x\to 0}\dfrac{\sin(\sin x)}{x}$；

(3) $\lim\limits_{n\to\infty}\left(1+\dfrac{2}{n}+\dfrac{2}{n^2}\right)^n$；　(4) $\lim\limits_{n\to\infty}\left(1-\dfrac{1}{2n}\right)^n$。

6. 求下列函数的间断点并判断间断点的类型：

(1) $f(x)=(1-x)\arctan\dfrac{1}{1-x}$；　(2) $f(x)=\begin{cases}e^{\frac{1}{x-1}}, & x>0\\ \ln(1+x), & -1<x\leqslant 0\end{cases}$。

7. 求 $\lim\limits_{x\to\infty}\left(\dfrac{x-1}{x+1}\right)^x$。

8. 求极限 $\lim\limits_{n\to\infty}\sin^2\pi\sqrt{n^2+n}$。

9. 已知 $\lim\limits_{x\to 0}\dfrac{1}{e^x-bx+a}\displaystyle\int_0^x\dfrac{\sin x}{\sqrt{t+c}}dt=1$，求非零常数 a，b，c。

10. 证明方程 $x=a\sin x+b$，其中 $a>0$，$b>0$，至少有一个正根，并且它不超过 $a+b$。

11. 证明：若函数 $f(x)$ 在区间 $[a,+\infty)$ 上连续，且极限 $\lim\limits_{x\to+\infty}f(x)$ 存在，则函数 $f(x)$ 在区间 $[a,+\infty)$ 上有界。

12. 设 $f(x)$ 在 $(0,+\infty)$ 内可导，$f(x)>0$，$\lim\limits_{x\to+\infty}f(x)=1$，且满足，$\lim\limits_{h\to0}\left[\dfrac{f(x+hx)}{f(x)}\right]^{\frac{1}{h}}=e^{\frac{1}{x^2}}$，求 $f(x)$。

练习题答案

一、填空题

1. 答案：$\varphi(x)=\sqrt{\ln(1-x)}$，$x\leqslant0$。

解析 令 $u=\varphi(x)$，则 $f[\varphi(x)]=f(u)=e^{u^2}$，

$$e^{u^2}=1-x\Rightarrow u=\sqrt{\ln(1-x)},\ 1-x\geqslant1$$

于是，$\varphi(x)=\sqrt{\ln(1-x)}$，$x\leqslant0$。

2. 答案：$\dfrac{6}{5}$。

解析
$$\lim_{x\to\infty}\frac{3x^2+5}{5x+3}\sin\frac{2}{x}=\lim_{x\to\infty}2\cdot\frac{3x+\frac{5}{x}}{5x+3}\cdot\frac{\sin\frac{2}{x}}{\frac{2}{x}}=\frac{6}{5}$$

3. 答案：-1。

解析 利用极限运算性质，由于 $\lim\limits_{n\to\infty}\dfrac{1}{n}=0$，$|\sin n|\leqslant1$，所以 $\lim\limits_{n\to\infty}\dfrac{1}{n}\sin n=0$，由重要极限 $\lim\limits_{n\to\infty}n\sin\dfrac{1}{n}=\lim\limits_{n\to\infty}\dfrac{\sin\frac{1}{n}}{\frac{1}{n}}=1$，所以 $\lim\limits_{n\to\infty}\left(\dfrac{1}{n}\sin n-n\sin\dfrac{1}{n}\right)=-1$。

4. 答案：2。

解析 当 $x\to\infty$ 时，$\dfrac{2x}{x^2+1}\to0$，所以

$$\lim_{x\to\infty}x\sin\frac{2x}{x^2+1}=\lim_{x\to\infty}\frac{\sin\frac{2x}{x^2+1}}{\frac{1}{x}}=\lim_{x\to\infty}\frac{\frac{2x}{x^2+1}}{\frac{1}{x}}=\lim_{x\to\infty}\frac{2x^2}{x^2+1}=2$$

5. 答案：$(-\infty,-1)$，$(-1,1)$，$(1,+\infty)$。

解析
$$f(x)=\lim_{n\to\infty}\frac{x^{2n}-1}{x^{2n}+1}x=\begin{cases}x, & |x|>1\\ 0, & |x|=1\\ -x, & |x|<1\end{cases}$$

显然 $f(1+0)=1$，$f(1-0)=-1$，$f(-1+0)=1$，$f(-1-0)=-1$，所以 $x=1$，$x=-1$ 均为第一类间断点。

函数 $f(x)=\lim\limits_{n\to\infty}\dfrac{x^{2n}-1}{x^{2n}+1}x$ 的连续区间是 $(-\infty,-1)$，$(-1,1)$，$(1,+\infty)$。

6.答案：$f(1-x)=\begin{cases}\sin(1-x), & x\geqslant 1\\ (1-x)^2+\ln(1-x), & x<1\end{cases}$

解析 由于 $f(1-x)=\begin{cases}\sin(1-x), & 1-x\leqslant 0\\ (1-x)^2+\ln(1-x), & 1-x>0\end{cases}$,

所以
$$f(1-x)=\begin{cases}\sin(1-x), & x\geqslant 1\\ (1-x)^2+\ln(1-x), & x<1\end{cases}$$

7.答案：2。

解析 由于 $f(x)$ 在 $x=1$ 处连续，且 $\lim\limits_{x\to1}\dfrac{f(x)-2}{x-1}=1$，则 $\lim\limits_{x\to1}[f(x)-2]=0$，
$$f(1)=\lim_{x\to1}f(x)=2$$

8.答案：$-\ln2$。

解析 $\lim\limits_{x\to\infty}\left(\dfrac{x-c}{x+c}\right)^x=\lim\limits_{x\to\infty}\left(1+\dfrac{-2c}{x+c}\right)^x=\lim\limits_{x\to\infty}\left(1+\dfrac{-2c}{x+c}\right)^{\frac{x+c}{-2c}\cdot\frac{-2c}{x+c}\cdot x}$
$$=e^{\lim\limits_{x\to\infty}\frac{-2cx}{x+c}}=e^{-2c}=4,\Rightarrow -2c=\ln4,c=-\ln2$$

二、选择题

1.应选(A)。

解析 $\lim\limits_{x\to+\infty}f(x)=\lim\limits_{x\to+\infty}\left(1-\dfrac{1}{x}\right)^{-x}=\lim\limits_{x\to+\infty}\left(1+\dfrac{1}{-x}\right)^{-x}=e$，故应选(A)。

2.应选(D)。

解析 $\lim\limits_{x\to0^-}f(x)=\lim\limits_{x\to0^-}x\,e^{\frac{1}{x}}=0$，$\lim\limits_{x\to0^+}f(x)=\lim\limits_{x\to0^+}x\,e^{\frac{1}{x}}=\lim\limits_{x\to0^+}\dfrac{e^{\frac{1}{x}}}{\frac{1}{x}}=\lim\limits_{x\to0^+}\dfrac{-\frac{1}{x^2}e^{\frac{1}{x}}}{-\frac{1}{x^2}}=\infty$，故当 $x\to0$ 时，$f(x)$ 的极限是不存在，但也不是无穷大，应选(D)。

3.应选(B)。

解析 由于 $f(x)$ 在 $x=0$ 处可导，$f'(0)\neq0$，$f(0)=0$，

但是
$$\lim_{x\to0}\frac{f(x)}{x}=\lim_{x\to0}\frac{f(x)-f(0)}{x}=f'(0)\neq f(0)$$
则 $x=0$ 是 $F(x)$ 的第一类间断点，故应选(B)。

4.应选(A)。

解析 由于 $\lim\limits_{n\to\infty}\left(\dfrac{n^2+2}{n}+an\right)=\lim\limits_{n\to\infty}\left[(a+1)n+\dfrac{2}{n}\right]=0$，所以 $a+1=0$，$a=-1$，故应选(A)。

5.应选(C)。

解析
$$\lim_{x\to1^+}f(x)=\lim_{x\to1^+}\frac{x^2-1}{x-1}e^{\frac{1}{x-1}}\lim_{x\to1^+}(x+1)e^{\frac{1}{x-1}}=\infty$$
$$\lim_{x\to1^-}f(x)=\lim_{x\to1^-}\frac{x^2-1}{x-1}e^{\frac{1}{x-1}}=\lim_{x\to1^-}(x+1)e^{\frac{1}{x-1}}=0$$
则当 $x\to1$ 时，$f(x)$ 的极限不存在，故应选(C)。

6. 应选(A)。

解析　$\lim\limits_{x\to1}f(x)=\lim\limits_{x\to1}x^{\frac{1}{1-x}}=\lim\limits_{x\to1}[1+(x-1)]^{\frac{-1}{x-1}}=e^{-1}$，故应选(A)。

7. 应选(D)。

解析　由已知$\lim\limits_{x\to\infty}\left(1+\dfrac{k}{x}\right)^x=\lim\limits_{x\to\infty}\left(1+\dfrac{k}{x}\right)^{\frac{x}{k}\cdot k}=e^k=\sqrt{e}$，$k=\dfrac{1}{2}$，故应选(D)。

8. 应选(B)。

解析　$\lim\limits_{x\to0}\dfrac{f(x)}{g(x)}=\lim\limits_{x\to0}\dfrac{3\sin x^2}{4x^2(x+1)}=\dfrac{3}{4}$，故应选(B)。

三、解答题

1. **解析**　令 $y=\dfrac{1}{x}$，

$$\lim_{x\to\infty}\left(\sin\frac{2}{x}+\cos\frac{1}{x}\right)^x=\lim_{y\to0}(\sin2y+\cos y)^{\frac{1}{y}}=e^{\lim\limits_{y\to0}\frac{\ln(\sin2y+\cos y)}{y}}=e^{\lim\limits_{y\to0}\frac{2\cos2y-\sin y}{\sin2y+\cos y}}=e^2$$

2. **解**　由于 $\lim\limits_{x\to+\infty}(3x-\sqrt{ax^2+bx+1})=2$，

所以 $$\lim_{x\to+\infty}(3x-\sqrt{ax^2+bx+1})=\lim_{x\to+\infty}\frac{(3x-\sqrt{ax^2+bx+1})(3x+\sqrt{ax^2+bx+1})}{(3x+\sqrt{ax^2+bx+1})}$$

$$=\lim_{x\to+\infty}\frac{(9-a)x^2-bx-1}{3x+\sqrt{ax^2+bx+1}}=\lim_{x\to+\infty}\frac{(9-a)x-b-\frac{1}{x}}{3+\sqrt{a+\frac{b}{x}+\frac{1}{x^2}}}=2$$

则得 $9-a=0$，$a=9$，$b=-12$。

3. **分析** $f(x)$ 在$(-\infty,0)$，$(0,+\infty)$内均连续，只需要求 $f(x)$ 在 $x=0$ 处也连续即可。

解　采用左右极限相等的方法，在 $x=0$ 处，

$$\lim_{x\to0^-}f(x)=\lim_{x\to0^-}(a+x^2)=a,\ \lim_{x\to0^+}f(x)=\lim_{x\to0^+}x\sin\frac{1}{x}=0$$

且 $f(0)=a$，所以，当 $a=0$ 时，$f(x)$ 在 $x=0$ 处连续。即当 $a=0$ 时，$f(x)$ 在$(-\infty,+\infty)$内连续。

4. **解**　由已知，可设　　$P(x)=2x^3+bx^2+cx+d$

由于 $$\lim_{x\to\infty}\frac{P(x)-2x^3}{x^2}=\lim_{x\to\infty}\frac{bx^2+cx+d}{x^2}=1$$

可知 $b=1$，又由于

$$\lim_{x\to0}\frac{P(x)}{x}=\lim_{x\to0}\frac{2x^3+x^2+cx+d}{x}=3$$

得 $d=0$，$c=3$，即 $P(x)=2x^3+x^2+3x$。

5. **解**　(1) $$\lim_{n\to\infty}2^n\sin\frac{x}{2^n}=\lim_{n\to\infty}\frac{\sin\frac{x}{2^n}}{\frac{x}{2^n}}\cdot x=x$$

(2) $\lim\limits_{x\to 0}\dfrac{\sin(\sin x)}{x}=\lim\limits_{x\to 0}\dfrac{\sin(\sin x)}{\sin x}\cdot\dfrac{\sin x}{x}=1$

(3) $\lim\limits_{n\to\infty}\left(1+\dfrac{2}{n}+\dfrac{2}{n^2}\right)^n=\lim\limits_{n\to\infty}\left(1+\dfrac{2n+2}{n^2}\right)^{\frac{n^2}{2n+2}\cdot\frac{2n+2}{n^2}\cdot n}=e^{\lim\limits_{n\to\infty}\frac{2n^2+2n}{n^2}}=e^2$

(4) $\lim\limits_{n\to\infty}\left(1-\dfrac{1}{2n}\right)^n=\lim\limits_{n\to\infty}\left(1+\dfrac{1}{-2n}\right)^{-2n\cdot\frac{1}{-2}}=e^{-\frac{1}{2}}$

6. **解** (1) 由于$\left|\arctan\dfrac{1}{1-x}\right|<\dfrac{\pi}{2}$，$\lim\limits_{x\to 1}(1-x)=0$，所以$\lim\limits_{x\to 1}(1-x)\arctan\dfrac{1}{1-x}=0$，但是 $f(x)$ 在 $x=1$ 处无定义，故 $x=1$ 为 $f(x)$ 的第一类可去间断点。

(2) 显然 $x=1$ 是 $f(x)$ 的第二类无穷型间断点；在 $x=0$ 处，$\lim\limits_{x\to 0^+}f(x)=\lim\limits_{x\to 0^+}e^{\frac{1}{x-1}}=e^{-1}$，$\lim\limits_{x\to 0^-}f(x)=\lim\limits_{x\to 0^-}\ln(1+x)=0$，$\lim\limits_{x\to 0^+}f(x)\neq\lim\limits_{x\to 0^-}f(x)$，所以 $x=0$ 为 $f(x)$ 的第一类跳跃间断点。

7. **解析 1** $\lim\limits_{x\to\infty}\left(\dfrac{x-1}{x+1}\right)^x=\lim\limits_{x\to\infty}\left[\dfrac{(x-1)/x}{(x+1)/x}\right]^x=\lim\limits_{x\to\infty}\dfrac{\left(1-\dfrac{1}{x}\right)^x}{\left(1+\dfrac{1}{x}\right)^x}=\dfrac{e^{-1}}{e}=e^{-2}$。

解析 2 $\lim\limits_{x\to\infty}\left(\dfrac{x-1}{x+1}\right)^x=\lim\limits_{x\to\infty}\left[1+\left(\dfrac{-2}{x+1}\right)\right]^{\left(\frac{x+1}{-2}\right)\left(\frac{-2x}{x+1}\right)}=e^{-2}$。

8. **解** 利用公式 $\sin^2x=\dfrac{1}{2}(1-\cos 2x)$，有 $\sin^2\pi\sqrt{n^2+n}=\dfrac{1}{2}(1-\cos 2\pi\sqrt{n^2+n})$，

而
$$\begin{aligned}\cos 2\pi\sqrt{n^2+n}&=\cos\left[2\pi\sqrt{n^2+n}-2n\pi+2n\pi\right]=\cos 2\pi\left[(\sqrt{n^2+n}-n)+n\right]\\&=\cos 2\pi(\sqrt{n^2+n}-n)\cos 2n\pi-\sin 2\pi(\sqrt{n^2+n}-n)\sin 2n\pi\\&=\cos 2\pi(\sqrt{n^2+n}-n)=\cos 2\pi\frac{n}{(\sqrt{n^2+n}+n)}\end{aligned}$$

$$\lim_{n\to\infty}\cos 2\pi\sqrt{n^2+n}=\lim_{n\to\infty}\cos 2\pi\frac{1}{\sqrt{1+\dfrac{1}{n}}+1}=\cos\pi=-1$$

所以极限$\lim\limits_{n\to\infty}\sin^2\pi\sqrt{n^2+n}=\lim\limits_{n\to\infty}\dfrac{1}{2}(1-\cos 2\pi\sqrt{n^2+n})=\dfrac{1}{2}[1-(-1)]=1$。

9. **解** 由已知$\lim\limits_{x\to 0}\dfrac{1}{e^x-bx+a}\displaystyle\int_0^x\dfrac{\sin x}{\sqrt{t+c}}dt=1$，有$\lim\limits_{x\to 0}(e^x-bx+a)=0$，$1+a=0$，$a=-1$，代入原式，利用洛必达法则，有

$$\lim_{x\to 0}\frac{1}{e^x-bx-1}\int_0^x\frac{\sin x}{\sqrt{t+c}}dt=\lim_{x\to 0}\frac{\sin x\displaystyle\int_0^x\frac{1}{\sqrt{t+c}}dt}{e^x-bx-1}=\lim_{x\to 0}\frac{x\displaystyle\int_0^x\frac{1}{\sqrt{t+c}}dt}{e^x-bx-1}$$

$$=\lim_{x\to 0}\frac{\displaystyle\int_0^x\frac{1}{\sqrt{t+c}}dt+\frac{x}{\sqrt{x+c}}}{e^x-b}$$

则有$\lim\limits_{x\to 0}(e^x-b)=0$，$1-b=0$，$b=1$，故有

$$\lim_{x\to 0}\frac{\int_0^x\frac{1}{\sqrt{t+c}}dt+\frac{x}{\sqrt{x+c}}}{e^x-b}=\lim_{x\to 0}\frac{\int_0^x\frac{1}{\sqrt{t+c}}dt}{e^x-1}+\lim_{x\to 0}\frac{\frac{x}{\sqrt{x+c}}}{e^x-1}$$

$$=\lim_{x\to 0}\frac{\int_0^x\frac{1}{\sqrt{t+c}}dt}{x}+\lim_{x\to 0}\frac{\frac{x}{\sqrt{x+c}}}{x}=\frac{2}{\sqrt{c}}=1$$

$c=4$，即 $a=-1$，$b=1$，$c=4$。

10. **证明**　令 $f(x)=x-a\sin x-b$，则 $f(x)$ 在区间 $[0,a+b]$ 连续，且 $f(0)=-b<0$，$f(a+b)=a+b-a\sin(a+b)-b=a(1-\sin(a+b))\geqslant 0$，若 $f(a+b)=0$，则 $x=a+b$ 即为所求正根，若 $f(a+b)>0$，由零点定理，$f(x)$ 在开区间 $(0,a+b)$ 内至少有一个根，问题得证。

11. **证明**　令 $\lim\limits_{x\to+\infty}f(x)=A$，对 $\varepsilon=1$，存在 $X>0$，使当 $x>X$ 时，有 $|f(x)-A|<\varepsilon$ 成立。即 $x>X$ 时，$|f(x)|<|A|+1$。

又 $f(x)$ 在 $[a,X]$ 上连续，故 $f(x)$ 在 $[a,X]$ 上有界，即存在常数 $K>0$，使 $|f(x)|\leqslant K$，$(x\in[a,X])$。

取 $M=\max\{K,|A|+1\}$，则在 $[a,+\infty)$ 上，$|f(x)|\leqslant M$，即函数 $f(x)$ 在区间 $[a,+\infty)$ 上有界。

12. **解析**　$$\lim_{h\to 0}\left[\frac{f(x+hx)}{f(x)}\right]^{\frac{1}{h}}=e^{\lim\limits_{h\to 0}\frac{1}{h}[\ln f(x+hx)-\ln f(x)]}$$

$$=e^{\lim\limits_{h\to 0}\frac{x}{hx}[\ln f(x+hx)-\ln f(x)]}=e^{x[\ln f(x)]'}=e^{x^{\frac{1}{2}}}$$

因此有，$x[\ln f(x)]'=\frac{1}{x^2}$，$[\ln f(x)]'=\frac{1}{x^3}$，$\ln f(x)=-\frac{1}{2x^2}+C'$，$f(x)=Ce^{-\frac{1}{2x^2}}$，由 $\lim\limits_{x\to+\infty}f(x)=1$，可知 $C=1$，则 $f(x)=e^{-\frac{1}{2x^2}}$。

第二章　一元函数微分学

考试内容

导数和微分的概念；导数的几何意义；函数的可导性与连续性之间的关系；平面曲线的切线和法线；导数和微分的四则运算；基本初等函数的导数；复合函数和隐函数的微分法；高阶导数；微分中值定理；洛必达(L'Hospital)法则；函数单调性的判别；函数的极值；函数图形的凹凸性、拐点及渐近线；函数的最大值与最小值。

考试要求

1. 理解导数的概念及可导性与连续性之间的关系，了解导数的几何意义，会求平面曲线的切线方程和法线方程。

2. 掌握基本初等函数的导数公式、导数的四则运算法则及复合函数的求导法则，会求分段函数的导数，会求隐函数的导数。

3. 了解高阶导数的概念，掌握二阶导数的求法。

4. 了解微分的概念以及导数与微分之间的关系，会求函数的微分。

5. 理解罗尔(Rolle)定理和拉格朗日(Lagrange)中值定理，掌握这两个定理的简单应用。

6. 会用洛必达法则求极限。

7. 掌握函数单调性的判别方法，了解函数极值的概念，掌握函数极值、最大值和最小值的求法及应用。

8. 会用导数判断函数图形的凹凸性[注：在区间 (a,b) 内，设函数 $f(x)$ 具有二阶导数。当 $f''(x)>0$ 时，$f(x)$ 的图形是凹的；当 $f''(x)<0$ 时，$f(x)$ 的图形是凸的]，会求函数图形的拐点和渐近线(水平、铅直渐近线)。

本章重点

导数的概念及导数的几何意义；函数的可导性与连续性之间的关系；平面曲线的切线和法线；导数和微分的运算法则；二阶导数；微分中值定理；洛必达(L'Hospital)法则；函数单调性的判别；函数的极值；函数图形的凹凸性、拐点；函数的最大值与最小值。

一、导数的概念与性质

1. 导数的定义

设函数 $y=f(x)$ 在 x_0 的某个邻域内有定义，如果极限

$$\lim_{\Delta x\to 0}\frac{\Delta y}{\Delta x}=\lim_{\Delta x\to 0}\frac{f(x_0+\Delta x)-f(x_0)}{\Delta x}$$

存在，则称函数 $y=f(x)$ 在点 x_0 处可导，该极限值称为函数在点 x_0 处的导数，记作

$$f'(x_0),y'|_{x=x_0},\frac{dy}{dx}\bigg|_{x=x_0}\text{或}\frac{df(x)}{dx}\bigg|_{x=x_0}$$

即 $f'(x_0)=\lim\limits_{\Delta x\to 0}\dfrac{\Delta y}{\Delta x}=\lim\limits_{\Delta x\to 0}\dfrac{f(x_0+\Delta x)-f(x_0)}{\Delta x}$。

其他形式 $f'(x_0)=\lim\limits_{x\to x_0}\dfrac{f(x)-f(x_0)}{x-x_0}$，$f'(x_0)=\lim\limits_{h\to 0}\dfrac{f(x_0+h)-f(x_0)}{h}$。

把上式中的 x_0 换成 x，即得 $y=f(x)$ 导函数的定义式

$$f'(x)=\lim_{\Delta x\to 0}\frac{f(x+\Delta x)-f(x)}{\Delta x}$$

或

$$f'(x)=\lim_{h\to 0}\frac{f(x+h)-f(x)}{h}$$

显然

$$f'(x_0)=f'(x)|_{x=x_0}$$

2. 左导数与右导数

左导数　$f'_-(x_0)=\lim\limits_{x\to x_0^-}\dfrac{f(x)-f(x_0)}{x-x_0}=\lim\limits_{\Delta x\to 0^-}\dfrac{f(x_0+\Delta x)-f(x_0)}{\Delta x}$；

右导数　$f'_+(x_0)=\lim\limits_{x\to x_0^+}\dfrac{f(x)-f(x_0)}{x-x_0}=\lim\limits_{\Delta x\to 0^+}\dfrac{f(x_0+\Delta x)-f(x_0)}{\Delta x}$。

如果 $f(x)$ 在开区间 (a,b) 内每点都可导，就说 $f(x)$ 在开区间 (a,b) 内可导；如果 $f(x)$ 在开区间 (a,b) 内可导，且 $f'_+(a)$ 及 $f'_-(b)$ 都存在，就说 $f(x)$ 在闭区间 $[a,b]$ 上可导。

3. 导数的几何意义

$f'(x_0)$ 表示曲线 $y=f(x)$ 在点 $M(x_0,f(x_0))$ 处的切线斜率，即 $f'(x_0)=\tan\alpha$，其中 α 为切线的倾角。

(1)曲线 $y=f(x)$ 在点 $M(x_0,f(x_0))$ 处的切线方程为 $y-y_0=f'(x_0)(x-x_0)$。

(2)曲线 $y=f(x)$ 在点 $M(x_0,f(x_0))$ 处的法线方程为 $y-y_0=-\dfrac{1}{f'(x_0)}(x-x_0)$。

特别地，当 $f'(x_0)=0$ 时，切线方程为 $y=f(x_0)$，法线方程为 $x=x_0$；

当 $f'(x_0)=\infty$ 时，切线方程为 $x=x_0$，法线方程为 $y=f(x_0)$。

4. 函数可导与连续的关系

性质 1　若函数 $f(x)$ 在点 x_0 处可导，则函数 $f(x)$ 在点 x_0 处连续。

注意　该定理的逆定理不成立，即 $f(x)$ 在点 x_0 处连续，$f(x)$ 在点 x_0 处不一定可导。

性质 2　函数 $f(x)$ 在点 x_0 处可导 $\Leftrightarrow$ 左导数 $f'_-(x_0)$ 和右导数 $f'_+(x_0)$ 都存在且相等。

例 1　讨论函数 $f(x)=\begin{cases}x^2\sin\dfrac{1}{x}, & x\neq 0\\ 0, & x=0\end{cases}$ 在点 $x=0$ 处的连续性与可导性。

解 因为 $\sin\dfrac{1}{x}$是有界函数，所以

$$\lim_{x\to 0}f(x)=\lim_{x\to 0}x^2\sin\frac{1}{x}=0$$

$f(0)=\lim\limits_{x\to 0}f(x)=0$，$f(x)$在 $x=0$ 处连续。

在 $x=0$ 处

$$\lim_{\Delta x\to 0}\frac{\Delta y}{\Delta x}=\lim_{\Delta x\to 0}\frac{(0+\Delta x)^2\sin\dfrac{1}{0+\Delta x}-0}{\Delta x}=0$$

即 $f(x)$在 $x=0$ 处可导，$f'(0)=0$。

例 2 设 $f'(x_0)$存在，求下列极限。

(1) $\lim\limits_{\Delta x\to 0}\dfrac{f(x_0+5\Delta x)-f(x_0)}{\Delta x}$，　(2) $\lim\limits_{h\to 0}\dfrac{f(x_0-h)-f(x_0)}{h}$，

(3) $\lim\limits_{\Delta x\to 0}\dfrac{f(x_0+3\Delta x)-f(x_0-2\Delta x)}{\Delta x}$，　(4) $\lim\limits_{h\to 0}\dfrac{f(x_0+h)-f(x_0-h)}{h}$。

解 (1) $\lim\limits_{\Delta x\to 0}\dfrac{f(x_0+5\Delta x)-f(x_0)}{\Delta x}=\lim\limits_{\Delta x\to 0}\dfrac{f(x_0+5\Delta x)-f(x_0)}{5\Delta x}\cdot 5=5f'(x_0)$

(2) $\lim\limits_{h\to 0}\dfrac{f(x_0-h)-f(x_0)}{h}=\lim\limits_{h\to 0}\dfrac{f(x_0-h)-f(x_0)}{-h}\cdot(-1)=-f'(x_0)$

(3)
$$\begin{aligned}&\lim_{\Delta x\to 0}\frac{f(x_0+3\Delta x)-f(x_0-2\Delta x)}{\Delta x}\\&=\lim_{\Delta x\to 0}\frac{[f(x_0+3\Delta x)-f(x_0)]-[f(x_0-2\Delta x)-f(x_0)]}{\Delta x}\\&=3\lim_{\Delta x\to 0}\frac{f(x_0+3\Delta x)-f(x_0)}{3\Delta x}+2\lim_{\Delta x\to 0}\frac{f(x_0-2\Delta x)-f(x_0)}{(-2\Delta x)}\\&=3f'(x_0)+2f'(x_0)=5f'(x_0)\end{aligned}$$

(4)
$$\begin{aligned}\lim_{h\to 0}\frac{f(x_0+h)-f(x_0-h)}{h}&=\lim_{h\to 0}\left[\frac{f(x_0+h)-f(x_0)}{h}+\frac{f(x_0-h)-f(x_0)}{-h}\right]\\&=f'(x_0)+f'(x_0)=2f'(x_0)\end{aligned}$$

例 3 已知 $f(0)=1$，$\lim\limits_{x\to 0}\dfrac{f(2x)-1}{3x}=4$，求 $f'(0)$。

解 因为
$$\begin{aligned}\lim_{x\to 0}\frac{f(2x)-1}{3x}&=\lim_{x\to 0}\frac{f(2x)-f(0)}{3x}\\&=\lim_{x\to 0}\frac{2}{3}\cdot\frac{f(2x)-f(0)}{2x}=\frac{2}{3}f'(0)=4\end{aligned}$$

所以　$f'(0)=6$。

注 导数定义 $f'(x_0)=\lim\limits_{\Delta x\to 0}\dfrac{\Delta y}{\Delta x}=\lim\limits_{\Delta x\to 0}\dfrac{f(x_0+\Delta x)-f(x_0)}{\Delta x}$中的 Δx 可以是一个函数 $u(x)$，当 $\Delta x\to 0$ 时，$u(x)\to 0$。

例 4　设函数 $f(x)=(x^2-a^2)\varphi(x)$，其中 $\varphi(x)$ 在点 $x=a$ 处连续，用定义证明 $f(x)$ 在点 $x=a$ 处可导，并求 $f'(a)$。

证明　由题设，$f(a)=0$。

因为

$$\lim_{x\to a}\frac{f(x)-f(a)}{x-a}=\lim_{x\to a}\frac{(x^2-a^2)\varphi(x)-0}{x-a}=\lim_{x\to a}\frac{(x+a)(x-a)\varphi(x)}{x-a}=\lim_{x\to a}(x+a)\varphi(x)$$

又 $\varphi(x)$ 在点 $x=a$ 处连续，所以

$$\lim_{x\to a}\frac{f(x)-f(a)}{x-a}=\lim_{x\to a}(x+a)\varphi(x)=2a\varphi(a)$$

即

$$f'(a)=\lim_{x\to a}\frac{f(x)-f(a)}{x-a}=2a\varphi(a)$$

所以 $f(x)$ 在点 $x=a$ 处可导，且 $f'(a)=2a\varphi(a)$。

例 5　设函数 $f(x)$ 在 $(0,+\infty)$ 上连续，任意 $x_1,x_2\in(0,+\infty)$ 满足 $f(x_1\cdot x_2)=f(x_1)+f(x_2)$，已知 $f'(1)$ 存在，试证明 $f(x)$ 在 $(0,+\infty)$ 内可导，并求 $f'(x)$。

分析　利用导数定义。

解　由于任意 $x_1,x_2\in(0,+\infty)$，有 $f(x_1\cdot x_2)=f(x_1)+f(x_2)$，则

$$\Delta f=f(x+\Delta x)-f(x)=f\left(x\left(1+\frac{\Delta x}{x}\right)\right)-f(x)=f\left(1+\frac{\Delta x}{x}\right)$$

其中

$$f\left(x\left(1+\frac{\Delta x}{x}\right)\right)=f(x)+f\left(1+\frac{\Delta x}{x}\right)$$

对已知等式令 $x_1=1$，得到 $f(x_2)=f(1)+f(x_2)$，于是 $f(1)=0$，因为 $f'(1)$ 存在，利用导数定义，对任意 $x\in(0,+\infty)$，有

$$\lim_{\Delta x\to 0}\frac{\Delta f}{\Delta x}=\lim_{\Delta x\to 0}\frac{f\left(1+\frac{\Delta x}{x}\right)}{\Delta x}=\lim_{\Delta x\to 0}\frac{f\left(1+\frac{\Delta x}{x}\right)-f(1)}{\frac{\Delta x}{x}}\cdot\frac{1}{x}=\frac{f'(1)}{x}$$

所以 $f'(x)$ 存在且 $f'(x)=\dfrac{f'(1)}{x}$。

注意到上述极限中 x 为参数，Δx 为变量。

例 6　设 $f(x)$ 和 $g(x)$ 在 $(-\infty,+\infty)$ 内有定义，且满足下列条件：

(1) 对任意 x,y 都有 $f(x+y)=f(x)g(y)+f(y)g(x)$；

(2) $f(x)$ 和 $g(x)$ 在 $x=0$ 处可导；

(3) $f(0)=0,g(0)=1,f'(0)=1,g'(0)=0$。

试证 $f(x)$ 对一切 x 均可导，且 $f'(x)=g(x)$。

证明 由题设 $f'(x)=\lim\limits_{\Delta x\to 0}\dfrac{f(x+\Delta x)-f(x)}{\Delta x}$

$$=\lim_{\Delta x\to 0}\frac{f(x)g(\Delta x)+f(\Delta x)g(x)-f(x)}{\Delta x}$$

$$=\lim_{\Delta x\to 0}\left[\frac{f(x)g(\Delta x)-f(x)g(0)}{\Delta x}+\frac{f(\Delta x)g(x)-g(x)f(0)}{\Delta x}\right]$$

$$=f(x)g'(0)+g(x)f'(0)$$

$$=g(x)$$

例 7 设函数 $f(x)=\begin{cases}x^2, & x\leqslant 1\\ ax+b, & x>1\end{cases}$，为了使函数 $f(x)$ 在 $x=1$ 处连续且可导，a,b 应取什么值？

解 函数 $f(x)$ 在 $x=1$ 处连续，应有 $\lim\limits_{x\to 1^-}f(x)=\lim\limits_{x\to 1^+}f(x)=f(1)$，即 $1=a+b$。要使函数 $f(x)$ 在 $x=1$ 处可导，应有 $f'_-(1)=f'_+(1)$，而

$$f'_-(1)=\lim_{x\to 1^-}\frac{f(x)-f(1)}{x-1}=\lim_{x\to 1^-}\frac{x^2-1}{x-1}=2$$

$$f'_+(1)=\lim_{x\to 1^+}\frac{f(x)-f(1)}{x-1}=\lim_{x\to 1^+}\frac{ax+b-1}{x-1}$$

$$=\lim_{x\to 1^+}\frac{ax+1-a-1}{x-1}=\lim_{x\to 1^+}\frac{a(x-1)}{x-1}=a$$

故 $a=2,b=-1$。

注 分段函数在分段点处的导数通常按定义求导。

例 8 讨论 $f(x)=\begin{cases}x, & x\leqslant 1\\ 2-x, & x>1\end{cases}$ 在点 $x=1$ 处的连续性与可导性。

解 因为 $\lim\limits_{x\to 1^-}f(x)=\lim\limits_{x\to 1^-}x=1$

$$\lim_{x\to 1^+}f(x)=\lim_{x\to 1^+}(2-x)=1$$

$$\lim_{x\to 1^-}f(x)=\lim_{x\to 1^+}f(x)=1=f(1)$$

所以 $f(x)$ 在 $x=1$ 处连续；

又 $f'_-(1)=\lim\limits_{x\to 1^-}\dfrac{f(x)-f(1)}{x-1}=\lim\limits_{x\to 1^-}\dfrac{x-1}{x-1}=1$

$$f'_+(1)=\lim_{x\to 1^+}\frac{f(x)-f(1)}{x-1}=\lim_{x\to 1^+}\frac{2-x-1}{x-1}=-1$$

$$f'_-(1)\neq f'_+(1)$$

所以 $f(x)$ 在 $x=1$ 处不可导。

例 9 设 $f(x)$ 为可导函数，且 $f(0)=f'(0)=1$，求极限 $\lim\limits_{x\to 0}\dfrac{f(\sin x)-1}{\ln f(x)}$。

分析 极限状态属于“$\dfrac{0}{0}$”型，设法运用等价无穷小量替换，利用已知 $f'(0)=1$ 存在的条

件，将极限运算与导数定义相联系。

解

$$\lim_{x\to 0}\frac{f(\sin x)-1}{\ln f(x)}=\lim_{x\to 0}\frac{f(\sin x)-1}{\sin x}\cdot\frac{\sin x}{\ln(1+f(x)-1)}$$

$$=\lim_{x\to 0}\frac{f(\sin x)-1}{\sin x}\cdot\lim_{x\to 0}\frac{1}{\ln(1+f(x)-1)^{\frac{1}{\sin x}}}$$

由 $f(0)=f'(0)=1$ 知道 $\lim\limits_{x\to 0}\dfrac{f(\sin x)-1}{\sin x}=f'(0)$，

极限

$$\lim_{x\to 0}\ln(1+f(x)-1)^{\frac{1}{\sin x}}=\lim_{x\to 0}\ln(1+f(x)-1)^{\frac{1}{f(x)-1}\cdot\frac{f(x)-1}{\sin x}}$$

$$=\lim_{x\to 0}\left[\ln(1+f(x)-1)^{\frac{1}{f(x)-1}}\right]^{\frac{f(x)-1}{x}}$$

$$=\left[\lim_{x\to 0}\ln(1+f(x)-1)^{\frac{1}{f(x)-1}}\right]^{\lim\limits_{x\to 0}\frac{f(x)-f(0)}{x}}$$

$$=\ln e^{f'(0)}=\ln e$$

所以所求极限应为 $\lim\limits_{x\to 0}\dfrac{f(\sin x)-1}{\ln f(x)}=f'(0)\cdot\dfrac{1}{\ln e}=1$。

注　此题不能直接应用洛必达法则求极限，因为本题只给出了 $f'(0)=1$，没有给出 $f'(x)$ 在 $x=0$ 处连续的条件，$\lim\limits_{x\to 0}f'(x)$ 未知，因此要应用导数定义求极限，类似问题很多，应该注意。

例 10　已知两曲线 $y=f(x)$ 与 $y=\int_0^{\arctan x}e^{-t^2}\,dt$ 在点 $(0,0)$ 处的切线相同，写出此切线方程，并求 $\lim\limits_{n\to\infty}nf\left(\dfrac{2}{n}\right)$。

解　由已知条件可知 $f(0)=0$，$f'(0)=\left.\dfrac{e^{-(\arctan x)^2}}{1+x^2}\right|_{x=0}=1$，故所求切线方程为 $y=x$。

令 $x=\dfrac{2}{n}$，当 $n\to\infty$ 时，$x\to 0$

故有

$$\lim_{n\to\infty}nf\left(\frac{2}{n}\right)=\lim_{n\to\infty}2\cdot\frac{f\left(\frac{2}{n}\right)-f(0)}{\frac{2}{n}}$$

$$=\lim_{x\to 0}2\cdot\frac{f(x)-f(0)}{x}$$

$$=2f'(0)=2$$

例 11　证明双曲线 $xy=a^2$ 上任一点处的切线与两坐标轴所围成的直角三角形面积恒为 $2a^2$。

证明　设 (x_0,y_0) 为双曲线 $xy=a^2$ 上任一点，该点处切线斜率 $k=\left.\left(\dfrac{a^2}{x}\right)'\right|_{x=x_0}=-\dfrac{a^2}{x_0^2}$，所以切线方程为

$$y-y_0=-\frac{a^2}{x_0^2}(x-x_0)$$

或
$$\frac{x}{2x_0}+\frac{y}{2y_0}=1$$

故直角三角形面积 $S=\frac{1}{2}|2x_0|\cdot|2y_0|=2a^2$。

例 12 已知 $f(x)$ 是周期为 5 的连续函数，它在 $x=0$ 的某个邻域内满足关系式

$$f(1+\sin x)-3f(1-\sin x)=8x+\alpha(x)$$

其中 $\alpha(x)$ 是当 $x\to 0$ 时比 x 高阶的无穷小，且 $f(x)$ 在 $x=1$ 处可导，求曲线 $y=f(x)$ 在点 $(6,f(6))$ 处的切线方程。

解 由 $f(x)$ 连续有

$$\lim_{x\to 0}[f(1+\sin x)-3f(1-\sin x)]=\lim_{x\to 0}[8x+\alpha(x)]$$

得 $f(1)-3f(1)=0$，故 $f(1)=0$。

又
$$\lim_{x\to 0}\frac{f(1+\sin x)-3f(1-\sin x)}{\sin x}=\lim_{x\to 0}\frac{8x+\alpha(x)}{\sin x}$$

即
$$\lim_{x\to 0}\left[\frac{f(1+\sin x)}{\sin x}+\frac{3f(1-\sin x)}{-\sin x}\right]=\lim_{x\to 0}\frac{8x+\alpha(x)}{\sin x}$$

又有
$$\lim_{x\to 0}\left[\frac{f(1+\sin x)}{\sin x}+\frac{3f(1-\sin x)}{-\sin x}\right]=\lim_{x\to 0}\frac{f(1+\sin x)-f(1)}{\sin x}+3\frac{f(1-\sin x)-f(1)}{-\sin x}$$
$$=f'(1)+3f'(1)=4f'(1)$$

$\lim\limits_{x\to 0}\frac{8x+\alpha(x)}{\sin x}=8$，故 $4f'(1)=8$，所以 $f'(1)=2$。

由于 $f(x)$ 是周期为 5 的函数，即 $f(x+5)=f(x)$，于是 $f'(x)$ 也是周期为 5 的函数，从而

$$f(6)=f(1)=0,f'(6)=f'(1)=2$$

故所求的切线方程为 $y=2(x-6)$，即 $2x-y-12=0$。

二、函数的求导法则

1. 导数的基本公式

$(C)'=0$	$(x^{\mu})'=\mu x^{\mu-1}$
$(\sin x)'=\cos x$	$(\cos x)'=-\sin x$
$(\tan x)'=\sec^2 x$	$(\cot x)'=-\csc^2 x$
$(\sec x)'=\sec x\tan x$	$(\csc x)'=-\csc x\cot x$
$(a^x)'=a^x\ln a$	$(e^x)'=e^x$
$(\log_a x)'=\frac{1}{x\ln a}$	$(\ln x)'=\frac{1}{x}$

$(\arcsin x)'=\dfrac{1}{\sqrt{1-x^2}}$　　$(\arccos x)'=-\dfrac{1}{\sqrt{1-x^2}}$

$(\arctan x)'=\dfrac{1}{1+x^2}$　　$(\mathrm{arccot}\, x)'=-\dfrac{1}{1+x^2}$

$(\mathrm{sh}x)'=\mathrm{ch}x$　　$(\mathrm{ch}x)'=\mathrm{sh}x$

$(\mathrm{th}x)'=\dfrac{1}{\mathrm{ch}^2 x}$　　$(\mathrm{cth}x)'=-\dfrac{1}{\mathrm{sh}^2 x}$

$(\mathrm{arsh}x)'=\dfrac{1}{\sqrt{1+x^2}}$　　$(\mathrm{arch}x)'=\dfrac{1}{\sqrt{1-x^2}}$

$(\mathrm{arth}x)'=\dfrac{1}{1-x^2}$

2. 导数的四则运算法则

设函数 $u=u(x)$，$v=v(x)$均在点 x 处具有导数，则它们的和、差、积、商(除分母为零的点外)都在点 x 处具有导数，且

$$[u(x)\pm v(x)]'=u'(x)\pm v'(x)$$

$$[Cu(x)]'=Cu'(x)\quad (C\text{ 是常数})$$

$$[u(x)v(x)]'=u'(x)v(x)+u(x)v'(x)$$

$$\left[\frac{u(x)}{v(x)}\right]'=\frac{u'(x)v(x)-u(x)v'(x)}{v^2(x)},\text{ 其中 } v(x)\neq 0$$

3. 复合函数求导法则

设函数 $u=\varphi(x)$在点 x 处可导，而 $y=f(u)$在点 $u=\varphi(x)$处可导，则复合函数 $y=f[\varphi(x)]$在点 x 处可导，且其导数为

$$\frac{\mathrm{d}y}{\mathrm{d}x}=\frac{\mathrm{d}y}{\mathrm{d}u}\cdot\frac{\mathrm{d}u}{\mathrm{d}x}\text{或 } y'(x)=f'(u)\cdot\varphi'(x)$$

4. 反函数求导法则

设函数 $x=\varphi(y)$在某区间 I_y 内单调、可导且 $\varphi'(y)\neq 0$，那么它的反函数 $y=f(x)$在对应区间 $I_x=\{x\,|\,x=f(y),y\in I_y\}$内也可导，且有

$$f'(x)=\frac{1}{\varphi'(y)}$$

5. 隐函数求导法

用复合函数求导法则，直接对方程两边求导。

6. 对数求导法

先在方程两边取对数，然后利用隐函数的求导方法求出导数。

适用范围：多个函数相乘和幂指函数 $u(x)^{v(x)}$ 的情形。

7. 参变量函数的求导法则

若参数方程 $\begin{cases}x=\varphi(t)\\y=\Psi(t)\end{cases}$ 确定 y 与 x 间的函数关系，函数 $x=\varphi(t)$ 具有单调连续的反函数，$x=\varphi(t)$，$y=\Psi(t)$ 均可导，且 $\varphi'(t)=0$，则有

$$\frac{\mathrm{d}y}{\mathrm{d}x}=\frac{\frac{\mathrm{d}y}{\mathrm{d}t}}{\frac{\mathrm{d}x}{\mathrm{d}t}}=\frac{\Psi'(t)}{\varphi'(t)}$$

例 13 求函数 $y=(x^2+1)^{10}$ 的导数。

解 $y'=10(x^2+1)^9\cdot(x^2+1)'$

$=10(x^2+1)^9\cdot 2x=20x(x^2+1)^9$

例 14 设 $y=\arctan \mathrm{e}^x-\ln\sqrt{\dfrac{\mathrm{e}^{2x}}{\mathrm{e}^{2x}+1}}$，求 $\left.\dfrac{\mathrm{d}y}{\mathrm{d}x}\right|_{x=1}$。

解 因为 $y=\arctan \mathrm{e}^x-x+\dfrac{1}{2}\ln(\mathrm{e}^{2x}+1)$

$$y'=\frac{\mathrm{e}^x}{1+\mathrm{e}^{2x}}-1+\frac{\mathrm{e}^{2x}}{\mathrm{e}^{2x}+1}$$

所以 $\left.\dfrac{\mathrm{d}y}{\mathrm{d}x}\right|_{x=1}=\dfrac{\mathrm{e}-1}{\mathrm{e}^2+1}$。

例 15 求下列函数的导数：

(1) $y=\arctan\dfrac{x-1}{x+1}$，　　(2) $y=\ln\dfrac{\sqrt{a^2+x^2}}{x+\sqrt{a^2+x^2}}$，

(3) $y=\dfrac{\cos 2x}{\sin x+\cos x}$，　　(4) $y=\ln|x|$。

分析 复合函数求导需要先弄清它们的复合过程及与导数基本公式之间的关系，在进行求导运算时，尽量先化简后求导，这样可使求导过程简便。

解 (1)函数可看成 $y=\arctan u$，$u=\dfrac{x-1}{x+1}$ 复合而成的，又 $u=\dfrac{x-1}{x+1}=1-\dfrac{2}{x+1}$

所以
$$y'=\left.\frac{1}{1+u^2}\right|_{u=\frac{x-1}{x+1}}\cdot\left(1-\frac{2}{x+1}\right)'=\frac{1}{1+\left(\frac{x-1}{x+1}\right)^2}\cdot\frac{2}{(x+1)^2}=\frac{1}{x^2+1}$$

(2)商的对数求导问题先化成对数的差，然后再求导，因为

$$y=\frac{1}{2}\ln(a^2+x^2)-\ln(x+\sqrt{a^2+x^2})$$

所以
$$y'=\frac{1}{2}\cdot\frac{(a^2+x^2)'}{a^2+x^2}-\frac{(x+\sqrt{a^2+x^2})'}{x+\sqrt{a^2+x^2}}$$
$$=\frac{x}{a^2+x^2}-\frac{1+\frac{2x}{2\sqrt{a^2+x^2}}}{x+\sqrt{a^2+x^2}}$$
$$=\frac{x}{a^2+x^2}-\frac{1}{\sqrt{a^2+x^2}}$$

(3)由三角函数公式有 $y=\frac{\cos^2 x-\sin^2 x}{\sin x+\cos x}=\cos x-\sin x$，所以 $y'=-\sin x-\cos x$。

注　求导前尽量对原式化简，使运算简便。

(4)**解法 1**　　因为
$$\ln|x|=\begin{cases}\ln x, & x>0\\ \ln(-x), & x<0\end{cases}$$

所以　$x>0$ 时，$y'=(\ln x)'=\frac{1}{x}$

$x<0$ 时，$y'=[\ln(-x)]'=\frac{1}{-x}(-x)'=\frac{1}{x}$

所以$(\ln|x|)'=\frac{1}{x}, x\neq 0$。

解法 2　$(\ln|x|)'=(\ln\sqrt{x^2})'=\frac{1}{\sqrt{x^2}}\cdot(\sqrt{x^2})'=\frac{1}{\sqrt{x^2}}\cdot\frac{(x^2)'}{2\sqrt{x^2}}$
$$=\frac{1}{\sqrt{x^2}}\cdot\frac{2x}{2\sqrt{x^2}}=\frac{1}{x}$$

注　因这一性质，有时为了方便，在利用取对数求导时，不写绝对值符号。

例 16　求函数 $y=\ln\frac{\sqrt{x^2+1}}{\sqrt[3]{x-2}}$　$(x>2)$的导数。

解　将原式化简
$$y=\ln\frac{\sqrt{x^2+1}}{\sqrt[3]{x-2}}=\frac{1}{2}\ln(x^2+1)-\frac{1}{3}\ln(x-2)$$
$$y'=\frac{1}{2}\cdot\frac{1}{x^2+1}\cdot 2x-\frac{1}{3(x-2)}=\frac{x}{x^2+1}-\frac{1}{3(x-2)}$$

注　商的对数求导，先简化成对数的差，然后再求导。

例 17　求函数 $y=\sqrt{x+\sqrt{x+\sqrt{x}}}$ 的导数。

解
$$y'=\frac{1}{2\sqrt{x+\sqrt{x+\sqrt{x}}}}\cdot(x+\sqrt{x+\sqrt{x}})'$$
$$=\frac{1}{2\sqrt{x+\sqrt{x+\sqrt{x}}}}\cdot\left[1+\frac{1}{2\sqrt{x+\sqrt{x}}}(x+\sqrt{x})'\right]$$

$$=\frac{1}{2\sqrt{x+\sqrt{x+\sqrt{x}}}}\left[1+\frac{1}{2\sqrt{x+\sqrt{x}}}\left(1+\frac{1}{2\sqrt{x}}\right)\right]$$

$$=\frac{4\sqrt{x^2+x\sqrt{x}}+2\sqrt{x}+1}{8\sqrt{x+\sqrt{x+\sqrt{x}}}\cdot\sqrt{x^2+x\sqrt{x}}}$$

注 此题就是利用复合函数求导法则由外到内逐次求导的。

例 18 已知 $f\left(x+\frac{1}{x}\right)=x^2+\frac{1}{x^2}$，求 $f'(x)$。

解法 1 因为 $x^2+\frac{1}{x^2}=\left(x+\frac{1}{x}\right)^2-2$，令 $t=x+\frac{1}{x}$，有 $f(t)=t^2-2$，即 $f(x)=x^2-2$。所以 $f'(x)=2x$。

解法 2 两边对 x 求导

$$f'\left(x+\frac{1}{x}\right)\left(1-\frac{1}{x^2}\right)=2x-\frac{2}{x^3}$$

所以

$$f'\left(x+\frac{1}{x}\right)=\frac{2x\left(x-\frac{1}{x}\right)\left(x+\frac{1}{x}\right)}{x^2-1}=2\left(x+\frac{1}{x}\right)$$

所以 $f'(x)=2x$。

例 19 设 $f(x)=\begin{cases}e^{x^2}, & x<0\\ 0, & x=0\\ -e^{x^2}, & x>0\end{cases}$ $F(x)=\int_0^x f(t)\mathrm{d}t$，求 $F'(x)$。

解 首先，可知 $f(x)$ 在 $x<0, x>0$ 皆连续，故 $F'(x)=f(x)$

则 $F'(x)=\begin{cases}e^{x^2}, & x<0\\ -e^{x^2}, & x>0\end{cases}$

$$F'_+(0)=\lim_{x\to0^+}\frac{F(x)-F(0)}{x-0}=\lim_{x\to0^+}\frac{F(x)}{x}=\lim_{x\to0^+}\frac{F'(x)}{1}=\lim_{x\to0^+}\frac{-e^{x^2}}{1}=-1$$

$$F'_-(0)=\lim_{x\to0^-}\frac{F(x)-F(0)}{x-0}=\lim_{x\to0^-}\frac{F(x)}{x}=\lim_{x\to0^-}\frac{F'(x)}{1}=\lim_{x\to0^-}\frac{e^{x^2}}{1}=1$$

所以 $F'(0)$ 不存在。

例 20 设 $\sin y+xe^y=0$，求 y'。

分析 这是隐函数求导的问题，用复合函数求导法则，直接对方程两边求导。

解 方程两边对 x 求导，得

$$\cos y\cdot y'+1\cdot e^y+xe^y\cdot y'=0$$

解得

$$y'=\frac{-e^y}{\cos y+xe^y}$$

隐函数求导方法小结

(1)方程两端同时对 x 求导数,注意把 y 当作复合函数求导的中间变量来看待;

(2)从求导后的方程中解出 y';

(3)隐函数求导允许其结果中含有 y,但求一点的导数时不但要把 x 值代进去,还要把对应的 y 值代进去。

例 21　设 $y=\left(\frac{x}{1+x}\right)^{x}$,求 $\frac{\mathrm{d}y}{\mathrm{d}x}$。

解　取对数,$\ln y=x\ln\left(\frac{x}{1+x}\right)$,整理得

$$\ln y=x\ln x-x\ln(1+x)$$

两边对 x 求导,得

$$\frac{1}{y}y'=\ln x+1-\frac{x}{1+x}-\ln(1+x)=\frac{1}{1+x}+\ln\frac{x}{1+x}$$

于是

$$y'=y\left(\frac{1}{1+x}+\ln\frac{x}{1+x}\right)=\left(\frac{x}{1+x}\right)^{x}\left(\frac{1}{1+x}+\ln\frac{x}{1+x}\right)$$

注　有些时候,利用对数求导法求导数比通常的方法简便些,对于一般形式的幂指函数 $y=u(x)^{v(x)}$　$(u(x)>0)$,先在两边取对数,然后利用隐函数的求导法则求导数。

例 22　设 $f(x)$在$(0,+\infty)$内可导,$f(x)>0$,$\lim\limits_{x\to\infty}f(x)=1$,且满足$\lim\limits_{h\to 0}\left[\frac{f(x+hx)}{f(x)}\right]^{\frac{1}{h}}=\epsilon^{\frac{1}{x}}$,求 $f(x)$。

解　$\lim\limits_{h\to 0}\left[\frac{f(x+hx)}{f(x)}\right]^{\frac{1}{h}}=\mathrm{e}^{\lim\limits_{h\to 0}\frac{1}{h}[\ln f(x+hx)-\ln f(x)]}$

$$=\mathrm{e}^{\lim\limits_{h\to 0}\frac{x}{hx}[\ln f(x+hx)-\ln f(x)]}=\mathrm{e}^{x[\ln f(x)]'}$$

因此,

$$x[\ln f(x)]'=\frac{1}{x},[\ln f(x)]'=\frac{1}{x^{2}},\ln f(x)=-\frac{1}{x}+C_{1}$$

$f(x)=C\mathrm{e}^{-\frac{1}{x}}$,由 $\lim\limits_{x\to+\infty}f(x)=1$,可知 $C=1$,则 $f(x)=\mathrm{e}^{-\frac{1}{x}}$。

例 23　设 $y=x^{x^{x}}+x^{\sin\frac{1}{x}}$,求导数 y'。

解　设 $y=y_1+y_2$,其中 $y_1=x^{x^{x}}$,$y_2=x^{\sin\frac{1}{x}}$,分别对 y_1,y_2 两边取对数,得

$$\ln\ln y_1=x\ln x+\ln\ln x \tag{1}$$

$$\ln y_2=\sin\frac{1}{x}\cdot\ln x \tag{2}$$

式(1)两边关于 x 求导,有$\frac{y'}{y_1\ln y_1}=\ln x+1+\frac{1}{x\ln x}$,所以

$$y_1'=x^{x^{x}}x^{x}\ln x\left(\ln x+1+\frac{1}{x\ln x}\right)$$

式(2)两边关于 x 求导，可得 $y_2'=x^{\sin\frac{1}{x}}\left(\frac{1}{x}\sin\frac{1}{x}-\frac{\ln x}{x^2}\cos\frac{1}{x}\right)$，所以

$$y'=x^{x^x}x^x\ln x\left(\ln x+1+\frac{1}{x\ln x}\right)+x^{\sin\frac{1}{x}}\left(\frac{1}{x}\sin\frac{1}{x}-\frac{\ln x}{x^2}\cos\frac{1}{x}\right)$$

例 24 设 $\begin{cases}x=2t+|t|\\ y=5t^2+4t|t|\end{cases}$，求 $\left.\frac{\mathrm{d}y}{\mathrm{d}x}\right|_{t=0}$。

分析 当 $t=0$ 时，$|t|$ 导数不存在，所以，当 $t=0$ 时 $\frac{\mathrm{d}x}{\mathrm{d}t}$，$\frac{\mathrm{d}y}{\mathrm{d}t}$ 不存在，不能用参变量求导公式求导。

解 由导数定义有，

$$\lim_{\Delta x\to 0}\frac{\Delta y}{\Delta x}=\lim_{\Delta t\to 0}\frac{5(\Delta t)^2+4\Delta t|\Delta t|}{2\Delta t+|\Delta t|}$$
$$=\lim_{\Delta t\to 0}\frac{\Delta t[5+4\mathrm{sgn}(\Delta t)]}{2+\mathrm{sgn}(\Delta t)}=0$$

故 $\left.\frac{\mathrm{d}y}{\mathrm{d}x}\right|_{t=0}=0$。

实际上，对于极限 $\lim\limits_{\Delta t\to 0}\frac{5(\Delta t)^2+4\Delta t|\Delta t|}{2\Delta t+|\Delta t|}$，

当 $\Delta t<0$ 时，$\frac{5(\Delta t)^2+4\Delta t|\Delta t|}{2\Delta t+|\Delta t|}=\frac{5(\Delta t)^2-4(\Delta t)^2}{2\Delta t-\Delta t}=\Delta t$，则有

$$\lim_{\Delta t\to 0^-}\frac{5(\Delta t)^2+4\Delta t|\Delta t|}{2\Delta t+|\Delta t|}=\lim_{\Delta t\to 0^-}\Delta t=0$$

当 $\Delta t>0$ 时，$\frac{5(\Delta t)^2+4\Delta t|\Delta t|}{2\Delta t+|\Delta t|}=\frac{5(\Delta t)^2+4(\Delta t)^2}{2\Delta t+\Delta t}=3\Delta t$，则有

$$\lim_{\Delta t\to 0^+}\frac{5(\Delta t)^2+4\Delta t|\Delta t|}{2\Delta t+|\Delta t|}=\lim_{\Delta t\to 0^+}3\Delta t=0$$

即 $\left.\frac{\mathrm{d}y}{\mathrm{d}x}\right|_{t=0}=0$。

例 25 设 $f(x)=\lim\limits_{n\to\infty}\frac{x^2\mathrm{e}^{n(x-1)}+ax+b}{\mathrm{e}^{n(x-1)}+1}$，$a$，$b$ 为常数，问 a，b 为何值时，$f(x)$ 在 $(-\infty,+\infty)$ 内可导，并求 $f'(x)$。

分析 首先求出 $f(x)$ 的表达式，然后利用函数在一点处可导和连续的性质建立关于参数 a，b 的等式，确定参数并求 $f'(x)$。

解 当 $x<1$ 时，$f(x)=ax+b$

当 $x=1$ 时，$f(x)=\frac{a+b+1}{2}$

当 $x>1$ 时，$f(x)=x^2$

即
$$f(x)=\begin{cases}ax+b & x<1\\ \frac{a+b+1}{2} & x=1\\ x^2 & x>1\end{cases}$$

因为 $f(x)$ 在 $(-\infty,1)$ 和 $(1,+\infty)$ 上可导，所以要使 $f(x)$ 在 $(-\infty,+\infty)$ 可导，只需使 $f(x)$ 在 $x=1$ 处可导，而要使 $f(x)$ 在 $x=1$ 处可导，一定有 $f(x)$ 在 $x=1$ 处连续。

所以 $\lim\limits_{x\to1}f(x)=f(1)$，推出 $a+b=1$，即 $f(1)=1=a+b$，又

$$f'_-(1)=\lim_{x\to1^-}\frac{f(x)-f(1)}{x-1}=\lim_{x\to1^-}\frac{ax+b-a-b}{x-1}=\lim_{x\to1^-}\frac{a(x-1)}{x-1}=a$$

$$f'_+(1)=\lim_{x\to1^+}\frac{f(x)-f(1)}{x-1}=\lim_{x\to1^+}\frac{x^2-1}{x-1}=\lim_{x\to1^+}(x+1)=2$$

所以要使 $f(x)$ 在 $x=1$ 处可导，须 $a=2,b=-1$。

所以 $f'(x)=\begin{cases}2 & x\leqslant1\\2x & x>1\end{cases}$。

三、高阶导数与函数的微分

1. 高阶导数的定义

定义 1　若函数 $y=f(x)$ 在点 x 处的一阶导数 $f'(x)$ 在点 x 处可导，则称 $f'(x)$ 的导数为函数 $y=f(x)$ 在点 x 处的二阶导数，记为

$$f''(x)=\lim_{\Delta x\to0}\frac{f'(x+\Delta x)-f'(x)}{\Delta x}$$

也记作 y''，$\dfrac{d^2y}{dx^2}$ 或 $\dfrac{d^2f(x)}{dx^2}$。

定义 2　若函数 $y=f(x)$ 的 $(n-1)$ 阶导数在点 x 处可导，则称 $f^{(n-1)}(x)$ 在点 x 处的导数为函数 $y=f(x)$ 在点 x 处的 n 阶导数，记为

$$f^{(n)}(x)=\lim_{\Delta x\to0}\frac{f^{(n-1)}(x+\Delta x)-f^{(n-1)}(x)}{\Delta x}$$

也记作 $y^{(n)}$，$\dfrac{d^ny}{dx^n}$ 或 $\dfrac{d^nf(x)}{dx^n}$。

二阶和二阶以上的导数统称为高阶导数。

2. 高阶导数的计算法则

若 $u(x)$，$v(x)$ 均 n 阶可导，则有

法则 1　$[u(x)\pm v(x)]^{(n)}=u^{(n)}(x)\pm v^{(n)}(x)$。

法则 2　莱布尼茨(Leibniz)公式 $[uv]^{(n)}=\sum\limits_{k=0}^{n}C_n^ku^{(n-k)}v^{(k)}$。

即

$$[uv]^{(n)}=u^{(n)}v^{(0)}+C_n^1u^{(n-1)}v^{(1)}+C_n^2u^{(n-2)}v^{(2)}+\cdots+C_n^ku^{(n-k)}v^{(k)}+\cdots+C_n^{n-1}u^{(1)}v^{(n-1)}+u^{(0)}v^{(n)}$$

其中，$C_n^k=\dfrac{n(n-1)\cdots(n-k+1)}{k!}=\dfrac{n!}{k!\cdot(n-k)!}$；$u^{(0)}=u=u(x)$，$v^{(0)}=v=v(x)$。

3. 常用高阶导数公式

(1)$(x^{\mu})^{(n)}=\mu(\mu-1)(\mu-2)\cdots(\mu-n+1)x^{\mu-n}$,特别地,$(x^{n})^{(n)}=n!$,$(x^{n})^{(n+1)}=0$。

(2)$(a^{x})^{(n)}=a^{x}\ln^{n}a$,特别地$(e^{x})^{(n)}=e^{x}$。

(3)$[\sin(ax+b)]^{(n)}=a^{n}\sin\left(ax+b+n\cdot\frac{\pi}{2}\right)$;$[\cos(ax+b)]^{(n)}=a^{n}\cos\left(ax+b+n\cdot\frac{\pi}{2}\right)$;特别地,$(\sin x)^{(n)}=\sin\left(x+n\cdot\frac{\pi}{2}\right)$;$(\cos x)^{(n)}=\cos\left(x+n\cdot\frac{\pi}{2}\right)$。

(4)$\left(\frac{1}{ax+b}\right)^{(n)}=(-1)^{n}\frac{a^{n}\cdot n!}{(ax+b)^{n+1}}$;$[\ln(ax+b)]^{(n)}=(-1)^{n-1}\frac{a^{n}\cdot(n-1)!}{(ax+b)^{n}}$;特别地,$(\ln x)^{(n)}=(-1)^{n-1}\frac{(n-1)!}{x^{n}}$。

4. 参数方程的二阶导数公式

若参数方程$\begin{cases}x=\varphi(t)\\y=\Psi(t)\end{cases}$确定 y 与 x 间的函数关系,函数 $x=\varphi(t)$具有单调连续的反函数,$x=\varphi(t)$,$y=\Psi(t)$均二阶可导,且 $\varphi'(t)\neq0$,则有

$$\frac{d^{2}y}{dx^{2}}=\frac{\Psi''(t)\varphi'(t)-\Psi'(t)\varphi''(t)}{\varphi'^{3}(t)}$$

这个公式不容易记,实际求参数方程的二阶导数$\frac{d^{2}y}{dx^{2}}$时,可以直接求导。

由于

$$\frac{dy}{dx}=\frac{\frac{dy}{dt}}{\frac{dx}{dt}}=\frac{\Psi'(t)}{\varphi'(t)}$$

所以

$$\frac{d^{2}y}{dx^{2}}=\frac{d}{dx}\left(\frac{dy}{dx}\right)=\frac{d}{dt}\left(\frac{\Psi'(t)}{\varphi'(t)}\right)\frac{dt}{dx}=\frac{d}{dt}\left(\frac{\Psi'(t)}{\varphi'(t)}\right)\cdot\frac{1}{\frac{dx}{dt}}$$

5. 微分的定义

设函数 $y=f(x)$在某区间内有定义,x_0 及 $x_0+\Delta x$ 在这区间内,如果函数的增量可表示为

$$\Delta y=f(x_0+\Delta x)-f(x_0)=A\cdot\Delta x+o(\Delta x)$$

其中 A 是与 Δx 无关的常数,$o(\Delta x)$是当 $\Delta x\to0$ 时比 Δx 高阶的无穷小,则称函数 $y=f(x)$在点 x_0 处可微,且称 $A\Delta x$ 为函数 $y=f(x)$在点 x_0 处相应于自变量增量 Δx 的微分,记作 $dy|_{x=x_0}$ 或 $df(x_0)$,即 $dy|_{x=x_0}=A\cdot\Delta x$。

6. 导数与微分的关系

函数 $y=f(x)$ 在点 x_0 处可微的充要条件是 $f(x)$ 在点 x_0 处可导，且 $A=f'(x_0)$，$dy|_{x=x_0}=f'(x_0)\cdot\Delta x$，通常把自变量 x 的增量 Δx 称为自变量的微分，记作 dx，即 $dx=\Delta x$，由此有 $dy|_{x=x_0}=f'(x_0)dx$，于是函数 $y=f(x)$ 在点 x 处的微分可记作 $dy=f'(x)dx$。

当 Δy 是曲线 $y=f(x)$ 上的点的纵坐标增量时，dy 就是曲线的切线上点的纵坐标的相应增量。

7. 微分运算法则与公式

由微分定义 $dy=f'(x)dx$，若要求函数的微分，只需计算函数的导数，再乘以 dx，因此根据导数公式和求导的运算法则，即可得到微分的基本公式和运算法则。

常数和基本初等函数的微分公式

$d(C)=0$　　$dx^{\mu}=\mu x^{\mu-1}dx$

$d\sin x=\cos x\,dx$　　$d\cos x=-\sin x\,dx$

$d\tan x=\sec^2 x\,dx$　　$d\cot x=-\csc^2 x\,dx$

$d\sec x=\sec x\tan x\,dx$　　$d\csc x=-\csc x\cot x\,dx$

$da^x=a^x\ln a\,dx$　　$de^x=e^x dx$

$d\log_a x=\dfrac{dx}{x\ln a}$　　$d\ln x=\dfrac{dx}{x}$

$d\arcsin x=\dfrac{dx}{\sqrt{1-x^2}}$　　$d\arccos x=-\dfrac{dx}{\sqrt{1-x^2}}$

$d\arctan x=\dfrac{dx}{1+x^2}$　　$d\text{arccot}\, x=-\dfrac{dx}{1+x^2}$

函数的和、差、积、商的求导法则

设 $u=u(x)$，$v=v(x)$ 可导，则

(1) $d(u\pm v)=du\pm dv$，　(2) $d(Cu)=Cdu$，C 是常数，

(3) $d(uv)=vdu+udv$　(4) $d\left(\dfrac{u}{v}\right)=\dfrac{vdu-udv}{v^2}$，$v\neq0$。

8. 一阶微分形式的不变性

如果函数 $u=\varphi(x)$ 和 $y=f(u)$ 可导，则复合函数 $y=f[\varphi(x)]$ 的微分为

$$dy=f'(u)du \quad 或 \quad dy=f'(u)\cdot\varphi'(x)dx$$

即不论 u 是自变量还是中间变量，$dy=f'(u)du$ 总成立，这个性质称为微分形式不变性。

例 26　设 $y=\ln(x+\sqrt{x^2+a^2})$，求 y''。

解
$$y'=\frac{1}{x+\sqrt{x^2+a^2}}(x+\sqrt{x^2+a^2})'$$
$$=\frac{1}{x+\sqrt{x^2+a^2}}\left(1+\frac{x}{\sqrt{x^2+a^2}}\right)=\frac{1}{\sqrt{x^2+a^2}}$$
$$y''=-\frac{1}{2}(x^2+a^2)^{-\frac{3}{2}}\cdot 2x=-\frac{x}{\sqrt{(x^2+a^2)^3}}$$

例 27 设 $y=y(x)$ 由方程 $x^2+y^2=1$ 所确定,求 y''。

解 方程两边对 x 求导,$2x+2yy'=0$,$y'=-\frac{x}{y}$,
$$y''=-\frac{1\cdot y-xy'}{y^2}=-\frac{y+\frac{x^2}{y}}{y^2}$$
$$=-\frac{y^2+x^2}{y^3}=-\frac{1}{y^3}$$

例 28 设 $y=\frac{1}{x^2-3x+2}$,求 $y^{(n)}$ (n 为正整数)。

解
$$y=\frac{1}{(x-1)(x-2)}=\frac{1}{x-2}-\frac{1}{x-1}=(x-2)^{-1}-(x-1)^{-1}$$
$$y'=-[(x-2)^{-2}-(x-1)^{-2}]$$
$$y''=(-1)(-2)[(x-2)^{-3}-(x-1)^{-3}]$$
$$\vdots$$
$$y^{(n)}=(-1)^n n!\,[(x-2)^{-(n+1)}-(x-1)^{-(n+1)}]$$

例 29 求对数函数 $\ln(1+x)$ 的 n 阶导数。

解 $y=\ln(1+x)$,$y'=\frac{1}{1+x}$,$y''=-\frac{1}{(1+x)^2}$,$y'''=\frac{1\cdot 2}{(1+x)^3}$,$y^{(4)}=-\frac{1\cdot 2\cdot 3}{(1+x)^4}$,……

一般地,可得 $y^{(n)}=(-1)^{n-1}\frac{(n-1)!}{(1+x)^n}$,即
$$[\ln(1+x)]^{(n)}=(-1)^{n-1}\frac{(n-1)!}{(1+x)^n}$$

通常规定 $0!=1$,所以这个公式当 $n=1$ 时也成立。

例 30 设 $y=\sin^4 x+\cos^4 x$,求 $y^{(n)}$ (n 为正整数)。

解
$$y=\left(\frac{1-\cos 2x}{2}\right)^2+\left(\frac{1+\cos 2x}{2}\right)^2$$
$$=\frac{1}{4}(2+2\cos^2 2x)=\frac{3}{4}+\frac{1}{4}\cos 4x$$
$$y^{(n)}=\frac{1}{4}\cdot 4^n\cos\left(4x+\frac{n\pi}{2}\right)=4^{n-1}\cos\left(4x+\frac{n\pi}{2}\right)$$

例 31　设 $y=x^3e^{2x}$，求 $y^{(n)}$　（n 为正整数）。

解　用莱布尼茨公式

$$y^{(n)}=\sum_{k=0}^{n}C_n^k(x^3)^{(k)}(e^{2x})^{(n-k)}$$
$$=x^3(e^{2x})^{(n)}+3nx^2(e^{2x})^{(n-1)}+\frac{n(n-1)}{2}6x(e^{2x})^{(n-2)}+$$
$$\frac{n(n-1)(n-2)}{6}\cdot 6\cdot(e^{2x})^{(n-3)}$$
$$=2^{n-3}e^{2x}[8x^3+12nx^2+6n(n-1)x+n(n-1)(n-2)]$$

例 32　求由方程 $\begin{cases}x=a\cos^3 t\\ y=a\sin^3 t\end{cases}$ 表示的函数的二阶导数 $\frac{d^2y}{dx^2}$。

解

$$\frac{dy}{dx}=\frac{\frac{dy}{dt}}{\frac{dx}{dt}}=\frac{3a\sin^2 t\cos t}{3a\cos^2 t(-\sin t)}=-\tan t$$

$$\frac{d^2y}{dx^2}=\frac{d}{dx}\left(\frac{dy}{dx}\right)=\frac{(-\tan t)'}{(a\cos^3 t)'}=\frac{-\sec^2 t}{-3a\cos^2 t\sin t}=\frac{\sec^4 t}{3a\sin t}$$

例 33　设 $\begin{cases}x=\ln\sqrt{1+t^2}\\ y=\arctan t\end{cases}$，求 $\frac{d^2y}{dx^2}$。

解　因为 $\frac{dy}{dt}=\frac{1}{1+t^2}$，$\frac{dx}{dt}=\frac{1}{\sqrt{1+t^2}}\frac{2t}{2\sqrt{1+t^2}}=\frac{t}{1+t^2}$，所以，

$$\frac{dy}{dx}=\frac{\frac{dy}{dt}}{\frac{dx}{dt}}=\frac{1}{t}$$

$$\frac{d^2y}{dx^2}=\frac{d}{dt}\left(\frac{1}{t}\right)\frac{dt}{dx}=\frac{d}{dt}\left(\frac{1}{t}\right)\frac{1}{\frac{dx}{dt}}=-\frac{1}{t^2}\frac{1+t^2}{t}=-\frac{1+t^2}{t^3}$$

例 34　设函数 $y=y(x)$ 由方程组 $\begin{cases}x=\arctan t\\ \int_0^y e^{u^2}du+\int_t^1\frac{\cos u}{1+u^2}du=0\end{cases}$ 确定，求 $\frac{dy}{dx}$，$\frac{d^2y}{dx^2}$。

解　将方程组两式分别求微分，得 $\begin{cases}dx=\frac{dt}{1+t^2}\\ e^{y^2}dy-\frac{\cos t}{1+t^2}dt=0\end{cases}$，则有 $\begin{cases}dx=\frac{dt}{1+t^2}\\ dy=e^{-y^2}\frac{\cos t}{1+t^2}dt\end{cases}$

故有　$\frac{dy}{dx}=e^{-y^2}\cos t=e^{-y^2}\cos(\tan x)$

$$\frac{d^2y}{dx^2}=\frac{d}{dx}[e^{-y^2}\cos(\tan x)]=-2ye^{-y^2}\frac{dy}{dx}\cos(\tan x)-e^{-y^2}\sin(\tan x)\frac{1}{\cos^2 x}$$
$$=-e^{-y^2}[2ye^{-y^2}\cos^2(\tan x)+(1+\tan^2 x)\sin(\tan x)]$$

例 35 设 $f(x)=\begin{cases}\frac{1}{x}[g(x)-e^{-x}], & x\neq 0\\ 0, & x=0\end{cases}$，其中 $g(x)$ 有二阶连续导数，且 $g(0)=1$，$g'(0)=-1$。

(1)求 $f'(x)$；

(2)讨论 $f'(x)$ 在 $(-\infty,+\infty)$ 内的连续性。

解 (1)当 $x\neq 0$ 时，

$$f'(x)=\frac{1}{x^2}\{x[g'(x)+e^{-x}]-g(x)+e^{-x}\}=\frac{1}{x^2}[xg'(x)-g(x)+(x+1)e^{-x}]$$

当 $x=0$ 时，

$$f'(0)=\lim_{x\to 0}\frac{f(x)-f(0)}{x-0}=\lim_{x\to 0}\frac{g(x)-e^{-x}}{x^2}$$
$$=\lim_{x\to 0}\frac{g'(x)+e^{-x}}{2x}=\lim_{x\to 0}\frac{g''(x)-e^{-x}}{2}=\frac{g''(0)-1}{2}$$

所以

$$f'(x)=\begin{cases}\frac{1}{x^2}[xg'(x)-g(x)+(x+1)e^{-x}], & 当\ x\neq 0\\ \frac{g''(0)-1}{2}, & 当\ x=0\end{cases}$$

(2)显然 $x\neq 0$ 时，$f'(x)$ 连续，当 $x=0$ 时，

$$\lim_{x\to 0}f'(x)=\lim_{x\to 0}\frac{1}{x^2}[xg'(x)-g(x)+(x+1)e^{-x}]$$
$$=\lim_{x\to 0}\frac{1}{2x}[xg''(x)+g'(x)-g'(x)+e^{-x}-(x+1)e^{-x}]$$
$$=\lim_{x\to 0}\frac{xg''(x)-xe^{-x}}{2x}$$
$$=\frac{1}{2}\lim_{x\to 0}(g''(x)-e^{-x})$$
$$=\frac{1}{2}[g''(0)-1]=f'(0)$$

所以 $f'(x)$ 在 $x=0$ 处也连续，于是 $f'(x)$ 在 $(-\infty,+\infty)$ 内连续。

例 36 $y=\ln(1+e^{x^2})$，求 dy。

解 $dy=d\ln(1+e^{x^2})=\frac{1}{1+e^{x^2}}d(1+e^{x^2})=\frac{1}{1+e^{x^2}}\cdot e^{x^2}d(x^2)$

$$=\frac{e^{x^2}}{1+e^{x^2}}\cdot 2x\,dx=\frac{2xe^{x^2}}{1+e^{x^2}}dx$$

例 37　设函数 $y=y(x)$ 由方程 $e^{x+y}+\cos(xy)=0$ 确定，求 dy。

分析　可以利用一阶微分的形式不变性，两边求微分，也可以先求出导数，再求微分。

解法 1　方程 $e^{x+y}+\cos(xy)=0$ 两边求微分，得

$$e^{x+y}(dx+dy)-\sin(xy)(ydx+xdy)=0$$

整理得 $dy=\dfrac{y\sin(xy)-e^{x+y}}{e^{x+y}-x\sin(xy)}dx$。

解法 2　方程 $e^{x+y}+\cos(xy)=0$ 的两边对 x 求导，得

$$e^{x+y}(1+y')-\sin(xy)(y+xy')=0$$

解得 $y'=\dfrac{y\sin(xy)-e^{x+y}}{e^{x+y}-x\sin(xy)}$，所以 $dy=\dfrac{y\sin(xy)-e^{x+y}}{e^{x+y}-x\sin(xy)}dx$。

例 38　$y=e^{1-3x}\cos x$，求 dy。

解　应用积的微分法则，得

$$\begin{aligned}dy&=d(e^{1-3x}\cos x)=\cos x\,d(e^{1-3x})+e^{1-3x}d(\cos x)\\&=(\cos x)e^{1-3x}(-3dx)+e^{1-3x}(-\sin x\,dx)\\&=-e^{1-3x}(3\cos x+\sin x)dx\end{aligned}$$

例 39　设函数 $y=y(x)$ 由方程 $e^y+xy=e$ 所确定，求 $y''(0)$。

分析　本题是隐函数求导问题，在求二阶导数时注意方法。

解　利用隐函数求导法则，方程两边对 x 求导，得

$$e^y\cdot y'+y+xy'=0 \tag{1}$$

$$e^y\cdot y'^2+e^y\cdot y''+2y'+xy''=0 \tag{2}$$

由式(1)得　$y'=-\dfrac{y}{x+e^y}$，

$$y'(0)=-\frac{y}{x+e^y}\bigg|_{\substack{x=0\\y=1}}=-\frac{1}{e}$$

将 $x=0,y=1,y'(0)=-\dfrac{1}{e}$ 代入式(2)，得

$$e\cdot\left(-\frac{1}{e}\right)^2+ey''(0)+2\left(-\frac{1}{e}\right)=0$$

即 $y''(0)=\dfrac{1}{e^2}$。

注　本题也可在求出一阶导数 $y'=-\dfrac{y}{x+e^y}$ 之后，在此基础上求二阶导数 $y''(x)$，然后求 $y''(0)$。

四、微分中值定理

1. 费马定理

设函数 $f(x)$ 在点 x_0 的某邻域 $U(x_0)$ 内有定义，并且在点 x_0 处可导，如果对任意的 $x\in U(x_0)$，有 $f(x)\leqslant f(x_0)$ 或 $f(x)\geqslant f(x_0)$，那么 $f'(x_0)=0$。

2. 罗尔(Rolle)定理

如果函数 $f(x)$满足

(1)在闭区间$[a,b]$上连续;

(2)在开区间(a,b)内可导;

(3)且在区间端点的函数值相等,即 $f(a)=f(b)$;

那么在(a,b)内至少有一点 $\xi\,(a<\xi<b)$,使得函数 $f(x)$在该点的导数等于零,即 $f'(\xi)=0$。

3. 拉格朗日(Lagrange)中值定理

如果函数 $f(x)$满足

(1)在闭区间$[a,b]$上连续;

(2) 在开区间(a,b)内可导;

那么在(a,b)内至少有一点 $\xi\,(a<\xi<b)$,使得等式

$$f(b)-f(a)=f'(\xi)(b-a)$$

成立。

注 拉格朗日中值定理为罗尔定理的推广,当 $f(a)=f(b)$时的特殊情形,就是罗尔定理。

4. 柯西中值定理

设函数 $f(x)$和 $g(x)$满足

(1)在闭区间$[a,b]$上连续;

(2)在开区间(a,b)内可导;

(3)对任一 $x\in(a,b)$,$g'(x)\neq0$,则至少存在一点 $\xi\in(a,b)$使得等式

$$\frac{f(b)-f(a)}{g(b)-g(a)}=\frac{f'(\xi)}{g'(\xi)}\quad(a<\xi<b)$$

成立。

注 柯西中值定理为拉格朗日中值定理的推广,特殊情形 $g(x)=x$ 时,柯西中值定理就是拉格朗日中值定理。

例 40 设 $f(x)$在$[0,3]$上连续,在$(0,3)$内可导,且 $f(0)+f(1)+f(2)=3$,$f(3)=1$。求证必存在 $\xi\in(0,3)$,使 $f'(\xi)=0$。

证明 因为 $f(x)$在$[0,3]$上连续,所以 $f(x)$在$[0,2]$上连续,且有最大值 M 和最小值 m,于是 $m\leqslant f(0)\leqslant M$,$m\leqslant f(1)\leqslant M$,$m\leqslant f(2)\leqslant M$,$m\leqslant\frac{1}{3}[f(0)+f(1)+f(2)]\leqslant M$,由连续函数介值定理可知,至少存在一点 $c\in[0,2]$,使得 $f(c)=\frac{1}{3}[f(0)+f(1)+f(2)]=1$,因此 $f(c)=f(3)$,且 $f(x)$在$[c,3]$上连续,在$(c,3)$内可导,由罗尔定理知必存在 $\xi\in(c,3)\subset(0,3)$,使得 $f'(\xi)=0$。

例 41 设 $f(x)$在$[0,1]$上连续,在$(0,1)$内可导,且 $3\int_{\frac{2}{3}}^{1}f(x)\mathrm{d}x=f(0)$,求证存在 $\xi\in(0,1)$,使得 $f'(\xi)=0$。

证明　由积分中值定理可知，存在 $c\in\left[\frac{2}{3},1\right]$，使得

$$\int_{\frac{2}{3}}^{1}f(x)\mathrm{d}x=f(c)\left(1-\frac{2}{3}\right)$$

则有

$$f(c)=3\int_{\frac{2}{3}}^{1}f(x)\mathrm{d}x=f(0)$$

由于 $f(x)$ 在 $[0,c]$ 上连续，在 $(0,c)\subset(0,1)$ 上可导，由罗尔定理知必存在 $\xi\in(0,c)\subset(0,1)$，使得 $f'(\xi)=0$。

例 42　设 $f(x)$ 在 $[0,1]$ 上可微，且 $f(1)-2\int_{0}^{\frac{1}{2}}xf(x)\mathrm{d}x=0$，证明在 $(0,1)$ 内至少存在一点 ξ，使得 $f'(\xi)=-\frac{f(\xi)}{\xi}$。

分析　本题要证明的等式变形为 $f(\xi)+\xi f'(\xi)=0$，即 $\varphi'(\xi)=f(\xi)+\xi f'(\xi)=0$，由此考虑作辅助函数，利用罗尔定理证明。

证明　作辅助函数 $\varphi(x)=xf(x)$，根据积分中值定理，由 $f(1)-2\int_{0}^{\frac{1}{2}}xf(x)\mathrm{d}x=0$，得到

$$f(1)-2\cdot\frac{1}{2}cf(c)=0$$

即

$$f(1)=cf(c)$$

显然，$\varphi(x)$ 在 $[c,1]$ 上连续，在 $(c,1)$ 内可导，且 $\varphi(c)=\varphi(1)$，可见，$\varphi(x)$ 满足罗尔定理，所以，在 $(c,1)\subset(0,1)$ 内至少有一点 ξ，使 $\varphi'(\xi)=f(\xi)+\xi f'(\xi)=0$，即

$$f'(\xi)=-\frac{f(\xi)}{\xi}$$

注　用罗尔定理证明含有中值 ξ 的等式，一般需要先构造辅助函数 $\varphi(x)$，再验证 $\varphi(x)$ 在某区间上满足罗尔定理条件，构造辅助函数 $\varphi(x)$ 通常可以从要证明的结论出发，例如要证明 $f(\xi)+\xi f'(\xi)=0$，可考虑辅助函数 $\varphi(x)=xf(x)$，而欲证 $f'(\xi)+g'(\xi)f(\xi)=0$，可考虑辅助函数 $\varphi(x)=\mathrm{e}^{g(x)}f(x)$。

例 43　设 $f(x)$ 在 $[0,1]$ 上连续，在 $(0,1)$ 内可导，$f(0)=f(1)=0$，$f\left(\frac{1}{2}\right)=1$，试证

(1)存在 $\eta\in\left(\frac{1}{2},1\right)$，使 $f(\eta)=\eta$；

(2)对任意实数 λ，存在 $\xi\in(0,\eta)$，使得 $f'(\xi)-\lambda[f(\xi)-\xi]=1$。

证明　(1)令 $g(x)=f(x)-x$，显然它在 $[0,1]$ 上连续，又 $g(1)=-1<0$，$g\left(\frac{1}{2}\right)=\frac{1}{2}>0$，根据介值定理，存在 $\eta\in\left(\frac{1}{2},1\right)$，使 $g(\eta)=0$，即 $f(\eta)=\eta$。

(2)令 $F(x)=e^{-\lambda x}g(x)=e^{-\lambda x}[f(x)-x]$，它在$[0,\eta]$上满足罗尔定理的条件，故存在$\xi\in(0,\eta)$，使 $F'(\xi)=0$，即

$$e^{-\lambda\xi}\{f'(\xi)-\lambda[f(\xi)-\xi]-1\}=0$$

从而 $f'(\xi)-\lambda[f(\xi)-\xi]=1$。

例 44 求证当 $x\geqslant 1$ 时，$\arctan x-\frac{1}{2}\arccos\frac{2x}{1+x^2}=\frac{\pi}{4}$。

证明 令 $f(x)=\arctan x-\frac{1}{2}\arccos\frac{2x}{1+x^2}-\frac{\pi}{4}$，则 $f(x)$在$[1,x]$上连续，在$(1,x)$内可导，由拉格朗日中值定理知，存在 $\xi\in(1,x)$，使得

$$f(x)-f(1)=f'(\xi)(x-1)$$

因为

$$f'(x)=\frac{1}{1+x^2}+\frac{1}{2}\cdot\frac{1}{\sqrt{1-\frac{4x^2}{(1+x^2)^2}}}\cdot\frac{2(1+x^2)-4x^2}{(1+x^2)^2}$$
$$=\frac{1}{1+x^2}+\frac{1}{2}\cdot\frac{1+x^2}{x^2-1}\cdot\frac{2(1-x^2)}{(1+x^2)^2}\equiv 0$$

所以 $f(x)=f(1)$又 $f(1)=0$，故当 $x\geqslant 1$ 时，$\arctan x-\frac{1}{2}\arccos\frac{2x}{1+x^2}=\frac{\pi}{4}$。

例 45 设 $f(x)$在$[1,2]$上有二阶导数，且 $f(1)=f(2)=0$，$F(x)=(x-1)^2f(x)$，证明存在 $\xi\in(1,2)$，使得 $F''(\xi)=0$。

分析 考虑对 $F'(x)$应用罗尔定理。

证法 1 由于 $F'(x)=2(x-1)f(x)+(x-1)^2f'(x)$，令 $x=1$，则有 $F'(1)=0$。

另由 $F(1)=0$，$F(2)=f(2)=0$，由罗尔定理知，存在 $\xi_1\in(1,2)$，使得 $F'(\xi_1)=0$。

对 $F'(x)$在区间$[1,\xi_1]$上应用罗尔定理，则有 $\xi\in(1,\xi_1)\subset(1,2)$，使得 $F''(\xi)=0$。

证法 2 反证法。

设对任意 $x\in(1,2)$，$F''(x)\neq 0$，不妨设 $F''(x)>0$，因此 $F'(x)$在$[1,2]$上为严格单调增加函数，又由于 $F'(1)=0$，所以，对于任意 $x\in(1,2)$，有 $F'(x)>0$。

由题设 $F(1)=F(2)=0$，由罗尔定理，存在 $\xi_1\in(1,2)$，使得 $F'(\xi_1)=0$，这与上述讨论 $F'(x)>0$ 矛盾，于是原假设不成立，即必有 $\xi\in(1,2)$，使得 $F''(\xi)=0$。

例 46 设函数 $f(x)$在$[0,a]$上具有二阶导数，且$|f''(x)|\leqslant M$，$f(x)$在$(0,a)$内取得最大值，证明$|f'(0)|+|f'(a)|\leqslant Ma$。

证明 设 $c\in(a,b)$，且 $f(x)$在点 c 达到最大，于是有 $f'(c)=0$，从而由拉格朗日中值定理得

$$f'(0)-f'(c)=f''(\xi)(0-c)\quad(0<\xi<c)$$
$$f'(a)-f'(c)=f''(\eta)(a-c)\quad(c<\eta<a)$$

又

$$|f'(0)|+|f'(a)|=|f'(0)-f'(c)|+|f'(a)-f'(c)|$$
$$=|f''(\xi)(0-c)|+|f''(\eta)(a-c)|$$
$$\leqslant M[|c|+|a-c|]=M[c+a-c]=Ma$$

所以，$|f'(0)|+|f'(a)|\leqslant Ma$。

例 47 设 $f(x)$在$[0,1]$上连续，$(0,1)$内可导，且 $f(0)=0$，$f(1)=1$，证明

(1)存在 $\xi\in(0,1)$,使得 $f(\xi)=1-\xi$;

(2)存在 $\eta,\zeta\in(0,1)$,$\eta\neq\zeta$,使 $f'(\eta)f'(\zeta)=1$。

分析　(1)考虑作辅助函数,利用零点定理;(2)考虑拉格朗日中值定理。

证明　(1)令 $g(x)=f(x)+x-1$,则 $g(x)$在$[0,1]$上连续,且 $g(0)=-1<0$,$g(1)=1>0$,由零点定理,存在 $\xi\in(0,1)$,使 $g(\xi)=0$,即 $f(\xi)=1-\xi$。

(2)在$[0,\xi]$和$[\xi,1]$上对 $f(x)$用拉格朗日中值定理,存在 $\eta\in(0,\xi)$,使得

$$f'(\eta)=\frac{f(\xi)-f(0)}{\xi-0}=\frac{1-\xi}{\xi}$$

存在 $\zeta\in(\xi,1)$,$\eta\neq\zeta$,使

$$f'(\zeta)=\frac{f(1)-f(\xi)}{1-\xi}=\frac{1-(1-\xi)}{1-\xi}=\frac{\xi}{1-\xi}$$

所以 $f'(\eta)\cdot f'(\zeta)=1$。

例 48　设 $f(x)$在$[0,1]$上连续,在$(0,1)$内可导,$f(0)=f(1)=0$,$\lim\limits_{x\to\frac{1}{2}}\dfrac{f(x)-1}{\left(x-\frac{1}{2}\right)^2}=1$,试证

(1)存在 $\eta\in\left(\frac{1}{2},1\right)$,使得 $f(\eta)=\eta$;

(2)对任意实数 λ,必存在 $\xi\in(0,\eta)$,使得

$$f'(\xi)-\lambda[f(\xi)-\xi]=1$$

(3)$f(x)$在$[0,1]$上的最大值大于 1。

证明　(1)由$\lim\limits_{x\to\frac{1}{2}}\dfrac{f(x)-1}{\left(x-\frac{1}{2}\right)^2}=1$,知 $f\left(\frac{1}{2}\right)=1$,令

$$F(x)=f(x)-x$$

$$F\left(\frac{1}{2}\right)=f\left(\frac{1}{2}\right)-\frac{1}{2}=\frac{1}{2}>0$$

$$F(1)=f(1)-1=-1<0$$

所以存在 $\eta\in\left(\frac{1}{2},1\right)$,使 $F(\eta)=0$,即 $f(\eta)=\eta$。

(2)令 $\varphi(x)=e^{-\lambda x}[f(x)-x]$,则 $\varphi(0)=0$,$\varphi(\eta)=0$,由罗尔定理知,存在 $\xi\in(0,\eta)$,使 $\varphi'(\xi)=0$,即

$$f'(\xi)-\lambda[f(\xi)-\xi]=1$$

(3)由于 $\lim\limits_{x\to\frac{1}{2}}\dfrac{f(x)-1}{\left(x-\frac{1}{2}\right)^2}=1>0$,由极限的保号性知,在 $x=\frac{1}{2}$的某去心邻域内$\dfrac{f(x)-1}{\left(x-\frac{1}{2}\right)^2}>0$

即

$$f(x)>1$$

又 $f(x)$在$[0,1]$上连续,则 $f(x)$在$[0,1]$上的最大值大于 1。

例 49 设 $f(x)$在$[0,1]$上连续，在$(0,1)$内可导，且 $f(0)=0, f(1)=1$，证明对任意给定的正数 a,b，在$(0,1)$内存在不同的 ξ,η，使$\dfrac{a}{f'(\xi)}+\dfrac{b}{f'(\eta)}=a+b$。

证明 因为 a,b 均为正数，所以 $0<\dfrac{a}{a+b}<1$，又因为 $f(x)$在$[0,1]$上连续，由介值定理，存在 $\tau\in(0,1)$，使得 $f(\tau)=\dfrac{a}{a+b}$，对 $f(x)$应用拉格朗日中值定理，有

$$f(\tau)-f(0)=(\tau-0)f'(\xi),\quad \xi\in(0,\tau)$$
$$f(1)-f(\tau)=(1-\tau)f'(\eta),\quad \eta\in(\tau,1)$$

注意到 $f(0)=0, f(1)=1$，由上面两式则有

$$\tau=\frac{f(\tau)}{f'(\xi)}=\frac{\frac{a}{a+b}}{f'(\xi)}$$

$$1-\tau=\frac{1-f(\tau)}{f'(\eta)}=\frac{\frac{b}{a+b}}{f'(\eta)}$$

两式相加：$1=\dfrac{\frac{a}{a+b}}{f'(\xi)}+\dfrac{\frac{b}{a+b}}{f'(\eta)}$，则有$\dfrac{a}{f'(\xi)}+\dfrac{b}{f'(\eta)}=a+b$。

例 50 设 $x>0$，证明不等式$\dfrac{x}{1+x}<\ln(1+x)<x$。

证法 1 令 $f(t)=\ln(1+t)$，它在$(0,x)$上满足拉格朗日中值定理的条件。

因为 $f'(t)=\dfrac{1}{1+t}$，所以

$$\ln(1+x)-\ln 1=\frac{1}{1+\xi}(x-0)\quad (0<\xi<x)$$

因此

$$\ln(1+x)=\frac{x}{1+\xi}\quad (0<\xi<x)$$

于是$\dfrac{x}{1+x}<\ln(1+x)<x$。

证法 2 利用函数单调性证明，先证明左侧不等式成立。令 $F(x)=(1+x)\ln(1+x)-x$ $(x>0)$，则

$$F'(x)=\ln(1+x)>0\quad (x>0)$$

故 $F(x)$在 $x>0$ 时单调增加，又 $F(0)=0$，则有 $F(x)>0(x>0)$，即

$$F(x)=(1+x)\ln(1+x)-x>0$$
$$(1+x)\ln(1+x)>x$$

则有

$$\frac{x}{1+x}<\ln(1+x)$$

下面证明右侧不等式成立，令

$$\varphi(x)=\ln(1+x)-x \quad (x>0)$$

因 $\varphi(0)=0$，而

$$\varphi'(x)=\frac{-x}{1+x}<0 \quad (x>0)$$

由此推知 $\varphi(x)$ 在 $(0,+\infty)$ 内单调减少，对任意 $x>0$，显然 $\varphi(x)<0$，即 $\ln(1+x)<x$，右侧不等式成立。

综上有 $\frac{x}{1+x}<\ln(1+x)<x$。

例 51　设 $f(x)$ 在 $(-\infty,+\infty)$ 内可导，且

$$\lim_{x\to\infty}f'(x)=\mathrm{e},\lim_{x\to\infty}\left(\frac{x+c}{x-c}\right)^x=\lim_{x\to\infty}[f(x)-f(x-1)]$$

求 c 的值。

解

$$\lim_{x\to\infty}\left(\frac{x+c}{x-c}\right)^x=\lim_{x\to\infty}\frac{\left(1+\frac{c}{x}\right)^{\frac{x}{c}\cdot c}}{\left(1-\frac{c}{x}\right)^{\left(-\frac{x}{c}\right)\cdot(-c)}}=\frac{\mathrm{e}^c}{\mathrm{e}^{-c}}=\mathrm{e}^{2c}$$

由拉格朗日中值定理，有

$$f(x)-f(x-1)=f'(\xi)[x-(x-1)]=f'(\xi)$$

其中 ξ 介于 $(x-1)$ 与 x 之间，则有

$$\lim_{x\to\infty}[f(x)-f(x-1)]=\lim_{\substack{x\to\infty\\(\xi\to\infty)}}f'(\xi)=\mathrm{e}$$

于是 $\mathrm{e}^{2c}=\mathrm{e}$，$2c=1$，则 $c=\frac{1}{2}$。

例 52　设 $f''(x)<0$，$f(0)=0$，证明对任意 $x_1>0$，$x_2>0$，恒有

$$f(x_1+x_2)<f(x_1)+f(x_2)$$

证明　不妨假设 $x_1\leqslant x_2$，由拉格朗日中值定理，有

$$f(x_1)=f(x_1)-f(0)=(x_1-0)f'(\xi_1),0<\xi_1<x_1 \tag{1}$$

$$f(x_1+x_2)-f(x_2)=[(x_1+x_2)-x_2]f'(\xi_2),x_2<\xi_2<x_1+x_2 \tag{2}$$

从而可知 $\xi_1<\xi_2$。

因为 $f''(x)<0$，所以 $f'(x)$ 单调减少，于是 $f'(\xi_1)>f'(\xi_2)$，因此，由(1)、(2)两式可知

$$f(x_1)>f(x_1+x_2)-f(x_2)$$

因此，$f(x_1+x_2)<f(x_1)+f(x_2)$ 成立。

例 53　设函数 $f(x)$ 在 $[0,1]$ 上具有二阶连续导数 $f''(x)$，且 $f(0)=f(1)=0$，$f(x)\neq 0$，试证 $\int_0^1\left|\frac{f''(x)}{f(x)}\right|\mathrm{d}x>4$。

证明 由于 $f(x)$在$[0,1]$上连续，且 $f(0)=f(1)=0$，$f(x)\neq 0$，所以$|f(x)|$在$[0,1]$上连续，在$(0,1)$上，$|f(x)|\neq 0$，则$|f(x)|$在$(0,1)$内有最大值。设 $x_0\in(0,1)$，使得$|f(x_0)|=\max|f(x)|$，由拉格朗日中值定理，有

$$f(x_0)=f(x_0)-f(0)=f'(\xi_1)x_0,0<\xi_1<x_0$$

$$f(x_0)=f(x_0)-f(1)=f'(\xi_2)(x_0-1),x_0<\xi_2<1$$

因此

$$f'(\xi_1)=\frac{f(x_0)}{x_0},f'(\xi_2)=\frac{f(x_0)}{x_0-1},\quad [\xi_1,\xi_2]\subset[0,1]$$

则有

$$\int_0^1\left|\frac{f''(x)}{f(x)}\right|\mathrm{d}x>\frac{1}{|f(x_0)|}\int_0^1|f''(x)|\mathrm{d}x>\frac{1}{|f(x_0)|}\int_{\xi_1}^{\xi_2}|f''(x)|\mathrm{d}x\geqslant\frac{1}{|f(x_0)|}\left|\int_{\xi_1}^{\xi_2}f''(x)\mathrm{d}x\right|$$

$$=\frac{1}{|f(x_0)|}|f'(\xi_2)-f'(\xi_1)|=\left|\frac{1}{x_0-1}-\frac{1}{x_0}\right|$$

$$=\frac{1}{x_0}+\frac{1}{1-x_0}=\frac{1}{x_0(1-x_0)}\geqslant\frac{4}{[x_0+(1-x_0)]^2}=4$$

例 54 设函数 $f(x)$在$[a,b]$上连续，在(a,b)内二阶可导，又连接 $A(a,f(a))$，$B(b,f(b))$两点的直线交曲线 $y=f(x)$于点 $C(c,f(c))$，且 $a<c<b$，试证在(a,b)内至少存在一点 ξ，使得 $f''(\xi)=0$。

证明 由题意，可对 $f(x)$在$[a,c]$，$[c,b]$上分别利用拉格朗日中值定理，于是有

$$f'(\xi_1)=\frac{f(c)-f(a)}{c-a},\quad a<\xi_1<c$$

$$f'(\xi_2)=\frac{f(b)-f(c)}{b-c},\quad c<\xi_2<b$$

因为 A,B,C 三点在同一直线上，所以

$$\frac{f(c)-f(a)}{c-a}=\frac{f(b)-f(c)}{b-c}=\frac{f(b)-f(a)}{b-a}$$

故 $f'(\xi_1)=f'(\xi_2)$，因而 $f'(x)$在$[\xi_1,\xi_2]$上满足罗尔定理，于是存在一点 $\xi\in(\xi_1,\xi_2)\subset(a,b)$，使得 $f''(\xi)=0$。

例 55 设函数 $f(x)$在$[a,b]$上连续，在(a,b)内可导，且 $f'(x)\neq 0$，证明存在 $\xi,\eta\in(a,b)$，使得$\dfrac{f'(\xi)}{f'(\eta)}=\dfrac{b-a}{e^b-e^a}e^\xi$。

分析 把带 ξ 的项移到一边，得$\dfrac{f'(\xi)}{e^\xi}=\dfrac{f'(\eta)(b-a)}{e^b-e^a}$，因此考虑中值定理。

证明 设 $g(x)=e^x$，对 $f(x)$，$g(x)$在$[a,b]$上应用柯西中值定理，推出

$$\frac{f(b)-f(a)}{e^b-e^a}=\frac{f'(\xi)}{e^\xi},\quad \xi\in(a,b)$$

对 $f(x)$在$[a,b]$上应用拉格朗日中值定理，得 $f(b)-f(a)=f'(\eta)(b-a)$，$\eta\in(a,b)$，即得

$$\frac{f'(\xi)}{e^{\xi}}=\frac{f(b)-f(a)}{e^b-e^a}=\frac{f'(\eta)(b-a)}{e^b-e^a},\quad \xi,\eta\in(a,b)$$

所以$\frac{f'(\xi)}{f'(\eta)}=\frac{b-a}{e^b-e^a}e^{\xi}$， $\xi,\eta\in(a,b)$。

五、函数的单调性与曲线的凹凸性

1. 函数的单调性

定理 1 设函数 $y=f(x)$在闭区间$[a,b]$上连续，在开区间(a,b)内可导，

(1)若在(a,b)内 $f'(x)>0$，那么函数 $y=f(x)$在$[a,b]$上单调增加；

(2)若在(a,b)内 $f'(x)<0$，那么函数 $y=f(x)$在$[a,b]$上单调减少。

2. 曲线的凹凸性与拐点

定义 1 使导数 $f'(x)$等于零的点 x_0，称为函数 $f(x)$的驻点。

定义 2 设函数 $f(x)$在区间 I 上连续，对 I 上任意两点 x_1,x_2，

如果恒有 $f\left(\frac{x_1+x_2}{2}\right)<\frac{f(x_1)+f(x_2)}{2}$，则称 $f(x)$在 I 上的图形是凹的，简称凹弧；

如果恒有 $f\left(\frac{x_1+x_2}{2}\right)>\frac{f(x_1)+f(x_2)}{2}$，则称 $f(x)$在 I 上的图形是凸的，简称凸弧。

定义 3 连续曲线上凹凸的分界点称为曲线的拐点。

定理 2 如果 $f(x)$在$[a,b]$连续，在(a,b)内具有一阶和二阶导数，若在(a,b)内，

(1)$f''(x)>0$，则 $f(x)$在$[a,b]$上的图形是凹的；

(2)$f''(x)<0$，则 $f(x)$在$[a,b]$上的图形是凸的。

定理 3(拐点的必要条件) 如果 $f(x)$在$(x_0-\delta,x_0+\delta)$内存在二阶导数，点$(x_0,f(x_0))$是拐点的必要条件是 $f''(x_0)=0$。

定理 4(拐点的第一充分条件) 设函数 $f(x)$在 x_0 的某邻域内二阶可导，且 $f''(x_0)=0$，

(1)x_0 两侧附近 $f''(x)$变号，点$(x_0,f(x_0))$即为拐点。

(2)x_0 两侧附近 $f''(x)$不变号，点$(x_0,f(x_0))$不是拐点。

定理 5 (拐点的第二充分条件) 设函数 $f(x)$在 x_0 的某邻域内三阶可导，且 $f''(x_0)=0$，而 $f'''(x_0)\neq0$，那么点$(x_0,f(x_0))$是曲线 $y=f(x)$的拐点。

注 若 $f''(x)$不存在，点$(x_0,f(x_0))$也可能是连续曲线 $y=f(x)$的拐点。

3. 渐近线

定义 当曲线 $y=f(x)$上的一动点 P 沿着曲线移向无穷远时，如果点 P 到某定直线 L 的距离趋向于零，那么直线 L 就称为曲线 $y=f(x)$的一条渐近线。

(1)铅直渐近线 如果 $\lim\limits_{x\to x_0^+}f(x)=\infty$或 $\lim\limits_{x\to x_0^-}f(x)=\infty$，那么 $x=x_0$ 就是曲线 $y=f(x)$的一条铅直渐近线。

(2)水平渐近线　如果 $\lim\limits_{x\to+\infty} f(x)=b$ 或 $\lim\limits_{x\to-\infty} f(x)=b$ （b 为常数），那么 $y=b$ 就是曲线 $y=f(x)$ 的一条水平渐近线。

(3)斜渐近线　若 $\lim\limits_{x\to+\infty}\dfrac{f(x)}{x}=k, k\neq 0$，$\lim\limits_{x\to+\infty}[f(x)-kx]=b$（其中 k,b 为常数），（或 $\lim\limits_{x\to-\infty}\dfrac{f(x)}{x}=k, k\neq 0$，$\lim\limits_{x\to-\infty}[f(x)-kx]=b$），那么 $y=kx+b$ 就是曲线 $y=f(x)$ 的一条斜渐近线。

例 56　求证当 $x>0$ 时，$(x^2-1)\ln x\geqslant(x-1)^2$。

证明　令 $f(x)=(x^2-1)\ln x-(x-1)^2$，只需证明 $x>0$ 时，$f(x)\geqslant 0$，易知

$$f(1)=0, f'(x)=2x\ln x-x+2-\frac{1}{x}, f'(1)=0,$$

由于 $f'(x)$ 的符号不易判断，故进一步考虑

$$f''(x)=2\ln x+1+\frac{1}{x^2}, f''(1)=2>0$$

再考虑 $f'''(x)=\dfrac{2(x^2-1)}{x^3}$，于是，

当 $0<x<1$ 时，$f'''(x)<0$

当 $1<x<+\infty$ 时，$f'''(x)>0$

由此可见，$f''(1)=2$ 是 $f''(x)$ 的最小值，故有 $f''(x)\geqslant 2$。由于 $f''(x)\geqslant 2>0$，当 $x>0$ 时，$f'(x)$ 单调增加。

又因为 $f'(1)=0$，所以 $0<x<1$ 时，$f'(x)<0$，$1<x<+\infty$ 时，$f'(x)>0$。

再由 $f(1)=0$，可知，当 $0<x<1$ 时，$f(x)>0$，当 $1<x<+\infty$ 时，$f(x)>0$，由此可知，当 $x>0$ 时，$f(x)\geqslant 0$，即 $(x^2-1)\ln x\geqslant(x-1)^2$。

例 57　设 $b>a>0$，求证 $\ln\dfrac{b}{a}>\dfrac{2(b-a)}{b+a}$。

分析　考虑建立辅助函数，通过函数单调性证明。

证明　令 $f(x)=(\ln x-\ln a)(x+a)-2(x-a)$，$(x\geqslant a)$，则

$$f'(x)=\frac{1}{x}(x+a)+(\ln x-\ln a)-2$$

$$f''(x)=\frac{-a}{x^2}+\frac{1}{x}=\frac{x-a}{x^2}>0\quad(x>a)$$

于是可知 $f'(x)$ 在 $x>a$ 时单调增加，又 $f'(a)=0$，所以 $x>a$ 时 $f'(x)>0$，这样 $f(x)$ 单调增加，因此，$b>a>0$ 时，$f(b)>f(a)=0$，即 $\ln\dfrac{b}{a}>\dfrac{2(b-a)}{b+a}$ 得证。

例 58　证明当 $x>1$ 时，$2\sqrt{x}>3-\dfrac{1}{x}$。

证明　令 $f(x)=2\sqrt{x}-\left(3-\dfrac{1}{x}\right)$，则

$$f'(x)=\frac{1}{\sqrt{x}}-\frac{1}{x^2}=\frac{1}{x^2}(x\sqrt{x}-1)$$

$f(x)$在$[1,+\infty)$上连续，在$(1,+\infty)$内 $f'(x)>0$，因此在$[1,+\infty)$上 $f(x)$单调增加，从而当 $x>1$ 时，$f(x)>f(1)$。

由于 $f(1)=0$，故 $f(x)>f(1)=0$，即 $2\sqrt{x}-\left(3-\frac{1}{x}\right)>0$，亦即

$$2\sqrt{x}>\left(3-\frac{1}{x}\right)\quad(x>1)$$

例 59　证明不等式 $\ln(1+x)>\frac{\arctan x}{1+x}\quad(x>0)$。

证明　设 $f(x)=(1+x)\ln(1+x)-\arctan x$，则

$$f'(x)=\ln(1+x)+1-\frac{1}{1+x^2}=\ln(1+x)+\frac{x^2}{1+x^2}>0\quad(x>0)$$

即函数 $f(x)$在区间$(0,+\infty)$上单调增加，又 $f(0)=0$，故对于 $x>0$，有 $f(x)>f(0)=0$，即当 $x>0$ 时，$(1+x)\ln(1+x)-\arctan x>0$，故 $\ln(1+x)>\frac{\arctan x}{1+x}\quad(x>0)$。

注　仅仅有 $f'(x)>0$，推不出 $f(x)>0$，必须验证一个端点。

例 60　证明当 $0<x<\frac{\pi}{2}$时，$\tan x+\sin x>2x$。

证明　设 $f(x)=\tan x+\sin x-2x$，$f'(x)=\sec^2 x+\cos x-2$，令 $g(x)=f'(x)$，则

$$g'(x)=f''(x)=2\sec^2 x\tan x-\sin x=\sin x\left(\frac{2}{\cos^3 x}-1\right)>0$$

表明 $g(x)$单调增加，且

$$g(0)=f'(0)=\sec^2 0+\cos 0-2=0$$

故 $0<x<\frac{\pi}{2}$时，$g(x)>g(0)=0$；即 $f'(x)>0$，则 $f(x)$单调增加，且 $f(0)=0$，故$\frac{\pi}{2}>x>0$ 时，$f(x)>f(0)=0$，即证得 $\tan x+\sin x-2x>0$，或 $\tan x+\sin x>2x$。

例 61　设 $b>a>\mathrm{e}$，求证 $a^b>b^a$。

分析　把常数 b 换为变量 x，构造辅助函数，用函数单调性来证明。

证法 1　考察 $F(x)=x\ln a-a\ln x$，$a\leqslant x<+\infty$，$F(x)$在$[a,+\infty)$可导，$F(a)=0$，

$$F'(x)=\ln a-\frac{a}{x}>0\quad(x\geqslant a>\mathrm{e})$$

所以 $F(x)$在$[a,+\infty)$单调增加，即 $b>a>\mathrm{e}$ 时，有 $F(b)>F(a)=0$，即 $b\ln a>a\ln b$，因此 $b>a>\mathrm{e}$ 时，$a^b>b^a$。

证法 2　考察函数 $F(x)=\frac{\ln x}{x}$，则

$$F'(x)=\frac{1-\ln x}{x^2}<0\quad(x>\mathrm{e})$$

于是 $x>\mathrm{e}$ 时，$F(x)$ 单调下降，因此，$b>a>\mathrm{e}$ 时，有

$$F(b)<F(a)\text{，即}\frac{\ln b}{b}<\frac{\ln a}{a}$$

这就证明了 $b>a>\mathrm{e}$ 时，$a^b>b^a$。

例 62 设 $f(x)$ 在区间 $[0,1]$ 上连续，且单调减少，证明对于任给 $\alpha\in(0,1)$，有

$$\int_0^\alpha f(x)\mathrm{d}x\geqslant\alpha\int_0^1 f(x)\mathrm{d}x$$

证明 不等式右边

$$\alpha\int_0^1 f(x)\mathrm{d}x=\alpha\int_0^\alpha f(x)\mathrm{d}x+\alpha\int_\alpha^1 f(x)\mathrm{d}x$$

原不等式等价于

$$\int_0^\alpha f(x)\mathrm{d}x\geqslant\alpha\int_0^\alpha f(x)\mathrm{d}x+\alpha\int_\alpha^1 f(x)\mathrm{d}x$$

即
$$(1-\alpha)\int_0^\alpha f(x)\mathrm{d}x\geqslant\alpha\int_\alpha^1 f(x)\mathrm{d}x$$

由积分中值定理得

$$(1-\alpha)\int_0^\alpha f(x)\mathrm{d}x=\alpha(1-\alpha)f(\xi_1),\xi_1\in[0,\alpha]$$

$$\alpha\int_\alpha^1 f(x)\mathrm{d}x=\alpha(1-\alpha)f(\xi_2),\qquad \xi_2\in[\alpha,1]$$

由题设知 $\xi_2\geqslant\xi_1$，$f(\xi_2)\leqslant f(\xi_1)$，即 $\int_0^\alpha f(x)\mathrm{d}x\geqslant\alpha\int_0^1 f(x)\mathrm{d}x$。

例 63 求曲线 $y=\sqrt[3]{x}$ 的拐点。

解 当 $x\neq0$ 时，$y'=\frac{1}{3}x^{-\frac{2}{3}}$，$y''=-\frac{4}{9}x^{-\frac{5}{3}}$，$x=0$ 是不可导点，y'，y'' 均不存在。但是，

在 $(-\infty,0)$ 内，$y''>0$，曲线在 $(-\infty,0]$ 上是凹的

在 $(0,+\infty)$ 内，$y''<0$，曲线在 $[0,+\infty)$ 上是凸的

所以点 $(0,0)$ 是曲线 $y=\sqrt[3]{x}$ 的拐点。

例 64 设 $f(x)$ 在 $[a,+\infty)$ 内有二阶导数，且满足 $f(a)=A>0$，$f'(a)<0$，当 $x\in(a,+\infty)$ 时，$f''(x)<0$，证明 $f(x)$ 在 $[a,+\infty)$ 内恰有一个零点。

分析 设法利用连续函数的零点定理，即找出能使 $f(x)$ 取得负值的点。

证明 先证 $f(x)$ 在 $[a,+\infty)$ 内单调减少，对 $f'(x)$ 在 $[a,x]$ 上应用拉格朗日定理，有

$$f'(x)-f'(a)=f''(\xi)(x-a),\quad\text{其中，}\xi\in(a,x)$$

由 $f''(\xi)<0$，则 $f'(x)<f'(a)<0$，于是 $f(x)$ 在 $(a,+\infty)$ 内单调减少，再次应用拉格朗日中值定理，可有

$$f(x)-f(a)=f'(\xi_1)(x-a),\quad \xi_1\in(a,x)$$

注意到 $f'(x)$ 在 $(a,+\infty)$ 内也单调减少，则可得 $f'(\xi_1)<f'(a)$，于是

$$f(x)-f(a)<f'(a)(x-a)$$

或记为

$$f(x)<f(a)+f'(a)(x-a), f(a)=A>0, f'(a)<0$$

当 $x\to+\infty$ 时，上述不等式右端趋于负无穷，即 $f(x)$ 能取到负值，事实上，取 $x_1=-\dfrac{f(a)}{f'(a)}+a$，则当 $x>x_1$ 时，必有 $f(x)<0$，于是对 $x\in(x_1,+\infty)$，在区间 $[a,x]$ 上应用连续函数零点定理，则存在 $x_0\in(a,x)$，使得 $f(x_0)=0$，另外，由于 $f(x)$ 在 $(a,+\infty)$ 上单调减少，因而 $f(x)$ 在 $(a,+\infty)$ 上恰有一个零点。

例 65　求曲线 $y=1+\dfrac{1-2x}{x^2}$ 的渐近线。

解　函数定义域为 $(-\infty,0)\cup(0,+\infty)$

$$\lim_{x\to0^{\pm}}y=\lim_{x\to0^{\pm}}\left(1+\frac{1-2x}{x^2}\right)=+\infty, x=0 \text{ 是铅直渐近线}$$

$$\lim_{x\to\pm\infty}y=\lim_{x\to\pm\infty}\left(1+\frac{1-2x}{x^2}\right)=1, y=1 \text{ 是水平渐近线}$$

$$\lim_{x\to\infty}\frac{y}{x}=\lim_{x\to\pm\infty}\left(\frac{1}{x}+\frac{1-2x}{x^3}\right)=0, \text{无斜渐近线}$$

例 66　设函数 $y=y(x)$ 由方程 $y\ln y-x+y=0$ 确定，试判断曲线 $y=y(x)$ 在点 $(1,1)$ 附近的凹凸性。

分析　由隐函数求导和曲线凹凸性的判别方法即得。

解法 1　在 $y\ln y-x+y=0$ 的两边对 x 求导，得

$$y'\ln y+2y'-1=0$$

解得 $y'=\dfrac{1}{\ln y+2}$。

再对 x 求导得

$$y''=\frac{-\frac{1}{y}y'}{(\ln y+2)^2}=-\frac{1}{y(\ln y+2)^3}$$

将 $x=1, y=1$ 代入，得 $y''=-\dfrac{1}{8}$。

由于二阶导函数 y'' 在 $x=1$ 的附近是连续函数，所以由 $y''=-\dfrac{1}{8}$ 可知在 $x=1$ 的附近有 $y''<0$，故曲线 $y=y(x)$ 在点 $(1,1)$ 附近是凸的。

解法 2　在 $y\ln y-x+y=0$ 的两边对 x 求导，得

$$y'\ln y+2y'-1=0$$

两边对 x 再次求导，得

$$y''\ln y+y'\frac{1}{y}y'+2y''=0$$

将 $x=1, y=1$ 代入上两式得 $y'=\dfrac{1}{2}, y''=-\dfrac{1}{8}$。

由于二阶导函数 y'' 在 $x=1$ 的附近是连续函数，所以由 $y''=-\frac{1}{8}$，可知在 $x=1$ 的附近有 $y''<0$，故曲线 $y=y(x)$ 在点 $(1,1)$ 附近是凸的。

例 67 设函数 $f(x)$ 在 x_0 的某一个邻域内三阶可导，且 $f''(x_0)=0$，$f'''(x_0)\neq 0$，能否得出点 $(x_0,f(x_0))$ 为曲线 $y=f(x)$ 的拐点？

解 可以得出点 $(x_0,f(x_0))$ 为曲线 $y=f(x)$ 的拐点。因为 $f'''(x_0)\neq 0$，不妨设 $f'''(x_0)>0$，根据极限的保号性有

$$f'''_{+}(x_0)=\lim_{x\to x_0^+}\frac{f''(x)-f''(x_0)}{x-x_0}>0$$

$$f'''_{-}(x_0)=\lim_{x\to x_0^-}\frac{f''(x)-f''(x_0)}{x-x_0}>0$$

因此，当 $x\in(x_0,x_0+\delta)$ 时，有 $f''(x)>0$；当 $x\in(x_0-\delta,x_0)$ 时，有 $f''(x)<0$。

所以，点 $(x_0,f(x_0))$ 为曲线 $y=f(x)$ 的拐点。

例 68 讨论方程 $\ln x=ax \quad (a>0)$ 有几个实根？

解 令 $f(x)=\ln x-ax$，有 $f'(x)=\frac{1}{x}-a$，故

当 $0<x<\frac{1}{a}$ 时，$f'(x)>0$

当 $x>\frac{1}{a}$ 时，$f'(x)<0$

因此，$f(x)$ 在 $\left(0,\frac{1}{a}\right]$ 内单调增加，在 $\left[\frac{1}{a},+\infty\right)$ 内 $f(x)$ 单调减少，$f\left(\frac{1}{a}\right)$ 为最大值。

又由于 $\lim\limits_{x\to 0^+}f(x)=-\infty$，$\lim\limits_{x\to +\infty}f(x)=-\infty$，从而有

(1)当 $f\left(\frac{1}{a}\right)=-\ln a-1>0$，即 $0<a<\frac{1}{\mathrm{e}}$ 时，曲线 $y=\ln x-ax$ 与 x 轴有两个交点，即方程 $f(x)=0$ 有两个实根。

(2)当 $f\left(\frac{1}{a}\right)=-\ln a-1=0$，即 $a=\frac{1}{\mathrm{e}}$ 时，曲线 $y=\ln x-ax$ 与 x 轴只有一个交点，即方程 $f(x)=0$ 仅有一个实根。

(3)当 $f\left(\frac{1}{a}\right)=-\ln a-1<0$，即 $a>\frac{1}{\mathrm{e}}$ 时，曲线 $y=\ln x-ax$ 与 x 轴没有交点，即方程 $f(x)=0$ 无实根。

例 69 已知函数 $y=\frac{x^3}{(x-1)^2}$，求函数的增减区间，函数图形的凹凸区间及拐点，函数图形的渐近线。

分析 解这类问题通常先求出函数的定义域，将函数 y 没有定义的点、满足 $y'=0$ 及 $y''=0$ 的点、或者导数不存在的点作为区间 $(-\infty,+\infty)$ 的分割点，将区间 $(-\infty,+\infty)$ 依次分成若干区间，并确定在这些区间上函数的一阶和二阶导数的符号，从而可求出函数的增减区间、凹凸区间和拐点。

解　$y'=\frac{3x^2(x-1)^2-2x^3(x-1)}{(x-1)^4}=\frac{x^2(x-3)}{(x-1)^3}$

$$y''=\frac{6x}{(x-1)^4}$$

易知 $x=1$ 为间断点，$x=0$，$x=3$ 为驻点，将区间$(-\infty,+\infty)$分为$(-\infty,0)$，$(0,1)$，$(1,3)$，$(3,+\infty)$四个部分区间，在几个区间上，有

在$(-\infty,0)$上 $y'>0$，$y''<0$；在$(0,1)$上，$y'>0$，$y''>0$；

在$(1,3)$上 $y'<0$，$y''>0$；在$(3,+\infty)$上，$y'>0$，$y''>0$。

综上可知，函数在$(-\infty,1)\cup(3,+\infty)$单调增加，在$(1,3)$上单调减少；曲线在$(-\infty,0)$上是凸的，在$(0,1)\cup(1,+\infty)$上是凹的；点$(0,0)$是拐点。

六、函数的极值与最值

1. 函数的极值

定义　设函数 $y=f(x)$在区间(a,b)内有定义，x_0 是(a,b)内的一点，

(1)若存在点 x_0 的一个邻域，对于这邻域内的任何点 x，除了点 x_0 外，均有 $f(x)<f(x_0)$ 成立，就称 $f(x_0)$是函数 $f(x)$的一个极大值。

(2)若存在点 x_0 的一个邻域，对于这邻域内的任何点 x，除了点 x_0 外，均有 $f(x)>f(x_0)$ 成立，就称 $f(x_0)$是函数 $f(x)$的一个极小值。

函数的极大值与极小值统称为极值，使函数取得极值的点称为极值点。

定理 1(必要条件)　设 $f(x)$在点 x_0 处具有导数，且在点 x_0 处取得极值，则必有

$$f'(x_0)=0$$

定理 2(第一充分条件)

(1)如果 $x\in(x_0-\delta,x_0)$，有 $f'(x)>0$；而 $x\in(x_0,x_0+\delta)$，有 $f'(x)<0$，则 $f(x)$在点 x_0 处取得极大值。

(2)如果 $x\in(x_0-\delta,x_0)$，有 $f'(x)<0$；而 $x\in(x_0,x_0+\delta)$，有 $f'(x)>0$，则 $f(x)$在点 x_0 处取得极小值。

(3)如果当 $x\in(x_0-\delta,x_0)$及 $x\in(x_0,x_0+\delta)$时，$f'(x)$符号相同，则 $f(x)$在点 x_0 处无极值。

定理 3(第二充分条件)

设 $f(x)$在点 x_0 处具有二阶导数，且 $f'(x_0)=0$，$f''(x_0)\neq 0$，那么

(1)当 $f''(x_0)<0$ 时，函数 $f(x)$在点 x_0 处取得极大值；

(2)当 $f''(x_0)>0$ 时，函数 $f(x)$在点 x_0 处取得极小值。

2. 函数的最值

若函数 $f(x)$在$[a,b]$上连续，则 $f(x)$在$[a,b]$上存在最大值和最小值，取得最大值和最小值的点分别称为 $f(x)$在此区间上的最大值点和最小值点。

求最值步骤如下：

(1)求出 $f(x)$在(a,b)内的一切驻点和不可导点；

(2)求出区间端点及一切驻点和不可导点的函数值,比较大小,最大者即为函数的最大值,最小者即为函数的最小值。

注 如果 $f(x)$在$[a,b]$上连续且单调,则最值一定在区间端点取得;如果 $f(x)$在$[a,b]$上连续,在(a,b)内只有一个极值,则这个极值就是最值(最大值或最小值)。

例 70 求函数 $y=2x^3-6x^2-18x-7$ 的极值。

解 函数在定义域$(-\infty,+\infty)$内连续,

$$y'=6x^2-12x-18=6(x+1)(x-3)$$

令 $y'=0$,得驻点 $x=-1,x=3$,没有 y'不存在的点。

在$(-\infty,-1)$内,$y'>0$;在$(-1,3)$内,$y'<0$;在$(3,+\infty)$内,$y'>0$;根据第一充分条件,极大值点 $x=-1$,极大值 $y(-1)=3$;极小值点 $x=3$,极小值 $y(3)=-61$。

例 71 设 $f(x)=(x-2)^2(x+1)^{\frac{2}{3}}$,求极值。

解 函数在定义域$(-\infty,+\infty)$内连续,

$$f'(x)=2(x-2)(x+1)^{\frac{2}{3}}+\frac{2}{3}(x-2)^2(x+1)^{-\frac{1}{3}}=\frac{2(x-2)(4x+1)}{3\sqrt[3]{x+1}}$$

令 $f'(x)=0$,得驻点 $x=2,-\frac{1}{4}$;$x=-1$ 为 $f'(x)$不存在的点。

在$(-\infty,-1)$内,$y'<0$;在$\left(-1,-\frac{1}{4}\right)$内,$y'>0$;在$\left(-\frac{1}{4},2\right)$内,$y'<0$;在$(2,+\infty)$内,$y'>0$;所以,$x=-1,x=2$ 是极小值点;$x=-\frac{1}{4}$是极大值点,极小值为 $f(-1)=0,f(2)=0$;极大值是 $f\left(-\frac{1}{4}\right)=\left(\frac{9}{4}\right)^2\left(\frac{3}{4}\right)^{\frac{2}{3}}$。

注 在讨论函数的极值时,在某些情况下,判断 $f'(x)$的符号比较困难,则在二阶可导的条件下,可以考虑利用驻点处的二阶导数 $f''(x)$进行判别。

例 72 求函数 $f(x)=(x^2-1)^3+1$ 的极值。

解 求 $f(x)$的导数

$$f'(x)=6x(x^2-1)^2$$

令 $f'(x_0)=0$,得驻点 $x_1=-1,x_2=0,x_3=1$。

求 $f(x)$的二阶导数

$$f''(x)=6(x^2-1)(5x^2-1)$$

因 $f''(0)=6>0$,$f(x)$在 $x=0$ 处取极小值,极小值为 $f(0)=0$。

因 $f''(-1)=f''(1)=0$,利用二阶导数无法判别,考察一阶导数 $f'(x)$在驻点 $x_1=-1$ 及 $x_3=1$ 左右邻近的符号。

当 x 取 -1 左侧邻近的值时,$f'(x)<0$,当 x 取 -1 右侧邻近的值时,$f'(x)<0$,因为 $f'(x)$的符号没有改变,所以 $f(x)$在 $x=-1$ 处没有极值;同理可知 $f(x)$在 $x=1$ 处也没有极值。

注 在讨论函数的极值时,假定函数在所讨论的区间内可导,由极值存在的必要条件可

知．函数的极值点一定是驻点，因此求出全部驻点后，逐一考察各个驻点是否为极值点就行了。但如果函数在个别点处不可导，这时便不能肯定极值点一定是驻点了。事实上，在导数不存在的点处，函数也可能取得极值。

例 73 求函数 $f(x)=1-(x-2)^{\frac{2}{3}}$ 的极值。

解 当 $x\neq 2$ 时，$f'(x)=-\dfrac{2}{3\sqrt[3]{x-2}}$；

当 $x=2$ 时，$f'(x)$不存在。

当 $x\neq 2$ 时，即在$(-\infty,2)$和$(2,+\infty)$内的各点处，$f'(x)$都存在，且 $f'(x)\neq 0$，可知 $f(x)$在这两个区间内没有极值点。事实上，在$(-\infty,2)$内，$f'(x)>0$，函数 $f(x)$单调增加；在$(2,+\infty)$内，$f'(x)<0$，函数 $f(x)$单调减少；当 $x=2$ 时，$f'(x)$不存在，但函数 $f(x)$在该点连续，由上面讨论可知 $x=2$ 是函数的极大值点，$f(2)=1$ 是函数的极大值。

例 74 研究函数 $y=\left(1+x+\dfrac{x^2}{2!}+\cdots+\dfrac{x^n}{n!}\right)e^{-x}$ 的极值（其中 n 为正整数）。

解
$$y'=\left(1+x+\frac{x^2}{2!}+\cdots+\frac{x^{n-1}}{(n-1)!}\right)e^{-x}-\left(1+x+\frac{x^2}{2!}+\cdots+\frac{x^n}{n!}\right)e^{-x}$$
$$=-\frac{x^n}{n!}e^{-x}$$
则驻点为 $x=0$。

当 n 为奇数时，如果 $x<0$ 时，$x^n<0$，故 $y'>0$，所以 y 单调增加；

当 $x>0$ 时，$x^n>0$，故 $y'<0$，所以 y 单调减少；

故 $x=0$ 为函数的极大值点，且极值为 $y(0)=1$。

当 n 为偶数时，无论 x 取何值，$y'<0$，故函数无极值。

例 75 求 $f(x)=\int_0^{x^2}(4-t)e^{-t}dt$，在$(-\infty,+\infty)$内的最值。

解 $f(x)$是偶函数，故只需讨论$[0,+\infty)$内的最值，令 $f'(x)=2x(4-x^2)e^{-x^2}=0$，求出驻点，$x_1=0$，$x_2=2$，又 $f(x)$没有不可导点，所以只要比较 $f(0)$，$f(2)$和 $\lim\limits_{x\to+\infty}f(x)$大小即可。而

$$f(0)=0$$
$$f(2)=\int_0^4(4-t)e^{-t}dt=-\int_0^4(4-t)de^{-t}$$
$$=(t-4)e^{-t}\Big|_0^4-\int_0^4 e^{-t}dt=4+e^{-t}\Big|_0^4=3+e^{-4}$$
$$\lim_{x\to+\infty}f(x)=\int_0^{+\infty}(4-t)e^{-t}dt=\left[(t-4)e^{-t}+e^{-t}\right]\Big|_0^{+\infty}=4-1=3$$

由此可见，$f(x)$的最大值为 $f(2)=3+e^{-4}$，最小值为 $f(0)=0$。

例 76 作半径为 a 的球的内接直圆柱，求直圆柱的底半径与高为多大时直圆柱的体积最大。

解 设球的内接直圆柱的底半径为 x，则其高为 $h=2\sqrt{a^2-x^2}$，于是，内接直圆柱的体积为

$$V(x)=2\pi x^2\sqrt{a^2-x^2},\quad x\in(0,a)$$
$$V'(x)=\frac{2\pi x^2(2a^2-3x^2)}{\sqrt{a^2-x^2}}$$

令 $V'(x)=0$,得 $x=\sqrt{\frac{2}{3}}a$ 为$(0,a)$内唯一驻点,由题意知,V 的最大值是存在的,因此,$x=\sqrt{\frac{2}{3}}\ a$ 为最大值点,于是当直圆柱的底半径 $x=\sqrt{\frac{2}{3}}a$,高 $h=\frac{2a}{\sqrt{3}}$时,内接直圆柱的体积最大,最大体积为$\frac{4}{9}\sqrt{3}\pi a^3$。

例 77 过抛物线 $y=x^2$ 上一点 $P(a,a^2)$作切线,问 a 为何值时,所作的切线和抛物线 $y=-x^2+4x-1$ 所围图形的面积最小。

解 过抛物线 $y=x^2$ 上一点 $P(a,a^2)$的切线方程为

$$y=2ax-a^2$$

此切线和抛物线 $y=-x^2+4x-1$ 的交点坐标为联立方程组

$$\begin{cases}y=2ax-a^2\\y=-x^2+4x-1\end{cases}$$

的解,交点横坐标为一元二次方程$-x^2+(4-2a)x-(1-a^2)=0$ 的解。

设交点的横坐标为 $x_1,x_2,x_1<x_2$,由韦达定理则有

$$x_1+x_2=4-2a,x_1\cdot x_2=1-a^2$$

又由于

$$(x_2+x_1)^2=x_2^2+2x_1\cdot x_2+x_1^2$$
$$(x_2-x_1)^2=x_2^2-2x_1\cdot x_2+x_1^2$$

可推出

$$x_2-x_1=2\sqrt{2a^2-4a+3}$$

所求面积

$$S(a)=\int_{x_1}^{x_2}(-x^2+4x-1-2ax+a^2)\mathrm{d}x$$
$$=\frac{4}{3}(2a^2-4a+3)^{\frac{3}{2}}$$
$$S'(a)=\frac{4}{3}\cdot\frac{3}{2}(2a^2-4a+3)^{\frac{1}{2}}(4a-4)$$
$$=8(2a^2-4a+3)^{\frac{1}{2}}(a-1)$$

令 $S'(a)=0$,得实根 $a=1$,又

$$S''(a)=8(2a^2-4a+3)^{\frac{1}{2}}+16(a-1)^2(2a^2-4a+3)^{-\frac{1}{2}}$$

则 $S''(1)=8>0$,因此 $a=1$ 时,$S(a)=\frac{4}{3}$是所求面积的最小值。

练　习　题

一、填空题

1. 设曲线 $y=f(x)$ 与 $y=\sin x$ 在原点相切，求 $\lim\limits_{n\to\infty} nf\left(\dfrac{2}{n}\right)=$________。

2. 已知 $\int_0^{x^3-1} f(t)\mathrm{d}t=x-1$，其中 $f(x)$ 连续，则 $f(7)=$________。

3. 设函数 $f(x)=\begin{cases} x^2\sin\dfrac{1}{x} & x\neq 0 \\ 0 & x=0 \end{cases}$，则 $f'(0)=$________。

4. 已知 $f\left(x+\dfrac{1}{x}\right)=x^2+\dfrac{1}{x^2}$，则 $f'(x)=$________。

5. 设 $y=\mathrm{e}^{ax+bx^2}$，求 $\mathrm{d}y=$________。

6. 设 $\varphi(x)=\int_0^x \sin(x-t)^2\mathrm{d}t$，求 $\varphi'(x)=$________。

7. 设 $\begin{cases} x=t-\ln(1+t^2) \\ y=\arctan t \end{cases}$，求 $\dfrac{\mathrm{d}^2y}{\mathrm{d}x^2}=$________。

8. 设函数 $y=y(x)$ 由方程 $\mathrm{e}^y+xy=\mathrm{e}$ 所确定，求 $y''(0)=$________。

二、选择题

1. 设 $f(x)$ 在 $x=a$ 的某个邻域内有定义，则 $f(x)$ 在 $x=a$ 处可导的一个充分条件是(　　)。

(A) $\lim\limits_{h\to+\infty} h\left[f\left(a+\dfrac{1}{h}\right)-f(a)\right]$ 存在　　(B) $\lim\limits_{h\to 0}\dfrac{f(a+2h)-f(a+h)}{h}$ 存在

(C) $\lim\limits_{h\to 0}\dfrac{f(a+h)-f(a-h)}{2h}$ 存在　　(D) $\lim\limits_{h\to 0}\dfrac{f(a)-f(a-h)}{h}$ 存在

2. 设周期函数 $f(x)$ 在 $(-\infty,+\infty)$ 内可导，周期为 4，又 $\lim\limits_{x\to 0}\dfrac{f(1)-f(1-x)}{2x}=-1$，则曲线 $y=f(x)$ 在点 $(5,f(5))$ 处切线的斜率为(　　)。

(A) $\dfrac{1}{2}$　　(B) 0　　(C) -1　　(D) -2

3. 设函数 $y=f(x)$ 具有二阶导数，且 $f'(x)>0$，$f''(x)>0$，Δx 为自变量 x 在 x_0 处的增量，Δy 与 $\mathrm{d}y$ 分别为 $f(x)$ 在 $x=x_0$ 处对应的增量与微分，若 $\Delta x>0$，则(　　)。

(A) $0<\mathrm{d}y<\Delta y$　　(B) $0<\Delta y<\mathrm{d}y$

(C) $\Delta y<\mathrm{d}y<0$　　(D) $\mathrm{d}y<\Delta y<0$

4. 设函数 $f(x)$ 在 (a,b) 内可导，$a<x_1<x_2<b$，则至少存在一点 ξ，使有(　　)。

(A) $f(b)-f(a)=f'(\xi)(b-a)$，其中 $a<\xi<b$

(B) $f(b)-f(x_1)=f'(\xi)(b-x_1)$，其中 $x_1<\xi<b$

(C) $f(x_2)-f(x_1)=f'(\xi)(x_2-x_1)$，其中 $x_1<\xi<x_2$

(D) $f(x_2)-f(a)=f'(\xi)(x_2-a)$，其中 $a<\xi<x_2$

5. 设函数 $f(x)$ 在闭区间 $[a,b]$ 上有定义，在开区间 (a,b) 内可导，则(　　)。

(A)当 $f(a)f(b)<0$ 时，存在 $\xi\in(a,b)$，使 $f(\xi)=0$

(B)对任何 $\xi\in(a,b)$，有 $\lim\limits_{x\to\xi}[f(x)-f(\xi)]=0$

(C)当 $f(a)=f(b)$ 时，存在 $\xi\in(a,b)$，使 $f'(\xi)=0$

(D)存在 $\xi\in(a,b)$，使 $f(b)-f(a)=f'(\xi)(b-a)$

6. 若函数 $f(x)$ 在点 x_0 处不连续，则 $f(x)$ 在点 x_0 处(　　)。

(A)必定可导　　(B)必不可导

(C)不一定可导　　(D)必无定义

7. 设函数 $f(x)$ 的导数在 $x=a$ 处连续，又 $\lim\limits_{x\to a}\dfrac{f'(x)}{x-a}=-1$，则(　　)。

(A) $x=a$ 是 $f(x)$ 的极小值点

(B) $x=a$ 是 $f(x)$ 的极大值点

(C) $(a,f(a))$ 是曲线 $y=f(x)$ 的拐点

(D) $x=a$ 不是 $f(x)$ 的极值点，$(a,f(a))$ 也不是曲线 $y=f(x)$ 的拐点

8. 已知 $f(x)$ 在 $x=0$ 的某个邻域内连续，且 $f(0)=0$，$\lim\limits_{x\to 0}\dfrac{f(x)}{1-\cos x}=2$，则在点 $x=0$ 处 $f(x)$(　　)。

(A)不可导　　(B)可导，且 $f'(0)\neq 0$

(C)取得极大值　　(D)取得极小值

三、解答题

1. 求 $\lim\limits_{x\to 0}\dfrac{\int_{\cos x}^{1}e^{-t^2}\,dt}{x^2}$。

2. 设对任意非零的 x,y 有 $f(xy)=f(x)+f(y)$ 且 $f'(1)=a$，试证当 $x\neq 0$ 时，$f'(x)=\dfrac{a}{x}$。

3. 求曲线 $\begin{cases}x=2e^t\\ y=e^{-t}\end{cases}$ 在 $t=0$ 相应的点的切线方程及法线方程。

4. 证明当 $0<x<1$ 时，$e^{-x}+\sin x<1+\dfrac{x^2}{2}$。

5. $y=\ln(1+e^{x^2})$，求 dy。

6. 求函数 $f(x)=\sqrt[3]{x^2}$ 的单调区间。

7. 讨论 $f(x)=\begin{cases}x^2+1, & x<1\\ 2x & x\geqslant 1\end{cases}$ 在点 $x=1$ 处的连续性与可导性。

8. 设函数 $f(x)$ 在 $(-\infty,+\infty)$ 上有定义，在区间 $[0,2]$ 上 $f(x)=x(x^2-4)$，若对任意的 x 都满足 $f(x)=kf(x+2)$，其中 k 为常数。

(1)写出 $f(x)$ 在 $[-2,0]$ 上的表达式；

(2)问 k 为何值时，$f(x)$ 在 $x=0$ 处可导。

9. 设 $\begin{cases}x=\arctan t\\ y=\ln(1+t^2)\end{cases}$，求 $\dfrac{d^2y}{dx^2}$。

10. 设 $f(x)$ 在 $[0,1]$ 上连续，在 $(0,1)$ 内可导，且 $f(0)=f(1)=0$，$f\left(\frac{1}{2}\right)=1$，试证至少存在一点 $\xi\in(0,1)$，使得 $f'(\xi)=1$。

11. 设函数 $f(x)$ 连续，且 $f(0)\neq 0$，求 $\lim\limits_{x\to 0}\dfrac{\int_0^x (x-t)f(t)\mathrm{d}t}{x\int_0^x f(x-t)\mathrm{d}t}$。

12. 求曲线 $y=\dfrac{2x^3-3}{(x-2)^2}$ 的渐近线。

练习题答案

一、填空题

1. 答案：2。

解析　由题设可知 $f(0)=0$，$f'(0)=(\sin x)'|_{x=0}=1$，于是

$$\lim_{n\to\infty}nf\left(\frac{2}{n}\right)=\lim_{n\to\infty}2\cdot\frac{f\left(\frac{2}{n}\right)-f(0)}{\frac{2}{n}-0}=2f'(0)=2$$

2. 答案：$\frac{1}{12}$。

解析　已知方程两边求导得

$$3x^2f(x^3-1)=1$$

令 $x=2$，得 $12f(7)=1$，则有 $f(7)=\frac{1}{12}$。

3. 答案：0。

解析　因为 $f'(0)=\lim\limits_{x\to 0}\dfrac{f(x)-f(0)}{x}=\lim\limits_{x\to 0}\dfrac{x^2\sin\frac{1}{x}-0}{x}$

$$=\lim_{x\to 0}x\sin\frac{1}{x}=0$$

4. 答案：$f'(x)=2x$。

解析　因为

$$x^2+\frac{1}{x^2}=\left(x+\frac{1}{x}\right)^2-2$$

令 $t=x+\frac{1}{x}$，有 $f(t)=t^2-2$，即 $f(x)=x^2-2$，所以 $f'(x)=2x$。

5. 答案：$\mathrm{d}y=\mathrm{e}^{ax+bx^2}\cdot(a+2bx)\mathrm{d}x$。

解析　用复合函数求导公式可得

$$\mathrm{d}y=(\mathrm{e}^{ax+bx^2})'\mathrm{d}x=\mathrm{e}^{ax+bx^2}\cdot(a+2bx)\mathrm{d}x$$

6. 答案：$\varphi'(x)=\sin x^2$。

解析 令 $u=x-t$，

$$\varphi(x)=\int_x^0 \sin u^2 \mathrm{d}(-u)=\int_0^x \sin u^2 \mathrm{d}u$$

所以，$\varphi'(x)=\sin x^2$。

7. 答案：$\dfrac{\mathrm{d}^2 y}{\mathrm{d}x^2}=\dfrac{2(1+t^2)}{(1-t)^5}$。

解析 $x'(t)=1-\dfrac{2t}{1+t^2}=\dfrac{(1-t)^2}{1+t^2}\quad y'(t)=\dfrac{1}{1+t^2}$

$$\frac{\mathrm{d}y}{\mathrm{d}x}=\frac{\dfrac{1}{1+t^2}}{\dfrac{(1-t)^2}{1+t^2}}=\frac{1}{(1-t)^2}$$

$$\frac{\mathrm{d}^2 y}{\mathrm{d}x^2}=\frac{\mathrm{d}}{\mathrm{d}t}\left(\frac{1}{(1-t)^2}\right)\frac{\mathrm{d}t}{\mathrm{d}x}=\frac{2}{(1-t)^3}\frac{1+t^2}{(1-t)^2}=\frac{2(1+t^2)}{(1-t)^5}$$

8. 答案：$y''(0)=\dfrac{1}{\mathrm{e}^2}$。

解析 $\mathrm{e}^y\cdot y'+y+xy'=0 \qquad (1)$

$\mathrm{e}^y\cdot y'^2+\mathrm{e}^y\cdot y''+2y'+xy''=0 \qquad (2)$

由式(1)得 $y'=-\dfrac{y}{x+\mathrm{e}^y}$

$$y'(0)=-\frac{y}{x+\mathrm{e}^y}\bigg|_{\substack{x=0\\y=1}}=-\frac{1}{\mathrm{e}}$$

将 $x=0,y=1,y'(0)=-\dfrac{1}{\mathrm{e}}$ 代入式(2)，得

$$\mathrm{e}\cdot\left(-\frac{1}{\mathrm{e}}\right)^2+\mathrm{e}y''(0)+2y'(0)=0$$

即 $y''(0)=\dfrac{1}{\mathrm{e}^2}$。

二、选择题

1. 应选(D)。

解析 对于 $\lim\limits_{h\to 0}\dfrac{f(a)-f(a-h)}{h}$，令 $t=-h$，可有 $\lim\limits_{t\to 0}\dfrac{f(a+t)-f(a)}{t}=f'(a)$，而选项(A)只表明 $f(x)$ 在 $x=a$ 处右导数存在，对选项(B)、(C)若取 $f(x)=\begin{cases}1, x=a\\0, x\neq a\end{cases}$，则选项(B)、(C)成立，但 $f(x)$ 在 $x=a$ 处不连续，故 $f'(a)$ 不存在。

2. 应选(D)。

解析 周期为 4，$f'(5)=f'(1)$，而

$$f'(1)=\lim_{x\to 0}\frac{f(1-x)-f(1)}{-x}=2\lim_{x\to 0}\frac{f(1)-f(1-x)}{2x}=-2$$

3. 应选(A)。

解析　由 $f'(x)>0$ 可知 $f(x)$ 严格单调增加，由 $f''(x)>0$ 可知 $f(x)$ 是凹的，又 $\Delta x>0$，故 $0<\mathrm{d}y<\Delta y$ 成立。

4. 应选(C)。

解析　$f(x)$ 只有在 $[x_1,x_2]$ 上连续，因为没有假设 $f(x)$ 在 $[a,b]$ 上连续，因此不能在 $[a,b]$ 上用拉格朗日中值定理，而 $[x_1,x_2]\subset[a,b]$，故 $f(x)$ 在 $[x_1,x_2]$ 上满足拉格朗日中值定理条件。

5. 应选(B)。

解析　由题设，$f(x)$ 在 (a,b) 内可导，则 $f(x)$ 在 (a,b) 内连续，即对任一点 $\xi\in(a,b)$ 都有 $\lim\limits_{x\to\xi}[f(x)-f(\xi)]=0$，故(B)成立。因为只假设 $f(x)$ 在 $[a,b]$ 上有定义，得不出连续的结论，因此，(A)，(C)，(D)不成立。

6. 应选(B)。

解析　由函数连续与可导的关系，可导必连续，不连续，一定不可导，故知(B)正确。(A)，(C)显然不成立，函数 $f(x)$ 在点 x_0 处不连续，不能说无定义，故(D)也不成立。

7. 应选(B)。

解析　由于函数 $f(x)$ 的导数在 $x=a$ 处连续，且 $\lim\limits_{x\to a}\dfrac{f'(x)}{x-a}=-1$，可知

$$\lim_{x\to a}f'(x)=f'(a)=0$$

则有 $f''(a)=\lim\limits_{x\to a}\dfrac{f'(x)-f'(a)}{x-a}=-1<0$，故 $x=a$ 是 $f(x)$ 的极大值点。

8. 应选(D)。

解析　由于 $f'(0)=\lim\limits_{x\to 0}\dfrac{f(x)-f(0)}{x-0}=\lim\limits_{x\to 0}\dfrac{f(x)}{x}$

$$=\lim_{x\to 0}\frac{f(x)}{1-\cos x}\cdot\frac{1-\cos x}{x}=2\lim_{x\to 0}\frac{\frac{1}{2}x^2}{x}=0$$

所以(A)，(B)不成立。

再由 $\lim\limits_{x\to 0}\dfrac{f(x)}{1-\cos x}=2>0$，可知在点 $x=0$ 的一个去心邻域内 $(1-\cos x)>0$，故在此去心邻域内 $f(x)>0=f(0)$，故 $f(0)$ 是 $f(x)$ 的极小值。

三、解答题

1. **分析**　这是一个 $\dfrac{0}{0}$ 型的未定式，需要用到积分上限函数求导、洛必达法则求极限。

解　首先对分子求导，有

$$\frac{\mathrm{d}}{\mathrm{d}x}\int_{\cos x}^{1}\mathrm{e}^{-t^2}\,\mathrm{d}t=-\frac{\mathrm{d}}{\mathrm{d}x}\int_{1}^{\cos x}\mathrm{e}^{-t^2}\,\mathrm{d}t$$

$$=-\mathrm{e}^{-\cos^2 x}\cdot(-\sin x)=\sin x\cdot\mathrm{e}^{-\cos^2 x}$$

因此

$$\lim_{x\to 0}\frac{\int_{\cos x}^{1}e^{-t^2}dt}{x^2}=\lim_{x\to 0}\frac{\sin x\cdot e^{-\cos^2 x}}{2x}=\frac{1}{2e}$$

2. **证明** 当 $x=1, y=1$ 时，有 $f(1\times 1)=f(1)+f(1)=2f(1)$，推出 $f(1)=0$，由导数定义，有

$$f'(x)=\lim_{h\to 0}\frac{f(x+h)-f(x)}{h}=\lim_{h\to 0}\frac{f\left[x\left(1+\frac{h}{x}\right)\right]-f(x)}{h}$$

$$=\lim_{h\to 0}\frac{f(x)+f\left(1+\frac{h}{x}\right)-f(x)}{h}=\lim_{h\to 0}\frac{f\left(1+\frac{h}{x}\right)-f(1)}{\frac{h}{x}}\cdot\frac{1}{x}$$

$$=f'(1)\cdot\frac{1}{x}=\frac{a}{x}$$

3. **解** $\frac{dy}{dx}=\frac{(e^{-t})'}{(2e^t)'}=\frac{-e^{-t}}{2e^t}=-\frac{1}{2e^{2t}}\bigg|_{t=0}=-\frac{1}{2}$，

当 $t=0$ 时，$x=2, y=1$，所以，所求的切线方程为

$$y-1=-\frac{1}{2}(x-2)，即\ x+2y-4=0$$

法线方程为

$$y-1=2(x-2)，即\ 2x-y-3=0$$

4. **分析** 证明不等式可以利用函数单调性，先构造辅助函数。

证明 设 $f(x)=1+\frac{x^2}{2}-e^{-x}-\sin x$，有 $f(0)=0$，

$f'(x)=x+e^{-x}-\cos x$，且 $f'(0)=0$

$f''(x)=1-e^{-x}+\sin x>0$

即 $0<x<1$，$f''(x)>0$，因为 $f'(x)$ 在 $[0,1]$ 上连续，所以 $f'(x)$ 在 $[0,1]$ 上单调增加。

当 $0<x<1$ 时，有 $f'(x)>f'(0)=0$，因为 $f(x)$ 在 $[0,1]$ 上连续，所以 $f(x)$ 在 $[0,1]$ 单调增加。

当 $0<x<1$ 时，有 $f(x)>f(0)=0$，即

$$1+\frac{x^2}{2}-e^{-x}-\sin x>0$$

故当 $0<x<1$ 时，$e^{-x}+\sin x<1+\frac{x^2}{2}$。

5. **解** $dy=d\ln(1+e^{x^2})=\frac{1}{1+e^{x^2}}d(1+e^{x^2})=\frac{1}{1+e^{x^2}}\cdot e^{x^2}d(x^2)$

$$=\frac{e^{x^2}}{1+e^{x^2}}\cdot 2x\,dx=\frac{2xe^{x^2}}{1+e^{x^2}}dx$$

6. **解**　函数的定义域为$(-\infty,+\infty)$，显然$f(-x)=f(x)$，曲线关于y轴对称，且有

$$f'(x)=\frac{2}{3\sqrt[3]{x}},\quad (x\neq 0)$$

当$x=0$时，导数不存在；

当$-\infty<x<0$时，$f'(x)<0$，函数$f(x)$在$(-\infty,0]$上单调减少；

当$0<x<+\infty$时，$f'(x)>0$，函数$f(x)$在$[0,+\infty)$上单调增加；

故函数的单调减少区间为$(-\infty,0]$，单调增加区间为$[0,+\infty)$。

7. **解**　$f'_{-}(1)=\lim\limits_{x\to 1^-}\dfrac{f(x)-f(1)}{x-1}=\lim\limits_{x\to 1^-}\dfrac{x^2+1-2}{x-1}=2$

$$f'_{+}(1)=\lim_{x\to 1^+}\frac{f(x)-f(1)}{x-1}=\lim_{x\to 1^+}\frac{2x-2}{x-1}=2$$

$f'(1)=2$，$f(x)$在$x=1$可导，当然在$x=1$点连续。

8. **分析**　本题属于讨论分段函数在分段点的可导性问题，用导数定义。

解　(1) 当$-2\leqslant x<0$，即$0\leqslant x+2<2$时，

$$f(x)=kf(x+2)=k(x+2)[(x+2)^2-4]=kx(x+2)(x+4)$$

(2)由题设知$f(0)=0$，

$$f'_{+}(0)=\lim_{x\to 0^+}\frac{f(x)-f(0)}{x-0}=\lim_{x\to 0^+}\frac{x(x^2-4)}{x}=-4$$

$$f'_{-}(0)=\lim_{x\to 0^-}\frac{f(x)-f(0)}{x-0}=\lim_{x\to 0^-}\frac{kx(x+2)(x+4)}{x}=8k$$

令$f'_{-}(0)=f'_{+}(0)$，得$k=-\dfrac{1}{2}$。即当$k=-\dfrac{1}{2}$时，$f(x)$在$x=0$处可导。

9. **解**　$\dfrac{dy}{dx}=\dfrac{\frac{dy}{dt}}{\frac{dx}{dt}}=\dfrac{\frac{2t}{1+t^2}}{\frac{1}{1+t^2}}=2t$

$$\frac{d^2y}{dx^2}=\frac{d\left(\frac{dy}{dx}\right)}{dx}=\frac{d\left(\frac{dy}{dx}\right)}{dt}\Big/\frac{dx}{dt}=\frac{2}{\frac{1}{1+t^2}}=2(1+t^2)$$

10. **证明**　令$F(x)=f(x)-x$，显然，$F(x)$在$[0,1]$上连续，在$(0,1)$内可导，又

$$F(1)=f(1)-1=-1<0,F\left(\frac{1}{2}\right)=f\left(\frac{1}{2}\right)-\frac{1}{2}=\frac{1}{2}>0$$

由零点定理可知，存在一个$\eta\in\left(\dfrac{1}{2},1\right)$，使$F(\eta)=0$。

又$F(0)=0=F(\eta)$，对$F(x)$在$[0,\eta]$上用罗尔定理，存在一个$\xi\in(0,\eta)\subset(0,1)$，使$F'(\xi)=0$，即$f'(\xi)=1,\xi\in(0,1)$。

11. **分析** 本题极限是$\frac{0}{0}$，但不能直接用洛必达法则，应先作变换。

解 首先对分母的积分作变换，令 $u=x-t$，则

$$\int_0^x f(x-t)\mathrm{d}t=\int_x^0 f(u)\mathrm{d}(-u)=\int_0^x f(u)\mathrm{d}u=\int_0^x f(t)\mathrm{d}t$$

因此

$$\lim_{x\to 0}\frac{\int_0^x (x-t)f(t)\mathrm{d}t}{x\int_0^x f(x-t)\mathrm{d}t}=\lim_{x\to 0}\frac{x\int_0^x f(t)\mathrm{d}t-\int_0^x tf(t)\mathrm{d}t}{x\int_0^x f(t)\mathrm{d}t}$$

$$=\lim_{x\to 0}\frac{\int_0^x f(t)\mathrm{d}t+xf(x)-xf(x)}{\int_0^x f(t)\mathrm{d}t+xf(x)}$$

$$=\lim_{x\to 0}\frac{\int_0^x f(t)\mathrm{d}t}{\int_0^x f(t)\mathrm{d}t+xf(x)}$$

$$=\lim_{x\to 0}\frac{f(\xi)x}{f(\xi)x+xf(x)}\text{，其中 } 0<\xi<x,x\to 0 \text{ 时 } \xi\to 0$$

$$=\frac{f(0)}{f(0)+f(0)}=\frac{1}{2}$$

注 本题求解用到了积分上限函数求导、洛必达法则、积分中值定理，综合性较强。

12. **解** 因为 $\lim\limits_{x\to 2}y=\lim\limits_{x\to 2}\frac{2x^3-3}{(x-2)^2}=\infty$，所以 $x=2$ 是铅直渐近线。

因为

$$k=\lim_{x\to\infty}\frac{y}{x}=\lim_{x\to\infty}\frac{2x^3-3}{(x-2)^2\cdot x}=2$$

$$b=\lim_{x\to\infty}(y-kx)=\lim_{x\to\infty}\left[\frac{2x^3-3}{(x-2)^2}-2x\right]$$

$$=\lim_{x\to\infty}\frac{8x^2-8x-3}{(x-2)^2}=8$$

所以斜渐近线为 $y=2x+8$。

第三章　一元函数积分学

考试内容

原函数和不定积分的概念，不定积分的基本性质，基本积分公式；定积分的概念和基本性质，定积分中值定理，积分上限的函数及其导数，牛顿-莱布尼茨公式，不定积分和定积分的换元积分法与分部积分法；反常（广义）积分；定积分的应用。

考试要求

1. 理解原函数与不定积分的概念，掌握不定积分的基本性质和基本积分公式，掌握不定积分的换元积分法和分部积分法。

2. 了解定积分的概念和基本性质，了解定积分中值定理，理解积分上限的函数并会求它的导数，掌握牛顿-莱布尼茨公式以及定积分的换元积分法和分部积分法。

3. 会利用定积分计算平面图形的面积和旋转体的体积。

4. 了解无穷区间上的反常积分的概念，会计算无穷区间上的反常积分。

本章重点

不定积分的换元积分法和分部积分法；积分上限的函数并会求它的导数；牛顿-莱布尼茨公式以及定积分的换元积分法和分部积分法；利用定积分计算平面图形的面积和旋转体的体积。

一、不定积分的概念与性质

1. 原函数的概念

定义 1　设函数 $f(x)$在区间 I 上有定义，如果存在函数 $F(x)$，使得对于区间 I 上任一点 x，都有 $F'(x)=f(x)$，或 $\mathrm{d}F(x)=f(x)\mathrm{d}x$，则称 $F(x)$是 $f(x)$在区间 I 上的一个原函数，那么 $F(x)+C$　（C 为任意常数）　就是 $f(x)$在区间 I 上的全部原函数。

2. 不定积分的定义

定义 2　函数 $f(x)$在区间 I 上的原函数的全体称为 $f(x)$在区间 I 上的不定积分，记作

$$\int f(x)\mathrm{d}x$$

设 $F(x)$是 $f(x)$在区间 I 上的一个原函数，则

$$\int f(x)\mathrm{d}x=F(x)+C$$

3. 不定积分的性质

性质 1 $\left[\int f(x)\mathrm{d}x\right]'=f(x)$ 或 $\mathrm{d}\int f(x)\mathrm{d}x=f(x)\mathrm{d}x$。

性质 2 $\int F'(x)\mathrm{d}x=F(x)+C$ 或 $\int \mathrm{d}F(x)=F(x)+C$。

性质 3 有限个函数代数和的不定积分等于各函数不定积分的代数和，即

$$\int[f_1(x)\pm f_2(x)\pm\cdots\pm f_n(x)]\mathrm{d}x=\int f_1(x)\mathrm{d}x\pm\int f_2(x)\mathrm{d}x\pm\cdots\pm\int f_n(x)\mathrm{d}x$$

性质 4 $\int kf(x)\mathrm{d}x=k\int f(x)\mathrm{d}x$。

性质 5 若 $\int f(x)\mathrm{d}x=F(x)+C$，则 $\int f(u)\mathrm{d}u=F(u)+C$，其中 u 是 x 的可导函数。

4. 基本积分公式

(1) $\int k\mathrm{d}x=kx+C$ （k 为常数）。

(2) $\int x^{\mu}\mathrm{d}x=\frac{x^{\mu+1}}{\mu+1}+C$ （$\mu\neq-1$）。

(3) $\int\frac{\mathrm{d}x}{x}=\ln|x|+C$。

(4) $\int\frac{\mathrm{d}x}{1+x^2}=\arctan x+C$。

(5) $\int\frac{\mathrm{d}x}{\sqrt{1-x^2}}=\arcsin x+C$。

(6) $\int\cos x\mathrm{d}x=\sin x+C$。

(7) $\int\sin x\mathrm{d}x=-\cos x+C$。

(8) $\int\frac{\mathrm{d}x}{\cos^2 x}=\int\sec^2 x\mathrm{d}x=\tan x+C$。

(9) $\int\frac{\mathrm{d}x}{\sin^2 x}=\int\csc^2 x\mathrm{d}x=-\cot x+C$。

(10) $\int\sec x\tan x\mathrm{d}x=\sec x+C$。

(11) $\int\csc x\cot x\mathrm{d}x=-\csc x+C$。

(12) $\int\mathrm{e}^x\mathrm{d}x=\mathrm{e}^x+C$。

(13) $\int a^x\mathrm{d}x=\frac{a^x}{\ln a}+C$。

(14) $\int \tan x \mathrm{d}x = -\ln|\cos x| + C$。

(15) $\int \cot x \mathrm{d}x = \ln|\sin x| + C$。

(16) $\int \sec x \mathrm{d}x = \ln|\sec x + \tan x| + C$。

(17) $\int \csc x \mathrm{d}x = \ln|\csc x - \cot x| + C$。

(18) $\int \frac{\mathrm{d}x}{x^2 - a^2} = \frac{1}{2a}\ln\left|\frac{x-a}{x+a}\right| + C$。

(19) $\int \frac{\mathrm{d}x}{a^2 + x^2} = \frac{1}{a}\arctan\frac{x}{a} + C$。

(20) $\int \frac{\mathrm{d}x}{\sqrt{a^2 - x^2}} = \arcsin\frac{x}{a} + C$。

(21) $\int \frac{\mathrm{d}x}{\sqrt{x^2 \pm a^2}} = \ln|x + \sqrt{x^2 \pm a^2}| + C$。

例 1　求 $\int \frac{1}{x}\mathrm{d}x$。

解　因为，$x>0$ 时，$(\ln x)'=\frac{1}{x}$；$x<0$ 时，$[\ln(-x)]'=\frac{1}{-x}(-x)'=\frac{1}{x}$，得

$$(\ln|x|)'=\frac{1}{x}$$

因此有

$$\int \frac{1}{x}\mathrm{d}x = \ln|x| + C$$

例 2　设曲线过点(1,2)，且其上任一点的斜率为该点横坐标的两倍，求曲线的方程。

解　设曲线方程为 $y=y(x)$，其上任一点 (x,y) 处切线的斜率为 $\frac{\mathrm{d}y}{\mathrm{d}x}=2x$，从而

$$y = \int 2x\,\mathrm{d}x = x^2 + C$$

由 $y(1)=2$，得 $C=1$，因此所求曲线方程为

$$y=x^2+1$$

例 3　若 $f(x)$ 的导函数是 $\sin x$，求 $f(x)$ 的一个原函数。

解　由题设 $f'(x)=\sin x$，则 $f(x)=-\cos x+C_1$，取 $f(x)=-\cos x$，于是有

$$\int f(x)\mathrm{d}x = \int -\cos x\,\mathrm{d}x = -\sin x + C$$

令 $C=0$，则得 $f(x)$ 的一个原函数为 $-\sin x$。

二、不定积分的基本积分法

1. 第一类换元积分法(凑微分法)

设 $F(u)$为 $f(u)$的原函数,$u=\varphi(x)$可微,则

$$\int f[\varphi(x)]\varphi'(x)\mathrm{d}x=\int f[\varphi(x)]\mathrm{d}\varphi(x)=\left[\int f(u)\mathrm{d}u\right]_{u=\varphi(x)}$$

$$=F(u)+C=F[\varphi(x)]+C$$

凑微分法是非常重要的一种积分法,必须熟练掌握,运用自如,运算熟练之后,可以不再设中间变量 $u=\varphi(x)$。

常见的几种凑微分形式:

(1) $\int f(ax+b)\mathrm{d}x=\dfrac{1}{a}\int f(ax+b)\mathrm{d}(ax+b)$

(2) $\int f\left(\dfrac{1}{x}\right)\dfrac{\mathrm{d}x}{x^2}=-\int f\left(\dfrac{1}{x}\right)\mathrm{d}\left(\dfrac{1}{x}\right)$

(3) $\int f(\ln x)\dfrac{\mathrm{d}x}{x}=\int f(\ln x)\mathrm{d}(\ln x)$

(4) $\int f(\sqrt{x})\dfrac{\mathrm{d}x}{\sqrt{x}}=2\int f(\sqrt{x})\mathrm{d}(\sqrt{x})$

(5) $\int f(\mathrm{e}^x)\mathrm{e}^x\mathrm{d}x=\int f(\mathrm{e}^x)\mathrm{d}(\mathrm{e}^x)$

(6) $\int f(\sin x)\cos x\mathrm{d}x=\int f(\sin x)\mathrm{d}(\sin x)$

(7) $\int f(\cos x)\sin x\mathrm{d}x=-\int f(\cos x)\mathrm{d}(\cos x)$

(8) $\int f(\tan x)\sec^2 x\mathrm{d}x=\int f(\tan x)\mathrm{d}(\tan x)$

(9) $\int f(\cot x)\csc^2 x\mathrm{d}x=-\int f(\cot x)\mathrm{d}(\cot x)$

(10) $\int \dfrac{f(\arcsin x)}{\sqrt{1-x^2}}\mathrm{d}x=\int f(\arcsin x)\mathrm{d}(\arcsin x)$

(11) $\int \dfrac{f(\arctan x)}{1+x^2}\mathrm{d}x=\int f(\arctan x)\mathrm{d}(\arctan x)$

2. 第二类换元积分法

设 $x=\Psi(t)$是单调的可导函数,且 $\Psi'(t)\neq 0$,又设 $f[\Psi(t)]\Psi'(t)$ 具有原函数,则有

$$\int f(x)\mathrm{d}x=\left[\int f[\Psi(t)]\Psi'(t)\mathrm{d}t\right]_{t=\overline{\Psi}(x)}$$

其中 $t=\overline{\Psi}(x)$为 $x=\Psi(t)$的反函数。

常用的换元法

(1)当被积函数含有$\sqrt{x^2+a^2}$，可作代换$x=a\tan t$，化去根式，

(2)当被积函数含有$\sqrt{x^2-a^2}$，可作代换$x=a\sec t$，化去根式，

(3)当被积函数含有$\sqrt{a^2-x^2}$，可作代换$x=a\sin t$，化去根式，

(4)倒代换：可作代换$x=\frac{1}{t}$，使积分易求解。

3. 分部积分法

设$u=u(x)$，$v=v(x)$具有连续的导数，则公式

$$\int u\,\mathrm{d}v=uv-\int v\,\mathrm{d}u$$

或

$$\int uv'\,\mathrm{d}x=uv-\int vu'\,\mathrm{d}x$$

称为不定积分的分部积分公式。

使用分部积分法，恰当选取u和$\mathrm{d}v$是关键，选取u和$\mathrm{d}v$的一般原则是：

(1)v要容易求；

(2)$\int v\,\mathrm{d}u$要比$\int u\,\mathrm{d}v$容易求。

常用分部积分法求积分的类型：

(1)$\int P_n(x)\mathrm{e}^{kx}\mathrm{d}x$，$\int P_n(x)\sin ax\mathrm{d}x$，$\int P_n(x)\cos ax\mathrm{d}x$，其中$k$，$a$为常数，$P_n(x)$是$n$次多项式，选取$u(x)=P_n(x)$，$\mathrm{d}v=\mathrm{e}^{kx}\mathrm{d}x$(或$\sin ax\mathrm{d}x$，$\cos ax\mathrm{d}x$)

(2)$\int P_n(x)\arcsin x\mathrm{d}x$，$\int P_n(x)\arctan x\mathrm{d}x$，$\int P_n(x)\ln x\mathrm{d}x$

选取　$u(x)=\arcsin x$，$\arctan x$，$\ln x$；$\mathrm{d}v(x)=P_n(x)\mathrm{d}x$。

注意　利用公式$\arcsin x+\arccos x=\frac{\pi}{2}$，$\arctan x+\operatorname{arccot} x=\frac{\pi}{2}$，

可以把积分　$\int P_n(x)\arccos x\mathrm{d}x$，$\int P_n(x)\operatorname{arccot} x\mathrm{d}x$

化为积分　$\int P_n(x)\arcsin x\mathrm{d}x$，$\int P_n(x)\arctan x\mathrm{d}x$

(3)$\int \mathrm{e}^{kx}\sin(ax+b)\mathrm{d}x$，$\int \mathrm{e}^{kx}\cos(ax+b)\mathrm{d}x$，其中$k$，$a$，$b$均为常数，$u(x)$，$\mathrm{d}v(x)$的选取可随意。

注意　在连续利用分部积分法时，前后几次所选的$u(x)$应为同类型函数。简单情况可不必明显地写出如何选取$u(x)$，$\mathrm{d}v(x)$，而直接套用公式。

例4　求不定积分$\int\sqrt{x}(x^2-5)\mathrm{d}x$。

解 $\int\sqrt{x}(x^2-5)\mathrm{d}x=\int(x^{\frac{5}{2}}-5x^{\frac{1}{2}})\mathrm{d}x=\int x^{\frac{5}{2}}\mathrm{d}x-5\int x^{\frac{1}{2}}\mathrm{d}x$

$$=\frac{2}{7}x^{\frac{7}{2}}-\frac{10}{3}x^{\frac{3}{2}}+C=\frac{2}{7}x^3\sqrt{x}-\frac{10}{3}x\sqrt{x}+C$$

例 5 求 $\int\frac{(x-1)^3}{x^2}\mathrm{d}x$。

分析 利用基本积分公式和不定积分性质。

解 $\int\frac{(x-1)^3}{x^2}\mathrm{d}x=\int\frac{x^3-3x^2+3x-1}{x^2}\mathrm{d}x$

$$=\int\left(x-3+\frac{3}{x}-\frac{1}{x^2}\right)\mathrm{d}x$$

$$=\frac{x^2}{2}-3x+3\ln|x|+\frac{1}{x}+C$$

例 6 求 $\int(\mathrm{e}^x-3\cos x+2^x\mathrm{e}^x)\mathrm{d}x$。

解 $\int(\mathrm{e}^x-3\cos x+2^x\mathrm{e}^x)\mathrm{d}x=\int\mathrm{e}^x\mathrm{d}x-3\int\cos x\mathrm{d}x+\int(2\mathrm{e})^x\mathrm{d}x$

$$=\mathrm{e}^x-3\sin x+\frac{(2\mathrm{e})^x}{\ln(2\mathrm{e})}+C$$

$$=\mathrm{e}^x-3\sin x+\frac{(2\mathrm{e})^x}{1+\ln 2}+C$$

例 7 求 $\int\frac{1+x+x^2}{x(1+x^2)}\mathrm{d}x$。

解 $\int\frac{1+x+x^2}{x(1+x^2)}\mathrm{d}x=\int\frac{(1+x^2)+x}{x(1+x^2)}\mathrm{d}x=\int\frac{1}{x}\mathrm{d}x+\int\frac{1}{1+x^2}\mathrm{d}x$

$$=\ln|x|+\arctan x+C$$

例 8 求 $\int\tan^2x\mathrm{d}x$。

分析 利用三角公式将积分转化为可用基本积分公式的形式。

解 $\int\tan^2x\mathrm{d}x=\int(\sec^2x-1)\mathrm{d}x=\int\sec^2x\mathrm{d}x-\int\mathrm{d}x$

$$=\tan x-x+C$$

评注 被积函数含有三角函数,经常要用三角公式变形,因此,一定要熟记常用的三角公式。

例 9 求 $\int\sin^2\frac{x}{2}\mathrm{d}x$。

分析 利用三角公式 $\cos 2x=1-2\sin^2x$,原积分变形。

解 $\int\sin^2\frac{x}{2}\mathrm{d}x=\int\frac{1-\cos x}{2}\mathrm{d}x=\int\frac{1}{2}\mathrm{d}x-\frac{1}{2}\int\cos x\mathrm{d}x=\frac{1}{2}(x-\sin x)+C$

例 10　计算下列不定积分

(1) $\int \sec^3 x\,dx$；(2) $\int \frac{x\arctan x}{\sqrt{1+x^2}}dx$。

解(1)
$$\begin{aligned}\int \sec^3 x\,dx &= \int \sec x\,d(\tan x)\\ &= \sec x\tan x - \int \tan x\sec x\tan x\,dx\\ &= \sec x\tan x - \int \sec x(\sec^2 x - 1)dx\\ &= \sec x\tan x - \int \sec^3 x\,dx + \int \sec x\,dx\\ &= \sec x\tan x + \ln|\sec x + \tan x| - \int \sec^3 x\,dx\end{aligned}$$

上式右端中又有所求积分 $\int \sec^3 x\,dx$ 出现，将它移到等号左端去，两端再同除以 2，则得

$$\int \sec^3 x\,dx = \frac{1}{2}(\sec x\tan x + \ln|\sec x + \tan x|) + C。$$

(2)
$$\begin{aligned}\int \frac{x\arctan x}{\sqrt{1+x^2}}dx &= \int \arctan x\,d\sqrt{1+x^2}\\ &= \sqrt{1+x^2}\arctan x - \int \frac{\sqrt{1+x^2}}{1+x^2}dx\\ &= \sqrt{1+x^2}\arctan x - \int \frac{1}{\sqrt{1+x^2}}dx\\ &= \sqrt{1+x^2}\arctan x - \ln(x+\sqrt{1+x^2}) + C。\end{aligned}$$

例 11　求 $\int \frac{1}{1+\cos 2x}dx$。

解　$\int \frac{1}{1+\cos 2x}dx = \int \frac{1}{1+2\cos^2 x - 1}dx = \frac{1}{2}\int \frac{1}{\cos^2 x}dx = \frac{1}{2}\tan x + C$。

例 12　求 $\int \frac{x^2}{1+x^2}\arctan x\,dx$。

解
$$\begin{aligned}\int \frac{x^2}{1+x^2}\arctan x\,dx &= \int \arctan x\,dx - \int \frac{1}{1+x^2}\arctan x\,dx\\ &= x\arctan x - \int x\,d(\arctan x) - \int \arctan x\,d(\arctan x)\\ &= x\arctan x - \frac{1}{2}\ln(1+x^2) - \frac{1}{2}(\arctan x)^2 + C\end{aligned}$$

例 13　求 $\int \frac{1}{x(x^6+4)}dx$。

解
$$\begin{aligned}\int \frac{1}{x(x^6+4)}dx &= \frac{1}{4}\int \frac{(x^6+4)-x^6}{x(x^6+4)}dx = \frac{1}{4}\int\left(\frac{1}{x} - \frac{x^5}{x^6+4}\right)dx\\ &= \frac{1}{4}\int \frac{1}{x}dx - \frac{1}{24}\int \frac{1}{x^6+4}d(x^6+4)\\ &= \frac{1}{4}\ln|x| - \frac{1}{24}\ln(x^6+4) + C。\end{aligned}$$

例 14 求 $\int(2xe^{x^2}+x\sqrt{1-x^2}+\tan x)dx$。

分析 凑微分法。

解
$$\text{原式}=\int 2xe^{x^2}dx+\int x\sqrt{1-x^2}dx+\int\frac{\sin x}{\cos x}dx$$
$$=\int e^{x^2}dx^2-\frac{1}{2}\int(1-x^2)^{\frac{1}{2}}d(1-x^2)-\int\frac{1}{\cos x}d\cos x$$
$$=e^{x^2}-\frac{1}{3}(1-x^2)^{\frac{3}{2}}-\ln|\cos x|+C$$

例 15 求 $\int\frac{1}{a^2+x^2}dx$。

分析 凑微分法，原式变形利用基本积分公式，$\int\frac{dx}{1+x^2}=\arctan x+C$。

解 $\int\frac{1}{a^2+x^2}dx=\frac{1}{a^2}\int\frac{1}{1+\left(\frac{x}{a}\right)^2}dx=\frac{1}{a}\int\frac{1}{1+\left(\frac{x}{a}\right)^2}d\left(\frac{x}{a}\right)=\frac{1}{a}\arctan\frac{x}{a}+C$。

评注 结果可作为一个基本积分公式。

例 16 求 $\int\frac{1}{x^2+2x+3}dx$。

解
$$\int\frac{dx}{x^2+2x+3}=\int\frac{dx}{(x+1)^2+2}$$
$$=\frac{1}{2}\int\frac{\sqrt{2}\,d\left(\frac{x+1}{\sqrt{2}}\right)}{1+\left(\frac{x+1}{\sqrt{2}}\right)^2}=\frac{\sqrt{2}}{2}\arctan\frac{x+1}{\sqrt{2}}+C$$

评注 原积分化成 $\int\frac{dx}{x^2+2x+3}=\int\frac{dx}{(x+1)^2+2}$，利用上题结果，$u=x+1,a=\sqrt{2}$，可直接求解。

例 17 求 $\int\frac{x^2+1}{x^4+1}dx$。

解
$$\int\frac{x^2+1}{x^4+1}dx=\int\frac{1+\frac{1}{x^2}}{x^2+\frac{1}{x^2}}dx=\int\frac{d\left(x-\frac{1}{x}\right)}{\left(x-\frac{1}{x}\right)^2+2}$$
$$=\frac{1}{\sqrt{2}}\int\frac{d\frac{1}{\sqrt{2}}\left(x-\frac{1}{x}\right)}{1+\left[\frac{1}{\sqrt{2}}\left(x-\frac{1}{x}\right)\right]^2}=\frac{1}{\sqrt{2}}\arctan\frac{1}{\sqrt{2}}\left(x-\frac{1}{x}\right)+C$$

例 18 求 $\int\frac{\arcsin\sqrt{x}}{\sqrt{x(1-x)}}dx$。

分析 凑微分法。

解 $\int \frac{\arcsin\sqrt{x}}{\sqrt{x(1-x)}}dx = 2\cdot\int \frac{\arcsin\sqrt{x}}{2\sqrt{x(1-x)}}dx$

$$=2\int \arcsin\sqrt{x}\cdot d\arcsin\sqrt{x}$$

$$=(\arcsin\sqrt{x})^2+C$$

例 19 设 $f(\sin^2 x)=\frac{x}{\sin x}$，求 $I=\int\frac{\sqrt{x}}{\sqrt{1-x}}f(x)dx$。

解法 1 令 $u=\sin^2 x$，则 $\sin x=\sqrt{u}$，$x=\arcsin\sqrt{u}$，$f(u)=\frac{\arcsin\sqrt{u}}{\sqrt{u}}$，即

$$f(x)=\frac{\arcsin\sqrt{x}}{\sqrt{x}}$$

则

$$I=\int\frac{\sqrt{x}}{\sqrt{1-x}}f(x)dx=\int\frac{\arcsin\sqrt{x}}{\sqrt{1-x}}dx=-\int\frac{\arcsin\sqrt{x}}{\sqrt{1-x}}d(1-x)$$

$$=-2\int\arcsin\sqrt{x}\,d\sqrt{1-x}=-2\sqrt{1-x}\arcsin\sqrt{x}+2\int\sqrt{1-x}\cdot\frac{1}{\sqrt{1-x}}d\sqrt{x}$$

$$=-2\sqrt{1-x}\arcsin\sqrt{x}+2\sqrt{x}+C$$

解法 2 令 $x=\sin^2 x$，则 $\frac{\sqrt{x}}{\sqrt{1-x}}=\frac{\sin t}{\cos t}$，$dx=2\cos t\sin t\,dt$，则

$$I=\int\frac{\sin t}{\cos t}\cdot\frac{t}{\sin t}\cdot 2\sin t\cos t\,dt=-2\int t\,d(\cos t)$$

$$=-2t\cos t+2\int\cos t\,dt=-2t\cos t+2\sin t+C$$

$$=-2\sqrt{1-x}\arcsin\sqrt{x}+2\sqrt{x}+C$$

例 20 计算 $\int\frac{dx}{x\sqrt{x^2-1}}$。

分析 因为被积函数含有 $\sqrt{x^2-1}$，可作代换 $x=\sec u$，使其有理化。

解法 1 令 $x=\sec u$，则 $dx=\sec u\tan u\,du$，

$$\int\frac{dx}{x\sqrt{x^2-1}}=\int\frac{\sec u\tan u}{\sec u\tan u}du=\int du$$

$$=u+C=\arccos\frac{1}{x}+C$$

注 当被积函数含有 $\sqrt{x^2+a^2}$，可作代换 $x=a\tan t$；

当被积函数含有 $\sqrt{a^2-x^2}$，可作代换 $x=a\sin t$。

解法 2 令 $\sqrt{x^2-1}=u$，则 $x\,dx=u\,du$，

$$\int\frac{dx}{x\sqrt{x^2-1}}=\int\frac{x\,dx}{x^2\sqrt{x^2-1}}=\int\frac{du}{1+u^2}$$

$$=\arctan u+C$$

$$=\arctan\sqrt{x^2-1}+C$$

解法 3 （凑微分法）

$$\int\frac{\mathrm{d}x}{x\sqrt{x^2-1}}=\int\frac{\mathrm{d}x}{x^2\sqrt{1-\left(\frac{1}{x}\right)^2}}=-\int\frac{1}{\sqrt{1-\left(\frac{1}{x}\right)^2}}\mathrm{d}\frac{1}{x}$$

$$=-\arcsin\frac{1}{x}+C$$

注 当采用不同方法计算不定积分时结果形式可能不同。

例 21 计算 $\int\frac{1+\sin x}{1+\cos x}\mathrm{d}x$。

解法 1 用三角恒等式

$$\int\frac{1+\sin x}{1+\cos x}\mathrm{d}x=\int\frac{1+2\sin\frac{x}{2}\cos\frac{x}{2}}{2\cos^2\frac{x}{2}}\mathrm{d}x$$

$$=\int\frac{1}{\cos^2\frac{x}{2}}\mathrm{d}\left(\frac{x}{2}\right)+2\int\frac{\sin\frac{x}{2}}{\cos\frac{x}{2}}\mathrm{d}\left(\frac{x}{2}\right)$$

$$=\tan\frac{x}{2}-2\ln\left|\cos\frac{x}{2}\right|+C$$

解法 2

$$\int\frac{1+\sin x}{1+\cos x}\mathrm{d}x=\int\frac{1}{1+\cos x}\mathrm{d}x+\int\frac{\sin x}{1+\cos x}\mathrm{d}x$$

$$=\int\frac{1}{\cos^2\frac{x}{2}}\mathrm{d}\left(\frac{x}{2}\right)-\int\frac{1}{1+\cos x}\mathrm{d}(1+\cos x)$$

$$=\tan\frac{x}{2}-\ln|1+\cos x|+C$$

例 22 求 $\int x\cos x\,\mathrm{d}x$。

解

$$\int x\cos x\,\mathrm{d}x=\int x\,\mathrm{d}\sin x=x\sin x-\int\sin x\,\mathrm{d}x$$

$$=x\sin x+\cos x+C$$

例 23 求 $\int x\ln x\,\mathrm{d}x$。

解

$$\int x\ln x\,\mathrm{d}x=\frac{1}{2}\int\ln x\,\mathrm{d}x^2=\frac{1}{2}\left[x^2\ln x-\int x^2\mathrm{d}\ln x\right]$$

$$=\frac{1}{2}\left[x^2\ln x-\int x\,\mathrm{d}x\right]=\frac{1}{2}\left[x^2\ln x-\frac{1}{2}x^2\right]+C$$

$$=\frac{1}{2}x^2\ln x-\frac{1}{4}x^2+C$$

例 24　求 $\int x\arctan x\,\mathrm{d}x$。

解

$$\begin{aligned}\int x\arctan x\,\mathrm{d}x &= \frac{1}{2}\int \arctan x\,\mathrm{d}x^2\\&=\frac{1}{2}\left[x^2\arctan x-\int x^2\mathrm{d}\arctan x\right]\\&=\frac{1}{2}\left[x^2\arctan x-\int \frac{x^2}{1+x^2}\mathrm{d}x\right]\\&=\frac{1}{2}\left[x^2\arctan x-\int\left(1-\frac{1}{1+x^2}\right)\mathrm{d}x\right]\\&=\frac{1}{2}\left[x^2\arctan x-x+\arctan x\right]+C\end{aligned}$$

评注　当被积函数是幂函数与对数函数乘积或是幂函数与反三角函数函数乘积时，分部积分时取对数函数或反三角函数为 $u(x)$，上面几个例题 $u(x)$，$\mathrm{d}v(x)$ 都容易选取，故不必明显列出 $u(x)$，$\mathrm{d}v(x)$，直接利用分部积分即可。

例 25　已知 $f(x)$ 的一个原函数为 $(1+\sin x)\ln x$，求 $\int xf'(x)\mathrm{d}x$。

分析　利用原函数定义和分部积分求解。

解

$$\begin{aligned}\int xf'(x)\mathrm{d}x &= \int x\,\mathrm{d}f(x)=xf(x)-\int f(x)\mathrm{d}x\\&=x[(1+\sin x)\ln x]'-(1+\sin x)\ln x+C\\&=x\left[\cos\ln x+\frac{1}{x}(1+\sin x)\right]-(1+\sin x)\ln x+C\\&=x\cos\ln x+(1+\sin x)(1-\ln x)+C\end{aligned}$$

例 26　设 $I_n=\int\frac{\mathrm{d}x}{(x^2+a^2)^n}$　($n\geqslant 2$，正整数，$a>0$)，求证

$$I_n=\frac{1}{2(n-1)a^2}\left[\frac{x}{(x^2+a^2)^{n-1}}+(2n-3)I_{n-1}\right]$$

分析　不定积分中的递推公式常用分部积分法进行推导。

证明

$$\begin{aligned}I_n&=\frac{1}{a^2}\int\frac{(x^2+a^2)-x^2}{(x^2+a^2)^n}\mathrm{d}x=\frac{1}{a^2}I_{n-1}-\frac{1}{2a^2}\int\frac{x\,\mathrm{d}(x^2+a^2)}{(x^2+a^2)^n}\\&=\frac{1}{a^2}I_{n-1}+\frac{1}{2(n-1)a^2}\int x\,\mathrm{d}\left[\frac{1}{(x^2+a^2)^{n-1}}\right]\\&=\frac{1}{a^2}I_{n-1}+\frac{1}{2(n-1)a^2}\left[\frac{x}{(x^2+a^2)^{n-1}}-I_{n-1}\right]\\&=\frac{1}{2(n-1)a^2}\left[\frac{x}{(x^2+a^2)^{n-1}}+(2n-3)I_{n-1}\right]\end{aligned}$$

例 27　设 $f(\ln x)=\dfrac{\ln(1+x)}{x}$，计算 $\int f(x)\mathrm{d}x$。

分析 先求出 $f(x)$再积分，做变量替换，令 $\ln x=t$。

解 设 $\ln x=t$，则 $x=e^t$，$f(t)=\dfrac{\ln(1+e^t)}{e^t}$，

$$\int f(x)dx=\int\frac{\ln(1+e^x)}{e^x}dx=-\int\ln(1+e^x)de^{-x}$$
$$=-e^{-x}\ln(1+e^x)+\int\frac{1}{1+e^x}dx$$
$$=-e^{-x}\ln(1+e^x)+\int\left(1-\frac{e^x}{1+e^x}\right)dx$$
$$=-e^{-x}\ln(1+e^x)+x-\ln(1+e^x)+C$$
$$=x-(1+e^{-x})\ln(1+e^x)+C$$

例 28 求 $\int e^x\sin x\,dx$。

解
$$\int e^x\sin x\,dx=\int\sin x\,de^x$$
$$=e^x\sin x-\int e^x d\sin x=e^x\sin x-\int e^x\cos x\,dx$$
$$=e^x\sin x-\int\cos x\,de^x=e^x\sin x-\left(e^x\cos x-\int e^x d\cos x\right)$$
$$=e^x\sin x-e^x\cos x-\int e^x\sin x\,dx$$

因此得
$$2\int e^x\sin x\,dx=e^x(\sin x-\cos x)$$

即
$$\int e^x\sin x\,dx=\frac{1}{2}e^x(\sin x-\cos x)+C$$

例 29 求 $\int e^{\sqrt{x}}dx$。

分析 换元去掉根式，然后分部积分。

解 令$\sqrt{x}=t$，则 $x=t^2$，$dx=2t\,dt$，因此

$$\int e^{\sqrt{x}}dx=\int e^t 2t\,dt=2\int te^t dt=2[te^t-e^t]+C=2e^{\sqrt{x}}(\sqrt{x}-1)+C$$

例 30 求 $\int x\tan^2x\,dx$。

分析 利用三角恒等式 $\tan^2x=\sec^2x-1$ 将积分变形，然后分部积分。

解
$$\int x\tan^2x\,dx=\int x(\sec^2x-1)dx=\int x\sec^2x\,dx-\int x\,dx$$
$$=x\tan x-\int\tan x\,dx-\int x\,dx$$
$$=x\tan x+\ln|\cos x|-\frac{x^2}{2}+C$$

例 31 求 $\int\dfrac{x+3}{x^2-5x+6}dx$。

解　因为$\dfrac{x+3}{x^2-5x+6}=\dfrac{x+3}{(x-2)(x-3)}=\dfrac{-5}{x-2}+\dfrac{6}{x-3}$,得

$$\int\frac{x+3}{x^2-5x+6}\mathrm{d}x=\int\left(\frac{-5}{x-2}+\frac{6}{x-3}\right)\mathrm{d}x=-5\int\frac{1}{x-2}\mathrm{d}x+6\int\frac{1}{x-3}\mathrm{d}x$$
$$=-5\ln|x-2|+6\ln|x-3|+C$$

评注　这是有理函数的积分,分母是二次式,首先将其分解成两个部分分式的和的积分,而分解后的两个部分分式的积分都容易求解,这是有理函数积分常用的一种方法。

例 32　求$\displaystyle\int\frac{\mathrm{d}x}{1+\sqrt[3]{x+2}}$。

分析　首先去掉根式。

解　令$\sqrt[3]{x+2}=u$,得 $x=u^3-2$,$\mathrm{d}x=3u^2\mathrm{d}u$,代入得

$$\int\frac{\mathrm{d}x}{1+\sqrt[3]{x+2}}=\int\frac{3u^2}{1+u}\mathrm{d}u=3\int\frac{u^2-1+1}{1+u}\mathrm{d}u$$
$$=3\int\left(u-1+\frac{1}{1+u}\right)\mathrm{d}u=3\left(\frac{u^2}{2}-u+\ln|1+u|\right)+C$$
$$=\frac{3}{2}\sqrt[3]{(x+2)^2}-3\sqrt[3]{x+2}+3\ln|1+\sqrt[3]{x+2}|+C$$

例 33　求$\displaystyle\int\frac{\mathrm{d}x}{(1+\sqrt[3]{x})\sqrt{x}}$。

分析　被积函数中含有两个根式$\sqrt{x}$和$\sqrt[3]{x}$,为了同时消去这两个根式,可令 $x=t^6$。

解　令 $x=t^6$,得 $\mathrm{d}x=6t^5\mathrm{d}t$,代入得

$$\int\frac{\mathrm{d}x}{(1+\sqrt[3]{x})\sqrt{x}}=\int\frac{6t^5\mathrm{d}t}{(1+t^2)t^3}=6\int\frac{t^2}{1+t^2}\mathrm{d}t$$
$$=6\int\left(1-\frac{1}{1+t^2}\right)\mathrm{d}t=6(t-\arctan t)+C$$
$$=6(\sqrt[6]{x}-\arctan\sqrt[6]{x})+C$$

三、定积分的概念与性质

1. 定积分的定义

设函数 $f(x)$在区间$[a,b]$上有界,用点 $a=x_0<x_1<\cdots<x_{n-1}<x_n=b$,将区间$[a,b]$分成 n 个小区间$[x_{i-1},x_i]$($i=1,2,\cdots,n$),其长度为 $\Delta x_i=x_i-x_{i-1}$,在每个小区间$[x_{i-1},x_i]$上任取一点 ξ_i($x_{i-1}\leqslant\xi_i\leqslant x_i$),作乘积 $f(\xi_i)\Delta x_i$($i=1,2,\cdots,n$),并作和 $S=\sum\limits_{i=1}^{n}f(\xi_i)\Delta x_i$,称为积分和。记 $\lambda=\max\{\Delta x_1,\Delta x_2,\cdots,\Delta x_n\}$,如果不论对$[a,b]$怎样分法,也不论在小区间$[x_{i-1},x_i]$上点 ξ_i 怎样取法,只要当 $\lambda\to0$ 时,和 S 总趋于确定的极限 I,这时我们称这个极限 I 为函数 $f(x)$在区间$[a,b]$上的定积分(简称积分),记作$\int_a^b f(x)\mathrm{d}x$,即

$$\int_a^b f(x)\mathrm{d}x = \lim_{\Delta x \to 0}\sum_{i=1}^{n} f(\xi_i)\Delta x_i$$

其中 $f(x)$称为被积函数,$f(x)\mathrm{d}x$ 称为被积表达式,x 称为积分变量,$[a,b]$称为积分区间,a 称为积分下限,b 称为积分上限。

几何意义 若 $f(x)\geqslant 0, x\in[a,b]$,则 $\int_a^b f(x)\mathrm{d}x$ 表示曲边梯形的面积。

2. 函数可积的两个充分条件

定理 1 设 $f(x)$在$[a,b]$上连续,则 $f(x)$在$[a,b]$上可积。

定理 2 设 $f(x)$在$[a,b]$上有界,且只有有限个间断点,则 $f(x)$在$[a,b]$上可积。

3. 定积分基本性质

(1) 当 $a=b$ 时,$\int_a^b f(x)\mathrm{d}x=0$。

(2) $\int_a^b f(x)\mathrm{d}x=-\int_b^a f(x)\mathrm{d}x$。

(3)定积分只与积分函数和积分区间有关,与积分变量的记号无关,即

$$\int_a^b f(x)\mathrm{d}x=\int_a^b f(t)\mathrm{d}t=\int_a^b f(u)\mathrm{d}u$$

(4) $\int_a^b 1\mathrm{d}x=b-a$。

(5) $\int_a^b [f(x)\pm g(x)]\mathrm{d}x=\int_a^b f(x)\mathrm{d}x \pm \int_a^b g(x)\mathrm{d}x$。

(6) $\int_a^b kf(x)\mathrm{d}x=k\int_a^b f(x)\mathrm{d}x$ (k 是常数)。

(7) $\int_a^b f(x)\mathrm{d}x=\int_a^c f(x)\mathrm{d}x+\int_c^b f(x)\mathrm{d}x$。

(8) 如果在区间$[a,b]$上,$f(x)\geqslant 0$,则$\int_a^b f(x)\mathrm{d}x \geqslant 0$ ($a<b$)。

推论 1 如果在区间$[a,b]$上,$f(x)\leqslant g(x)$,则

$$\int_a^b f(x)\mathrm{d}x \leqslant \int_a^b g(x)\mathrm{d}x \quad (a<b)$$

推论 2

$$\left|\int_a^b f(x)\mathrm{d}x\right| \leqslant \int_a^b |f(x)|\mathrm{d}x \quad (a<b)$$

(9)估值定理 设 M 与 m 分别是函数 $f(x)$在$[a,b]$上的最大值和最小值,则

$$m(b-a)\leqslant \int_a^b f(x)\mathrm{d}x \leqslant M(b-a) \quad (a<b)$$

(10)定积分中值定理 如果函数 $f(x)$在闭区间$[a,b]$上连续,则在积分区间$[a,b]$上至少存在一点 ξ,使下式成立:

$$\int_a^b f(x)\mathrm{d}x = f(\xi)(b-a) \quad (a \leqslant \xi \leqslant b)$$

例 34　比较积分值 $\int_0^{-2} \mathrm{e}^x \mathrm{d}x$ 和 $\int_0^{-2} x\,\mathrm{d}x$ 的大小。

解　令 $f(x)=\mathrm{e}^x - x, x\in[-2,0]$，因为

$$f(x) > 0, \int_{-2}^0 (\mathrm{e}^x - x)\mathrm{d}x > 0$$

所以 $\int_{-2}^0 \mathrm{e}^x \mathrm{d}x > \int_{-2}^0 x\,\mathrm{d}x$，于是 $\int_0^{-2} \mathrm{e}^x \mathrm{d}x < \int_0^{-2} x\,\mathrm{d}x$。

例 35　估计定积分 $\int_{\frac{\pi}{4}}^{\frac{\pi}{2}} \frac{\sin x}{x}\mathrm{d}x$ 的值。

解　记 $f(x)=\frac{\sin x}{x}$

$$f'(x)=\frac{x\cos x - \sin x}{x^2}=\frac{\cos x(x-\tan x)}{x^2}<0$$

所以 $f(x)$ 在区间 $\left[\frac{\pi}{4},\frac{\pi}{2}\right]$ 上连续且单调减少，则 $f(x)$ 在 $\left[\frac{\pi}{4},\frac{\pi}{2}\right]$ 上有最大值 M 和最小值 m，即

$$M=f\left(\frac{\pi}{4}\right)=\frac{2\sqrt{2}}{\pi}, m=f\left(\frac{\pi}{2}\right)=\frac{2}{\pi}, b-a=\frac{\pi}{4}$$

故

$$\frac{1}{2}=\frac{2}{\pi}\cdot\frac{\pi}{4}\leqslant\int_{\frac{\pi}{4}}^{\frac{\pi}{2}}\frac{\sin x}{x}\mathrm{d}x\leqslant\frac{2\sqrt{2}}{\pi}\cdot\frac{\pi}{4}=\frac{\sqrt{2}}{2}$$

例 36　求定积分 $\int_0^a \sqrt{a^2-x^2}\,\mathrm{d}x \quad (a>0)$。

解　由定积分的几何意义知，所求积分表示 $x^2+y^2=a^2$ 在第 1 象限 $\frac{1}{4}$ 圆的面积。所以

$$\int_0^a \sqrt{a^2-x^2}\,\mathrm{d}x=\frac{1}{4}\pi a^2$$

四、微积分基本公式

1. 积分上限的函数及其导数

定理 1　如果函数 $f(x)$ 在区间 $[a,b]$ 上连续，则积分上限函数

$$\Phi(x)=\int_a^x f(t)\mathrm{d}t$$

在 $[a,b]$ 上可导，并且它的导数是

$$\Phi'(x)=\frac{\mathrm{d}}{\mathrm{d}x}\int_a^x f(t)\mathrm{d}t=f(x) \quad (a\leqslant x\leqslant b)$$

定理 2 如果函数 $f(x)$在区间$[a,b]$上连续,则函数

$$\Phi(x)=\int_a^x f(t)\mathrm{d}t$$

就是 $f(x)$在区间$[a,b]$上的一个原函数。

推论 1 设 $F(x)=\int_a^{\varphi(x)} f(t)\mathrm{d}t$, 则 $F'(x)=f[\varphi(x)]\cdot\varphi'(x)$

推论 2 设 $F(x)=\int_{g(x)}^{\varphi(x)} f(t)\mathrm{d}t$, 则 $F'(x)=f[\varphi(x)]\cdot\varphi'(x)-f[g(x)]\cdot g'(x)$

2. 牛顿-莱布尼茨公式(微积分基本公式)

定理 3 如果函数 $F(x)$是连续函数 $f(x)$在区间$[a,b]$上的一个原函数,则

$$\int_a^b f(x)\mathrm{d}x=F(b)-F(a)$$

为方便起见,把 $F(b)-F(a)$记作$[F(x)]_a^b$。

例 37 设 $f(x)$是连续函数,且 $f(x)=x+2\int_0^1 f(t)\mathrm{d}t$,求 $f(x)$。

分析 注意到定积分 $\int_0^1 f(t)\mathrm{d}t$ 是一个常数。

解 由题设,$f(x)$是连续函数,所以积分 $\int_0^1 f(t)\mathrm{d}t$ 存在,不妨设 $\int_0^1 f(t)\mathrm{d}t=A$

于是有 $$f(x)=x+2A$$

两边积分 $$\int_0^1 f(t)\mathrm{d}t=\int_0^1(t+2A)\mathrm{d}t$$

得 $$A=\frac{1}{2}t^2\Big|_0^1+2A\Rightarrow A=-\frac{1}{2}$$

故有 $$f(x)=x-1。$$

例 38 设 $f(x)$连续,$\varphi(x)=\int_0^1 f(xt)\mathrm{d}t$, 且$\lim\limits_{x\to 0}\dfrac{f(x)}{x}=A$,求 $\varphi'(x)$,并讨论 $\varphi'(x)$在 $x=0$ 处的连续性。

分析 先作变量替换,令 $u=xt$,将 $\varphi(x)$变成积分上限函数。

解 因 $f(x)$在 $x=0$ 处连续,$\lim\limits_{x\to 0}\dfrac{f(x)}{x}=A$,可得 $f(0)=0$,且 $\varphi(0)=0$,令 $u=xt$,则 $\mathrm{d}u=x\mathrm{d}t$,于是

$$\varphi(x)=\frac{1}{x}\int_0^x f(u)\mathrm{d}u$$

当 $x\neq 0$ 时,
$$\varphi'(x)=\frac{f(x)}{x}-\frac{1}{x^2}\int_0^x f(u)\mathrm{d}u$$
$$=\frac{1}{x^2}\left[xf(x)-\int_0^x f(u)\mathrm{d}u\right]$$

当 $x=0$ 时，$\quad \varphi'(0)=\lim\limits_{x\to 0}\dfrac{\varphi(x)-\varphi(0)}{x}=\lim\limits_{x\to 0}\dfrac{\dfrac{1}{x}\displaystyle\int_0^x f(u)\mathrm{d}u-\varphi(0)}{x}$

$$=\lim_{x\to 0}\frac{\displaystyle\int_0^x f(u)\mathrm{d}u}{x^2}=\lim_{x\to 0}\frac{f(x)}{2x}=\frac{A}{2}$$

综上，得 $\quad \varphi'(x)=\begin{cases}\dfrac{1}{x^2}\left[xf(x)-\displaystyle\int_0^x f(u)\mathrm{d}u\right], & x\neq 0\\ \dfrac{A}{2}, & x=0\end{cases}$

由于 $\quad \lim\limits_{x\to 0}\varphi'(x)=\lim\limits_{x\to 0}\dfrac{xf(x)-\displaystyle\int_0^x f(u)\mathrm{d}u}{x^2}$

$$=\lim_{x\to 0}\frac{f(x)}{x}-\lim_{x\to 0}\frac{\displaystyle\int_0^x f(u)\mathrm{d}u}{x^2}$$

$$=A-\frac{A}{2}=\frac{A}{2}=\varphi'(0)$$

因此 $\varphi'(x)$ 在 $x=0$ 处连续。

例 39 已知函数 $f(x)=\begin{cases}1, & -1\leqslant x<0\\ x, & 0\leqslant x\leqslant 1\\ x+1, & 1<x\leqslant 2\end{cases}$，求积分上限的函数 $\Phi(x)=\displaystyle\int_{-1}^x f(t)\mathrm{d}t$。

分析 由于函数 $f(x)$ 为分段函数，其定义域是 $[-1,2]$，要求积分上限函数 $\Phi(x)$，需要分别在几个部分区间上讨论。

解 当 $x\in[-1,0)$ 时，$\Phi(x)=\displaystyle\int_{-1}^x f(t)\mathrm{d}t=\int_{-1}^x 1\mathrm{d}t=x+1$

当 $x\in[0,1]$ 时，$\Phi(x)=\displaystyle\int_{-1}^x f(t)\mathrm{d}t=\int_{-1}^0 1\mathrm{d}t+\int_0^x t\mathrm{d}t=1+\frac{x^2}{2}$

当 $x\in(1,2]$ 时，$\Phi(x)=\displaystyle\int_{-1}^x f(t)\mathrm{d}t=\int_{-1}^0 1\mathrm{d}t+\int_0^1 t\mathrm{d}t+\int_1^x (t+1)\mathrm{d}t=x+\frac{x^2}{2}$

例 40 设 $F(x)$ 为 $f(x)$ 的原函数，且当 $x\geqslant 0$ 时，$f(x)F(x)=\dfrac{xe^x}{2(1+x)^2}$，已知 $F(0)=1$；$F(x)>0$，试求 $F(x)$。

解 由题设 $F'(x)=f(x)$，则有 $2F(x)F'(x)=\dfrac{xe^x}{(1+x)^2}$

两边积分 $\quad \displaystyle\int 2F(x)F'(x)\mathrm{d}x=\int\frac{xe^x}{(1+x)^2}\mathrm{d}x$

而 $\quad \displaystyle\int\frac{xe^x}{(1+x)^2}\mathrm{d}x=\int\frac{(x+1-1)e^x}{(1+x)^2}\mathrm{d}x$

$$=\int\left[\frac{1}{1+x}-\frac{1}{(1+x)^2}\right]e^x\mathrm{d}x$$

$$=\int\frac{e^x}{1+x}\mathrm{d}x-\int\frac{e^x}{(1+x)^2}\mathrm{d}x$$

$$=\int \frac{e^x}{1+x}dx+\int e^x d\left(\frac{1}{1+x}\right)$$
$$=\frac{e^x}{1+x}-\int \frac{de^x}{1+x}+\int \frac{de^x}{1+x}+C$$
$$=\frac{e^x}{1+x}+C$$

所以
$$F^2(x)=\frac{e^x}{1+x}+C$$

由 $F(0)=1$ 及 $F^2(0)=1+C$，得 $C=0$，从而 $F(x)=\sqrt{\frac{e^x}{1+x}}$ $[$因为 $F(x)>0]$，故有 $f(x)=\frac{xe^{\frac{x}{2}}}{2(1+x)^{\frac{3}{2}}}$。

例 41 设 $\lim\limits_{x\to\infty}\left(\frac{1+x}{x}\right)^{ax}=\int_{-\infty}^{a} te^t dt$，求 a 的值。

解 由于 $\lim\limits_{x\to\infty}\left(\frac{1+x}{x}\right)^{ax}=\lim\limits_{x\to\infty}\left(1+\frac{1}{x}\right)^{xa}=e^a$，又

$$\int_{-\infty}^{a} te^t dt=(te^t-e^t)\big|_{-\infty}^{a}=ae^a-e^a$$

所以 $ae^a-e^a=e^a$，故 $a=2$。

例 42 当 $x\geqslant 0$ 时，$f(x)$ 连续，且满足 $\int_0^{x^2(1+x)} f(t)dt=x$，求 $f(2)$。

解 对所给积分方程两边关于 x 求导，得

$$f[x^2(1+x)]\cdot[x^2(1+x)]'=1$$

即
$$f[x^2(1+x)]\cdot(2x+3x^2)=1$$

当 $x=1$ 时，$f(2)\cdot 5=1$，即 $f(2)=\frac{1}{5}$。

例 43 若 $f(x)$ 为 $(0,+\infty)$ 上的连续函数，且 $f(x)>0$，则当 $x>0$ 时，证明

$$\varphi(x)=\frac{\int_0^x tf(t)dt}{\int_0^x f(t)dt}$$

为单调增加函数。

证明
$$\varphi'(x)=\frac{xf(x)\cdot\int_0^x f(t)dt-\int_0^x tf(t)dt\cdot f(x)}{\left[\int_0^x f(t)dt\right]^2}$$
$$=\frac{f(x)\left[\int_0^x xf(t)dt-\int_0^x tf(t)dt\right]}{\left[\int_0^x f(t)dt\right]^2}$$

$$=\frac{f(x)\cdot\int_0^x (x-t)f(t)\mathrm{d}t}{\left[\int_0^x f(t)\mathrm{d}t\right]^2}$$

因为 $0<t<x$，所以 $(x-t)f(t)\geqslant 0$，有

$$\int_0^x (x-t)f(t)\mathrm{d}t>0$$

所以 $\varphi'(x)>0$，故

$$\varphi(x)=\frac{\int_0^x tf(t)\mathrm{d}t}{\int_0^x f(t)\mathrm{d}t}$$

为单调增加函数。

例 44　设 $f(x)$ 在 $[0,1]$ 上连续，且 $f(x)<1$，又 $F(x)=(2x-1)-\int_0^x f(t)\mathrm{d}t$，证明 $F(x)$ 在 $(0,1)$ 内只有一个零点。

证明　$F(x)$ 在 $[0\ 1]$ 上连续，$F(0)=-1<0$，$F(1)=1-\int_0^1 f(t)\mathrm{d}t>0$。

由零点定理知，至少有一点 $\xi\in(0,1)$ 使 $F(\xi)=0$，即 $F(x)$ 在 $(0,1)$ 内至少有一个零点。

又 $F'(x)=2-f(x)$，因为 $f(x)<1$，所以

$$F'(x)=2-f(x)>0$$

$F(x)$ 在 $[0\ 1]$ 内单调增加，由此可知 $F(x)$ 在 $(0,1)$ 内只有一个零点。

例 45　设 $f(x)$ 在 $[a,b]$ 上连续，且单调增加，证明 $\int_a^b xf(x)\mathrm{d}x\geqslant\frac{a+b}{2}\int_a^b f(x)\mathrm{d}x$。

分析　考虑将不等式的项移动到一侧，构选辅助函数。

证明　令 $F(x)=\int_a^x tf(t)\mathrm{d}t-\frac{a+x}{2}\int_a^x f(t)\mathrm{d}t$，于是

$$\begin{aligned}F'(x)&=xf(x)-\frac{1}{2}\int_a^x f(t)\mathrm{d}t-\frac{a+x}{2}f(x)\\&=\frac{x-a}{2}f(x)-\frac{1}{2}\int_a^x f(t)\mathrm{d}t\\&=\frac{1}{2}\int_a^x f(x)\mathrm{d}t-\frac{1}{2}\int_a^x f(t)\mathrm{d}t\\&=\frac{1}{2}\int_a^x [f(x)-f(t)]\mathrm{d}t\geqslant 0\end{aligned}$$

因此，$F(x)$ 在 $[a,b]$ 上单调增加，则 $F(b)\geqslant F(a)=0$，即

$$\int_a^b tf(t)\mathrm{d}t-\frac{a+b}{2}\int_a^b f(t)\mathrm{d}t\geqslant 0$$

故

$$\int_a^b xf(x)\mathrm{d}x\geqslant\frac{a+b}{2}\int_a^b f(x)\mathrm{d}x$$

五、定积分的计算

1. 牛顿-莱布尼茨公式

设 $f(x)$是区间$[a,b]$上的连续函数,$F(x)$是 $f(x)$的一个原函数,则

$$\int_a^b f(x)\mathrm{d}x = F(x)\Big|_a^b = F(b)-F(a)$$

2. 定积分的换元积分法

设函数 $f(x)$在区间$[a,b]$上连续,令 $x=\varphi(t)$,如果

(1)$\varphi(t)$在区间 $[\alpha,\beta]$(或$[\beta,\alpha]$)上有连续的导数 $\varphi'(t)$,

(2)当 t 从α 变到β 时,$\varphi(t)$从 $\varphi(\alpha)=a$ 单调地变到 $\varphi(\beta)=b$,则有

$$\int_a^b f(x)\mathrm{d}x = \int_\alpha^\beta f[\varphi(t)]\varphi'(t)\mathrm{d}t$$

换元公式也可以反过来使用,即

$$\int_a^b f[\varphi(x)]\varphi'(x)\mathrm{d}x = \int_\alpha^\beta f(t)\mathrm{d}t$$

注意 定积分在做变量替换时,一定要同时更换积分上下限。

3. 定积分的分部积分法

设函数 $u=u(x)$与 $v=v(x)$在区间$[a,b]$上有连续导数,则有

$$\int_a^b u\mathrm{d}v = uv\Big|_a^b - \int_a^b v\mathrm{d}u$$

4. 重要公式

(1)设 $f(x)$在区间$[-a,a]$上连续,则

$$\int_{-a}^a f(x)\mathrm{d}x = \begin{cases} 0, & f(-x)=-f(x) \\ 2\int_0^a f(x)\mathrm{d}x, & f(-x)=f(x) \end{cases}$$

(2)设 $f(x)$是以 T 为周期的连续函数,a 为任意实数,则

$$\int_a^{a+T} f(x)\mathrm{d}x = \int_0^T f(x)\mathrm{d}x$$

(3) $$I_n = \int_0^{\frac{\pi}{2}} \sin^n x\,\mathrm{d}x = \int_0^{\frac{\pi}{2}} \cos^n x\,\mathrm{d}x = \begin{cases} \dfrac{n-1}{n}\cdot\dfrac{n-3}{n-2}\cdots\dfrac{3}{4}\cdot\dfrac{1}{2}\cdot\dfrac{\pi}{2}, & n\text{ 为偶数} \\ \dfrac{n-1}{n}\cdot\dfrac{n-3}{n-2}\cdots\dfrac{4}{5}\cdot\dfrac{2}{3}\cdot 1, & n\text{ 为奇数} \end{cases}$$

例 46 设 $f(x)$的一个原函数是$\dfrac{\sin(x)}{x}$,求$\int_{\frac{\pi}{2}}^{\pi} xf'(x)\mathrm{d}x$。

分析　分部积分法。

解　记 $I=\int_{\frac{\pi}{2}}^{\pi}xf'(x)\mathrm{d}x$，则 $I=\int_{\frac{\pi}{2}}^{\pi}x\,\mathrm{d}f(x)=xf(x)\Big|_{\frac{\pi}{2}}^{\pi}-\int_{\frac{\pi}{2}}^{\pi}f(x)\mathrm{d}x$。

因 $f(x)$ 的一个原函数为 $\dfrac{\sin x}{x}$，因而，

$$f(x)=\left(\frac{\sin x}{x}\right)'=\frac{x\cos x-\sin x}{x^2},f(\pi)=-\frac{1}{\pi},f\left(\frac{\pi}{2}\right)=-\frac{4}{\pi^2},$$

所以，$I=xf(x)\Big|_{\frac{\pi}{2}}^{\pi}-\dfrac{\sin x}{x}\Big|_{\frac{\pi}{2}}^{\pi}=\dfrac{4}{\pi}-1$。

例 47　求 $\int_{\frac{1}{e}}^{e}|\ln x|\mathrm{d}x$。

分析　被积函数含有绝对值，首先去掉绝对值符号，显然当 $x=1$ 时，$\ln x=0$，将积分区间分或两个部分区间 $\left[\dfrac{1}{e},1\right]$，$[1,e]$ 积分即可。

解

$$\begin{aligned}\int_{\frac{1}{e}}^{e}|\ln x|\mathrm{d}x&=\int_{\frac{1}{e}}^{1}(-\ln x)\mathrm{d}x+\int_{1}^{e}\ln x\,\mathrm{d}x\\&=-\left(x\ln x\Big|_{\frac{1}{e}}^{1}-\int_{\frac{1}{e}}^{1}x\cdot\frac{1}{x}\mathrm{d}x\right)+x\ln x\Big|_{1}^{e}-\int_{1}^{e}x\cdot\frac{1}{x}\mathrm{d}x\\&=-\left(0-\frac{1}{e}(-1)-x\Big|_{\frac{1}{e}}^{1}\right)+e-0-x\Big|_{1}^{e}\\&=-\left(\frac{1}{e}-1+\frac{1}{e}\right)+e-e+1\\&=2-\frac{2}{e}\end{aligned}$$

例 48　求 $\int_{0}^{\frac{\pi}{2}}\sqrt{1-\sin 2x}\,\mathrm{d}x$。

分析　首先利用三角恒等式变形，注意定积分开方要加绝对值，考虑如何去掉绝对值符号。

解

$$\begin{aligned}\int_{0}^{\frac{\pi}{2}}\sqrt{1-\sin 2x}\,\mathrm{d}x&=\int_{0}^{\frac{\pi}{2}}\sqrt{(\cos x-\sin x)^2}\,\mathrm{d}x\\&=\int_{0}^{\frac{\pi}{2}}|\cos x-\sin x|\mathrm{d}x\\&=\int_{0}^{\frac{\pi}{4}}(\cos x-\sin x)\mathrm{d}x+\int_{\frac{\pi}{4}}^{\frac{\pi}{2}}(\sin x-\cos x)\mathrm{d}x\\&=(\sin x+\cos x)\Big|_{0}^{\frac{\pi}{4}}+(-\cos x-\sin x)\Big|_{\frac{\pi}{4}}^{\frac{\pi}{2}}=2\sqrt{2}-2\end{aligned}$$

例 49　求 $\int_{0}^{\frac{\pi}{2}}x^2\sin x\,\mathrm{d}x$。

分析　分部积分。

解　$\int_{0}^{\frac{\pi}{2}}x^2\sin x\,\mathrm{d}x=-\int_{0}^{\frac{\pi}{2}}x^2\mathrm{d}\cos x=-x^2\cos x\Big|_{0}^{\frac{\pi}{2}}+\int_{0}^{\frac{\pi}{2}}2x\cos x\,\mathrm{d}x$

$$=2\int_0^{\frac{\pi}{2}} x\,\mathrm{d}\sin x = 2x\sin x\Big|_0^{\frac{\pi}{2}} - 2\int_0^{\frac{\pi}{2}}\sin x\,\mathrm{d}x$$

$$=\pi + 2\cos x\Big|_0^{\frac{\pi}{2}} = \pi - 2$$

例 50 设函数 $f(x)=\begin{cases} x\mathrm{e}^{-x^2}, & x\geqslant 0 \\ \dfrac{1}{1+\cos}, & -1<x<0 \end{cases}$，计算 $\int_1^4 f(x-2)\mathrm{d}x$。

分析 换元积分法，$f(x-2)\Rightarrow f(x)$。

解 令 $x-2=t$，有

$$\int_1^4 f(x-2)\mathrm{d}x = \int_{-1}^2 f(t)\mathrm{d}t = \int_{-1}^0 f(t)\mathrm{d}t + \int_0^2 f(t)\mathrm{d}t$$

$$=\int_{-1}^0 \frac{1}{1+\cos t}\mathrm{d}t + \int_0^2 t\mathrm{e}^{-t^2}\mathrm{d}t$$

$$=\tan\frac{1}{2} - \frac{1}{2}\mathrm{e}^{-4} + \frac{1}{2}$$

例 51 $\int_0^a \dfrac{1}{x+\sqrt{a^2-x^2}}\mathrm{d}x \quad (a>0)$。

解 令 $x=a\sin t$，$\mathrm{d}x=a\cos t\,\mathrm{d}t$，有

$$\int_0^a \frac{1}{x+\sqrt{a^2-x^2}}\mathrm{d}x = \int_0^{\frac{\pi}{2}} \frac{a\cos t}{a\sin t+\sqrt{a^2(1-\sin^2 t)}}\mathrm{d}t$$

$$=\frac{1}{2}\int_0^{\frac{\pi}{2}} \frac{\sin t+\cos t+\cos t-\sin t}{\sin t+\cos t}\mathrm{d}t$$

$$=\frac{1}{2}\int_0^{\frac{\pi}{2}}\left(1+\frac{\cos t-\sin t}{\sin t+\cos t}\right)\mathrm{d}t$$

$$=\frac{1}{2}\cdot\frac{\pi}{2}+\frac{1}{2}\left[\ln|\sin t+\cos t|\right]_0^{\frac{\pi}{2}} = \frac{\pi}{4}$$

例 52 求极限 $\lim\limits_{x\to 0}\dfrac{\int_0^x\left[\int_0^{u^2}\arctan(1+t)\mathrm{d}t\right]\mathrm{d}u}{x(1-\cos x)}$。

解

$$\lim_{x\to 0}\frac{\int_0^x\left[\int_0^{u^2}\arctan(1+t)\mathrm{d}t\right]\mathrm{d}u}{x(1-\cos x)} = 2\lim_{x\to 0}\frac{\int_0^x\left[\int_0^{u^2}\arctan(1+t)\mathrm{d}t\right]\mathrm{d}u}{x^3}$$

$$=2\lim_{x\to 0}\frac{\int_0^{x^2}\arctan(1+t)\mathrm{d}t}{3x^2}$$

$$=\frac{2}{3}\lim_{x\to 0}\frac{\arctan(1+x^2)\cdot 2x}{2x}$$

$$=\frac{2}{3}\cdot\frac{\pi}{4}=\frac{\pi}{6}$$

例 53　计算$\int_{\frac{1}{4}}^{4}\frac{|\ln x|}{\sqrt{x}}dx$。

分析　去掉绝对值,要拆分积分区间。

解　设$I=\int_{\frac{1}{4}}^{4}\frac{|\ln x|}{\sqrt{x}}dx$,则

$$\begin{aligned}I&=\int_{\frac{1}{4}}^{1}\frac{-\ln x}{\sqrt{x}}dx+\int_{1}^{4}\frac{\ln x}{\sqrt{x}}dx\\&=2\int_{\frac{1}{4}}^{1}(-\ln x)d\sqrt{x}+2\int_{1}^{4}\ln x\,d\sqrt{x}\\&=-(2\sqrt{x}\ln x-4\sqrt{x})\Big|_{\frac{1}{4}}^{1}+(2\sqrt{x}\ln x-4\sqrt{x})\Big|_{1}^{4}\\&=6\ln 2-2\end{aligned}$$

例 54　计算$\int_{-1}^{1}\frac{x^2\sin^3 x+1}{1+x^2}dx$。

解　$\int_{-1}^{1}\frac{x^2\sin^3 x+1}{1+x^2}dx=\int_{-1}^{1}\frac{x^2\sin^3 x}{1+x^2}dx+\int_{-1}^{1}\frac{1}{1+x^2}dx$

因为$\frac{x^2\sin^3 x}{1+x^2}$为奇函数，所以$\int_{-1}^{1}\frac{x^2\sin^3 x}{1+x^2}dx=0$

$$\begin{aligned}\int_{-1}^{1}\frac{x^2\sin^3 x+1}{1+x^2}dx&=0+\int_{-1}^{1}\frac{1}{1+x^2}dx\\&=\arctan x\Big|_{-1}^{1}\\&=\frac{\pi}{4}-\left(-\frac{\pi}{4}\right)=\frac{\pi}{2}\end{aligned}$$

或由$\frac{1}{1+x^2}$是偶函数，$\int_{-1}^{1}\frac{1}{1+x^2}dx=2\int_{0}^{1}\frac{1}{1+x^2}dx$，故

$$\int_{-1}^{1}\frac{x^2\sin^3 x+1}{1+x^2}dx=2\int_{0}^{1}\frac{1}{1+x^2}dx=\frac{\pi}{2}$$

例 55　设$f(x)$是定义在$(-\infty,+\infty)$上,且以T为周期的连续函数,a为任意常数,证明

$$\int_{a}^{a+T}f(x)dx=\int_{0}^{T}f(x)dx$$

分析　原积分可拆分$\int_{a}^{a+T}f(x)dx=\int_{a}^{0}f(x)dx+\int_{0}^{T}f(x)dx+\int_{T}^{a+T}f(x)dx$,若使命题成立,只须$\int_{a}^{0}f(x)dx+\int_{T}^{a+T}f(x)dx=0$。

证明　因为$\int_{a}^{a+T}f(x)dx=\int_{a}^{0}f(x)dx+\int_{0}^{T}f(x)dx+\int_{T}^{a+T}f(x)dx$

由于$f(x)$以T为周期,换元积分,令$x=u+T$,则有

$$\int_{T}^{a+T}f(x)dx=\int_{0}^{a}f(u+T)du=\int_{0}^{a}f(x)dx=-\int_{a}^{0}f(x)dx$$

所以
$$\int_a^0 f(x)\mathrm{d}x+\int_T^{a+T} f(x)\mathrm{d}x=0$$

故
$$\int_a^{a+T} f(x)\mathrm{d}x+\int_0^T f(x)\mathrm{d}x=0。$$

例 56 设 $f(x)=\int_1^{x^2}\frac{\sin t}{t}\mathrm{d}t$，求$\int_0^1 xf(x)\mathrm{d}x$。

解 $\int_0^1 xf(x)\mathrm{d}x=\frac{1}{2}\int_0^1 f(x)\mathrm{d}x^2$

$$=\frac{1}{2}[x^2f(x)]\Big|_0^1-\frac{1}{2}\int_0^1 x^2\mathrm{d}f(x)$$

$$=\frac{1}{2}f(1)-\frac{1}{2}\int_0^1 x^2f'(x)\mathrm{d}x$$

由 $f(x)=\int_1^{x^2}\frac{\sin t}{t}\mathrm{d}t\Rightarrow f(1)=0$

$$f'(x)=\frac{\sin x^2}{x^2}\cdot 2x=\frac{2\sin x^2}{x}$$

$$\int_0^1 xf(x)\mathrm{d}x=\frac{1}{2}f(1)-\frac{1}{2}\int_0^1 x^2f'(x)\mathrm{d}x$$

$$=-\frac{1}{2}\int_0^1 2x\sin x^2\mathrm{d}x$$

$$=-\frac{1}{2}\int_0^1 \sin x^2\mathrm{d}x^2$$

$$=\frac{1}{2}\cos x^2\Big|_0^1=\frac{1}{2}(\cos 1-1)$$

例 57 求极限$\lim\limits_{n\to\infty}\left(\frac{1}{n+1}+\frac{1}{n+2}+\cdots+\frac{1}{n+n}\right)$。

分析 考虑将此和的极限转化为定积分求解。

解 $\lim\limits_{n\to\infty}\sum\limits_{i=1}^{n}\frac{1}{n+i}=\lim\limits_{n\to\infty}\sum\limits_{i=1}^{n}\frac{1}{1+\frac{i}{n}}\cdot\frac{1}{n}=\int_0^1\frac{1}{1+x}\mathrm{d}x=\ln(1+x)\Big|_0^1=\ln 2$。

例 58 设 $f(x)$在区间$[0,1]$上连续，且$\int_0^1 f(x)\mathrm{d}x=3$，求$\int_0^{\frac{\pi}{2}} f(\cos^2x)\sin 2x\,\mathrm{d}x$。

分析 换元法，令 $t=\cos^2x$。

解 $\int_0^{\frac{\pi}{2}} f(\cos^2x)\sin 2x\,\mathrm{d}x=-\int_0^{\frac{\pi}{2}} f(\cos^2x)\mathrm{d}(\cos^2x)$

$$=-\int_1^0 f(t)\mathrm{d}t=\int_0^1 f(x)\mathrm{d}x=3$$

例 59 求$\int_0^{\pi}\sqrt{\sin^3x-\sin^5x}\,\mathrm{d}x$。

分析 去掉根式，注意定积分开方要加绝对值，积分时要去掉绝对值符号。

解 记积分值为 I，则

$$I=\int_0^{\pi}|\cos x|\sin^{\frac{3}{2}}x\,dx$$

$$=\int_0^{\frac{\pi}{2}}\sin^{\frac{3}{2}}x\cos x\,dx-\int_{\frac{\pi}{2}}^{\pi}\sin^{\frac{3}{2}}x\cos x\,dx$$

$$=\frac{2}{5}\sin^{\frac{5}{2}}x\Big|_0^{\frac{\pi}{2}}-\frac{2}{5}\sin^{\frac{5}{2}}x\Big|_{\frac{\pi}{2}}^{\pi}=\frac{4}{5}$$

评注　定积分在做变量替换时，如果没有明显写出新变量，那么定积分的上、下限就不要变更，上题的解法就是如此，利用凑微分法做定积分时有时会不明显表示新变量。

例 60　求函数 $I(a)=\int_0^1 x|x-a|dx$。

分析　先去掉绝对值再进行计算，因为题中的 a 为任意实数，而积分区间为[0,1]，所以必须把 a 的取值范围分成 $a<0$，$0\leqslant a\leqslant 1$ 与 $a>1$ 三种情况来讨论。

解　若 $a<0$，$x-a>0$

$$I(a)=\int_0^1 x|x-a|dx=\int_0^1 x(x-a)dx=\frac{1}{3}-\frac{a}{2}$$

若 $0\leqslant a\leqslant 1$，当 $x>a$ 时，$x-a>0$；当 $x<a$ 时，$x-a<0$，此时，应把[0,1]分成两个区间 $[0,a]$，$[a,1]$，由定积分的性质得

$$I(a)=\int_0^1 x|x-a|dx=\int_0^a x(a-x)dx+\int_a^1 x(x-a)dx$$

$$=\frac{a^3}{3}-\frac{a}{2}+\frac{1}{3}$$

若 $a>1$，则 $x-a<0$，

$$I(a)=\int_0^1 x|x-a|dx=\int_0^1 x(a-x)dx=\frac{a}{2}-\frac{1}{3}$$

综合上述，得 $I(a)=\begin{cases}\dfrac{1}{3}-\dfrac{a}{2} & a<0\\ \dfrac{a^3}{3}-\dfrac{a}{2}+\dfrac{1}{3} & 0\leqslant a\leqslant 1\\ \dfrac{a}{2}-\dfrac{1}{3} & a>1\end{cases}$

注　积分号内的被积函数含有绝对值，积分时首先要去掉绝对值，需要拆分区间进行计算。

例 61　设 $I_n=\int_0^{\frac{\pi}{4}}\tan^n x\,dx$，$n$ 为大于 1 的正整数，证明 $\dfrac{1}{2(n+1)}<I_n<\dfrac{1}{2(n-1)}$。

证明　令 $t=\tan x$，则 $I_n=\int_0^{\frac{\pi}{4}}\tan^n x\,dx=\int_0^1\dfrac{t^n}{1+t^2}dt$。

记　$f(t)=\dfrac{t}{1+t^2}$　$(0<t<1)$，因为

$$f'(t)=\left(\frac{t}{1+t^2}\right)'=\frac{1-t^2}{(1+t^2)^2}>0,\quad(0<t<1)$$

所以 $f(t)$ 在[0,1]上单调增加，故有

$$\frac{t}{1+t^2}<\frac{1}{1+1^2}=\frac{1}{2}$$

于是 $\frac{1}{2}\int_0^1 t^n\,dt<\int_0^1\frac{t^n}{1+t^2}dt<\frac{1}{2}\int_0^1 t^{n-1}\,dt$，则得

$$\frac{1}{2(n+1)}<I_n<\frac{1}{2n}<\frac{1}{2(n-1)}$$

例 62 证明定积分公式

$$\begin{aligned}I_n&=\int_0^{\frac{\pi}{2}}\sin^n x\,dx\\&=\begin{cases}\frac{n-1}{n}\cdot\frac{n-3}{n-2}\cdots\frac{3}{4}\cdot\frac{1}{2}\cdot\frac{\pi}{2},n\text{ 为正偶数}\\\frac{n-1}{n}\cdot\frac{n-3}{n-2}\cdots\frac{4}{5}\cdot\frac{2}{3},n\text{ 为大于 1 的正奇数}\end{cases}\end{aligned}$$

证明 设 $u=\sin^{n-1}x$，$d\nu=\sin x\,dx$，由分部积分公式可得

$$\begin{aligned}I_n&=(n-1)\int_0^{\frac{\pi}{2}}\sin^{n-2}x\,dx-(n-1)\int_0^{\frac{\pi}{2}}\sin^n x\,dx\\&=(n-1)I_{n-2}-(n-1)I_n\end{aligned}$$

故

$$I_n=\frac{n-1}{n}I_{n-2}$$

这个等式叫作积分 I_n 关于下标的递推公式。

如果把 n 换成 $n-2$，则得

$$I_{n-2}=\frac{n-3}{n-2}I_{n-4}$$

依次进行下去，注意到

$$I_0=\int_0^{\frac{\pi}{2}}dx=\frac{\pi}{2},I_1=\int_0^{\frac{\pi}{2}}\sin x\,dx=1$$

由此递推公式可得所证明等式。

例 63 设 $f(x)$ 为连续函数，且满足 $\int_0^{2x}xf(t)dt+2\int_x^0 tf(2t)dt=2x^3(x-1)$，求 $f(x)$ 在[0,2]上的最大值与最小值。

解 先从方程中求出 $f(x)$，为此方程两边对 x 求导：

$$\begin{aligned}\left[\int_0^{2x}xf(t)dt+2\int_x^0 tf(2t)dt\right]'&=\left[x\int_0^{2x}f(t)dt\right]'-2\left[\int_0^x tf(2t)dt\right]'\\&=\int_0^{2x}f(t)dt+2xf(2x)-2xf(2x)\\&=\int_0^{2x}f(t)dt\end{aligned}$$

而

$$[2x^3(x-1)]'=8x^3-6x^2$$

因此

$$\int_0^{2x} f(t)\mathrm{d}t=8x^3-6x^2$$

两边再对 x 求导，得

$$2f(2x)=24x^2-12x=6(2x)^2-6(2x)$$

则有 $f(x)=3x^2-3x$。

因为 $f'(x)=6x-3$，令 $f'(x)=0$，得驻点 $x=\frac{1}{2}$，又在$[0,2]$上 $f(x)$没有不可导点，比较 $f(0)=0$，$f\left(\frac{1}{2}\right)=-\frac{3}{4}$，$f(2)=6$，可知 $f(x)$在$[0,2]$上最大值为 $f(2)=6$，最小值为 $f\left(\frac{1}{2}\right)=-\frac{3}{4}$。

例 64　求函数 $f(x)=\int_0^{x^2}(t-1)\mathrm{e}^{-t}\mathrm{d}t$ 的极值点。

解　先求驻点 $f'(x)=(x^2-1)\mathrm{e}^{-x^2}\cdot 2x=2(x^3-x)\mathrm{e}^{-x^2}$。令 $f'(x)=0$，解得驻点为

$$x_1=0, x_2=-1, x_3=1$$

而且

$$f''(x)=2\mathrm{e}^{-x^2}(5x^2-2x^4-1)$$
$$f''(0)=-2<0$$
$$f''(-1)=f''(1)=4\mathrm{e}^{-1}>0$$

由极值存在的充分条件可知，$x_1=0$ 为极大值点，$x_2=-1$ 和 $x_3=1$ 为极小值点。

例 65　设 $f''(x)\in C[a,b]$，且 $f(a)=f(b)=0$，求证

$$\left|\int_a^b f(x)\mathrm{d}x\right|\leqslant\frac{(b-a)^3}{12}\max_{a\leqslant x\leqslant b}|f''(x)|$$

证明

$$\begin{aligned}\frac{1}{2}\int_a^b f''(x)(x-a)(x-b)\mathrm{d}x&=\frac{1}{2}\int_a^b(x-a)(x-b)\mathrm{d}f'(x)\\&=\frac{1}{2}(x-a)(x-b)f'(x)\Big|_a^b-\frac{1}{2}\int_a^b f'(x)(2x-a-b)\mathrm{d}x\\&=-\frac{1}{2}\int_a^b(2x-a-b)\mathrm{d}f(x)\\&=-\frac{1}{2}f(x)(2x-a-b)\Big|_a^b+\frac{1}{2}\int_a^b f(x)2\mathrm{d}x\\&=\int_a^b f(x)\mathrm{d}x\end{aligned}$$

所以

$$\begin{aligned}\left|\int_a^b f(x)\mathrm{d}x\right|&=\left|\frac{1}{2}\int_a^b f''(x)(x-a)(x-b)\mathrm{d}x\right|\\&\leqslant\frac{1}{2}\int_a^b\left|f''(x)(x-a)(x-b)\right|\mathrm{d}x\end{aligned}$$

$$\leqslant \frac{1}{2}\max_{a\leqslant x\leqslant b}|f''(x)|\int_a^b (x-a)(b-x)\mathrm{d}x$$
$$=\frac{(b-a)^3}{12}\max_{a\leqslant x\leqslant b}|f''(x)|$$

例 66 设 $f(x)\in C[0,1]$，且满足 $\int_0^1 f(x)\mathrm{d}x=0$，证明存在 $\xi\in(0,1)$，使得

$$f(1-\xi)+f(\xi)=0$$

分析 如只证存在 $\xi\in(0,1)$，使得 $f(\xi)=0$，用中值定理即可，而要证明 $f(1-\xi)+f(\xi)=0$，则必须使被积函数出现 $f(1-x)$。

证明 令 $x=1-t$，则 $\mathrm{d}x=-\mathrm{d}t$，于是有

$$\int_0^1 f(x)\mathrm{d}x=-\int_1^0 f(1-t)\mathrm{d}t=\int_0^1 f(1-t)\mathrm{d}t=\int_0^1 f(1-x)\mathrm{d}x=0$$

与已知等式两边相加便有

$$\int_0^1[f(x)+f(1-x)]\mathrm{d}x=0$$

$f(x)+f(1-x)$ 在 $[0,1]$ 上连续，由积分中值定理便知存在 $\xi\in(0,1)$，使得

$$\int_0^1[f(x)+f(1-x)]\mathrm{d}x=f(\xi)+f(1-\xi)=0$$

例 67 设 $f(x)$ 在 $[0,1]$ 上连续，单调减少且取正值，证明对于满足 $0<\alpha<\beta<1$ 的任何 α,β 有

$$\beta\int_0^\alpha f(x)\mathrm{d}x>\alpha\int_\alpha^\beta f(x)\mathrm{d}x$$

证法 1 由积分中值定理知

$$\beta\int_0^\alpha f(x)\mathrm{d}x=\alpha\beta f(\xi)\qquad \xi\in[0,\alpha]$$
$$\alpha\int_\alpha^\beta f(x)\mathrm{d}x=\alpha(\beta-\alpha)f(\eta)\qquad \eta\in[\alpha,\beta]$$

由于 $\xi\leqslant\eta$，而 $f(x)$ 单调减少，所以有 $f(\xi)\geqslant f(\eta)$，又 $f(x)>0$，故

$$\alpha\beta f(\xi)\geqslant\alpha\beta f(\eta)>\alpha(\beta-\alpha)f(\eta)$$

因此 $\beta\int_0^\alpha f(x)\mathrm{d}x>\alpha\int_\alpha^\beta f(x)\mathrm{d}x$。

证法 2 作辅助函数，令 $F(x)=\beta\int_0^x f(t)\mathrm{d}t-x\int_x^\beta f(t)\mathrm{d}t$。则 $F(0)=0$，

$$F'(x)=\beta f(x)-\int_x^\beta f(t)\mathrm{d}t+xf(x)$$
$$=(x+\beta)f(x)-(\beta-x)f(\eta)\quad（积分中值定理）$$
$$=\beta[f(x)-f(\eta)]+x[f(x)+f(\eta)]$$

其中 $x\leqslant\eta\leqslant\beta$。由于 $f(x)$ 单调减少取正值，故 $F'(x)>0$，$F(x)$ 在 $[0,\beta]$ 上为单调增加函数，

从而 $F(\alpha)>F(0)=0$，即

$$\beta\int_0^{\alpha} f(x)\mathrm{d}x > \alpha\int_{\alpha}^{\beta} f(x)\mathrm{d}x$$

例 68　设 $f(x)$ 与 $g(x)$ 在 $[a,b]$ 上连续，证明不等式

$$\left(\int_a^b f(x)g(x)\mathrm{d}x\right)^2 \leqslant \int_a^b f^2(x)\mathrm{d}x\int_a^b g^2(x)\mathrm{d}x \quad \text{（柯西不等式）}$$

证明　引入参数，对任意实数 λ，考虑 $(f(x)+\lambda g(x))^2$，由积分的保号性，均有

$$\int_a^b (f(x)+\lambda g(x))^2\mathrm{d}x \geqslant 0$$

即有 $\lambda^2\int_a^b g^2(x)\mathrm{d}x + 2\lambda\int_a^b f(x)g(x)\mathrm{d}x + \int_a^b f^2(x)\mathrm{d}x \geqslant 0$。

这是关于 λ 的一个二次三项式，其判别式应小于等于零，即

$$\Delta = 4\left(\int_a^b f(x)g(x)\mathrm{d}x\right)^2 - 4\int_a^b f^2(x)\mathrm{d}x\int_a^b g^2(x)\mathrm{d}x \leqslant 0$$

即有 $\left(\int_a^b f(x)g(x)\mathrm{d}x\right)^2 \leqslant \int_a^b f^2(x)\mathrm{d}x\int_a^b g^2(x)\mathrm{d}x$。

例 69　设 $f(x)$ 在 $[a,b]$ 上连续，且 $f(x)>0$，证明

$$\int_a^b f(x)\mathrm{d}x\int_a^b \frac{\mathrm{d}x}{f(x)} \geqslant (b-a)^2$$

证法 1　作辅助函数 $F(x)=\int_a^x f(t)\mathrm{d}t\int_a^x \frac{\mathrm{d}t}{f(t)}-(x-a)^2$，则有

$$\begin{aligned}
F'(x) &= f(x)\int_a^x \frac{\mathrm{d}t}{f(t)} + \int_a^x f(t)\mathrm{d}t\cdot\frac{1}{f(x)} - 2(x-a) \\
&= \int_a^x \frac{f(x)}{f(t)}\mathrm{d}t + \int_a^x \frac{f(t)}{f(x)}\mathrm{d}t - \int_a^x 2\mathrm{d}t \\
&= \int_a^x \left(\frac{f(x)}{f(t)}+\frac{f(t)}{f(x)}-2\right)\mathrm{d}t \\
&= \int_a^x \frac{f^2(x)-2f(t)f(x)+f^2(t)}{f(t)f(x)}\mathrm{d}t \geqslant 0
\end{aligned}$$

所以 $F(x)$ 单调增加，又由于 $F(a)=0$，$F(b)\geqslant F(a)=0$，故有

$$\int_a^b f(x)\mathrm{d}x\int_a^b \frac{\mathrm{d}x}{f(x)} \geqslant (b-a)^2$$

证法 2　由题设 $f(x)>0$，则由柯西积分不等式有

$$\int_a^b f(x)\mathrm{d}x\cdot\int_a^b \frac{\mathrm{d}x}{f(x)} \geqslant \left(\int_a^b \sqrt{f(x)}\cdot\frac{1}{\sqrt{f(x)}}\mathrm{d}x\right)^2 = (b-a)^2$$

六、反常积分

1. 无穷限的反常积分

(1)设函数 $f(x)$在区间$[a,+\infty)$上连续,且 $b>a$,如果极限 $\lim\limits_{b\to+\infty}\int_a^b f(x)\mathrm{d}x$ 存在,则称此极限为函数 $f(x)$在无穷区间$[a,+\infty)$上的反常积分,这时也称反常积分收敛,并记作$\int_a^{+\infty}f(x)\mathrm{d}x$,即$\int_a^{+\infty}f(x)\mathrm{d}x=\lim\limits_{b\to+\infty}\int_a^b f(x)\mathrm{d}x$,否则称反常积分发散;

(2) $\int_{-\infty}^b f(x)\mathrm{d}x=\lim\limits_{a\to-\infty}\int_a^b f(x)\mathrm{d}x$

若极限存在,则称反常积分收敛,否则称为发散;

(3) $\int_{-\infty}^{+\infty}f(x)\mathrm{d}x=\int_{-\infty}^0 f(x)\mathrm{d}x+\int_0^{+\infty}f(x)\mathrm{d}x$

如果$\int_{-\infty}^0 f(x)\mathrm{d}x$ 和$\int_0^{+\infty}f(x)\mathrm{d}x$ 都收敛,则称反常积分$\int_{-\infty}^{+\infty}f(x)\mathrm{d}x$ 收敛,否则称为发散。

设 $F(x)$ 是 $f(x)$ 的原函数,为简单,若记 $F(+\infty)=\lim\limits_{x\to+\infty}F(x)$,则反常积分也可以记为

$$\int_a^{+\infty}f(x)\mathrm{d}x=F(x)\Big|_a^{+\infty}=F(+\infty)-F(a)$$

当 $F(+\infty)$ 存在时,反常积分$\int_a^{+\infty}f(x)\mathrm{d}x$ 收敛,当 $F(+\infty)$ 不存在时,反常积分$\int_a^{+\infty}f(x)\mathrm{d}x$ 发散。

反常积分$\int_{-\infty}^b f(x)\mathrm{d}x$ 和$\int_{-\infty}^{+\infty}f(x)\mathrm{d}x$ 可类似表示:

$$\int_{-\infty}^b f(x)\mathrm{d}x=F(x)\Big|_{-\infty}^b=F(b)-F(-\infty)$$

$$\int_{-\infty}^{+\infty}f(x)\mathrm{d}x=F(x)\Big|_{-\infty}^{+\infty}=F(+\infty)-F(-\infty)$$

注意 $F(x)\Big|_{-\infty}^{+\infty}$ 也可以记为$\Big[F(x)\Big]_{-\infty}^{+\infty}$,类似地,$F(x)\Big|_a^{+\infty}$ 可记为$\Big[F(x)\Big]_a^{+\infty}$。

2. 无界函数的反常积分

如果函数 $f(x)$在点 a 的任一邻域内都无界,那么点 a 称为函数 $f(x)$的瑕点,无界函数的反常积分又称为瑕积分。设 $F(x)$是 $f(x)$的原函数,则

(1)设 $f(x)$在区间$(a,b]$上连续,点 a 为 $f(x)$的瑕点,取 $t>a$,如果极限 $\lim\limits_{t\to a^+}\int_t^b f(x)\mathrm{d}x$ 存在,则称此极限为函数 $f(x)$ 在$(a,b]$上的反常积分,这时也称反常积分收敛,否则就称反常积分$\int_a^b f(x)\mathrm{d}x$ 发散。

记作

$$\int_a^b f(x)\mathrm{d}x=\lim_{t\to a^+}\int_t^b f(x)\mathrm{d}x=F(x)\Big|_a^b=F(b)-\lim_{t\to a^+}F(x)$$

(2) 设 $f(x)$ 在区间 $[a,b)$ 上连续，点 b 为 $f(x)$ 的瑕点，取 $t<b$，如果极限 $\lim\limits_{t\to b^-}\int_a^t f(x)\mathrm{d}x$ 存在，则称此极限为函数 $f(x)$ 在 $[a,b)$ 上的反常积分，这时也称反常积分收敛，否则，就称反常积分 $\int_a^b f(x)\mathrm{d}x$ 发散。

记作

$$\int_a^b f(x)\mathrm{d}x=\lim_{t\to b^-}\int_a^t f(x)\mathrm{d}x=F(x)\Big|_a^b=\lim_{t\to b^-}F(x)-F(a)$$

(3)设函数 $f(x)$在区间$[a,b]$上除点 $c(a<c<b)$外连续，点 c 是 $f(x)$的瑕点，则

$$\int_b^a f(x)\mathrm{d}x=\int_a^c f(x)\mathrm{d}x+\int_c^b f(x)\mathrm{d}x$$

若 $\int_a^c f(x)\mathrm{d}x$ 与 $\int_c^b f(x)\mathrm{d}x$ 都收敛，则反常积分收敛，否则称为发散。

例 70 计算广义积分 $\int_{-\infty}^{+\infty}\frac{1}{1+x^2}\mathrm{d}x$。

分析 这是无穷限的反常积分。

解

$$\begin{aligned}\int_{-\infty}^{+\infty}\frac{1}{1+x^2}\mathrm{d}x&=\int_{-\infty}^{0}\frac{1}{1+x^2}\mathrm{d}x+\int_{0}^{+\infty}\frac{1}{1+x^2}\mathrm{d}x\\&=\lim_{a\to-\infty}\int_a^0\frac{1}{1+x^2}\mathrm{d}x+\lim_{b\to+\infty}\int_0^b\frac{1}{1+x^2}\mathrm{d}x\\&=\lim_{a\to-\infty}[\arctan x]_a^0+\lim_{b\to+\infty}[\arctan x]_0^b\\&=0-\left(-\frac{\pi}{2}\right)+\frac{\pi}{2}=\pi\end{aligned}$$

例 71 计算广义积分 $\int_0^{+\infty}t\mathrm{e}^{-pt}\mathrm{d}t$ （p 是常数，且 $p>0$）。

分析 分部积分，利用反常积分的运算法则。

解

$$\begin{aligned}\int_0^{+\infty}t\mathrm{e}^{-pt}\mathrm{d}t&=\left[-\frac{t}{p}\mathrm{e}^{-pt}\right]_0^{+\infty}+\frac{1}{p}\int_0^{+\infty}\mathrm{e}^{-pt}\mathrm{d}t\\&=\left[-\frac{t}{p}\mathrm{e}^{-pt}\right]_0^{+\infty}-\frac{1}{p^2}[\mathrm{e}^{-pt}\mathrm{d}t]_0^{+\infty}\\&=0-\frac{1}{p^2}(0-1)=\frac{1}{p^2}\end{aligned}$$

例 72 证明广义积分 $\int_a^{+\infty}\frac{1}{x^p}\mathrm{d}x$ （$a>0$），当 $p>1$ 时收敛，当 $p\leqslant 1$ 时发散。

证明 当 $p=1$ 时，

$$\int_a^{+\infty}\frac{1}{x^p}\mathrm{d}x=\int_a^{+\infty}\frac{1}{x}\mathrm{d}x=[\ln x]_a^{+\infty}=+\infty$$

当 $p\neq 1$ 时，

$$\int_a^{+\infty}\frac{1}{x^p}\mathrm{d}x=\left[\frac{x^{1-p}}{1-p}\right]_a^{+\infty}=\begin{cases}+\infty, & p<1\\ \dfrac{a^{1-p}}{p-1}, & p>1\end{cases}$$

故命题得证。

例 73 设 p 为实常数，讨论 $\int_2^{+\infty}\frac{1}{x\ln^p x}\mathrm{d}x$ 的收敛性。

解 当 $p=1$ 时，

$$\int_2^{+\infty}\frac{\mathrm{d}x}{x\ln x}=\ln(\ln x)\big|_2^{+\infty}=+\infty$$

原广义积分发散。

当 $p\neq 1$ 时，

$$\int_2^{+\infty}\frac{\mathrm{d}x}{x\ln^p x}=\int_2^{+\infty}\frac{\mathrm{d}\ln x}{\ln^p x}=\frac{(\ln x)^{1-p}}{1-p}\bigg|_2^{+\infty}=\begin{cases}+\infty, & p<1\\ \dfrac{(\ln 2)^{1-p}}{p-1}, & p>1\end{cases}$$

因此 $p>1$ 时原广义积分收敛，而 $p<1$ 时原广义积分发散。

综上所述，原广义积分只当 $p>1$ 时收敛，而 $p\leqslant 1$ 时发散。

例 74 证明 $\int_0^{+\infty}\frac{\mathrm{d}x}{1+x^4}=\int_0^{+\infty}\frac{x^2}{1+x^4}\mathrm{d}x$，并求其值。

解 令 $t=\frac{1}{x}$，有

$$\int_0^{+\infty}\frac{\mathrm{d}x}{1+x^4}=\int_{+\infty}^0\frac{1}{1+\frac{1}{t^4}}\left(-\frac{1}{t^2}\right)\mathrm{d}t$$

$$=\int_0^{+\infty}\frac{t^2}{1+t^4}\mathrm{d}t=\int_0^{+\infty}\frac{x^2}{1+x^4}\mathrm{d}x$$

所以

$$\int_0^{+\infty}\frac{\mathrm{d}x}{1+x^4}=\frac{1}{2}\left[\int_0^{+\infty}\frac{\mathrm{d}x}{1+x^4}+\int_0^{+\infty}\frac{x^2}{1+x^4}\mathrm{d}x\right]$$

$$=\frac{1}{2}\int_0^{+\infty}\frac{1+x^2}{1+x^4}\mathrm{d}x=\frac{1}{2}\int_0^{+\infty}\frac{\frac{1}{x^2}+1}{\frac{1}{x^2}+x^2}\mathrm{d}x$$

$$=\frac{1}{2}\int_0^{+\infty}\frac{1}{\left(x-\frac{1}{x}\right)^2+2}\mathrm{d}\left(x-\frac{1}{x}\right)$$

$$=\frac{1}{2\sqrt{2}}\arctan\frac{x-\frac{1}{x}}{\sqrt{2}}\Bigg|_0^{+\infty}=\frac{\pi}{2\sqrt{2}}$$

例 75 计算广义积分 $\int_0^a\frac{\mathrm{d}x}{\sqrt{a^2-x^2}}\quad(a>0)$。

解 $x=a$ 是瑕点，

$$\int_0^a \frac{dx}{\sqrt{a^2-x^2}} = \lim_{\varepsilon \to +0}\int_0^{a-\varepsilon} \frac{dx}{\sqrt{a^2-x^2}}$$

$$= \lim_{\varepsilon \to +0}\left[\arcsin \frac{x}{a}\right]_0^{a-\varepsilon}$$

$$= \lim_{\varepsilon \to +0}\left[\arcsin \frac{a-\varepsilon}{a} - 0\right]$$

$$= \arcsin 1 = \frac{\pi}{2}$$

例 76　计算反常积分 $\int_1^{+\infty} \frac{1}{x^2+x-2}dx$。

分析　此积分既有瑕点 $x=1$，又是无穷区间上的积分。将原积分分成两个积分之和，即

$$\int_1^{+\infty} \frac{1}{x^2+x-2}dx = \int_1^2 \frac{1}{x^2+x-2}dx + \int_2^{+\infty} \frac{1}{x^2+x-2}dx$$

只有两积分 $\int_1^2 \frac{1}{x^2+x-2}dx$ 和 $\int_1^{+\infty} \frac{1}{x^2+x-2}dx$ 都收敛时原积分才收敛。

解　$\int_1^{+\infty} \frac{1}{x^2+x-2}dx = \int_1^2 \frac{1}{x^2+x-2}dx + \int_2^{+\infty} \frac{1}{x^2+x-2}dx$

其中，$\int_1^2 \frac{1}{x^2+x-2}dx = \int_1^2 \frac{dx}{(x+2)(x-1)} = \frac{1}{3}\lim_{\varepsilon \to 0+0}\int_{1+\varepsilon}^2 \left(\frac{1}{x-1} - \frac{1}{x+2}\right)dx$

$$= \frac{1}{3}\lim_{\varepsilon \to 0+0}[\ln|x-1| - \ln|x+2|]_{1+\varepsilon}^2$$

$$= \frac{1}{3}\lim_{\varepsilon \to 0+0}\{-\ln 4 - [\ln\varepsilon - \ln(3-\varepsilon)]\} = -\infty$$

所以，原反常积分 $\int_1^{+\infty} \frac{1}{x^2+x-2}dx$ 也发散。

七、定积分的应用

1. 定积分的微元法

若所求量 U 满足下列条件：

(1)U 是与一个变量 x 的变化区间$[a,b]$有关的量；

(2)U 对于区间$[a,b]$具有可加性。

则 U 的值可通过定积分来表达，即 $U = \int_a^b f(x)dx$ 。

具体写出 U 的积分表达式的步骤是：

(1)选取一个变量如 x 为积分变量，并确定其变化区间$[a,b]$；

(2)把区间$[a,b]$分成 n 个小区间，取任一子区间$[x,x+dx]$建立所求量的微分 dU 与某一函数 $f(x)$之间的关系式

$$dU = f(x)dx$$

称为所求量 U 的元素(或微元)；

(3) $U=\int_a^b f(x)\mathrm{d}x$

这个方法叫作微元法(或元素法)。

2. 平面图形的面积

直角坐标情形

(1)由连续曲线 $y=f(x)$,直线 $x=a,x=b,y=0$ 所围成的平面图形的面积:

由定积分的定义可知,当 $f(x)\geqslant 0$ 时(图 3-1),平面图形的面积

$$A=\int_a^b f(x)\mathrm{d}x$$

当 $f(x)$在$[a,b]$上有时取正值,有时取负值时(图 3-2),平面图形的面积

$$A=\int_a^b |f(x)|\mathrm{d}x$$

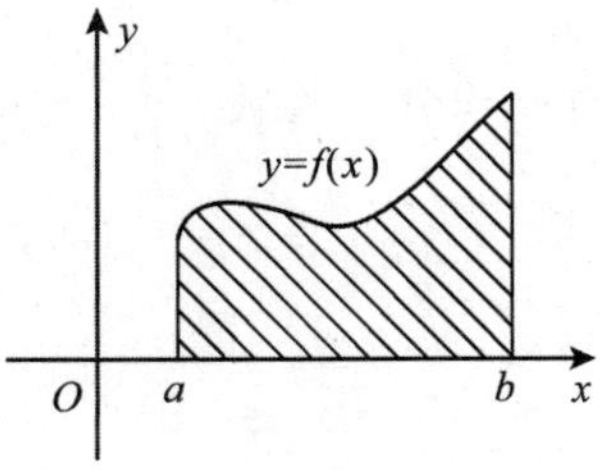

图 3-1

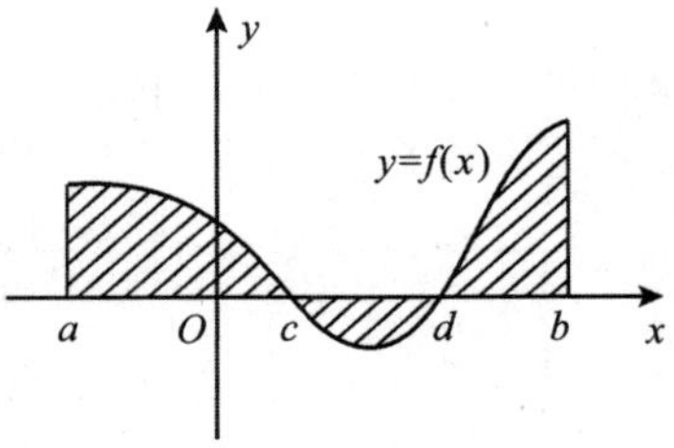

图 3-2

(2)由连续曲线 $y=f(x),y=g(x)$与直线 $x=a,x=b$ $(a<b)$ 所围成的平面图形的面积:

$$A=\int_a^b |f(x)-g(x)|\mathrm{d}x$$

特别地,若 $f(x)\geqslant g(x)$(图 3-3),所求面积

$$A=\int_a^b [f(x)-g(x)]\mathrm{d}x$$

(3)由连续曲线 $x=\Psi_1(y),x=\Psi_2(y)$与直线 $y=c,y=d$ 所围成的平面图形的面积:

当 $\Psi_2(y)\geqslant\Psi_1(y)$时(图 3-4),所求面积

$$A=\int_c^d [\Psi_2(y)-\Psi_1(y)]\mathrm{d}y$$

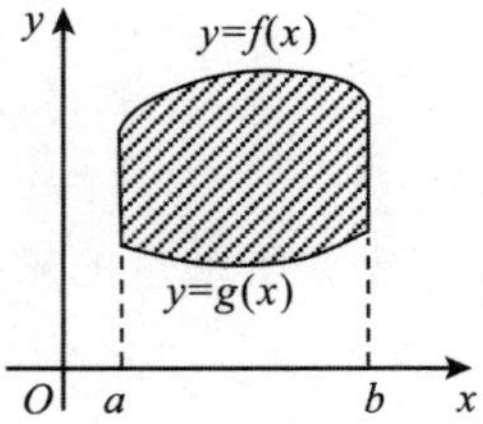

图 3-3

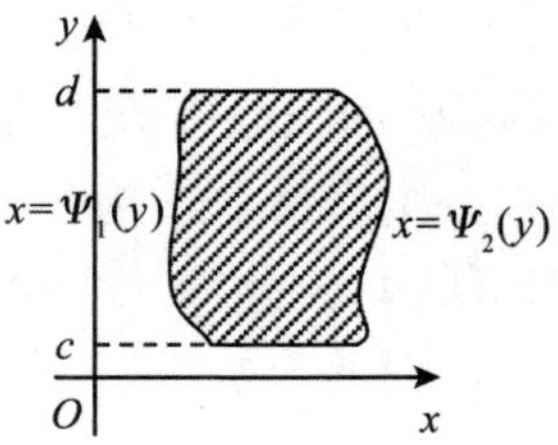

图 3-4

极坐标情形

设有曲线 $\rho=\varphi(\theta)$ 在 $[\alpha,\beta]$ 上连续，且 $\varphi(\theta)\geqslant 0$。由曲线 $\rho=\varphi(\theta)$ 及射线 $\theta=\alpha,\theta=\beta$ 所围成的图形(简称为曲边扇形)(图 3-5)的面积

$$A=\int_\alpha^\beta \mathrm{d}A=\frac{1}{2}\int_\alpha^\beta \varphi^2(\theta)\mathrm{d}\theta$$

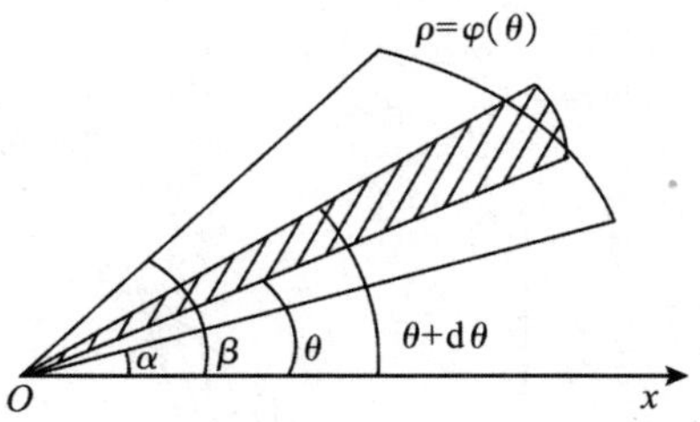

图 3-5

3. 旋转体的体积

(1)由连续曲线 $y=f(x)$，直线 $x=a,x=b$ 与 x 轴所围成的曲边梯形绕 x 轴旋转一周所成旋转体的体积为

$$V_x=\int_a^b \pi[f(x)]^2\mathrm{d}x$$

(2)由连续曲线 $x=\varphi(y)$，直线 $y=c,y=d$ 与 y 轴所围成的曲边梯形绕 y 轴旋转一周所成旋转体的体积

$$V_y=\int_c^d \pi[\varphi(y)]^2\mathrm{d}y$$

(3)由平面图形 $0\leqslant a\leqslant x\leqslant b,0\leqslant y\leqslant f(x)$ 绕 y 轴旋转一周所成旋转体的体积

$$V_y=2\pi\int_a^b xf(x)\mathrm{d}x$$

4. 平行截面面积为已知的立体的体积

设物体位于 $x=a,x=b\quad(a<b)$ 之间，任一个垂直于 x 轴的平面与物体相交的截面积为 $A(x)$，$A(x)$ 是定义在区间 $[a,b]$ 上的连续函数，则物体体积

$$V=\int_a^b A(x)\mathrm{d}x$$

例 77　求曲线 $y=x^2-2x$ 及直线 $y=x$ 所围成的平面图形的面积。

解　所围图形如图 3-6 所示。解方程组 $\begin{cases}y=x^2-2x\\y=x\end{cases}$，可求得抛物线与直线的交点为 $(0,0)$ 和 $(3,3)$，于是所求面积

$$A=\int_0^3[x-(x^2-2x)]\mathrm{d}x=\int_0^3(3x-x^2)\mathrm{d}x$$
$$=\left(\frac{3}{2}x^2-\frac{1}{3}x^3\right)\Bigg|_0^3=\frac{27}{2}-\frac{27}{3}=\frac{9}{2}$$

例 78　求由曲线 $xy=1$ 和直线 $y=x,y=2$ 所围成图形的面积。

解　所围图形如图 3-7 所示。易求得交点坐标分别为 $B\left(\frac{1}{2},2\right)$，$C(1,1)$，$D(2,2)$。

(1)选取 x 作为积分变量，则所求面积

$$A=\int_{\frac{1}{2}}^{1}\left(2-\frac{1}{x}\right)\mathrm{d}x+\int_{1}^{2}(2-x)\mathrm{d}x=(2x-\ln x)\Big|_{\frac{1}{2}}^{1}+\left(2x-\frac{1}{2}x^{2}\right)\Big|_{1}^{2}=\frac{3}{2}-\ln 2$$

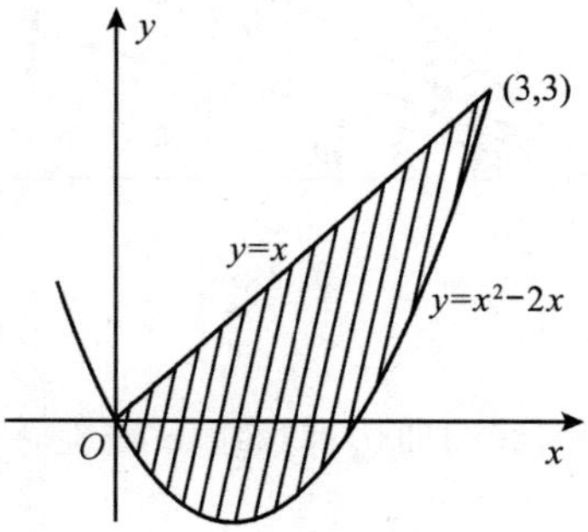

图 3-6

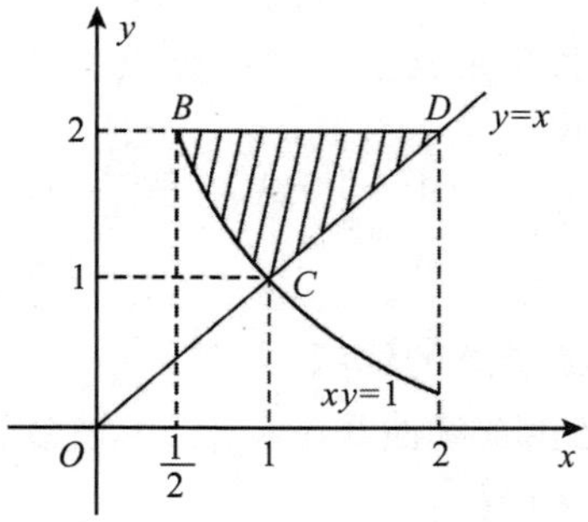

图 3-7

(2)选 y 作为积分变量，则所求面积

$$A=\int_{1}^{2}\left(y-\frac{1}{y}\right)\mathrm{d}y=\left(\frac{1}{2}y^{2}-\ln y\right)\Big|_{1}^{2}$$

$$=\frac{3}{2}-\ln 2$$

显然，此题选择 y 为积分变量计算简便，具体问题具体分析，注意积分变量的适当选取。

例 79 求椭圆$\frac{x^2}{a^2}+\frac{y^2}{b^2}=1$ 所围成的图形的面积。

解 椭圆如图 3-8 所示。由于椭圆关于两坐标轴都对称，因此所求椭圆面积是其第一象限部分面积的 4 倍，即 $A=4\int_0^a y\,\mathrm{d}x$。而

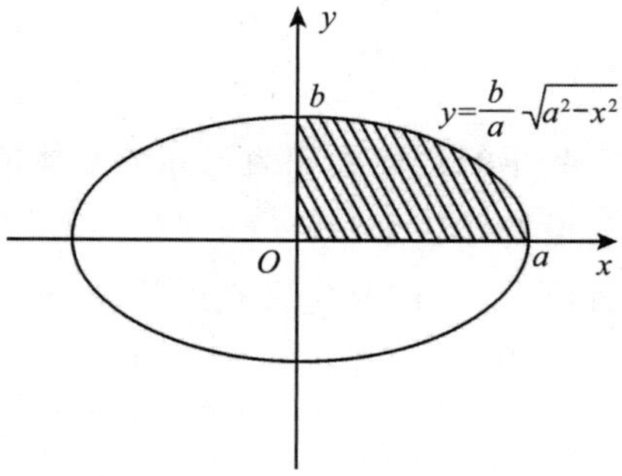

图 3-8

$$\int_0^a y\,\mathrm{d}x=\int_0^a\frac{b}{a}\sqrt{a^2-x^2}\,\mathrm{d}x$$

$$=\frac{b}{a}\int_0^a\sqrt{a^2-x^2}\,\mathrm{d}x$$

$$=\frac{b}{a}\cdot\frac{1}{4}\pi a^2=\frac{1}{4}\pi ab$$

于是，所求椭圆的面积 $A=\pi ab$。

特别地，当 $a=b$ 时，得圆面积公式 $A=\pi a^2$。

例 80 求心形线 $\rho=a(1-\cos\theta)$ $(a>0)$ 所围成的图形的面积。

解 心形线所围成的图形的面积

$$A=\frac{1}{2}\int_0^{2\pi}a^2(1-\cos\theta)^2\mathrm{d}\theta=\frac{1}{2}a^2\int_0^{2\pi}\left(1-2\cos\theta+\frac{1+\cos 2\theta}{2}\right)\mathrm{d}\theta$$

$$=\frac{1}{2}a^2\left(\frac{3}{2}\theta-2\sin\theta+\frac{1}{4}\sin 2\theta\right)\Big|_0^{2\pi}=\frac{3}{2}\pi a^2$$

例 81　在曲线 $y=x^2(x\geqslant 0)$ 上某点 A 处作一切线，使之与曲线以及 x 轴所围图形面积为 $\frac{1}{12}$，试求

(1)切点 A 的坐标；

(2)过切点 A 的切线方程；

(3)由上述所围平面图形绕 x 轴旋转一周所成旋转体的体积。

解　设切点 A 的坐标为 (a,a^2)，则过切点 A 的切线方程为 $y-a^2=2a(x-a)$，与 x 轴交点为 $\left(\frac{a}{2},0\right)$，于是曲线、切线与 x 轴所围图形的面积

$$S=\int_0^a x^2\mathrm{d}x-\frac{a^3}{4}=\frac{a^3}{3}-\frac{a^3}{4}=\frac{a^3}{12}$$

由题设 $S=\frac{1}{12}$，所以 $a=1$。

(1)切点 A 的坐标为(1,1)。

(2)过切点 A 的切线方程为 $y=2x-1$。

(3)旋转体的体积 $V=\int_0^1\pi(x^2)^2\mathrm{d}x-\int_{\frac{1}{2}}^1\pi(2x-1)^2\mathrm{d}x=\frac{\pi}{30}$。

例 82　设抛物线 $y=ax^2+bx+c$ 过原点，且 $0\leqslant x\leqslant 1$，$y\geqslant 0$，又已知该抛物线与 x 轴及直线 $x=1$ 所围图形的面积为 $\frac{1}{3}$，试确定 a,b,c，使此图形绕 x 轴旋转一周而成旋转体的体积 V 最小。

解　由于曲线过原点，故 $c=0$，由题设可知

$$\int_0^1(ax^2+bx)\mathrm{d}x=\frac{a}{3}+\frac{b}{2}=\frac{1}{3}$$

即 $b=\frac{2}{3}(1-a)$。

$$V=\pi\int_0^1(ax^2+bx)^2\mathrm{d}x=\pi\left(\frac{a^2}{5}+\frac{1}{2}ab+\frac{b^2}{3}\right)$$

$$=\pi\left[\frac{a^2}{5}+\frac{1}{3}a(1-a)+\frac{1}{3}\cdot\frac{4}{9}(1-a)^2\right]$$

$$\frac{\mathrm{d}V}{\mathrm{d}a}=\pi\left[\frac{2}{5}a+\frac{1}{3}-\frac{2}{3}a-\frac{8}{27}(1-a)\right]=0$$

解得 $a=-\frac{5}{4}$，故 $b=\frac{3}{2}$。

因为 $\left.\frac{\mathrm{d}^2V}{\mathrm{d}a^2}\right|_{a=-\frac{5}{4}}=\frac{4}{135}\pi>0$，根据实际问题，可知 $a=-\frac{5}{4}$，$b=\frac{3}{2}$，$c=0$ 时，体积 V 最小。

例 83　计算由圆 $x^2+(y-b)^2=a^2(0<a<b)$ 围成的圆盘绕 x 轴旋转一周而成的旋转体(圆环体)的体积。

解 该圆环体的体积等于由上半圆 $y=b+\sqrt{a^2-x^2}$ 和直线 $x=-a,x=a$ 及 x 轴所围成的平面图形绕 x 轴旋转一周而成的旋转体的体积 V_2 减去由下半圆 $y=b-\sqrt{a^2-x^2}$ 和直线 $x=-a,x=a$ 及 x 轴所围成的平面图形绕 x 轴旋转一周而成的旋转体的体积 V_1(图 3-9)。

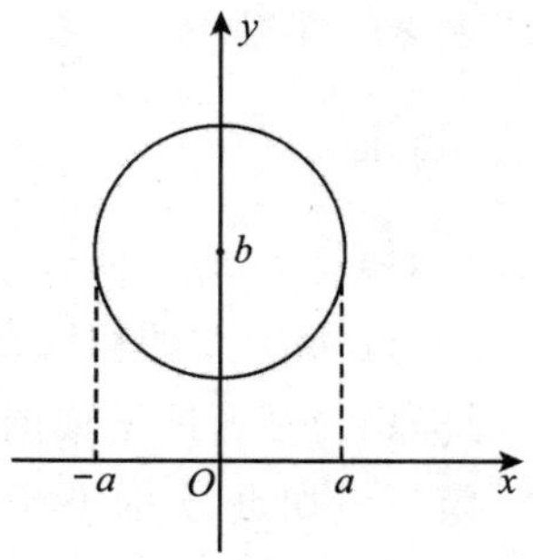

图 3-9

由于

$$V_2=\int_{-a}^{a}\pi(b+\sqrt{a^2-x^2})^2\mathrm{d}x$$

$$V_1=\int_{-a}^{a}\pi(b-\sqrt{a^2-x^2})^2\mathrm{d}x$$

因此,所求圆环体的体积

$$V=V_2-V_1=\int_{-a}^{a}\pi(b+\sqrt{a^2-x^2})^2\mathrm{d}x-\int_{-a}^{a}\pi(b-\sqrt{a^2-x^2})^2\mathrm{d}x$$

$$=4\pi b\int_{-a}^{a}\sqrt{a^2-x^2}\,\mathrm{d}x=4\pi b\cdot\frac{1}{2}\pi a^2=2\pi^2a^2b$$

例 84 求由椭圆$\frac{x^2}{a^2}+\frac{y^2}{b^2}=1$ 绕 x 轴旋转一周而成的旋转体(旋转椭球体)的体积。

解 旋转椭球体可看作由上半个椭圆 $y=b\sqrt{1-\frac{x^2}{a^2}}$ 及 x 轴围成的图形绕 x 轴旋转而成的旋转体,由公式得其体积

$$V=\int_{-a}^{a}\pi b^2\left(1-\frac{x^2}{a^2}\right)\mathrm{d}x=\pi\frac{b^2}{a^2}\int_{-a}^{a}(a^2-x^2)\mathrm{d}x$$

$$=2\pi\frac{b^2}{a^2}\int_{0}^{a}(a^2-x^2)\mathrm{d}x=\frac{4}{3}\pi ab^2$$

当 $a=b$ 时,便得半径为 a 的球体体积公式 $V=\frac{4}{3}\pi a^3$。

例 85 求由曲线 $y=\mathrm{e}^x$,直线 $y=\mathrm{e}$ 及 y 轴所围成的图形绕 y 轴旋转一周所得旋转体的体积。

解 选取 y 作为积分变量,所求旋转体的体积

$$V=\int_{1}^{\mathrm{e}}\pi\ln^2y\,\mathrm{d}y=\pi y\ln^2y\Big|_{1}^{\mathrm{e}}-\pi\int_{1}^{\mathrm{e}}y\cdot2\ln y\cdot\frac{1}{y}\mathrm{d}y=\pi\mathrm{e}-2\pi\int_{1}^{\mathrm{e}}\ln y\,\mathrm{d}y$$

$$=\pi\mathrm{e}-2\pi y\ln y\Big|_{1}^{\mathrm{e}}+2\pi\int_{1}^{\mathrm{e}}\mathrm{d}y=\pi(\mathrm{e}-2)$$

例 86 设 D_1 是由抛物线 $y=2x^2$ 和直线 $x=a,x=2$ 及 $y=0$ 所围成的平面区域;D_2 是由抛物线 $y=2x^2$ 和直线 $x=a,y=0$ 所围成的平面区域,其中 $0<a<2$。

(1)试求 D_1 绕 x 轴旋转一周而成的旋转体体积 V_1,D_2 绕 y 轴旋转一周而成的旋转体体积 V_2(图 3-10);

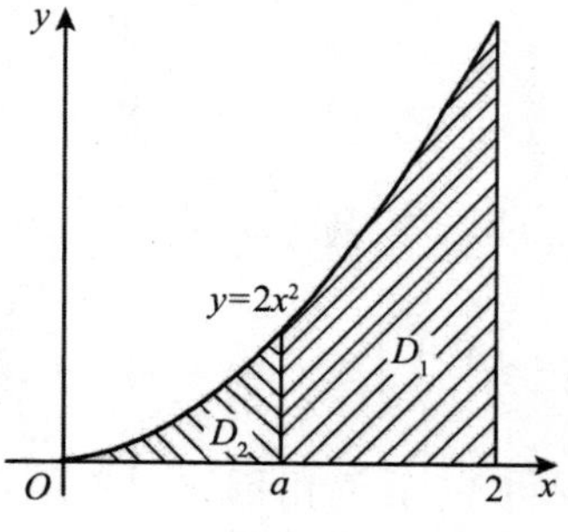

图 3-10

(2)问当 a 为何值时,V_1+V_2 取得最大值?试求此最

大值。

解　(1) $V_1=\pi\int_a^2(2x^2)^2\mathrm{d}x=\frac{4\pi}{5}(32-a^5)$

$$V_2=\pi a^2\cdot 2a^2-\pi\int_0^{2a^2}\frac{y}{2}\mathrm{d}y=\pi a^4$$

或
$$V_2=2\pi\int_0^a x\cdot 2x^2\mathrm{d}x=\pi a^4$$

(2) $V=V_1+V_2=\frac{4}{5}\pi(32-a^5)+\pi a^4$，由 $V'=4\pi a^3(1-a)=0$，得区间$(0,2)$内的唯一驻点 $a=1$。

又 $V''(1)=-4\pi<0$，因此 $a=1$ 是极大值点，也是最大值点，此时 V_1+V_2 的最大值为$\frac{129}{5}\pi$。

例 87　求曲线 $y^2=2x$ 在点$\left(\frac{1}{2},1\right)$处的法线与曲线所围成图形的面积(图 3-11)。

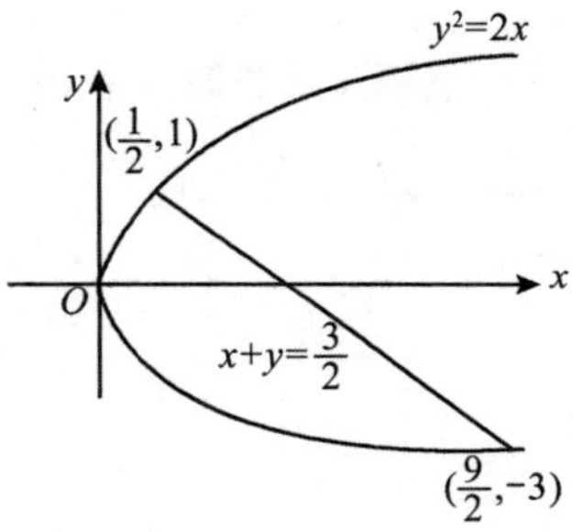

图 3-11

解　先求法线方程

$$2yy'=2,y'\Big|_{(\frac{1}{2},1)}=\frac{1}{y}\Big|_{y=1}=1$$

法线方程 $y-1=-\left(x-\frac{1}{2}\right)$，即

$$x+y=\frac{3}{2}$$

曲线 $y^2=2x$ 和法线 $x+y=\frac{3}{2}$的另一交点为$\left(\frac{9}{2},-3\right)$，所求面积

$$S=\int_{-3}^{1}\left[\left(\frac{3}{2}-y\right)-\frac{y^2}{2}\right]\mathrm{d}y=\frac{16}{3}$$

例 88　求微分方程 $x\mathrm{d}y+(x-2y)\mathrm{d}x=0$ 的一个解 $y=y(x)$，使得由曲线 $y=y(x)$与直线 $x=1,x=2$ 以及 x 轴所围成的平面图形绕 x 轴旋转一周的旋转体的体积最小。

解　原微分方程化为$\frac{\mathrm{d}y}{\mathrm{d}x}-\frac{2}{x}y=-1$，可得通解 $y=Cx^2+x$。由 $y=Cx^2+x,x=1,x=2$ 和 $y=0$ 所围平面图形绕 x 轴旋转一周所得旋转体体积

$$V(C)=\pi\int_1^2(x+Cx^2)^2\mathrm{d}x=\pi\left(\frac{31}{5}C^2+\frac{15}{2}C+\frac{7}{3}\right)$$

令$\frac{\mathrm{d}V(C)}{\mathrm{d}C}=\pi\left(\frac{62}{5}C+\frac{15}{3}\right)=0$，得驻点 $C=-\frac{75}{124}$，又由 $V''(C)=\frac{62}{5}\pi>0$，可知 $C=-\frac{75}{124}$是唯一极小值点，因此也是最小值点，所求曲线 $y=-\frac{75}{124}x^2+x$。

例 89　过坐标原点作曲线 $y=\ln x$ 的切线，该切线与曲线 $y=\ln x$ 及 x 轴围成平面图形 D。

(1)求 D 的面积 A;(2)求 D 绕直线 $x=\mathrm{e}$ 旋转一周所得旋转体的体积 V。

解 (1)如图 3-12,设曲线 $y=\ln x$ 上的切点为 (x_0,y_0),曲线 $y=\ln x$ 上点 (x_0,y_0) 处的切线方程为

$$y-y_0=\frac{1}{x_0}(x-x_0)$$

由于切线过点(0,0),且 $y_0=\ln x_0$,得 $y_0=1,x_0=\mathrm{e}$,所以,所求切线方程为 $y=\frac{x}{\mathrm{e}}$,从而图形 D 的面积为

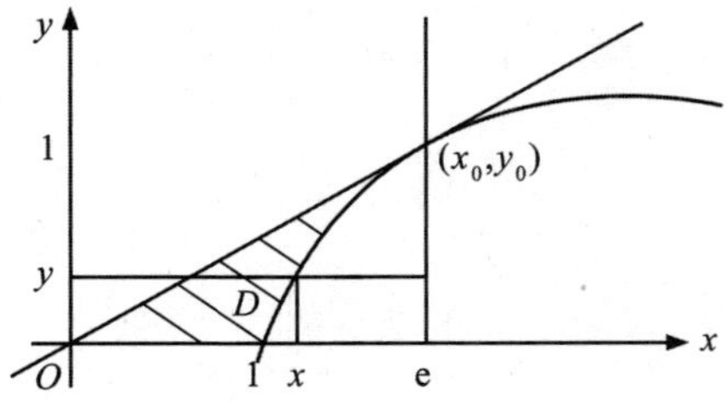

图 3-12

$$A=\int_0^1(\mathrm{e}^y-\mathrm{e}y)\mathrm{d}y=\frac{\mathrm{e}}{2}-1。$$

(2)切线 $y=\frac{x}{\mathrm{e}}$,x 轴与直线 $x=\mathrm{e}$ 所围三角形绕直线 $x=\mathrm{e}$ 旋转一周所得的圆锥体的体积为 $V_1=\frac{1}{3}\pi\mathrm{e}^2$,而曲线 $y=\ln x$、x 轴与直线 $x=\mathrm{e}$ 所围曲边三角形绕直线 $x=\mathrm{e}$ 旋转一周所得旋转体的体积为 V_2,且

$$V_2=\int_0^1\pi(\mathrm{e}-\mathrm{e}^y)^2\mathrm{d}y=\pi\left(-\frac{1}{2}\mathrm{e}^2+2\mathrm{e}-\frac{1}{2}\right)$$

或者

$$V_2=\int_1^{\mathrm{e}}2\pi(\mathrm{e}-x)\ln x\,\mathrm{d}x=\pi\left(-\frac{1}{2}\mathrm{e}^2+2\mathrm{e}-\frac{1}{2}\right)$$

因此,所求旋转体的体积为 $V=V_1-V_2=\pi\left(\frac{5}{6}\mathrm{e}^2-2\mathrm{e}+\frac{1}{2}\right)$。

练　习　题

一、填空题

1. $\int\frac{\mathrm{e}^{2x}-1}{1+\mathrm{e}^x}\mathrm{d}x=$________。

2. $\int\frac{x^4}{1+x^2}\mathrm{d}x=$________。

3. $\int\sec^4x\,\mathrm{d}x=$________。

4. 求 $\lim\limits_{x\to0}\frac{\int_0^x\arctan t\,\mathrm{d}t}{x^2}=$________。

5. 设 $\mathrm{e}^x+\sin x$ 是 $f(x)$ 的一个原函数,则 $f'(x)=$________。

6. $\int\frac{\mathrm{d}x}{(1+\mathrm{e}^x)^2}=$________。

7. 设函数 $g(x)$ 连续,且 $f(x)=\frac{1}{2}\int_0^x(x-t)^2g(t)\mathrm{d}t$,则 $f''(x)=$________。

8. $\int_{-\infty}^{+\infty}\frac{1}{x^2+2x+2}dx=$________。

二、选择题

1. 下列式子中正确的是(　　)。

(A) $\int df(x)=f(x)$　　(B) $d\int f(x)dx=f(x)dx$

(C) $d\int f(x)dx=f(x)$　　(D) $d\int f(x)dx=f(x)+C$

2. 由连续函数 $y=f(x),x=a,x=b\ (a<b)$,x 轴围成的平面图形的面积是(　　)。

(A) $\int_a^b f(x)dx$　　(B) $\left|\int_a^b f(x)dx\right|$

(C) $\int_a^b |f(x)|dx$　　(D) $-\int_a^b f(x)dx$

3. 设 $f(x)=\int_0^x (t-1)e^t dt$,则 $f(x)$ 有(　　)。

(A)极大值 $2-e$　　(B)极大值 $e-2$

(C)极小值 $2-e$　　(D)极小值 $e-2$

4. 设 $f(x),g(x)$ 在$(-\infty,+\infty)$ 内皆可导,且 $f(x)<g(x)$,则必有(　　)。

(A) $f(-x)>g(-x)$　　(B) $f'(x)<g'(x)$

(C) $\lim\limits_{x\to x_0}f(x)<\lim\limits_{x\to x_0}g(x)$　　(D) $\int_0^x f(t)dt<\int_0^x g(t)dt$

5. 设 $F(x)=\int_0^x\frac{dt}{1+t^2}+\int_0^{\frac{1}{x}}\frac{dt}{1+t^2}$,则(　　)。

(A) $F(x)\equiv 0$　　(B) $F(x)=\frac{\pi}{2}$

(C) $F(x)=\arctan x$　　(D) $F(x)=2\arctan x$

6. 若 $F'(x)=f(x)$,则 $\int dF(x)=$(　　)。

(A) $f(x)$　　(B) $F(x)$

(C) $f(x)+C$　　(D) $F(x)+C$

7. 下列积分中,值等于零的是(　　)。

(A) $\int_{-1}^1 x^2dx$　　(B) $\int_{-1}^2 x^3dx$

(C) $\int_{-1}^1 dx$　　(D) $\int_{-1}^1 x^2\sin x\,dx$

8. 反常积分 $\int_1^{+\infty}\frac{1}{x^2+1}dx=$(　　)。

(A) $-\frac{\pi}{4}$　　(B) 0

(C) $\frac{\pi}{4}$　　(D)发散

三、解答题

1. 求下列不定积分

(1) $\int \frac{\cos 2x}{\sin^2 x \cdot \cos^2 x}\mathrm{d}x$；　　(2) $\int \frac{\arcsin\sqrt{x}+1}{\sqrt{x}}\mathrm{d}x$；

(3) $\int \frac{\mathrm{d}x}{x^4\sqrt{1+x^2}}$；　　(4) $\int \frac{x\arcsin x}{\sqrt{1-x^2}}\mathrm{d}x$。

2. 设 $f(x)$ 的一个原函数为 $F(x)=\ln^5(x+\sqrt{x^2+1})$，求 $I=\int xf'(x)\mathrm{d}x$。

3. 计算定积分 $\int_{-1}^{3}|2-x|\mathrm{d}x$。

4. 设 $f(x)=\int_{\pi}^{x}\frac{\sin t}{t}\mathrm{d}t$，求 $\int_0^{\pi}f(x)\mathrm{d}x$。

5. 设 $f(x)=\begin{cases}\frac{x}{2}+1, & 0\leqslant x\leqslant 2\\ x, & 2<x\leqslant 3\end{cases}$，求 $\int_0^3 f(x)\mathrm{d}x$。

6. 设 $f(x)$在[0,1]上连续，

(1)证明 $\int_0^{\pi}xf(\sin x)\mathrm{d}x=\frac{\pi}{2}\int_0^{\pi}f(\sin x)\mathrm{d}x$。

(2)计算 $\int_0^{\pi}\frac{x\sin x}{1+\cos^2 x}\mathrm{d}x$。

7. 求不定积分 $\int x^3\sqrt{4-x^2}\mathrm{d}x$。

8. 设 $f(x)=\begin{cases}x+1, & x\leqslant 1\\ 2x, & x>1\end{cases}$，求 $\int f(x)\mathrm{d}x$。

9. 设 $f(x)=\int_1^{x^2}\mathrm{e}^{-t^2}\mathrm{d}t$，求 $\int_0^1 xf(x)\mathrm{d}x$。

10. 求由曲线 $y=|\ln x|$ 与直线 $y=0,x=\frac{1}{\mathrm{e}},x=\mathrm{e}$ 所围成图形的面积。

11. 设 $f(x)$在[0,1]上有二阶连续导数，证明

$$\int_0^1 f(x)\mathrm{d}x=\frac{f(0)+f(1)}{2}-\frac{1}{2}\int_0^1 x(1-x)f''(x)\mathrm{d}x$$

12. 求圆盘 $(x-2)^2+y^2\leqslant 1$ 绕 y 轴旋转一周而成的旋转体的体积。

练习题答案

一、填空题

1. 答案：e^x-x+C。

解析　$\int\frac{\mathrm{e}^{2x}-1}{1+\mathrm{e}^x}\mathrm{d}x=\int(\mathrm{e}^x-1)\mathrm{d}x=\mathrm{e}^x-x+C$。

2. 答案：$\frac{1}{3}x^3-x+\arctan x+C$。

解析 $\int\frac{x^4}{1+x^2}dx=\int\frac{(x^4-1)+1}{1+x^2}dx=\int\left(x^2-1+\frac{1}{1+x^2}\right)dx=\frac{1}{3}x^3-x+\arctan x+C$。

3. 答案：$\tan x+\frac{1}{3}\tan^3x+C$。

解析 $\int\sec^4x\,dx=\int\sec^2x(1+\tan^2x)dx=\int(1+\tan^2x)d\tan x=\tan x+\frac{1}{3}\tan^3x+C$。

4. 答案：$\frac{1}{2}$。

解析 $\lim\limits_{x\to0}\frac{\int_0^x\arctan t\,dt}{x^2}=\lim\limits_{x\to0}\frac{\arctan x}{2x}=\lim\limits_{x\to0}\frac{\frac{1}{1+x^2}}{2}=\frac{1}{2}$。

5. 答案：$e^x-\sin x$。

解析 由题设，$f(x)=(e^x+\sin x)'=e^x+\cos x$，则有 $f'(x)=e^x-\sin x$。

6. 答案：$x-\ln(1+e^x)+\frac{1}{1+e^x}+C$。

解析 $\int\frac{1}{(1+e^x)^2}dx=\int\frac{(1+e^x)-e^x}{(1+e^x)^2}dx=\int\frac{dx}{1+e^x}-\int\frac{d(1+e^x)}{(1+e^x)^2}=\int\frac{dx}{1+e^x}+\frac{1}{1+e^x}$

又

$$\int\frac{dx}{1+e^x}=\int\frac{(1+e^x)-e^x}{1+e^x}dx=\int\left(1-\frac{e^x}{1+e^x}\right)dx$$
$$=x-\int\frac{d(1+e^x)}{1+e^x}=x-\ln(1+e^x)+C$$

故

$$\int\frac{1}{(1+e^x)^2}dx=x-\ln(1+e^x)+\frac{1}{1+e^x}+C$$

7. 答案：$f''(x)=\int_0^x g(t)dt$。

解析 $f(x)=\frac{1}{2}\int_0^x(x-t)^2g(t)dt=\frac{x^2}{2}\int_0^x g(t)dt-x\int_0^x tg(t)dt+\frac{1}{2}\int_0^x t^2g(t)dt$，

$$f'(x)=x\int_0^x g(t)dt+\frac{x^2}{2}g(x)-\int_0^x tg(t)dt-x^2g(x)+\frac{x^2}{2}g(x)$$
$$=x\int_0^x g(t)dt-\int_0^x tg(t)dt$$
$$f''(x)=\left[\int_0^x g(t)dt+xg(x)\right]-xg(x)=\int_0^x g(t)dt。$$

8. 答案：π。

解析 $\int_{-\infty}^{+\infty}\frac{1}{x^2+2x+2}dx=\int_{-\infty}^{+\infty}\frac{1}{(x+1)^2+1}dx=\arctan(x+1)\Big|_{-\infty}^{+\infty}$

$$=\lim_{x\to+\infty}\arctan(x+1)-\lim_{x\to-\infty}\arctan(x+1)$$

$$=\frac{\pi}{2}-\left(-\frac{\pi}{2}\right)=\pi$$

二、选择题

1. 应选(B)。

解析 设$\int f(x)dx=F(x)+C$，则

$$d\int f(x)dx=d(F(x)+C)=F'(x)dx=f(x)dx$$

故(B)正确。

2. 应选(C)。

解析 用A表示所围成的平面图形的面积，由题设，当$f(x)>0$时，$A=\int_a^b f(x)dx$，当$f(x)<0$时，$A=-\int_a^b f(x)dx$，故$A=\int_a^b|f(x)|dx$。

3. 应选(C)。

解析 因为$f'(x)=(x-1)e^x$，令$f'(x)=0$，得驻点$x=1$，又

$$f''(x)=xe^x, f''(1)=e>0,$$

故$f(x)$在$x=1$处取得极小值，极小值为

$$f(1)=\int_0^1(t-1)e^t dt=2-e$$

4. 应选(C)。

解析 由可导一定连续可知$\lim_{x\to x_0}f(x)=f(x_0)$，$\lim_{x\to x_0}g(x)=g(x_0)$，由已知条件可知$f(x_0)<g(x_0)$，故(C)正确。

5. 应选(B)。

解析 由题设知$F(x)=\arctan x+\arctan\frac{1}{x}$，

$$F'(x)=\frac{1}{1+x^2}+\frac{1}{1+\left(\frac{1}{x}\right)^2}\left(-\frac{1}{x^2}\right)=0$$

$F(x)$为常数，$F(x)=F(1)=\frac{\pi}{2}$。

6. 应选(D)。

解析 已知$F'(x)=f(x)$，则$\int dF(x)=\int F'(x)dx=\int f(x)dx=F(x)+C$。

7. 应选(D)。

解析　因为 $x^2\sin x$ 是奇函数，故 $\int_{-1}^{1}x^2\sin x\,\mathrm{d}x=0$。

8. 应选(C)。

解析　$\int_{1}^{+\infty}\frac{1}{x^2+1}\mathrm{d}x=\arctan x\Big|_{1}^{+\infty}=\frac{\pi}{2}-\frac{\pi}{4}=\frac{\pi}{4}$。

三、解答题

1. **解**

(1) $\int\frac{\cos 2x}{\sin^2 x\cdot\cos^2 x}\mathrm{d}x=\int\frac{\cos^2 x-\sin^2 x}{\sin^2 x\cdot\cos^2 x}\mathrm{d}x$

$$=\int\frac{1}{\sin^2 x}\mathrm{d}x-\int\frac{1}{\cos^2 x}\mathrm{d}x=-\cot x-\tan x+C。$$

(2) $\int\frac{\arcsin\sqrt{x}+1}{\sqrt{x}}\mathrm{d}x=\int\frac{\arcsin\sqrt{x}}{\sqrt{x}}\mathrm{d}x+\int\frac{1}{\sqrt{x}}\mathrm{d}x=2\sqrt{x}+2\int\arcsin\sqrt{x}\,\mathrm{d}\sqrt{x}$

对 $\int\arcsin\sqrt{x}\,\mathrm{d}\sqrt{x}$，令 $\sqrt{x}=t$，则

$$\int\arcsin\sqrt{x}\,\mathrm{d}\sqrt{x}=\int\arcsin t\,\mathrm{d}t=t\arcsin t-\int\frac{t}{\sqrt{1-t^2}}\mathrm{d}t$$

$$=t\arcsin t+\sqrt{1-t^2}+C_0$$

$$=\sqrt{x}\arcsin\sqrt{x}+\sqrt{1-x}+C_0$$

所以原式 $=2\sqrt{x}+2\sqrt{x}\arcsin\sqrt{x}+2\sqrt{1-x}+C$。

(3) 令 $x=\tan t$

$$\int\frac{\mathrm{d}x}{x^4\sqrt{1+x^2}}=\int\frac{\frac{\mathrm{d}t}{\cos^2 t}}{\tan^4 t\sec t}=\int\frac{\cos^3 t}{\sin^4 t}\mathrm{d}t$$

$$=\int\frac{\mathrm{d}\sin t}{\sin^4 t}-\int\frac{\mathrm{d}\sin t}{\sin^2 t}=-\frac{1}{3\sin^3 t}+\frac{1}{\sin t}+C$$

$$=-\frac{1}{3}\left(\frac{\sqrt{1+x^2}}{x}\right)^3+\frac{\sqrt{1+x^2}}{x}+C$$

(4) $\int\frac{x\arcsin x}{\sqrt{1-x^2}}\mathrm{d}x=-\int\arcsin x\,\mathrm{d}\sqrt{1-x^2}=-\sqrt{1-x^2}\arcsin x+\int\mathrm{d}x$

$$=-\sqrt{1-x^2}\arcsin x+x+C$$

2. **解**　$I=\int xf'(x)\mathrm{d}x=\int x\,\mathrm{d}f(x)=xf(x)-\int f(x)\mathrm{d}x$

$$=xF'(x)-F(x)+C$$

$$=\frac{5x}{\sqrt{1+x^2}}\ln^4(x+\sqrt{x^2+1})-\ln^5(x+\sqrt{x^2+1})+C$$

3. **解** $\int_{-1}^{3}|2-x|\,\mathrm{d}x=\int_{-1}^{2}(2-x)\mathrm{d}x+\int_{2}^{3}(x-2)\mathrm{d}x$

$$=\left(2x-\frac{1}{2}x^2\right)\Big|_{-1}^{2}+\left(\frac{1}{2}x^2-2x\right)\Big|_{2}^{3}=5$$

4. **解** 因为 $f(x)=\int_{\pi}^{x}\frac{\sin t}{t}\mathrm{d}t$，所以 $f'(x)=\frac{\sin x}{x}$，又 $f(\pi)=0$，

$$\int_0^{\pi}f(x)\mathrm{d}x=xf(x)\Big|_0^{\pi}-\int_0^{\pi}xf'(x)\mathrm{d}x$$

$$=\pi f(\pi)-\int_0^{\pi}x\cdot\frac{\sin x}{x}\mathrm{d}x$$

$$=-\int_0^{\pi}\sin x\,\mathrm{d}x=\cos x\Big|_0^{\pi}=-2$$

5. **解** $\int_0^3 f(x)\mathrm{d}x=\int_0^2 f(x)\mathrm{d}x+\int_2^3 f(x)\mathrm{d}x$

$$=\int_0^2\left(\frac{x}{2}+1\right)\mathrm{d}x+\int_2^3 x\,\mathrm{d}x$$

$$=\left(\frac{1}{4}x^2+x\right)\Big|_0^2+\frac{1}{2}x^2\Big|_2^3=\frac{11}{2}$$

6. **证明** (1)令 $x=\pi-t$，$\mathrm{d}x=-\mathrm{d}t$

$$\int_0^{\pi}xf(\sin x)\mathrm{d}x=\int_{\pi}^{0}(\pi-t)f(\sin t)(-\mathrm{d}t)$$

$$=\int_0^{\pi}(\pi-t)f(\sin t)\mathrm{d}t$$

$$=\pi\int_0^{\pi}f(\sin t)\mathrm{d}t-\int_0^{\pi}tf(\sin t)\mathrm{d}t$$

$$=\pi\int_0^{\pi}f(\sin x)\mathrm{d}x-\int_0^{\pi}xf(\sin x)\mathrm{d}x$$

$$2\int_0^{\pi}xf(\sin x)\mathrm{d}x=\pi\int_0^{\pi}f(\sin x)\mathrm{d}x$$

即$\int_0^{\pi}xf(\sin x)\mathrm{d}x=\frac{\pi}{2}\int_0^{\pi}f(\sin x)\mathrm{d}x$。

(2)利用(1)的结果，有

$$\int_0^{\pi}\frac{x\sin x}{1+\cos^2 x}\mathrm{d}x=\frac{\pi}{2}\int_0^{\pi}\frac{\sin x}{1+\cos^2 x}\mathrm{d}x$$

$$=-\frac{\pi}{2}\int_0^{\pi}\frac{\mathrm{d}\cos x}{1+\cos^2 x}$$

$$=-\frac{\pi}{2}\arctan(\cos x)\Big|_0^{\pi}$$

$$=-\frac{\pi}{2}\left(-\frac{\pi}{4}-\frac{\pi}{4}\right)=\frac{\pi^2}{4}$$

7. **解法 1**　用凑微分法

$$\int x^3\sqrt{4-x^2}\,\mathrm{d}x=\frac{1}{2}\int x^2\sqrt{4-x^2}\,\mathrm{d}(x^2)$$
$$=\frac{1}{2}\int[(4-x^2)-4]\sqrt{4-x^2}\,\mathrm{d}(4-x^2)$$
$$=\frac{1}{2}\int[(4-x^2)^{\frac{3}{2}}-4(4-x^2)^{\frac{1}{2}}]\,\mathrm{d}(4-x^2)$$
$$=\frac{1}{5}(4-x^2)^{\frac{5}{2}}-\frac{4}{3}(4-x^2)^{\frac{3}{2}}+C$$

解法 2　$\int x^3\sqrt{4-x^2}\,\mathrm{d}x=\frac{1}{2}\int x^2\sqrt{4-x^2}\,\mathrm{d}(x^2)$，令

$$\sqrt{4-x^2}=u,x^2=4-u^2,\mathrm{d}(x^2)=(-2u)\mathrm{d}u$$

原式$=\frac{1}{2}\int(4-u^2)\cdot u\cdot(-2u)\mathrm{d}u=-\int u^2(4-u^2)\mathrm{d}u$

$$=-\left(\frac{4}{3}u^3-\frac{1}{5}u^5\right)+C=-\frac{4}{3}(4-x^2)^{\frac{3}{2}}+\frac{1}{5}(4-x^2)^{\frac{5}{2}}+C$$

8. **解**　先分别在$(-\infty,1)$和$(1,+\infty)$内求原函数

$$F(x)=\begin{cases}\frac{x^2}{2}+x+C_1, & x<1\\ x^2+C_2, & x>1\end{cases}$$

由于 $f(x)$ 在 $x=1$ 处连续，因此原函数 $F(x)$ 在这点有定义且连续，从而得

$$F(1-0)=F(1+0)$$

即$\frac{3}{2}+C_1=1+C_2,C_2=\frac{1}{2}+C_1=\frac{1}{2}+C$，故

$$\int f(x)\mathrm{d}x=\begin{cases}\frac{x^2}{2}+x+C, & x\leqslant 1\\ x^2+\frac{1}{2}+C, & x>1\end{cases}$$

9. **分析**　因为 e^{-t^2} 的原函数不能用初等函数表达，但是 $f'(x)=2x\mathrm{e}^{-x^4}$，所以本题可以通过分部积分法来计算。

解　$\int_0^1 xf(x)\mathrm{d}x=\frac{1}{2}\int_0^1 f(x)\mathrm{d}x^2=\frac{1}{2}x^2f(x)\Big|_0^1-\frac{1}{2}\int_0^1 x^2f'(x)\mathrm{d}x$

$$=0-\frac{1}{2}\int_0^1 2x^3\mathrm{e}^{-x^4}\mathrm{d}x=\frac{1}{4}(\mathrm{e}^{-1}-1)$$

10. **解**　由定积分的几何意义知所求面积

$$A=\int_{\frac{1}{\mathrm{e}}}^{\mathrm{e}}|\ln x|\,\mathrm{d}x$$

在区间 $\left[\frac{1}{e},1\right]$ 上,$\ln x<0$,在区间$[1,e]$上,$\ln x>0$,故有

$$A=\int_{\frac{1}{e}}^{e}|\ln x|\,dx=\int_{\frac{1}{e}}^{1}(-\ln x)dx+\int_{1}^{e}\ln x\,dx$$
$$=x(1-\ln x)\Big|_{\frac{1}{e}}^{1}+x(\ln x-1)\Big|_{1}^{e}$$
$$=\left(1-\frac{2}{e}\right)+1=2\left(1-\frac{1}{e}\right)$$

11. **证明** 因为 $\int_0^1 x(1-x)f''(x)dx=\int_0^1 x(1-x)df'(x)$

$$=x(1-x)f'(x)\Big|_0^1-\int_0^1[1-2x]f'(x)dx$$
$$=-\int_0^1(1-2x)df(x)$$
$$=-(1-2x)f(x)\Big|_0^1-2\int_0^1 f(x)dx$$
$$=f(0)+f(1)-2\int_0^1 f(x)dx$$

所以

$$\int_0^1 f(x)dx=\frac{f(0)+f(1)}{2}-\frac{1}{2}\int_0^1 x(1-x)f''(x)dx$$

12. **解** 所求体积等于右半圆 $x=2+\sqrt{1-y^2}$ 和直线 $y=-1,y=1$ 及 y 轴所围成的平面图形绕 y 轴旋转一周而成的旋转体的体积减去由左半圆 $x=2-\sqrt{1-y^2}$ 和直线 $y=-1$,$y=1$ 及 y 轴所围成的平面图形绕 y 轴旋转一周而成的旋转体的体积,即

$$V=\int_{-1}^{1}\pi[(2+\sqrt{1-y^2})^2-(2-\sqrt{1-y^2})^2]dy$$
$$=\pi\int_{-1}^{1}8\sqrt{1-y^2}\,dy=\pi\times 8\times\frac{1}{2}\times\pi\times 1^2=4\pi^2$$

第四章　多元函数微积分学

考试内容

多元函数的概念；二元函数的几何意义；二元函数的极限与连续的概念；多元函数偏导数的概念与计算；多元复合函数的求导法与隐函数求导法；二阶偏导数；全微分；多元函数的极值和条件极值；二重积分的概念、基本性质和计算。

考试要求

1. 了解多元函数的概念，了解二元函数的几何意义。

2. 了解二元函数的极限与连续的概念。

3. 了解多元函数偏导数与全微分的概念，会求多元复合函数一阶、二阶偏导数，会求全微分，会求多元隐函数的偏导数。

4. 了解多元函数极值和条件极值的概念，掌握多元函数极值存在的必要条件，了解二元函数极值存在的充分条件。

5. 了解二重积分的概念与基本性质，掌握二重积分的计算方法(直角坐标、极坐标)。

本章重点

多元函数的概念；偏导数和全微分的概念及求法；复合函数的一、二阶偏导数；多元隐函数的偏导数；多元函数的极值和条件极值；二重积分的概念和计算方法。

一、多元函数的概念、极限与连续

1. 二元函数的概念

设 D 是平面上的一个点集，如果对于每个点 $P(x,y)\in D$，变量 z 按照一定的法则总有确定的值和它对应，则称变量 z 是变量 x、y 的二元函数，记作 $z=f(x,y)$ 或 $z=z(x,y)$。D 称为该函数的定义域，数集 $\{z|z=f(x,y),(x,y)\in D\}$ 称为该函数的值域。类似地，可以定义三元函数 $u=f(x,y,z)$。

2. 二元函数的几何意义

二元函数 $z=f(x,y)$ 的图形通常是空间中的一张曲面。

3. 二元函数的极限

(1)定义　设函数 $z=f(x,y)$ 的定义域为 D，$P_0(x_0,y_0)$ 是 D 的聚点，如果对于任意给定的正数 ε，总存在正数 δ，使得对于适合不等式

$$0<|PP_0|=\sqrt{(x-x_0)^2+(y-y_0)^2}<\delta$$

的一切点 $P(x,y)\in D$，都有

$$|f(x,y)-A|<\varepsilon$$

成立，则称 A 为函数 $z=f(x,y)$ 当 $x\to x_0,y\to y_0$ 时的极限，记作

$$\lim_{\substack{x\to x_0\\ y\to y_0}} f(x,y)=A \text{ 或 } f(x,y)\to A \quad (\rho\to 0)$$

这里 $\rho=|PP_0|$。二元函数的极限通常称作二重极限。

(2)二元函数与一元函数有相同的极限运算法则与极限性质。

(3)二元函数的极限 $\lim\limits_{\substack{x\to x_0\\ y\to y_0}} f(x,y)=A$ 要求点 $P(x,y)$ 以任何方式、任何方向、任何路径趋向 $P_0(x_0,y_0)$ 时，均有 $f(x,y)\to A \quad (x\to x_0,y\to y_0)$，当沿着两条不同路径，$\lim\limits_{\substack{x\to x_0\\ y\to y_0}} f(x,y)$ 不相等或沿着某条路径 $\lim\limits_{\substack{x\to x_0\\ y\to y_0}} f(x,y)$ 不存在，则二元函数的极限 $\lim\limits_{\substack{x\to x_0\\ y\to y_0}} f(x,y)$ 不存在。

4. 二元函数的连续性

设函数 $z=f(x,y)$ 的定义域为 D，$P_0(x_0,y_0)$ 是 D 的聚点，且 $P_0\in D$，如果

$$\lim_{\substack{x\to x_0\\ y\to y_0}} f(x,y)=f(x_0,y_0)$$

则称函数 $z=f(x,y)$ 在点 $P_0(x_0,y_0)$ 连续。如果函数 $z=f(x,y)$ 在区域 D 上每一点处都连续，则称函数 $z=f(x,y)$ 在区域 D 上连续。

5. 二元连续函数的性质

二元连续函数的和、差、积、商(分母不为零)仍为连续函数；二元连续函数的复合函数仍为连续函数。

例 1 求函数 $z=\dfrac{\sqrt{4x-y^2}}{\ln(1-x^2-y^2)}$ 的定义域。

分析 求多元函数定义域与求一元函数定义域类似，要考虑使得函数有意义的自变量的取值。

解 由函数表达式可知，当 $4x-y^2\geqslant 0$ 和 $1-x^2-y^2>0$ 且 $1-x^2-y^2\neq 1$ 时，此函数才有意义，于是所求函数的定义域为

$$D=\{(x,y)\,|\,y^2\leqslant 4x,0<x^2+y^2<1|\}$$

例 2 设 $f\left(x+y,\dfrac{y}{x}\right)=x^2-y^2$，求 $f(x,y)$。

解 令 $u=x+y,v=\dfrac{y}{x}$，则有 $x=\dfrac{u}{1+v},y=\dfrac{uv}{1+v}$，

$$f(u,v)=\left(\frac{u}{1+v}\right)^2-\left(\frac{uv}{1+v}\right)^2=\frac{u^2(1-v)}{1+v}$$

故 $f(x,y)=\dfrac{x^2(1-y)}{1+y},(y\neq -1)$。

例 3　求极限 $\lim\limits_{\substack{x\to 0\\ y\to 0}}\dfrac{(y-x)x}{\sqrt{x^2+y^2}}$。

解　因为 $|(y-x)x|=|xy-x^2|\leqslant|xy|+x^2\leqslant\dfrac{x^2+y^2}{2}+x^2+y^2=\dfrac{3}{2}(x^2+y^2)$，所以，

$$0\leqslant\left|\frac{(y-x)x}{\sqrt{x^2+y^2}}\right|\leqslant\frac{3}{2}\sqrt{x^2+y^2}$$

从而 $\lim\limits_{\substack{x\to 0\\ y\to 0}}\dfrac{(y-x)x}{\sqrt{x^2+y^2}}=0$。

例 4　求极限 $\lim\limits_{\substack{x\to 0\\ y\to 0}}\dfrac{\sin(x^2y)}{x^2+y^2}$。

解　由于 $\dfrac{\sin(x^2y)}{x^2+y^2}=\dfrac{\sin(x^2y)}{x^2+y^2}\cdot\dfrac{x^2y}{x^2y}=\dfrac{\sin(x^2y)}{x^2y}\cdot\dfrac{x^2y}{x^2+y^2}$

则

$$\lim_{\substack{x\to 0\\ y\to 0}}\frac{\sin(x^2y)}{x^2+y^2}=\lim_{\substack{x\to 0\\ y\to 0}}\frac{\sin(x^2y)}{x^2y}\cdot\frac{x^2y}{x^2+y^2}$$

令 $u=x^2y$，有 $\lim\limits_{\substack{x\to 0\\ y\to 0}}\dfrac{\sin(x^2y)}{x^2y}=\lim\limits_{u\to 0}\dfrac{\sin u}{u}=1$，而 $\left|\dfrac{x^2y}{x^2+y^2}\right|\leqslant\dfrac{1}{2}|x|$，所以

$$\lim_{\substack{x\to 0\\ y\to 0}}\frac{\sin(x^2y)}{x^2+y^2}=\lim_{\substack{x\to 0\\ y\to 0}}\frac{\sin(x^2y)}{x^2y}\cdot\lim_{\substack{x\to 0\\ y\to 0}}\frac{x^2y}{x^2+y^2}=1\cdot 0=0$$

例 5　求极限 $\lim\limits_{\substack{x\to 0\\ y\to 0}}\dfrac{x^2y}{x^4+y^2}$。

解　令 $y=x$，则

$$\lim_{\substack{x\to 0\\ y\to 0}}\frac{x^2y}{x^4+y^2}=\lim_{\substack{x\to 0\\ y=x}}\frac{x^3}{x^4+x^2}=\lim_{x\to 0}\frac{x}{1+x^2}=0$$

若令 $y=x^2$，则

$$\lim_{\substack{x\to 0\\ y\to 0}}\frac{x^2y}{x^4+y^2}=\lim_{\substack{x\to 0\\ y=x^2}}\frac{x^4}{x^4+x^4}=\frac{1}{2}$$

故 $\lim\limits_{\substack{x\to 0\\ y\to 0}}\dfrac{x^2y}{x^4+y^2}$ 不存在。

注　确定极限 $\lim\limits_{\substack{x\to x_0\\ y\to y_0}}f(x,y)$ 不存在的方法，一般是选择两条不同的路径，若沿此两路径的极限不相等时，即可断言极限 $\lim\limits_{\substack{x\to x_0\\ y\to y_0}}f(x,y)$ 不存在。

例 6　求极限 $\lim\limits_{\substack{x\to 0\\ y\to 0}}\dfrac{1-\cos(x^2+y^2)}{(x^2+y^2)x^2y^2}$。

解　由半角公式得

$$\frac{1-\cos(x^2+y^2)}{(x^2+y^2)x^2y^2}=\frac{\left(\sin\frac{x^2+y^2}{2}\right)^2}{\left(\frac{x^2+y^2}{2}\right)\cdot x^2y^2}=\left(\frac{\sin\frac{x^2+y^2}{2}}{\frac{x^2+y^2}{2}}\right)^2\frac{\frac{x^2+y^2}{2}}{x^2y^2}$$

令 $u=\frac{x^2+y^2}{2}$，则

$$\lim_{\substack{x\to0\\y\to0}}\left(\frac{\sin\frac{x^2+y^2}{2}}{\frac{x^2+y^2}{2}}\right)^2=\lim_{\substack{x\to0\\y\to0}}\left(\frac{\sin u}{u}\right)^2=1\neq0$$

而若令 $y=x$，当 $(x,y)\to(0,0)$ 时，则 $\lim\limits_{\substack{x\to0\\y\to0}}\frac{\frac{x^2+y^2}{2}}{x^2y^2}=\lim\limits_{\substack{x\to0\\y=x}}\frac{1}{x^2}=\infty$，极限不存在。故极限 $\lim\limits_{\substack{x\to0\\y\to0}}\left(\frac{\sin\frac{x^2+y^2}{2}}{\frac{x^2+y^2}{2}}\right)^2\frac{\frac{x^2+y^2}{2}}{x^2y^2}$ 不存在，因此，极限 $\lim\limits_{\substack{x\to0\\y\to0}}\frac{1-\cos(x^2+y^2)}{(x^2+y^2)x^2y^2}$ 不存在。

二、多元函数的偏导数与全微分

1. 偏导数的定义

设函数 $z=f(x,y)$ 在点 (x_0,y_0) 的某一邻域内有定义，如果当 $\Delta x\to0$ 时，极限

$$\lim_{\Delta x\to0}\frac{f(x_0+\Delta x,y_0)-f(x_0,y_0)}{\Delta x}$$

存在，则称此极限为 $z=f(x,y)$ 在点 (x_0,y_0) 处对 x 的偏导数，记作 $\left.\frac{\partial z}{\partial x}\right|_{\substack{x=x_0\\y=y_0}}$，$\left.\frac{\partial f}{\partial x}\right|_{\substack{x=x_0\\y=y_0}}$，$\left.z'_x\right|_{\substack{x=x_0\\y=y_0}}$ 或 $f'_x(x_0,y_0)$。

类似地，可定义 $z=f(x,y)$ 在点 (x_0,y_0) 处对 y 的偏导数，记作 $\left.\frac{\partial z}{\partial y}\right|_{\substack{x=x_0\\y=y_0}}$，$\left.\frac{\partial f}{\partial y}\right|_{\substack{x=x_0\\y=y_0}}$，$\left.z'_y\right|_{\substack{x=x_0\\y=y_0}}$ 或 $f'_y(x_0,y_0)$。

如果函数 $z=f(x,y)$ 在区域 D 内任一点 (x,y) 处对 x 的偏导数都存在，那么这个偏导数就是 x,y 的函数，它称为函数 $z=f(x,y)$ 对自变量 x 的偏导数，记作 $\frac{\partial z}{\partial x}$，$\frac{\partial f}{\partial x}$，$z'_x$ 或 $f'_x(x,y)$。

同理可以定义函数 $z=f(x,y)$ 对自变量 y 的偏导数，记作 $\frac{\partial z}{\partial y}$，$\frac{\partial f}{\partial y}$，$z'_y$ 或 $f'_y(x,y)$。

2. 高阶偏导数

如果函数 $z=f(x,y)$ 的一阶偏导数 $\frac{\partial z}{\partial x}=f'_x(x,y)$，$\frac{\partial z}{\partial y}=f'_y(x,y)$ 对于 x,y 的偏导数仍

然存在，则称它们为函数 $z=f(x,y)$ 的二阶偏导数，记为

$$\frac{\partial}{\partial x}\left(\frac{\partial z}{\partial x}\right)=\frac{\partial^2 z}{\partial x^2}=f''_{xx}(x,y),\quad \frac{\partial}{\partial y}\left(\frac{\partial z}{\partial y}\right)=\frac{\partial^2 z}{\partial y^2}=f''_{yy}(x,y)$$

$$\frac{\partial}{\partial y}\left(\frac{\partial z}{\partial x}\right)=\frac{\partial^2 z}{\partial x\partial y}=f''_{xy}(x,y),\quad \frac{\partial}{\partial x}\left(\frac{\partial z}{\partial y}\right)=\frac{\partial^2 z}{\partial y\partial x}=f''_{yx}(x,y)$$

二阶及二阶以上的偏导数统称为高阶偏导数。

当两个混合偏导数都连续时，则它们相等：$\frac{\partial^2 z}{\partial x\partial y}=\frac{\partial^2 z}{\partial y\partial x}$。

3. 全微分

(1)全微分的定义

如果函数 $z=f(x,y)$ 在点 (x,y) 的全增量

$$\Delta z=f(x+\Delta x,y+\Delta y)-f(x,y)$$

可以表示为

$$\Delta z=A\Delta x+B\Delta y+o(\rho)$$

其中 A,B 不依赖于 $\Delta x,\Delta y$，而仅与 x,y 有关，$\rho=\sqrt{(\Delta x)^2+(\Delta y)^2}$，则称函数 $z=f(x,y)$ 在点 (x,y) 可微分，$A\Delta x+B\Delta y$ 称为函数 $z=f(x,y)$ 在点 (x,y) 的全微分，记为 $\mathrm{d}z$，即

$$\mathrm{d}z=A\Delta x+B\Delta y$$

如果函数 $z=f(x,y)$ 在区域 D 内各点处都可微，则称函数 $z=f(x,y)$ 在区域 D 内可微。

(2)全微分存在的必要条件

如果函数 $z=f(x,y)$ 在点 (x,y) 的全微分存在，则偏导数 $\frac{\partial z}{\partial x}$，$\frac{\partial z}{\partial y}$ 都存在，且

$$\mathrm{d}z=\frac{\partial z}{\partial x}\mathrm{d}x+\frac{\partial z}{\partial y}\mathrm{d}y$$

(3)全微分存在的充分条件

函数 $z=f(x,y)$ 在点 (x,y) 的全微分存在的充分条件是，偏导数 $\frac{\partial z}{\partial x}$、$\frac{\partial z}{\partial y}$ 在点 (x,y) 处存在并连续。

(4)二元函数 $z=f(x,y)$ 的连续，偏导数存在(可导)、可微与偏导数连续的关系如下：

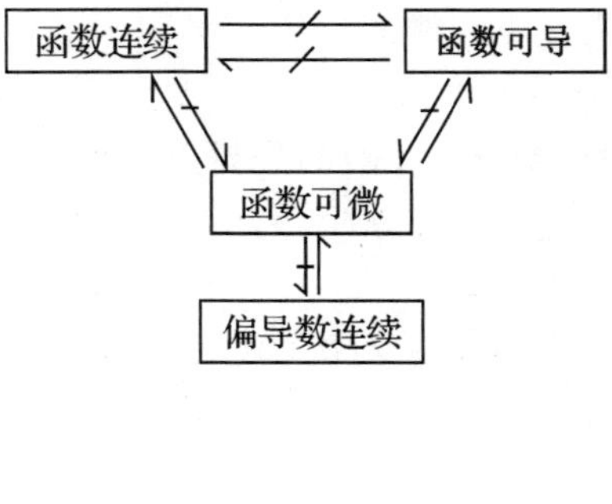

例 7 求 $z=x^2+3xy+y^2$ 在点(1, 2)处的偏导数。

解 把 y 看作常量,得

$$\frac{\partial z}{\partial x}=2x+3y$$

把 x 看作常量,得

$$\frac{\partial z}{\partial y}=3x+2y$$

将点(1,2)代入上面的结果,就得

$$\left.\frac{\partial z}{\partial x}\right|_{\substack{x=1\\y=2}}=2\cdot 1+3\cdot 2=8$$

$$\left.\frac{\partial z}{\partial y}\right|_{\substack{x=1\\y=2}}=3\cdot 1+2\cdot 2=7$$

例 8 计算函数 $z=\mathrm{e}^{xy}$ 在点(2,1)处的全微分。

解 因为 $\dfrac{\partial z}{\partial x}=y\mathrm{e}^{xy},\dfrac{\partial z}{\partial y}=x\mathrm{e}^{xy}$

$$\left.\frac{\partial z}{\partial x}\right|_{\substack{x=2\\y=1}}=\mathrm{e}^2,\left.\frac{\partial z}{\partial y}\right|_{\substack{x=2\\y=1}}=2\mathrm{e}^2$$

所以 $\mathrm{d}z=\mathrm{e}^2\mathrm{d}x+2\mathrm{e}^2\mathrm{d}y$。

例 9 已知 $f(x,y)=x+(y-1)\arcsin\sqrt{\dfrac{x}{y}}$,求 $f'_x(x,1)$。

解法 1 先求出偏导函数 $f'_x(x,y)$。因为

$$f'_x(x,y)=1+(y-1)\cdot\frac{1}{\sqrt{1-\left(\sqrt{\dfrac{x}{y}}\right)^2}}\cdot\left(\sqrt{\frac{x}{y}}\right)'_x=1+\frac{y-1}{2\sqrt{x}\cdot\sqrt{y-x}}$$

因此 $f'_x(x,1)=1$。

解法 2 先令 $y=1$,得 $f(x,1)=x$,再对 x 求导,则有

$$f'_x(x,1)=\frac{\mathrm{d}}{\mathrm{d}x}f(x,1)=\frac{\mathrm{d}}{\mathrm{d}x}(x)=1$$

例 10 设 $f(x,y)=\begin{cases}\dfrac{xy}{x^2+y^2} & x^2+y^2\neq 0\\ 0 & x^2+y^2=0\end{cases}$,证明在点(0,0)处两个一阶偏导数存在,但 $f(x,y)$ 在(0,0)处不连续。

分析 因为点(0,0)是分段函数 $f(x,y)$ 的分界点,故应用定义求两个一阶偏导数。

证明 $f'_x(0,0)=\lim\limits_{\Delta x\to 0}\dfrac{f(0+\Delta x,0)-f(0,0)}{\Delta x}=\lim\limits_{\Delta x\to 0}\dfrac{0-0}{\Delta x}=0$

$$f'_y(0,0)=\lim_{\Delta y\to 0}\frac{f(0,0+\Delta y)-f(0,0)}{\Delta y}=\lim_{\Delta y\to 0}\frac{0-0}{\Delta y}=0$$

令 $y=kx$，则

$$\lim_{\substack{x\to 0\\ y\to 0}} f(x,y)=\lim_{\substack{x\to 0\\ y=kx}} \frac{kx^2}{x^2+k^2x^2}=\frac{k}{1+k^2}$$

当 k 取不同值时，极限不同，故 $\lim\limits_{\substack{x\to 0\\ y\to 0}} f(x,y)$ 不存在。

所以 $f(x,y)$ 在点(0,0)处两个一阶偏导数存在，但 $f(x,y)$ 在点(0,0)处不连续。

例 11　试证函数

$$f(x,y)=\begin{cases}(x^2+y^2)\sin\dfrac{1}{x^2+y^2} & x^2+y^2\neq 0\\ 0, & x^2+y^2=0\end{cases}$$

在点(0,0)处可微，但偏导数不连续。

证明

$$f'_x(0,0)=\lim_{\Delta x\to 0}\frac{f(0+\Delta x,0)-f(0,0)}{\Delta x}=\lim_{\Delta x\to 0}\frac{(\Delta x)^2\sin\dfrac{1}{(\Delta x)^2}}{\Delta x}=0$$

类似地，$f'_y(0,0)=0$。

当 $x^2+y^2\neq 0$ 时，

$$f'_x(x,y)=2x\sin\frac{1}{x^2+y^2}-\frac{2x}{x^2+y^2}\cos\frac{1}{x^2+y^2}$$

$$f'_y(x,y)=2y\sin\frac{1}{x^2+y^2}-\frac{2y}{x^2+y^2}\cos\frac{1}{x^2+y^2}$$

又 $\Delta f=((\Delta x)^2+(\Delta y)^2)\sin\dfrac{1}{(\Delta x)^2+(\Delta y)^2}$，而

$$f'_x(0,0)\Delta x+f'_y(0,0)\Delta y=0$$

则有

$$\begin{aligned}\lim_{\rho\to 0}\frac{\Delta f-(f'_x(0,0)\Delta x+f'_y(0,0)\Delta y)}{\rho}&=\lim_{\rho\to 0}\frac{\Delta f}{\rho}\\ &=\lim_{\substack{\Delta x\to 0\\ \Delta y\to 0}}\left[\frac{((\Delta x)^2+(\Delta y)^2)}{\sqrt{(\Delta x)^2+(\Delta y)^2}}\sin\frac{1}{(\Delta x)^2+(\Delta y)^2}\right]\\ &=\lim_{\substack{\Delta x\to 0\\ \Delta y\to 0}}\sqrt{(\Delta x)^2+(\Delta y)^2}\ \sin\frac{1}{(\Delta x)^2+(\Delta y)^2}=0\end{aligned}$$

即 $\mathrm{d}f=0$。因此，函数在点(0,0)可微。

考察函数 $f'_x(x,y)$，$f'_y(x,y)$ 在点(0,0)处的连续性，由于

$$f'_x(x,y)=\begin{cases}2x\sin\dfrac{1}{x^2+y^2}-\dfrac{2x}{x^2+y^2}\cos\dfrac{1}{x^2+y^2}, & x^2+y^2\neq 0\\ 0, & x^2+y^2=0\end{cases}$$

$$f'_y(x,y)=\begin{cases}2y\sin\dfrac{1}{x^2+y^2}-\dfrac{2y}{x^2+y^2}\cos\dfrac{1}{x^2+y^2}, & x^2+y^2\neq 0\\ 0, & x^2+y^2=0\end{cases}$$

显然，当点 $P(x,y)$ 沿 $y=0$ 趋向 $(0,0)$ 时，

$$\lim_{\substack{(x,y)\to(0,0)\\ y=0}} f'_x(x,y)=\lim_{x\to 0} f'_x(x,0)=\lim_{x\to 0}\left[2x\sin\frac{1}{x^2}-\frac{2}{x}\cos\frac{1}{x^2}\right]$$

不存在，即当 $x\to 0$，$y\to 0$ 时，$\frac{\partial f}{\partial x}$ 的极限不存在，同理，$\frac{\partial f}{\partial y}$ 的极限不存在。故偏导数在点 $(0,0)$ 处不连续。

三、多元函数的求导法则

1. 多元复合函数的求导法则

设函数 $u=u(x,y)$，$v=v(x,y)$ 在点 (x,y) 处的偏导数存在，且在对应于 (x,y) 的点 (u,v) 处函数 $z=f(u,v)$ 可微，则复合函数 $z=f[u(x,y),v(x,y)]$ 对 x 及 y 的偏导数均存在，且

$$\frac{\partial z}{\partial x}=\frac{\partial z}{\partial u}\frac{\partial u}{\partial x}+\frac{\partial z}{\partial v}\frac{\partial v}{\partial x}=\frac{\partial f}{\partial u}\frac{\partial u}{\partial x}+\frac{\partial f}{\partial v}\frac{\partial v}{\partial x}$$

$$\frac{\partial z}{\partial y}=\frac{\partial z}{\partial u}\frac{\partial u}{\partial y}+\frac{\partial z}{\partial v}\frac{\partial v}{\partial y}=\frac{\partial f}{\partial u}\frac{\partial u}{\partial y}+\frac{\partial f}{\partial v}\frac{\partial v}{\partial y}$$

可以推广到多个中间变量或多个自变量的情形。为了方便，我们常用 f'_1 表示 $f(u,v)$ 对第一个变量 u 的偏导数 $f'_1=\frac{\partial f}{\partial u}$，类似地，$f'_2=\frac{\partial f}{\partial v}$，$f''_{11}=\frac{\partial^2 f}{\partial u^2}$，$f_{12}=\frac{\partial^2 f}{\partial u\partial v}$，等等。

如果 $z=f(u,v)$，$u=u(x)$，$v=v(x)$ 都可微，则有全导数公式

$$\frac{\mathrm{d}z}{\mathrm{d}x}=\frac{\partial z}{\partial u}\frac{\mathrm{d}u}{\mathrm{d}x}+\frac{\partial z}{\partial v}\frac{\mathrm{d}v}{\mathrm{d}x}$$

2. 隐函数的求导法则

(1) 由方程 $F(x,y)=0$ 确定隐函数 $y=y(x)$，有

$$\frac{\mathrm{d}y}{\mathrm{d}x}=-\frac{F'_x(x,y)}{F'_y(x,y)},\quad F'_y(x,y)\neq 0$$

(2) 由方程 $F(x,y,z)=0$ 确定隐函数 $z=z(x,y)$，则

$$\frac{\partial z}{\partial x}=-\frac{F'_x(x,y)}{F'_z(x,y)},\quad \frac{\partial z}{\partial y}=-\frac{F'_y(x,y)}{F'_z(x,y)},\quad F'_z(x,y)\neq 0$$

(3) 由方程组 $\begin{cases}F(x,y,z)=0\\ G(x,y,z)=0\end{cases}$ 确定隐函数 $y=y(x)$，$z=z(x)$，利用复合函数求导法则，方程组两边对 x 求导，得

$$\begin{cases}F'_x+F'_y\dfrac{\mathrm{d}y}{\mathrm{d}x}+F'_z\dfrac{\mathrm{d}z}{\mathrm{d}x}=0\\ G'_x+G'_y\dfrac{\mathrm{d}y}{\mathrm{d}x}+G'_z\dfrac{\mathrm{d}z}{\mathrm{d}x}=0\end{cases}\Rightarrow\begin{cases}F'_y\dfrac{\mathrm{d}y}{\mathrm{d}x}+F'_z\dfrac{\mathrm{d}z}{\mathrm{d}x}=-F'_x\\ G'_y\dfrac{\mathrm{d}y}{\mathrm{d}x}+G'_z\dfrac{\mathrm{d}z}{\mathrm{d}x}=-G'_x\end{cases}$$

利用克莱姆法则解此方程组，即得$\frac{dy}{dx}$，$\frac{dz}{dx}$。

(4)由方程组$\begin{cases}F(x,y,u,v)=0\\G(x,y,u,v)=0\end{cases}$ 确定隐函数$u=u(x,y)$，$v=v(x,y)$，则$\frac{\partial u}{\partial x}$，$\frac{\partial u}{\partial y}$，$\frac{\partial v}{\partial x}$，$\frac{\partial v}{\partial y}$也可通过解关于$\frac{\partial u}{\partial x}$，$\frac{\partial u}{\partial y}$，$\frac{\partial v}{\partial x}$，$\frac{\partial v}{\partial y}$的方程组得到。

例如上述方程组两边对x求导，得

$$\begin{cases}F'_x+F'_u\frac{\partial u}{\partial x}+F'_v\frac{\partial v}{\partial x}=0\\G'_x+G'_u\frac{\partial u}{\partial x}+G'_v\frac{\partial v}{\partial x}=0\end{cases}\Rightarrow\begin{cases}F'_u\frac{\partial u}{\partial x}+F'_v\frac{\partial v}{\partial x}=-F'_x\\G'_u\frac{\partial u}{\partial x}+G'_v\frac{\partial v}{\partial x}=-G'_x\end{cases}$$

用克莱姆法则求解，则得$\frac{\partial u}{\partial x}$，$\frac{\partial v}{\partial x}$，同理可求得$\frac{\partial u}{\partial y}$，$\frac{\partial v}{\partial y}$。

例 12　设$x^2+y^2+z^2-4z=0$，求$\frac{\partial^2 z}{\partial x^2}$。

解　设$F(x,y,z)=x^2+y^2+z^2-4z$，则$F'_x=2x$，$F'_z=2z-4$。应用公式$\frac{\partial z}{\partial x}=-\frac{F'_x(x,y)}{F'_z(x,y)}$，得$\frac{\partial z}{\partial x}=\frac{x}{2-z}$，再次对$x$求偏导数，得

$$\frac{\partial^2 z}{\partial x^2}=\frac{(2-z)+x\frac{\partial z}{\partial x}}{(2-z)^2}=\frac{(2-z)+x\left(\frac{x}{2-z}\right)}{(2-z)^2}=\frac{(2-z)^2+x^2}{(2-z)^3}$$

例 13　设$z=f(x,\frac{x}{y})$，其中f具有二阶连续偏导数，求$\frac{\partial^2 z}{\partial x\partial y}$。

解　$\frac{\partial z}{\partial x}=f'_1+f'_2\cdot\frac{1}{y}$，$\frac{\partial^2 z}{\partial x\partial y}=-\frac{x}{y^2}(f''_{12}+\frac{1}{y}f''_{22})-\frac{1}{y^2}f'_2$。

这里记　$z=f(u,v)$，$u=x$，$v=\frac{y}{x}$，则$f'_1=\frac{\partial f}{\partial u}$，$f'_2=\frac{\partial f}{\partial v}$，$f''_{12}=\frac{\partial^2 f}{\partial u\partial v}$。

注　这里导函数f'_1和f'_2与函数$z=f(x,\frac{x}{y})$的结构相同，即$f'_1(x,\frac{x}{y})$，$f'_2(x,\frac{x}{y})$也是$z=f(u,v)$，$u=x$，$v=\frac{y}{x}$的结构，因此，在对这种抽象函数求导时要注意这种复合结构。

例 14　设$z=x^3f(xy,\frac{x}{y})$，其中f具有二阶连续偏导数，求$\frac{\partial^2 z}{\partial x\partial y}$。

解　$\frac{\partial z}{\partial x}=3x^2f+x^3\left(yf'_1+\frac{1}{y}f'_2\right)$

$$\frac{\partial^2 z}{\partial x\partial y}=3x^2\left(xf'_1-\frac{x}{y^2}f'_2\right)+x^3\left(f'_1-\frac{1}{y^2}f'_2+xyf''_{11}-\frac{x}{y^3}f''_{22}\right)$$

$$=x^3\left(4f'_1-\frac{4}{y^2}f'_2+xyf''_{11}-\frac{x}{y^3}f''_{22}\right)$$

例 15 设 $u=yf(\frac{x}{y})+g(\sin y,x^2)$，其中 f 具有二阶连续导数，g 具有二阶连续偏导数，求 $\frac{\partial^2 u}{\partial x\partial y}$。

解
$$\frac{\partial u}{\partial x}=f'\left(\frac{x}{y}\right)+2xg'_2$$
$$\frac{\partial^2 u}{\partial x\partial y}=-\frac{x}{y^2}f''(\frac{x}{y})+2x\cos y g''_{21}$$

例 16 设 $u=\frac{\mathrm{e}^{ax}(y-z)}{a^2+1}$，而 $y=a\sin x$，$z=\cos x$，求 $\frac{\mathrm{d}u}{\mathrm{d}x}$。

解 $\frac{\mathrm{d}u}{\mathrm{d}x}=\frac{\partial u}{\partial y}\frac{\mathrm{d}y}{\mathrm{d}x}+\frac{\partial u}{\partial z}\frac{\mathrm{d}z}{\mathrm{d}x}+\frac{\partial u}{\partial x}$

$=\frac{a\mathrm{e}^{ax}(a\sin x-\cos x)+\mathrm{e}^{ax}(a\cos x+\sin x)}{a^2+1}=\mathrm{e}^{ax}\sin x$

例 17 设 $y=y(x)$，$z=z(x)$ 是由方程 $z=xf(x+y)$ 和 $F(x,y,z)=0$ 所确定的函数，其中 f 和 F 分别具有一阶连续导数和一阶连续偏导数，求 $\frac{\mathrm{d}z}{\mathrm{d}x}$。

解 分别在 $z=xf(x+y)$ 和 $F(x,y,z)=0$ 的两边对 x 求导，得

$$\begin{cases}\frac{\mathrm{d}z}{\mathrm{d}x}=f+x\left(1+\frac{\mathrm{d}y}{\mathrm{d}x}\right)f' \\ F_x+F_y\frac{\mathrm{d}y}{\mathrm{d}x}+F_z\frac{\mathrm{d}z}{\mathrm{d}x}=0\end{cases}$$

整理后得

$$\begin{cases}-xf'\frac{\mathrm{d}y}{\mathrm{d}x}+\frac{\mathrm{d}z}{\mathrm{d}x}=f+xf' \\ F_y\frac{\mathrm{d}y}{\mathrm{d}x}+F_z\frac{\mathrm{d}z}{\mathrm{d}x}=-F_x\end{cases}$$

由此解得 $\frac{\mathrm{d}z}{\mathrm{d}x}=\frac{(f+xf')F_y-xf'F_x}{F_y+f'F_z}$，$(F_y+f'F_z\neq 0)$。

例 18 设函数 $z=z(x,y)$ 由方程 $F\left(x+\frac{z}{y},y+\frac{z}{x}\right)=0$ 确定，求 $\frac{\partial z}{\partial x}$ 和 $\frac{\partial z}{\partial y}$。

分析 此题可用公式法、直接法、全微分法。

解法 1（公式法）

记 $G(x,y,z)=F\left(x+\frac{z}{y},y+\frac{z}{x}\right)$，则

$$G_x=F'_1+F'_2\left(-\frac{z}{x^2}\right),G_y=F'_1\left(-\frac{z}{y^2}\right)+F'_2,\ G_z=F'_1\frac{1}{y}+F'_2\frac{1}{x}$$

$$\frac{\partial z}{\partial x}=-\frac{G_x}{G_z}=-\frac{F'_1-\frac{z}{x^2}F'_2}{\frac{1}{y}F'_1+\frac{1}{x}F'_2},\quad \frac{\partial z}{\partial y}=-\frac{G_y}{G_z}=-\frac{-\frac{z}{y^2}F'_1+F'_2}{\frac{1}{y}F'_1+\frac{1}{x}F'_2}$$

解法 2(直接法)

在方程 $F\left(x+\frac{z}{y},y+\frac{z}{x}\right)=0$ 的两边同时对 x 求偏导数,得

$$F_1'\cdot\left(1+\frac{z_x}{y}\right)+F_2'\cdot\left(\frac{z_x\cdot x-z}{x^2}\right)=0$$

解得

$$\frac{\partial z}{\partial x}=-\frac{F_1'-\frac{z}{x^2}F_2'}{\frac{1}{y}F_1'+\frac{1}{x}F_2'}$$

同理,方程 $F\left(x+\frac{z}{y},y+\frac{z}{x}\right)=0$ 两边对 y 求偏导数,得

$$\frac{\partial z}{\partial y}=-\frac{-\frac{z}{y^2}F_1'+F_2'}{\frac{1}{y}F_1'+\frac{1}{x}F_2'}$$

解法 3(全微分法)

对方程 $F\left(x+\frac{z}{y},\ y+\frac{z}{x}\right)=0$ 求微分,得

$$\begin{aligned}\mathrm{d}F\left(x+\frac{z}{y},\ y+\frac{z}{x}\right)&=F_1'\mathrm{d}\left(x+\frac{z}{y}\right)+F_2'\mathrm{d}\left(y+\frac{z}{x}\right)\\&=F_1'\left(\mathrm{d}x-\frac{z}{y^2}\mathrm{d}y+\frac{1}{y}\mathrm{d}z\right)+F_2'\left(\mathrm{d}y-\frac{z}{x^2}\mathrm{d}x+\frac{1}{x}\mathrm{d}z\right)\\&=\left(F_1'-\frac{z}{x^2}F_2'\right)\mathrm{d}x+\left(-\frac{z}{y^2}F_1'+F_2'\right)\mathrm{d}y+\left(\frac{1}{y}F_1'+\frac{1}{x}F_2'\right)\mathrm{d}z=0\end{aligned}$$

解得

$$\mathrm{d}z=\frac{-F_1'+\frac{z}{x^2}F_2'}{\frac{1}{y}F_1'+\frac{1}{x}F_2'}\mathrm{d}x+\frac{\frac{z}{y^2}F_1'-F_2'}{\frac{1}{y}F_1'+\frac{1}{x}F_2'}\mathrm{d}y$$

所以

$$\frac{\partial z}{\partial x}=\frac{-F_1'+\frac{z}{x^2}F_2'}{\frac{1}{y}F_1'+\frac{1}{x}F_2'},\ \frac{\partial z}{\partial y}=\frac{\frac{z}{y^2}F_1'-F_2'}{\frac{1}{y}F_1'+\frac{1}{x}F_2'}$$

注意　用公式法求 G_x,G_y,G_z 时,变量 x,y,z 都看作自变量;而用直接法在方程 $F\left(x+\frac{z}{y},y+\frac{z}{x}\right)=0$ 两边对 x 或对 y 求偏导数时,要把 z 看作 x,y 的函数;用全微分法时,

则不必分清自变量和中间变量。

例 19 $z=x^3f\left(xy,\dfrac{y}{x}\right)$，求$\dfrac{\partial z}{\partial x}$，$\dfrac{\partial^2 z}{\partial x\partial y}$。

解 这里函数 $f(u,v)$，$u=xy$，$v=\dfrac{y}{x}$的结构为两个中间变量，两个自变量，因此有

$$\frac{\partial z}{\partial x}=3x^2f+x^3\left[f_1'\cdot\frac{\partial(xy)}{\partial x}+f_2'\cdot\frac{\partial(\frac{y}{x})}{\partial x}\right]=3x^2f+x^3yf_1'-xyf_2'$$

$$\frac{\partial^2 z}{\partial x\partial y}=\frac{\partial}{\partial x}\left(\frac{\partial z}{\partial x}\right)=3x^2\frac{\partial f}{\partial y}+x^3\left[f_1'+y\frac{\partial f_1'}{\partial y}\right]-x\left[f_2'+y\frac{\partial f_2'}{\partial y}\right]$$

我们要特别指出，函数 f_1' 和 f_2' 关于中间变量与自变量的结构，与函数 f 是一样的，在这里，f_1' 和 f_2' 仍以 $u=xy$，$v=\dfrac{y}{x}$为中间变量，以 x，y 为自变量，因此

$$\frac{\partial f}{\partial y}=f_1'\cdot\frac{\partial(xy)}{\partial y}+f_2'\cdot\frac{\partial\left(\frac{y}{x}\right)}{\partial y}=xf_1'+\frac{1}{x}f_2'$$

$$\frac{\partial f_1'}{\partial y}=f_{11}''\cdot\frac{\partial(xy)}{\partial y}+f_{12}''\cdot\frac{\partial\left(\frac{y}{x}\right)}{\partial y}=xf_{11}''+\frac{1}{x}f_{12}''$$

$$\frac{\partial f_2'}{\partial y}=xf_{21}''+\frac{1}{x}f_{22}''$$

代入$\dfrac{\partial^2 z}{\partial x\partial y}$的式子中，经过整理得到

$$\frac{\partial^2 z}{\partial x\partial y}=4x^3f_1'+2xf_2'+x^4yf_{11}''-yf_{22}''+x^2y(f_{12}''-f_{21}'')$$

在二阶混合偏导数连续的条件下有 $f_{12}''=f_{21}''$，这样

$$\frac{\partial^2 z}{\partial x\partial y}=4x^3f_1'+2xf_2'+x^4yf_{11}''-yf_{22}''$$

例 20 若 $y=(\sin x)^{\cos x}$，求 y'。

解 可当作 $y=f(u,v)=(u(x))^{v(x)}$，用复合函数求导公式：

$$\begin{aligned}y'&=\frac{\partial f}{\partial u}\frac{\mathrm{d}u}{\mathrm{d}x}+\frac{\partial f}{\partial v}\frac{\mathrm{d}v}{\mathrm{d}x}=v(x)(u(x))^{v(x)-1}u'(x)+(u(x))^{v(x)}\cdot\ln u(x)\cdot v'(x)\\&=\cos x\cdot(\sin x)^{\cos x-1}\cdot\cos x+(\sin x)^{\cos x}\cdot\ln\sin x(-\sin x)\\&=(\cos^2x-\sin^2x\cdot\ln\sin x)(\sin x)^{\cos x-1}\end{aligned}$$

也可以利用微分公式来求：

$$\begin{aligned}\mathrm{d}(\sin x)^{\cos x}&=\cos x\cdot(\sin x)^{\cos x-1}\mathrm{d}(\sin x)+(\sin x)^{\cos x}\cdot\ln\sin x\,\mathrm{d}(\cos x)\\&=(\cos^2x-\sin^2x\cdot\ln\sin x)(\sin x)^{\cos x-1}\mathrm{d}x\end{aligned}$$

则有

$$y'=(\cos^2 x-\sin^2 x\cdot\ln\sin x)(\sin x)^{\cos x-1}$$

利用对数求导法，取对数得 $\ln y=\cos x\ln\sin x$，两边对 x 求导，得

$$\frac{y'}{y}=\frac{\cos x}{\sin x}\cdot\cos x-\sin x\cdot\ln\sin x$$

$$\begin{aligned}y'&=\left(\frac{\cos^2 x}{\sin x}-\sin x\cdot\ln\sin x\right)(\sin x)^{\cos x}\\&=(\cos^2 x-\sin^2 x\cdot\ln\sin x)(\sin x)^{\cos x-1}\end{aligned}$$

注　本题用对数求导法比较好，属于幂指函数，这类问题的求导一般用对数求导法比较简便。

例 21　若 $z=f(xy,\frac{x}{y})+g(\frac{x}{y})$，求 $\frac{\partial^2 z}{\partial x\partial y}$。

解　先求 $\frac{\partial z}{\partial x}$，有

$$\frac{\partial z}{\partial x}=f_1'\frac{\partial(xy)}{\partial x}+f_2'\frac{\partial\left(\frac{y}{x}\right)}{\partial x}+g'\cdot\frac{\partial\left(\frac{y}{x}\right)}{\partial x}=yf_1'+\frac{1}{y}f_2'-\frac{y}{x^2}g'$$

$$\begin{aligned}\frac{\partial^2 z}{\partial x\partial y}&=\left[f_1'+y(xf_{11}''-\frac{x}{y^2}f_{12}'')\right]+\left[-\frac{1}{y^2}f_2'+\frac{1}{y}(xf_{21}''-\frac{x}{y^2}f_{22}'')\right]-\left[\frac{1}{x^2}g'+\frac{y}{x^3}g''\right]\\&=f_1'-\frac{1}{y^2}f_2'+xyf_{11}''-\frac{x}{y^2}f_{22}''-\frac{1}{x^2}g'-\frac{y}{x^3}g''\end{aligned}$$

例 22　设 $z=z(x,y)$ 由方程 $z-y-x+xe^{z-y-x}=0$ 所确定的二元函数，求 dz。

解法 1　将方程两端微分，得

$$dz-dy-dx+e^{z-y-x}dx+xe^{z-y-x}(dz-dy-dx)=0$$

整理后得

$$(1+xe^{z-y-x})dz=(1+xe^{z-y-x}-e^{z-y-x})dx+(1+xe^{z-y-x})dy$$

因此，得　$dz=\frac{1+(x-1)e^{z-y-x}}{1+xe^{z-y-x}}dx+dy$。

解法 2　分别求出 $\frac{\partial z}{\partial x}$ 和 $\frac{\partial z}{\partial y}$ 后再求 dz。

将原式两端对 x 求偏导数，得

$$z_x'-1+e^{z-y-x}+xe^{z-y-x}(z_x'-1)=0$$

由此可知

$$z_x'=\frac{1+(x-1)e^{z-y-x}}{1+xe^{z-y-x}}$$

将原式两端对 y 求偏导数，得

$$z'_y-1+xe^{z-y-x}(z'_y-1)=0$$

由此可知

$$z'_y=1$$

于是，得 $dz=\dfrac{1+(x-1)e^{z-y-x}}{(1+xe^{z-y-x})}dx+dy$ （其中 $1+xe^{z-y-x}\neq 0$）。

一般说来，直接求 dz 比这样计算简单一些。

例 23 设函数 $f(u)$ 在 $(0,+\infty)$ 内具有二阶导数，且 $z=f(\sqrt{x^2+y^2})$ 满足等式 $\dfrac{\partial^2 z}{\partial x^2}+\dfrac{\partial^2 z}{\partial y^2}=0$。

(1)验证 $f''(u)+\dfrac{f'(u)}{u}=0$；

(2)若 $f(1)=0, f'(1)=1$，求 $f(u)$ 的表达式。

(1)**证明** $\dfrac{\partial z}{\partial x}=f'(\sqrt{x^2+y^2})\dfrac{x}{\sqrt{x^2+y^2}}$；$\dfrac{\partial z}{\partial y}=f'(\sqrt{x^2+y^2})\dfrac{y}{\sqrt{x^2+y^2}}$；

$$\begin{aligned}\frac{\partial^2 z}{\partial x^2}&=f''(\sqrt{x^2+y^2})\frac{x^2}{x^2+y^2}+f'(\sqrt{x^2+y^2})\frac{\sqrt{x^2+y^2}-\dfrac{x^2}{\sqrt{x^2+y^2}}}{x^2+y^2}\\&=f''(\sqrt{x^2+y^2})\frac{x^2}{x^2+y^2}+f'(\sqrt{x^2+y^2})\frac{y^2}{(x^2+y^2)^{\frac{3}{2}}}\end{aligned}$$

同理

$$\frac{\partial^2 z}{\partial y^2}=f''(\sqrt{x^2+y^2})\frac{y^2}{x^2+y^2}+f'(\sqrt{x^2+y^2})\frac{x^2}{(x^2+y^2)^{\frac{3}{2}}}$$

代入 $\dfrac{\partial^2 z}{\partial x^2}+\dfrac{\partial^2 z}{\partial y^2}=0$，得

$$f''(\sqrt{x^2+y^2})+\frac{f'(\sqrt{x^2+y^2})}{\sqrt{x^2+y^2}}=0$$

即 $f''(u)+\dfrac{f'(u)}{u}=0$ 成立。

(2)**解** 令 $f'(u)=p$，则 $\dfrac{dp}{du}+\dfrac{p}{u}=0$，则 $\displaystyle\int\frac{dp}{p}=-\int\frac{du}{u}+C$

$$\ln|p|=-\ln|u|+C, f'(u)=p=\frac{C_1}{u}$$

因为 $f'(1)=1$，所以

$$C_1=1,\ f(u)=\ln u+C_2$$

由 $f(1)=0$，得 $C_2=0$，则 $f(u)=\ln u$。

例 24 设 $z=f(x^2-y,\varphi(xy))$，其中 $f(u,v)$ 具有二阶连续偏导数，$\varphi(u)$ 二阶可导，求 $\dfrac{\partial^2 z}{\partial x\partial y}$。

解 $\dfrac{\partial z}{\partial x}=2xf_1'+yf_2'\varphi'$

$$\frac{\partial^2 z}{\partial x\partial y}=2x[-f_{11}''+xf_{12}''\varphi']+f_2'\varphi'+y\varphi'[-f_{21}''+xf_{22}''\varphi']+xyf_2'\varphi''$$

$$=f_2'(\varphi'+xy\varphi'')-2xf_{11}''+(2x^2-y)f_{12}''\varphi'+xy(\varphi')^2f_{22}''$$

例 25 已知 $z=xf\left(\dfrac{y}{x}\right)+2yf\left(\dfrac{x}{y}\right)$，其中 f 有二阶导数，若 $\left.\dfrac{\partial^2 z}{\partial x\partial y}\right|_{x=1}=-y^2$，求 $f(y)$。

解 $\dfrac{\partial z}{\partial x}=f\left(\dfrac{y}{x}\right)-\dfrac{y}{x}f'\left(\dfrac{y}{x}\right)+2f'\left(\dfrac{x}{y}\right)$，

$$\frac{\partial^2 z}{\partial x\partial y}=-\frac{y}{x^2}f''\left(\frac{y}{x}\right)-\frac{2x}{y^2}f''\left(\frac{x}{y}\right)$$

$$\left.\frac{\partial^2 z}{\partial x\partial y}\right|_{x=1}=-yf''(y)-\frac{2}{y^2}f''\left(\frac{1}{y}\right)=-y^2,$$

即
$$y^3f''(y)+2f''\left(\frac{1}{y}\right)=y^4 \tag{1}$$

用 $\dfrac{1}{y}$ 替换 y 得
$$f''\left(\frac{1}{y}\right)+2y^3f''(y)=\frac{1}{y} \tag{2}$$

由(1)、(2)得 $f''(y)=\dfrac{2}{3y^4}-\dfrac{y}{3}$，所以 $f(y)=\dfrac{1}{9y^2}-\dfrac{y^3}{18}+C_1y+C_2$。

例 26 $f(x,y,z)=e^xyz^2$，其中 $z=z(x,y)$ 是由方程 $x+y+z+xyz=0$ 确定的隐函数，求 $f_x'(0,1,-1)$。

解 $f_x'(x,y,z)=y\left(e^xz^2+2ze^x\dfrac{\partial z}{\partial x}\right)$，$x+y+z+xyz=0$，两边对 x 求偏导，得

$$1+\frac{\partial z}{\partial x}+y\left(z+x\frac{\partial z}{\partial x}\right)=0$$

将 $x=0,y=1,z=-1$ 代入得

$$1+\frac{\partial z}{\partial x}+1\left(-1+0\cdot\frac{\partial z}{\partial x}\right)=0$$

因此 $\dfrac{\partial z}{\partial x}=0$，故 $f_x'(0,1,-1)=1$。

四、多元函数的极值

1. 多元函数极值的定义

定义 设函数 $z=f(x,y)$ 在点 (x_0,y_0) 的某一邻域内有定义，对于该邻域内异于点 (x_0,y_0) 的点 (x,y)，如果都适合不等式 $f(x,y)<f(x_0,y_0)$，则称 $f(x_0,y_0)$ 为函数 $z=f(x,y)$ 的一个

极大值，点(x_0,y_0)为极大值点；如果都适合不等式 $f(x,y)>f(x_0,y_0)$，则称 $f(x_0,y_0)$ 为函数 $z=f(x,y)$的一个极小值，点(x_0,y_0)为极小值点。

2. 二元函数取得极值的必要条件

若函数 $z=f(x,y)$在点(x_0,y_0)处具有偏导数，则函数 $f(x,y)$在点(x_0,y_0)处取得极值的必要条件是 $f'_x(x_0,y_0)=0$，$f'_y(x_0,y_0)=0$。

使得 $f'_x(x_0,y_0)=0$，与 $f'_y(x_0,y_0)=0$ 同时成立的点，称为函数 $f(x,y)$的驻点。

3. 二元函数取得极值的充分条件

设函数 $z=f(x,y)$在点(x_0,y_0)的某邻域内具有连续二阶偏导数，且 $f'_x(x_0,y_0)=0$，与 $f'_y(x_0,y_0)=0$，令

$$A=f''_{xx}(x_0,y_0),\ B=f''_{xy}(x_0,y_0),\ C=f''_{yy}(x_0,y_0)$$

则

(1)当 $AC-B^2>0$ 时，$f(x_0,y_0)$是极值，且当 $A<0$ 时，$f(x_0,y_0)$是极大值；当 $A>0$ 时，$f(x_0,y_0)$是极小值；

(2)当 $AC-B^2<0$ 时，$f(x_0,y_0)$不是极值；

(3)当 $AC-B^2=0$ 时，$f(x_0,y_0)$可能是极值，也可能不是极值，须另做判断。

4. 条件极值与拉格朗日乘数法

为了求函数 $f(x,y)$在条件 $\varphi(x,y)=0$ 下的极值，先构造函数

$$F(x,y)=f(x,y)+\lambda\varphi(x,y)$$

其中 λ 称为拉格朗日乘数，求出 $F(x,y)$对 x 及 y 的偏导数，然后解方程组：

$$\begin{cases}F'_x(x,y)=f'_x(x,y)+\lambda\varphi'_x(x,y)=0\\F'_y(x,y)=f'_y(x,y)+\lambda\varphi'_y(x,y)=0\\\varphi(x,y)=0\end{cases}$$

由此方程组解出 x,y 的值，就得到可能极值点(x,y)。

这个方法还可以推广到自变量多于两个，或者条件多于一个的情形。

5. 多元函数的最大值、最小值问题

为求一个可微的多元函数在有界闭区域上的最大(最小)值，可先求出函数在区域内的一切驻点处的函数值以及函数在边界上的最大值和最小值，这些值中的最大(最小)者便是所求的最大(最小)值。

例 27 求二元函数 $f(x,y)=x^2-y^2+2$ 在椭圆域 $D=\left\{(x,y)\,\middle|\,x^2+\dfrac{y^2}{4}\leqslant 1\right\}$ 上的最大值和最小值。

分析 求连续函数在有界闭域 D 上最值的步骤为：

(1)求 D 内的驻点和不可导点；

(2)用求条件极值的方法求 D 的边界(记为 ∂D)上最值的可疑点；

(3)比较这些点的函数值的大小。

解　先求 D 内 $f(x,y)$ 取极值的可疑点。

令 $\begin{cases} f'_x=2x=0, \\ f'_y=-2y=0, \end{cases}$ 得唯一驻点 $\begin{cases} x=0 \\ y=0 \end{cases}$。

函数 $f(x,y)$ 在 D 内没有偏导数不存在的点。

再求函数 $f(x,y)$ 在 D 的边界 $x^2+\frac{y^2}{4}=1$ 上取极值的可疑点。用拉格朗日乘数法求条件极值可疑点。

令 $F(x,y,\lambda)=x^2-y^2+2+\lambda\left(x^2+\frac{y^2}{4}-1\right)$，则

$$\begin{cases} F'_x=2x+2\lambda x=0 \\ F'_y=-2y+\frac{\lambda}{2}y=0 \\ F'_\lambda=x^2+\frac{y^2}{4}-1=0 \end{cases}$$

解得 4 个可能的极值点(0,2)，(0，−2)，(1,0)和(−1,0)。

又 $f(0,2)=-2$，$f(0,-2)=-2$，$f(1,0)=3$，$f(-1,0)=3$，$f(0,0)=2$，比较可得，$f(x,y)$ 在 D 上的最大值为 3，最小值为 −2，即 $f_{\max}=3$，$f_{\min}=-2$。

此题也有另外的解法，记 $z=f(x,y)=x^2-y^2+2$，令

$$\frac{\partial f}{\partial x}=2x=0,\ \frac{\partial f}{\partial y}=-2y=0$$

解得驻点(0,0)。

在椭圆 $x^2+\frac{y^2}{4}=1$ 上，$z=x^2-(4-4x^2)+2$，即

$$z=5x^2-2 \quad (-1\leqslant x\leqslant 1)$$

这是一元函数，图形是开口向上的抛物线，易知函数的最大值为 $z\Big|_{x=\pm 1}=3$，最小值为 $z\Big|_{x=0}=-2$，再与 $f(0,0)=2$ 比较，可知 $f(x,y)$ 在 D 上的最大值为 3，最小值为 −2。

例 28　求函数 $f(x,y)=x^2y(4-x-y)$ 在由直线 $x+y=6$，x 轴和 y 轴所围成的闭区域 D 上的极值、最大值和最小值。

解　先求区域 D 内 $f(x,y)$ 的驻点。令

$$\begin{cases} f'_x=xy(8-3x-2y)=0 \\ f'_y=x^2(4-x-2y)=0 \end{cases}$$

得唯一驻点 $\begin{cases} x=2 \\ y=1 \end{cases}$。

在点(2,1)处，有

$$A=f''_{xx}(2,1)=(8y-6xy-2y^2)\Big|_{(2,1)}=-6<0$$

$$B=f''_{xy}(2,1)=(8y-4xy-3x^2)\Big|_{(2,1)}=-4$$

$$C=f''_{yy}(2,1)=-2x^2\Big|_{(2,1)}=-8$$

于是 $AC-B^2=32>0$，且 $A=-6<0$，因而点$(2,1)$是极大值点，且极大值 $f(2,1)=4$。

在 D 的边界 $x=0\ (0\leqslant y\leqslant 6)$ 和 $y=0\ (0\leqslant x\leqslant 6)$ 上，$f(x,y)=0$；

在 D 的边界 $x+y=6\ (0<x<6)$ 上，把 $y=6-x$ 代入 $f(x,y)$，可得

$$z=2x^2(x-6)\quad(0<x<6)$$

令 $z'=6x(x-4)=0$，得驻点 $x=4$，当 $0<x<4$ 时，$z'<0$；当 $4<x<6$ 时，$z'>0$ 且当 $x=4$ 时，$y=2$，所以点$(4,2)$是函数 $z=f(x,y)$在 D 的边界 $x+y=6\ (0<x<6)$ 上的最小值点，最小值 $f(4,2)=-64$。

综合以上讨论知 $f(x,y)$在 D 的边界上的最大值是 0，最小值是 $f(4,2)=-64$。

比较 D 内驻点的函数值 $f(2,1)=4$ 和 $f(x,y)$在 D 的边界上的最大值和最小值可得 $f(x,y)$ 在 D 上的最大值和最小值分别是 $f_{\max}=4$，$f_{\min}=-64$。

注 若只求函数 $f(x,y)$在区域 D 上的最大值和最小值，则不必判定在驻点$(2,1)$处 $f(x,y)$ 是否取得极值，只需计算函数值 $f(2,1)$，并把它与 $f(x,y)$在 D 的边界上的最大值和最小值做比较即可。

例 29 求函数 $z=e^{2x+3y}(8x^2-6xy+3y^2)$的极值。

解 $\dfrac{\partial z}{\partial x}=2e^{2x+3y}(8x^2-6xy+3y^2+8x-3y)$

$\dfrac{\partial z}{\partial y}=3e^{2x+3y}(8x^2-6xy+3y^2-2x+2y)$

令 $\dfrac{\partial z}{\partial x}=0,\dfrac{\partial z}{\partial y}=0$，得

$$\begin{cases}8x^2-6xy+3y^2+8x-3y=0\\8x^2-6xy+3y^2-2x+2y=0\end{cases}$$

由此可见，$8x-3y=-2x+2y$，故 $y=2x$，代入上面第一个方程，得 $x_1=0,x_2=-\dfrac{1}{4}$，从而 $y_1=0,y_2=-\dfrac{1}{2}$，两个驻点为$(0,0)$和$\left(-\dfrac{1}{4},-\dfrac{1}{2}\right)$。

又 $\dfrac{\partial^2 z}{\partial x^2}=4e^{2x+3y}(8x^2-6xy+3y^2+16x-6y+4)$

$\dfrac{\partial^2 z}{\partial x\partial y}=6e^{2x+3y}(8x^2-6xy+3y^2+6x-y-1)$

$\dfrac{\partial^2 z}{\partial y^2}=3e^{2x+3y}(24x^2-18xy+9y^2-12x+12y+2)$

对于驻点$(0,0)$处：

$$AC-B^2=16\times6-(-6)^2>0$$

又 $A=16>0$，故(0,0)为极小值点。$z\Big|_{(0,0)}=0$ 为极小值。

对于驻点$\left(-\frac{1}{4},-\frac{1}{2}\right)$处：

$$A=\frac{\partial^2 z}{\partial x^2}\Big|_{\left(-\frac{1}{4},-\frac{1}{2}\right)}=14\mathrm{e}^{-2}$$

$$B=\frac{\partial^2 z}{\partial x\partial y}\Big|_{\left(-\frac{1}{4},-\frac{1}{2}\right)}=-9\mathrm{e}^{-2}$$

$$C=\frac{\partial^2 z}{\partial y^2}\Big|_{\left(-\frac{1}{4},-\frac{1}{2}\right)}=\frac{3}{2}\mathrm{e}^{-2}$$

$$AC-B^2=\mathrm{e}^{-4}(21-81)<0$$

故$\left(-\frac{1}{4},-\frac{1}{2}\right)$不是极值点。

例 30　某厂要用铁板作成一个体积为 2 m^3 的有盖长方体水箱。问当长、宽、高各取怎样的尺寸时，才能使用料最省。

解　设水箱的长为 x，宽为 y，则其高应为$\frac{2}{xy}$(单位为 m)，此水箱所用材料的面积

$$A=2\left(xy+y\cdot\frac{2}{xy}+x\cdot\frac{2}{xy}\right)$$

即

$$A=2\left(xy+\frac{2}{x}+\frac{2}{y}\right)\quad(x>0,y>0)$$

可见材料的面积 A 是 x 和 y 的二元函数，这就是目标函数。下面求使这函数取得最小值的点(x,y)。

令　$$A'_x=2\left(y-\frac{2}{x^2}\right)=0$$

$$A'_y=2\left(x-\frac{2}{y^2}\right)=0$$

解这方程组，得

$$x=\sqrt[3]{2},\ y=\sqrt[3]{2}$$

根据题意可知，水箱所用材料的面积的最小值一定存在，并在开区域 $D: x>0, y>0$ 内取得。又函数在 D 内只有唯一的驻点$(\sqrt[3]{2},\sqrt[3]{2})$，因此可断定当 $x=\sqrt[3]{2}$，$y=\sqrt[3]{2}$时，A 取得最小值。就是说，当水箱的长为$\sqrt[3]{2}$ m，宽为$\sqrt[3]{2}$ m，高为$\frac{2\ \mathrm{m}^3}{\sqrt[3]{2}\ \mathrm{m}\cdot\sqrt[3]{2}\ \mathrm{m}}=\sqrt[3]{2}$ m 时，水箱所用的材料最省。

从这个例子还可看出，在体积一定的长方体中，以立方体的表面积为最小。

例 31　当 $x>0,y>0,z>0$ 时，求函数

$$u=\ln x+2\ln y+3\ln z$$

在球面 $x^2+y^2+z^2=6r^2$ 上的最大值，并证明对任意的正实数 a,b,c，不等式 $ab^2c^3\leqslant 108\left(\frac{a+b+c}{6}\right)^6$ 成立。

解 令 $F(x,y,z)=\ln x+2\ln y+3\ln z+\lambda(x^2+y^2+z^2-6r^2)$，求其对 x,y,z 的偏导数，并使之为零，得到

$$\begin{cases} F'_x=\dfrac{1}{x}+2\lambda x=0 & (1)\\ F'_y=\dfrac{2}{y}+2\lambda y=0 & (2)\\ F'_z=\dfrac{3}{z}+2\lambda z=0 & (3)\\ x^2+y^2+z^2-6r^2=0 & (4)\end{cases}$$

由式(1)、式(2)及式(1)、式(3)分别得 $y^2=2x^2$，$z^2=3x^2$，代入式(4)得

$$x=r,\ y=\sqrt{2}r,z=\sqrt{3}r$$

$$\max u=\ln r+2\ln(\sqrt{2}\ r)+3\ln(\sqrt{3}\ r)=\ln(6\sqrt{3}r^6)$$

即

$$\ln x+2\ln y+3\ln z\leqslant\ln(6\sqrt{3}r^6)\Rightarrow xy^2z^3\leqslant 6\sqrt{3}r^6$$
$$\Rightarrow x^2y^4z^6\leqslant 108\left(\frac{x^2+y^2+z^2}{6}\right)^6$$

令 $x^2=a,y^2=b,z^2=c$，于是

$$ab^2c^3\leqslant 108\left(\frac{a+b+c}{6}\right)^6$$

问题得证。

例 32 求表面积为 a^2 而体积为最大的长方体的体积。

解 设长方体的三棱长为 x,y,z，则问题就是在条件

$$\Psi(x,y,z,t)=2xy+2yz+2xz-a^2=0 \tag{1}$$

下，求函数

$$V=xyz\quad(x>0,\ y>0,\ z>0)$$

的最大值。构建辅助函数

$$F(x,y,z)=xyz+\lambda(2xy+2yz+2xz-a^2)$$

求其对 x、y、z 的偏导数，并使之为零，得到

$$\begin{cases} yz+2\lambda(y+z)=0\\ xz+2\lambda(x+z)=0\\ xy+2\lambda(y+x)=0\end{cases} \tag{2}$$

式(1)与方程组(2)联立求解。

因 x、y、z 都不等于零，所以由方程组(2)可得

$$\frac{x}{y}=\frac{x+z}{y+z},\quad \frac{y}{z}=\frac{x+y}{x+z}$$

由以上两式解得

$$x=y=z$$

将比代入式(1)，便得

$$x=y=z=\frac{\sqrt{6}}{6}a$$

这是唯一可能的极值点，因为由问题本身可知最大值一定存在，所以最大值就在这个可能的极值点处取得，也就是说，表面积为 a^2 的长方体中，以棱长为 $\frac{\sqrt{6}}{6}a$ 的正方体的体积为最大，最大体积 $V=\frac{\sqrt{6}}{36}a^3$。

五、二 重 积 分

1. 二重积分的定义

$$I=\iint\limits_D f(x,y)\mathrm{d}\sigma=\lim_{\lambda\to 0}\sum_{i=1}^{n}f(\xi_i,\eta_i)\Delta\sigma_i$$

其中　$\lambda=\max\limits_{1\leqslant i\leqslant n}\{\lambda_i\}$，$\lambda_i$ 为 $\Delta\sigma_i(i=1,2,\cdots,n)$ 的直径。

几何意义：当 $z=f(x,y)\geqslant 0,(x,y)\in D$ 时，二重积分 I 表示以 $z=f(x,y)$ 为曲顶、以 D 为底、母线平行于 z 轴的柱体的体积。

2. 二重积分的性质

设函数 $f(x,y)$，$g(x,y)$在区域 D 上可积，则

(1) $\iint\limits_D kf(x,y)\mathrm{d}\sigma=k\iint\limits_D f(x,y)\mathrm{d}\sigma$（其中 k 为常数）。

(2) $\iint\limits_D[f(x,y)\pm g(x,y)]\mathrm{d}\sigma=\iint\limits_D f(x,y)\mathrm{d}\sigma\pm\iint\limits_D g(x,y)\mathrm{d}\sigma$。

(3) $\iint\limits_D 1\cdot\mathrm{d}\sigma=\iint\limits_D\mathrm{d}\sigma=\sigma$（其中 σ 为区域 D 的面积）。

(4) 区域可加性　设 $D=D_1\cup D_2$，$D_1\cap D_2=\varnothing$，则

$$\iint\limits_D f(x,y)\mathrm{d}\sigma=\iint\limits_{D_1}f(x,y)\mathrm{d}\sigma+\iint\limits_{D_2}f(x,y)\mathrm{d}\sigma$$

(5)若在区域 D 上恒有 $f(x,y)\leqslant g(x,y)$，则

$$\iint_D f(x,y)\mathrm{d}\sigma \leqslant \iint_D g(x,y)\mathrm{d}\sigma$$

特别地，有

$$\left|\iint_D f(x,y)\mathrm{d}\sigma\right| \leqslant \iint_D |f(x,y)|\mathrm{d}\sigma$$

(6)**二重积分的估值定理** 设M、m分别是函数$f(x,y)$在闭区域D上的最大值和最小值，σ为D的面积，则有

$$m\sigma \leqslant \iint_D f(x,y)\mathrm{d}\sigma \leqslant M\sigma$$

(7)**二重积分的中值定理** 设函数$f(x,y)$在闭区域D上连续，σ为D的面积，则在D上至少存在一点(ξ,η)使得

$$\iint_D f(x,y)\mathrm{d}\sigma = f(\xi,\eta)\sigma$$

(8)二重积分的对称性

①如果积分区域D关于y轴对称，则二重积分

$$I=\iint_D f(x,y)\mathrm{d}\sigma=\begin{cases}0, & f(-x,y)=-f(x,y)\\ 2\iint_{D_1} f(x,y)\mathrm{d}\sigma, & f(-x,y)=f(x,y)\end{cases}$$

其中$D_1=\{(x,y)\in D \mid x\geqslant 0\}$，即$D_1$为$D$的右半平面部分。

积分区域D关于y轴对称，当被积函数$f(x,y)$是关于x的奇函数时，则$I=0$；当被积函数$f(x,y)$是关于x的偶函数时，则$I=2\iint_{D_1} f(x,y)\mathrm{d}\sigma$。

②如果积分区域D关于x轴对称，则二重积分

$$I=\iint_D f(x,y)\mathrm{d}\sigma=\begin{cases}0, & f(x,-y)=-f(x,y)\\ 2\iint_{D_2} f(x,y)\mathrm{d}\sigma, & f(x,-y)=f(x,y)\end{cases}$$

其中$D_2=\{(x,y)\in D \mid y\geqslant 0\}$，即$D_2$为$D$的上半平面部分。

积分区域D关于x轴对称，当被积函数$f(x,y)$是关于y的奇函数时，则$I=0$；当被积函数$f(x,y)$是关于y的偶函数时，则$I=2\iint_{D_2} f(x,y)\mathrm{d}\sigma$。

③如果D关于原点对称，而对任意的点$(x,y)\in D$，则：

当$f(-x,-y)=-f(x,y)$，即被积函数$f(x,y)$是关于x及y的奇函数时，则$I=0$。

当$f(-x,-y)=f(x,y)$，即被积函数$f(x,y)$是关于x及y的偶函数时，则

$$I=\iint_D f(x,y)\mathrm{d}\sigma=2\iint_{D_1} f(x,y)\mathrm{d}\sigma$$

其中 D_1 为 D 的右半平面部分。

④如果 D 关于直线 $y=x$ 对称,而对任意的点 $(x,y)\in D$,则

$$\iint_D f(x,y)\mathrm{d}\sigma=\iint_D f(y,x)\mathrm{d}\sigma$$

上述前三种情况类似于奇、偶函数在对称区间上的定积分的性质,第四种情况是多元积分的特殊性质。常称第四种中的 D 具有关于积分变量的对称性(或称为关于积分变量的轮换对称性)(若 $(x,y)\in D$,则 $(y,x)\in D$)。

利用对称性计算二重积分时一定要注意被积函数的奇、偶性这一重要条件。要特别注意的是积分区域 D 的对称性与被积函数的奇偶性同时满足才能使用此性质。

3. 二重积分的计算法

(1)利用直角坐标计算

设有界闭区域 D 为 X-型区域,$D=\{(x,y)\mid a\leqslant x\leqslant b,\varphi_1(x)\leqslant y\leqslant\varphi_2(x)\}$,如图 4-1 所示,则

$$\iint_D f(x,y)\mathrm{d}\sigma=\iint_D f(x,y)\mathrm{d}x\mathrm{d}y=\int_a^b \mathrm{d}x\int_{\varphi_1(x)}^{\varphi_2(x)} f(x,y)\mathrm{d}y$$

设有界闭区域 D 为 Y-型区域,$D=\{(x,y)\mid c\leqslant y\leqslant d,\Psi_1(y)\leqslant x\leqslant\Psi_2(y)\}$,如图 4-2 所示,则

$$\iint_D f(x,y)\mathrm{d}\sigma=\iint_D f(x,y)\mathrm{d}x\mathrm{d}y=\int_c^d \mathrm{d}y\int_{\Psi_1(y)}^{\Psi_2(y)} f(x,y)\mathrm{d}x$$

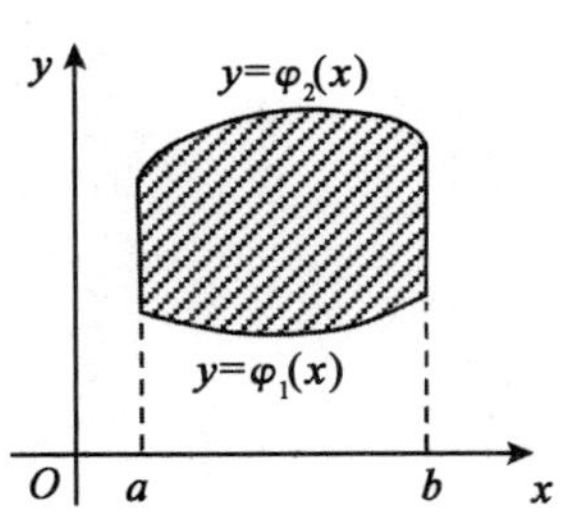

图 4-1

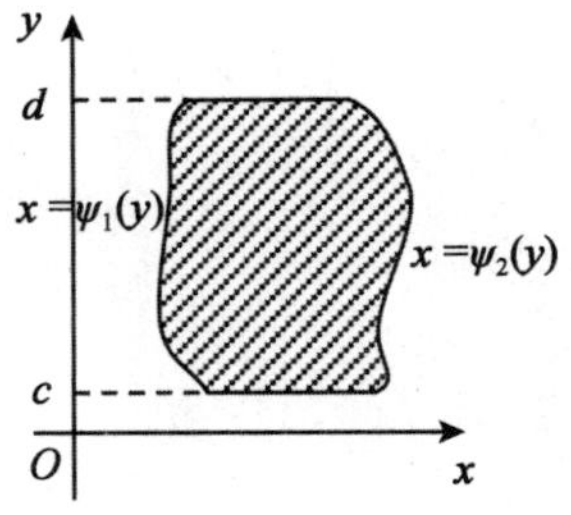

图 4-2

当积分区域 D 不满足上述条件时,可以把区域分成若干个满足 X-型或 Y-型条件的区域,利用积分关于区域的可加性计算。

(2)利用极坐标计算

极点在区域 D 的外部(图 4-3):

设 $D=\{(r,\theta)\mid\alpha\leqslant\theta\leqslant\beta,\ \varphi_1(\theta)\leqslant r\leqslant\varphi_2(\theta)\}$,则

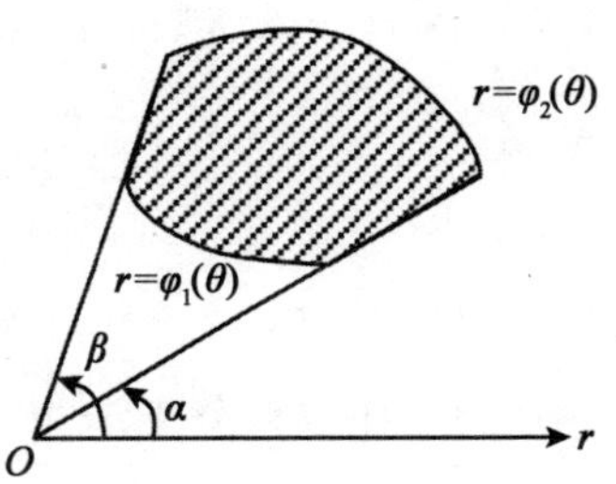

图 4-3

$$\iint_D f(x,y)\mathrm{d}\sigma = \int_\alpha^\beta \mathrm{d}\theta \int_{\varphi_1(\theta)}^{\varphi_2(\theta)} f(r\cos\theta, r\sin\theta) r\,\mathrm{d}r$$

极点在区域 D 的内部(图 4-4)：

设 $D=\{(r,\theta)\mid 0\leqslant\theta\leqslant 2\pi, 0\leqslant r\leqslant\varphi(\theta)\}$，则

$$\iint_D f(x,y)\mathrm{d}\sigma = \int_0^{2\pi} \mathrm{d}\theta \int_0^{\varphi(\theta)} f(r\cos\theta, r\sin\theta) r\,\mathrm{d}r$$

极点在区域 D 的边界上(图 4-5)：

设 $D=\{(r,\theta)\mid \alpha\leqslant\theta\leqslant\beta, 0\leqslant r\leqslant\varphi(\theta)\}$，则

$$\iint_D f(x,y)\mathrm{d}\sigma = \int_\alpha^\beta \mathrm{d}\theta \int_0^{\varphi(\theta)} f(r\cos\theta, r\sin\theta) r\,\mathrm{d}r$$

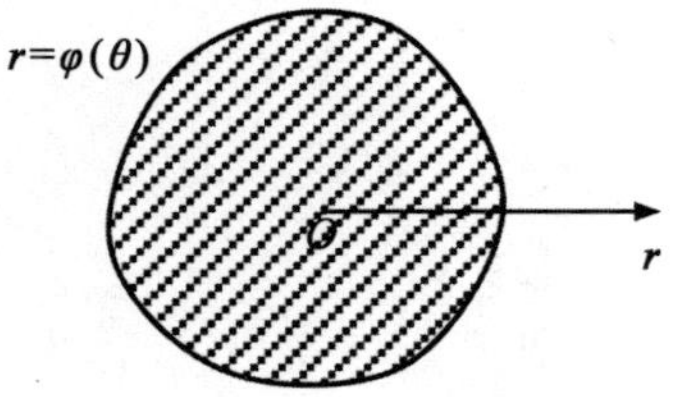

图 4-4

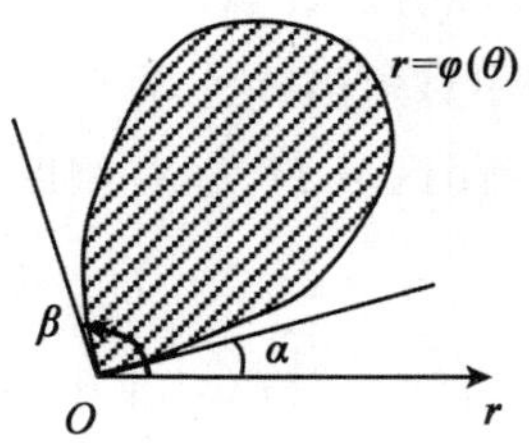

图 4-5

例 33 估计二重积分 $I=\iint_D (x^2+4y^2+9)\mathrm{d}\sigma$ 的值，D 是圆域 $x^2+y^2\leqslant 4$。

解 求被积函数 $f(x,y)=x^2+4y^2+9$ 在区域 D 上可能的最值

$$\begin{cases} \dfrac{\partial f}{\partial x}=2x=0 \\ \dfrac{\partial f}{\partial y}=8y=0 \end{cases}$$

$(0,0)$是驻点，且 $f(0,0)=9$。

在边界上

$$f(x,y)=x^2+4(4-x^2)+9=25-3x^2 \quad (-2\leqslant x\leqslant 2)$$

$13\leqslant f(x,y)\leqslant 25$，所以在区域 D 上 $\max f(x,y)=25$，$\min f(x,y)=9$，则有

$$\iint_D 9\mathrm{d}\sigma \leqslant I=\iint_D (x^2+4y^2+9)\mathrm{d}\sigma \leqslant \iint_D 25\mathrm{d}\sigma$$

即 $36\pi\leqslant I\leqslant 100\pi$。

例 34 比较积分 $I_1=\iint_D \ln(x+y)\mathrm{d}\sigma$，$I_2=\iint_D (x+y)^2\mathrm{d}\sigma$，$I_3=\iint_D (x+y)\mathrm{d}\sigma$ 的大小，其中 D 是由直线 $x=0$，$y=0$，$x+y=\dfrac{1}{2}$ 和 $x+y=1$ 所围成的。

解　因为积分区域 D 在直线 $x+y=1$ 的下方，所以对任意点 $(x,y)\in D$，均有 $\frac{1}{2}\leqslant x+y\leqslant 1$，从而有 $x+y\geqslant (x+y)^2>0$，而 $\ln(x+y)<0$，故由二重积分的性质得 $I_1\leqslant I_2\leqslant I_3$。

例 35　计算二重积分 $\iint\limits_D y^2\mathrm{d}x\mathrm{d}y$，$D$ 是由曲线 $y^2=2x$，$x=a\ (a>0)$ 所围成的区域。

解法 1　先画出积分区域，如图 4-6 所示，区域在 x 轴上的投影区间是 $[0,a]$，区域可表示为

$$D:0\leqslant x\leqslant a,\ -\sqrt{2x}\leqslant y\leqslant\sqrt{2x}$$

直接化为累次积分

$$\iint\limits_D y^2\mathrm{d}x\mathrm{d}y=\int_0^a\mathrm{d}x\int_{-\sqrt{2x}}^{\sqrt{2x}}y^2\mathrm{d}y=2\int_0^a\mathrm{d}x\int_0^{\sqrt{2x}}y^2\mathrm{d}y$$

$$=2\int_0^a\frac{y^3}{3}\bigg|_0^{\sqrt{2x}}\mathrm{d}x=\frac{4\sqrt{2}}{3}\int_0^a x^{\frac{3}{2}}\mathrm{d}x=\frac{8\sqrt{2}}{15}a^{\frac{5}{2}}$$

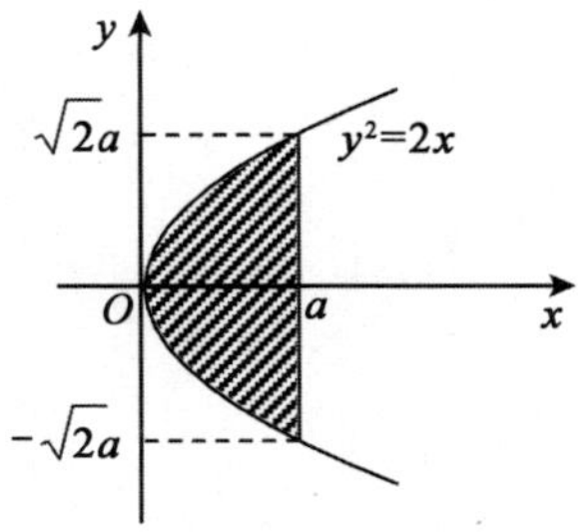

图 4-6

解法 2　若将积分区域向 y 轴投影，则在 y 轴上的投影区间为 $[-\sqrt{2a},\sqrt{2a}]$，则积分区域又可用不等式 $D:-\sqrt{2a}\leqslant y\leqslant\sqrt{2a},\frac{y^2}{2}\leqslant x\leqslant a$ 表示，因此又有

$$\iint\limits_D y^2\mathrm{d}x\mathrm{d}y=\int_{-\sqrt{2a}}^{\sqrt{2a}}\mathrm{d}y\int_{\frac{y^2}{2}}^{a}y^2\mathrm{d}x=\int_{-\sqrt{2a}}^{\sqrt{2a}}y^2\left(a-\frac{y^2}{2}\right)\mathrm{d}y$$

$$=2\int_0^{\sqrt{2a}}\left(ay^2-\frac{y^4}{2}\right)\mathrm{d}y=\frac{8\sqrt{2}}{15}a^{\frac{5}{2}}$$

解法 3　利用对称性，显然积分区域关于 x 轴对称，被积函数关于 y 为偶函数，则

$$\iint\limits_D y^2\mathrm{d}x\mathrm{d}y=2\iint\limits_{D_1}y^2\mathrm{d}x\mathrm{d}y=2\int_0^a\mathrm{d}x\int_0^{\sqrt{2x}}y^2\mathrm{d}y=\frac{8\sqrt{2}}{15}a^{\frac{5}{2}}$$

其中 $D_1:0\leqslant x\leqslant a,\ 0\leqslant y\leqslant\sqrt{2x}$。

例 36　计算 $\iint\limits_D|xy|\mathrm{d}x\mathrm{d}y$，$D:|x|+|y|\leqslant 1$。

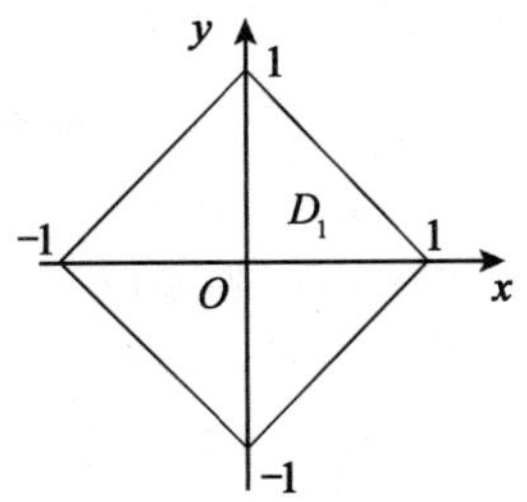

图 4-7

解　积分区域 D 如图 4-7 所示，以坐标轴将 D 分成四个相等的子区域，被积函数 $|xy|$ 关于这四个子区域是对称的，故

$$I=\iint\limits_D|xy|\mathrm{d}x\mathrm{d}y$$

$$=4\iint\limits_{D_1}|xy|\mathrm{d}x\mathrm{d}y$$

$$=4\int_0^1 x\mathrm{d}x\int_0^{1-x}y\mathrm{d}y=\frac{1}{6}$$

其中 $D_1:x+y\leqslant 1,\ x\geqslant 0,y\geqslant 0$。

例 37 计算二重积分$\iint\limits_{D}|y-x^2|\mathrm{d}\sigma$,其中 D 是闭区域 $-1\leqslant x\leqslant 1,0\leqslant y\leqslant 1$。

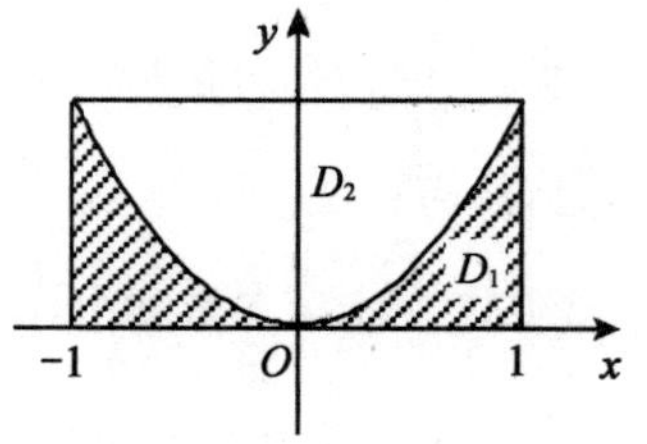

图 4-8

解 首先考虑去掉被积函数的绝对值,由于积分区域 D 是一个矩形区域,如图 4-8 所示。该区域被曲线 $y=x^2$ 分成 D_1,D_2 两部分,其中

$$D_1:\begin{cases}-1\leqslant x\leqslant 1\\0\leqslant y\leqslant x^2\end{cases},\quad D_2:\begin{cases}-1\leqslant x\leqslant 1\\x^2\leqslant y\leqslant 1\end{cases}$$

在 D_1 上,$|y-x^2|=x^2-y$,在 D_2 上,$|y-x^2|=y-x^2$,利用重积分对区域的可加性得

$$\int_{-1}^{1}\mathrm{d}x\int_{0}^{1}|y-x^2|\mathrm{d}y=\int_{-1}^{1}\mathrm{d}x\int_{0}^{x^2}(x^2-y)\mathrm{d}y+\int_{-1}^{1}\mathrm{d}x\int_{x^2}^{1}(y-x^2)\mathrm{d}y=\frac{11}{15}$$

例 38 计算 $\int_0^1\mathrm{d}x\int_0^1|y-x|\mathrm{d}y$。

解 由于被积函数中含有绝对值,不能直接进行积分,而必须把绝对值去掉,然后再积分,积分区域 D 是一个正方形区域:$0\leqslant x\leqslant 1,0\leqslant y\leqslant 1$。该区域被直线 $y=x$ 分成 D_1,D_2 两部分(图 4-9),在 D_1 上,$|y-x|=x-y$,在 D_2 上,$|y-x|=y-x$,而 D_1,D_2 可分别用不等式组表示:

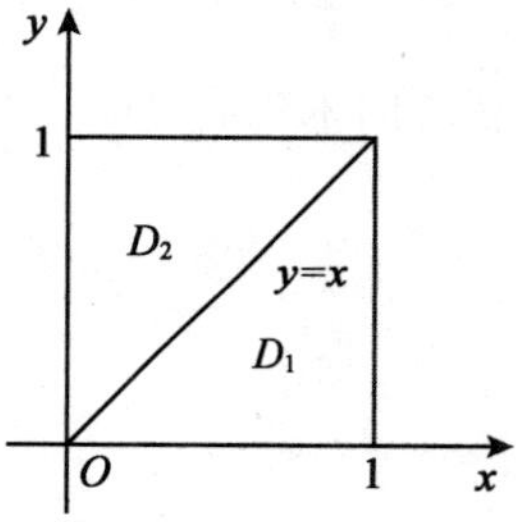

图 4-9

$$D_1:\begin{cases}0\leqslant x\leqslant 1\\0\leqslant y\leqslant x\end{cases}\quad D_2:\begin{cases}0\leqslant y\leqslant 1\\0\leqslant x\leqslant y\end{cases}$$

利用重积分对区域的可加性得

$$\int_0^1\mathrm{d}x\int_0^1|y-x|\mathrm{d}y=\int_0^1\mathrm{d}x\int_0^x(x-y)\mathrm{d}y+\int_0^1\mathrm{d}y\int_0^y(y-x)\mathrm{d}x=\frac{1}{3}$$

例 39 计算二重积分

$$\iint\limits_{D}\sqrt{R^2-x^2-y^2}\,\mathrm{d}x\,\mathrm{d}y$$

其中 $D=\{(x,y)\mid x^2+y^2\leqslant Ry\quad(R>0),\ y\leqslant x\}$。

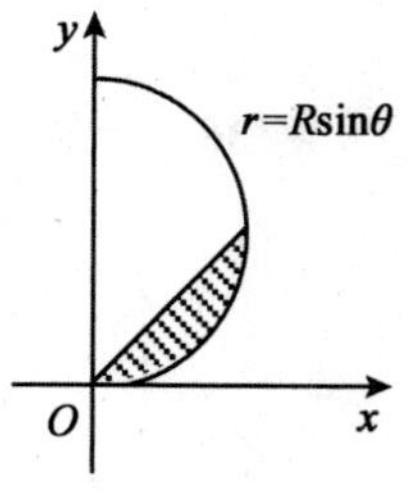

图 4-10

解 积分区域如图 4-10 所示,则 D 可用极坐标表示为

$$D:0\leqslant\theta\leqslant\frac{\pi}{4},0\leqslant r\leqslant R\sin\theta$$

则

$$\iint\limits_{D}\sqrt{R^2-x^2-y^2}\,\mathrm{d}x\,\mathrm{d}y=\int_0^{\frac{\pi}{4}}\mathrm{d}\theta\int_0^{R\sin\theta}r\sqrt{R^2-r^2}\,\mathrm{d}r$$

$$=-\frac{1}{3}\int_0^{\frac{\pi}{4}}(R^2-r^2)^{\frac{3}{2}}\Big|_0^{R\sin\theta}\mathrm{d}\theta=\frac{R^3}{3}\int_0^{\frac{\pi}{4}}(1-\cos^3\theta)\mathrm{d}r$$

$$=\frac{\pi R^3}{12}-\frac{R^3}{3}\int_0^{\frac{\pi}{4}}(1-\sin^2\theta)\mathrm{d}\sin\theta$$

$$=\frac{\pi R^3}{12}-\frac{R^3}{3}\left(\sin\theta-\frac{1}{3}\sin^3\theta\right)\Big|_0^{\frac{\pi}{4}}=\frac{R^3}{12}\left(\pi-\frac{5\sqrt{2}}{3}\right)$$

例 40　设区域 $D=\{(x,y)\mid x^2+y^2\leqslant 1,\ x\geqslant 0\}$，计算二重积分 $\iint\limits_D \frac{1+xy}{1+x^2+y^2}\mathrm{d}x\mathrm{d}y$。

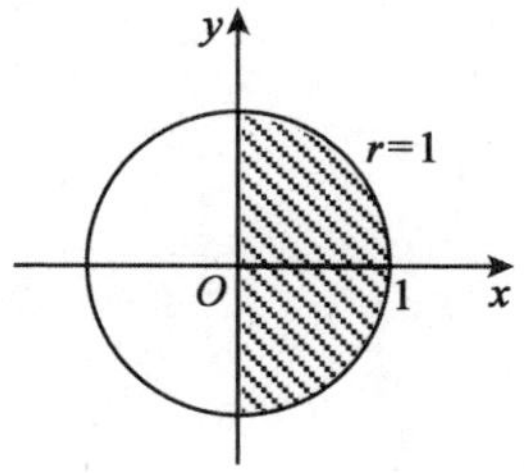

图 4-11

解　积分区域 D 如图 4-11 所示，因为区域 D 关于 x 轴对称，函数 $f(x,y)=\frac{1}{1+x^2+y^2}$ 是变量 y 的偶函数，函数 $g(x,y)=\frac{xy}{1-x^2+y^2}$ 是变量 y 的奇函数，则 $\iint\limits_D \frac{xy}{1+x^2+y^2}\mathrm{d}x\mathrm{d}y=0$，

$$\iint\limits_D \frac{1}{1+x^2+y^2}\mathrm{d}x\mathrm{d}y=2\int_0^{\frac{\pi}{2}}\mathrm{d}\theta\int_0^1\frac{r}{1+r^2}\mathrm{d}r=\frac{\pi\ln 2}{2}$$

故 $\iint\limits_D \frac{1+xy}{1+x^2+y^2}\mathrm{d}x\mathrm{d}y=\frac{\pi\ln 2}{2}$。

例 41　求 $I=\iint\limits_D(\sqrt{x^2+y^2}+y)\,\mathrm{d}x\mathrm{d}y$，其中

$$D=\{(x,y)\mid x^2+y^2\leqslant 4,(x+1)^2+y^2\geqslant 1\}$$

分析　积分区域关于 x 轴对称，利用被积函数的奇偶性计算积分。

解法 1　积分区域 D 如图 4-12 所示，则

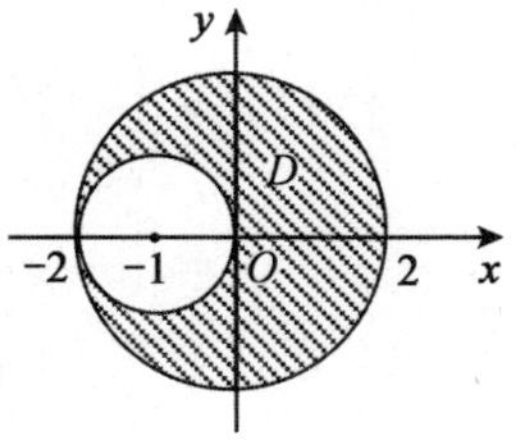

图 4-12

$$\iint\limits_D=\iint\limits_{D_{大圆}}-\iint\limits_{D_{小圆}},\quad \iint\limits_D y\,\mathrm{d}x\mathrm{d}y=0$$

$$\iint\limits_{D_{大圆}}(\sqrt{x^2+y^2}+y)\,\mathrm{d}x\mathrm{d}y=\iint\limits_{D_{大圆}}\sqrt{x^2+y^2}\,\mathrm{d}x\mathrm{d}y+0$$

$$=4\iint\limits_{D_1}\sqrt{x^2+y^2}\,\mathrm{d}x\mathrm{d}y$$

$$=4\int_0^{\frac{\pi}{2}}\mathrm{d}\theta\int_0^2 r^2\mathrm{d}r=\frac{16}{3}\pi$$

其中 $D_1=\{(x,y)\mid x^2+y^2\leqslant 4,0\leqslant x,0\leqslant y\}$，

$$\iint\limits_{D_{小圆}}(\sqrt{x^2+y^2}+y)\mathrm{d}x\mathrm{d}y=\iint\limits_{D_{小圆}}\sqrt{x^2+y^2}\,\mathrm{d}x\mathrm{d}y+0=\int_{\frac{\pi}{2}}^{\frac{3\pi}{2}}\mathrm{d}\theta\int_0^{-2\cos\theta}r^2\mathrm{d}r=\frac{32}{9}$$

因此 $\iint\limits_D(\sqrt{x^2+y^2}+y)\mathrm{d}\sigma=\frac{16}{9}(3\pi-2)$。

解法 2　由于积分区域 D 关于 x 轴对称，现在考虑 x 轴上方部分，记 D_1 是 D 的第一象限部分，D_2 是 D 的第二象限部分，用极坐标可以表示为

$$D_1: 0 \leqslant \theta \leqslant \frac{\pi}{2}, 0 \leqslant r \leqslant 2;\quad D_2: \frac{\pi}{2} \leqslant \theta \leqslant \pi, -2\cos\theta \leqslant r \leqslant 2$$

则由积分区域的对称性及被积函数的奇偶性，有

$$\begin{aligned}\iint_D (\sqrt{x^2+y^2}+y)\,dx\,dy &= \iint_D (\sqrt{x^2+y^2}+0)\,dx\,dy \\ &= 2\left(\iint_{D_1}(\sqrt{x^2+y^2})\,dx\,dy + \iint_{D_2}(\sqrt{x^2+y^2})\,dx\,dy\right) \\ &= 2\left(\int_0^{\frac{\pi}{2}} d\theta \int_0^2 r^2 dr + \int_{\frac{\pi}{2}}^{\pi} d\theta \int_{-2\cos\theta}^2 r^2 dr\right) \\ &= 2\left[\frac{4}{3}\pi + \left(\frac{4}{3}\pi - \frac{16}{9}\right)\right] = \frac{16}{9}(3\pi - 2)\end{aligned}$$

例 42 计算二重积分 $\iint\limits_D x[1+yf(x^2+y^2)]\,dx\,dy$，其中 D 是由 $y=x^3$，$y=1$，$x=-1$ 所围的区域，$f(u)$ 为连续函数。

解 如图 4-13 所示，$D=D_1 \cup D_2$，其中 $D_1: y=1$，$y=|x|^3$；$D_2: x=-1, y=x^3, y=-x^3$，则 D_1 关于 y 轴对称，D_2 关于 x 轴对称，从而

$$\iint_{D_1} xyf(x^2+y^2)\,dx\,dy = \iint_{D_2} xyf(x^2+y^2)\,dx\,dy = 0,$$

$$\iint_{D_1} x\,dx\,dy = 0,$$

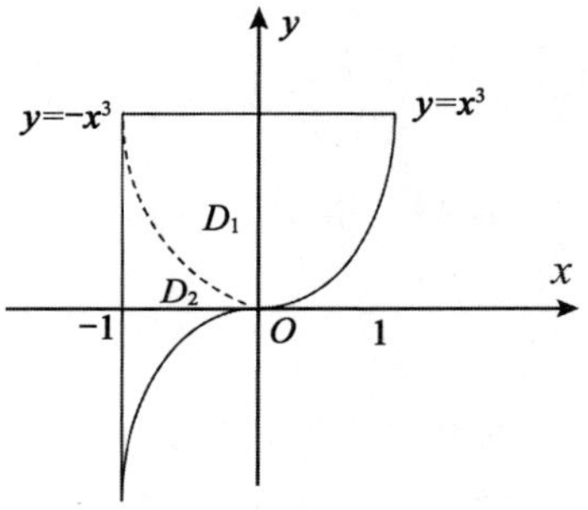

图 4-13

$$\begin{aligned}\text{原积分} &= \iint_D x[1+yf(x^2+y^2)]\,dx\,dy \\ &= \iint_{D_1} x\,dx\,dy + \iint_{D_2} x\,dx\,dy + \iint_{D_1} xyf(x^2+y^2)\,dx\,dy + \iint_{D_2} xyf(x^2+y^2)\,dx\,dy \\ &= \iint_{D_2} x\,dx\,dy = \int_{-1}^0 x\,dx \int_{x^3}^{-x^3} dy = -\frac{2}{5}\end{aligned}$$

例 43 交换下列积分次序：

(1) $\int_0^1 dy \int_y^{\sqrt{y}} f(x,y)\,dx$；　　(2) $\int_0^a dx \int_x^{\sqrt{2ax-x^2}} f(x,y)\,dy$；

(3) $\int_0^1 dx \int_0^{x^2} f(x,y)\,dy + \int_1^3 dx \int_0^{\frac{1}{2}(3-x)} f(x,y)\,dy$。

分析 改变积分次序的步骤是，首先根据原来累次积分的上、下限写出表示积分区域 D 的联立不等式，最好作出 D 的草图，将原来累次积分化为二重积分，然后，按新的累次积分次序的要求写出累次积分表达式。

解 画出积分区域，如图 4-14、图 4-15、图 4-16 所示，易得

(1) $\int_0^1 dy \int_y^{\sqrt{y}} f(x,y)\,dx = \int_0^1 dx \int_{x^2}^x f(x,y)\,dy$。

(2)$\int_0^a dx\int_x^{\sqrt{2ax-x^2}} f(x,y)dy=\int_0^a dy\int_{a-\sqrt{a^2-y^2}}^{y} f(x,y)dx$。

(3)$\int_0^1 dx\int_0^{x^2} f(x,y)dy+\int_1^3 dx\int_0^{\frac{1}{2}(3-x)} f(x,y)dy=\int_0^1 dy\int_{\sqrt{y}}^{3-2y} f(x,y)dx$。

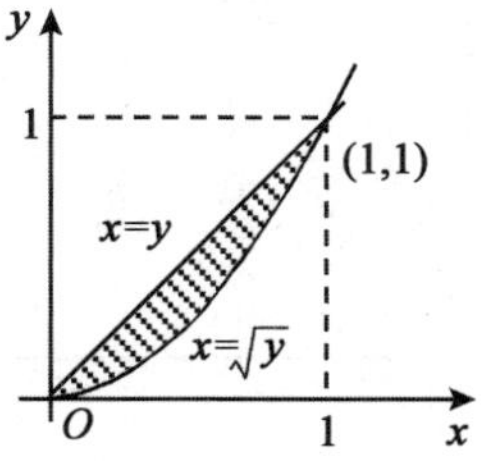

图 4-14

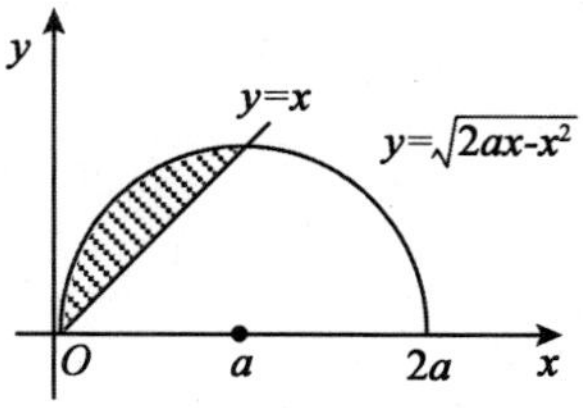

图 4-15

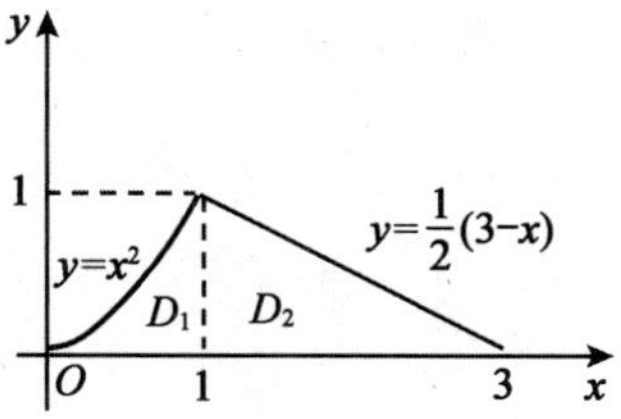

图 4-16

例 44　交换$\int_0^{2a} dx\int_{\sqrt{2ax-x^2}}^{\sqrt{2ax}} f(x,y)\,dy$ 的积分次序($a>0$)。

解　原式$=\iint\limits_D f(x,y)\,dx\,dy$,由原二次积分可知积分区域为

$$D:\begin{cases}0\leqslant x\leqslant 2a\\ \sqrt{2ax-x^2}\leqslant y\leqslant\sqrt{2ax}\end{cases}$$

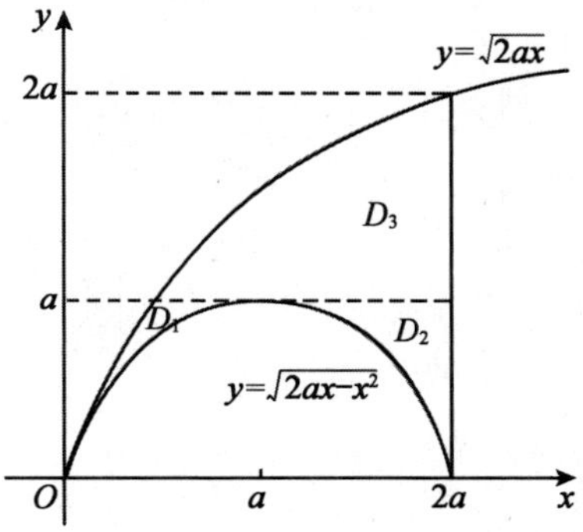

图 4-17

将积分区域 D 分成 D_1,D_2 和 D_3 三部分(图 4-17),

D_1:$\dfrac{y^2}{2a}\leqslant x\leqslant a-\sqrt{a^2-y^2}$, $0\leqslant y\leqslant a$

D_2:$a+\sqrt{a^2-y^2}\leqslant x\leqslant 2a$, $0\leqslant y\leqslant a$

D_3:$\dfrac{y^2}{2a}\leqslant x\leqslant 2a$, $a\leqslant y\leqslant 2a$

所以,原二次积分换序为

$$原式=\int_0^a dy\int_{\frac{y^2}{2a}}^{a-\sqrt{a^2-y^2}} f(x,y)\,dx+\int_0^a dy\int_{a+\sqrt{a^2-y^2}}^{2a} f(x,y)\,dx+\int_a^{2a} dy\int_{\frac{y^2}{2a}}^{2a} f(x,y)\,dx$$

例 45　计算二重积分 $I=\iint\limits_D (x+y)^2\,dx\,dy$ 的值,其中 D 为 $x^2+y^2\leqslant 2ax$,$x^2+y^2\geqslant ax$,($a>0$)。

分析　积分区域关于 x 轴对称,根据积分区域及被积函数的特点化为极坐标计算积分。

解　曲线 $x^2+y^2=2ax$ 和 $x^2+y^2=ax$ 的极坐标方程分别为 $\rho=2a\cos\theta$,$\rho=a\cos\theta$。区域 D 关于 $y=0$ 对称,$2xy$ 关于 y 为奇函数,所以$\iint\limits_D 2xy\,dx\,dy=0$。故

$$I=\iint\limits_D (x^2+y^2+2xy)\,dx\,dy=\iint\limits_D (x^2+y^2)\,dx\,dy$$
$$=\int_{-\frac{\pi}{2}}^{\frac{\pi}{2}} d\theta\int_{a\cos\theta}^{2a\cos\theta}\rho^3\,d\rho=\frac{15}{2}a^4\int_0^{\frac{\pi}{2}}\left(\frac{3}{8}+\frac{1}{2}\cos 2\theta+\frac{1}{8}\cos 4\theta\right)d\theta=\frac{45}{32}\pi a^4。$$

例 46 计算$\int_0^1 dx\int_x^{\sqrt{x}} \frac{\sin y}{y}dy$。

解 所给积分是先对 y 后对 x 的二次积分，但是因为$\frac{\sin y}{y}$的原函数无法用初等函数表达，因而$\int_x^{\sqrt{x}} \frac{\sin y}{y}dy$ 无法求得，所以考虑交换积分顺序(图 4-18)。

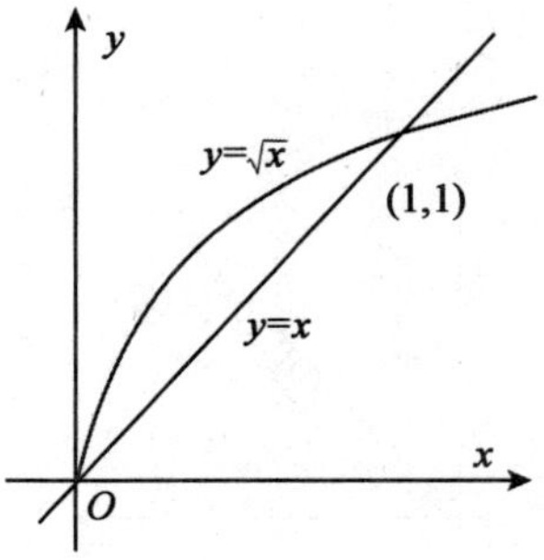

图 4-18

$$D:0\leqslant y\leqslant 1,\ y^2\leqslant x\leqslant y$$

$$\int_0^1 dx\int_x^{\sqrt{x}} \frac{\sin y}{y}dy=\int_0^1 \frac{\sin y}{y}dy\int_{y^2}^{y} dx$$

$$=\int_0^1 (\sin y-y\sin y)dy=1-\sin 1$$

例 47 设 $f(x)$ 在$[0,1]$上连续，并设$\int_0^1 f(x)dx=A$，求$\int_0^1 dx\int_x^1 f(x)f(y)dy$。

解法 1 记 $I=\int_0^1 dx\int_x^1 f(x)f(y)dy$，积分区域 $D:x\leqslant y\leqslant 1,\ 0\leqslant x\leqslant 1$，交换积分顺序得

$$I=\int_0^1 f(y)dy\int_0^y f(x)dx=\int_0^1 f(x)dx\int_0^x f(y)dy$$

于是

$$2I=\int_0^1 f(x)dx\int_x^1 f(y)dy+\int_0^1 f(x)dx\int_0^x f(y)dy$$

$$=\int_0^1 f(x)dx\int_0^1 f(y)dy=\left(\int_0^1 f(x)dx\right)^2=A^2$$

所以 $I=\frac{A^2}{2}$。

解法 2 令 $\varphi(x)=\int_x^1 f(y)dy$，则 $\varphi'(x)=-f(x)$，于是

$$I=\int_0^1 f(x)\varphi(x)dx=-\int_0^1 \varphi(x)d\varphi(x)$$

$$=-\frac{1}{2}\varphi^2(x)\Big|_0^1=-\frac{1}{2}[\varphi^2(1)-\varphi^2(0)]=\frac{A^2}{2}$$

例 48 计算$\int_0^a\int_0^a \frac{dxdy}{(a^2+x^2+y^2)^{\frac{3}{2}}}$。

解 易知二重积分的积分区域

$$D:\begin{cases}0\leqslant x\leqslant a\\0\leqslant y\leqslant a\end{cases}$$

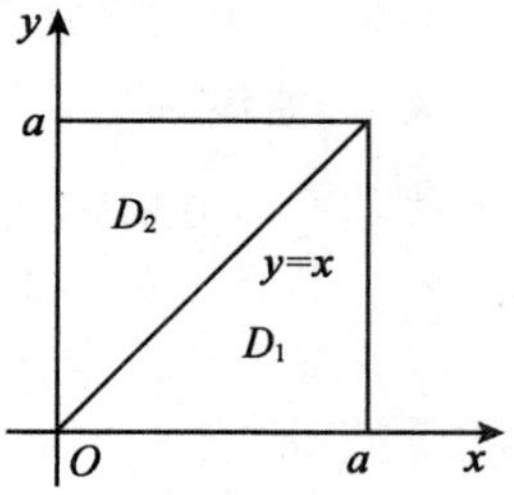

图 4-19

将积分区域 D 分成 D_1, D_2 两部分(图 4-19)：

$$D_1:\begin{cases}y\leqslant x\leqslant a\\0\leqslant y\leqslant a\end{cases},D_2:\begin{cases}x\leqslant y\leqslant a\\0\leqslant x\leqslant a\end{cases}$$

用极坐标计算

$$\text{原式}=\int_0^a\int_0^a\frac{\mathrm{d}x\mathrm{d}y}{(a^2+x^2+y^2)^{\frac{3}{2}}}=\iint\limits_D\frac{\mathrm{d}x\mathrm{d}y}{(a^2+x^2+y^2)^{\frac{3}{2}}}$$

$$=\iint\limits_{D_1}\frac{\mathrm{d}x\mathrm{d}y}{(a^2+x^2+y^2)^{\frac{3}{2}}}+\iint\limits_{D_2}\frac{\mathrm{d}x\mathrm{d}y}{(a^2+x^2+y^2)^{\frac{3}{2}}}$$

$$=\int_0^{\frac{\pi}{4}}\mathrm{d}\theta\int_0^{\frac{a}{\cos\theta}}\frac{r\mathrm{d}r}{(a^2+r^2)^{\frac{3}{2}}}+\int_{\frac{\pi}{4}}^{\frac{\pi}{2}}\mathrm{d}\theta\int_0^{\frac{a}{\sin\theta}}\frac{r\mathrm{d}r}{(a^2+r^2)^{\frac{3}{2}}}$$

$$=\int_0^{\frac{\pi}{4}}-(a^2+r^2)^{-\frac{1}{2}}\Big|_0^{\frac{a}{\cos\theta}}\mathrm{d}\theta+\int_{\frac{\pi}{4}}^{\frac{\pi}{2}}-(a^2+r^2)^{-\frac{1}{2}}\Big|_0^{\frac{a}{\sin\theta}}\mathrm{d}\theta$$

$$=\int_0^{\frac{\pi}{4}}\frac{1}{a}\left(1-\frac{\cos\theta}{\sqrt{2-\sin^2\theta}}\right)\mathrm{d}\theta+\int_{\frac{\pi}{4}}^{\frac{\pi}{2}}\frac{1}{a}\left(1-\frac{\sin\theta}{\sqrt{2-\sin^2\theta}}\right)\mathrm{d}\theta$$

$$=\frac{\pi}{12a}+\frac{\pi}{12a}=\frac{\pi}{6a}$$

例 49　计算 $\int_0^1\frac{x^b-x^a}{\ln x}\mathrm{d}x\qquad(a>0,b>0)$。

解　变成二重积分问题，再考虑交换积分顺序来计算。

$$\int_0^1\frac{x^b-x^a}{\ln x}\mathrm{d}x=\int_0^1\left[\int_a^b x^t\mathrm{d}t\right]\mathrm{d}x=\int_a^b\left[\int_0^1 x^t\mathrm{d}x\right]\mathrm{d}t$$

$$=\int_a^b\frac{1}{t+1}\mathrm{d}t=\ln(t+1)\Big|_a^b=\ln\frac{b+1}{a+1}$$

例 50　设函数 $f(x)$ 为连续函数，证明

$$\int_a^b\mathrm{d}x\int_a^x f(y)\mathrm{d}y=\int_a^b f(x)(b-x)\mathrm{d}x$$

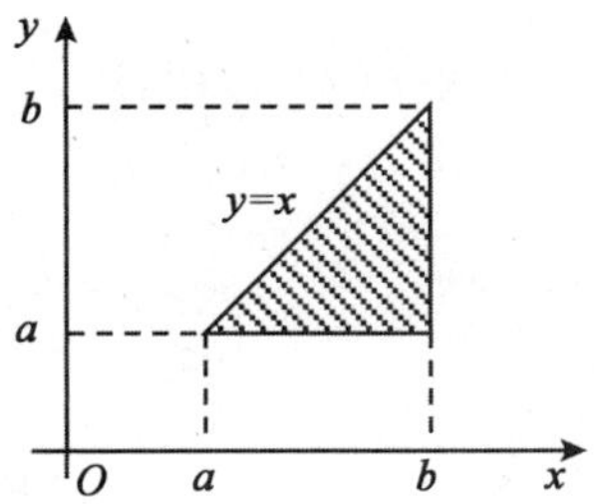

图 4-20

证明　由题意可知 $\int_a^b\mathrm{d}x\int_a^x f(y)\mathrm{d}y=\iint\limits_D f(y)\mathrm{d}x\mathrm{d}y$，

积分区域 D 为图 4-20 所示的区域，积分区域 D 既是X-型又是Y-型区域。将 D 看成 Y-型区域可得

$$\iint\limits_D f(y)\mathrm{d}x\mathrm{d}y=\int_a^b\mathrm{d}y\int_y^b f(y)\mathrm{d}x=\int_a^b f(y)(b-y)\mathrm{d}y$$

因为对于定积分而言，积分变量取何字母不影响积分的值，所以

$$\int_a^b f(y)(b-y)\mathrm{d}y=\int_a^b f(x)(b-x)\mathrm{d}x$$

综上所述得

$$\int_a^b dx\int_a^x f(y)dy=\iint_D f(y)dxdy=\int_a^b f(x)(b-x)dx$$

例 51 计算$\iint_D x^2 e^{-y^2}dxdy$，其中 D 是以$(0,0)$，$(1,1)$，$(0,1)$为顶点的三角形。

解 $D:\begin{cases}0\leqslant x\leqslant 1\\ x\leqslant y\leqslant 1\end{cases}$ 或 $D:\begin{cases}0\leqslant y\leqslant 1\\ 0\leqslant x\leqslant y\end{cases}$

积分区域既是 X-型区域又是 Y-型区域，从区域 D 来看无论先对 x，还是先对 y 积分都一样，但是被积函数 e^{-y^2} 的原函数不能用初等函数表达，如果先对 y 积分，$\int e^{-y^2}dy$ 无法求出，所以必须选择先对 x 积分。

$$\iint_D x^2 e^{-y^2}dxdy=\int_0^1 e^{-y^2}dy\int_0^y x^2 dx$$
$$=\frac{1}{3}\int_0^1 y^3 e^{-y^2}dy=\frac{1}{6}(1-\frac{2}{e})$$

例 52 设函数 $f(x)$ 连续，$f(0)=1$，令

$$F(t)=\iint_{x^2+y^2\leqslant t^2} f(x^2+y^2)dxdy\quad(t\geqslant 0)$$

求 $F''(0)$。

分析 从被积函数 $f(x^2+y^2)$ 及积分域 $x^2+y^2\leqslant t^2$ 看，显然取极坐标变换，变成变上限的定积分后可对上限变量求导，因条件没给二阶可导，所以 $F''(0)$ 要由定义来计算。

解 作极坐标变换，令 $x=r\cos\theta$，$y=r\sin\theta$，所以

$$F(t)=\int_0^{2\pi}d\theta\int_0^t f(r^2)rdr=2\pi\int_0^t f(r^2)rdr$$

因为 $f(x)$ 连续，所以 $F'(t)=2\pi tf(t^2)$，且 $F'(0)=0$，于是

$$F''(0)=\lim_{t\to 0^+}\frac{F'(t)-F'(0)}{t-0}\quad(\text{因 } t\geqslant 0)$$
$$=\lim_{t\to 0^+}\frac{2\pi tf(t^2)}{t}=\lim_{t\to 0^+}2\pi f(t^2)=2\pi$$

例 53 计算极限 $\lim\limits_{r\to 0}\frac{1}{\pi r^2}\iint_D e^{x^2-y^2}\cos(x+y)dxdy$ 的值，其中 $D=\{(x,y)\mid x^2+y^2\leqslant r^2\}$。

分析 因为被积函数关于 x（或 y）的原函数不是初等函数，难以用求出重积分以后再去求极限的方法，所以用积分中值定理考虑。

解 因为 $e^{x^2-y^2}\cos(x+y)$ 在区域 D 上连续，所以至少存在一点$(\xi,\eta)\in D$，使得

$$\iint_D e^{x^2-y^2}\cos(x+y)dxdy=e^{\xi^2-\eta^2}\cos(\xi+\eta)\pi r^2$$

于是

$$\lim_{r\to 0}\frac{1}{\pi r^2}\iint_D e^{x^2-y^2}\cos(x+y)dxdy=\lim_{(\xi,\eta)\to(0,0)}e^{\xi^2-\eta^2}\cos(\xi+\eta)=1$$

例 54　设 $f(x,y)$，$g(x,y)$ 在有界闭区域 D 上连续，且 $g(x,y)\geqslant 0$，证明在 D 上至少存在一点 (ξ,η)，使

$$\iint_D f(x,y)g(x,y)\mathrm{d}\sigma = f(\xi,\eta)\iint_D g(x,y)\mathrm{d}\sigma$$

证明　因为 $f(x,y)$ 在有界闭区域 D 上连续，所以 $f(x,y)$ 在 D 上存在最小值 m 与最大值 M。又因为在 D 上 $g(x,y)\geqslant 0$，所以对 $\forall(x,y)\in D$ 都有

$$mg(x,y)\leqslant f(x,y)g(x,y)\leqslant Mg(x,y)$$

由二重积分的性质可得

$$m\iint_D g(x,y)\mathrm{d}\sigma \leqslant \iint_D f(x,y)g(x,y)\mathrm{d}\sigma \leqslant M\iint_D g(x,y)\mathrm{d}\sigma$$

当 $\iint_D g(x,y)\mathrm{d}\sigma > 0$ 时，由上式可得

$$m\leqslant \frac{\iint_D f(x,y)g(x,y)\mathrm{d}\sigma}{\iint_D g(x,y)\mathrm{d}\sigma}\leqslant M$$

由闭区域上连续函数的介质定理知道，至少存在一点 $(\xi,\eta)\in D$ 使

$$f(\xi,\eta)=\frac{\iint_D f(x,y)g(x,y)\mathrm{d}\sigma}{\iint_D g(x,y)\mathrm{d}\sigma}$$

即

$$\iint_D f(x,y)g(x,y)\mathrm{d}\sigma = f(\xi,\eta)\iint_D g(x,y)\mathrm{d}\sigma$$

当 $\iint_D g(x,y)\mathrm{d}\sigma = 0$ 时，上式显然成立。

例 55　设有二次积分 $I=\int_0^{\frac{R}{\sqrt{2}}}\mathrm{d}x\int_0^x \frac{y^2}{x^2}\mathrm{d}y+\int_{\frac{R}{\sqrt{2}}}^R \mathrm{d}x\int_0^{\sqrt{R^2-x^2}} \frac{y^2}{x^2}\mathrm{d}y$。

(1)改变积分的顺序；

(2)把 I 变为极坐标下的二次积分并计算 I 的值。

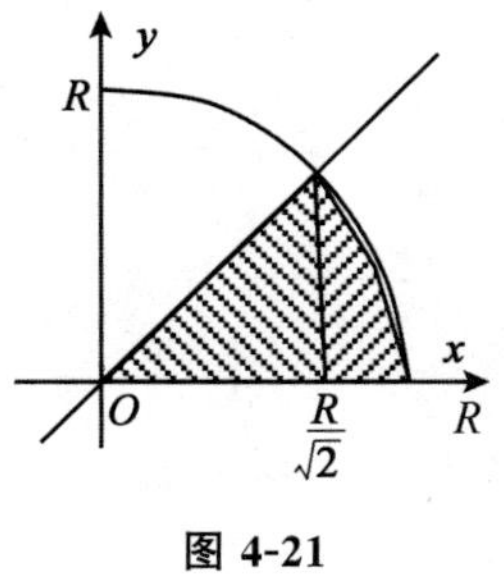

图 4-21

解　(1) 二重积分区域 D 由不等式

$$\begin{cases}0\leqslant x\leqslant \dfrac{R}{\sqrt{2}}\\ 0\leqslant y\leqslant x\end{cases}\quad 与 \quad \begin{cases}\dfrac{R}{\sqrt{2}}\leqslant x\leqslant R\\ 0\leqslant y\leqslant \sqrt{R^2-x^2}\end{cases}\quad 组成，$$

即由 $\begin{cases}0\leqslant y\leqslant \dfrac{R}{\sqrt{2}}\\ y\leqslant x\leqslant \sqrt{R^2-x^2}\end{cases}$ 给出(图 4-21)，所以 $I=\int_0^{\frac{R}{\sqrt{2}}}\mathrm{d}y\int_y^{\sqrt{R^2-y^2}} \frac{y^2}{x^2}\mathrm{d}x$。

(2)在极坐标下

$$I=\int_0^{\frac{\pi}{4}}\mathrm{d}\theta\int_0^R\tan^2\theta r\mathrm{d}r=\int_0^{\frac{\pi}{4}}\tan^2\theta\mathrm{d}\theta\int_0^R r\mathrm{d}r$$
$$=\frac{1}{2}R^2\left(1-\frac{\pi}{4}\right)$$

例 56 计算$\iint\limits_D|x^2+y^2-4|\mathrm{d}x\mathrm{d}y$,其中 D 为圆域 $x^2+y^2\leqslant 16$。

分析 先去掉被积函数中的绝对值,以圆 $x^2+y^2=4$ 分界,然后利用二重积分对于积分区域的可加性计算。

解 设 $D_1:x^2+y^2\leqslant 4$, $D_2:4\leqslant x^2+y^2\leqslant 16$,则

$$\iint\limits_D|x^2+y^2-4|\mathrm{d}x\mathrm{d}y=\iint\limits_{D_1}(4-x^2-y^2)\mathrm{d}x\mathrm{d}y+\iint\limits_{D_2}(x^2+y^2-4)\mathrm{d}x\mathrm{d}y$$
$$=\int_0^{2\pi}\mathrm{d}\theta\int_0^2(4-r^2)r\mathrm{d}r+\int_0^{2\pi}\mathrm{d}\theta\int_2^4(r^2-4)r\mathrm{d}r=80\pi$$

例 57 计算$\iint\limits_D\ln(1+x^2+y^2)\mathrm{d}x\mathrm{d}y$,其中积分区域 $D:x^2+y^2\leqslant 1,x\geqslant 0,y\geqslant 0$。

分析 如果直接对 x 或直接对 y 求积分,都不易求原函数,根据被积函数和积分区域的特点,可考虑转化为极坐标系下的积分。

解 令 $x=r\cos\theta,y=r\sin\theta$,则积分区域 D 用极坐标可表示为

$$D:0\leqslant\theta\leqslant\frac{\pi}{2},0\leqslant r\leqslant 1$$

所以

$$\iint\limits_D\ln(1+x^2+y^2)\mathrm{d}x\mathrm{d}y=\int_0^{\frac{\pi}{2}}\mathrm{d}\theta\int_0^1 r\ln(1+r^2)\mathrm{d}r$$
$$=\frac{\pi}{2}\int_0^1 r\ln(1+r^2)\mathrm{d}r$$
$$=\frac{\pi}{4}\int_0^1\ln(1+r^2)\mathrm{d}(1+r^2)$$
$$=\frac{\pi}{4}[(1+r^2)\ln(1+r^2)-(1+r^2)]\Big|_0^1$$
$$=\frac{\pi}{4}(2\ln 2-1)$$

例 58 设 $f(x)$ 在$[0,1]$上连续,证明$\int_0^1 e^{f(x)}\mathrm{d}x\int_0^1 e^{-f(y)}\mathrm{d}y\geqslant 1$。

证 因为 $I=\int_0^1 e^{f(x)}\mathrm{d}x\int_0^1 e^{-f(y)}\mathrm{d}y=\iint\limits_D\frac{e^{f(x)}}{e^{f(y)}}\mathrm{d}x\mathrm{d}y$,其中

$$D=\{(x,y)\mid 0\leqslant x\leqslant 1,0\leqslant y\leqslant 1\}$$

所以 $I=\frac{1}{2}\iint\limits_D\left[\frac{e^{f(x)}}{e^{f(y)}}+\frac{e^{f(y)}}{e^{f(x)}}\right]dxdy=\iint\limits_D\frac{[e^{f(x)}]^2+[e^{f(y)}]^2}{2e^{f(x)}e^{f(y)}}dxdy\geqslant\iint\limits_D 1\cdot dxdy=1$

例 59　设闭区域 $D:x^2+y^2\leqslant y,x\geqslant 0,f(x,y)$ 为 D 上的连续函数，且

$$f(x,y)=\sqrt{1-x^2-y^2}-\frac{8}{\pi}\iint\limits_D f(u,v)\,du\,dv$$

求 $f(x,y)$。

解　因 $f(x,y)$ 为 D 上的连续函数，于是二重积分 $\iint\limits_D f(u,v)\,du\,dv$ 存在，可设

$$\iint\limits_D f(u,v)\,du\,dv=\iint\limits_D f(x,y)\,dx\,dy=A$$

在已知等式两边求区域 D 上的二重积分，有

$$\iint\limits_D f(x,y)\,dx\,dy=\iint\limits_D\sqrt{1-x^2-y^2}\,dx\,dy-\frac{8A}{\pi}\iint\limits_D dx\,dy$$

从而，

$$A=\iint\limits_D\sqrt{1-x^2-y^2}\,dx\,dy-A$$

则

$$\begin{aligned}2A&=\iint\limits_D\sqrt{1-x^2-y^2}\,dx\,dy=\int_0^{\frac{\pi}{2}}d\theta\int_0^{\sin\theta}\sqrt{1-r^2}\cdot r\,dr\\&=\frac{1}{3}\left(\frac{\pi}{2}-\frac{2}{3}\right)\end{aligned}$$

所以 $A=\frac{1}{6}\left(\frac{\pi}{2}-\frac{2}{3}\right)$，即 $f(x,y)=\sqrt{1-x^2-y^2}-\frac{4}{3\pi}\left(\frac{\pi}{2}-\frac{2}{3}\right)$。

练　习　题

一、填空题

1. 求极限 $\lim\limits_{\substack{x\to 0\\y\to 0}}\frac{2-\sqrt{xy+4}}{xy}=$________。

2. 设函数 $f(x,y)=\int_0^{xy}e^{-t^2}dt$，求 $\frac{x}{y}\frac{\partial^2 f}{\partial x^2}-2\frac{\partial^2 f}{\partial x\partial y}+\frac{y}{x}\frac{\partial^2 f}{\partial y^2}=$________。

3. 积分 $\int_0^2 dx\int_x^2 e^{-y^2}dy$ 的值等于________。

4. 交换二次积分的积分次序 $\int_0^1 dx\int_x^1 f(x,y)dy=$________。

5. 已知积分区域 $D=\{(x,y)\mid x^2+y^2\leqslant 1,y\geqslant 0\}$，$\iint\limits_D\cos\sqrt{x^2+y^2}\,d\sigma=$________。

6. 设 $z=\sin(xy)+\varphi\left(x,\dfrac{x}{y}\right)$，其中 $\varphi(u,v)$ 具有二阶连续偏导数，求 $\dfrac{\partial^2 z}{\partial x\partial y}=$________。

7. 设 $u=f(x,y,z)$ 有连续偏导数，$z=z(x,y)$ 由方程 $xe^x-ye^y=ze^z$ 所确定，求 $du=$________。

8. 设 $F(t)=\iint\limits_{x^2+y^2\leqslant t^2} e^{\sin\sqrt{x^2+y^2}}\,dx\,dy$，求 $F'(t)=$________。

二、选择题

1. 设函数 $z=f(x,y)$ 在有界闭区域 D 上连续，则函数 $f(x,y)$ 在 D 上（　　）。

(A)必有最大值和最小值　　(B)必然可微分

(C)必然有偏导数　　(D)必有使 $f(x,y)=0$ 的点

2. 设可微函数 $f(x,y)$ 在点 (x_0,y_0) 取得极小值，则下列结论正确的是（　　）。

(A) $f(x_0,y)$ 在 $y=y_0$ 处的导数等于零

(B) $f(x_0,y)$ 在 $y=y_0$ 处的导数大于零

(C) $f(x_0,y)$ 在 $y=y_0$ 处的导数小于零

(D) $f(x_0,y)$ 在 $y=y_0$ 处的导数不存在

3. 函数 $f(x,y)$ 在点 (x_0,y_0) 处连续是函数 $f(x,y)$ 在该点处存在偏导数的（　　）。

(A)充分条件　　(B)必要条件

(C)充分必要条件　　(D)既不是必要条件，也不是充分条件

4. 设二元函数 $z=z(x,y)$ 由方程 $2xz-2xyz+\ln(xyz)=0$ 所确定，则 $\dfrac{\partial z}{\partial x}=$（　　）。

(A) $\dfrac{z}{x}$　　(B) $\dfrac{x}{z}$

(C) $-\dfrac{z}{x}$　　(D)以上结论都不对

5. 设二元函数 $x=x(y,z)$，$y=y(x,z)$，$z=z(x,y)$ 是由方程 $F(x,y,z)=0$ 所定义的隐函数，则 $\dfrac{\partial x}{\partial y}\cdot\dfrac{\partial y}{\partial z}\cdot\dfrac{\partial z}{\partial x}=$（　　）。

(A)-1　　(B)1　　(C)2　　(D)-2

6. 极限 $\lim\limits_{\substack{x\to 0\\ y\to 0}}\dfrac{x^2y}{x^4+y^2}=$（　　）。

(A)0　　(B) $\dfrac{1}{2}$　　(C)2　　(D)极限不存在

7. 设区域 $D:x^2+y^2\leqslant 1$，则 $\iint\limits_D f(\sqrt{x^2+y^2})\,dx\,dy=$（　　）。

(A) $2\pi\int_0^1 rf(r)\,dr$　　(B) $2\pi\int_0^1 f(r)\,dr$

(C) $2\pi\int_0^1 f(r^2)\,dr$　　(D) $4\pi\int_0^1 rf(r)\,dr$

8. 已知 $\int_0^1 f(x)\mathrm{d}x=\int_0^1 xf(x)\mathrm{d}x$，则 $\iint\limits_D f(x)\mathrm{d}x\mathrm{d}y$（其中 $D: x+y\leqslant 1, x\geqslant 0, y\geqslant 0$）等于（　　）。

(A)2　　(B)0　　(C)$\frac{1}{2}$　　(D)1

三、解答题

1. 设 $z=xf(x,\frac{y}{x})$ 且 f 具有二阶连续偏导数，求 $\frac{\partial z}{\partial x}, \frac{\partial^2 z}{\partial x\partial y}$。

2. 设 $z=f\left(\frac{x}{y}, x^2-y^2\right)$ 且 f 具有二阶连续偏导数，求 $\frac{\partial z}{\partial y}, \frac{\partial^2 z}{\partial x\partial y}$。

3. 设函数 $z=z(x,y)$ 由方程 $x+z=yf(x^2-z^2)$ 确定，其中 f 为可微函数，证明 $z\frac{\partial z}{\partial x}+y\frac{\partial z}{\partial y}=x$。

4. 设 $u=f(x,y,z)$ 有连续偏导数，$y=y(x)$ 和 $z=z(x)$ 分别由方程 $e^{xy}-y=0$ 和 $e^z-xz=0$ 所确定，求 $\frac{\mathrm{d}u}{\mathrm{d}x}$。

5. 求极限 $\lim\limits_{\substack{x\to 0\\ y\to 0}}\frac{(y-x)x}{\sqrt{x^2+y^2}}$。

6. 设 $f(x,y)=\begin{cases}\frac{xy}{x^2+y^2} & x^2+y^2\neq 0\\ 0 & x^2+y^2=0\end{cases}$

证明在点 $(0,0)$ 处两个一阶偏导数存在，但 $f(x,y)$ 在点 $(0,0)$ 处不连续。

7. 计算二重积分 $\iint\limits_D \frac{e^{-\sqrt{x^2+y^2}}}{\sqrt{x^2+y^2}}\mathrm{d}x\mathrm{d}y$，其中 $D: 1\leqslant x^2+y^2\leqslant 4$。

8. 计算 $\iint\limits_D \sqrt{x^2+y^2}\,\mathrm{d}x\mathrm{d}y$，其中积分区域 D 由圆 $x^2+y^2=2y$ 所围成。

9. 某工厂生产两种型号的机床，其产量分别为 x 台和 y 台，成本（单位：万元）函数为

$$c(x,y)=x^2+2y^2-xy$$

若市场调查分析，共需两种机床 8 台，求如何安排生产总成本最少？最小成本为多少？

10. 设函数 $f(t)$ 在 $[0,+\infty)$ 上连续，且满足方程：

$$f(t)=e^{4\pi t^2}+\iint\limits_{x^2+y^2\leqslant 4t^2} f\left(\frac{1}{2}\sqrt{x^2+y^2}\right)\mathrm{d}x\mathrm{d}y$$

求 $f(t)$。

11. 计算二重积分 $\iint\limits_D (x+y)\,\mathrm{d}x\mathrm{d}y$，其中 $D: x^2+y^2\leqslant 2x$。

12. 计算二重积分 $\iint\limits_D \frac{xy}{x^2+y^2}\mathrm{d}x\mathrm{d}y$，其中 $D: 1\leqslant x^2+y^2\leqslant 2, x\leqslant y$。

练习题答案

一、填空题

1. 答案：$-\dfrac{1}{4}$。

解析 多元函数极限与一元函数极限的运算性质相同。

$$\lim_{\substack{x\to 0\\ y\to 0}}\frac{2-\sqrt{xy+4}}{xy}=\lim_{\substack{x\to 0\\ y\to 0}}\frac{4-(xy+4)}{xy(2+\sqrt{xy+4})}=-\frac{1}{4}$$

2. 答案：$-2\mathrm{e}^{-x^2y^2}$。

解析 所给函数为可变上限积分形式。由于

$$\frac{\partial f}{\partial x}=y\mathrm{e}^{-x^2y^2},\ \frac{\partial f}{\partial y}=x\mathrm{e}^{-x^2y^2}$$

$$\frac{\partial^2 f}{\partial x^2}=-2xy^3\mathrm{e}^{-x^2y^2},\ \frac{\partial^2 f}{\partial y^2}=-2x^3y\mathrm{e}^{-x^2y^2}$$

$$\frac{\partial^2 f}{\partial x\partial y}=(1-2x^2y^2)\mathrm{e}^{-x^2y^2}$$

于是 $\dfrac{x}{y}\dfrac{\partial^2 f}{\partial x^2}-2\dfrac{\partial^2 f}{\partial x\partial y}+\dfrac{y}{x}\dfrac{\partial^2 f}{\partial y^2}=-2\mathrm{e}^{-x^2y^2}$。

3. 答案：$\dfrac{1}{2}(1-\mathrm{e}^{-4})$。

解析 因为 e^{-y^2} 的原函数不能用初等函数表达，交换积分次序，有

$$\begin{aligned}\int_0^2\mathrm{d}x\int_x^2\mathrm{e}^{-y^2}\mathrm{d}y&=\int_0^2\mathrm{e}^{-y^2}\mathrm{d}y\int_0^y\mathrm{d}x\\&=\int_0^2 y\mathrm{e}^{-y^2}\mathrm{d}y=-\frac{1}{2}\mathrm{e}^{-y^2}\Big|_0^2=\frac{1}{2}(1-\mathrm{e}^{-4})\end{aligned}$$

4. 答案：$\displaystyle\int_0^1\mathrm{d}y\int_0^y f(x,y)\mathrm{d}x$。

解析 由二次积分的积分限可知二重积分的积分区域 $D: x\leqslant y\leqslant 1, 0\leqslant x\leqslant 1$，所以

$$\int_0^1\mathrm{d}x\int_x^1 f(x,y)\mathrm{d}y=\iint_D f(x,y)\mathrm{d}x\mathrm{d}y=\int_0^1\mathrm{d}y\int_0^y f(x,y)\mathrm{d}x$$

5. 答案：$\pi(\sin1+\cos1-1)$。

解析 $\displaystyle\iint_D\cos\sqrt{x^2+y^2}\,\mathrm{d}\sigma=\iint_D r\cos r\,\mathrm{d}r\mathrm{d}\theta=\int_0^{\pi}\mathrm{d}\theta\int_0^1 r\cos r\,\mathrm{d}r=\pi(\sin1+\cos1-1)$。

6. 答案：$\dfrac{\partial^2 z}{\partial x\partial y}=\cos(xy)-xy\sin(xy)-\dfrac{x}{y^2}\varphi''_{uv}-\dfrac{1}{y^2}\varphi'_v-\dfrac{x}{y^3}\varphi''_{vv}$。

解析 对于 $\varphi\left(x,\dfrac{x}{y}\right)$，记 $u=x, v=\dfrac{x}{y}$，则

$$\frac{\partial z}{\partial x}=y\cos(xy)+\varphi'_u+\frac{1}{y}\varphi'_v$$

$$\frac{\partial^2 z}{\partial x\partial y}=\cos(xy)-xy\sin(xy)-\frac{x}{y^2}\varphi''_{uv}-\frac{1}{y^2}\varphi'_v-\frac{x}{y^3}\varphi''_{vv}。$$

7. 答案：$du=\left(f'_x+f'_z\frac{x+1}{z+1}e^{x-z}\right)dx+\left(f'_y-f'_z\frac{y+1}{z+1}e^{y-z}\right)dy$。

解析　**解法 1** 设 $F(x,y,z)=xe^x-ye^y-ze^z$，则

$$F'_x=(x+1)e^x,\ F'_y=-(y+1)e^y,\ F'_z=-(z+1)e^z$$

故
$$\frac{\partial z}{\partial x}=-\frac{F'_x}{F'_z}=\frac{x+1}{z+1}e^{x-z},\quad \frac{\partial z}{\partial y}=-\frac{F'_y}{F'_z}=\frac{y+1}{z+1}e^{y-z}$$

而
$$\frac{\partial u}{\partial x}=f'_x+f'_z\frac{\partial z}{\partial x}=f'_x+f'_z\frac{x+1}{z+1}e^{x-z}$$

$$\frac{\partial u}{\partial y}=f'_y+f'_z\frac{\partial z}{\partial y}=f'_y-f'_z\frac{y+1}{z+1}e^{y-z}$$

所以 $du=\frac{\partial u}{\partial x}dx+\frac{\partial u}{\partial y}dy=\left(f'_x+f'_z\frac{x+1}{z+1}e^{x-z}\right)dx+\left(f'_y+f'_z\frac{y+1}{z+1}e^{y-z}\right)dy$。

解法 2　在 $xe^x-ye^y=ze^z$ 两边微分，得

$$e^x dx+xe^x dx-e^y dy-ye^y dy=e^z dz+ze^z dz$$

故 $dz=\frac{(1+x)e^x dx-(1+y)e^y dy}{(1+z)e^z}$。

由 $u=f(x,y,z)$，得 $du=f'_x dx+f'_y dy+f'_z dz$，

所以
$$du=\frac{\partial u}{\partial x}dx+\frac{\partial u}{\partial y}dy=\left(f'_x+f'_z\frac{x+1}{z+1}e^{x-z}\right)dx+\left(f'_y-f'_z\frac{y+1}{z+1}e^{y-z}\right)dy。$$

8. 答案：$2\pi t e^{\sin t}$。

解析　$F(t)=\int_0^{2\pi}d\theta\int_0^t e^{\sin r}r\,dr=2\pi\int_0^t re^{\sin r}dr$，两边对 t 求导即得 $F'(t)=2\pi te^{\sin t}$。

二、选择题

1. 应选(A)。

解析　由有界闭区域上连续函数的性质知，函数 $f(x,y)$ 在 D 上必有最大值和最小值。

2. 应选(A)。

解析　因为 $f(x,y)$ 在点 (x_0,y_0) 处可微且取得极小值，可知偏导数一定存在，由极值存在的必要条件知 $f(x,y)$ 在 (x_0,y_0) 处的偏导数等于零，故(A)正确。

3. 应选(D)。

解析　由函数 $f(x,y)$ 在点 (x_0,y_0) 处连续的定义以及偏导数的定义知(D)正确。

4. 应选(C)。

解析　方程 $2xz-2xyz+\ln(xyz)=0$ 两边对 x 求导，得

$$2z+2x\frac{\partial z}{\partial x}-2yz-2xy\frac{\partial z}{\partial x}+\frac{1}{xyz}(yz+xy\frac{\partial z}{\partial x})=0$$

整理得

$$\frac{2xz-2xyz+1}{z}\frac{\partial z}{\partial x}=\frac{-(2xz-2xyz+1)}{x}$$

故 $\frac{\partial z}{\partial x}=-\frac{z}{x}$。

5. 应选(A)。

解析 将 $z=z(x,y)$ 代入 $F(x,y,z)=0$，有 $F(x,y,z(x,y))=0$，方程两边对 x 求导，应用复合函数求导法则，得

$$F_x+F_z\frac{\partial z}{\partial x}=0\Rightarrow\frac{\partial z}{\partial x}=-\frac{F_x}{F_z}$$

类似地，可得

$$\frac{\partial x}{\partial y}=-\frac{F_y}{F_x},\frac{\partial y}{\partial z}=-\frac{F_z}{F_y}$$

则有

$$\frac{\partial x}{\partial y}\cdot\frac{\partial y}{\partial z}\cdot\frac{\partial z}{\partial x}=\left(-\frac{F_y}{F_x}\right)\cdot\left(-\frac{F_z}{F_y}\right)\cdot\left(-\frac{F_x}{F_z}\right)=-1$$

6. 应选(D)。

解析 令 $y=x$，则

$$\lim_{\substack{x\to0\\y\to0}}\frac{x^2y}{x^4+y^2}=\lim_{\substack{x\to0\\y=x}}\frac{x^3}{x^4+x^2}=\lim_{x\to0}\frac{x}{1+x^2}=0$$

若令 $y=x^2$，则

$$\lim_{\substack{x\to0\\y\to0}}\frac{x^2y}{x^4+y^2}=\lim_{x\to0}\frac{x^4}{x^4+x^4}=\frac{1}{2}$$

由此可知，沿不同的路径 $(x,y)\to(0,0)$ 时，其极限值不相同，故 $\lim\limits_{\substack{x\to0\\y\to0}}\frac{x^2y}{x^4+y^2}$ 不存在。所以(D)正确 。

7. 应选(A)。

解析 由题设，利用极坐标有

$$\begin{aligned}\iint_D f(\sqrt{x^2+y^2})\mathrm{d}x\,\mathrm{d}y&=\iint_D f(r)r\,\mathrm{d}r\,\mathrm{d}\theta\\&=\int_0^{2\pi}\mathrm{d}\theta\int_0^1 rf(r)\mathrm{d}r=2\pi\int_0^1 rf(r)\mathrm{d}r\end{aligned}$$

故(A)正确。

8.应选（B）。

解析　根据积分区域 $D: x+y\leqslant 1, x\geqslant 0, y\geqslant 0$，将二重积分化成二次积分

$$\iint_D f(x)\mathrm{d}x\mathrm{d}y=\int_0^1\mathrm{d}x\int_0^{1-x}f(x)\mathrm{d}y=\int_0^1(1-x)f(x)\mathrm{d}x=\int_0^1 f(x)\mathrm{d}x-\int_0^1 xf(x)\mathrm{d}x=0$$

故(B)正确。

三、解答题

1.**解**　$\dfrac{\partial z}{\partial x}=f+xf'_1-\dfrac{y}{x}f'_2$

$$\frac{\partial z}{\partial y}=f'_2$$

$$\frac{\partial^2 z}{\partial x\partial y}=\frac{\partial}{\partial x}(f'_2)=f''_{12}-\frac{y}{x^2}f''_{22}=f''_{21}-\frac{y}{x^2}f''_{22}$$

2.**解**　$\dfrac{\partial z}{\partial y}=-\dfrac{x}{y^2}f'_1-2yf'_2$

$$\frac{\partial^2 z}{\partial x\partial y}=-\frac{1}{y^2}f'_1-\frac{x}{y^2}\left(\frac{1}{y}f''_{11}+2xf''_{12}\right)-2y\left(\frac{1}{y}f''_{21}+2xf''_{22}\right)$$

$$=-\frac{1}{y^2}f'_1-\frac{x}{y^3}f''_{11}-\left(\frac{2x^2}{y^2}+2\right)f''_{12}-4xyf''_{22}$$

3.**证明**　在方程的两边对 x 求偏导，得

$$1+\frac{\partial z}{\partial x}=yf'\cdot\left(2x-2z\frac{\partial z}{\partial x}\right)$$

即$\dfrac{\partial z}{\partial x}=\dfrac{2xyf'-1}{2yzf'+1}$。

在方程的两边对 y 求偏导，得

$$\frac{\partial z}{\partial y}=f+yf'\cdot\left(-2z\frac{\partial z}{\partial y}\right)$$

即$\dfrac{\partial z}{\partial y}=\dfrac{f}{2yzf'+1}$。

故 $z\dfrac{\partial z}{\partial x}+y\dfrac{\partial z}{\partial y}=\dfrac{2xyzf'-z}{2yzf'+1}+\dfrac{fy}{2yzf'+1}=\dfrac{2xyzf'-z+(x+z)}{2yzf'+1}=x$。

4.**解**　由题设有　$\dfrac{\mathrm{d}u}{\mathrm{d}x}=\dfrac{\partial f}{\partial x}+\dfrac{\partial f}{\partial y}\cdot\dfrac{\mathrm{d}y}{\mathrm{d}x}+\dfrac{\partial f}{\partial z}\cdot\dfrac{\mathrm{d}z}{\mathrm{d}x}$。

由 $\mathrm{e}^{xy}-y=0$，得

$$\mathrm{e}^{xy}\left(y+x\frac{\mathrm{d}y}{\mathrm{d}x}\right)-\frac{\mathrm{d}y}{\mathrm{d}x}=0\Rightarrow\frac{\mathrm{d}y}{\mathrm{d}x}=\frac{y^2}{1-xy}$$

由 $\mathrm{e}^z-xz=0$，得

$$\mathrm{e}^z\frac{\mathrm{d}z}{\mathrm{d}x}-z-x\frac{\mathrm{d}z}{\mathrm{d}x}=0\Rightarrow\frac{\mathrm{d}z}{\mathrm{d}x}=\frac{z}{\mathrm{e}^z-x}=\frac{z}{xz-x}$$

代入$\frac{\mathrm{d}u}{\mathrm{d}x}=\frac{\partial f}{\partial x}+\frac{\partial f}{\partial y}\cdot\frac{\mathrm{d}y}{\mathrm{d}x}+\frac{\partial f}{\partial z}\cdot\frac{\mathrm{d}z}{\mathrm{d}x}$,得

$$\frac{\mathrm{d}u}{\mathrm{d}x}=\frac{\partial f}{\partial x}+\frac{y^2}{1-xy}\cdot\frac{\partial f}{\partial y}+\frac{z}{x(z-1)}\cdot\frac{\partial f}{\partial z}$$

5. **解** 令 $x=\rho\cos\theta, y=\rho\sin\theta, (\rho>0)$,则$(x,y)\to(0,0)$ 等价于 $\rho\to 0$。

$$0\leqslant\left|\frac{(y-x)x}{\sqrt{x^2+y^2}}\right|=\frac{\rho^2\mid(\sin\theta-\cos\theta)\cos\theta\mid}{\rho}$$
$$=\rho\mid(\sin\theta-\cos\theta)\cos\theta\mid\leqslant 2\rho$$

故$\lim\limits_{\substack{x\to 0\\ y\to 0}}\frac{(y-x)x}{\sqrt{x^2+y^2}}=0$。

6. **证明**

$$f'_x(0,0)=\lim_{\Delta x\to 0}\frac{f(\Delta x,0)-f(0,0)}{\Delta x}=\lim_{\Delta x\to 0}\frac{0-0}{\Delta x}=0$$
$$f'_y(0,0)=\lim_{\Delta y\to 0}\frac{f(0,\Delta y)-f(0,0)}{\Delta y}=\lim_{\Delta y\to 0}\frac{0-0}{\Delta y}=0$$

令 $y=kx$,则

$$\lim_{\substack{x\to 0\\ y\to 0}}f(x,y)=\lim_{\substack{x\to 0\\ y=kx}}\frac{kx^2}{x^2+k^2x^2}=\frac{k}{1+k^2}$$

当 k 取不同值时,极限不同,故$\lim\limits_{\substack{x\to 0\\ y\to 0}}f(x,y)$ 不存在,所以 $f(x,y)$ 在$(0,0)$ 处不连续。

7. **解** 利用极坐标

$$\iint_D\frac{\mathrm{e}^{-\sqrt{x^2+y^2}}}{\sqrt{x^2+y^2}}\mathrm{d}x\,\mathrm{d}y=\iint_D\mathrm{e}^{-r}\,\mathrm{d}r\,\mathrm{d}\theta=\int_0^{2\pi}\mathrm{d}\theta\int_1^2\mathrm{e}^{-r}\,\mathrm{d}r=2\pi(\mathrm{e}^{-1}-\mathrm{e}^{-2})$$

8. **解** 积分区域 D 如图 4-22 所示,在极坐标系下可以表示为

$$D: 0\leqslant\theta\leqslant\pi,\ 0\leqslant r\leqslant 2\sin\theta$$

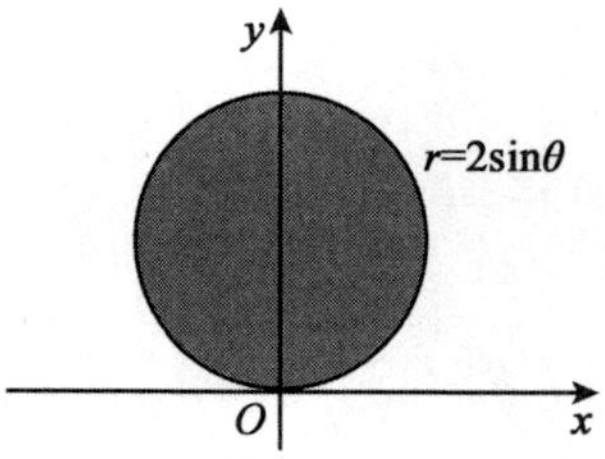

图 4-22

于是

$$\iint_D\sqrt{x^2+y^2}\,\mathrm{d}x\,\mathrm{d}y=\int_0^{\pi}\mathrm{d}\theta\int_0^{2\sin\theta}r^2\,\mathrm{d}r$$
$$=\int_0^{\pi}\left[\frac{1}{3}r^3\right]_0^{2\sin\theta}\mathrm{d}\theta=\frac{8}{3}\int_0^{\pi}\sin^3\theta\,\mathrm{d}\theta$$
$$=\frac{16}{3}\int_0^{\frac{\pi}{2}}\sin^3\theta\,\mathrm{d}\theta=\frac{32}{9}$$

一般地,如果积分区域是圆域或被积函数为 $f(x^2+y^2)$ 的形式,则采用极坐标积分比较方便。

9. **解** 即求成本函数 $c(x,y)$ 在条件 $x+y=8$ 下的最小值。

构造辅助函数

$$F(x,y)=x^2+2y^2-xy+\lambda(x+y-8)$$

解方程组 $\begin{cases}F'_x=2x-y+\lambda=0\\ F'_y=-x+4y+\lambda=0\\ F'_\lambda=x+y-8=0\end{cases}$

解得 $\lambda=-7, x=5, y=3$。

这唯一的一组解，即为所求，当这两种型号的机床分别生产 5 台和 3 台时，总成本最小，最小成本为

$$c(5,3)=5^2+2\times3^2-5\times3=28(\text{万元})$$

10. **解**　易知 $f(0)=1$，由于

$$\iint\limits_{x^2+y^2\leqslant 4t^2} f\left(\frac{1}{2}\sqrt{x^2+y^2}\right)\mathrm{d}x\,\mathrm{d}y=\int_0^{2\pi}\mathrm{d}\theta\int_0^{2t} f\left(\frac{1}{2}r\right)r\,\mathrm{d}r$$

$$=2\pi\int_0^{2t} rf\left(\frac{1}{2}r\right)\mathrm{d}r$$

所以有

$$f(t)=\mathrm{e}^{4\pi t^2}+2\pi\int_0^{2t} rf\left(\frac{1}{2}r\right)dr$$

上式两边对 t 求导，得

$$f'(t)=8\pi te^{4\pi t^2}+8\pi tf(t)$$

即

$$f'(t)-8\pi tf(t)=8\pi t\mathrm{e}^{4\pi t^2}$$

解方程得

$$f(t)=\mathrm{e}^{\int 8\pi t\,\mathrm{d}t}\left(\int 8\pi t\mathrm{e}^{4\pi t^2}\mathrm{e}^{-\int 8\pi t\,\mathrm{d}t}\mathrm{d}t+C\right)$$

$$=\mathrm{e}^{4\pi t^2}\left(\int 8\pi te^{4\pi t^2}\cdot\mathrm{e}^{-4\pi t^2}\mathrm{d}t+C\right)$$

$$=\mathrm{e}^{4\pi t^2}\left(\int 8\pi t\,\mathrm{d}t+C\right)=\mathrm{e}^{4\pi t^2}(4\pi t^2+C)$$

由 $f(0)=1$，得 $C=1$，故 $f(t)=(4\pi t^2+1)\mathrm{e}^{4\pi t^2}$。

11. **解**　作极坐标变换 $x=r\cos\theta, y=r\sin\theta$，有

$$\iint\limits_D(x+y)\,\mathrm{d}x\,\mathrm{d}y=\int_{-\frac{\pi}{2}}^{\frac{\pi}{2}}\mathrm{d}\theta\int_0^{2\cos\theta}(\cos\theta+\sin\theta)r^2\,\mathrm{d}r$$

$$=\frac{8}{3}\left[\int_{-\frac{\pi}{2}}^{\frac{\pi}{2}}\cos^4\theta\,\mathrm{d}\theta+\int_{-\frac{\pi}{2}}^{\frac{\pi}{2}}\sin\theta\cos^3\theta\,\mathrm{d}\theta\right]$$

$$=\frac{8}{3}\int_{-\frac{\pi}{2}}^{\frac{\pi}{2}}\cos^4\theta\,\mathrm{d}\theta=\frac{16}{3}\int_0^{\frac{\pi}{2}}\cos^4\theta\,\mathrm{d}\theta=\pi$$

也可以另外考虑，由于积分区域 $D: x^2+y^2\leqslant 2x$，是圆心在点 $(1,0)$，半径为 1 的圆域，关

于 x 轴对称，故 $\iint\limits_D y\,\mathrm{d}x\,\mathrm{d}y=0$，由极坐标变换 $x=r\cos\theta$，$y=r\sin\theta$，有

$$\iint\limits_D (x+y)\,\mathrm{d}x\,\mathrm{d}y=\iint\limits_D x\,\mathrm{d}x\,\mathrm{d}y=\int_{-\frac{\pi}{2}}^{\frac{\pi}{2}}\mathrm{d}\theta\int_0^{2\cos\theta} r^2\cos\theta\,\mathrm{d}r=\frac{8}{3}\int_{-\frac{\pi}{2}}^{\frac{\pi}{2}}\cos^4\theta\,\mathrm{d}\theta=\pi$$

12. **解**　利用极坐标，积分区域化为

$$D:\frac{\pi}{4}\leqslant\theta\leqslant\frac{5\pi}{4},1\leqslant r\leqslant\sqrt{2}$$

$$\iint\limits_D \frac{xy}{x^2+y^2}\mathrm{d}x\,\mathrm{d}y=\int_{\frac{\pi}{4}}^{\frac{5\pi}{4}}\mathrm{d}\theta\int_1^{\sqrt{2}}\frac{r\cos\theta\, r\sin\theta}{r^2}r\,\mathrm{d}r=\frac{1}{2}\int_{\frac{\pi}{4}}^{\frac{5\pi}{4}}\sin2\theta\,\mathrm{d}\theta\int_1^{\sqrt{2}}r\,\mathrm{d}r=0$$

第五章　常微分方程

考试内容

常微分方程的基本概念;变量可分离的微分方程;一阶线性微分方程。

考试要求

1. 了解微分方程及其阶、解、通解、初始条件和特解等概念。

2. 掌握变量可分离的微分方程和一阶线性微分方程的求解方法。

本章重点

掌握变量可分离的微分方程和一阶线性微分方程的求解方法及其应用。

一、微分方程的基本概念

1. 微分方程及其阶

(1)微分方程　凡含有未知函数的导数或微分的方程叫作微分方程。如果微分方程中的未知函数是一元函数,则称为常微分方程,一般简称为微分方程。

(2)微分方程的阶　微分方程中出现的未知函数的最高阶导数的阶数称微分方程的阶。

一阶微分方程一般形式为

$$F(x,y,y')=0 \text{ 或 } y'=f(x,y)$$

n 阶微分方程的一般形式为

$$F(x,y,y',\cdots,y^{(n)})=0 \text{ 或 } y^{(n)}=f(x,y,y',\cdots,y^{(n-1)})$$

其中必须含有 $y^{(n)}$。如:

① $y'=2x$,一阶微分方程。

② $y'^2+2xy''=0$,二阶微分方程。

2. 微分方程的解

(1)微分方程的解　代入微分方程能使方程成为恒等式的函数,称之为微分方程的解。

(2)微分方程的通解　若微分方程的解中含有任意常数,且任意常数的个数与微分方程的阶数相同,则称此解为微分方程的通解。

通解也称为一般解,但通解不一定是微分方程的全部解。

注　这里所说的任意常数是相互独立的,即它们不能合并而使得任意常数的个数减少。

(3)微分方程的特解　确定了通解中任意常数以后的解。

(4)积分曲线和积分曲线族　微分方程的解 $y=\varphi(x)$ 在 xOy 平面上的图形称为微分方程的积分曲线,而通解在 xOy 平面上的图形是一族曲线,称为积分曲线族。

(5)初始条件　用来确定任意常数的条件。

(6)初值问题 求微分方程满足初始条件的解的问题。

一阶微分方程 $\begin{cases} y'=f(x,y) \\ y|_{x=x_0}=y_0 \end{cases}$ 表示过定点的积分曲线。

例如微分方程

$$y'=2x \tag{1}$$

的通解为 $y=x^2+C$，因为其满足微分方程(1)且含有一个任意常数。

显然 $y=x^2+1$ 也是它的一个解，且满足 $x=1,y=2$，所以 $y=x^2+1$ 是微分方程(1)的一个特解。

二、一阶微分方程

1. 可分离变量的微分方程

(1)定义 若一阶微分方程 $y'=f(x,y)$ 可化为形如 $g(y)\mathrm{d}y=f(x)\mathrm{d}x$ 的方程，则称之为可分离变量的微分方程。

(2)解法 设函数 $g(y)$ 和 $f(x)$ 是连续的，两边积分得

$$\int g(y)\mathrm{d}y=\int f(x)\mathrm{d}x$$

设函数 $G(y)$ 和 $F(x)$ 分别为 $g(y)$ 和 $f(x)$ 的原函数，则 $G(y)=F(x)+C$ 为微分方程的通解。

2. 一阶线性微分方程

标准形式：

$$\frac{\mathrm{d}y}{\mathrm{d}x}+P(x)y=Q(x)$$

(1)一阶齐次线性微分方程

$$\frac{\mathrm{d}y}{\mathrm{d}x}+P(x)y=0$$

通解公式：$y=C\mathrm{e}^{-\int P(x)\mathrm{d}x}$。

(2)一阶线性非齐次微分方程

$$\frac{\mathrm{d}y}{\mathrm{d}x}+P(x)y=Q(x)$$

通解公式：$y=\mathrm{e}^{-\int P(x)\mathrm{d}x}\left(\int Q(x)\mathrm{e}^{\int P(x)\mathrm{d}x}\mathrm{d}x+C\right)$。

注 利用公式求解一阶线性微分方程，首先要把方程化为标准形式，确定 $P(x)$，$Q(x)$。

3. 一阶线性微分方程解的结构

性质 1　如果 $y_1^*(x)$，$y_2^*(x)$ 是一阶非齐次线性微分方程的两个解，则 $y=y_1^*(x)-y_2^*(x)$ 是对应的齐次方程的解。

性质 2　如果 $y^*(x)$ 是一阶非齐次线性微分方程的一个特解，Y 是对应的齐次方程的通解，则 $y=Y+y^*$ 是一阶非齐次方程的通解。

事实上，若 y_1 是齐次线性微分方程的一个非零解，则齐次线性微分方程的通解为 $Y=Cy_1$。

例如　非齐次线性微分方程 $y'+p(x)y=q(x)$ 有两个不同的解 y_1，y_2，C 为任意常数，则该方程的通解为 $y=y_1+C(y_1-y_2)$。

4. 全微分方程

(1)定义　一个一阶微分方程化为 $P(x,y)\mathrm{d}x+Q(x,y)\mathrm{d}y=0$ 的形式后，若存在某一个函数 $u(x,y)$ 使得

$$\mathrm{d}u(x,y)=P(x,y)\mathrm{d}x+Q(x,y)\mathrm{d}y$$

则称 $P(x,y)\mathrm{d}x+Q(x,y)\mathrm{d}y=0$ 为全微分方程。

(2)通解　全微分方程 $\mathrm{d}u(x,y)=P(x,y)\mathrm{d}x+Q(x,y)\mathrm{d}y=0$ 的通解为 $u(x,y)=C$。

5. 用变量替换解微分方程

当微分方程中出现 $f(xy)$，$f(x\pm y)$，$f\left(\dfrac{y}{x}\right)$，$f(x^2\pm y^2)$ 等形式时，通常要做相应的变量替换

$$u=xy, u=x\pm y, u=\frac{y}{x}, u=x^2\pm y^2$$

把方程化为基本类型再求解。

例 1　求微分方程 $y'=\dfrac{y(1-x)}{x}$ 的通解。

解法 1　这是一个可分离变量的微分方程，分离变量得

$$\frac{\mathrm{d}y}{y}=\left(\frac{1}{x}-1\right)\mathrm{d}x$$

两边积分得

$$\ln|y|=\ln|x|-x+C_1$$

所求微分方程通解为

$$y=Cx\mathrm{e}^{-x}\qquad (C\text{ 为任意常数})$$

解法 2 这也是一个一阶齐次线性微分方程，即

$$y' + \left(1 - \frac{1}{x}\right) y = 0$$

利用公式，所求微分方程通解为

$$y = C\mathrm{e}^{-\int P(x)\mathrm{d}x} = C\mathrm{e}^{-\int\left(1-\frac{1}{x}\right)\mathrm{d}x} = Cx\mathrm{e}^{-x} \quad (C \text{ 为任意常数})$$

例 2 求微分方程 $(y + x^3)\mathrm{d}x - 2x\mathrm{d}y = 0 \quad (x > 0)$ 满足 $y|_{x=1} = \frac{6}{5}$ 的特解。

解 这是一个一阶线性微分方程，化为标准形式，得

$$\frac{\mathrm{d}y}{\mathrm{d}x} - \frac{1}{2x}y = \frac{x^2}{2}$$

应用公式，得

$$y = \mathrm{e}^{\int\frac{1}{2x}\mathrm{d}x}\left(C + \int \frac{x^2}{2}\mathrm{e}^{-\int\frac{1}{2x}\mathrm{d}x}\mathrm{d}x\right)$$

因为

$$\mathrm{e}^{\int\frac{1}{2x}\mathrm{d}x} = \mathrm{e}^{\ln\sqrt{x}} = \sqrt{x}$$

$$\mathrm{e}^{-\int\frac{1}{2x}\mathrm{d}x} = \frac{1}{\sqrt{x}}$$

故

$$y = \sqrt{x}\left(C + \int \frac{x^2}{2} \cdot x^{-\frac{1}{2}}\mathrm{d}x\right) = \sqrt{x}\left(C + \frac{1}{2}\int x^{\frac{3}{2}}\mathrm{d}x\right) = \sqrt{x}\left(C + \frac{1}{5}x^{\frac{5}{2}}\right)$$

由初始条件 $y|_{x=1} = \frac{6}{5}$，得 $C = 1$，由此得特解

$$y = \sqrt{x}\,(1 + \frac{1}{5}x^{\frac{5}{2}})$$

例 3 设 $f(x)$ 为连续函数，

(1)求解初值问题 $\begin{cases} y' + ay = f(x) \\ y|_{x=0} = 0 \end{cases}$，其中 a 为正常数；

(2)若 $|f(x)| \leqslant k \quad (k \text{ 为常数})$，求证当 $x \geqslant 0$ 时，有 $|y(x)| \leqslant \frac{k}{a}(1 - \mathrm{e}^{-ax})$。

分析 首先求解初值问题，由于 $f(x)$ 未具体给出表达式，只能用未知的函数表示，要利用定积分和原函数的知识。

解 (1)原方程的通解为

$$y(x) = \mathrm{e}^{-ax}(\int f(x)\mathrm{e}^{ax}\mathrm{d}x + C) = \mathrm{e}^{-ax}(F(x) + C)$$

其中 $F(x)$ 是 $f(x)e^{ax}$ 的一个原函数，由 $y(0)=0$，得 $C=-F(0)$，故

$$y(x)=e^{-ax}(F(x)-F(0))=e^{-ax}\int_0^x f(t)e^{at}\,dt$$

(2)由于 $|f(x)|\leqslant k$，由(1)得

$$|y(x)|\leqslant e^{-ax}\int_0^x |f(t)|e^{at}\,dt\leqslant k e^{-ax}\int_0^x e^{at}\,dt$$

$$=\frac{k}{a}e^{-ax}(e^{ax}-1)=\frac{k}{a}(1-e^{-ax})$$

例 4 设有微分方程 $y'-2y=\varphi(x)$，其中

$$\varphi(x)=\begin{cases}2, & x<1\\ 0, & x>1\end{cases}$$

试求在 $(-\infty,+\infty)$ 内的连续函数 $y=y(x)$，使之在 $(-\infty,1)$ 和 $(1,+\infty)$ 内都满足所给方程，且满足条件 $y(0)=0$。

分析 由于方程右端项 $\varphi(x)$ 为分段函数，故先分段求解，根据初始条件 $y(0)=0$，并利用 $y(x)$ 的连续性，求出 $y(x)$。

解 当 $x<1$ 时，方程为 $y'-2y=2$，其通解为

$$y=e^{\int 2dx}\left(\int 2e^{-\int 2dx}dx+C_1\right)=C_1e^{2x}-1\quad (x<1)$$

由 $y(0)=0$，得 $C_1=1$，所以 $y=e^{2x}-1\quad(x<1)$。

当 $x>1$ 时，有 $y'-2y=0$，其通解为 $y=C_2e^{2x}\quad(x>1)$。

由于 $y(x)$ 在 $x=1$ 处连续，故 $C_1e^2-1=C_2e^2$，即

$$C_2=1-e^{-2}$$

所以 $y=(1-e^{-2})e^{2x}\quad(x>1)$。则得到在 $(-\infty,+\infty)$ 内的连续函数

$$y(x)=\begin{cases}e^{2x}-1 & x\leqslant 1\\ (1-e^{-2})e^{2x} & x>1\end{cases}$$

例 5 求函数族 $y=\cos(x+C)$（C 为任意常数）所满足的微分方程。

解 对 x 求导，得

$$\frac{dy}{dx}=-\sin(x+C)$$

利用三角恒等式，得

$$\frac{dy}{dx}=-\sqrt{1-\cos^2(x+C)}=-\sqrt{1-y^2}$$

于是得到一个一阶微分方程，即为所求微分方程：

$$\frac{dy}{dx}+\sqrt{1-y^2}=0$$

例 6 设函数 $y=y(x)$ 是微分方程 $x\mathrm{d}y+(x-2y)\mathrm{d}x=0$ 满足条件 $y(1)=2$ 的解，求曲线 $y=y(x)$ 与 x 轴所围图形的面积 S。

分析 解微分方程求出曲线 $y=y(x)$，再利用定积分求出所围图形的面积 S。

解 $x\mathrm{d}y+(x-2y)\mathrm{d}x=0$，即 $\frac{\mathrm{d}y}{\mathrm{d}x}-\frac{2}{x}y=-1$，故

$$y=\mathrm{e}^{-\int\left(-\frac{2}{x}\right)\mathrm{d}x}\left[\int(-1)\mathrm{e}^{\int\left(-\frac{2}{x}\right)\mathrm{d}x}\mathrm{d}x+C\right]=x^2\left[\int\left(-\frac{1}{x^2}\right)\mathrm{d}x+C\right]$$

$$=x^2\left(\frac{1}{x}+C\right)=x+Cx^2$$

代入初始条件 $y(1)=2$，得 $C=1$，故 $y=x^2+x$。曲线 $y=x^2+x$ 与 x 轴交点为 $(-1,0)$，$(0,1)$，所以

$$S=\left|\int_{-1}^{0}(x^2+x)\mathrm{d}x\right|=\left|\left(\frac{1}{3}x^3+\frac{1}{2}x^2\right)_{-1}^{0}\right|=\left|-\frac{1}{6}\right|=\frac{1}{6}$$

例 7 解微分方程 $y'+x\sin 2y=x\mathrm{e}^{-x^2}\cos^2 y$，$y(0)=\frac{\pi}{4}$。

解 由原方程可得 $y'+2x\sin y\cos y=x\mathrm{e}^{-x^2}\cos^2 y$，故有

$$\frac{1}{\cos^2 y}y'+2x\tan y=x\mathrm{e}^{-x^2}$$

令 $u=\tan y$，于是可得方程 $u'+2xu=x\mathrm{e}^{-x^2}$，所以

$$u=\mathrm{e}^{-\int P(x)\mathrm{d}x}\left(\int Q(x)\mathrm{e}^{\int P(x)\mathrm{d}x}\mathrm{d}x+C\right)=\mathrm{e}^{-x^2}\left(\int x\mathrm{e}^{-x^2}\cdot\mathrm{e}^{x^2}\mathrm{d}x+C\right)=\mathrm{e}^{-x^2}\left(\frac{x^2}{2}+C\right)$$

即 $\tan y=\mathrm{e}^{-x^2}\left(\frac{1}{2}x^2+C\right)$。

$1=\tan y(0)=C$，所以 $\tan y=\mathrm{e}^{-x^2}\left(\frac{1}{2}x^2+1\right)$。

例 8 求解 $(1+\mathrm{e}^{\frac{x}{y}})\mathrm{d}x+\mathrm{e}^{\frac{x}{y}}\left(1-\frac{x}{y}\right)\mathrm{d}y=0$。

分析 此题不是线性方程，也不是可分离变量型，可以做变量替换，也可利用凑全微分的方法求解。

解法 1 令 $u=\frac{x}{y}$，$\Rightarrow x=uy$，$\frac{\mathrm{d}x}{\mathrm{d}y}=u+y\frac{\mathrm{d}u}{\mathrm{d}y}$，代入原方程，得

$$(1+\mathrm{e}^u)\left(u+y\frac{\mathrm{d}u}{\mathrm{d}y}\right)+\mathrm{e}^u(1-u)=0$$

整理得 $\frac{1+\mathrm{e}^u}{u+\mathrm{e}^u}\mathrm{d}u=-\frac{1}{y}\mathrm{d}y$，两边积分得

$$\ln|u+\mathrm{e}^u|=\ln\frac{1}{|y|}+\ln C_1\Rightarrow u+\mathrm{e}^u=C\frac{1}{y}$$

变量还原得方程通解：$x+ye^{\frac{x}{y}}=C$。

注　变量替换后，将 x 看作 y 函数，有时这样求解比较方便。

解法 2　凑微分法，由原方程整理有

$$dx+e^{\frac{x}{y}}\left[dx+dy-\frac{x}{y}dy\right]=0$$

$$dx+e^{\frac{x}{y}}\left[dy+\frac{y\,dx-x\,dy}{y}\right]=0$$

$$dx+e^{\frac{x}{y}}\left[dy+y\,d\left(\frac{x}{y}\right)\right]=0$$

$$dx+\left[e^{\frac{x}{y}}dy+ye^{\frac{x}{y}}d\left(\frac{x}{y}\right)\right]=0$$

$$d(x+ye^{\frac{x}{y}})=0$$

故得方程通解为 $x+ye^{\frac{x}{y}}=C$。

例 9　求微分方程 $\frac{dy}{dx}=\frac{y}{y^2-x}$ 的通解。

分析　此方程无法直接将变量 x,y 分离开，又不是关于未知函数的线性方程，分析一下它的构造，可以给出下述解法。

解法 1(凑微分法)　将方程改写为

$$y\,dx+(x-y^2)dy=0$$

整理得 $(y\,dx+x\,dy)-y^2dy=0$，有

$$d(xy)-d\left(\frac{y^3}{3}\right)=0\Rightarrow d\left(xy-\frac{y^3}{3}\right)=0$$

可得通解为 $xy-\frac{y^3}{3}=C$。

解法 2　将方程改写为

$$\frac{dx}{dy}=\frac{y^2-x}{y}\quad(y\neq 0)$$

即

$$\frac{dx}{dy}+\frac{1}{y}x=y\quad(y\neq 0)$$

把 x 看作 y 的函数，则它是一阶线性非齐次微分方程，我们用公式法求通解。

$$x=e^{-\int P(y)dy}\left(\int Q(y)e^{\int P(y)dy}dy+C\right)=e^{-\int\frac{1}{y}dy}\left(\int ye^{\int\frac{1}{y}dy}dy+C\right)=\frac{1}{y}\left(\frac{y^3}{3}+C\right)$$

从而非齐次方程的通解为

$$x=\frac{1}{y}\left(\frac{y^3}{3}+C\right)\quad(y\neq 0)$$

注意到 $y=0$ 也是原方程的解,故原方程通解为

$$xy-\frac{y^3}{3}=C$$

注 此方程还有其他解法,一个微分方程有时可有多种解法,而其难易程度是大不相同的,在解题时应认真分析方程的特点,选择最优解法。

例 10 已知函数 $f(x)$ 满足微分方程 $f'(x)+xf'(-x)=x$,求 $f(x)$。

解 在 $f'(x)+xf'(-x)=x$ 中,用 $-x$ 代替 x,得 $f'(-x)+(-x)f'(x)=-x$ 方程两边乘以 x 得

$$xf'(-x)-x^2f'(x)=-x^2$$

原方程减去上式,得

$$(1+x^2)f'(x)=x+x^2$$

即

$$f'(x)=\frac{x+x^2}{1+x^2}=1+\frac{x}{1+x^2}-\frac{1}{1+x^2}$$

两边积分,得

$$f(x)=x+\frac{1}{2}\ln(1+x^2)-\arctan x+C。$$

例 11 设 $f(x+y)=\dfrac{f(x)+f(y)}{1-f(x)f(y)}$,其中 f 可导,且 $f'(0)=2$,求 $f(x)$。

分析 根据上述等式导出相应的微分方程,然后求解。

解 令 $y=0$,$f(x)=\dfrac{f(x)+f(0)}{1-f(x)f(0)}$,整理后得

$$f(0)[1+f^2(x)]=0$$

即 $f(0)=0$。

固定 x,在等式两边关于 y 求导:

$$f'(x+y)=\frac{f'(y)[1-f(x)f(y)]-[f(x)+f(y)][-f(x)f'(y)]}{[1-f(x)f(y)]^2}$$

令 $y=0$,得

$$f'(x)=[1+f^2(x)]f'(0)=2[1+f^2(x)]$$

于是问题转化为求解微分方程

$$\begin{cases}f'(x)=2[1+f^2(x)]\\f(0)=0\end{cases}$$

分离变量得 $\dfrac{\mathrm{d}f(x)}{1+f^2(x)}=2\mathrm{d}x$,解得 $\arctan f(x)=2x+C$。

由 $f(0)=0$,得 $C=0$,故 $f(x)=\tan 2x$ 为所求。

例 12　已知 $f(x)$ 是 $(0,+\infty)$ 上的连续函数，且满足 $\frac{x}{2}[1+f(x)]-\int_1^x f(t)\mathrm{d}t=\frac{x^3+2}{6}$，求 $f(x)$。

解　由 $f(x)$ 是 $(0,+\infty)$ 上的连续函数可知 $\int_1^x f(t)\mathrm{d}t$ 可导，则 $1+f(x)$ 可表示为可导函数之商，故当 $x>0$ 时，$f(x)$ 可导。原式两边同时对 x 求导，得

$$\frac{1}{2}[1+f(x)]+\frac{xf'(x)}{2}-f(x)=\frac{x^2}{2}$$

整理得

$$xf'(x)-f(x)=x^2-1$$

$$f'(x)-\frac{f(x)}{x}=\frac{x^2-1}{x}$$

解此一阶线性微分方程，得　$f(x)=x^2+1+Cx$。

注意由原式，令 $x=1$，得

$$\Rightarrow f(1)=0$$

故 $C=-2$，所以 $f(x)=x^2+1-2x=(x-1)^2\quad(x>0)$。

例 13　设函数 $f(x)$ 在 $(0,+\infty)$ 上连续，$f(1)=\frac{5}{2}$，对于一切的 x,t 满足

$$\int_1^{xt} f(u)\mathrm{d}u=t\int_1^x f(u)\mathrm{d}u+x\int_1^t f(u)\mathrm{d}u$$

求 $f(x)$。

分析　此题已知等式为积分上限的函数，等式两边求导，去掉积分号，即可求出 $f(x)$。

解法 1　由题设知等式两边关于变量 t 可导，等式两边对 t 求导，得

$$xf(xt)=\int_1^x f(u)\mathrm{d}u+xf(t)$$

令 $t=1$，可得

$$xf(x)=\int_1^x f(u)\mathrm{d}u+\frac{5x}{2}$$

两边对 x 求导，得　$f'(x)=\frac{5}{2x}$

解之得

$$f(x)=\frac{5}{2}(\ln x+C)$$

由 $f(1)=\frac{5}{2}$ 可得 $C=1$，故

$$f(x)=\frac{5}{2}(\ln x+1)$$

解法 2 已知等式各项均为 x 的可导函数,两端关于 x 求导数,得到

$$tf(xt)=tf(x)+\int_1^t f(u)\,\mathrm{d}u$$

由 $f(1)=\frac{5}{2}$，只需令 $x=1$，得到

$$tf(t)=\frac{5}{2}t+\int_1^t f(u)\,\mathrm{d}u$$

当 $t\in(0,+\infty)$ 时,由上式可见 $f(t)$ 为可导函数,将上式两端关于 t 求导,得

$$f(t)+tf'(t)=\frac{5}{2}+f(t)$$

解出：$f'(t)=\frac{5}{2t}$，积分得到

$$f(t)=\frac{5}{2}\ln t+C$$

由 $f(1)=\frac{5}{2}$,解出 $C=\frac{5}{2}$。故所求 $f(x)=\frac{5}{2}(\ln x+1)$。

例 14 设 $f(x)$ 在 $[1,+\infty)$ 内具有连续导数,且满足方程 $x^2f(x)-\int_1^x(1-t)f(t)\,\mathrm{d}t=1$，求 $f(x)$。

分析 首先利用变上限函数求导的方法得到一个以 $f(x)$ 为未知函数的微分方程,解此微分方程。

解 方程 $x^2f(x)-\int_1^x(1-t)f(t)\,\mathrm{d}t=1$ 两边对 x 求导,得

$$2xf(x)+x^2f'(x)-(1-x)f(x)=0$$

整理得

$$x^2f'(x)+(3x-1)f(x)=0$$

上述微分方程为可分离变量方程,分离变量得

$$\frac{\mathrm{d}f(x)}{f(x)}=\frac{1-3x}{x^2}\mathrm{d}x$$

积分得 $\ln|f(x)|=-\frac{1}{x}-3\ln|x|+\ln C_1$，整理得 $f(x)=\frac{C}{x^3}\mathrm{e}^{-\frac{1}{x}}$ 为通解。

由于 $f(1)=1\Rightarrow C=\mathrm{e}$，故所求函数 $f(x)=\frac{1}{x^3}\mathrm{e}^{1-\frac{1}{x}}$。

注 在实际问题当中,经常需要根据所给出的已知关系式来确定初始条件。

例 15 设曲线过点 $\left(\frac{1}{2},0\right)$ 且满足微分方程 $y'\arcsin x+\frac{y}{\sqrt{1-x^2}}=1$，求此曲线方程。

解　由题设，所求曲线方程是初值问题$\begin{cases} y'\arcsin x+\dfrac{y}{\sqrt{1-x^2}}=1 \\ y\big|_{x=\frac{1}{2}}=0 \end{cases}$的解。

将原方程化为 $y'+\dfrac{y}{\arcsin x\sqrt{1-x^2}}=\dfrac{1}{\arcsin x}$，这是一阶线性非齐次微分方程，其通解为

$$y=e^{-\int P(x)dx}\left(\int Q(x)e^{\int P(x)dx}dx+C\right)$$

$$y=e^{-\int\frac{1}{\arcsin x\sqrt{1-x^2}}dx}\left(\int\frac{1}{\arcsin x}e^{\int\frac{1}{\arcsin x\sqrt{1-x^2}}dx}dx+C\right)$$

$$=e^{-\int\frac{d\arcsin x}{\arcsin x}}\left(\int\frac{1}{\arcsin x}e^{\int\frac{d\arcsin x}{\arcsin x}}dx+C\right)$$

$$=e^{-\int\frac{d\arcsin x}{\arcsin x}}\left(\int\frac{1}{\arcsin x}e^{\int\frac{d\arcsin x}{\arcsin x}}dx+C\right)$$

$$=\frac{1}{\arcsin x}(C+x)$$

由 $y\left(\dfrac{1}{2}\right)=0$，得 $C=-\dfrac{1}{2}$，故所求曲线方程为 $y\arcsin x=x-\dfrac{1}{2}$。

三、微分方程的应用

例 16　求一曲线，使曲线的切线、坐标轴以及过切点与 y 轴平行的直线所围成梯形 $OAPB$ 的面积等于 a^2，且曲线过点 (a,a)（$a>0$ 为常数）。

解　设所求曲线为 $y=y(x)$，如图 5-1 所示，曲线上 (x,y) 处的切线方程为

$$Y-y=y'(X-x)$$

令 $X=0$，即得曲线在 y 轴上的截距为

$$Y=y-xy'$$

故梯形 $OAPB$ 面积

$$S=\frac{1}{2}x(y-xy'+y)=\frac{x}{2}(2y-xy')$$

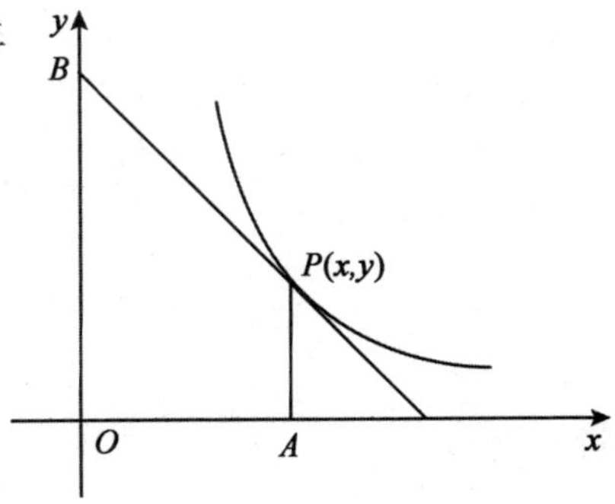

图 5-1

由此可得微分方程

$$x^2y'-2xy=-2a^2$$

$$y'-\frac{2}{x}y=-\frac{2a^2}{x^2}$$

这是一阶线性微分方程,解之得

$$y = Cx^2 + \frac{2a^2}{3x}$$

由 $y(a) = a$,知 $C = \frac{1}{3a}$,于是所求的曲线方程为 $y = \frac{1}{3a}x^2 + \frac{2a^2}{3x}$。

例 17 设函数 $f(x)$ 在 $[1, +\infty)$ 上连续,若由曲线 $y = f(x)$,直线 $x = 1, x = t\ (t > 1)$ 与 x 轴所围成的平面图形绕 x 轴旋转一周所成的旋转体的体积为 $V(t) = \frac{\pi}{3}[t^2 f(t) - f(1)]$,试求 $y = f(x)$ 所满足的微分方程,并求微分方程满足条件 $f(t)\big|_{t=2} = \frac{2}{9}$ 的解。

分析 首先要写出图中旋转体的体积的定积分表达式,然后由此及题中已给出的旋转体体积的表达式得出一阶微分方程,并求其满足给定条件的特解。

解 利用旋转体体积公式得 $V(t) = \pi\int_1^t f^2(x)\mathrm{d}x$,由已知得

$$V(t) = \frac{\pi}{3}[t^2 f(t) - f(1)]$$

于是有

$$3\int_1^t f^2(x)\mathrm{d}x = t^2 f(t) - f(1)$$

上式两边求导得

$$3f^2(t) = 2tf(t) + t^2 f'(t)$$

上述方程变形为

$$\frac{\mathrm{d}f(t)}{\mathrm{d}t} = 3\left(\frac{f(t)}{t}\right)^2 - 2\,\frac{f(t)}{t}$$

令 $u = \frac{f(t)}{t}$,则有 $t\,\frac{\mathrm{d}u}{\mathrm{d}t} = 3u(u-1)$,分离变量并积分,得

$$\int\left(\frac{1}{u-1} - \frac{1}{u}\right)\mathrm{d}u = \int 3\,\frac{\mathrm{d}t}{t}$$

得

$$\frac{u-1}{u} = Ct^3$$

从而通解为 $f(t) - t = Ct^3 f(t)$。

由已知条件 $f(t)\big|_{t=2} = \frac{2}{9}$ 得 $C = -1$,故所求的通解为 $y - x = -x^3 y$,即 $y = \frac{x}{1+x^3}$。

例 18　已知曲线过点(1,1),如果把曲线上任一点 P 处的切线与 y 轴的交点记作 Q,则以 PQ 为直径所作的圆都经过点 $F(1,0)$，求此曲线方程。

解　设所求曲线为 $y=y(x)$，如图 5-2 所示,于是切线方程为

$$Y-y=y'(X-x)$$

切线 PQ 与 y 轴的交点 Q 的坐标为

$$Q(0,y-xy')$$

设点 M 为切线段 PQ 的中点,坐标为 $\left(\dfrac{x}{2},y-\dfrac{xy'}{2}\right)$，因为圆经过点 $F(1,0)$，所以 $|MQ|=|MF|$，于是得方程

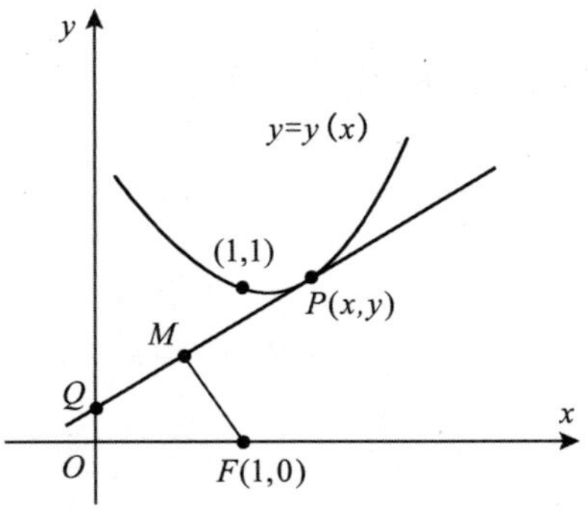

图 5-2

$$\begin{cases}yy'=\dfrac{1}{x}y^2-1+\dfrac{1}{x}\\ y|_{x=1}=1\end{cases}$$

令 $y^2=Z$，则方程化为

$$\frac{1}{2}(y^2)'=\frac{1}{x}y^2-1+\frac{1}{x}$$

$$\Rightarrow Z'=\frac{2}{x}Z-2+\frac{2}{x}$$

$$\Rightarrow Z'-\frac{2}{x}Z=-2+\frac{2}{x}$$

此为一阶线性非齐次微分方程,由公式法,有

$$Z=e^{\int\frac{2}{x}dx}\left(\int\left(\frac{2}{x}-2\right)e^{-\int\frac{2}{x}dx}dx+C\right)$$

解得 $Z=2x-1+Cx^2$。

即方程的通解为 $y^2=2x-1+Cx^2$，代入初值 $y|_{x=1}=1$，得 $C=0$，于是所求曲线为 $y^2=2x-1$。

例 19　设 L 是一条平面曲线,其上一点 $P(x,y)$ $(x>0)$ 到坐标原点的距离恒等于该点处的切线在 y 轴上的截距,且 L 经过点$\left(\dfrac{1}{2},0\right)$。

(1)试求曲线 L 的方程;

(2)求 L 位于第一象限部分的一条切线,使该切线与 L 以及两坐标轴所围图形的面积最小。

解　(1)设 L 的方程为 $y=y(x)$,曲线 L 上过点 $P(x,y)$ 的切线方程为 $Y-y=y'(X-x)$。

令 $X=0$，则得切线在 y 轴上的截距

$$Y=y-xy'$$

由题设得 L 的微分方程为

$$\sqrt{x^2+y^2}=y-xy'$$

解此微分方程,整理得

$$y'=\frac{y}{x}-\sqrt{1+\frac{y^2}{x^2}}$$

令 $u=\frac{y}{x}$,则 $y=xu$,方程化为 $\sqrt{1+u^2}=-xu'$,分离变量得

$$\frac{\mathrm{d}u}{\sqrt{1+u^2}}+\frac{\mathrm{d}x}{x}=0$$

两边积分得

$$\ln(u+\sqrt{1+u^2})+\ln x=C_1\Rightarrow y+\sqrt{x^2+y^2}=C$$

又 $y\big|_{x=\frac{1}{2}}=0\Rightarrow C=\frac{1}{2}$,由此得 $y+\sqrt{x^2+y^2}=\frac{1}{2}$,则有

$$\left(\frac{1}{2}-y\right)^2=(\sqrt{x^2+y^2})^2$$

故 $y=\frac{1}{4}-x^2$,即曲线 L 的方程为 $y=\frac{1}{4}-x^2$。

(2)曲线 $L:y=\frac{1}{4}-x^2\quad(0\leqslant x\leqslant\frac{1}{2})$ 在 (x,y) 处的切线方程为

$$Y-(\frac{1}{4}-x^2)=-2x(X-x)$$

即

$$Y=-2xX+x^2+\frac{1}{4}$$

切线在 x 轴与 y 轴上的截距分别为 $\frac{1}{2x}(x^2+\frac{1}{4})$ 与 $x^2+\frac{1}{4}$,所求面积

$$S(x)=\frac{1}{2}\cdot\frac{1}{2x}(x^2+\frac{1}{4})^2-\int_0^{\frac{1}{2}}(\frac{1}{4}-x^2)\mathrm{d}x$$

$$S'(x)=\frac{1}{4x^2}\left[x\cdot 2\left(x^2+\frac{1}{4}\right)\cdot 2x-\left(x^2+\frac{1}{4}\right)^2\right]=\frac{1}{4x^2}\left(x^2+\frac{1}{4}\right)\left(3x^2-\frac{1}{4}\right)$$

令 $S'(x)=0$,得驻点 $x=\frac{\sqrt{3}}{6}$,是 $S(x)$ 在 $[0,\frac{1}{2}]$ 内的唯一驻点,且 $S'(x)$ 在 $x=\frac{\sqrt{3}}{6}$ 附近由负变正,所以 $x=\frac{\sqrt{3}}{6}$ 是极小值点,也是最小值点。

所以切线方程为 $Y=-2\cdot\frac{\sqrt{3}}{6}X+\frac{3}{36}+\frac{1}{4}$，即 $y=-\frac{\sqrt{3}}{3}x+\frac{1}{3}$。

例 20　设某商品的市场价格随时间变动 $P=P(t)$，其需求函数为 $Q_d=b-aP$，供给函数为 $Q_s=-d+cP\quad(a>0,b>0,c>0,d>0)$，又设价格 P 随时间 t 的变化率与超额需求 Q_d-Q_s 成正比，且 $P(0)=P_0$。求价格函数 $P=P(t)$。

解　依题意列出方程

$$\begin{cases}\frac{\mathrm{d}P}{\mathrm{d}t}=k(Q_{\mathrm{d}}-Q_{\mathrm{s}})=-k(a+c)P+k(b+d)\\ P\Big|_{t=0}=P_0\end{cases}$$

整理得一阶线性非齐次方程的标准形式

$$\begin{cases}\frac{\mathrm{d}P}{\mathrm{d}t}+k(a+c)P=k(b+d)\\ P\Big|_{t=0}=P_0\end{cases}$$

由一阶线性方程的通解公式可得

$$P=\mathrm{e}^{-\int k(a+c)\mathrm{d}t}\left[\int k(b+d)\mathrm{e}^{\int k(a+c)\mathrm{d}t}\mathrm{d}t+C\right]=\frac{b+d}{a+c}+C\mathrm{e}^{-k(a+c)t}$$

由初始条件 $P\Big|_{t=0}=P_0$ 得

$$C=P_0-\frac{b+\mathrm{d}}{a+c}$$

因此 $P(t)=\left(P_0-\frac{b+d}{a+c}\right)\mathrm{e}^{-k(a+c)t}+\frac{b+d}{a+c}$。

练　习　题

一、填空题

1. 微分方程 $y'+y\cos x=\mathrm{e}^{-\sin x}$ 的通解为________。
2. 微分方程 $y\mathrm{d}x+(x^2-4x)\mathrm{d}y=0$ 的通解为________。
3. 微分方程 $y'+y=\mathrm{e}^{-x}\cos x$ 满足条件 $y(0)=0$ 的解为________。
4. 已知曲线 $y=f(x)$ 过点 $(0,-\frac{1}{2})$，且其上任一点 (x,y) 处的切线斜率为 $x\ln(1+x^2)$，则 $f(x)=$________。
5. 微分方程 $xy'\ln x+y=ax(\ln x+1)$ 的通解为________。
6. 微分方程 $y'-y\tan x=\sec x$，$y(0)=0$ 的解为________。
7. 微分方程 $y'\sin x\cos x-y-\sin^3 x=0$ 的通解为________。
8. 设 $f(x)$ 有连续导数，$f(0)=1$，且 $\int_0^x f(t)\mathrm{d}t=xf(x)-x^2$，求 $f(x)=$________。

二、选择题

1. 若连续函数 $f(x)$ 满足关系式 $f(x)=\int_0^{2x} f\left(\frac{t}{2}\right)\mathrm{d}t+\ln 2$，则 $f(x)=$(　　)。

(A) $\mathrm{e}^x\ln 2$　　(B) $\mathrm{e}^{2x}\ln 2$　　(C) $\mathrm{e}^x+\ln 2$　　(D) $\mathrm{e}^{2x}+\ln 2$

2. 已知 $y=y(x)$ 在任意点处的增量 $\Delta y=\frac{y}{1+x^2}\Delta x+\alpha$，且当 $\Delta x\to 0$ 时，α 是 Δx 的高阶无穷小量，$y(0)=\pi$。则 $y(1)=$(　　)。

(A) 2π　　(B) π　　(C) $\mathrm{e}^{\frac{\pi}{4}}$　　(D) $\pi\mathrm{e}^{\frac{\pi}{4}}$

3. 设 y_1,y_2 为非齐次微分方程 $y'+p(x)y=q(x)$ 的特解，则下列仍为线性非齐次微分方程 $y'+p(x)y=q(x)$ 的特解的是(　　)。

(A) y_1+y_2　　(B) y_1-y_2　　(C) $-y_1+y_2$　　(D) $\frac{3}{2}y_1-\frac{1}{2}y_2$

4. 设 y_1,y_2 为方程 $y'+p(x)y=0$ 的两个不同的特解，则该方程的通解是(　　)。

(A) $y=C_1y_1+C_2y_2$　　(B) $y=y_1+Cy_2$

(C) $y=y_1+C(y_1+y_2)$　　(D) $y=C(y_2-y_1)$

5. 设函数 $y=\cos 2x$ 是方程 $y'+p(x)y=0$ 的一个特解，则该方程满足初始条件 $y(0)=2$ 的特解为(　　)。

(A) $y=\cos 2x+2$　　(B) $y=\cos 2x+1$

(C) $y=2\cos x$　　(D) $y=2\cos 2x$

6. 设 y_1,y_2 为方程 $y'+p(x)y=q(x)$ 的两个不同的特解，C 为任意常数，则该方程的通解是(　　)。

(A) $y=C(y_1-y_2)$　　(B) $y=y_1+C(y_1-y_2)$

(C) $y=y_1+C(y_1+y_2)$　　(D) $y=C(y_1+y_2)$

7. 设 C 为任意常数，则通解为 $y=Cx^3$ 的微分方程为(　　)。

(A) $y'=3Cx^2$　　(B) $y'=3x^2$　　(C) $xy'=3y$　　(D) $y'=3xy$

8. 微分方程 $xy'+y=\arctan x$ 满足初始条件 $y(1)=\frac{\pi}{4}$ 的特解为(　　)。

(A) $y=\arctan x-\frac{1}{2x}\ln(1+x^2)+\frac{\ln 2}{2x}$　　(B) $y=\arctan x-\frac{1}{2}\ln(1+x^2)+\frac{\ln 2}{2}$

(C) $y=\arctan x-\frac{1}{2x}\ln(1+x^2)-\frac{\ln 2}{2x}$　　(D) $y=\arctan x-\frac{1}{2x}\ln(1+x^2)+\frac{\ln 2}{2}$

三、解答题

1. 解微分方程 $\begin{cases}\frac{\mathrm{d}y}{\mathrm{d}x}=3(x-1)^2(1+y^2)\\ y_{|x=0}=1\end{cases}$。

2. 求微分方程 $(1+y^2)\mathrm{d}x-x(1+x)y\mathrm{d}y=0$ 的通解。

3. 求微分方程 $\frac{\mathrm{d}y}{\mathrm{d}x}=\frac{1}{x-y}+1$ 的通解。

4. 求解微分方程 $y'=\mathrm{e}^{\frac{y}{x}}+\frac{y}{x}$。

5. 求微分方程 $y'+y\cos x=\sin x\cos x, y(0)=1$ 的解。

6. 求解微分方程 $xy'-y[\ln(xy)-1]=0$。

7. $y'+p(x)y=q(x)$ 的通解为 $y=\dfrac{x^3}{5}+C\sqrt{x}$，$C$ 为任意常数，求 $p(x)$ 以及 $q(x)$。

8. 设函数 $f(x)$ 在 $(-\infty,+\infty)$ 内具有连续导数，且满足

$$f(t)=2\iint\limits_{x^2+y^2\leqslant t^2}(x^2+y^2)f\left(\sqrt{x^2+y^2}\right)\mathrm{d}x\mathrm{d}y+t^4$$

求 $f(x)$。

9. 设连续函数 $f(x)$ 满足 $\int_0^x f(t)\mathrm{d}t=x+\int_0^x tf(x-t)\mathrm{d}t$，求 $f(x)$。

10. 求解微分方程 $\dfrac{\mathrm{d}y}{\mathrm{d}x}=\dfrac{1}{x\sin^2(xy)}-\dfrac{y}{x}$。

11. 求微分方程 $y'=\mathrm{e}^{2x-y}, y|_{x=0}=0$ 的解。

12. 求微分方程 $x^2y'-y=x^2\mathrm{e}^{x-\frac{1}{x}}$ 的通解。

练习题答案

一、填空题

1. 答案：$\mathrm{e}^{-\sin x}(x+C)$。

解析　这是一阶线性方程，设 $p(x)=\cos x, q(x)=\mathrm{e}^{-\sin x}$，

$$\int p(x)\mathrm{d}x=\int\cos x\mathrm{d}x=\sin x$$

$$y=\mathrm{e}^{-\int p(x)\mathrm{d}x}\left(\int q(x)\mathrm{e}^{\int p(x)\mathrm{d}x}\mathrm{d}x+C\right)=\mathrm{e}^{-\sin x}\left(\int\mathrm{e}^{-\sin x}\cdot\mathrm{e}^{\sin x}\mathrm{d}x+C\right)=\mathrm{e}^{-\sin x}(x+C)$$

2. 答案：$(x-4)y^4=Cx$。

解析　$\dfrac{\mathrm{d}x}{4x-x^2}=\dfrac{\mathrm{d}y}{y}$，于是 $\dfrac{1}{4}\left(\dfrac{1}{x}+\dfrac{1}{4-x}\right)\mathrm{d}x=\dfrac{\mathrm{d}y}{y}$。积分得

$$\frac{1}{4}\ln|x|-\frac{1}{4}\ln|x-4|=\ln\frac{y}{C_1}$$

化简后得 $(x-4)y^4=Cx$。

3. 答案：$y=\mathrm{e}^{-x}\sin x$。

分析　本题是一个一阶非齐次线性微分方程求特解的问题，利用公式法先求通解，然后由初始条件求出特解。

解析

$$\begin{aligned}y&=\mathrm{e}^{-\int P(x)\mathrm{d}x}\left(\int Q(x)\mathrm{e}^{\int P(x)\mathrm{d}x}\mathrm{d}x+C\right)\\&=\mathrm{e}^{-\int 1\mathrm{d}x}\left(\int\mathrm{e}^{-x}\cos x\,\mathrm{e}^{\int 1\mathrm{d}x}\mathrm{d}x+C\right)\\&=\mathrm{e}^{-x}(\sin x+C)\end{aligned}$$

由题设 $y(0)=0$,得 $C=0$，所求特解为

$$y=e^{-x}\sin x$$

4. 答案：$f(x)=\frac{1}{2}(1+x^2)[\ln(1+x^2)-1]$。

解析 由题设得微分方程：$\begin{cases}\frac{dy}{dx}=x\ln(1+x^2)\\ y(0)=-\frac{1}{2}\end{cases}$,有

$$dy=x\ln(1+x^2)dx=\frac{1}{2}\ln(1+x^2)d(1+x^2)$$

所以

$$y=\frac{1}{2}(1+x^2)\ln(1+x^2)-\frac{1}{2}(1+x^2)+C$$

代入初始条件,由 $y(0)=-\frac{1}{2}$，得 $-\frac{1}{2}=-\frac{1}{2}+C$，于是 $C=0$,得特解

$$y=\frac{1}{2}(1+x^2)[\ln(1+x^2)-1]$$

5. 答案：$y=ax+\frac{C}{\ln x}$。

解析 由原方程可得

$$y'+\frac{1}{x\ln x}y=\frac{ax(\ln x+1)}{x\ln x}$$

$$p(x)=\frac{1}{x\ln x},q(x)=\frac{a(\ln x+1)}{\ln x}$$

$$\int p(x)dx=\int\frac{1}{x\ln x}dx=\ln\ln x$$

$$y=e^{-\int p(x)dx}\left(\int q(x)e^{\int p(x)dx}dx+C\right)=e^{-\ln\ln x}\left(\int\frac{a(\ln x+1)}{\ln x}\cdot e^{\ln\ln x}dx+C\right)$$

$$=\frac{1}{\ln x}\left(\int a(\ln x+1)dx+C\right)=\frac{1}{\ln x}(ax\ln x+C)=ax+\frac{C}{\ln x}$$

6. 答案：$y=x\sec x$。

解析 这是一阶线性方程，$p(x)=-\tan x$,$q(x)=\sec x$,

$$\int p(x)dx=-\int\tan x\,dx=\ln|\cos x|$$

$$y=e^{-\int p(x)dx}\left(\int q(x)e^{\int p(x)dx}dx+C\right)=\frac{1}{\cos x}\left(\int\sec x\cdot\cos x\,dx+C\right)=\sec x(x+C)$$

由 $y(0)=0$，得 $C=0$,所以 $y=x\sec x$。

7. 答案：$y=-\sin x+C\tan x$。

解析　由原方程可得

$$y'-\frac{1}{\sin x\cos x}y=\frac{\sin^2 x}{\cos x}$$

$$p(x)=-\frac{1}{\sin x\cos x},q(x)=\frac{\sin^2 x}{\cos x}$$

$$\int p(x)\mathrm{d}x=\int -\frac{1}{\sin x\cos x}\mathrm{d}x=-\ln|\tan x|$$

$$y=\mathrm{e}^{-\int p(x)\mathrm{d}x}\left(\int q(x)\mathrm{e}^{\int p(x)\mathrm{d}x}\mathrm{d}x+C\right)$$

$$=\tan x\left(\int\frac{\sin^2 x}{\cos x}\cdot\frac{1}{\tan x}\mathrm{d}x+C\right)=\tan x(-\cos x+C)=-\sin x+C\tan x$$

8. 答案：$f(x)=2x+1$。

解析　方程两边对 x 求导，得

$$f(x)=xf'(x)+f(x)-2x$$

则 $f'(x)=2$，因此

$$f(x)=2x+C$$

由 $f(0)=1$，确定 $C=1$，故 $f(x)=2x+1$。

二、选择题

1. 应选(B)。

解析　对已知关系式两边求导可得 $f'(x)=2f(x)$，令 $y=f(x)$，得

$$\frac{\mathrm{d}y}{\mathrm{d}x}=2y$$

这是一个可分离变量的微分方程。分离变量得 $\frac{\mathrm{d}y}{y}=2\mathrm{d}x$，两边积分得 $\int\frac{\mathrm{d}y}{y}=\int 2\mathrm{d}x$，故 $y=C\mathrm{e}^{2x}$。

由已知关系 $y(0)=\ln 2$，可知 $C=\ln 2$。因此 $f(x)=\mathrm{e}^{2x}\ln 2$。故应选(B)。

2. 应选(D)。

解析　根据微分的定义，$\frac{\mathrm{d}y}{\mathrm{d}x}=\frac{y}{1+x^2}$，分离变量得 $\frac{\mathrm{d}y}{y}=\frac{\mathrm{d}x}{1+x^2}$。

两边积分：$\int\frac{\mathrm{d}y}{y}=\int\frac{\mathrm{d}x}{1+x^2}$，得 $\ln|y|=\arctan x+C_1$，故 $y=C\mathrm{e}^{\arctan x}$。

由已知条件 $y(0)=\pi$ 可知 $C=\pi$，故 $y=\pi\mathrm{e}^{\arctan x}$，因此 $y(1)=\pi\mathrm{e}^{\frac{\pi}{4}}$。故应选(D)。

3. 应选(D)。

解　容易证明 $y=k_1y_1+k_2y_2$ 为线性非齐次微分方程 $y'+p(x)y=q(x)$ 的解的充要条件为 $k_1+k_2=1$。

由于 y_1,y_2 为线性非齐次微分方程 $y'+p(x)y=q(x)$ 的解，故有

$$y_1'+p(x)y_1=q(x)$$
$$y_2'+p(x)y_2=q(x)$$

将 $y=k_1y_1+k_2y_2$ 及上式代入线性非齐次微分方程，得

$$y'+p(x)y=k_1[y_1'+p(x)y_1]+k_2[y_2'+p(x)y_2]=(k_1+k_2)q(x)$$

所以 $y=k_1y_1+k_2y_2$ 为线性非齐次微分方程 $y'+p(x)y=q(x)$ 的解 $\Leftrightarrow k_1+k_2=1$。故应选(D)。

4. 应选(D)。

解析 由于 y_1,y_2 为方程 $y'+p(x)y=0$ 的两个不同的特解，所以 $y=y_2-y_1$ 是方程的非零解，由线性方程解的结构知 $y=C(y_2-y_1)$ 是该方程的通解。故应选(D)。

5. 应选(D)。

解析 由线性方程解的结构知方程的通解为 $y=C\cos 2x$。

又由 $y(0)=2$，得 $C=2$，则该方程的特解为 $y=2\cos 2x$。故应选(D)。

6. 应选(B)。

解析 由于 y_1,y_2 为方程 $y'+p(x)y=q(x)$ 的两个不同的特解，所以 $y=C(y_1-y_2)$ 是方程 $y'+p(x)y=0$ 的通解，由线性微分方程解的结构知 $y=y_1+C(y_1-y_2)$ 是方程 $y'+p(x)y=q(x)$ 的通解，故应选(B)。

7. 应选(C)。

解析 (A)错，方程中含有任意常数；把 $y=Cx^3$ 分别代入(B)、(D)中，容易验证(B)、(D)错，(C)正确。方程 $xy'=3y$，分离变量得 $\frac{dy}{y}=\frac{3dx}{x}$，解得通解为 $y=Cx^3$，故应选(C)。

8. 应选(A)。

解析 原方程化为 $y'+\frac{1}{x}y=\frac{\arctan x}{x}$，所以

$$y=e^{-\int\frac{1}{x}dx}\left(\int\frac{\arctan x}{x}\cdot e^{\int\frac{1}{x}dx}dx+C\right)=\frac{1}{x}\left(\int\arctan x\,dx+C\right)$$

$$=\frac{1}{x}\left(x\arctan x-\int\frac{x}{1+x^2}dx+C\right)$$

$$=\frac{1}{x}\left[x\arctan x-\frac{1}{2}\ln(1+x^2)+C\right]$$

将 $y(1)=\frac{\pi}{4}$ 代入可得，$C=\frac{1}{2}\ln 2$，故所求特解为

$$y=\arctan x-\frac{1}{2x}\ln(1+x^2)+\frac{\ln 2}{2x}$$

三、解答题

1.**解**　分离变量，有

$$\frac{\mathrm{d}y}{1+y^2}=3(x-1)^2\mathrm{d}x$$

两边积分

$$\arctan y=(x-1)^3+C\,,\quad \arctan 1=-1+C\,,\quad C=\frac{\pi}{4}+1$$

所求特解为 $\arctan y=(x-1)^3+\frac{\pi}{4}+1$。

2.**解**　分离变量，有

$$\frac{\mathrm{d}x}{x(1+x)}=\frac{y\mathrm{d}y}{1+y^2}$$

两边积分，所求方程通解为 $\left(\frac{x}{1+x}\right)^2=C(1+y^2)$。

3.**解**　令 $u=x-y$，则

$$\frac{\mathrm{d}u}{\mathrm{d}x}=1-\frac{\mathrm{d}y}{\mathrm{d}x}\Rightarrow\frac{\mathrm{d}y}{\mathrm{d}x}=1-\frac{\mathrm{d}u}{\mathrm{d}x}$$

则有 $1-\frac{\mathrm{d}u}{\mathrm{d}x}=\frac{1}{u}+1$，所以

$$u\mathrm{d}u=-\mathrm{d}x$$

两边积分得 $u^2=-2x+C$，通解为 $(x-y)^2=-2x+C$。

4.**解**　令 $u=\frac{y}{x}$，于是 $y=xu\,,y'=u+xu'$，所以

$$u+xu'=\mathrm{e}^u+u\,,\quad x\frac{\mathrm{d}u}{\mathrm{d}x}=\mathrm{e}^u\,,\quad \mathrm{e}^{-u}\mathrm{d}u=\frac{\mathrm{d}x}{x},-\mathrm{e}^{-u}=\ln Cx\,,$$

即 $\mathrm{e}^{-\frac{y}{x}}+\ln Cx=0$。

5.**解**　这是一阶线性方程，$p(x)=\cos x\,,q(x)=\sin x\cos x$，

$$\int p(x)\mathrm{d}x=\int\cos x\mathrm{d}x=\sin x$$

$$y=\mathrm{e}^{-\int p(x)\mathrm{d}x}\left(\int q(x)\mathrm{e}^{\int p(x)\mathrm{d}x}\mathrm{d}x+C\right)=\mathrm{e}^{-\sin x}\left(\int\cos x\sin x\cdot\mathrm{e}^{\sin x}\mathrm{d}x+C\right)$$

$$=\mathrm{e}^{-\sin x}(\sin x\,\mathrm{e}^{\sin x}-\mathrm{e}^{\sin x}+C)=\sin x-1+C\mathrm{e}^{-\sin x}$$

$1=y(0)=-1+C$，得 $C=2$，所以 $y=\sin x-1+2\mathrm{e}^{-\sin x}$。

6.**解**　令 $u=xy\,,u'=y+xy'$，代入原方程，有

$$u'-y-y[\ln u-1]=0$$

整理，得

$$u'=y\ln u \Rightarrow u'=\frac{u}{x}\ln u,\quad \frac{\mathrm{d}u}{u\ln u}=\frac{\mathrm{d}x}{x}$$

两边积分,得

$$\ln\ln u=\ln x+\ln C$$

则有 $\ln u=Cx$，即 $\ln xy=Cx$。

7. **解** 因为 $y=\frac{x^3}{5}+C\sqrt{x}$ 为通解,故 $y=\sqrt{x}$ 为 $y'+p(x)y=0$ 的解,代入得

$$p(x)=-\frac{1}{2x}$$

令 $C=0$,知 $y=\frac{x^3}{5}$ 为 $y'+p(x)y=q(x)$ 的解,将 $y=\frac{x^3}{5}$ 以及 $p(x)=-\frac{1}{2x}$ 代入 $y'+p(x)y=q(x)$，解得

$$q(x)=\frac{x^2}{2}$$

8. **解** 因 $f(0)=0$，且 f 是偶函数，故只需讨论 $t>0$ 的情况。

当 $t>0$ 时，

$$f(t)=2\int_0^{2\pi}\mathrm{d}\theta\int_0^t r^3 f(r)\mathrm{d}r+t^4=4\pi\int_0^t r^3 f(r)\mathrm{d}r+t^4$$

等式两边求导，

$$f'(t)=4\pi t^3 f(t)+4t^3$$

解此一阶线性微分方程，且 $f(0)=0$，得 $f(t)=\frac{1}{\pi}(\mathrm{e}^{\pi t^4}-1)$，$t\geqslant 0$。而 $f(t)$ 是偶函数,所以在$(-\infty,+\infty)$内,有 $f(t)=\frac{1}{\pi}(\mathrm{e}^{\pi t^4}-1)$。

9. **解** 对 $\int_0^x tf(x-t)\mathrm{d}t$ 做变量代换 $u=x-t$，则 $\mathrm{d}t=-\mathrm{d}u$，且

$$\int_0^x tf(x-t)\mathrm{d}t=-\int_x^0(x-u)f(u)\mathrm{d}u=x\int_0^x f(u)\mathrm{d}u-\int_0^x uf(u)\mathrm{d}u$$

代入原方程,得

$$\int_0^x f(t)\mathrm{d}t=x+x\int_0^x f(u)\mathrm{d}u-\int_0^x uf(u)\mathrm{d}u$$

两边对 x 求导,得

$$f(x)=1+\int_0^x f(u)\mathrm{d}u$$

由上式知 $f(0)=1$。

因为 $\int_0^x f(u)\mathrm{d}u$ 可导,所以由上式可知 $f(x)$ 可导,两边再次对 x 求导,得

$$f'(x)=f(x)$$

解得 $f(x)=Ce^x$。

将 $f(0)=1$ 代入可得 $C=1$,所以 $f(x)=e^x$。

10.**解**　令 $z=xy$,则$\frac{dz}{dx}=y+x\frac{dy}{dx}$,所以

$$\frac{dz}{dx}=\frac{1}{\sin^2 z}.$$

分离变量得

$$\sin^2 z\,dz=dx\Rightarrow\frac{1-\cos 2z}{2}dz=dx$$

两边积分得

$$2z-\sin 2z=4x+C$$

将 $z=xy$ 回代,所求通解为 $2xy-\sin(2xy)=4x+C$。

11.**解**　已知微分方程为 $\frac{dy}{dx}=e^{2x-y}$,$y\big|_{x=0}=0$,分离变量得到

$$e^y dy=e^{2x}dx$$

积分有 $e^y=\frac{1}{2}e^{2x}+C$,将 $x=0,y=0$ 代入,有 $C=\frac{1}{2}$,故得所求解为 $2e^y=e^{2x}+1$。

12.**解**　由原方程可得 $y'-\frac{1}{x^2}y=e^{x-\frac{1}{x}}$,$p(x)=-\frac{1}{x^2}$,$q(x)=e^{x-\frac{1}{x}}$

$$\int p(x)dx=\int-\frac{1}{x^2}dx=\frac{1}{x}$$

$$y=e^{-\int p(x)dx}\left(\int q(x)e^{\int p(x)dx}dx+C\right)=e^{-\frac{1}{x}}\left(\int e^{x-\frac{1}{x}}\cdot e^{\frac{1}{x}}dx+C\right)=e^{-\frac{1}{x}}(e^x+C)$$

第二篇　线性代数

第六章　行　列　式

考试内容

行列式的概念、基本性质，行列式按行(列)展开定理。

考试要求

1. 了解行列式的概念，掌握行列式的性质。

2. 会应用行列式的性质和行列式按行(列)展开定理计算行列式。

本章重点

行列式的计算。考生应当在理解行列式的概念和性质的基础上熟练地掌握行列式的计算。计算行列式的基本方法主要有：利用行列式的性质将其化为上(下)三角行列式法；按行(列)展开法；数学归纳法；递推法。

一、行列式的定义

1. 排列与逆序数

(1)由 $1,2,\cdots,n$ 按照一定的次序排成的一个有序数组称为一个 n 阶排列，通常用 $j_1j_2\cdots j_n$ 表示 n 阶排列。

(2)一个排列中，当一个大的数排在小的数之前，就称这两个数构成一个逆序。一个排列的逆序总数称为这个排列的逆序数。用 $\tau(j_1j_2\cdots j_n)$ 表示排列 $j_1j_2\cdots j_n$ 的逆序数。

当一个排列的逆序数是偶数时，称这个排列为偶排列；当一个排列的逆序数是奇数时，称这个排列为奇排列。

2. 行列式的定义

n 阶行列式等于所有取自不同行不同列的 n 个元素的乘积的代数和，即

$$\begin{vmatrix} a_{11} & a_{12} & \cdots & a_{1n} \\ a_{21} & a_{22} & \cdots & a_{2n} \\ \vdots & \vdots & & \vdots \\ a_{n1} & a_{n2} & \cdots & a_{nn} \end{vmatrix} = \sum (-1)^{\tau} a_{1p_1} a_{2p_2} \cdots a_{np_n}$$

其中 $p_1p_2\cdots p_n$ 为自然数 $1,2,\cdots,n$ 的一个排列，τ 为这个排列的逆序数，由于这样的排列共有 $n!$ 个，因而形如 $(-1)^{\tau}a_{1p_1}a_{2p_2}\cdots a_{np_n}$ 的项共有 $n!$ 项。

n 阶行列式也简记作 $\det(a_{ij})$，其中数 a_{ij} 为行列式的第 i 行、第 j 列元素。

3. 行列式的计算

按照行列式定义计算可以得到以下几个常用的结论：

(1) $\begin{vmatrix} a_{11} & a_{12} & \cdots & a_{1n} \\ & a_{22} & \cdots & a_{2n} \\ & & \ddots & \vdots \\ & & & a_{nn} \end{vmatrix} = a_{11}a_{22}\cdots a_{nn}$

(2) $\begin{vmatrix} a_{11} & & & \\ a_{21} & a_{22} & & \\ \vdots & \vdots & \ddots & \\ a_{n1} & a_{n2} & \cdots & a_{nn} \end{vmatrix} = a_{11}a_{22}\cdots a_{nn}$

(3) $\begin{vmatrix} a_{11} & a_{12} & \cdots & a_{1n} \\ a_{21} & \cdots & a_{2n-1} & \\ \vdots & \iddots & & \\ a_{n1} & & & \end{vmatrix} = (-1)^{\frac{n(n-1)}{2}} a_{1n}a_{2n-1}\cdots a_{n1}$

(4) $\begin{vmatrix} & & & a_{1n} \\ & & a_{2n-1} & a_{2n} \\ & \iddots & & \vdots \\ a_{n1} & a_{n2} & \cdots & a_{nn} \end{vmatrix} = (-1)^{\frac{n(n-1)}{2}} a_{1n}a_{2n-1}\cdots a_{n1}$

例 1 选择 k,l 使 $a_{13}a_{2k}a_{34}a_{42}a_{5l}$ 成为五阶行列式中带有负号的项。

解 根据行列式的定义，k,l 只能取 1 或 5。

若 $k=5$，$l=1$，则 $\tau(35421)=8$；若 $k=1$，$l=5$，则 $\tau(31425)=3$。所以 $k=1$，$l=5$。

例 2 已知 $a_{23}a_{31}a_{42}a_{ij}a_{14}a_{56}$ 是六阶行列式的一项，求 i,j 并确定该项的符号。

解 因为 $a_{23}a_{31}a_{42}a_{ij}a_{14}a_{56}$ 是六阶行列式的一项，那么根据行列式的定义，它应该是不同行不同列的元素的乘积，因此必有 $i=6$，$j=5$。

将该项的行标按照自然顺序排列得到

$$a_{23}a_{31}a_{42}a_{65}a_{14}a_{56} = a_{14}a_{23}a_{31}a_{42}a_{56}a_{65}$$

则该项列标排列的逆序数为

$$\tau(431265)=6$$

所以该项的符号为正号。

例 3 用行列式的定义计算下列行列式。

$$D = \begin{vmatrix} a_{11} & a_{12} & a_{13} & a_{14} & a_{15} \\ a_{21} & a_{22} & a_{23} & a_{24} & a_{25} \\ a_{31} & a_{32} & 0 & 0 & 0 \\ a_{41} & a_{42} & 0 & 0 & 0 \\ a_{51} & a_{52} & 0 & 0 & 0 \end{vmatrix}$$

解 五阶行列式的每一项都应该是来自不同行不同列的五个元素的乘积，显然任意的这样五个元素中都至少有一个为零，从而行列式的每一项都为零，所以 $D=0$。

二、行列式的性质

行列式的六个性质：

性质 1　行列式与它的转置行列式相等。

性质 2　互换行列式的两行(列)，行列式改变符号。

推论　如果行列式中有两行(列)完全相同，那么行列式等于零。

性质 3　行列式的某一行(列)中的所有元素都乘以数 k，等于用数 k 乘以此行列式。

推论　行列式中某一行(列)的所有元素的公因子可以提到行列式的外面。

性质 4　行列式中如果有两行(列)的元素成比例，那么此行列式等于零。

性质 5　若行列式的某一列(行)的元素都是两数之和：

$$D=\begin{vmatrix} a_{11} & a_{12} & \cdots & (a_{1i}+a'_{1i}) & \cdots & a_{1n} \\ a_{21} & a_{22} & \cdots & (a_{2i}+a'_{2i}) & \cdots & a_{2n} \\ \vdots & \vdots & & \vdots & & \vdots \\ a_{n1} & a_{n2} & \cdots & (a_{ni}+a'_{ni}) & \cdots & a_{nn} \end{vmatrix}$$

则 D 等于下列两个行列式之和：

$$D=\begin{vmatrix} a_{11} & a_{12} & \cdots & a_{1i} & \cdots & a_{1n} \\ a_{21} & a_{22} & \cdots & a_{2i} & \cdots & a_{2n} \\ \vdots & \vdots & & \vdots & & \vdots \\ a_{n1} & a_{n2} & \cdots & a_{ni} & \cdots & a_{nn} \end{vmatrix}+\begin{vmatrix} a_{11} & a_{12} & \cdots & a'_{1i} & \cdots & a_{1n} \\ a_{21} & a_{22} & \cdots & a'_{2i} & \cdots & a_{2n} \\ \vdots & \vdots & & \vdots & & \vdots \\ a_{n1} & a_{n2} & \cdots & a'_{ni} & \cdots & a_{nn} \end{vmatrix}$$

性质 6　把行列式的某一行(列)的各元素乘以同一个数然后加到另一行(列)对应的元素上去，行列式的值不变。

例 4　设 $\begin{vmatrix} a_{11} & a_{12} & a_{13} \\ a_{21} & a_{22} & a_{23} \\ a_{31} & a_{32} & a_{33} \end{vmatrix}=d$，求 $\begin{vmatrix} 3a_{31} & 3a_{32} & 3a_{33} \\ 2a_{21} & 2a_{22} & 2a_{23} \\ -a_{11} & -a_{12} & -a_{13} \end{vmatrix}$。

解　先提出各行的公因子，再将第 1,3 行互换，得

$$\begin{vmatrix} 3a_{31} & 3a_{32} & 3a_{33} \\ 2a_{21} & 2a_{22} & 2a_{23} \\ -a_{11} & -a_{12} & -a_{13} \end{vmatrix}=3\cdot 2\cdot(-1)\begin{vmatrix} a_{31} & a_{32} & a_{33} \\ a_{21} & a_{22} & a_{23} \\ a_{11} & a_{12} & a_{13} \end{vmatrix}$$

$$=(-6)\cdot(-1)\begin{vmatrix} a_{11} & a_{12} & a_{13} \\ a_{21} & a_{22} & a_{23} \\ a_{31} & a_{32} & a_{33} \end{vmatrix}=6d$$

例 5 把下列行列式化为上三角行列式并计算其值。

$$D=\begin{vmatrix}1&2&3&4\\2&3&4&1\\3&4&1&2\\4&1&2&3\end{vmatrix}$$

解 观察可以发现该行列式的每一行上的数字之和都是 10。把第 2,3,4 列都加到第 1 列上可以得到：

$$D=\begin{vmatrix}1&2&3&4\\2&3&4&1\\3&4&1&2\\4&1&2&3\end{vmatrix}=\begin{vmatrix}10&2&3&4\\10&3&4&1\\10&4&1&2\\10&1&2&3\end{vmatrix}\xlongequal{c_1\div 10}10\begin{vmatrix}1&2&3&4\\1&3&4&1\\1&4&1&2\\1&1&2&3\end{vmatrix}\xlongequal[r_3-r_1]{r_2-r_1}_{r_4-r_1}$$

$$10\begin{vmatrix}1&2&3&4\\0&1&1&-3\\0&2&-2&-2\\0&-1&-1&-1\end{vmatrix}\xlongequal[r_4+r_2]{r_3-2r_2}10\begin{vmatrix}1&2&3&4\\0&1&1&-3\\0&0&-4&4\\0&0&0&-4\end{vmatrix}=160$$

例 6 证明 $\begin{vmatrix}a_1+kb_1&b_1+c_1&c_1\\a_2+kb_2&b_2+c_2&c_2\\a_3+kb_3&b_3+c_3&c_3\end{vmatrix}=\begin{vmatrix}a_1&b_1&c_1\\a_2&b_2&c_2\\a_3&b_3&c_3\end{vmatrix}$

证明 **解法 1** 将行列式按第 2 列拆成两个行列式的和，再按第 1 列拆成两个行列式的和，有

$$\begin{vmatrix}a_1+kb_1&b_1+c_1&c_1\\a_2+kb_2&b_2+c_2&c_2\\a_3+kb_3&b_3+c_3&c_3\end{vmatrix}=\begin{vmatrix}a_1+kb_1&b_1&c_1\\a_2+kb_2&b_2&c_2\\a_3+kb_3&b_3&c_3\end{vmatrix}+\begin{vmatrix}a_1+kb_1&c_1&c_1\\a_2+kb_2&c_2&c_2\\a_3+kb_3&c_3&c_3\end{vmatrix}=$$

$$\begin{vmatrix}a_1+kb_1&b_1&c_1\\a_2+kb_2&b_2&c_2\\a_3+kb_3&b_3&c_3\end{vmatrix}=\begin{vmatrix}a_1&b_1&c_1\\a_2&b_2&c_2\\a_3&b_3&c_3\end{vmatrix}+\begin{vmatrix}kb_1&b_1&c_1\\kb_2&b_2&c_2\\kb_3&b_3&c_3\end{vmatrix}=\begin{vmatrix}a_1&b_1&c_1\\a_2&b_2&c_2\\a_3&b_3&c_3\end{vmatrix}$$

解法 2 将行列式的第 3 列乘以 −1 加到第 2 列上去，然后将新得到的行列式的第 2 列乘以 $-k$ 加到第 1 列上，可以得

$$\begin{vmatrix}a_1+kb_1&b_1+c_1&c_1\\a_2+kb_2&b_2+c_2&c_2\\a_3+kb_3&b_3+c_3&c_3\end{vmatrix}=\begin{vmatrix}a_1+kb_1&b_1&c_1\\a_2+kb_2&b_2&c_2\\a_3+kb_3&b_3&c_3\end{vmatrix}=\begin{vmatrix}a_1&b_1&c_1\\a_2&b_2&c_2\\a_3&b_3&c_3\end{vmatrix}$$

三、行列式的计算

1. 余子式与代数余子式

在 n 阶行列式中，把元素 a_{ij} 所在的第 i 行和第 j 列划去后，留下来的 $n-1$ 阶行列式叫作元素 a_{ij} 的余子式，记作 M_{ij}，记 $A_{ij}=(-1)^{i+j}M_{ij}$，A_{ij} 叫作元素 a_{ij} 的代数余子式。

2. 定理

行列式等于它的任一行(列)的各元素与其对应的代数余子式乘积之和，即

$$D=a_{i1}A_{i1}+a_{i2}A_{i2}+\cdots+a_{in}A_{in}\quad(i=1,2,\cdots,n)$$

或

$$D=a_{1j}A_{1j}+a_{2j}A_{2j}+\cdots+a_{nj}A_{nj}\quad(j=1,2,\cdots,n)$$

3. 推论

行列式某一行(列)的元素与另一行(列)的对应元素的代数余子式乘积之和等于零，即

$$a_{i1}A_{j1}+a_{i2}A_{j2}+\cdots+a_{in}A_{jn}=0,\quad i\neq j$$

或

$$a_{1i}A_{1j}+a_{2i}A_{2j}+\cdots+a_{ni}A_{nj}=0,\quad i\neq j$$

4. 计算行列式的几种主要方法

(1)利用行列式的性质，化行列式为上(下)三角行列式。

(2)利用行列式的性质和行列式按行(列)展开法则将行列式降阶。

5. 几种重要的行列式类型

(1)行和相等的行列式。

(2)范德蒙德行列式。

$$\begin{vmatrix} 1 & 1 & 1 & \cdots & 1 \\ x_1 & x_2 & x_3 & \cdots & x_n \\ x_1^2 & x_2^2 & x_3^2 & \cdots & x_n^2 \\ \vdots & \vdots & \vdots & & \vdots \\ x_1^{n-1} & x_2^{n-1} & x_3^{n-1} & \cdots & x_n^{n-1} \end{vmatrix}=\prod_{1\leqslant j<i\leqslant n}(x_i-x_j)$$

(3)按照递推关系式计算的行列式。

例 7 计算 n 阶行列式

$$D=\begin{vmatrix} x & y & 0 & \cdots & 0 & 0 \\ 0 & x & y & \cdots & 0 & 0 \\ \vdots & \vdots & \vdots & & \vdots & \vdots \\ 0 & 0 & 0 & \cdots & x & y \\ y & 0 & 0 & \cdots & 0 & x \end{vmatrix}$$

解 按第 1 列展开,得

$$D=x\begin{vmatrix} x & y & \cdots & 0 & 0 \\ 0 & x & \cdots & 0 & 0 \\ \vdots & \vdots & & \vdots & \vdots \\ 0 & 0 & \cdots & x & y \\ 0 & 0 & \cdots & 0 & x \end{vmatrix}+y(-1)^{n+1}\begin{vmatrix} y & 0 & \cdots & 0 & 0 \\ x & y & \cdots & 0 & 0 \\ \vdots & \vdots & & \vdots & \vdots \\ 0 & 0 & \cdots & y & 0 \\ 0 & 0 & \cdots & x & y \end{vmatrix}=x^n+(-1)^{n+1}y^n$$

注 利用降阶法,按行(列)展开法求解行列式是进行行列式计算时常用的一种基本方法。

例 8 已知行列式 $D=\begin{vmatrix} 1 & 0 & -1 & 2 \\ 1 & 1 & 2 & 1 \\ -2 & 1 & 0 & 2 \\ 1 & -1 & 1 & 1 \end{vmatrix}$,求 $S=2A_{11}+A_{21}+A_{31}+2A_{41}$。

分析 所求式 S 中 4 个代数余子式恰是 D 中第 1 列元素的代数余子式。但其系数 2,1,1,2 并不是 D 中的某一列。我们可以通过改变 D 中第一列元素的值,构造一个新行列式 D_1,使 $S=D_1$。通过计算 D_1 就可求出 S。

解 如上分析,构造一个新行列式 D_1,使得

$D_1=a_{11}A_{11}+a_{21}A_{21}+a_{31}A_{31}+a_{41}A_{41}=2A_{11}+A_{21}+A_{31}+2A_{41}=S$,即

$$D_1=\begin{vmatrix} 2 & 0 & -1 & 2 \\ 1 & 1 & 2 & 1 \\ 1 & 1 & 0 & 2 \\ 2 & -1 & 1 & 1 \end{vmatrix}=\begin{vmatrix} 2 & 0 & -1 & 2 \\ 3 & 0 & 3 & 2 \\ 3 & 0 & 1 & 3 \\ 2 & -1 & 1 & 1 \end{vmatrix}=(-1)\cdot(-1)^{4+2}\cdot\begin{vmatrix} 2 & -1 & 2 \\ 3 & 3 & 2 \\ 3 & 1 & 3 \end{vmatrix}$$

$$=-\begin{vmatrix} 0 & -1 & 0 \\ 9 & 3 & 8 \\ 5 & 1 & 5 \end{vmatrix}=-(-1)\times(-1)^{1+2}\begin{vmatrix} 9 & 8 \\ 5 & 5 \end{vmatrix}=-5$$

故 $S=-5$。

例 9 计算 n 阶行列式

$$D=\begin{vmatrix} x & b & b & \cdots & b \\ b & x & b & \cdots & b \\ b & b & x & \cdots & b \\ \vdots & \vdots & \vdots & & \vdots \\ b & b & b & \cdots & x \end{vmatrix}$$

解 此行列式的特点是每行(列)元素之和都相等,将第 2,3,…,n 列都加到第 1 列上去,然后从第 1 列提出因式 $[x+(n-1)b]$,得

$$D=[x+(n-1)b]\begin{vmatrix} 1 & b & b & \cdots & b \\ 1 & x & b & \cdots & b \\ 1 & b & x & \cdots & b \\ \vdots & \vdots & \vdots & & \vdots \\ 1 & b & b & \cdots & x \end{vmatrix}$$

再将第 1 行的 -1 倍分别加到第 $2,3,\cdots,n$ 行上去,得上三角行列式:

$$D=[x+(n-1)b]\begin{vmatrix}1 & b & b & \cdots & b\\0 & x-b & 0 & \cdots & 0\\0 & 0 & x-b & \cdots & 0\\\vdots & \vdots & \vdots & & \vdots\\0 & 0 & 0 & \cdots & x-b\end{vmatrix}=[x+(n-1)b](x-b)^{n-1}$$

例 10 计算行列式

$$D=\begin{vmatrix}a & -a & a & -a & a+b\\a & -a & a & b-a & a\\a & -a & a+b & -a & a\\a & b-a & a & -a & a\\a+b & -a & a & -a & a\end{vmatrix}$$

解 仔细观察,这是一个行和相等的行列式。把 2 到 5 列都加到第 1 列上去,得到

$$D=\begin{vmatrix}a & -a & a & -a & a+b\\a & -a & a & b-a & a\\a & -a & a+b & -a & a\\a & b-a & a & -a & a\\a+b & -a & a & -a & a\end{vmatrix}=\begin{vmatrix}a+b & -a & a & -a & a+b\\a+b & -a & a & b-a & a\\a+b & -a & a+b & -a & a\\a+b & b-a & a & -a & a\\a+b & -a & a & -a & a\end{vmatrix}$$

$$=(a+b)\begin{vmatrix}1 & -a & a & -a & a+b\\1 & -a & a & b-a & a\\1 & -a & a+b & -a & a\\1 & b-a & a & -a & a\\1 & -a & a & -a & a\end{vmatrix}$$

$$=(a+b)\begin{vmatrix}1 & 0 & 0 & 0 & b\\1 & 0 & 0 & b & 0\\1 & 0 & b & 0 & 0\\1 & b & 0 & 0 & 0\\1 & 0 & 0 & 0 & 0\end{vmatrix}=(-1)^{\tau(54321)}(a+b)b^4=(a+b)b^4$$

例 11 计算行列式

$$D=\begin{vmatrix}a^n & (a-1)^n & \cdots & (a-n)^n\\a^{n-1} & (a-1)^{n-1} & \cdots & (a-n)^{n-1}\\\vdots & \vdots & & \vdots\\a & a-1 & \cdots & a-n\\1 & 1 & \cdots & 1\end{vmatrix}$$

解 从第 $n+1$ 行开始,第 $n+1$ 行经过 n 次相邻对换,换到第 1 行,第 n 行经 $n-1$ 次相邻对换,换到第 2 行,……,经过 $n+(n-1)+\cdots+1=n(n+1)/2$ 次行交换,得到

$$D=(-1)^{\frac{n(n+1)}{2}}\begin{vmatrix}1 & 1 & \cdots & 1\\ a & a-1 & \cdots & a-n\\ \vdots & \vdots & & \vdots\\ a^{n-1} & (a-1)^{n-1} & \cdots & (a-n)^{n-1}\\ a^n & (a-1)^n & \cdots & (a-n)^n\end{vmatrix}$$

$$=(-1)^{\frac{n(n+1)}{2}}\prod_{n+1\geqslant i>j\geqslant 1}[(a-i+1)-(a-j+1)]$$

$$=(-1)^{\frac{n(n+1)}{2}}\prod_{n+1\geqslant i>j\geqslant 1}(j-i)$$

$$=(-1)^{\frac{n(n+1)}{2}}(-1)^{\frac{n(n+1)}{2}}\prod_{n+1\geqslant i>j\geqslant 1}(i-j)$$

$$=\prod_{n+1\geqslant i>j\geqslant 1}(i-j)$$

例 12 计算 $D_5=\begin{vmatrix}2 & 1 & 0 & 0 & 0\\ 1 & 2 & 1 & 0 & 0\\ 0 & 1 & 2 & 1 & 0\\ 0 & 0 & 1 & 2 & 1\\ 0 & 0 & 0 & 1 & 2\end{vmatrix}$。

解法 1 从第 2 行开始将前一行的一个倍数加到下一行，化成上三角形行列式，得

$$D_5=\begin{vmatrix}2 & 1 & 0 & 0 & 0\\ 0 & \frac{3}{2} & 1 & 0 & 0\\ 0 & 0 & \frac{4}{3} & 1 & 0\\ 0 & 0 & 0 & \frac{5}{4} & 1\\ 0 & 0 & 0 & 0 & \frac{6}{5}\end{vmatrix}=6$$

解法 2 $D_5 \xlongequal{\text{按第 1 行展开}} 2\begin{vmatrix}2 & 1 & 0 & 0\\ 1 & 2 & 1 & 0\\ 0 & 1 & 2 & 1\\ 0 & 0 & 1 & 2\end{vmatrix}-\begin{vmatrix}1 & 1 & 0 & 0\\ 0 & 2 & 1 & 0\\ 0 & 1 & 2 & 1\\ 0 & 0 & 1 & 2\end{vmatrix}=2D_4-D_3$

由此可得递推公式 $D_5-D_4=D_4-D_3$，递推该关系式就有：

$$D_5-D_4=D_4-D_3=D_3-D_2=D_2-D_1=3-2=1, D_5=D_4+1$$

再一次递推，得 $D_5=D_4+1=D_3+2=D_2+3=D_1+4=6$。

注 这是一个“三对角”行列式，通常“三对角”行列式首先求得一个一般的递推公式

$$D_n=pD_{n-1}+qD_{n-2}$$

然后用以下两种方法之一求出 D_n 的表达式：

(1)先计算 $D_1,D_2,D_3,\cdots$，找出规律，然后再用数学归纳法进行证明。

(2)间接递推法：即借助于行列式中元素的对称性，交换行列式，构造出关于 D_n 和 D_{n-1} 的方程组，从而消去 D_{n-1} 就可以解得 D_n。

例 13 证明 n 阶行列式

$$D_n=\begin{vmatrix}2a&1&0&\cdots&\cdots&0&0\\a^2&2a&1&\cdots&\cdots&0&0\\0&a^2&2a&1&\cdots&0&0\\\vdots&\vdots&\vdots&\vdots&&\vdots&\vdots\\0&0&\cdots&a^2&2a&1&0\\0&0&\cdots&0&a^2&2a&1\\0&0&\cdots&0&0&a^2&2a\end{vmatrix}=(n+1)a^n$$

解 按照第一行展开，可以得到

$$D_n=2aD_{n-1}-\begin{vmatrix}a^2&1&\cdots&\cdots&0&0\\0&2a&1&\cdots&0&0\\\vdots&\vdots&\vdots&&\vdots&\vdots\\0&\cdots&a^2&2a&1&0\\0&\cdots&0&a^2&2a&1\\0&\cdots&0&0&a^2&2a\end{vmatrix}=2aD_{n-1}-a^2D_{n-2}$$

所以得到递推关系式 $D_n=2aD_{n-1}-a^2D_{n-2}$，即

$$D_n-aD_{n-1}=a(D_{n-1}-aD_{n-2})=\cdots=a^{n-2}(D_2-aD_1)=a^n$$

$$D_n=aD_{n-1}+a^n=a^2D_{n-2}+2a^n=\cdots=a^{n-1}D_1+(n-1)a^n=(n+1)a^n$$

例 14 计算行列式

$$D=\begin{vmatrix}a_1&1&1&\cdots&1\\1&a_2&&&\\1&&a_3&&\\\vdots&&&\ddots&\\1&&&&a_n\end{vmatrix}，其中\ a_i\neq0\quad(i=2,\cdots,n)$$

解 此种类型的行列式称为爪形行列式，方法是把第 i 列的 $-\dfrac{1}{a_i}$ $(i=2,3,\cdots,n)$ 倍加到第 1 列，得到一个上三角行列式：

$$D=\begin{vmatrix}a_1-\dfrac{1}{a_2}-\dfrac{1}{a_3}-\cdots-\dfrac{1}{a_n}&1&1&\cdots&1\\0&a_2&&&\\0&&a_3&&\\\vdots&&&\ddots&\\0&&&&a_n\end{vmatrix}$$

$$=a_2a_3\cdots a_n\left(a_1-\sum_{i=2}^{n}\frac{1}{a_i}\right)$$

例 15 计算行列式

$$D_n=\begin{vmatrix}1&1&1&\cdots&1&1\\-1&2&0&\cdots&0&0\\-1&0&3&\cdots&0&0\\\vdots&\vdots&\vdots&&\vdots&\vdots\\-1&0&0&\cdots&n-1&0\\-1&0&0&\cdots&0&n\end{vmatrix}$$

解 $$D_n=\begin{vmatrix}1+\dfrac{1}{2}+\dfrac{1}{3}+\cdots+\dfrac{1}{n}&1&1&\cdots&1&1\\0&2&0&\cdots&0&0\\0&0&3&\cdots&0&0\\\vdots&\vdots&\vdots&&\vdots&\vdots\\0&0&0&\cdots&n-1&0\\0&0&0&\cdots&0&n\end{vmatrix}=n!\left(1+\sum_{i=2}^{n}\frac{1}{i}\right)$$

例 16 证明行列式

$$D_n=\begin{vmatrix}x&-1&&&0\\&x&\ddots&&\\&&\ddots&-1&\\0&&&x&-1\\a_0&a_1&\cdots&a_{n-2}&x+a_{n-1}\end{vmatrix}=a_0+a_1x+\cdots+a_{n-1}x^{n-1}+x^n$$

证明 对行列式依次进行下面的运算

$$c_{n-1}+xc_n,\ c_{n-2}+xc_{n-1},\ \cdots,\ c_1+xc_2$$

得到

$$D_n=\begin{vmatrix}0&-1&&&0\\&0&\ddots&&\\&&\ddots&-1&\\0&&&0&-1\\a_0+a_1x+\cdots+a_{n-1}x^{n-1}+x^n&\cdots&\cdots&x^2+a_{n-1}x+a_{n-2}&x+a_{n-1}\end{vmatrix}$$

$$=(-1)^{n+1}(a_0+a_1x+\cdots+a_{n-1}x^{n-1}+x^n)\begin{vmatrix}-1&&&&\\&-1&&&\\&&\ddots&&\\&&&-1&\\&&&&-1\end{vmatrix}$$

$$=(-1)^{n+1}(-1)^{n-1}(a_0+a_1x+\cdots+a_{n-1}x^{n-1}+x^n)$$

$$=a_0+a_1x+\cdots+a_{n-1}x^{n-1}+x^n$$

例 17 计算以下 $2n$ 阶行列式

$$D_{2n}=\begin{vmatrix} a & & & & & & & b \\ & a & & & & & b & \\ & & \ddots & & & \iddots & & \\ & & & a & b & & & \\ & & & c & d & & & \\ & & \iddots & & & \ddots & & \\ & c & & & & & d & \\ c & & & & & & & d \end{vmatrix}$$

解 对 D_{2n} 按第一行展开，得

$$D_{2n}=a\begin{vmatrix} a & & & & & b & 0 \\ & \ddots & & & \iddots & & \\ & & a & b & & & \\ & & c & d & & & \\ & \iddots & & & \ddots & & \\ c & & & & & d & 0 \\ 0 & & & & & 0 & d \end{vmatrix}-b\begin{vmatrix} 0 & a & & & & & b \\ & & \ddots & & & \iddots & \\ & & & a & b & & \\ & & & c & d & & \\ & & \iddots & & & \ddots & \\ 0 & c & & & & & d \\ c & 0 & & & & & 0 \end{vmatrix}$$

$$=ad\cdot D_{2(n-1)}-bc\cdot D_{2(n-1)}=(ad-bc)D_{2(n-1)}$$

据此递推下去，可得

$$\begin{aligned} D_{2n}&=(ad-bc)\cdot D_{2(n-1)}=(ad-bc)^2\cdot D_{2(n-2)}=\cdots=(ad-bc)^{n-1}\cdot D_2 \\ &=(ad-bc)^{n-1}\cdot(ad-bc) \\ &=(ad-bc)^n \end{aligned}$$

所以 $D_{2n}=(ad-bc)^n$。

例 18 计算行列式 $D=\det(a_{ij})$，其中 $a_{ij}=|i-j|$。

解
$$D=\begin{vmatrix} 0 & 1 & 2 & \cdots & n-1 \\ 1 & 0 & 1 & \cdots & n-2 \\ 2 & 1 & 0 & \cdots & n-3 \\ \vdots & \vdots & \vdots & & \vdots \\ n-1 & n-2 & n-3 & \cdots & 0 \end{vmatrix}$$

对行列式依次进行下面的运算：

$$r_n-r_{n-1},r_{n-1}-r_{n-2},\cdots,r_2-r_1$$

$$D=\begin{vmatrix} 0 & 1 & 2 & \cdots & n-1 \\ 1 & 0 & 1 & \cdots & n-2 \\ 2 & 1 & 0 & \cdots & n-3 \\ \vdots & \vdots & \vdots & & \vdots \\ n-1 & n-2 & n-3 & \cdots & 0 \end{vmatrix}=\begin{vmatrix} 0 & 1 & \cdots & n-2 & n-1 \\ 1 & -1 & \cdots & -1 & -1 \\ 1 & 1 & \cdots & -1 & -1 \\ \vdots & \vdots & & \vdots & \vdots \\ 1 & 1 & \cdots & 1 & -1 \end{vmatrix}$$

将第 n 列分别加到前面的 $n-1$ 列上，得

$$D=\begin{vmatrix} n-1 & n & \cdots & 2n-3 & n-1 \\ 0 & -2 & \cdots & -2 & -1 \\ 0 & 0 & \cdots & -2 & -1 \\ \vdots & \vdots & & \vdots & \vdots \\ 0 & 0 & \cdots & 0 & -1 \end{vmatrix}=(-1)^{n-1}(n-1)2^{n-2}$$

练　习　题

一、填空题

1. 在四阶行列式 $D=|a_{ij}|$ 中，包含 $a_{31}a_{42}$ 并且带正号的项是________。

2. 若在 n 阶行列式中等于零的元素个数超过 n^2-n 个，则这个行列式的值等于________。

3. $\begin{vmatrix} 5 & -1 & 3 \\ 2 & 2 & 2 \\ 196 & 203 & 199 \end{vmatrix}=$________。

4. $\begin{vmatrix} 1 & 1 & 1 & 1 \\ 1 & 2 & 3 & 4 \\ 1^2 & 2^2 & 3^2 & 4^2 \\ 1^3 & 2^3 & 3^3 & 4^3 \end{vmatrix}=$________。

5. 设 a,b,c 是方程 $x^3+px+q=0$ 的根，则三阶行列式 $\begin{vmatrix} a & b & c \\ c & a & b \\ b & c & a \end{vmatrix}=$________。

6. 若行列式 $\begin{vmatrix} 1 & 0 & 2 \\ x & 3 & 1 \\ 4 & x & 5 \end{vmatrix}$ 的代数余子式 $A_{12}=0$，则代数余子式 $A_{21}=$________。

7. 若 $\begin{vmatrix} a_{11} & a_{12} & a_{13} \\ a_{21} & a_{22} & a_{23} \\ a_{31} & a_{32} & a_{33} \end{vmatrix}=2$，则 $\begin{vmatrix} 4a_{11} & 2a_{31}-3a_{21} & a_{21} \\ 4a_{12} & 2a_{32}-3a_{22} & a_{22} \\ 4a_{13} & 2a_{33}-3a_{23} & a_{23} \end{vmatrix}=$________。

8. $\begin{vmatrix} a_1 & 0 & 0 & b_1 \\ 0 & a_2 & b_2 & 0 \\ 0 & b_3 & a_3 & 0 \\ b_4 & 0 & 0 & a_4 \end{vmatrix}=$________。

二、选择题

1. 设 $\begin{vmatrix} 1 & 3 & 1 \\ 2 & 2 & 3 \\ 3 & 1 & 5 \end{vmatrix} = \begin{vmatrix} a & 0 & -1 \\ 0 & a-1 & 0 \\ -1 & 0 & a \end{vmatrix}$，则 a 的取值为(　　)。

(A)1，−1　　(B)0，2　　(C)0，1　　(D)−1，2

2. $D = \begin{vmatrix} 1 & 1 & 1 & 1 \\ 2 & 1 & -1 & 3 \\ 4 & 1 & 1 & 9 \\ 8 & 1 & -1 & 27 \end{vmatrix}$，则 D 的所有代数余子式之和 $\sum_{i,j=1}^{4} A_{ij} =$(　　)，其中 $A_{ij}(i,j = 1,2,3,4)$ 为元素 $a_{ij}(i,j=1,2,3,4)$ 的代数余子式。

(A)13　　(B)−20　　(C)64　　(D)−48

3. $\begin{vmatrix} a_1 & 0 & 0 & 0 \\ a_2 & b_1 & 0 & 0 \\ c_{11} & c_{12} & d_1 & d_2 \\ c_{21} & c_{22} & d_3 & 0 \end{vmatrix} =$(　　)。

(A) $a_1b_1 - d_2d_3$　　(B) $-a_1b_1d_2d_3$　　(C) $a_1b_1d_2d_3$　　(D)0

4. 设 A_{ij} 是行列式 $|A|$ 的元素 $a_{ij}(i,j=1,2,\cdots,n)$ 的代数余子式，当 $i \neq j$ 时下列各式中错误的是(　　)。

(A) $|A| = a_{i1}A_{j1} + a_{i2}A_{j2} + \cdots + a_{in}A_{jn}$　　(B) $|A| = a_{i1}A_{i1} + a_{i2}A_{i2} + \cdots + a_{in}A_{in}$

(C) $|A| = a_{1j}A_{1j} + a_{2j}A_{2j} + \cdots + a_{nj}A_{nj}$　　(D) $0 = a_{i1}A_{j1} + a_{i2}A_{j2} + \cdots + a_{in}A_{jn}$

5. 已知四阶行列式 $D = \begin{vmatrix} 1 & -1 & 3 & -1 \\ 3 & 1 & 1 & 0 \\ -2 & 5 & 4 & 7 \\ 4 & 1 & 2 & 5 \end{vmatrix}$，则 $A_{14} + 3A_{24} - 2A_{34} + 4A_{44} =$(　　)。其中 A_{ij} 为行列式 D 中元素 a_{ij} 的代数余子式。

(A)2　　(B)1　　(C)0　　(D)3

6. 行列式 $\begin{vmatrix} 1 & 1 & 1 & 1 \\ -1 & 2 & -3 & 4 \\ 1 & 4 & 9 & 16 \\ -1 & 8 & -27 & 64 \end{vmatrix} =$(　　)。

(A)2100　　(B)−2100　　(C)2400　　(D)−2400

7. 在四阶行列式中，第三列元素依次为−1，2，0，1，它们的余子式依次为5，3，−7，4，则 $D =$(　　)。

(A)−3　　(B)−5　　(C)−15　　(D)5

8. 设 D 是一个三阶行列式，若 $D = 0$，则 D 中必有(　　)。

(A)一行元素都是0　　(B)两行元素对应相等

(C)两行元素对应成比例　　(D)一行元素能由其余两行元素线性表示

三、计算题

1. 计算 $D_{n+1}=\begin{vmatrix} b & a_1 & a_2 & \cdots & a_{n-1} & 1 \\ a_1 & b & a_2 & \cdots & a_{n-1} & 1 \\ \vdots & \vdots & \vdots & & \vdots & \vdots \\ a_1 & a_2 & a_3 & \cdots & b & 1 \\ a_1 & a_2 & a_3 & \cdots & a_n & 1 \end{vmatrix}$。

2. 求解下列方程 $\begin{vmatrix} 0 & a & x & a \\ a & 0 & a & x \\ x & a & 0 & a \\ a & x & a & 0 \end{vmatrix}$。

3. 设 $D=\begin{vmatrix} 3 & -5 & 2 & 1 \\ 1 & 1 & 0 & -5 \\ -1 & 3 & 1 & 3 \\ 2 & -4 & -1 & -3 \end{vmatrix}$ 的(i,j)元素的余子式和代数余子式依次记作 M_{ij} 和 A_{ij}，求

(1)$A_{11}+A_{12}+A_{13}+A_{14}$。

(2)$M_{11}+M_{21}+M_{31}+M_{41}$。

4. 利用范德蒙德行列式计算 $D=\begin{vmatrix} 1 & 1 & \cdots & 1 \\ 2 & 2^2 & \cdots & 2^n \\ 3 & 3^2 & \cdots & 3^n \\ \vdots & \vdots & & \vdots \\ n & n^2 & \cdots & n^n \end{vmatrix}$。

5. 计算行列式 $D=\begin{vmatrix} a_1-b & a_2 & \cdots & a_n \\ a_1 & a_2-b & \cdots & a_n \\ \vdots & \vdots & & \vdots \\ a_1 & a_2 & \cdots & a_n-b \end{vmatrix}$。

6. 计算 n 阶行列式 $D=\begin{vmatrix} 0 & 1 & \cdots & 1 & 1 \\ 1 & 0 & \cdots & 1 & 1 \\ \vdots & \vdots & & \vdots & \vdots \\ 1 & 1 & \cdots & 0 & 1 \\ 1 & 1 & \cdots & 1 & 0 \end{vmatrix}$。

7. 计算行列式 $D=\begin{vmatrix} 1+\alpha & 1 & 1 & 1 \\ 1 & 1-\alpha & 1 & 1 \\ 1 & 1 & 1+\beta & 1 \\ 1 & 1 & 1 & 1-\beta \end{vmatrix}$。

8. 计算行列式 $D=\begin{vmatrix} 1 & 3 & 3 & \cdots & 3 \\ 3 & 2 & 3 & \cdots & 3 \\ 3 & 3 & 3 & \cdots & 3 \\ \vdots & \vdots & \vdots & & \vdots \\ 3 & 3 & 3 & \cdots & n \end{vmatrix}$。

9. 证明 $\begin{vmatrix} by+az & bz+ax & bx+ay \\ bx+ay & by+az & bz+ax \\ bz+ax & bx+ay & by+az \end{vmatrix}=(a^3+b^3)\begin{vmatrix} x & y & z \\ z & x & y \\ y & z & x \end{vmatrix}$。

练习题答案

一、填空题

1. 答案：$a_{13}a_{24}a_{31}a_{42}$。

解　在四阶行列式中，包含 $a_{31}a_{42}$ 的项包括 $a_{13}a_{24}a_{31}a_{42}$ 和 $-a_{14}a_{23}a_{31}a_{42}$，所以答案是 $a_{13}a_{24}a_{31}a_{42}$。

2. 答案：0。

解　当 n 阶行列式等于零的元素个数超过 n^2-n 个时，由行列式的定义，没有非零项，所以行列式值为 0。

3. 答案：8。

解　$\begin{vmatrix} 5 & -1 & 3 \\ 2 & 2 & 2 \\ 196 & 203 & 199 \end{vmatrix}=2\begin{vmatrix} 5 & -1 & 3 \\ 1 & 1 & 1 \\ 196 & 203 & 199 \end{vmatrix}=2\begin{vmatrix} 6 & 0 & 4 \\ 1 & 1 & 1 \\ -7 & 0 & -4 \end{vmatrix}=8$

4. 答案：12。

解　这是一个范德蒙德行列式。

$$\begin{vmatrix} 1 & 1 & 1 & 1 \\ 1 & 2 & 3 & 4 \\ 1^2 & 2^2 & 3^2 & 4^2 \\ 1^3 & 2^3 & 3^3 & 4^3 \end{vmatrix}=(2-1)(3-1)(4-1)(3-2)(4-2)(4-3)=12$$

5. 答案：0。

解　由于 a,b,c 是方程 $x^3+px+q=0$ 的根，可以得到

$a+b+c=0$，$abc=-q$，$a^3+b^3+c^3=-p(a+b+c)-3q$

$$\begin{vmatrix} a & b & c \\ c & a & b \\ b & c & a \end{vmatrix}=a^3+b^3+c^3-3abc=-p(a+b+c)-3q-3abc=0$$

6. 答案：$\dfrac{8}{5}$。

解　由 $A_{12}=0$ 可知 $(-1)^3(5x-4)=0$，得 $x=\dfrac{4}{5}$，所以 $A_{21}=\dfrac{8}{5}$。

7. 答案：-16。

解 $$\begin{vmatrix} 4a_{11} & 2a_{31}-3a_{21} & a_{21} \\ 4a_{12} & 2a_{32}-3a_{22} & a_{22} \\ 4a_{13} & 2a_{33}-3a_{23} & a_{23} \end{vmatrix} \xlongequal{c_2+3c_3} \begin{vmatrix} 4a_{11} & 2a_{31} & a_{21} \\ 4a_{12} & 2a_{32} & a_{22} \\ 4a_{13} & 2a_{33} & a_{23} \end{vmatrix} = -8 \begin{vmatrix} a_{11} & a_{21} & a_{31} \\ a_{12} & a_{22} & a_{32} \\ a_{13} & a_{23} & a_{33} \end{vmatrix} = -16$$

8. 答案：$(a_1a_4-b_1b_4)(a_2a_3-b_2b_3)$。

解 $$\begin{vmatrix} a_1 & 0 & 0 & b_1 \\ 0 & a_2 & b_2 & 0 \\ 0 & b_3 & a_3 & 0 \\ b_4 & 0 & 0 & a_4 \end{vmatrix} = a_1 \begin{vmatrix} a_2 & b_2 & 0 \\ b_3 & a_3 & 0 \\ 0 & 0 & a_4 \end{vmatrix} - b_1 \begin{vmatrix} 0 & a_2 & b_2 \\ 0 & b_3 & a_3 \\ b_4 & 0 & 0 \end{vmatrix}$$

$$= a_1a_4(a_2a_3-b_2b_3) - b_1b_4(a_2a_3-b_2b_3)$$

$$= (a_1a_4-b_1b_4)(a_2a_3-b_2b_3)$$

二、选择题

1. 应选（A）。

解 由题设得 $(a^2-1)(a-1)=0$，所以 $a=1,-1$。

2. 应选(D)。

解 $A_{11}+A_{12}+A_{13}+A_{14}=D$

$$(A_{21}+A_{22}+A_{23}+A_{24}) = \begin{vmatrix} 1 & 1 & 1 & 1 \\ 1 & 1 & 1 & 1 \\ 4 & 1 & 1 & 9 \\ 8 & 1 & -1 & 27 \end{vmatrix} = 0$$

$$(A_{31}+A_{32}+A_{33}+A_{34}) = \begin{vmatrix} 1 & 1 & 1 & 1 \\ 2 & 1 & -1 & 3 \\ 1 & 1 & 1 & 1 \\ 8 & 1 & -1 & 27 \end{vmatrix} = 0$$

$$(A_{41}+A_{42}+A_{43}+A_{44}) = \begin{vmatrix} 1 & 1 & 1 & 1 \\ 2 & 1 & -1 & 3 \\ 4 & 1 & 1 & 9 \\ 1 & 1 & 1 & 1 \end{vmatrix} = 0$$

$$\sum_{i,j=1}^{4} A_{ij} = D = (1-2)(-1-2)(3-2)(-1-1)(3-1)(3+1) = -48。$$

（注意 D 是范蒙德行列式。）

3. 应选（B）。

解 $$\begin{vmatrix} a_1 & 0 & 0 & 0 \\ a_2 & b_1 & 0 & 0 \\ c_{11} & c_{12} & d_1 & d_2 \\ c_{21} & c_{22} & d_3 & 0 \end{vmatrix} = \begin{vmatrix} a_1 & 0 \\ a_2 & b_1 \end{vmatrix} \begin{vmatrix} d_1 & d_2 \\ d_3 & 0 \end{vmatrix} = -a_1b_1d_2d_3$$

4. 应选 (A)。

解　根据行列式的展开法则，$a_{i1}A_{j1}+a_{i2}A_{j2}+\cdots+a_{in}A_{jn}=0\quad(i\neq j)$

5. 应选 (C)。

解　$A_{14}+3A_{24}-2A_{34}+4A_{44}=\begin{vmatrix}1&-1&3&1\\3&1&1&3\\-2&5&4&-2\\4&1&2&4\end{vmatrix}=0$

6. 应选 (A)。

解　这是范德蒙德行列式。

$$\begin{vmatrix}1&1&1&1\\-1&2&-3&4\\1&4&9&16\\-1&8&-27&64\end{vmatrix}=(2+1)(-3+1)(4+1)(-3-2)(4-2)(4+3)=2100$$

7. 应选 (C)。

解　根据行列式的展开法则，第三列的元素与其对应的代数余子式乘积之和等于行列式的值。注意题目给出的是余子式的值。所以

$D=(-1)(-1)^4\times5+2(-1)^5\times3+0(-1)^6(-7)+1\times(-1)^7\times4=-15$

8. 应选 (D)。

解　当一行元素都是 0，$D=0$，但是反之不一定成立。

当两行元素对应相等时，$D=0$，但是反之不一定成立。

当两行元素对应成比例时，$D=0$，但是反之不一定成立。

三、计算题

1. **解**　$D_{n+1}\xlongequal[\substack{r_1-r_2\\ r_2-r_3\\ \vdots\\ r_n-r_{n+1}}]{}\begin{vmatrix}b-a_1&a_1-b&0&\cdots&0&0\\0&b-a_2&0&\cdots&0&0\\\vdots&\vdots&\vdots&&\vdots&\vdots\\0&0&0&\cdots&b-a_n&0\\a_1&a_2&a_3&\cdots&a_n&1\end{vmatrix}=(b-a_1)(b-a_2)\cdots(b-a_n)$。

2. **解**　这是一个行和相等的行列式。把后三列都加到第一列上去，提出公因子得

$$\begin{vmatrix}0&a&x&a\\a&0&a&x\\x&a&0&a\\a&x&a&0\end{vmatrix}=(2a+x)\begin{vmatrix}1&a&x&a\\1&0&a&x\\1&a&0&a\\1&x&a&0\end{vmatrix}$$

$$=(2a+x)\begin{vmatrix}1&0&0&0\\1&-a&a-x&x-a\\1&0&-x&0\\1&x-a&a-x&-a\end{vmatrix}$$

$$=(2a+x)\begin{vmatrix} -a & a-x & x-a \\ 0 & -x & 0 \\ x-a & a-x & -a \end{vmatrix}=(2a+x)(-x)[a^2-(x-a)^2]$$

$$=(2a+x)(-x^2)(2a-x)=0$$

所以 $x=0$(二重根),$2a$,$-2a$。

3. **解** (1) $A_{11}+A_{12}+A_{13}+A_{14}=\begin{vmatrix} 1 & 1 & 1 & 1 \\ 1 & 1 & 0 & -5 \\ -1 & 3 & 1 & 3 \\ 2 & -4 & -1 & -3 \end{vmatrix}=4$

(2) $M_{11}+M_{21}+M_{31}+M_{41}=A_{11}-A_{21}+A_{31}-A_{41}=\begin{vmatrix} 1 & -5 & 2 & 1 \\ -1 & 1 & 0 & -5 \\ 1 & 3 & 1 & 3 \\ -1 & -4 & -1 & -3 \end{vmatrix}=0$

4. **解** D 中各行元素分别是一个数的不同方幂,方幂次数自左至右按递升次序排列,但不是从 0 变到 $n-1$,而是由 1 递升至 n。若提取各行的公因子,则方幂次数便从 0 增至 $n-1$,于是得到

$$D=n!\begin{vmatrix} 1 & 1 & 1 & \cdots & 1 \\ 1 & 2 & 2^2 & \cdots & 2^{n-1} \\ 1 & 3 & 3^2 & \cdots & 3^{n-1} \\ \vdots & \vdots & \vdots & & \vdots \\ 1 & n & n^2 & \cdots & n^{n-1} \end{vmatrix}$$

上面等式右端行列式为范德蒙德行列式,由范德蒙德行列式知

$$D_n=n!\ (2-1)(3-1)\cdots(n-1)(3-2)(4-2)\cdots(n-2)\cdots[n-(n-1)]$$
$$=n!\ (n-1)!\ (n-2)!\ \cdots 2!\ 1!$$

5. **解** 这是一个行和相等的行列式。把后面的列都加到第一列上去,提出公因子得

$$\begin{vmatrix} a_1-b & a_2 & \cdots & a_n \\ a_1 & a_2-b & \cdots & a_n \\ \vdots & \vdots & & \vdots \\ a_1 & a_2 & \cdots & a_n-b \end{vmatrix}=\left(\sum_{i=1}^{n}a_i-b\right)\begin{vmatrix} 1 & a_2 & \cdots & a_n \\ 1 & a_2-b & \cdots & a_n \\ \vdots & \vdots & & \vdots \\ 1 & a_2 & \cdots & a_n-b \end{vmatrix}$$

$$=\left(\sum_{i=1}^{n}a_i-b\right)\begin{vmatrix} 1 & a_2 & \cdots & a_n \\ 0 & -b & \cdots & 0 \\ \vdots & \vdots & & \vdots \\ 0 & 0 & \cdots & -b \end{vmatrix}=(-b)^{n-1}\left(\sum_{i=1}^{n}a_i-b\right)$$

6. **解**　这是一个行和相等的行列式。

$$D=\begin{vmatrix}0&1&\cdots&1&1\\1&0&\cdots&1&1\\\vdots&\vdots&&\vdots&\vdots\\1&1&\cdots&0&1\\1&1&\cdots&1&0\end{vmatrix}=(n-1)\begin{vmatrix}1&1&\cdots&1&1\\1&0&\cdots&1&1\\\vdots&\vdots&&\vdots&\vdots\\1&1&\cdots&0&1\\1&1&\cdots&1&0\end{vmatrix}$$

$$=(n-1)\begin{vmatrix}1&0&\cdots&0&0\\1&-1&\cdots&0&0\\\vdots&\vdots&&\vdots&\vdots\\1&0&\cdots&-1&0\\1&0&\cdots&0&-1\end{vmatrix}=(-1)^{n-1}(n-1)$$

7. **解**　把 D 按照最后一列拆成两个行列式相加：

$$D=\begin{vmatrix}1+\alpha&1&1&1\\1&1-\alpha&1&1\\1&1&1+\beta&1\\1&1&1&1\end{vmatrix}+\begin{vmatrix}1+\alpha&1&1&0\\1&1-\alpha&1&0\\1&1&1+\beta&0\\1&1&1&-\beta\end{vmatrix}$$

将第一个行列式的最后一列乘以 -1 后加到其余各列；将第二个行列式按照最后一列展开后再按第一列拆成两个三阶行列式相加：

$$D=\begin{vmatrix}\alpha&0&0&1\\0&-\alpha&0&1\\0&0&\beta&1\\0&0&0&1\end{vmatrix}-\beta\begin{vmatrix}1+\alpha&1&1\\1&1-\alpha&1\\1&1&1+\beta\end{vmatrix}$$

$$=-\alpha^2\beta-\beta\begin{vmatrix}1&1&1\\1&1-\alpha&1\\1&1&1+\beta\end{vmatrix}-\beta\begin{vmatrix}\alpha&1&1\\0&1-\alpha&1\\0&1&1+\beta\end{vmatrix}$$

$$=-\alpha^2\beta-\beta\begin{vmatrix}1&0&0\\1&-\alpha&0\\1&0&\beta\end{vmatrix}-\alpha\beta\begin{vmatrix}1-\alpha&1\\1&1+\beta\end{vmatrix}=\alpha^2\beta^2$$

8. **解**　注意观察到行列式的第 3 列全为 3，把第三列乘以 -1，加到其他各列上，得到

$$D=\begin{vmatrix}1&3&3&\cdots&3\\3&2&3&\cdots&3\\3&3&3&\cdots&3\\\vdots&\vdots&\vdots&&\vdots\\3&3&3&\cdots&n\end{vmatrix}=\begin{vmatrix}-2&0&3&\cdots&0\\0&-1&3&\cdots&0\\0&0&3&\cdots&0\\\vdots&\vdots&\vdots&&\vdots\\0&0&3&\cdots&n-3\end{vmatrix}$$

再将第三行乘以－1，加到其他各行上，得到

$$D=\begin{vmatrix}-2&0&3&\cdots&0\\0&-1&3&\cdots&0\\0&0&3&\cdots&0\\\vdots&\vdots&\vdots&&\vdots\\0&0&3&\cdots&n-3\end{vmatrix}=\begin{vmatrix}-2&0&0&\cdots&0\\0&-1&0&\cdots&0\\0&0&3&\cdots&0\\\vdots&\vdots&\vdots&&\vdots\\0&0&0&\cdots&n-3\end{vmatrix}=6(n-3)!$$

9. **证明** 利用行列式的性质。

$$\begin{vmatrix}by+az&bz+ax&bx+ay\\bx+ay&by+az&bz+ax\\bz+ax&bx+ay&by+az\end{vmatrix}=\begin{vmatrix}by&bz+ax&bx+ay\\bx&by+az&bz+ax\\bz&bx+ay&by+az\end{vmatrix}+\begin{vmatrix}az&bz+ax&bx+ay\\ay&by+az&bz+ax\\ax&bx+ay&by+az\end{vmatrix}$$

$$=b\begin{vmatrix}y&bz+ax&bx+ay\\x&by+az&bz+ax\\z&bx+ay&by+az\end{vmatrix}+a\begin{vmatrix}z&bz+ax&bx+ay\\y&by+az&bz+ax\\x&bx+ay&by+az\end{vmatrix}$$

$$=b\begin{vmatrix}y&bz+ax&bx\\x&by+az&bz\\z&bx+ay&by\end{vmatrix}+a\begin{vmatrix}z&ax&bx+ay\\y&az&bz+ax\\x&ay&by+az\end{vmatrix}$$

$$=b^2\begin{vmatrix}y&bz+ax&x\\x&by+az&z\\z&bx+ay&y\end{vmatrix}+a^2\begin{vmatrix}z&x&bx+ay\\y&z&bz+ax\\x&y&by+az\end{vmatrix}$$

$$=b^2\begin{vmatrix}y&bz&x\\x&by&z\\z&bx&y\end{vmatrix}+a^2\begin{vmatrix}z&x&ay\\y&z&ax\\x&y&az\end{vmatrix}$$

$$=(a^3+b^3)\begin{vmatrix}x&y&z\\z&x&y\\y&z&x\end{vmatrix}$$

第七章　矩　　阵

考试内容

矩阵的概念、矩阵的线性运算、矩阵的乘法、方阵的幂、方阵乘积的行列式、矩阵的转置、逆矩阵的概念和性质、矩阵可逆的充分必要条件、伴随矩阵、矩阵的初等变换、初等矩阵、矩阵的秩、矩阵的等价。

考试要求

1. 理解矩阵的概念，了解单位矩阵、对角矩阵、三角矩阵的定义及性质，了解对称矩阵、反对称矩阵及正交矩阵等的定义和性质。

2. 掌握矩阵的线性运算、乘法、转置以及它们的运算规律，了解方阵的幂与方阵乘积的行列式的性质。

3. 理解逆矩阵的概念，掌握逆矩阵的性质以及矩阵可逆的充分必要条件，了解伴随矩阵的概念，会用伴随矩阵求逆矩阵。

4. 了解矩阵的初等变换和初等矩阵及矩阵等价的概念，理解矩阵的秩的概念，掌握用初等变换求矩阵的逆矩阵和秩的方法。

本章重点

1. 矩阵的运算。考生应深刻理解行列式的加法运算与矩阵的加法运算的区别，行列式的数量乘法运算与矩阵的数量乘法运算的区别。

2. 方阵的行列式与幂。

3. 矩阵可逆的计算与证明。要掌握求逆矩阵时常用的几种方法。

伴随矩阵法：当 $|\boldsymbol{A}|\neq 0$ 时，$\boldsymbol{A}^{-1}=\dfrac{1}{|\boldsymbol{A}|}\boldsymbol{A}^{*}$；

定义法：若 $\boldsymbol{AB}=\boldsymbol{BA}=\boldsymbol{E}$，则 $\boldsymbol{A}^{-1}=\boldsymbol{B}$；

初等变换法：$(\boldsymbol{A}\vdots\boldsymbol{E})\xrightarrow{\text{行变换}}\cdots\cdots\rightarrow(\boldsymbol{E}\vdots\boldsymbol{A}^{-1})$。

4. 解矩阵方程。要会利用逆矩阵和初等变换的方法解矩阵方程：$\boldsymbol{AX}=\boldsymbol{B}$，$\boldsymbol{XA}=\boldsymbol{B}$，$\boldsymbol{AXB}=\boldsymbol{C}$。

5. 矩阵的秩。要会用初等变换求矩阵的秩。

一、矩阵及其运算

1. 矩阵

由 $m\times n$ 个数 $a_{ij}(i=1,2,\cdots,m;j=1,2,\cdots,n)$ 排成 m 行 n 列的数表

$$\boldsymbol{A}=\begin{pmatrix} a_{11} & a_{12} & \cdots & a_{1n}\\ a_{21} & a_{22} & \cdots & a_{2n}\\ \vdots & \vdots & & \vdots\\ a_{m1} & a_{m2} & \cdots & a_{mn}\end{pmatrix}$$

叫作m行n列矩阵(简称$m\times n$矩阵),记为$\boldsymbol{A}=(a_{ij})_{m\times n}$。其中$a_{ij}$叫作矩阵$\boldsymbol{A}$的第$i$行第$j$列元素。

当$m=n$时,矩阵$\boldsymbol{A}$称为n阶方阵。

只有一行的矩阵称为行矩阵或行向量,记作$\boldsymbol{A}=(a_1,a_2,\cdots,a_n)$。只有一列的矩阵称为列矩阵或列向量。

行数对应相等,列数对应相等的两个矩阵称为同型矩阵。

设$\boldsymbol{A}=(a_{ij})_{m\times n}$与$\boldsymbol{B}=(b_{ij})_{m\times n}$是同型矩阵,且$a_{ij}=b_{ij}(i=1,2,\cdots,m;j=1,2,\cdots,n)$,则称它们相等,记作$\boldsymbol{A}=\boldsymbol{B}$。

若$\boldsymbol{A}_{m\times n}$中每个元素都是零,则称它为零矩阵,记作$\boldsymbol{O}_{m\times n}$或$\boldsymbol{O}$。

若在方阵$\boldsymbol{A}=(a_{ij})_{n\times n}$中,$a_{ij}=0(i\neq j;i,j=1,2,\cdots,n)$,则称$\boldsymbol{A}$为对角矩阵,记为$\boldsymbol{\Lambda}=\mathrm{diag}(a_{11},a_{22},\cdots,a_{nn})$;特别地,当$a_{11}=a_{22}=\cdots=a_{nn}=1$时,即$\boldsymbol{\Lambda}=\begin{pmatrix}1&0&\cdots&0\\0&1&\cdots&0\\\vdots&\vdots&&\vdots\\0&0&\cdots&1\end{pmatrix}$时,称为$n$阶单位矩阵,记作$\boldsymbol{E}_n$或$\boldsymbol{E}$。

形如$\boldsymbol{A}=\begin{pmatrix}a_{11}&a_{12}&\cdots&a_{1n}\\0&a_{22}&\cdots&a_{2n}\\\vdots&\vdots&&\vdots\\0&0&\cdots&a_{nn}\end{pmatrix}$的$n$阶方阵$\boldsymbol{A}$称为上三角形矩阵。

形如$\boldsymbol{A}=\begin{pmatrix}a_{11}&0&\cdots&0\\a_{21}&a_{22}&\cdots&0\\\vdots&\vdots&&\vdots\\a_{n1}&a_{n2}&\cdots&a_{nn}\end{pmatrix}$的$n$阶方阵$\boldsymbol{A}$称为下三角形矩阵。

2. 矩阵的运算

(1)矩阵的加法和减法

设$\boldsymbol{A}=(a_{ij})_{m\times n}$,$\boldsymbol{B}=(b_{ij})_{m\times n}$,则$\boldsymbol{A}+\boldsymbol{B}=(a_{ij}+b_{ij})_{m\times n}$。

注 只有当两个矩阵是同型矩阵时,才能进行加法运算。

矩阵的减法:$\boldsymbol{A}-\boldsymbol{B}=\boldsymbol{A}+(-\boldsymbol{B})$。

矩阵加法的运算律

交换律 $\boldsymbol{A}+\boldsymbol{B}=\boldsymbol{B}+\boldsymbol{A}$

结合律 $\boldsymbol{A}+(\boldsymbol{B}+\boldsymbol{C})=(\boldsymbol{A}+\boldsymbol{B})+\boldsymbol{C}$

(2) 矩阵的数乘

设λ为数,$\boldsymbol{A}=(a_{ij})_{m\times n}$,则$\lambda\boldsymbol{A}=\boldsymbol{A}\lambda=(\lambda a_{ij})_{m\times n}$称为矩阵的数乘。

单位矩阵$\boldsymbol{E}$与数λ相乘所得矩阵称为数量矩阵。

矩阵数乘的运算律

$$(\lambda+\mu)\boldsymbol{A}=\lambda\boldsymbol{A}+\mu\boldsymbol{A}$$

$$\lambda(\boldsymbol{A}+\boldsymbol{B})=\lambda\boldsymbol{A}+\lambda\boldsymbol{B}$$

$$\lambda(\mu\boldsymbol{A})=(\lambda\mu)\boldsymbol{A}\text{,其中}\lambda,\mu\text{均是实数}$$

(3) 矩阵的乘法

设 $\boldsymbol{A}=(a_{ij})_{m\times s}$，$\boldsymbol{B}=(b_{ij})_{s\times n}$，则 $\boldsymbol{AB}=\boldsymbol{C}=(c_{ij})_{m\times n}$，其中

$$c_{ij}=a_{i1}\times b_{1j}+a_{i2}\times b_{2j}+\cdots+a_{is}\times b_{sj}=\sum_{k=1}^{s}a_{ik}b_{kj}\quad(i=1,2,\cdots,m;j=1,2,\cdots,n)$$

注　只有当 $\boldsymbol{A}$ 的列数等于 $\boldsymbol{B}$ 的行数时，两个矩阵才能相乘。

矩阵乘法的运算律

结合律：　$(\boldsymbol{AB})\boldsymbol{C}=\boldsymbol{A}(\boldsymbol{BC})$

分配律：　$\boldsymbol{A}(\boldsymbol{B}+\boldsymbol{C})=\boldsymbol{AB}+\boldsymbol{AC}$　$(\boldsymbol{B}+\boldsymbol{C})\boldsymbol{A}=\boldsymbol{BA}+\boldsymbol{CA}$

$\lambda(\boldsymbol{AB})=(\lambda\boldsymbol{A})\boldsymbol{B}=\boldsymbol{A}(\lambda\boldsymbol{B})$　(其中 λ 为实数)

3. 方阵的行列式和方阵的幂

由 n 阶矩阵 $\boldsymbol{A}$ 的元素所构成的行列式(各元素的位置不变)，称为矩阵 $\boldsymbol{A}$ 的行列式，记作 $|\boldsymbol{A}|$ 或 $\det\boldsymbol{A}$。特别要注意　$\boldsymbol{A}\neq|\boldsymbol{A}|$。

矩阵的行列式满足的运算律(设 $\boldsymbol{A}$，$\boldsymbol{B}$ 为 n 阶方阵，λ 为实数)

$$|\boldsymbol{A}^{\mathrm{T}}|=|\boldsymbol{A}|$$
$$|\lambda\boldsymbol{A}|=\lambda^{n}|\boldsymbol{A}|$$
$$|\boldsymbol{AB}|=|\boldsymbol{A}|\cdot|\boldsymbol{B}|=|\boldsymbol{B}|\cdot|\boldsymbol{A}|$$

设 $\boldsymbol{A}$ 为 n 阶方阵，称 $\boldsymbol{A}^{k}=\underbrace{\boldsymbol{A}\cdot\boldsymbol{A}\cdots\boldsymbol{A}}_{k个}$　(k 为正整数) 为 $\boldsymbol{A}$ 的 k 次幂。

矩阵幂的运算律

$$\boldsymbol{A}^{k}\boldsymbol{A}^{l}=\boldsymbol{A}^{k+l},(\boldsymbol{A}^{k})^{l}=\boldsymbol{A}^{kl}\quad(k,l\text{ 均为正整数})$$

一般说来，$(\boldsymbol{AB})^{k}\neq\boldsymbol{A}^{k}\boldsymbol{B}^{k}$。

特别要指出矩阵乘法的下列特性：

(1) 矩阵乘法无交换律，一般 $\boldsymbol{AB}\neq\boldsymbol{BA}$。

由于矩阵乘法无交换律，故一般

$$(\boldsymbol{A}\pm\boldsymbol{B})^{2}\neq\boldsymbol{A}^{2}\pm2\boldsymbol{AB}+\boldsymbol{B}^{2},(\boldsymbol{A}+\boldsymbol{B})(\boldsymbol{A}-\boldsymbol{B})\neq\boldsymbol{A}^{2}-\boldsymbol{B}^{2}$$

(2) 若 $\boldsymbol{AB}=\boldsymbol{O}$，一般得不到 $\boldsymbol{A}=\boldsymbol{O}$ 或 $\boldsymbol{B}=\boldsymbol{O}$。

例如 $\boldsymbol{A}=\begin{pmatrix}1&1\\-1&-1\end{pmatrix}$，$\boldsymbol{B}=\begin{pmatrix}2&-2\\-2&2\end{pmatrix}$，$\boldsymbol{AB}=\begin{pmatrix}0&0\\0&0\end{pmatrix}$。

(3) 矩阵乘法无消去律，即若 $\boldsymbol{AB}=\boldsymbol{AC}$，一般得不到 $\boldsymbol{B}=\boldsymbol{C}$。

4. 矩阵的转置

设 $\boldsymbol{A}=\begin{pmatrix}a_{11}&a_{12}&\cdots&a_{1n}\\a_{21}&a_{22}&\cdots&a_{2n}\\\vdots&\vdots&&\vdots\\a_{m1}&a_{m2}&\cdots&a_{mn}\end{pmatrix}$，则矩阵 $\begin{pmatrix}a_{11}&a_{21}&\cdots&a_{m1}\\a_{12}&a_{22}&\cdots&a_{m2}\\\vdots&\vdots&&\vdots\\a_{1n}&a_{2n}&\cdots&a_{mn}\end{pmatrix}$ 称为 $\boldsymbol{A}$ 的转置矩阵，记为 $\boldsymbol{A}^{\mathrm{T}}$。

矩阵转置的运算律：

$$(A^{\mathrm T})^{\mathrm T}=A$$
$$(A+B)^{\mathrm T}=A^{\mathrm T}+B^{\mathrm T}$$
$$(AB)^{\mathrm T}=B^{\mathrm T}A^{\mathrm T}$$
$$(\lambda A)^{\mathrm T}=\lambda A^{\mathrm T}$$

满足条件 $A^{\mathrm T}=A$ 的矩阵 A 称为对称矩阵(其元素以主对角线为对称轴对应相等)。满足条件 $A^{\mathrm T}=-A$ 的矩阵 A 称为反对称矩阵。

例 1 已知两个线性变换

$$\begin{cases}x_1=2y_1+y_3\\x_2=-2y_1+3y_2+2y_3\\x_3=4y_1+y_2+5y_3\end{cases} \quad 和 \begin{cases}y_1=-3z_1+z_2\\y_2=2z_1+z_3\\y_3=-z_2+3z_3\end{cases}$$

求从 z_1,z_2,z_3 到 x_1,x_2,x_3 的线性变换。

解 $$\begin{pmatrix}x_1\\x_2\\x_3\end{pmatrix}=\begin{pmatrix}2&0&1\\-2&3&2\\4&1&5\end{pmatrix}\begin{pmatrix}y_1\\y_2\\y_3\end{pmatrix}=\begin{pmatrix}2&0&1\\-2&3&2\\4&1&5\end{pmatrix}\begin{pmatrix}-3&1&0\\2&0&1\\0&-1&3\end{pmatrix}\begin{pmatrix}z_1\\z_2\\z_3\end{pmatrix}$$
$$=\begin{pmatrix}-6&1&3\\12&-4&9\\-10&-1&16\end{pmatrix}\begin{pmatrix}z_1\\z_2\\z_3\end{pmatrix}$$

例 2 举例说明下列命题是错误的。

(1)若 $A^2=O$，则 $A=O$。

解 取 $A=\begin{pmatrix}0&1\\0&0\end{pmatrix}$，则 $A^2=O$，但是 $A\neq O$。

(2)若 $A^2=A$，则 $A=O$ 或 $A=E$。

解 取 $A=\begin{pmatrix}1&1\\0&0\end{pmatrix}$，则 $A^2=A$，但是 $A\neq O$ 且 $A\neq E$。

(3)若 $AX=AY$，且 $A\neq O$，则 $X=Y$。

解 取 $A=\begin{pmatrix}1&0\\0&0\end{pmatrix}$，$X=\begin{pmatrix}1&1\\-1&1\end{pmatrix}$，$Y=\begin{pmatrix}1&1\\0&1\end{pmatrix}$，则 $AX=AY$，且 $A\neq O$，但 $X\neq Y$。

例 3 A 和 B 都是 n 阶对称矩阵，证明 AB 是对称矩阵的充要条件是 $AB=BA$。

证 充分性：因为 $A^{\mathrm T}=A$，$B^{\mathrm T}=B$，且 $AB=BA$，所以

$$(AB)^{\mathrm T}=(BA)^{\mathrm T}=A^{\mathrm T}B^{\mathrm T}=AB$$

即 AB 是对称矩阵。

必要性：因为 $A^{\mathrm T}=A$，$B^{\mathrm T}=B$，且 $(AB)^{\mathrm T}=AB$，所以

$$AB=(AB)^{\mathrm T}=B^{\mathrm T}A^{\mathrm T}=BA$$

例 4 设矩阵 $\boldsymbol{A}=\begin{pmatrix}a_1 & b_1 & c_1\\ a_2 & b_2 & c_2\\ a_3 & b_3 & c_3\end{pmatrix}$，$\boldsymbol{B}=\begin{pmatrix}d_1 & b_1 & c_1\\ d_2 & b_2 & c_2\\ d_3 & b_3 & c_3\end{pmatrix}$，且 $|\boldsymbol{A}|=2$，$|\boldsymbol{B}|=3$，求 $|\boldsymbol{A}+2\boldsymbol{B}|$。

解
$$|\boldsymbol{A}+2\boldsymbol{B}|=\begin{vmatrix}a_1+2d_1 & 3b_1 & 3c_1\\ a_2+2d_2 & 3b_2 & 3c_2\\ a_3+2d_3 & 3b_3 & 3c_3\end{vmatrix}=\begin{vmatrix}a_1 & 3b_1 & 3c_1\\ a_2 & 3b_2 & 3c_2\\ a_3 & 3b_3 & 3c_3\end{vmatrix}+\begin{vmatrix}2d_1 & 3b_1 & 3c_1\\ 2d_2 & 3b_2 & 3c_2\\ 2d_3 & 3b_3 & 3c_3\end{vmatrix}$$
$$=9|\boldsymbol{A}|+18|\boldsymbol{B}|=72。$$

注 本题需要理解行列式的加法运算与矩阵的加法运算的区别，行列式的数量乘法与矩阵的数量乘法的区别。

例 5 设 $\boldsymbol{\alpha}=(1,2,3)$，$\boldsymbol{\beta}=\left(1,\frac{1}{2},\frac{1}{3}\right)$，$\boldsymbol{A}=\boldsymbol{\alpha}^{\mathrm{T}}\boldsymbol{\beta}$，$\boldsymbol{B}=\boldsymbol{\beta}\boldsymbol{\alpha}^{\mathrm{T}}$，计算 $\boldsymbol{A}$，$\boldsymbol{B}$，$\boldsymbol{A}^n$。

解
$$\boldsymbol{A}=\boldsymbol{\alpha}^{\mathrm{T}}\boldsymbol{\beta}=\begin{pmatrix}1\\2\\3\end{pmatrix}\left(1,\frac{1}{2},\frac{1}{3}\right)=\begin{pmatrix}1 & \frac{1}{2} & \frac{1}{3}\\ 2 & 1 & \frac{2}{3}\\ 3 & \frac{3}{2} & 1\end{pmatrix}$$

$$\boldsymbol{B}=\boldsymbol{\beta}\boldsymbol{\alpha}^{\mathrm{T}}=\left(1,\frac{1}{2},\frac{1}{3}\right)\begin{pmatrix}1\\2\\3\end{pmatrix}=3$$

$$\boldsymbol{A}^n=(\boldsymbol{\alpha}^{\mathrm{T}}\boldsymbol{\beta})(\boldsymbol{\alpha}^{\mathrm{T}}\boldsymbol{\beta})\cdots(\boldsymbol{\alpha}^{\mathrm{T}}\boldsymbol{\beta})=\boldsymbol{\alpha}^{\mathrm{T}}(\boldsymbol{\beta}\boldsymbol{\alpha}^{\mathrm{T}})(\boldsymbol{\beta}\boldsymbol{\alpha}^{\mathrm{T}})\cdots(\boldsymbol{\beta}\boldsymbol{\alpha}^{\mathrm{T}})\boldsymbol{\beta}$$
$$=3^{n-1}\boldsymbol{\alpha}^{\mathrm{T}}\boldsymbol{\beta}=3^{n-1}\boldsymbol{A}=3^{n-1}\begin{pmatrix}1 & \frac{1}{2} & \frac{1}{3}\\ 2 & 1 & \frac{2}{3}\\ 3 & \frac{3}{2} & 1\end{pmatrix}$$

例 6 若 $\boldsymbol{A}^2=\boldsymbol{A}$，则称 $\boldsymbol{A}$ 为幂等矩阵。试证若 $\boldsymbol{A}$、$\boldsymbol{B}$ 为幂等矩阵，则 $\boldsymbol{A}+\boldsymbol{B}$ 为幂等矩阵的充要条件是 $\boldsymbol{AB}=-\boldsymbol{BA}$。

证明 因为 $\boldsymbol{A}^2=\boldsymbol{A}$，$\boldsymbol{B}^2=\boldsymbol{B}$，于是
$$(\boldsymbol{A}+\boldsymbol{B})^2=\boldsymbol{A}^2+\boldsymbol{B}^2+\boldsymbol{AB}+\boldsymbol{BA}=\boldsymbol{A}+\boldsymbol{B}+\boldsymbol{AB}+\boldsymbol{BA}$$
故 $(\boldsymbol{A}+\boldsymbol{B})^2=\boldsymbol{A}+\boldsymbol{B}$ 的充要条件是 $\boldsymbol{AB}+\boldsymbol{BA}=\boldsymbol{O}$，即 $\boldsymbol{AB}=-\boldsymbol{BA}$。

例 7 设 $\boldsymbol{A}=\frac{1}{2}(\boldsymbol{B}+\boldsymbol{E})$，证明 $\boldsymbol{A}^2=\boldsymbol{A}$ 成立的充要条件是 $\boldsymbol{B}^2=\boldsymbol{E}$。

证明 必要性：设 $\boldsymbol{A}^2=\boldsymbol{A}$，因为
$$\boldsymbol{A}^2=\left[\frac{1}{2}(\boldsymbol{B}+\boldsymbol{E})\right]^2=\frac{1}{4}(\boldsymbol{B}^2+2\boldsymbol{B}+\boldsymbol{E})=\boldsymbol{A}=\frac{1}{2}(\boldsymbol{B}+\boldsymbol{E})$$

即 $$\boldsymbol{B}^2+2\boldsymbol{B}+\boldsymbol{E}=2(\boldsymbol{B}+\boldsymbol{E})=2\boldsymbol{B}+2\boldsymbol{E}$$

因此 $\boldsymbol{B}^2=\boldsymbol{E}$。

充分性：设 $\boldsymbol{B}^2=\boldsymbol{E}$，则有

$$\boldsymbol{A}^2=\frac{1}{4}(\boldsymbol{B}^2+2\boldsymbol{B}+\boldsymbol{E})=\frac{1}{4}(\boldsymbol{E}+2\boldsymbol{B}+\boldsymbol{E})=\frac{1}{2}(\boldsymbol{B}+\boldsymbol{E})=\boldsymbol{A}$$

例 8 设 $\boldsymbol{A}=\boldsymbol{E}-\boldsymbol{X}\boldsymbol{X}^{\mathrm{T}}$，其中 $\boldsymbol{E}$ 是 n 阶单位矩阵，$\boldsymbol{X}$ 是 $n\times 1$ 非零矩阵，证明 $\boldsymbol{A}^2=\boldsymbol{A}$ 的充要条件是 $\boldsymbol{X}^{\mathrm{T}}\boldsymbol{X}=1$。

证明 因为 $\boldsymbol{A}=\boldsymbol{E}-\boldsymbol{X}\boldsymbol{X}^{\mathrm{T}}$，所以

$$\begin{aligned}\boldsymbol{A}^2&=(\boldsymbol{E}-\boldsymbol{X}\boldsymbol{X}^{\mathrm{T}})^2=(\boldsymbol{E}-\boldsymbol{X}\boldsymbol{X}^{\mathrm{T}})(\boldsymbol{E}-\boldsymbol{X}\boldsymbol{X}^{\mathrm{T}})\\&=\boldsymbol{E}-2\boldsymbol{X}\boldsymbol{X}^{\mathrm{T}}+\boldsymbol{X}\boldsymbol{X}^{\mathrm{T}}\cdot\boldsymbol{X}\boldsymbol{X}^{\mathrm{T}}\\&=\boldsymbol{E}-2\boldsymbol{X}\boldsymbol{X}^{\mathrm{T}}+\boldsymbol{X}(\boldsymbol{X}^{\mathrm{T}}\boldsymbol{X})\boldsymbol{X}^{\mathrm{T}}\\&=\boldsymbol{E}-(2-\boldsymbol{X}^{\mathrm{T}}\boldsymbol{X})\boldsymbol{X}\boldsymbol{X}^{\mathrm{T}}\end{aligned}$$

因为 $\boldsymbol{X}\neq\boldsymbol{0}$，故 $\boldsymbol{X}\boldsymbol{X}^{\mathrm{T}}\neq\boldsymbol{0}$，$\boldsymbol{A}^2=\boldsymbol{A}$ 的充要条件是 $2-\boldsymbol{X}^{\mathrm{T}}\boldsymbol{X}=1$，即 $\boldsymbol{X}^{\mathrm{T}}\boldsymbol{X}=1$。

二、可 逆 矩 阵

1. 逆矩阵的定义

设 $\boldsymbol{A}$ 为 n 阶方阵，若存在同阶方阵 $\boldsymbol{B}$，使得 $\boldsymbol{AB}=\boldsymbol{BA}=\boldsymbol{E}$，则称矩阵 $\boldsymbol{A}$ 可逆，称 $\boldsymbol{B}$ 为 $\boldsymbol{A}$ 的逆矩阵，记为 $\boldsymbol{A}^{-1}=\boldsymbol{B}$。

若 $\boldsymbol{A}$ 是可逆的，则它的逆矩阵 $\boldsymbol{A}^{-1}$ 唯一。

方阵 $\boldsymbol{A}$ 可逆的充分必要条件是 $|\boldsymbol{A}|\neq 0$。

2. 逆矩阵的性质

设 $\boldsymbol{A}$，$\boldsymbol{B}$ 是同阶的可逆矩阵，则

$$(\boldsymbol{A}^{-1})^{-1}=\boldsymbol{A}$$
$$(\boldsymbol{AB})^{-1}=\boldsymbol{B}^{-1}\boldsymbol{A}^{-1}$$
$$(\lambda\boldsymbol{A})^{-1}=\lambda^{-1}\boldsymbol{A}^{-1},(\lambda\neq 0)$$
$$\boldsymbol{A}^{\mathrm{T}}\text{ 也可逆，且}(\boldsymbol{A}^{\mathrm{T}})^{-1}=(\boldsymbol{A}^{-1})^{\mathrm{T}}$$

3. 求逆矩阵的方法

设 $\boldsymbol{A}$ 为 n 阶矩阵，将 $|\boldsymbol{A}|$ 的各个元素的代数余子式排成如下形式的 n 阶矩阵，并记为 $\boldsymbol{A}^*$：

$$\boldsymbol{A}^*=\begin{pmatrix}\boldsymbol{A}_{11}&\boldsymbol{A}_{21}&\cdots&\boldsymbol{A}_{n1}\\\boldsymbol{A}_{12}&\boldsymbol{A}_{22}&\cdots&\boldsymbol{A}_{n2}\\\vdots&\vdots&&\vdots\\\boldsymbol{A}_{1n}&\boldsymbol{A}_{2n}&\cdots&\boldsymbol{A}_{nn}\end{pmatrix}$$

称 A^* 为 A 的伴随矩阵。

对于任何一个 n 阶矩阵 A 与其伴随矩阵 A^* 都有

$$AA^* = A^*A = |A|E$$

求逆矩阵通常有以下几种方法：

(1) 用伴随矩阵：当 $|A| \neq 0$ 时，$A^{-1} = \frac{1}{|A|}A^*$。

(2) 用定义：若 $AB = BA = E$，则 $A^{-1} = B$。

(3) 用初等变换：$(A \vdots E) \xrightarrow{\text{行变换}} \cdots\cdots \to (E \vdots A^{-1})$。

例 9 设 A、B、C 均为 n 阶矩阵，且满足 $ABC = E$，则下列式子中哪些成立？

(1)$BCA = E$ (2)$BAC = E$ (3)$ACB = E$ (4)$CBA = E$ (5)$CAB = E$

解 第(1)和(5)成立。因为 $ABC=E$，说明 BC 是 A 的逆矩阵，AB 是 C 的逆矩阵，则(1)和(5)成立。

例 10 设矩阵 $A = \begin{pmatrix} 1 & 0 & 1 \\ 0 & 2 & 0 \\ 1 & 0 & 1 \end{pmatrix}$，且 $BA + E = A^2 - B$，求矩阵 B。

解

$$BA + B = A^2 - E \Rightarrow B(A + E) = (A - E)(A + E)$$

因为 $|A + E| = 9 \neq 0$，所以 $A + E$ 可逆：

$$B = A - E = \begin{pmatrix} 0 & 0 & 1 \\ 0 & 1 & 0 \\ 1 & 0 & 0 \end{pmatrix}$$

例 11 已知 A 为元素都是 1 的 n 阶矩阵，证明 $(E - A)^{-1} = E - \frac{1}{n-1}A$。

证明 由 A 为元素都是 1 的 n 阶矩阵，得 $A^2 = nA$，于是

$$\begin{aligned}(E - A)\cdot\left(E - \frac{1}{n-1}A\right) &= (E - A)\cdot E - (E - A)\cdot\frac{1}{n-1}A \\ &= (E - A) - \left(\frac{1}{n-1}A - \frac{1}{n-1}A^2\right) \\ &= (E - A) - \left(\frac{1}{n-1}A - \frac{1}{n-1}nA\right) \\ &= E - A - \frac{1}{n-1}A + \frac{n}{n-1}A = E\end{aligned}$$

所以，$(E - A)^{-1} = E - \frac{1}{n-1}A$。

例 12 已知 $A = \begin{pmatrix} 1 & 0 & 0 \\ 1 & 1 & 0 \\ 1 & 1 & 1 \end{pmatrix}$，$B = \begin{pmatrix} 0 & 1 & 1 \\ 1 & 0 & 1 \\ 1 & 1 & 0 \end{pmatrix}$，

且矩阵 X 满足 $AXA + BXB = AXB + BXA + E$，其中 E 是三阶单位矩阵，求 X。

解 由题设的关系式得

$$AX(A-B)+BX(B-A)=E$$

即

$$(A-B)X(A-B)=E$$

而 $|A-B|=\begin{vmatrix}1&-1&-1\\0&1&-1\\0&0&1\end{vmatrix}=1\neq 0$，所以 $A-B$ 可逆。

$$(A-B)^{-1}=\begin{pmatrix}1&1&2\\0&1&1\\0&0&1\end{pmatrix}$$

所以 $X=[(A-B)^{-1}]^2=\begin{pmatrix}1&2&5\\0&1&2\\0&0&1\end{pmatrix}$。

例 13 求矩阵 $A=\begin{pmatrix}1&0&0&0\\2&1&0&0\\3&2&1&0\\4&3&2&1\end{pmatrix}$ 的逆矩阵。

解 $(A\vdots E)=\left(\begin{array}{cccc:cccc}1&0&0&0&1&0&0&0\\2&1&0&0&0&1&0&0\\3&2&1&0&0&0&1&0\\4&3&2&1&0&0&0&1\end{array}\right)$

$$\sim\left(\begin{array}{cccc:cccc}1&0&0&0&1&0&0&0\\0&1&0&0&-2&1&0&0\\0&2&1&0&-3&0&1&0\\0&3&2&1&-4&0&0&1\end{array}\right)\sim\left(\begin{array}{cccc:cccc}1&0&0&0&1&0&0&0\\0&1&0&0&-2&1&0&0\\0&0&1&0&1&-2&1&0\\0&0&2&1&2&-3&0&1\end{array}\right)$$

$$\sim\left(\begin{array}{cccc:cccc}1&0&0&0&1&0&0&0\\0&1&0&0&-2&1&0&0\\0&0&1&0&1&-2&1&0\\0&0&0&1&0&1&-2&1\end{array}\right)=(E\vdots A^{-1})$$

所以 $A^{-1}=\begin{pmatrix}1&0&0&0\\-2&1&0&0\\1&-2&1&0\\0&1&-2&1\end{pmatrix}$。

例 14 已知 $X\begin{pmatrix}1&1&-1\\0&2&2\\1&-1&0\end{pmatrix}=\begin{pmatrix}2&2&1\\4&0&-2\\0&6&6\end{pmatrix}$，求矩阵 X。

解 $X=\begin{pmatrix}2&2&1\\4&0&-2\\0&6&6\end{pmatrix}\cdot\begin{pmatrix}1&1&-1\\0&2&2\\1&-1&0\end{pmatrix}^{-1}$

$$=\begin{pmatrix}2&2&1\\4&0&-2\\0&6&6\end{pmatrix}\cdot\frac{1}{6}\begin{pmatrix}2&1&4\\2&1&-2\\-2&2&2\end{pmatrix}$$

$$=\begin{pmatrix}1&1&1\\2&0&2\\0&3&0\end{pmatrix}$$

例 15　设 $\boldsymbol{A}=\begin{pmatrix}3&-5&1\\1&-1&0\\-1&0&2\end{pmatrix}$，$\boldsymbol{A}^{-1}\boldsymbol{XA}=2\boldsymbol{A}+\boldsymbol{XA}$，求 $\boldsymbol{X}$。

解　用 $\boldsymbol{A}$ 左乘方程，用 $\boldsymbol{A}^{-1}$ 右乘方程可得

$$\boldsymbol{X}=2\boldsymbol{A}+\boldsymbol{AX}\text{，即}(\boldsymbol{E}-\boldsymbol{A})\boldsymbol{X}=2\boldsymbol{A}$$

解出　　$\boldsymbol{X}=2(\boldsymbol{E}-\boldsymbol{A})^{-1}\boldsymbol{A}$

又　　$(\boldsymbol{E}-\boldsymbol{A})^{-1}=\begin{pmatrix}-2&5&2\\-1&3&1\\-2&5&1\end{pmatrix}$

所以有

$$\boldsymbol{X}=2\begin{pmatrix}-2&5&2\\-1&3&1\\-2&5&1\end{pmatrix}\begin{pmatrix}3&-5&1\\1&-1&0\\-1&0&2\end{pmatrix}=\begin{pmatrix}-6&10&4\\-2&4&2\\-4&10&0\end{pmatrix}$$

三、矩阵的初等变换

1. 矩阵的初等变换

矩阵的如下三种变换称为矩阵的初等行(列)变换：

(1)对调矩阵的两行(列)；

(2)用非零的常数 k 乘以某行(列)中的所有元素；

(3)把某行(列)所有元素的 k 倍加到另一行(列)对应的元素上去。

2. 矩阵的等价

如果矩阵 $\boldsymbol{A}$ 经过有限次初等变换变为矩阵 $\boldsymbol{B}$，则称 $\boldsymbol{A}$ 与 $\boldsymbol{B}$ 等价，记为 $\boldsymbol{A}\sim\boldsymbol{B}$。

矩阵之间的等价关系具有下列性质：

(1)反身性　$\boldsymbol{A}\sim\boldsymbol{A}$；

(2)对称性　若 $\boldsymbol{A}\sim\boldsymbol{B}$，则 $\boldsymbol{B}\sim\boldsymbol{A}$；

(3)传递性　若 $\boldsymbol{A}\sim\boldsymbol{B}$，$\boldsymbol{B}\sim\boldsymbol{C}$，则 $\boldsymbol{A}\sim\boldsymbol{C}$。

3. 初等矩阵

由单位矩阵 $\boldsymbol{E}$ 经过一次初等变换得到的矩阵称为初等矩阵。

初等矩阵都可逆，且其逆矩阵是同类型的初等矩阵；初等矩阵 $\boldsymbol{P}$ 左(右)乘矩阵 $\boldsymbol{A}$，所得 $\boldsymbol{PA}(\boldsymbol{AP})$ 就是 $\boldsymbol{A}$ 做了一次与 $\boldsymbol{P}$ 同样的行(列)变换。

例 16 设 $\boldsymbol{A}=\begin{pmatrix}a_{11}&a_{12}&a_{13}\\a_{21}&a_{22}&a_{23}\\a_{31}&a_{32}&a_{33}\end{pmatrix}$，$\boldsymbol{P}_1=\begin{pmatrix}1&0&0\\0&0&1\\0&1&0\end{pmatrix}$，$\boldsymbol{P}_2=\begin{pmatrix}1&0&0\\0&2&0\\0&0&1\end{pmatrix}$，求 $\boldsymbol{P}_2\boldsymbol{A}\boldsymbol{P}_1$。

解 $\boldsymbol{P}_2=\begin{pmatrix}1&0&0\\0&2&0\\0&0&1\end{pmatrix}$是初等矩阵，左乘 $\boldsymbol{A}$ 所得 $\boldsymbol{P}_2\boldsymbol{A}$，相当于对 $\boldsymbol{A}$ 做了一次初等行变换($\boldsymbol{A}$ 的第 2 行乘以 2)，$\boldsymbol{P}_1=\begin{pmatrix}1&0&0\\0&0&1\\0&1&0\end{pmatrix}$也是初等矩阵，右乘 $\boldsymbol{P}_2\boldsymbol{A}$，相当于对 $\boldsymbol{P}_2\boldsymbol{A}$ 做了一次初等列变换($\boldsymbol{P}_2\boldsymbol{A}$ 的第 2、3 两列互换)，因此

$$\boldsymbol{P}_2\boldsymbol{A}\boldsymbol{P}_1=\begin{pmatrix}a_{11}&a_{13}&a_{12}\\2a_{21}&2a_{23}&2a_{22}\\a_{31}&a_{33}&a_{32}\end{pmatrix}$$

例 17 计算 $\boldsymbol{E}_{12}^{1999}\boldsymbol{A}\boldsymbol{E}_{13}^{54}=\begin{pmatrix}0&1&0\\1&0&0\\0&0&1\end{pmatrix}^{1999}\begin{pmatrix}-1&2&4\\6&3&1\\-2&4&0\end{pmatrix}\begin{pmatrix}0&0&1\\0&1&0\\1&0&0\end{pmatrix}^{54}$。

解 $\boldsymbol{E}_{12}=\begin{pmatrix}0&1&0\\1&0&0\\0&0&1\end{pmatrix}$是初等矩阵，左乘 $\boldsymbol{A}=\begin{pmatrix}-1&2&4\\6&3&1\\-2&4&0\end{pmatrix}$所得 $\boldsymbol{E}_{12}\boldsymbol{A}$，相当于对 $\boldsymbol{A}$ 做了一次初等行变换(对换 $\boldsymbol{A}$ 的第 1、2 两行)，$\boldsymbol{E}_{12}^{1999}\boldsymbol{A}$ 表示 $\boldsymbol{A}$ 做了 1999 次的对换第 1、2 两行的变换，由于是奇数次，因此

$$\boldsymbol{E}_{12}^{1999}\boldsymbol{A}=\begin{pmatrix}6&3&1\\-1&2&4\\-2&4&0\end{pmatrix}$$

$\boldsymbol{E}_{13}=\begin{pmatrix}0&0&1\\0&1&0\\1&0&0\end{pmatrix}$也是初等矩阵，右乘 $\boldsymbol{E}_{12}^{1999}\boldsymbol{A}$，相当于对 $\boldsymbol{E}_{12}^{1999}\boldsymbol{A}$ 做了一次初等列变换(对换第 1、3 两列)，$\boldsymbol{E}_{12}^{1999}\boldsymbol{A}\boldsymbol{E}_{13}^{54}$ 表示 $\boldsymbol{E}_{12}^{1999}\boldsymbol{A}$ 做了 54 次对换第 1、3 两列的变换，由于是偶数次，因此

$$\boldsymbol{E}_{12}^{1999}\boldsymbol{A}\boldsymbol{E}_{13}^{54}=\begin{pmatrix}6&3&1\\-1&2&4\\-2&4&0\end{pmatrix}$$

四、矩阵的秩

1. 矩阵秩的定义

在一个 $m \times n$ 矩阵 $\boldsymbol{A}$ 中任意选定 k 行、k 列($1 \leqslant k \leqslant \min\{m, n\}$)，位于这些行和列的交叉点处的 k^2 个元素按原来次序所组成的 k 阶行列式，称为 $\boldsymbol{A}$ 的一个 k 阶子式。

矩阵 $\boldsymbol{A}$ 中不等于零的子式的最高阶数若为 r，则称 r 为 $\boldsymbol{A}$ 的秩，记为 $r(\boldsymbol{A}) = r$。

设 $\boldsymbol{A}$ 为 n 阶矩阵，若 $r(\boldsymbol{A}) = n$，则称 $\boldsymbol{A}$ 为满秩矩阵。

2. 矩阵秩的性质

(1) $\boldsymbol{A}$ 的秩与 $\boldsymbol{A}^{\mathrm{T}}$ 的秩相等；

(2) 若 $\boldsymbol{A} = (a_{ij})_{m\times n}$，则 $0 \leqslant r(\boldsymbol{A}) \leqslant \min\{m, n\}$；

(3) 初等变换不改变矩阵的秩；

(4) 矩阵 $\boldsymbol{A}$ 的秩与其行向量组的秩(矩阵的行秩)相等；

(5) 矩阵 $\boldsymbol{A}$ 的秩与其列向量组的秩(矩阵的列秩)相等；

(6) $r(\boldsymbol{A}+\boldsymbol{B}) \leqslant r(\boldsymbol{A}) + r(\boldsymbol{B})$；

(7) $r(\boldsymbol{AB}) \leqslant \min\{r(\boldsymbol{A}), r(\boldsymbol{B})\}$；

(8) 若方阵 $\boldsymbol{A}$ 可逆，则 $r(\boldsymbol{AB}) = r(\boldsymbol{B})$，$r(\boldsymbol{BA}) = r(\boldsymbol{B})$。

3. 矩阵秩的求法

将矩阵 $\boldsymbol{A}$ 经过初等变换化为阶梯形矩阵 $\boldsymbol{B}$，则矩阵 $\boldsymbol{A}$ 的秩等于阶梯形矩阵 $\boldsymbol{B}$ 的非零行的行数。

例 18　求 $\boldsymbol{A} = \begin{pmatrix} 0 & 2 & -3 & 1 \\ 0 & 3 & -4 & 3 \\ 0 & 4 & -7 & -1 \end{pmatrix}$ 的秩。

解

$$\begin{pmatrix} 0 & 2 & -3 & 1 \\ 0 & 3 & -4 & 3 \\ 0 & 4 & -7 & -1 \end{pmatrix} \xrightarrow[r_3-2r_1]{r_2\times 2-3r_1} \begin{pmatrix} 0 & 2 & -3 & 1 \\ 0 & 0 & 1 & 3 \\ 0 & 0 & -1 & -3 \end{pmatrix} \xrightarrow[r_1+3r_2]{r_3+r_2} \begin{pmatrix} 0 & 2 & 0 & 10 \\ 0 & 0 & 1 & 3 \\ 0 & 0 & 0 & 0 \end{pmatrix}$$

$\boldsymbol{A}$ 的秩是 2。

例 19　设 $n\ (n>1)$ 阶方阵 $\boldsymbol{A} = \begin{bmatrix} 1 & x & x & \cdots & x \\ x & 1 & x & \cdots & x \\ x & x & 1 & \cdots & x \\ \vdots & \vdots & \vdots & & \vdots \\ x & x & x & \cdots & 1 \end{bmatrix}$，求 $r(\boldsymbol{A})$。

解　利用矩阵秩的定义，因为

$$|\boldsymbol{A}| = [1+(n-1)x](1-x)^{n-1}$$

所以，当 $x\neq 1$ 且 $x\neq \dfrac{1}{1-n}$ 时，$|\boldsymbol{A}|\neq 0$，$r(\boldsymbol{A})=n$；

当 $x=1$ 时，$\boldsymbol{A}=\begin{pmatrix}1&1&1&\cdots&1\\1&1&1&\cdots&1\\1&1&1&\cdots&1\\\vdots&\vdots&\vdots&&\vdots\\1&1&1&\cdots&1\end{pmatrix}$，$r(\boldsymbol{A})=1$；

当 $x=\dfrac{1}{1-n}$ 时，$\boldsymbol{A}$ 左上角的 $n-1$ 阶子式的值等于 $[1+(n-2)x](1-x)^{n-2}$，不为零，这时 $r(\boldsymbol{A})=n-1$。

例 20 设 $\boldsymbol{A}=\begin{pmatrix}1&-2&3k\\-1&2k&-3\\k&-2&3\end{pmatrix}$，问 k 取何值时，可使得

(1)$r(\boldsymbol{A})=1$；(2)$r(\boldsymbol{A})=2$；(3)$r(\boldsymbol{A})=3$。

解 对 $\boldsymbol{A}$ 进行初等行变换，得

$$\boldsymbol{A}=\begin{pmatrix}1&-2&3k\\-1&2k&-3\\k&-2&3\end{pmatrix}\sim\begin{pmatrix}1&-2&3k\\0&2(k-1)&3(k-1)\\0&0&-3(k-1)(k+2)\end{pmatrix}$$

于是，(1) 当 $k=1$ 时，$r(\boldsymbol{A})=1$；(2) 当 $k=-2$ 时，$r(\boldsymbol{A})=2$；(3) 当 $k\neq 1,k\neq -2$ 时，$r(\boldsymbol{A})=3$。

练 习 题

一、填空题

1. 设 $\boldsymbol{A}$ 为 3 阶方阵，且 $|\boldsymbol{A}|=3$，$\boldsymbol{A}^*$ 为 $\boldsymbol{A}$ 的伴随矩阵，若交换 $\boldsymbol{A}$ 的第 1 行与第 2 行得到 $\boldsymbol{B}$，则 $|\boldsymbol{B}\boldsymbol{A}^*|=$________。

2. 设 $\boldsymbol{A}$ 为 n 阶方阵，且 $|\boldsymbol{A}|=5$，则 $|\boldsymbol{A}\boldsymbol{A}^{\mathrm{T}}\boldsymbol{A}^{-1}|=$________。

3. 设 $\boldsymbol{A}$，$\boldsymbol{B}$ 均为三阶矩阵，且 $|\boldsymbol{A}|=2$，$|\boldsymbol{B}|=-3$，$\boldsymbol{A}^*$ 是 $\boldsymbol{A}$ 的伴随矩阵，则 $|3\boldsymbol{A}^*\boldsymbol{B}^{-1}|=$________。

4. $\begin{bmatrix}0&1&0&0\\2&0&0&0\\0&0&0&3\\0&0&4&0\end{bmatrix}^{-1}=$________。

5. 设矩阵 $\boldsymbol{A}=\begin{pmatrix}0&-1&0\\1&0&0\\0&0&-1\end{pmatrix}$，$\boldsymbol{B}=\boldsymbol{P}^{-1}\boldsymbol{A}\boldsymbol{P}$，其中 $\boldsymbol{P}$ 为 3 阶可逆矩阵，则 $\boldsymbol{B}^4-2\boldsymbol{A}^2=$________。

6. 若 n 阶矩阵 $\boldsymbol{A}$ 满足方程 $\boldsymbol{A}^2+2\boldsymbol{A}+3\boldsymbol{E}=\boldsymbol{O}$，则 $\boldsymbol{A}^{-1}=$________。

7. 设 $\boldsymbol{A}$ 是 4×3 矩阵且秩为 2，$\boldsymbol{B}=\begin{pmatrix}1&2&0\\3&4&0\\5&6&7\end{pmatrix}$，则 $\boldsymbol{AB}$ 的秩为________。

8. 若 $\boldsymbol{A}^{-1}=\begin{pmatrix}1&-2&2\\2&2&1\\-2&1&2\end{pmatrix}$，则 $\boldsymbol{A}^*=$________。

二、选择题

1. 设 n 阶矩阵 $\boldsymbol{A}$，$\boldsymbol{B}$，满足 $\boldsymbol{AB}=\boldsymbol{O}$，则下列结论不正确的是(　　)。

(A)$\boldsymbol{A}=\boldsymbol{O}$ 或是 $\boldsymbol{B}=\boldsymbol{O}$　　(B)$|\boldsymbol{A}|=0$ 或是 $|\boldsymbol{B}|=0$

(C)$\boldsymbol{R}(\boldsymbol{A})+\boldsymbol{R}(\boldsymbol{B})\leqslant n$　　(D)$\boldsymbol{A}$ 不可逆或是 $\boldsymbol{B}$ 不可逆

2. 矩阵 $\boldsymbol{A}=\begin{pmatrix}a_1b_1&a_1b_2&a_1b_3\\a_2b_1&a_2b_2&a_2b_3\\a_3b_1&a_3b_2&a_3b_3\end{pmatrix}$，且 $a_i\neq0,b_i\neq0,i=1,2,3$，则矩阵 $\boldsymbol{A}$ 的秩为(　　)。

(A)0　　(B)1　　(C)2　　(D)3

3. 设 $\boldsymbol{A},\boldsymbol{B},\boldsymbol{A}+\boldsymbol{B},\boldsymbol{A}^{-1}+\boldsymbol{B}^{-1}$ 都是 n 阶可逆矩阵，则 $(\boldsymbol{A}^{-1}+\boldsymbol{B}^{-1})^{-1}=$(　　)。

(A)$\boldsymbol{A}^{-1}+\boldsymbol{B}^{-1}$　　(B)$\boldsymbol{A}+\boldsymbol{B}$　　(C)$(\boldsymbol{A}+\boldsymbol{B})^{-1}$　　(D)$\boldsymbol{A}(\boldsymbol{A}+\boldsymbol{B})^{-1}\boldsymbol{B}$

4. 设 $\boldsymbol{A}$ 是任一 n $(n\geqslant3)$ 阶可逆方阵，$\boldsymbol{A}^*$ 是其伴随矩阵，又 k $(k\neq0,1)$ 为常数，则 $(k\boldsymbol{A})^*=$(　　)。

(A)$k\boldsymbol{A}^*$　　(B)$k^{n-1}\boldsymbol{A}^*$　　(C)$k^n\boldsymbol{A}^*$　　(D)$k^{-1}\boldsymbol{A}^*$

5. 设 $\boldsymbol{A}=\begin{pmatrix}a_{11}&a_{12}&a_{13}\\a_{21}&a_{22}&a_{23}\\a_{31}&a_{32}&a_{33}\end{pmatrix}$，$\boldsymbol{B}=\begin{pmatrix}a_{13}&a_{12}&a_{11}+a_{12}\\a_{23}&a_{22}&a_{21}+a_{22}\\a_{33}&a_{32}&a_{31}+a_{32}\end{pmatrix}$，$\boldsymbol{P}_1=\begin{pmatrix}1&0&0\\1&1&0\\0&0&1\end{pmatrix}$，

$$\boldsymbol{P}_2=\begin{pmatrix}1&1&0\\0&1&0\\0&0&1\end{pmatrix},\boldsymbol{P}_3=\begin{pmatrix}0&0&1\\0&1&0\\1&0&0\end{pmatrix}，则 \boldsymbol{B}=(\quad)。$$

(A)$\boldsymbol{P}_2\boldsymbol{A}\boldsymbol{P}_3$　　(B)$\boldsymbol{A}\boldsymbol{P}_1\boldsymbol{P}_3$　　(C)$\boldsymbol{A}\boldsymbol{P}_2\boldsymbol{P}_3$　　(D)$\boldsymbol{A}\boldsymbol{P}_3\boldsymbol{P}_1$

6. 设 n 阶矩阵 $\boldsymbol{A}$ 非奇异$(n>2)$，$\boldsymbol{A}^*$ 是 $\boldsymbol{A}$ 的伴随矩阵，则(　　)。

(A)$(\boldsymbol{A}^*)^*=|\boldsymbol{A}|^{n-1}\boldsymbol{A}$　　(B)$(\boldsymbol{A}^*)^*=|\boldsymbol{A}|^{n+1}\boldsymbol{A}$

(C)$(\boldsymbol{A}^*)^*=|\boldsymbol{A}|^{n-2}\boldsymbol{A}$　　(D)$(\boldsymbol{A}^*)^*=|\boldsymbol{A}|^{n+2}\boldsymbol{A}$

7. 设 4 阶方阵 $\boldsymbol{A}=(\boldsymbol{\alpha},\boldsymbol{\gamma}_2,\boldsymbol{\gamma}_3,\boldsymbol{\gamma}_4)$，$\boldsymbol{B}=(\boldsymbol{\beta},\boldsymbol{\gamma}_2,\boldsymbol{\gamma}_3,\boldsymbol{\gamma}_4)$，其中 $\boldsymbol{\alpha},\boldsymbol{\beta},\boldsymbol{\gamma}_2,\boldsymbol{\gamma}_3,\boldsymbol{\gamma}_4$ 都是 4 维列向量，且已知行列式 $\det(\boldsymbol{A})=4$，$\det(\boldsymbol{B})=1$，则 $\det(\boldsymbol{A}+\boldsymbol{B})=$(　　)。

(A)25　　(B)40　　(C)41　　(D)50

8. 设 $\boldsymbol{A}$ 为 n 阶对称矩阵，$\boldsymbol{B}$ 为 n 阶反对称矩阵，则下列矩阵中为反对称矩阵的是(　　)。

(A)$\boldsymbol{BAB}$　　(B)$\boldsymbol{ABA}$　　(C)$\boldsymbol{ABAB}$　　(D)$\boldsymbol{BABA}$

三、计算题

1. 设 4 阶方阵 $\boldsymbol{A}$、$\boldsymbol{B}$、$\boldsymbol{C}$ 满足 $(2\boldsymbol{E}-\boldsymbol{C}^{-1}\boldsymbol{B})\boldsymbol{A}^{\mathrm{T}}=\boldsymbol{C}^{-1}$，试求矩阵 $\boldsymbol{A}$，其中

$$\boldsymbol{B}=\begin{pmatrix}1&2&-3&-2\\0&1&2&-3\\0&0&1&2\\0&0&0&1\end{pmatrix},\boldsymbol{C}=\begin{pmatrix}1&2&0&1\\0&1&2&0\\0&0&1&2\\0&0&0&1\end{pmatrix}。$$

2. 已知矩阵 $\boldsymbol{A}$ 的伴随矩阵 $\boldsymbol{A}^{*}=\begin{pmatrix}1&0&0\\0&1&0\\0&-3&4\end{pmatrix}$，且 $\boldsymbol{ABA}^{-1}=\boldsymbol{BA}^{-1}+3\boldsymbol{E}$，求矩阵 $\boldsymbol{B}$。

3. 已知 $\boldsymbol{A}^2-\boldsymbol{A}-2\boldsymbol{E}=\boldsymbol{O}$，证明 $\boldsymbol{A}$ 及 $\boldsymbol{A}+2\boldsymbol{E}$ 都可逆，并求 $\boldsymbol{A}^{-1}$ 及 $(\boldsymbol{A}+2\boldsymbol{E})^{-1}$。

4. 已知 n 阶方阵 $\boldsymbol{A}$、$\boldsymbol{B}$ 满足 $\boldsymbol{A}^2=\boldsymbol{A}$，$2\boldsymbol{A}-\boldsymbol{B}-\boldsymbol{AB}=\boldsymbol{E}$，$\boldsymbol{E}$ 为 n 阶单位矩阵，

(1)证明 $\boldsymbol{A}-\boldsymbol{B}$ 可逆；

(2)当 $\boldsymbol{A}=\begin{pmatrix}1&0&0\\0&3&-1\\0&6&-2\end{pmatrix}$ 时，求 $\boldsymbol{B}$。

5. 设 $\boldsymbol{A}=\begin{pmatrix}1&-1&1&2\\3&a&-1&2\\5&3&b&6\end{pmatrix}$ 的秩为 2，求常数 a，b 的值。

6. 求矩阵 $\boldsymbol{A}=\begin{pmatrix}1&1&1&1\\0&1&-1&b\\2&3&a&4\\3&5&1&7\end{pmatrix}$ 的秩。

7. 设 4 阶方阵 $\boldsymbol{A}$ 和 $\boldsymbol{B}$，满足 $2\boldsymbol{ABA}^{-1}=\boldsymbol{AB}+6\boldsymbol{E}$，若 $\boldsymbol{A}=\begin{pmatrix}1&2&0&0\\1&3&0&0\\0&0&0&2\\0&0&-1&0\end{pmatrix}$，求 $\boldsymbol{B}$。

8. 设矩阵 $\boldsymbol{A}=\begin{pmatrix}3&0&0\\0&1&-1\\0&1&4\end{pmatrix}$，$\boldsymbol{B}=\begin{pmatrix}3&6\\1&1\\2&-3\end{pmatrix}$，且满足 $\boldsymbol{AX}=2\boldsymbol{X}+\boldsymbol{B}$，求矩阵 $\boldsymbol{X}$。

练习题答案

一、填空题

1. 答案：27。

解 因为交换 $\boldsymbol{A}$ 的第 1 行与第 2 行得到 $\boldsymbol{B}$，所以 $|\boldsymbol{B}|=-|\boldsymbol{A}|=-3$。

因为 $AA^*=|A|E$，所以 $|A^*|=|A|^2=9$。

所以 $|BA^*|=|B||A^*|=-27$。

2. 答案：5。

解
$$|AA^TA^{-1}|=|A||A^T||A^{-1}|=|A^T|=|A|=5$$

注意　$|A||A^{-1}|=1$。

3. 答案：−36。

解　由于 $AA^*=A^*A=|A|E$，所以 $|A^*|=|A|^2|E|=4$，

$$|3A^*B^{-1}|=3^3|A^*||B^{-1}|=3^3|A^*||B|^{-1}=-36$$

4. 答案：$\begin{pmatrix}0&\frac{1}{2}&0&0\\1&0&0&0\\0&0&0&\frac{1}{4}\\0&0&\frac{1}{3}&0\end{pmatrix}$。

解　利用分块矩阵求逆矩阵。

$$\begin{pmatrix}0&1&0&0\\2&0&0&0\\0&0&0&3\\0&0&4&0\end{pmatrix}^{-1}=\begin{pmatrix}0&\frac{1}{2}&0&0\\1&0&0&0\\0&0&0&\frac{1}{4}\\0&0&\frac{1}{3}&0\end{pmatrix}$$

5. 答案：$\begin{pmatrix}3&0&0\\0&3&0\\0&0&-1\end{pmatrix}$。

解　$B^4=(P^{-1}AP)(P^{-1}AP)(P^{-1}AP)(P^{-1}AP)=P^{-1}A^4P$　（根据矩阵乘法的结合律）

$$A^2=\begin{pmatrix}0&-1&0\\1&0&0\\0&0&-1\end{pmatrix}\begin{pmatrix}0&-1&0\\1&0&0\\0&0&-1\end{pmatrix}=\begin{pmatrix}-1&0&0\\0&-1&0\\0&0&1\end{pmatrix}$$

所以 $A^4=E$，$B^4=E$，$B^4-2A^2=E-2A^2=\begin{pmatrix}3&0&0\\0&3&0\\0&0&-1\end{pmatrix}$。

6. 答案：$-\frac{1}{3}(A+2E)$。

解　由 $A^2+2A+3E=O$ 可得

$$A(A+2E)=-3E$$

即 $\boldsymbol{A}^{-1}=-\frac{1}{3}(\boldsymbol{A}+2\boldsymbol{E})$。

7. 答案：2。

解 由 $|\boldsymbol{B}|=\begin{vmatrix}1&2&0\\3&4&0\\5&6&7\end{vmatrix}=-14\neq0$ 可知 $\boldsymbol{B}$ 是可逆的矩阵，所以 $\boldsymbol{AB}$ 的秩等于 $\boldsymbol{A}$ 的秩，$\boldsymbol{AB}$ 的秩等于 2。

8. 答案：$\frac{1}{27}\begin{pmatrix}1&-2&2\\2&2&1\\-2&1&2\end{pmatrix}$。

解 由于 $\boldsymbol{A}^*=|\boldsymbol{A}|\boldsymbol{A}^{-1}$，所以需要算出 $|\boldsymbol{A}|$。注意到 $|\boldsymbol{A}||\boldsymbol{A}^{-1}|=1$，

$$|\boldsymbol{A}^{-1}|=\begin{vmatrix}1&-2&2\\2&2&1\\-2&1&2\end{vmatrix}=27$$

$$\boldsymbol{A}^*=\frac{1}{27}\begin{pmatrix}1&-2&2\\2&2&1\\-2&1&2\end{pmatrix}$$

二、选择题

1. 应选(A)。

解 (A)当两个矩阵乘积为零矩阵时，得不到这两个矩阵中一个矩阵为零矩阵的结论。

(B)由 $\boldsymbol{AB}=\boldsymbol{O}$ 可以得到 $|\boldsymbol{A}||\boldsymbol{B}|=0$，从而有 $|\boldsymbol{A}|=0$ 或是 $|\boldsymbol{B}|=0$。

(C)根据矩阵秩的性质，由 $\boldsymbol{AB}=\boldsymbol{O}$ 可以得到 $R(\boldsymbol{A})+R(\boldsymbol{B})\leqslant n$。

(D)由 $|\boldsymbol{A}|=0$ 或是 $|\boldsymbol{B}|=0$ 可以得到 $\boldsymbol{A}$ 不可逆或是 $\boldsymbol{B}$ 不可逆。

2. 应选(B)。

解

$$\boldsymbol{A}=\begin{pmatrix}a_1b_1&a_1b_2&a_1b_3\\a_2b_1&a_2b_2&a_2b_3\\a_3b_1&a_3b_2&a_3b_3\end{pmatrix}\overset{r}{\sim}\begin{pmatrix}b_1&b_2&b_3\\0&0&0\\0&0&0\end{pmatrix}$$

所以 $\boldsymbol{A}$ 的秩为 1。

3. 应选(D)。

解 由于 $\boldsymbol{B}(\boldsymbol{A}^{-1}+\boldsymbol{B}^{-1})\boldsymbol{A}=\boldsymbol{A}+\boldsymbol{B}$，所以可以得到

$$(\boldsymbol{A}^{-1}+\boldsymbol{B}^{-1})=\boldsymbol{B}^{-1}(\boldsymbol{A}+\boldsymbol{B})\boldsymbol{A}^{-1}$$

所以 $(\boldsymbol{A}^{-1}+\boldsymbol{B}^{-1})^{-1}=\boldsymbol{A}(\boldsymbol{A}+\boldsymbol{B})^{-1}\boldsymbol{B}$。

4. 应选(B)。

解 由于 $(k\boldsymbol{A})(k\boldsymbol{A})^*=|k\boldsymbol{A}|\boldsymbol{E}=k^n|\boldsymbol{A}|\boldsymbol{E}$，可以得到

$$(k\boldsymbol{A})^* = k^{n-1}|\boldsymbol{A}|\boldsymbol{A}^{-1} = k^{n-1}\boldsymbol{A}^*$$

5. 应选(B)。

解 利用初等矩阵的性质。

$$\boldsymbol{AP}_1 = \begin{pmatrix} a_{11}+a_{12} & a_{12} & a_{13} \\ a_{21}+a_{22} & a_{22} & a_{23} \\ a_{31}+a_{32} & a_{32} & a_{33} \end{pmatrix}$$

$$\boldsymbol{AP}_1\boldsymbol{P}_3 = \begin{pmatrix} a_{13} & a_{12} & a_{11}+a_{12} \\ a_{23} & a_{22} & a_{21}+a_{22} \\ a_{33} & a_{32} & a_{31}+a_{32} \end{pmatrix}$$

所以，$\boldsymbol{B} = \boldsymbol{AP}_1\boldsymbol{P}_3$。

6. 应选(C)。

解 由于 $\boldsymbol{AA}^* = \boldsymbol{A}^*\boldsymbol{A} = |\boldsymbol{A}|\boldsymbol{E}$，所以 $|\boldsymbol{A}^*| = |\boldsymbol{A}|^{n-1}$，

$$\boldsymbol{A}^*(\boldsymbol{A}^*)^* = |\boldsymbol{A}^*|\boldsymbol{E} = |\boldsymbol{A}|^{n-1}\boldsymbol{E}$$

由于 $\boldsymbol{A}$ 非奇异，所以 $\boldsymbol{A}^*$ 可逆，所以

$$(\boldsymbol{A}^*)^* = |\boldsymbol{A}|^{n-1}(\boldsymbol{A}^*)^{-1} = |\boldsymbol{A}|^{n-1}|\boldsymbol{A}|^{-1}\boldsymbol{A} = |\boldsymbol{A}|^{n-2}\boldsymbol{A}$$

7. 应选(B)。

解 $\det(\boldsymbol{A}+\boldsymbol{B}) = \det(\boldsymbol{\alpha}+\boldsymbol{\beta}, 2\boldsymbol{\gamma}_2, 2\boldsymbol{\gamma}_3, 2\boldsymbol{\gamma}_4)$

$$= 8[\det(\boldsymbol{\alpha}, \boldsymbol{\gamma}_2, \boldsymbol{\gamma}_3, \boldsymbol{\gamma}_4) + \det(\boldsymbol{\beta}, \boldsymbol{\gamma}_2, \boldsymbol{\gamma}_3, \boldsymbol{\gamma}_4)] = 40$$

8. 应选(B)。

解 $(\boldsymbol{ABA})^{\mathrm{T}} = \boldsymbol{A}^{\mathrm{T}}\boldsymbol{B}^{\mathrm{T}}\boldsymbol{A}^{\mathrm{T}} = \boldsymbol{A}(-\boldsymbol{B})\boldsymbol{A} = -\boldsymbol{ABA}$

三、计算题

1. **解** $\boldsymbol{A}^{\mathrm{T}} = (2\boldsymbol{C}-\boldsymbol{B})^{-1} = \begin{pmatrix} 1 & 2 & 3 & 4 \\ 0 & 1 & 2 & 3 \\ 0 & 0 & 1 & 2 \\ 0 & 0 & 0 & 1 \end{pmatrix}^{-1} = \begin{pmatrix} 1 & -2 & 1 & 0 \\ 0 & 1 & -2 & 1 \\ 0 & 0 & 1 & -2 \\ 0 & 0 & 0 & 1 \end{pmatrix}$

则 $\boldsymbol{A} = \begin{pmatrix} 1 & 0 & 0 & 0 \\ -2 & 1 & 0 & 0 \\ 1 & -2 & 1 & 0 \\ 0 & 1 & -2 & 1 \end{pmatrix}$。

2. **解** 由 $|\boldsymbol{A}^*| = |\boldsymbol{A}|^2 = 4$，得 $|\boldsymbol{A}| = \pm 2$。

当 $|\boldsymbol{A}| = 2$ 时，

$$\boldsymbol{A}^{-1} = \frac{\boldsymbol{A}^*}{|\boldsymbol{A}|} = \begin{pmatrix} 1/2 & 0 & 0 \\ 0 & 1/2 & 0 \\ 0 & -3/2 & 2 \end{pmatrix}, \boldsymbol{A} = (\boldsymbol{A}^{-1})^{-1} = \begin{pmatrix} 2 & 0 & 0 \\ 0 & 2 & 0 \\ 0 & 3/2 & 1/2 \end{pmatrix}$$

由 $\boldsymbol{ABA}^{-1}=\boldsymbol{BA}^{-1}+3\boldsymbol{E}$ 得，$\boldsymbol{AB}=\boldsymbol{B}+3\boldsymbol{A}$，

从而 $\boldsymbol{B}=3(\boldsymbol{A}-\boldsymbol{E})^{-1}\boldsymbol{A}=\begin{pmatrix}6&0&0\\0&6&0\\0&9&-3\end{pmatrix}$。

当 $|\boldsymbol{A}|=-2$ 时，$\boldsymbol{B}=\begin{pmatrix}2&0&0\\0&2&0\\0&1&1\end{pmatrix}$。

3. **解** 由 $\boldsymbol{A}^2-\boldsymbol{A}-2\boldsymbol{E}=\boldsymbol{O}$，得 $\boldsymbol{A}(\boldsymbol{A}-\boldsymbol{E})=2\boldsymbol{E}$，因此 $\boldsymbol{A}$ 可逆，且

$$\boldsymbol{A}^{-1}=\frac{1}{2}(\boldsymbol{A}-\boldsymbol{E})$$

由 $\boldsymbol{A}^2-\boldsymbol{A}-2\boldsymbol{E}=\boldsymbol{O}$，得 $(\boldsymbol{A}+2\boldsymbol{E})(\boldsymbol{A}-3\boldsymbol{E})=-4\boldsymbol{E}$，因此 $\boldsymbol{A}+2\boldsymbol{E}$ 可逆，且

$$(\boldsymbol{A}+2\boldsymbol{E})^{-1}=\frac{3\boldsymbol{E}-\boldsymbol{A}}{4}$$

4. **解** (1)由 $\boldsymbol{A}^2=\boldsymbol{A}$，$2\boldsymbol{A}-\boldsymbol{B}-\boldsymbol{AB}=\boldsymbol{E}$，知

$$(\boldsymbol{A}+\boldsymbol{E})(\boldsymbol{A}-\boldsymbol{B})=\boldsymbol{E}$$

所以 $\boldsymbol{A}-\boldsymbol{B}$ 可逆。

(2)由(1)知

$$\boldsymbol{A}-\boldsymbol{B}=(\boldsymbol{E}+\boldsymbol{A})^{-1}$$

又 $(\boldsymbol{E}+\boldsymbol{A})^{-1}=\frac{1}{2}\begin{pmatrix}1&0&0\\0&-1&1\\0&-6&4\end{pmatrix}$，

所以 $\boldsymbol{B}=\boldsymbol{A}-(\boldsymbol{E}+\boldsymbol{A})^{-1}=\frac{1}{2}\begin{pmatrix}1&0&0\\0&7&-3\\0&18&-8\end{pmatrix}$。

5. **解**
$$\begin{pmatrix}1&-1&1&2\\3&a&-1&2\\5&3&b&6\end{pmatrix}\xrightarrow[r_3-5r_1]{r_2-3r_1}\begin{pmatrix}1&-1&1&2\\0&a+3&-4&-4\\0&8&b-5&-4\end{pmatrix}\xrightarrow{r_2\leftrightarrow r_3}\begin{pmatrix}1&-1&1&2\\0&8&b-5&-4\\0&a+3&-4&-4\end{pmatrix}$$

$$\xrightarrow{r_3-(a+3)/8r_2}\begin{pmatrix}1&-1&1&2\\0&8&b-5&-4\\0&0&-\frac{(b-5)(a+3)}{8}-4&\frac{a+3}{2}-4\end{pmatrix}$$

因为矩阵的秩为 2，$\frac{a+3}{2}-4=0$，$-\frac{(b-5)(a+3)}{8}-4=0$，所以 $a=5$，$b=1$。

6. **解** $\begin{pmatrix}1&1&1&1\\0&1&-1&b\\2&3&a&4\\3&5&1&7\end{pmatrix}\xrightarrow[r_4-3r_1]{r_3-2r_1}\begin{pmatrix}1&1&1&1\\0&1&-1&b\\0&1&a-2&2\\0&2&-2&4\end{pmatrix}\xrightarrow[r_4-2r_2]{r_3-r_2}\begin{pmatrix}1&1&1&1\\0&1&-1&b\\0&0&a-1&2-b\\0&0&0&4-2b\end{pmatrix}$

当 $a\neq1$ 且 $b\neq2$ 时，$r(\boldsymbol{A})=4$；

当 $a=1$ 且 $b=2$ 时，$r(\boldsymbol{A})=2$；

当 $a=1$ 且 $b\neq2$，或 $a\neq1$ 且 $b=2$ 时，$r(\boldsymbol{A})=3$。

7. **解** 由 $2\boldsymbol{ABA}^{-1}=\boldsymbol{AB}+6\boldsymbol{E}$ 两端同时右乘 $\boldsymbol{A}$，并化简可得 $\boldsymbol{AB}(2\boldsymbol{E}-\boldsymbol{A})=6\boldsymbol{A}$，

又因为 $\boldsymbol{A}^{-1}=\begin{pmatrix}3&-2&0&0\\-1&1&0&0\\0&0&0&-1\\0&0&\frac{1}{2}&0\end{pmatrix}$，$(2\boldsymbol{E}-\boldsymbol{A})^{-1}=\begin{pmatrix}\frac{1}{3}&-\frac{2}{3}&0&0\\-\frac{1}{3}&-\frac{1}{3}&0&0\\0&0&\frac{1}{3}&\frac{1}{3}\\0&0&-\frac{1}{6}&\frac{1}{3}\end{pmatrix}$

所以 $\boldsymbol{B}=6(2\boldsymbol{E}-\boldsymbol{A})^{-1}=\begin{pmatrix}2&-4&0&0\\-2&-2&0&0\\0&0&2&2\\0&0&-1&2\end{pmatrix}$。

8. **解** 由 $\boldsymbol{AX}=2\boldsymbol{X}+\boldsymbol{B}$ 得，$(\boldsymbol{A}-2\boldsymbol{E})\boldsymbol{X}=\boldsymbol{B}$，

$$(\boldsymbol{A}-2\boldsymbol{E})^{-1}=\begin{pmatrix}1&0&0\\0&-2&-1\\0&1&1\end{pmatrix}$$

$$\boldsymbol{X}=(\boldsymbol{A}-2\boldsymbol{E})^{-1}\boldsymbol{B}=\begin{pmatrix}1&0&0\\0&-2&-1\\0&1&1\end{pmatrix}\begin{pmatrix}3&6\\1&1\\2&-3\end{pmatrix}=\begin{pmatrix}3&6\\-4&1\\3&-2\end{pmatrix}$$

或

$$(\boldsymbol{A}-2\boldsymbol{E},\boldsymbol{B})=\left(\begin{array}{ccc:cc}1&0&0&3&6\\0&-1&-1&1&1\\0&1&2&2&-3\end{array}\right)\overset{r}{\sim}\left(\begin{array}{ccc:cc}1&0&0&3&6\\0&1&0&-4&1\\0&0&1&3&-2\end{array}\right)$$

$$\boldsymbol{X}=\begin{pmatrix}3&6\\-4&1\\3&-2\end{pmatrix}$$

第八章　向　　量

考试内容

向量的概念；向量的线性组合与线性表示；向量组的线性相关与线性无关；向量组的极大线性无关组；等价向量组；向量组的秩；向量组的秩与矩阵的秩之间的关系。

考试要求

1. 了解向量的概念，掌握向量的加法和数乘运算法则。

2. 理解向量的线性组合与线性表示、向量组线性相关、线性无关等概念，掌握向量组线性相关、线性无关的有关性质及判别法。

3. 理解向量组的极大线性无关组和秩的概念，会求向量组的极大线性无关组及秩。

4. 了解向量组等价的概念，了解矩阵的秩与其行(列)向量组的秩之间的关系。

本章重点

1. 向量 $\boldsymbol{\beta}$ 能否由向量组 $\boldsymbol{\alpha}_1,\boldsymbol{\alpha}_2,\cdots,\boldsymbol{\alpha}_s$ 线性表示的判别。

令 $\boldsymbol{\beta}=x_1\boldsymbol{\alpha}_1+x_2\boldsymbol{\alpha}_2+\cdots+x_s\boldsymbol{\alpha}_s$ 得到一个关于 $x_1,x_2,\cdots,x_s$ 的线性方程组，通过讨论此方程组的解，便可得知 $\boldsymbol{\beta}$ 能否由 $\boldsymbol{\alpha}_1,\boldsymbol{\alpha}_2,\cdots,\boldsymbol{\alpha}_s$ 线性表示。

2. 向量组 $\boldsymbol{\alpha}_1,\boldsymbol{\alpha}_2,\cdots,\boldsymbol{\alpha}_s$ 的线性相关与线性无关的判别。

解决此类问题一般有两种方法：

用定义判断，令 $x_1\boldsymbol{\alpha}_1+x_2\boldsymbol{\alpha}_2+\cdots+x_s\boldsymbol{\alpha}_s=\mathbf{0}$，得到一个关于 $x_1,x_2,\cdots,x_s$ 的齐次线性方程组，若此方程组只有零解，则向量组 $\boldsymbol{\alpha}_1,\boldsymbol{\alpha}_2,\cdots,\boldsymbol{\alpha}_s$ 线性无关；若此方程组有非零解，则向量组 $\boldsymbol{\alpha}_1,\boldsymbol{\alpha}_2,\cdots,\boldsymbol{\alpha}_s$ 线性相关。

利用矩阵的秩与向量组的秩之间的关系判断，将向量组 $\boldsymbol{\alpha}_1,\boldsymbol{\alpha}_2,\cdots,\boldsymbol{\alpha}_s$ 作为矩阵 $\boldsymbol{A}$ 的行(列)向量，求 $\boldsymbol{A}$ 的秩。若 $r(\boldsymbol{A})=s$，则向量组 $\boldsymbol{\alpha}_1,\boldsymbol{\alpha}_2,\cdots,\boldsymbol{\alpha}_s$ 线性无关；若 $r(\boldsymbol{A})<s$，则向量组 $\boldsymbol{\alpha}_1,\boldsymbol{\alpha}_2,\cdots,\boldsymbol{\alpha}_s$ 线性相关。

3. 求向量组的极大线性无关组。

以向量组中各向量为列构成矩阵 $\boldsymbol{A}$，对 $\boldsymbol{A}$ 进行初等行变换化为行阶梯形矩阵。进而化为行最简形矩阵。每一台阶取一列，即为极大无关组。将极大无关组以外的其余向量作为线性方程组的常数列，通过解线性方程组可将其表示成极大无关组的线性组合。

4. 判断两个向量组是否等价。

一、向量及其运算

1. n 维向量

n 个数 $a_1,a_2,\cdots,a_n$ 组成的有序数组称为 n 维向量，记作

$$\boldsymbol{\alpha}=\begin{pmatrix}a_1\\a_2\\\vdots\\a_n\end{pmatrix} \quad 或 \quad \boldsymbol{\alpha}^{\mathrm{T}}=(a_1,a_2,\cdots,a_n)$$

$\boldsymbol{\alpha}$ 称为 n 维列向量，$\boldsymbol{\alpha}^{\mathrm{T}}$ 称为 n 维行向量。

2. 两向量相等

两个 n 维向量 $\boldsymbol{\alpha}=(a_1,a_2,\cdots,a_n)$，$\boldsymbol{\beta}=(b_1,b_2,\cdots,b_n)$ 相等，当且仅当 $\boldsymbol{\alpha}$ 和 $\boldsymbol{\beta}$ 对应分量相等，即 $a_i=b_i(i=1,2,\cdots,n)$，记作 $\boldsymbol{\alpha}=\boldsymbol{\beta}$。

3. 两向量的和

由两个 n 维向量 $\boldsymbol{\alpha}=(a_1,a_2,\cdots,a_n)$，$\boldsymbol{\beta}=(b_1,b_2,\cdots,b_n)$ 得到的和是一个 n 维向量，记作 $\boldsymbol{\alpha}+\boldsymbol{\beta}$，

$$\boldsymbol{\alpha}+\boldsymbol{\beta}=(a_1+b_1,a_2+b_2,\cdots,a_n+b_n)$$

4. 负向量

n 维向量 $\boldsymbol{\alpha}=(a_1,a_2,\cdots,a_n)$ 的负向量是一个 n 维向量，记作 $-\boldsymbol{\alpha}$，

$$-\boldsymbol{\alpha}=(-a_1,-a_2,\cdots,-a_n)$$

5. 两向量的差

两个 n 维向量 $\boldsymbol{\alpha}=(a_1,a_2,\cdots,a_n)$，$\boldsymbol{\beta}=(b_1,b_2,\cdots,b_n)$ 的差是一个 n 维向量，记作 $\boldsymbol{\alpha}-\boldsymbol{\beta}$，

$$\boldsymbol{\alpha}-\boldsymbol{\beta}=\boldsymbol{\alpha}+(-\boldsymbol{\beta})=(a_1-b_1,a_2-b_2,\cdots,a_n-b_n)$$

6. 数与向量的积

数 k 与 n 维向量 $\boldsymbol{\alpha}=(a_1,a_2,\cdots,a_n)$ 的积记作 $k\boldsymbol{\alpha}$，

$$k\boldsymbol{\alpha}=(ka_1,ka_2,\cdots,ka_n)$$

例 1 设 $3(\boldsymbol{\alpha}_1-\boldsymbol{\alpha})+2(\boldsymbol{\alpha}_2+\boldsymbol{\alpha})=5(\boldsymbol{\alpha}_3+\boldsymbol{\alpha})$，其中 $\boldsymbol{\alpha}_1=(2,5,1,3)^{\mathrm{T}}$，$\boldsymbol{\alpha}_2=(10,1,5,10)^{\mathrm{T}}$，$\boldsymbol{\alpha}_3=(4,1,-1,1)^{\mathrm{T}}$，求 $\boldsymbol{\alpha}$。

解 由 $3(\boldsymbol{\alpha}_1-\boldsymbol{\alpha})+2(\boldsymbol{\alpha}_2+\boldsymbol{\alpha})=5(\boldsymbol{\alpha}_3+\boldsymbol{\alpha})$，整理得

$$\begin{aligned}\boldsymbol{\alpha} &= \frac{1}{6}(3\boldsymbol{\alpha}_1+2\boldsymbol{\alpha}_2-5\boldsymbol{\alpha}_3)\\ &= \frac{1}{6}[3(2,5,1,3)^{\mathrm{T}}+2(10,1,5,10)^{\mathrm{T}}-5(4,1,-1,1)^{\mathrm{T}}]\\ &= (1,2,3,4)^{\mathrm{T}}\end{aligned}$$

二、向量组的线性相关性

1. 向量组

若干个同维数的列向量(或同维数的行向量)所组成的集合叫向量组。$m\times n$ 矩阵的全体列向量是一个含n 个m 维列向量的向量组,它的全体行向量是一个含 m 个n 维行向量的向量组。反之,一个含有 n 个 m 维列向量所组成的向量组 $\boldsymbol{A}:\boldsymbol{\alpha}_1,\boldsymbol{\alpha}_2,\cdots,\boldsymbol{\alpha}_n$ 构成一个 $m\times n$ 矩阵 $\boldsymbol{A}=(\boldsymbol{\alpha}_1,\boldsymbol{\alpha}_2,\cdots,\boldsymbol{\alpha}_n)$,一个含有 m 个 n 维行向量所组成的向量组 $\boldsymbol{B}:\boldsymbol{\beta}_1^{\mathrm{T}},\boldsymbol{\beta}_2^{\mathrm{T}},\cdots,\boldsymbol{\beta}_m^{\mathrm{T}}$,构成一个 $m\times n$ 矩阵 $\boldsymbol{B}=\begin{pmatrix}\boldsymbol{\beta}_1^{\mathrm{T}}\\ \boldsymbol{\beta}_2^{\mathrm{T}}\\ \vdots\\ \boldsymbol{\beta}_m^{\mathrm{T}}\end{pmatrix}$。

2. 线性组合与线性表示

(1)线性组合　设 $\boldsymbol{A}:\boldsymbol{\alpha}_1,\boldsymbol{\alpha}_2,\cdots,\boldsymbol{\alpha}_s$ 是一个 n 维向量组,$k_1,k_2,\cdots,k_s$ 是一组实数,称 $k_1\boldsymbol{\alpha}_1+k_2\boldsymbol{\alpha}_2+\cdots+k_s\boldsymbol{\alpha}_s$ 是 $\boldsymbol{A}$ 的一个线性组合。

(2)线性表示　给定向量组 $\boldsymbol{A}:\boldsymbol{\alpha}_1,\boldsymbol{\alpha}_2,\cdots,\boldsymbol{\alpha}_s$ 和向量 $\boldsymbol{\beta}$,如果存在一组数 $k_1,k_2,\cdots,k_s$,使得 $\boldsymbol{\beta}=k_1\boldsymbol{\alpha}_1+k_2\boldsymbol{\alpha}_2+\cdots+k_s\boldsymbol{\alpha}_s$,则称 $\boldsymbol{\beta}$ 可由 $\boldsymbol{\alpha}_1,\boldsymbol{\alpha}_2,\cdots,\boldsymbol{\alpha}_s$ 线性表示。

(3)向量组的线性表示　如果向量组 $\boldsymbol{A}:\boldsymbol{\alpha}_1,\boldsymbol{\alpha}_2,\cdots,\boldsymbol{\alpha}_m$ 中每一个向量都能由向量组 $\boldsymbol{B}:\boldsymbol{\beta}_1,\boldsymbol{\beta}_2,\cdots,\boldsymbol{\beta}_s$ 线性表示,则称向量组 $\boldsymbol{A}$ 能由向量组 $\boldsymbol{B}$ 线性表示。用矩阵表述为:若存在 $s\times m$ 矩阵 $\boldsymbol{K}$,使得$(\boldsymbol{\alpha}_1,\boldsymbol{\alpha}_2,\cdots,\boldsymbol{\alpha}_m)=(\boldsymbol{\beta}_1,\boldsymbol{\beta}_2,\cdots,\boldsymbol{\beta}_s)\boldsymbol{K}$,则称向量组 $\boldsymbol{A}$ 可由向量组 $\boldsymbol{B}$ 线性表示。

注　利用矩阵表述向量组之间的关系给处理有关线性相关性的问题带来许多方便,在后面的例题中可充分体会到这一点。

(4)等价向量组　如果向量组 $\boldsymbol{A}$ 能由向量组 $\boldsymbol{B}$ 线性表示,向量组 $\boldsymbol{B}$ 也能由向量组 $\boldsymbol{A}$ 线性表示,则称向量组 $\boldsymbol{A}$ 与向量组 $\boldsymbol{B}$ 是等价向量组。

3. 线性相关性的概念及结论

(1)线性相关、线性无关。设 $\boldsymbol{\alpha}_1,\boldsymbol{\alpha}_2,\cdots,\boldsymbol{\alpha}_s$ 为 s 个 n 维向量,若存在 s 个不全为零的数 $k_1,k_2,\cdots,k_s$,使 $k_1\boldsymbol{\alpha}_1+k_2\boldsymbol{\alpha}_2+\cdots+k_s\boldsymbol{\alpha}_s=\boldsymbol{0}$,则称 $\boldsymbol{\alpha}_1,\boldsymbol{\alpha}_2,\cdots,\boldsymbol{\alpha}_s$ 线性相关。若由 $k_1\boldsymbol{\alpha}_1+k_2\boldsymbol{\alpha}_2+\cdots+k_s\boldsymbol{\alpha}_s=\boldsymbol{0}$ 可推出 $k_1,k_2,\cdots,k_s$ 全为零,则称 $\boldsymbol{\alpha}_1,\boldsymbol{\alpha}_2,\cdots,\boldsymbol{\alpha}_s$ 线性无关。

(2)n 维向量组 $\boldsymbol{\alpha}_1,\boldsymbol{\alpha}_2,\cdots,\boldsymbol{\alpha}_s(s\geqslant 2)$ 线性相关的充要条件是其中有一个向量可以由其余向量线性表示;含有零向量的向量组一定线性相关。

(3)$\boldsymbol{\alpha}_1,\boldsymbol{\alpha}_2,\cdots,\boldsymbol{\alpha}_s$ 线性无关,而 $\boldsymbol{\alpha}_1,\boldsymbol{\alpha}_2,\cdots,\boldsymbol{\alpha}_s,\boldsymbol{\beta}$ 线性相关,则 $\boldsymbol{\beta}$ 可由 $\boldsymbol{\alpha}_1,\boldsymbol{\alpha}_2,\cdots,\boldsymbol{\alpha}_s$ 唯一线

性表示。

(4)n 维向量组 $\boldsymbol{\alpha}_1,\boldsymbol{\alpha}_2,\cdots,\boldsymbol{\alpha}_m$ 线性相关的充要条件是齐次线性方程组 $\boldsymbol{Ax}=\boldsymbol{0}$ 有非零解。其中 $\boldsymbol{A}=(\boldsymbol{\alpha}_1,\boldsymbol{\alpha}_2,\cdots,\boldsymbol{\alpha}_m)_{n\times m}$。特别地，$m=n$ 时，$\boldsymbol{\alpha}_1,\boldsymbol{\alpha}_2,\cdots,\boldsymbol{\alpha}_m$ 线性相关的充要条件是 $|\boldsymbol{A}|=0$。

(5)$\boldsymbol{\alpha}_1,\boldsymbol{\alpha}_2,\cdots,\boldsymbol{\alpha}_m$ 线性相关的充要条件是以 $\boldsymbol{\alpha}_1,\boldsymbol{\alpha}_2,\cdots,\boldsymbol{\alpha}_m$ 为列的矩阵的秩小于 m，线性无关的充要条件是以 $\boldsymbol{\alpha}_1,\boldsymbol{\alpha}_2,\cdots,\boldsymbol{\alpha}_m$ 为列的矩阵的秩等于 m。

(6)向量 $\boldsymbol{\beta}$ 能由向量组 $\boldsymbol{\alpha}_1,\boldsymbol{\alpha}_2,\cdots,\boldsymbol{\alpha}_s$ 线性表示的充要条件是矩阵 $\boldsymbol{A}=(\boldsymbol{\alpha}_1,\boldsymbol{\alpha}_2,\cdots,\boldsymbol{\alpha}_s)$ 的秩等于矩阵 $\boldsymbol{B}=(\boldsymbol{\alpha}_1,\boldsymbol{\alpha}_2,\cdots,\boldsymbol{\alpha}_s,\boldsymbol{\beta})$ 的秩。

(7)一线性相关向量组任意添加若干个向量所得新向量组仍线性相关，一线性无关向量组任意减少若干个向量所得新向量组仍线性无关。

(8)将线性无关的 r 维向量组中每个向量均延长相同个数的分量得到的新向量组仍线性无关。

例 2　判断下列命题是否正确。

若 n 维向量组 $\boldsymbol{\alpha}_1,\boldsymbol{\alpha}_2,\cdots,\boldsymbol{\alpha}_m$ 线性相关，那么

(1)存在全不为零的常数 $k_1,k_2,\cdots,k_m$，使 $k_1\boldsymbol{\alpha}_1+k_2\boldsymbol{\alpha}_2+\cdots+k_m\boldsymbol{\alpha}_m=\boldsymbol{0}$；

(2)任意一组不全为零的常数 $k_1,k_2,\cdots,k_m$，使 $k_1\boldsymbol{\alpha}_1+k_2\boldsymbol{\alpha}_2+\cdots+k_m\boldsymbol{\alpha}_m=\boldsymbol{0}$；

(3)唯一一组不全为零的常数 $k_1,k_2,\cdots,k_m$，使 $k_1\boldsymbol{\alpha}_1+k_2\boldsymbol{\alpha}_2+\cdots+k_m\boldsymbol{\alpha}_m=\boldsymbol{0}$；

(4) $\boldsymbol{\alpha}_1,\boldsymbol{\alpha}_2$ 线性相关，$\boldsymbol{\beta}_1,\boldsymbol{\beta}_2$ 线性相关，那么 $\boldsymbol{\alpha}_1+\boldsymbol{\beta}_1,\boldsymbol{\alpha}_2+\boldsymbol{\beta}_2$ 线性相关；

(5)那么它的任一部分向量组也线性相关；

(6)向量组(Ⅱ)与其等价，则向量组(Ⅱ)也线性相关；

(7)若 n 维向量组 $\boldsymbol{\alpha}_1,\boldsymbol{\alpha}_2,\cdots,\boldsymbol{\alpha}_m$ 线性无关，那么它的任一部分向量组也线性无关；

(8) $\boldsymbol{\alpha}_1+\boldsymbol{\alpha}_2,\boldsymbol{\alpha}_2+\boldsymbol{\alpha}_3,\cdots,\boldsymbol{\alpha}_{m-1}+\boldsymbol{\alpha}_m,\boldsymbol{\alpha}_m+\boldsymbol{\alpha}_1$ 也线性无关；

(9)若 $\boldsymbol{\alpha}_m$ 不能由 $\boldsymbol{\alpha}_1,\boldsymbol{\alpha}_2,\cdots,\boldsymbol{\alpha}_{m-1}$ 线性表示，则 $\boldsymbol{\alpha}_1,\boldsymbol{\alpha}_2,\cdots,\boldsymbol{\alpha}_m$ 线性无关；

解　(1)命题不正确。设 $\boldsymbol{\alpha}_1=(1,0,0)^{\mathrm{T}},\boldsymbol{\alpha}_2=(0,1,1)^{\mathrm{T}},\boldsymbol{\alpha}_3=(3,0,0)^{\mathrm{T}}$，则

$$3\boldsymbol{\alpha}_1+0\boldsymbol{\alpha}_2+(-1)\boldsymbol{\alpha}_3=\boldsymbol{0}$$

且系数为 3，0，－1 不全为零，而不是全不为零，所以 $\boldsymbol{\alpha}_1,\boldsymbol{\alpha}_2,\boldsymbol{\alpha}_3$ 线性相关。根据定义，向量组线性相关时的组合系数是不全为零的。

(2)命题不正确。由于(1)中的向量组有 $\boldsymbol{\alpha}_1+\boldsymbol{\alpha}_2+\boldsymbol{\alpha}_3=(4\quad 1\quad 1)^{\mathrm{T}}\neq\boldsymbol{0}$，这表明线性相关时的组合系数不是任意的，事实上它们是齐次线性方程组的非零解。

$$(\boldsymbol{\alpha}_1,\boldsymbol{\alpha}_2,\cdots,\boldsymbol{\alpha}_m)\begin{pmatrix}x_1\\x_2\\\vdots\\x_m\end{pmatrix}=\boldsymbol{0}$$

(3)命题不正确。由于(1)中的向量组有 $6\boldsymbol{\alpha}_1+0\boldsymbol{\alpha}_2-2\boldsymbol{\alpha}_3=\boldsymbol{0}$，这表明线性相关时的组合系数是不唯一的。

(4)命题不正确。设 $\boldsymbol{\alpha}_1=(1,0)^{\mathrm{T}},\boldsymbol{\alpha}_2=(3,0)^{\mathrm{T}},\boldsymbol{\beta}_1=(0,1)^{\mathrm{T}},\boldsymbol{\beta}_2=(0,2)^{\mathrm{T}}$，则 $\boldsymbol{\alpha}_1,\boldsymbol{\alpha}_2$ 与

$\boldsymbol{\beta}_1,\boldsymbol{\beta}_2$ 都线性相关，但 $\boldsymbol{\alpha}_1+\boldsymbol{\beta}_1=(1,1)^{\mathrm{T}}$，$\boldsymbol{\alpha}_2+\boldsymbol{\beta}_2=(3,2)^{\mathrm{T}}$ 线性无关。

在此，初学者易出现问题的是：根据定义，由 $\boldsymbol{\alpha}_1,\boldsymbol{\alpha}_2$ 线性相关知，存在不全为零的常数 k_1,k_2，使 $k_1\boldsymbol{\alpha}_1+k_2\boldsymbol{\alpha}_2=\mathbf{0}$。由 $\boldsymbol{\beta}_1,\boldsymbol{\beta}_2$ 线性相关知，存在不全为零的常数 k_1,k_2，使 $k_1\boldsymbol{\beta}_1+k_2\boldsymbol{\beta}_2=\mathbf{0}$。因此，有不全为零的常数 k_1,k_2，使 $k_1(\boldsymbol{\alpha}_1+\boldsymbol{\beta}_1)+k_2(\boldsymbol{\alpha}_2+\boldsymbol{\beta}_2)=\mathbf{0}$，从而得到 $\boldsymbol{\alpha}_1+\boldsymbol{\beta}_1,\boldsymbol{\alpha}_2+\boldsymbol{\beta}_2$ 线性相关是不正确的。这是因为使 $\boldsymbol{\alpha}_1,\boldsymbol{\alpha}_2$ 线性相关的组合系数 k_1,k_2 和使 $\boldsymbol{\beta}_1,\boldsymbol{\beta}_2$ 线性相关的组合系数 k_1,k_2 一般是不同的，因此 $k_1(\boldsymbol{\alpha}_1+\boldsymbol{\beta}_1)+k_2(\boldsymbol{\alpha}_2+\boldsymbol{\beta}_2)=\mathbf{0}$ 是不成立的。

事实上，在本例中，有 $3\boldsymbol{\alpha}_1-\boldsymbol{\alpha}_2=\mathbf{0}$，$2\boldsymbol{\beta}_1-\boldsymbol{\beta}_2=\mathbf{0}$，因此在线性相关定义中的组合系数分别是 3，−1 与 2，−1，这两组系数是不一样的。

(5)不正确。如

$$\boldsymbol{\alpha}_1=(1,0,0,0)^{\mathrm{T}},\quad \boldsymbol{\alpha}_2=(0,1,0,0)^{\mathrm{T}},\quad \boldsymbol{\alpha}_3=(0,0,1,0)^{\mathrm{T}},\quad \boldsymbol{\alpha}_4=(1,1,1,0)^{\mathrm{T}}$$

其中任意三个向量都线性无关，但 $\boldsymbol{\alpha}_1,\boldsymbol{\alpha}_2,\boldsymbol{\alpha}_3,\boldsymbol{\alpha}_4$ 线性相关。

(6)不正确。向量组的等价意味着它们能相互线性表示，它们有相同的秩，但向量组中向量的个数、线性相关性可以不同，如一个向量组与它的最大线性无关组是等价的。

(7)正确。线性无关的向量组去掉一些向量后还是线性无关的。

(8)不正确，如 m 为 4 时，有

$$(\boldsymbol{\alpha}_1+\boldsymbol{\alpha}_2)-(\boldsymbol{\alpha}_2+\boldsymbol{\alpha}_3)+(\boldsymbol{\alpha}_3+\boldsymbol{\alpha}_4)-(\boldsymbol{\alpha}_4+\boldsymbol{\alpha}_1)=\mathbf{0}$$

(9)命题不正确。设 $\boldsymbol{\alpha}_1=(1,1,0)^{\mathrm{T}}$，$\boldsymbol{\alpha}_2=(0,0,0)^{\mathrm{T}}$，$\boldsymbol{\alpha}_3=(0,0,1)^{\mathrm{T}}$，则 $\boldsymbol{\alpha}_3$ 不能由 $\boldsymbol{\alpha}_1,\boldsymbol{\alpha}_2$ 线性表示，但 $\boldsymbol{\alpha}_1,\boldsymbol{\alpha}_2,\boldsymbol{\alpha}_3$ 线性相关。这表明若 $\boldsymbol{\alpha}_1,\boldsymbol{\alpha}_2,\cdots,\boldsymbol{\alpha}_m$ 线性相关是其中有向量可以由其余向量线性表示，而不是每个向量都可以由其余向量线性表示。

例 3　设有向量组 $\boldsymbol{A}:\boldsymbol{\alpha}_1=\begin{pmatrix}-1\\1\\4\end{pmatrix}$，$\boldsymbol{\alpha}_2=\begin{pmatrix}-2\\1\\5\end{pmatrix}$，$\boldsymbol{\alpha}_3=\begin{pmatrix}a\\2\\10\end{pmatrix}$，及向量 $\boldsymbol{\beta}=\begin{pmatrix}1\\b\\-1\end{pmatrix}$，问 a,b 为何值时，

(1)向量 $\boldsymbol{\beta}$ 不能由 $\boldsymbol{\alpha}_1,\boldsymbol{\alpha}_2,\boldsymbol{\alpha}_3$ 线性表示；

(2)向量 $\boldsymbol{\beta}$ 能由 $\boldsymbol{\alpha}_1,\boldsymbol{\alpha}_2,\boldsymbol{\alpha}_3$ 线性表示，且表示式唯一；

(3)向量 $\boldsymbol{\beta}$ 能由 $\boldsymbol{\alpha}_1,\boldsymbol{\alpha}_2,\boldsymbol{\alpha}_3$ 线性表示，且表示式不唯一，并求一般表示式。

解　令 $\boldsymbol{A}=(\boldsymbol{\alpha}_1,\boldsymbol{\alpha}_2,\boldsymbol{\alpha}_3)$，构造方程组 $\boldsymbol{Ax}=\boldsymbol{\beta}$，对增广矩阵行变换得，

$$(\boldsymbol{A},\boldsymbol{\beta})=\begin{pmatrix}-1&-2&a&1\\1&1&2&b\\4&5&10&-1\end{pmatrix}\overset{r}{\sim}\begin{pmatrix}-1&-2&a&1\\0&-1&a+2&b+1\\0&0&a+4&-3b\end{pmatrix}$$

(1)当 $a=-4,b\neq 0$，方程组 $\boldsymbol{Ax}=\boldsymbol{\beta}$ 无解，向量 $\boldsymbol{\beta}$ 不能由 $\boldsymbol{\alpha}_1,\boldsymbol{\alpha}_2,\boldsymbol{\alpha}_3$ 线性表示；

(2)当 $a\neq -4$，方程组 $\boldsymbol{Ax}=\boldsymbol{\beta}$ 有唯一解，向量 $\boldsymbol{\beta}$ 能由 $\boldsymbol{\alpha}_1,\boldsymbol{\alpha}_2,\boldsymbol{\alpha}_3$ 线性表示，且表示式唯一；

(3)当 $a=-4,b=0$，方程组 $\boldsymbol{Ax}=\boldsymbol{\beta}$ 有无穷多解，且 $\boldsymbol{\beta}=\boldsymbol{\alpha}_1-(2k+1)\boldsymbol{\alpha}_2+k\boldsymbol{\alpha}_3$。

例 4　设向量组

$$\boldsymbol{\alpha}_1=(1,1,0,1)^{\mathrm{T}},\boldsymbol{\alpha}_2=(2,1,3,1)^{\mathrm{T}},\boldsymbol{\alpha}_3=(1,1,0,0)^{\mathrm{T}},\boldsymbol{\alpha}_4=(0,1,-1,-1)^{\mathrm{T}}$$

将 $\boldsymbol{\beta}=(0,0,0,1)^{\mathrm{T}}$ 表示成 $\boldsymbol{\alpha}_1,\boldsymbol{\alpha}_2,\boldsymbol{\alpha}_3,\boldsymbol{\alpha}_4$ 的线性组合。

解　设 $\boldsymbol{\beta}=x_1\boldsymbol{\alpha}_1+x_2\boldsymbol{\alpha}_2+x_3\boldsymbol{\alpha}_3+x_4\boldsymbol{\alpha}_4$，得方程组

$$\begin{cases} x_1+2x_2+x_3 = 0 \\ x_1+x_2+x_3+x_4=0 \\ 3x_2-x_4=0 \\ x_1+x_2-x_4=1 \end{cases}$$

解得 $x_1=1,x_2=0,x_3=-1,x_4=0$，于是 $\boldsymbol{\beta}=\boldsymbol{\alpha}_1-\boldsymbol{\alpha}_3$。

例 5　讨论向量组 $\boldsymbol{\alpha}_1=(1,-2,3)^{\mathrm{T}},\boldsymbol{\alpha}_2=(0,2,-5)^{\mathrm{T}},\boldsymbol{\alpha}_3=(-1,0,2)^{\mathrm{T}}$ 的线性相关性。

分析　解决此类问题一般有两种方法。

解法 1　用定义判断。令 $x_1\boldsymbol{\alpha}_1+x_2\boldsymbol{\alpha}_2+\cdots+x_s\boldsymbol{\alpha}_s=\mathbf{0}$，得到一个关于 $x_1,x_2,\cdots,x_s$ 的齐次线性方程组。

若此方程组只有零解，则向量组 $\boldsymbol{\alpha}_1,\boldsymbol{\alpha}_2,\cdots,\boldsymbol{\alpha}_s$ 线性无关；

若此方程组有非零解，则向量组 $\boldsymbol{\alpha}_1,\boldsymbol{\alpha}_2,\cdots,\boldsymbol{\alpha}_s$ 线性相关。

解法 2　利用矩阵的秩与向量组的秩之间的关系判断。将向量 $\boldsymbol{\alpha}_1,\boldsymbol{\alpha}_2,\cdots,\boldsymbol{\alpha}_s$ 作为矩阵 $\mathbf{A}$ 的行(列) 向量，求 $\mathbf{A}$ 的秩。

若 $r(\mathbf{A})=s$，则向量组 $\boldsymbol{\alpha}_1,\boldsymbol{\alpha}_2,\cdots,\boldsymbol{\alpha}_s$ 线性无关；

若 $r(\mathbf{A})<s$，则向量组 $\boldsymbol{\alpha}_1,\boldsymbol{\alpha}_s,\cdots,\boldsymbol{\alpha}_s$ 线性相关。

解　**解法 1**　令 $x_1\boldsymbol{\alpha}_1+x_2\boldsymbol{\alpha}_2+x_3\boldsymbol{\alpha}_3=\mathbf{0}$，得齐次线性方程组

$$\begin{cases} x_1-x_3=0 \\ -2x_1+2x_2=0 \\ 3x_1-5x_2+2x_3=0 \end{cases}$$

因为系数行列式

$$\begin{vmatrix} 1 & 0 & -1 \\ -2 & 2 & 0 \\ 3 & -5 & 2 \end{vmatrix}=0$$

所以此方程组有非零解，$\boldsymbol{\alpha}_1,\boldsymbol{\alpha}_2,\boldsymbol{\alpha}_3$ 线性相关。

解法 2　令 $\mathbf{A}=(\boldsymbol{\alpha}_1,\boldsymbol{\alpha}_2,\boldsymbol{\alpha}_3)=\begin{pmatrix} 1 & 0 & -1 \\ -2 & 2 & 0 \\ 3 & -5 & 2 \end{pmatrix}$，因为

$$\mathbf{A}=\begin{pmatrix} 1 & 0 & -1 \\ -2 & 2 & 0 \\ 3 & -5 & 2 \end{pmatrix}\sim\begin{pmatrix} 1 & 0 & -1 \\ 0 & 2 & -2 \\ 0 & 0 & 0 \end{pmatrix},r(\mathbf{A})=2<3$$

所以 $\boldsymbol{\alpha}_1,\boldsymbol{\alpha}_2,\boldsymbol{\alpha}_3$ 线性相关。

例 6　讨论向量组 $\boldsymbol{\beta}_1=(1,k_1,0,0),\boldsymbol{\beta}_2=(1,k_2,1,2),\boldsymbol{\beta}_3=(2,k_3,3,6)$ 的线性相关性，其中 k_1,k_2,k_3 为任意实数。

解　设 $x_1\boldsymbol{\beta}_1+x_2\boldsymbol{\beta}_2+x_3\boldsymbol{\beta}_3=\mathbf{0}$，将 $\boldsymbol{\beta}_i(i=1,2,3)$ 代入，得齐次线性方程组

$$\begin{cases} x_1 + x_2 + 2x_3 = 0 \\ k_1x_1 + k_2x_2 + k_3x_3 = 0 \\ x_2 + 3x_3 = 0 \\ 2x_2 + 6x_3 = 0 \end{cases}$$

设系数矩阵为 $\boldsymbol{A}$，对它实施初等行变换

$$\boldsymbol{A} = \begin{pmatrix} 1 & 1 & 2 \\ k_1 & k_2 & k_3 \\ 0 & 1 & 3 \\ 0 & 2 & 6 \end{pmatrix} \sim \begin{pmatrix} 1 & 1 & 2 \\ 0 & 1 & 3 \\ k_1 & k_2 & k_3 \\ 0 & 0 & 0 \end{pmatrix} \sim \begin{pmatrix} 1 & 1 & 2 \\ 0 & 1 & 3 \\ 0 & k_2-k_1 & k_3-2k_1 \\ 0 & 0 & 0 \end{pmatrix}$$

$$\sim \begin{pmatrix} 1 & 1 & 2 \\ 0 & 1 & 3 \\ 0 & 0 & k_1-3k_2+k_3 \\ 0 & 0 & 0 \end{pmatrix} \sim \begin{pmatrix} 1 & 0 & -1 \\ 0 & 1 & 3 \\ 0 & 0 & k_1-3k_2+k_3 \\ 0 & 0 & 0 \end{pmatrix} = \boldsymbol{B}$$

(1) 当 $k_1-3k_2+k_3 \neq 0$ 时，$r(\boldsymbol{A})=3$，此时方程组只有零解，即只有当 $x_1=x_2=x_3=0$ 时，$x_1\boldsymbol{\beta}_1+x_2\boldsymbol{\beta}_2+x_3\boldsymbol{\beta}_3=\boldsymbol{0}$ 才成立，这时 $\boldsymbol{\beta}_1,\boldsymbol{\beta}_2,\boldsymbol{\beta}_3$ 线性无关。

(2) 当 $k_1-3k_2+k_3=0$ 时，$r(\boldsymbol{A})=2<3$，方程组有非零解，这时 $\boldsymbol{\beta}_1,\boldsymbol{\beta}_2,\boldsymbol{\beta}_3$ 线性相关。

例 7 设
$$\begin{cases} \boldsymbol{\beta}_1 = \boldsymbol{\alpha}_2+\boldsymbol{\alpha}_3+\cdots+\boldsymbol{\alpha}_n \\ \boldsymbol{\beta}_2 = \boldsymbol{\alpha}_1+\boldsymbol{\alpha}_3+\cdots+\boldsymbol{\alpha}_n \\ \vdots \\ \boldsymbol{\beta}_n = \boldsymbol{\alpha}_1+\boldsymbol{\alpha}_2+\cdots+\boldsymbol{\alpha}_{n-1} \end{cases}$$

证明向量组 $\boldsymbol{\alpha}_1,\boldsymbol{\alpha}_2,\cdots,\boldsymbol{\alpha}_n$ 与向量组 $\boldsymbol{\beta}_1,\boldsymbol{\beta}_2,\cdots,\boldsymbol{\beta}_n$ 等价。

证明 记

$$\boldsymbol{A}=(\boldsymbol{\alpha}_1,\boldsymbol{\alpha}_2,\cdots,\boldsymbol{\alpha}_n),\boldsymbol{B}=(\boldsymbol{\beta}_1,\boldsymbol{\beta}_2,\cdots,\boldsymbol{\beta}_n),\boldsymbol{C}=\begin{pmatrix} 0 & 1 & \cdots & 1 & 1 \\ 1 & 0 & \cdots & 1 & 1 \\ \vdots & \vdots & & \vdots & \vdots \\ 1 & 1 & \cdots & 0 & 1 \\ 1 & 1 & \cdots & 1 & 0 \end{pmatrix}，则 \boldsymbol{B}=\boldsymbol{AC}$$

所以 $|\boldsymbol{C}|=(n-1)(-1)^{n-1}\neq 0$。

因为 $\boldsymbol{C}$ 可逆，所以 $\boldsymbol{A}=\boldsymbol{BC}^{-1}$ 即 $\boldsymbol{\alpha}_1,\boldsymbol{\alpha}_2,\cdots,\boldsymbol{\alpha}_n$ 与 $\boldsymbol{\beta}_1,\boldsymbol{\beta}_2,\cdots,\boldsymbol{\beta}_n$ 等价。

例 8 设 $\boldsymbol{\alpha}_1,\boldsymbol{\alpha}_2,\cdots,\boldsymbol{\alpha}_m,\boldsymbol{\beta}$ 为 $m+1$ 个向量($m>1$)，且 $\boldsymbol{\beta}=\boldsymbol{\alpha}_1+\boldsymbol{\alpha}_2+\cdots+\boldsymbol{\alpha}_m$，证明向量组 $\boldsymbol{\beta}-\boldsymbol{\alpha}_1,\boldsymbol{\beta}-\boldsymbol{\alpha}_2,\cdots,\boldsymbol{\beta}-\boldsymbol{\alpha}_m$ 线性无关的充要条件是 $\boldsymbol{\alpha}_1,\boldsymbol{\alpha}_1,\cdots,\boldsymbol{\alpha}_m$ 线性无关。

分析 本题仍用两种方法证明。方法一是用定义证明，证明过程较繁。方法二是通过向量组之间的关系把讨论向量组线性相关性问题转化为讨论矩阵是否可逆的问题，方法简单，这是线性代数中常用的方法。

证法 1 充分性：设有 $k_1,k_2,\cdots,k_m$，使

$$k_1(\boldsymbol{\beta}-\boldsymbol{\alpha}_1)+k_2(\boldsymbol{\beta}-\boldsymbol{\alpha}_2)+\cdots+k_m(\boldsymbol{\beta}-\boldsymbol{\alpha}_m)=\boldsymbol{0}$$

由于

$$\boldsymbol{\beta}=\boldsymbol{\alpha}_1+\boldsymbol{\alpha}_2+\cdots+\boldsymbol{\alpha}_m$$

代入上式整理可得

$$(k_2+k_3+\cdots+k_m)\boldsymbol{\alpha}_1+(k_1+k_3+\cdots+k_m)\boldsymbol{\alpha}_2+\cdots+(k_1+k_2+\cdots+k_{m-1})\boldsymbol{\alpha}_m=\boldsymbol{0}$$

由 $\boldsymbol{\alpha}_1,\boldsymbol{\alpha}_2,\cdots,\boldsymbol{\alpha}_m$ 线性无关，必有

$$\begin{cases} \quad\ \ k_2+k_3+\cdots+k_{m-1}+k_m=0 \\ k_1\quad\ \ +k_3+\cdots+k_{m-1}+k_m=0 \\ \vdots \qquad\qquad\qquad\qquad\qquad\quad \vdots \\ k_1+k_2+k_3+\cdots+k_{m-1}\qquad\ =0 \end{cases}$$

此方程组的系数行列式为

$$D=\begin{vmatrix} 0 & 1 & \cdots & 1 \\ 1 & 0 & \cdots & 1 \\ \vdots & \vdots & & \vdots \\ 1 & 1 & \cdots & 0 \end{vmatrix}=(m-1)(-1)^{m-1}\neq 0$$

所以只有唯一零解，即 $k_1=k_2=\cdots=k_m=0$，故 $\boldsymbol{\beta}-\boldsymbol{\alpha}_1,\boldsymbol{\beta}-\boldsymbol{\alpha}_2,\cdots,\boldsymbol{\beta}-\boldsymbol{\alpha}_m$ 线性无关。

必要性(反证法)：设 $\boldsymbol{\alpha}_1,\boldsymbol{\alpha}_2,\cdots,\boldsymbol{\alpha}_m$ 线性相关，则有不全为零的数 $l_1,l_2,\cdots,l_m$，使

$$l_1\boldsymbol{\alpha}_1+l_2\boldsymbol{\alpha}_2+\cdots+l_m\boldsymbol{\alpha}_m=\boldsymbol{0} \tag{1}$$

令

$$\lambda_i=\frac{1}{m-1}(l_1+l_2+\cdots+l_m)-l_i\quad(i=1,2,\cdots,m) \tag{2}$$

则 $\lambda_1,\lambda_2,\cdots,\lambda_m$ 不全为零，因为如果 $\lambda_1=\lambda_2=\cdots=\lambda_m=0$，则由式(2)得

$$l_1=l_2=\cdots=l_m=\frac{1}{m-1}(l_1+l_2+\cdots+l_m)=\frac{m}{m-1}l_1$$

从而 $l_1=l_2=\cdots=l_m=0$，这与 $l_1,l_2,\cdots,l_m$ 不全为零矛盾，故 $\lambda_1,\lambda_2,\cdots,\lambda_m$ 不全为零，且易知有

$$\lambda_1(\boldsymbol{\beta}-\boldsymbol{\alpha}_1)+\lambda_2(\boldsymbol{\beta}-\boldsymbol{\alpha}_2)+\cdots+\lambda_m(\boldsymbol{\beta}-\boldsymbol{\alpha}_m)=\boldsymbol{0}$$

即 $\boldsymbol{\beta}-\boldsymbol{\alpha}_1,\boldsymbol{\beta}-\boldsymbol{\alpha}_2,\cdots,\boldsymbol{\beta}-\boldsymbol{\alpha}_m$ 线性相关，这与已知 $\boldsymbol{\beta}-\boldsymbol{\alpha}_1,\boldsymbol{\beta}-\boldsymbol{\alpha}_2,\cdots,\boldsymbol{\beta}-\boldsymbol{\alpha}_m$ 线性无关矛盾。

证法 2　由题设

$$\begin{cases} \boldsymbol{\beta}-\boldsymbol{\alpha}_1=\boldsymbol{\alpha}_2+\boldsymbol{\alpha}_3+\cdots+\boldsymbol{\alpha}_m \\ \boldsymbol{\beta}-\boldsymbol{\alpha}_2=\boldsymbol{\alpha}_1+\boldsymbol{\alpha}_3+\cdots+\boldsymbol{\alpha}_m \\ \vdots \qquad\qquad \vdots \\ \boldsymbol{\beta}-\boldsymbol{\alpha}_m=\boldsymbol{\alpha}_1+\boldsymbol{\alpha}_2+\cdots+\boldsymbol{\alpha}_{m-1} \end{cases}$$

$$(\boldsymbol{\beta}-\boldsymbol{\alpha}_1,\boldsymbol{\beta}-\boldsymbol{\alpha}_2,\cdots,\boldsymbol{\beta}-\boldsymbol{\alpha}_m)=(\boldsymbol{\alpha}_1,\boldsymbol{\alpha}_2,\cdots,\boldsymbol{\alpha}_m)\begin{pmatrix}0&1&1&\cdots&1\\1&0&1&\cdots&1\\\vdots&\vdots&\vdots&&\vdots\\1&1&1&\cdots&0\end{pmatrix}$$

$$\begin{vmatrix}0&1&1&\cdots&1\\1&0&1&\cdots&1\\\vdots&\vdots&\vdots&&\vdots\\1&1&1&\cdots&0\end{vmatrix}=(m-1)(-1)^{m-1}\neq 0$$

所以$\boldsymbol{\beta}-\boldsymbol{\alpha}_1,\boldsymbol{\beta}-\boldsymbol{\alpha}_2,\cdots,\boldsymbol{\beta}-\boldsymbol{\alpha}_m$与$\boldsymbol{\alpha}_1,\boldsymbol{\alpha}_2,\cdots,\boldsymbol{\alpha}_m$等价且含有相同个数的向量。

即$\boldsymbol{\beta}-\boldsymbol{\alpha}_1,\boldsymbol{\beta}-\boldsymbol{\alpha}_2,\cdots,\boldsymbol{\beta}-\boldsymbol{\alpha}_m$线性无关的充要条件是$\boldsymbol{\alpha}_1,\boldsymbol{\alpha}_2,\cdots,\boldsymbol{\alpha}_m$线性无关。

例 9 证明：若$(\boldsymbol{\beta}_1,\boldsymbol{\beta}_2,\cdots,\boldsymbol{\beta}_n)=(\boldsymbol{\alpha}_1,\boldsymbol{\alpha}_2,\cdots,\boldsymbol{\alpha}_n)\boldsymbol{A}$，这里$\boldsymbol{\alpha}_1,\boldsymbol{\alpha}_2,\cdots,\boldsymbol{\alpha}_n$线性无关，$\boldsymbol{A}$可逆，则$\boldsymbol{\beta}_1,\boldsymbol{\beta}_2,\cdots,\boldsymbol{\beta}_n$线性无关。

证法 1 设$k_1\boldsymbol{\beta}_1+k_2\boldsymbol{\beta}_2+\cdots+k_n\boldsymbol{\beta}_n=\boldsymbol{0}$，其中$k_1,k_2,\cdots,k_n$为数，即

$$(\boldsymbol{\beta}_1,\boldsymbol{\beta}_2,\cdots,\boldsymbol{\beta}_n)\begin{pmatrix}k_1\\k_2\\\vdots\\k_n\end{pmatrix}=\boldsymbol{0}$$

则 $$(\boldsymbol{\alpha}_1,\boldsymbol{\alpha}_2,\cdots,\boldsymbol{\alpha}_n)\boldsymbol{A}\begin{pmatrix}k_1\\k_2\\\vdots\\k_n\end{pmatrix}=\boldsymbol{0}$$

因为$\boldsymbol{\alpha}_1,\boldsymbol{\alpha}_1,\cdots,\boldsymbol{\alpha}_n$线性无关，所以$\boldsymbol{A}\begin{pmatrix}k_1\\k_2\\\vdots\\k_n\end{pmatrix}=\boldsymbol{0}$，又$\boldsymbol{A}$可逆，所以$\begin{pmatrix}k_1\\k_2\\\vdots\\k_n\end{pmatrix}=\boldsymbol{0}$，即$\boldsymbol{\beta}_1,\boldsymbol{\beta}_2,\cdots,\boldsymbol{\beta}_n$线性无关。

证法 2 由$(\boldsymbol{\beta}_1,\boldsymbol{\beta}_2,\cdots,\boldsymbol{\beta}_n)=(\boldsymbol{\alpha}_1,\boldsymbol{\alpha}_2,\cdots,\boldsymbol{\alpha}_n)\boldsymbol{A}$ 知 $\boldsymbol{\beta}_1,\boldsymbol{\beta}_2,\cdots,\boldsymbol{\beta}_n$可由$\boldsymbol{\alpha}_1,\boldsymbol{\alpha}_2,\cdots,\boldsymbol{\alpha}_n$线性表示，又$\boldsymbol{A}$可逆，所以

$$(\boldsymbol{\beta}_1,\boldsymbol{\beta}_2,\cdots,\boldsymbol{\beta}_n)\boldsymbol{A}^{-1}=(\boldsymbol{\alpha}_1,\boldsymbol{\alpha}_2,\cdots,\boldsymbol{\alpha}_n)$$

$\boldsymbol{\alpha}_1,\boldsymbol{\alpha}_2,\cdots,\boldsymbol{\alpha}_n$可由$\boldsymbol{\beta}_1,\boldsymbol{\beta}_2,\cdots,\boldsymbol{\beta}_n$线性表示，故$\boldsymbol{\alpha}_1,\boldsymbol{\alpha}_2,\cdots,\boldsymbol{\alpha}_n$与$\boldsymbol{\beta}_1,\boldsymbol{\beta}_2,\cdots,\boldsymbol{\beta}_n$等价，等价向量组有相同的秩，$\boldsymbol{\beta}_1,\boldsymbol{\beta}_2,\cdots,\boldsymbol{\beta}_n$的秩为$n$，从而线性无关。

证法 3 因$(\boldsymbol{\beta}_1,\boldsymbol{\beta}_2,\cdots,\boldsymbol{\beta}_n)=(\boldsymbol{\alpha}_1,\boldsymbol{\alpha}_2,\cdots,\boldsymbol{\alpha}_n)\boldsymbol{A}$，由向量组秩的概念，

$$r(\boldsymbol{\beta}_1,\boldsymbol{\beta}_2,\cdots,\boldsymbol{\beta}_n)\leqslant r(\boldsymbol{\alpha}_1,\boldsymbol{\alpha}_1,\cdots,\boldsymbol{\alpha}_n)$$

又$\boldsymbol{A}$可逆，$(\boldsymbol{\alpha}_1,\boldsymbol{\alpha}_2,\cdots,\boldsymbol{\alpha}_n)=(\boldsymbol{\beta}_1,\boldsymbol{\beta}_2,\cdots,\boldsymbol{\beta}_n)\boldsymbol{A}^{-1}$，同理，

$$r(\boldsymbol{\alpha}_1,\boldsymbol{\alpha}_2,\cdots,\boldsymbol{\alpha}_n)\leqslant r(\boldsymbol{\beta}_1,\boldsymbol{\beta}_2,\cdots,\boldsymbol{\beta}_n)$$

故 $r(\boldsymbol{\alpha}_1,\boldsymbol{\alpha}_2,\cdots,\boldsymbol{\alpha}_n)=r(\boldsymbol{\beta}_1,\boldsymbol{\beta}_2,\cdots,\boldsymbol{\beta}_n)=n$,所以 $\boldsymbol{\beta}_1,\boldsymbol{\beta}_2,\cdots,\boldsymbol{\beta}_n$ 线性无关。

三、向量组的极大线性无关组与向量组的秩

1. 向量组的极大线性无关组和秩

设向量组 $\boldsymbol{A}$,如果 $\boldsymbol{A}$ 中存在 r 个向量 $\boldsymbol{\alpha}_1,\boldsymbol{\alpha}_2,\cdots,\boldsymbol{\alpha}_r$,满足

(1)$\boldsymbol{\alpha}_1,\boldsymbol{\alpha}_2,\cdots,\boldsymbol{\alpha}_r$ 线性无关,

(2)向量组中任意 $r+1$ 个向量(如果存在的话)都线性相关,则称 $\boldsymbol{\alpha}_1,\boldsymbol{\alpha}_1,\cdots,\boldsymbol{\alpha}_r$ 是向量组 $\boldsymbol{A}$ 的一个极大线性无关组或最大线性无关组(简称极大无关组),极大无关组所含向量的个数 r 称为向量组的秩,记作 $r(\boldsymbol{A})$。

只含零向量的向量组无极大无关组,此时规定秩为零。

注　一个向量组的极大无关组可能不唯一,但各个极大无关组所含向量的个数相等。

若向量组 $\boldsymbol{B}$ 能由向量组 $\boldsymbol{A}$ 线性表示,则 $r(\boldsymbol{B})\leqslant r(\boldsymbol{A})$。

向量组 $\boldsymbol{\beta}_1,\boldsymbol{\beta}_2,\cdots,\boldsymbol{\beta}_s$ 能由向量组 $\boldsymbol{\alpha}_1,\boldsymbol{\alpha}_2,\cdots,\boldsymbol{\alpha}_m$ 线性表示的充分必要条件是

$$r(\boldsymbol{\alpha}_1,\boldsymbol{\alpha}_2,\cdots,\boldsymbol{\alpha}_m)=r(\boldsymbol{\alpha}_1,\boldsymbol{\alpha}_2,\cdots,\boldsymbol{\alpha}_m,\boldsymbol{\beta}_1,\boldsymbol{\beta}_2,\cdots,\boldsymbol{\beta}_s)$$

2. 向量组的秩与矩阵的秩的关系

一个矩阵的秩等于它的列向量组的秩,也等于它的行向量组的秩。

设 $m\times n$ 矩阵 $\boldsymbol{A}$ 的秩为 r,则 $\boldsymbol{A}$ 中有一个不等于 0 的 r 阶子式 $\boldsymbol{D}$,且 $\boldsymbol{D}$ 所在的 r 个行向量是 $\boldsymbol{A}$ 行向量组的最大线性无关组;$\boldsymbol{D}$ 所在的 r 个列向量是 $\boldsymbol{A}$ 列向量组的最大线性无关组。

例 10　求向量组 $\boldsymbol{\alpha}_1=(1,2,3,-1)^{\mathrm{T}}$,　$\boldsymbol{\alpha}_2=(3,2,1,-1)^{\mathrm{T}}$,　$\boldsymbol{\alpha}_3=(2,3,1,1)^{\mathrm{T}}$,$\boldsymbol{\alpha}_4=(2,2,2,-1)^{\mathrm{T}}$ 的秩及一个最大线性无关组,并把其余向量表示成该最大线性无关组的线性组合。

分析　以向量组中各向量为列构成矩阵 $\boldsymbol{A}$,对 $\boldsymbol{A}$ 进行初等行变换化为行阶梯形矩阵,进而化为行最简形矩阵,从而得到最大无关组。将最大无关组以外的其余向量作为线性方程组的常数列,通过解线性方程组可将其表示成最大无关组的线性组合。

解　对 $\boldsymbol{A}=(\boldsymbol{\alpha}_1,\boldsymbol{\alpha}_2,\boldsymbol{\alpha}_3,\boldsymbol{\alpha}_4)$ 施行初等行变换:

$$\boldsymbol{A}\sim\begin{pmatrix}-1&-1&1&-1\\2&2&3&2\\3&1&1&2\\1&3&2&2\end{pmatrix}\sim\begin{pmatrix}-1&-1&1&-1\\0&0&5&0\\0&-2&4&-1\\0&2&3&1\end{pmatrix}\sim\begin{pmatrix}-1&-1&1&-1\\0&2&3&1\\0&0&1&0\\0&0&0&0\end{pmatrix}\sim$$

$$\begin{pmatrix}1&0&0&\frac{1}{2}\\0&1&0&\frac{1}{2}\\0&0&1&0\\0&0&0&0\end{pmatrix}=\boldsymbol{B}$$

由 $\boldsymbol{B}$ 知，$r(\boldsymbol{A})=3$，所以 $\boldsymbol{\alpha}_1,\boldsymbol{\alpha}_2,\boldsymbol{\alpha}_3,\boldsymbol{\alpha}_4$ 的秩为3。$\boldsymbol{\alpha}_1,\boldsymbol{\alpha}_2,\boldsymbol{\alpha}_3$ 即为其一个极大无关组，因为所进行的初等变换仅为行变换，$\boldsymbol{B}$ 与 $\boldsymbol{A}$ 对应着同解的线性方程组，要将 $\boldsymbol{\alpha}_4$ 表示成 $\boldsymbol{\alpha}_1,\boldsymbol{\alpha}_2,\boldsymbol{\alpha}_3$ 的线性组合只需将 $\boldsymbol{B}$ 看作一个方程组的增广矩阵，其 $\boldsymbol{\alpha}_4$ 对应的列为常数列，此线性方程组的解为

$$x_1=\frac{1}{2},x_2=\frac{1}{2},x_3=0$$

所以 $\boldsymbol{\alpha}_4=\frac{1}{2}\boldsymbol{\alpha}_1+\frac{1}{2}\boldsymbol{\alpha}_2$。

例 11 设向量组 $\boldsymbol{B}:\boldsymbol{b}_1,\boldsymbol{b}_2,\cdots,\boldsymbol{b}_r$ 能由向量组 $\boldsymbol{A}:\boldsymbol{a}_1,\boldsymbol{a}_2,\cdots,\boldsymbol{a}_s$ 线性表示为

$$(\boldsymbol{b}_1,\boldsymbol{b}_2,\cdots,\boldsymbol{b}_r)=(\boldsymbol{a}_1,\boldsymbol{a}_2,\cdots,\boldsymbol{a}_s)\boldsymbol{K}$$

其中 $\boldsymbol{K}$ 为 $s\times r$ 矩阵，且 $\boldsymbol{A}$ 组线性无关。证明 $\boldsymbol{B}$ 组线性无关的充分必要条件是矩阵 $\boldsymbol{K}$ 的秩 $r(\boldsymbol{K})=r$。

证明 必要性：若 $\boldsymbol{B}$ 组线性无关，令 $\boldsymbol{B}=(\boldsymbol{b}_1,\boldsymbol{b}_2,\cdots,\boldsymbol{b}_r)$ $\boldsymbol{A}=(\boldsymbol{a}_1,\boldsymbol{a}_2,\cdots,\boldsymbol{a}_s)$，则有

$$\boldsymbol{B}=\boldsymbol{AK}$$

由定理知

$$r(\boldsymbol{B})=r(\boldsymbol{AK})\leqslant\min\{r(\boldsymbol{A}),r(\boldsymbol{K})\}\leqslant r(\boldsymbol{K})$$

由 $\boldsymbol{B}:\boldsymbol{b}_1,\boldsymbol{b}_2,\cdots,\boldsymbol{b}_r$ 线性无关知 $r(\boldsymbol{B})=r$，故 $r(\boldsymbol{K})\geqslant r$。

又知 $\boldsymbol{K}$ 为 $r\times s$ 阶矩阵，则

$$r(\boldsymbol{K})\leqslant\min\{r,s\}\leqslant r$$

综上所述知 $r(\boldsymbol{K})=r$。

充分性：若 $r(\boldsymbol{K})=r$，令 $x_1\boldsymbol{b}_1+x_2\boldsymbol{b}_2+\cdots+x_r\boldsymbol{b}_r=\boldsymbol{0}$，其中 x_i 为实数，$i=1,2,\cdots,r$，则有

$$(\boldsymbol{b}_1,\boldsymbol{b}_2,\cdots,\boldsymbol{b}_r)\begin{pmatrix}x_1\\x_2\\\vdots\\x_r\end{pmatrix}=\boldsymbol{0}$$

又 $(\boldsymbol{b}_1,\boldsymbol{b}_2,\cdots,\boldsymbol{b}_r)=(\boldsymbol{a}_1,\boldsymbol{a}_2,\cdots,\boldsymbol{a}_s)\boldsymbol{K}$，则

$$(\boldsymbol{a}_1,\boldsymbol{a}_2,\cdots,\boldsymbol{a}_s)\boldsymbol{K}\begin{pmatrix}x_1\\x_2\\\vdots\\x_r\end{pmatrix}=\boldsymbol{0}$$

由于 $\boldsymbol{a}_1,\boldsymbol{a}_2,\cdots,\boldsymbol{a}_s$ 线性无关，所以 $\boldsymbol{K}\begin{pmatrix}x_1\\x_2\\\vdots\\x_r\end{pmatrix}=\boldsymbol{0}$。由于 $r(\boldsymbol{K})=r$，所以方程组只有零解 $x_1=x_2=\cdots=x_r=0$。所以 $\boldsymbol{b}_1,\boldsymbol{b}_2,\cdots,\boldsymbol{b}_r$ 线性无关。

例 12 设 $\boldsymbol{\alpha}_1,\boldsymbol{\alpha}_2,\cdots,\boldsymbol{\alpha}_n$ 是一个 n 维向量组，证明 $\boldsymbol{\alpha}_1,\boldsymbol{\alpha}_2,\cdots,\boldsymbol{\alpha}_n$ 线性无关当且仅当任一 n 维向量均可由它们线性表示。

证明 必要性：设 $\boldsymbol{\alpha}_1,\boldsymbol{\alpha}_2,\cdots,\boldsymbol{\alpha}_n$ 线性无关，$\boldsymbol{\beta}$ 为任一 n 维向量。

若 $\boldsymbol{\beta}$ 是 $\boldsymbol{\alpha}_1,\boldsymbol{\alpha}_2,\cdots,\boldsymbol{\alpha}_n$ 中的一个向量，显然它可以由 $\boldsymbol{\alpha}_1,\boldsymbol{\alpha}_2,\cdots,\boldsymbol{\alpha}_n$ 线性表示；

若 $\boldsymbol{\beta}$ 不是 $\boldsymbol{\alpha}_1,\boldsymbol{\alpha}_2,\cdots,\boldsymbol{\alpha}_n$ 中的一个向量，则 $\boldsymbol{\alpha}_1,\boldsymbol{\alpha}_2,\cdots,\boldsymbol{\alpha}_n,\boldsymbol{\beta}$ 线性相关（$n+1$ 个 n 维向量必线性相关）；又由于 $\boldsymbol{\alpha}_1,\boldsymbol{\alpha}_2,\cdots,\boldsymbol{\alpha}_n$ 线性无关，所以 $\boldsymbol{\beta}$ 可以由 $\boldsymbol{\alpha}_1,\boldsymbol{\alpha}_2,\cdots,\boldsymbol{\alpha}_n$ 线性表示，且表示唯一。即任一 n 维向量均可由 $\boldsymbol{\alpha}_1,\boldsymbol{\alpha}_2,\cdots,\boldsymbol{\alpha}_n$ 线性表示。

充分性：设任意一个 n 维向量可由 $\boldsymbol{\alpha}_1,\boldsymbol{\alpha}_2,\cdots,\boldsymbol{\alpha}_n$ 线性表示，不妨取 $\boldsymbol{\beta}$ 分别为单位向量 $\boldsymbol{\varepsilon}_1,\boldsymbol{\varepsilon}_2,\cdots,\boldsymbol{\varepsilon}_n$（$\boldsymbol{\varepsilon}_i$ 是第 i 个分量为1，其余分量均为0的向量），即 $\boldsymbol{\varepsilon}_1,\boldsymbol{\varepsilon}_2,\cdots,\boldsymbol{\varepsilon}_n$ 均可由 $\boldsymbol{\alpha}_1,\boldsymbol{\alpha}_2,\cdots,\boldsymbol{\alpha}_n$ 线性表示。由于 $\boldsymbol{\varepsilon}_1,\boldsymbol{\varepsilon}_2,\cdots,\boldsymbol{\varepsilon}_n$ 为单位向量，所以 $\boldsymbol{\alpha}_i$ 可由 $\boldsymbol{\varepsilon}_1,\boldsymbol{\varepsilon}_2,\cdots,\boldsymbol{\varepsilon}_n$ 线性表示，于是 $\boldsymbol{\alpha}_1,\boldsymbol{\alpha}_2,\cdots,\boldsymbol{\alpha}_n$ 与 $\boldsymbol{\varepsilon}_1,\boldsymbol{\varepsilon}_2,\cdots,\boldsymbol{\varepsilon}_n$ 等价，等价的向量组有相同的秩，$\boldsymbol{\varepsilon}_1,\boldsymbol{\varepsilon}_2,\cdots,\boldsymbol{\varepsilon}_n$ 的秩为 n，故 $\boldsymbol{\alpha}_1,\boldsymbol{\alpha}_2,\cdots,\boldsymbol{\alpha}_n$ 的秩也为 n，从而 $\boldsymbol{\alpha}_1,\boldsymbol{\alpha}_2,\cdots,\boldsymbol{\alpha}_n$ 线性无关。

例 13 已知 $(\boldsymbol{\alpha}_1,\boldsymbol{\alpha}_2)=\begin{pmatrix}2&3\\0&-2\\-1&1\\3&-1\end{pmatrix}$，$(\boldsymbol{\beta}_1,\boldsymbol{\beta}_2)=\begin{pmatrix}-5&4\\6&-4\\-5&3\\9&-5\end{pmatrix}$，证明向量组 $\boldsymbol{\alpha}_1,\boldsymbol{\alpha}_2$ 与 $\boldsymbol{\beta}_1,\boldsymbol{\beta}_2$ 等价。

证法 1 由向量组等价的定义，要证 $\boldsymbol{\alpha}_1,\boldsymbol{\alpha}_2$ 与 $\boldsymbol{\beta}_1,\boldsymbol{\beta}_2$ 等价，即要证明存在 2 阶方阵 $\boldsymbol{X}$，$\boldsymbol{Y}$，使得

$$(\boldsymbol{\beta}_1,\boldsymbol{\beta}_2)=(\boldsymbol{\alpha}_1,\boldsymbol{\alpha}_2)\boldsymbol{X},(\boldsymbol{\alpha}_1,\boldsymbol{\alpha}_2)=(\boldsymbol{\beta}_1,\boldsymbol{\beta}_2)\boldsymbol{Y}$$

先求 $\boldsymbol{X}$。类似于线性方程组求解的方法，对矩阵 $(\boldsymbol{\alpha}_1,\boldsymbol{\alpha}_2,\boldsymbol{\beta}_1,\boldsymbol{\beta}_2)$ 施行初等行变换：

$$(\boldsymbol{\alpha}_1,\boldsymbol{\alpha}_2,\boldsymbol{\beta}_1,\boldsymbol{\beta}_2)=\begin{pmatrix}2&3&-5&4\\0&-2&6&-4\\-1&1&-5&3\\3&-1&9&-5\end{pmatrix}\sim\begin{pmatrix}-1&1&-5&3\\0&-2&6&-4\\0&5&-15&10\\0&2&-6&4\end{pmatrix}\sim$$

$$\begin{pmatrix}-1&1&-5&3\\0&1&-3&2\\0&0&0&0\\0&0&0&0\end{pmatrix}\sim\begin{pmatrix}1&0&2&-1\\0&1&-3&2\\0&0&0&0\\0&0&0&0\end{pmatrix}$$

得 $\boldsymbol{X}=\begin{pmatrix}2&-1\\-3&2\end{pmatrix}$。

因为 $|\boldsymbol{X}|=1\neq0$，所以 $\boldsymbol{X}$ 可逆，取 $\boldsymbol{Y}=\boldsymbol{X}^{-1}$，即合要求。因此向量组 $\boldsymbol{\alpha}_1,\boldsymbol{\alpha}_2$ 与 $\boldsymbol{\beta}_1,\boldsymbol{\beta}_2$ 等价。

证法 2 由于 $\boldsymbol{\alpha}_1,\boldsymbol{\alpha}_1$ 线性无关，$\boldsymbol{\beta}_1,\boldsymbol{\beta}_2$ 也线性无关，而

$$(\boldsymbol{\alpha}_1,\boldsymbol{\alpha}_2,\boldsymbol{\beta}_1,\boldsymbol{\beta}_2)\sim\begin{pmatrix}-1&1&-5&3\\0&1&-3&2\\0&0&0&0\\0&0&0&0\end{pmatrix}$$

知 $r(\boldsymbol{\alpha}_1,\boldsymbol{\alpha}_2,\boldsymbol{\beta}_1,\boldsymbol{\beta}_2)=2$，说明 $\boldsymbol{\alpha}_1,\boldsymbol{\alpha}_2$ 与 $\boldsymbol{\beta}_1,\boldsymbol{\beta}_2$ 都是向量组 $\boldsymbol{\alpha}_1,\boldsymbol{\alpha}_2,\boldsymbol{\beta}_1,\boldsymbol{\beta}_2$ 的极大无关组，因此 $\boldsymbol{\alpha}_1,\boldsymbol{\alpha}_2$ 与 $\boldsymbol{\beta}_1,\boldsymbol{\beta}_2$ 等价。

练 习 题

一、填空题

1. 已知向量组 $\boldsymbol{\alpha}_1=(1,2,-1)^T,\boldsymbol{\alpha}_2=(2,0,t)^T,\boldsymbol{\alpha}_3=(0,-4,5)^T$，线性相关，则 $t=$________。

2. 设 $\boldsymbol{\alpha}_1,\boldsymbol{\alpha}_2$ 是某齐次线性方程组的基础解系，$\boldsymbol{\beta}_1=2\boldsymbol{\alpha}_1-\boldsymbol{\alpha}_2,\boldsymbol{\beta}_2=\boldsymbol{\alpha}_1+\boldsymbol{\alpha}_2$，则 $\boldsymbol{\beta}_1,\boldsymbol{\beta}_2$ 线性________（相关、无关）。

3. 设矩阵 $\boldsymbol{A}=(\boldsymbol{\alpha}_1,\boldsymbol{\alpha}_2,\boldsymbol{\alpha}_3,\boldsymbol{\alpha}_4)$，秩 $r(\boldsymbol{A})=3,\boldsymbol{\alpha}_2-\boldsymbol{\alpha}_3-\boldsymbol{\alpha}_4=\boldsymbol{\beta},\boldsymbol{\beta}=\boldsymbol{\alpha}_1-\boldsymbol{\alpha}_2+\boldsymbol{\alpha}_3-\boldsymbol{\alpha}_4$，则方程 $\boldsymbol{Ax}=\boldsymbol{\beta}$ 的通解为________。

4. 设向量组 $\boldsymbol{\alpha}_1=(1,2,1)^T,\boldsymbol{\alpha}_2=(2,3,1)^T,\boldsymbol{\alpha}_3=(x,3,1)^T,\boldsymbol{\alpha}_4=(2,y,3)^T$ 的秩为 2，则 $x=$________，$y=$________。

5. 已知向量组 $\boldsymbol{\alpha}_1=\begin{pmatrix}1\\1\\2\end{pmatrix},\boldsymbol{\alpha}_2=\begin{pmatrix}1\\-1\\6\end{pmatrix},\boldsymbol{\alpha}_3=\begin{pmatrix}1\\3\\-2\end{pmatrix}$，则向量组的秩为________。

6. 已知向量组 $\boldsymbol{A}:\boldsymbol{\alpha}_1=\begin{pmatrix}a_{11}\\a_{21}\\a_{31}\end{pmatrix},\boldsymbol{\alpha}_2=\begin{pmatrix}a_{12}\\a_{22}\\a_{32}\end{pmatrix},\boldsymbol{\alpha}_3=\begin{pmatrix}a_{13}\\a_{23}\\a_{33}\end{pmatrix},\boldsymbol{\alpha}_4=\begin{pmatrix}a_{14}\\a_{24}\\a_{34}\end{pmatrix}$，且 $\boldsymbol{\alpha}_1,\boldsymbol{\alpha}_2,\boldsymbol{\alpha}_3$ 线性无关，则 $\boldsymbol{A}$ 的一个最大无关组是________。

7. 已知 3 阶矩阵 $\boldsymbol{A}$ 与向量 $\boldsymbol{x}$ 满足 $\boldsymbol{A}^3\boldsymbol{x}=3\boldsymbol{Ax}-\boldsymbol{A}^2\boldsymbol{x}$，且向量组 $\boldsymbol{x},\boldsymbol{Ax},\boldsymbol{A}^2\boldsymbol{x}$ 线性无关。

令 $\boldsymbol{P}=(\boldsymbol{x},2\boldsymbol{Ax}+\boldsymbol{x},\boldsymbol{A}^2\boldsymbol{x}),\boldsymbol{AP}=\boldsymbol{PB}$，则 3 阶方阵 $\boldsymbol{B}=$________。

8. 设 n 阶方阵 $\boldsymbol{A}$ 的各行元素之和为零，且秩为 $n-1$，则线性方程组 $\boldsymbol{Ax}=\boldsymbol{0}$ 的通解为________。

9. 若 $\boldsymbol{a}_1,\boldsymbol{a}_2,\boldsymbol{a}_3$ 是某齐次线性方程组的一个基础解系，问 $\boldsymbol{a}_1+\boldsymbol{a}_2,\boldsymbol{a}_2+\boldsymbol{a}_3,\boldsymbol{a}_3+\boldsymbol{a}_1$ 是否也是它的基础解系？答：________。

二、选择题

1. 设 4 阶方阵 $\boldsymbol{A}$ 的秩 $r(\boldsymbol{A})=2,\boldsymbol{\alpha}_1,\boldsymbol{\alpha}_2,\boldsymbol{\alpha}_3$ 是非齐次线性方程组 $\boldsymbol{Ax}=\boldsymbol{b}$ 的三个线性无关的解向量，则 $\boldsymbol{Ax}=\boldsymbol{b}$ 的通解不可以表示为（　　）（c_1,c_2 为任意实数）。

(A) $\boldsymbol{\alpha}_1+c_1(\boldsymbol{\alpha}_2-\boldsymbol{\alpha}_1)+c_2(\boldsymbol{\alpha}_1-\boldsymbol{\alpha}_2)$　　(B) $\boldsymbol{\alpha}_2+c_1(\boldsymbol{\alpha}_3-\boldsymbol{\alpha}_1)+c_2(\boldsymbol{\alpha}_2-\boldsymbol{\alpha}_3)$

(C) $\boldsymbol{\alpha}_1+c_1(\boldsymbol{\alpha}_1-\boldsymbol{\alpha}_3)+c_2(\boldsymbol{\alpha}_2-\boldsymbol{\alpha}_3)$　　(D) $\boldsymbol{\alpha}_2+c_1(\boldsymbol{\alpha}_1-\boldsymbol{\alpha}_2)+c_2(\boldsymbol{\alpha}_2-\boldsymbol{\alpha}_3)$

2. 设 $\boldsymbol{A}$、$\boldsymbol{B}$、$\boldsymbol{C}$ 均为 n 阶方阵，若 $\boldsymbol{AB}=\boldsymbol{C}$，且 $\boldsymbol{B}$ 可逆，以下正确的是（　　）。

(A)矩阵 $\boldsymbol{C}$ 的行向量组与矩阵 $\boldsymbol{A}$ 的行向量组等价

(B)矩阵 $\boldsymbol{C}$ 的列向量组与矩阵 $\boldsymbol{A}$ 的列向量组等价

(C)矩阵 $\boldsymbol{C}$ 的行向量组与矩阵 $\boldsymbol{B}$ 的行向量组等价

(D)矩阵 $\boldsymbol{C}$ 的列向量组与矩阵 $\boldsymbol{B}$ 的列向量组等价

3. 设 $\boldsymbol{\alpha}_1=\begin{pmatrix}0\\0\\C_1\end{pmatrix},\boldsymbol{\alpha}_2=\begin{pmatrix}0\\1\\C_2\end{pmatrix},\boldsymbol{\alpha}_3=\begin{pmatrix}1\\-1\\C_3\end{pmatrix},\boldsymbol{\alpha}_4=\begin{pmatrix}-1\\1\\C_4\end{pmatrix}$，其中 C_1,C_2,C_3,C_4 为任意常数，则下列向量组线性相关的为（　　）。

(A)$\boldsymbol{\alpha}_1,\boldsymbol{\alpha}_2,\boldsymbol{\alpha}_3$　(B)$\boldsymbol{\alpha}_1,\boldsymbol{\alpha}_2,\boldsymbol{\alpha}_4$　(C)$\boldsymbol{\alpha}_1,\boldsymbol{\alpha}_3,\boldsymbol{\alpha}_4$　(D)$\boldsymbol{\alpha}_2,\boldsymbol{\alpha}_3,\boldsymbol{\alpha}_4$

4.设 $\boldsymbol{A}$ 为 $m\times n$ 矩阵，$\boldsymbol{B}$ 为 $n\times m$ 矩阵，则线性方程组 $(\boldsymbol{AB})\boldsymbol{x}=\boldsymbol{0}$，(　　)。

(A)当 $m>n$ 时，仅有零解　(B)当 $m>n$ 时，必有非零解

(C)当 $n>m$ 时，仅有零解　(D)当 $n>m$ 时，必有非零解

5.若向量组 $\boldsymbol{\alpha}_1,\boldsymbol{\alpha}_2,\boldsymbol{\alpha}_3$ 线性无关，则下列向量组线性相关的是(　　)。

(A) $\boldsymbol{\alpha}_1+\boldsymbol{\alpha}_2,\boldsymbol{\alpha}_2+\boldsymbol{\alpha}_3,\boldsymbol{\alpha}_3+\boldsymbol{\alpha}_1$　(B) $\boldsymbol{\alpha}_1+2\boldsymbol{\alpha}_2,\boldsymbol{\alpha}_2+2\boldsymbol{\alpha}_3,\boldsymbol{\alpha}_3+2\boldsymbol{\alpha}_1$

(C) $\boldsymbol{\alpha}_1-2\boldsymbol{\alpha}_2,\boldsymbol{\alpha}_2-2\boldsymbol{\alpha}_3,\boldsymbol{\alpha}_3-2\boldsymbol{\alpha}_1$　(D) $\boldsymbol{\alpha}_1-\boldsymbol{\alpha}_2,\boldsymbol{\alpha}_1-\boldsymbol{\alpha}_3,\boldsymbol{\alpha}_1+\boldsymbol{\alpha}_2-2\boldsymbol{\alpha}_3$

6.设 $\boldsymbol{A}$ 是 3×4 阶矩阵，$\boldsymbol{A}$ 的行向量组线性无关，则(　　)。

(A)$\boldsymbol{A}$ 中必有两列元素对应成比例

(B)$\boldsymbol{A}$ 中必有一个列向量是其余列向量的线性组合

(C)$\boldsymbol{A}$ 的列向量组线性无关

(D)$\boldsymbol{A}$ 中必有一列元素全为零

7.设 $\boldsymbol{A}$ 为 $m\times n$ 矩阵，且 $m>n$，非齐次线性方程组 $\boldsymbol{Ax}=\boldsymbol{b}$ 有唯一解，下面正确的选项是(　　)。

(A)$\boldsymbol{A}$ 的列向量线性无关　(B)$\boldsymbol{A}$ 的列向量线性相关

(C)$\boldsymbol{A}$ 的行向量线性无关　(D)$\boldsymbol{A}$ 的行向量线性相关

8.n 维向量 $\boldsymbol{\alpha}_1,\boldsymbol{\alpha}_2,\cdots,\boldsymbol{\alpha}_s(3\leqslant s\leqslant n)$ 线性无关的充分必要条件是(　　)。

(A)存在不全为零的数 $k_1,k_2,\cdots,k_s$，使 $k_1\boldsymbol{\alpha}_1+k_2\boldsymbol{\alpha}_2+k_s\boldsymbol{\alpha}_s\neq\boldsymbol{0}$

(B) $\boldsymbol{\alpha}_1,\boldsymbol{\alpha}_2,\cdots,\boldsymbol{\alpha}_s$ 中任意一个向量都不能用其余向量线性表示

(C) $\boldsymbol{\alpha}_1,\boldsymbol{\alpha}_2,\cdots,\boldsymbol{\alpha}_s$ 中任意两个向量线性无关

(D) $\boldsymbol{\alpha}_1,\boldsymbol{\alpha}_2,\cdots,\boldsymbol{\alpha}_s$ 中存在一个向量不能用其余向量线性表示

9.设 $\boldsymbol{\eta}_1,\boldsymbol{\eta}_2,\boldsymbol{\eta}_3$ 是 $\boldsymbol{Ax}=\boldsymbol{b}\ (\boldsymbol{b}\neq\boldsymbol{0})$ 的解向量，则(　　)也是 $\boldsymbol{Ax}=\boldsymbol{b}$ 的解向量。

(A) $3\boldsymbol{\eta}_1+2\boldsymbol{\eta}_2+\boldsymbol{\eta}_3$　(B) $\boldsymbol{\eta}_1+2\boldsymbol{\eta}_2+\boldsymbol{\eta}_3$

(C) $\boldsymbol{\eta}_1+\boldsymbol{\eta}_2-\boldsymbol{\eta}_3$　(D) $\boldsymbol{\eta}_1+\boldsymbol{\eta}_2-3\boldsymbol{\eta}_3$

三、计算题

1.求向量组

$$\boldsymbol{\alpha}_1=\begin{pmatrix}1\\0\\-1\\1\end{pmatrix},\boldsymbol{\alpha}_2=\begin{pmatrix}2\\1\\-2\\0\end{pmatrix},\boldsymbol{\alpha}_3=\begin{pmatrix}-2\\-1\\0\\1\end{pmatrix},\boldsymbol{\alpha}_4=\begin{pmatrix}0\\-1\\2\\1\end{pmatrix}$$

的一个最大线性无关组，并把其余向量表示成最大无关组的线性组合。

2.若向量 $\boldsymbol{\beta}=(2,a+1,1)^{\mathrm{T}}$ 能被向量组

$$\boldsymbol{\alpha}_1=(1,0,3)^{\mathrm{T}},\boldsymbol{\alpha}_2=(1,-1,a)^{\mathrm{T}},\boldsymbol{\alpha}_3=(1,1,6-a)^{\mathrm{T}}$$

线性表示。

(1) 求 a 的值；

(2) 求 $\boldsymbol{\beta}$ 由 $\boldsymbol{\alpha}_1,\boldsymbol{\alpha}_2,\boldsymbol{\alpha}_3$ 线性表示的一般表达式。

3.设向量组 $\boldsymbol{A}:\boldsymbol{\alpha}_1,\boldsymbol{\alpha}_2,\boldsymbol{\alpha}_3;\boldsymbol{B}:\boldsymbol{\alpha}_1,\boldsymbol{\alpha}_2,\boldsymbol{\alpha}_3,\boldsymbol{\alpha}_4;\boldsymbol{C}:\boldsymbol{\alpha}_1,\boldsymbol{\alpha}_2,\boldsymbol{\alpha}_3,\boldsymbol{\alpha}_5$，若

$$r(\boldsymbol{A})=r(\boldsymbol{B})=3,r(\boldsymbol{C})=4$$

证明向量组 $\boldsymbol{\alpha}_1,\boldsymbol{\alpha}_2,\boldsymbol{\alpha}_3,\boldsymbol{\alpha}_5-\boldsymbol{\alpha}_4$ 线性无关。

4. 设向量组 $\boldsymbol{\alpha}_1,\boldsymbol{\alpha}_2,\boldsymbol{\alpha}_3$ 的秩为 2，而向量组 $\boldsymbol{\alpha}_2,\boldsymbol{\alpha}_3,\boldsymbol{\alpha}_4$ 的秩为 3，证明：

(1)向量 $\boldsymbol{\alpha}_1$ 必能由向量 $\boldsymbol{\alpha}_2,\boldsymbol{\alpha}_3$ 线性表示；

(2)$\boldsymbol{\alpha}_4$ 不能由 $\boldsymbol{\alpha}_1,\boldsymbol{\alpha}_2,\boldsymbol{\alpha}_3$ 线性表示。

5. 已知 $\boldsymbol{\alpha}_1,\boldsymbol{\alpha}_2,\cdots,\boldsymbol{\alpha}_m$ 线性无关，$\boldsymbol{\beta}_1=\boldsymbol{\alpha}_1+\boldsymbol{\alpha}_2,\boldsymbol{\beta}_2=\boldsymbol{\alpha}_2+\boldsymbol{\alpha}_3,\cdots,\boldsymbol{\beta}_{m-1}=\boldsymbol{\alpha}_{m-1}+\boldsymbol{\alpha}_m,\boldsymbol{\beta}_m=\boldsymbol{\alpha}_m+\boldsymbol{\alpha}_1$，讨论向量组 $\boldsymbol{\beta}_1,\boldsymbol{\beta}_2,\cdots,\boldsymbol{\beta}_m$ 的线性相关性。

6. 已知非齐次线性方程组为 $\begin{cases}4x_1+2x_2+x_3+qx_4=2,\\5x_1+2x_2+x_3+11x_4=3,\\3x_1+6x_2+3x_3+12x_4=p,\\x_1+2x_2+x_3+3x_4=-1\end{cases}$。

试求当参数 p,q 为何值时，方程组无解，方程组有唯一解，方程组有无穷多解。

7. 解线性方程组 $\begin{cases}ax+by+2z=1\\ax+(2b-1)y+3z=1\\ax+by+(b+3)z=2b-1\end{cases}$ $(a\neq 0)$，并讨论解的情况(仅在有无穷多组解时求出解)。

8. 证明 $\boldsymbol{A}$ 为 n 阶方阵，则 $\boldsymbol{Ax}=\boldsymbol{0}$ 有非零解，当且仅当有非零 n 阶矩阵 $\boldsymbol{B}$ 使 $\boldsymbol{AB}=\boldsymbol{0}$。

练习题答案

一、填空题

1. 答案：3。

解 由向量组 $\alpha_1,\alpha_2,\alpha_3$ 线性相关知，$\begin{vmatrix}1&2&0\\2&0&-4\\-1&t&5\end{vmatrix}=0$，所以 $t=3$。

2. 答案：无关。

解 由题设知

$$(\boldsymbol{\beta}_1,\boldsymbol{\beta}_2)=(\boldsymbol{\alpha}_1,\boldsymbol{\alpha}_2)\begin{pmatrix}2&1\\-1&1\end{pmatrix}$$

$\boldsymbol{\alpha}_1,\boldsymbol{\alpha}_2$ 是齐次线性方程组的基础解系，$\boldsymbol{\alpha}_1,\boldsymbol{\alpha}_2$ 线性无关，而 $\begin{pmatrix}2&1\\-1&1\end{pmatrix}$ 可逆，所以 $r(\boldsymbol{\beta}_1,\boldsymbol{\beta}_2)=r(\boldsymbol{\alpha}_1,\boldsymbol{\alpha}_2)=2$，因此 $\boldsymbol{\beta}_1,\boldsymbol{\beta}_2$ 线性无关。

3. 答案：$k(1,-2,2,0)^{\mathrm{T}}+(1,-1,1,-1)^{\mathrm{T}}$。

解 由 $r(\boldsymbol{A})=3$ 可知，$\boldsymbol{Ax}=\boldsymbol{0}$ 的基础解系里只有一个解向量。

由 $\boldsymbol{\alpha}_2-\boldsymbol{\alpha}_3-\boldsymbol{\alpha}_4=\boldsymbol{\beta}$，$\boldsymbol{\beta}=\boldsymbol{\alpha}_1-\boldsymbol{\alpha}_2+\boldsymbol{\alpha}_3-\boldsymbol{\alpha}_4$，可以得到

$$\boldsymbol{\alpha}_1-2\boldsymbol{\alpha}_2+2\boldsymbol{\alpha}_3=\boldsymbol{0}$$

即 $(\boldsymbol{\alpha}_1,\boldsymbol{\alpha}_2,\boldsymbol{\alpha}_3,\boldsymbol{\alpha}_4)\begin{pmatrix}1\\-2\\2\\0\end{pmatrix}=\boldsymbol{0}$，所以 $\begin{pmatrix}1\\-2\\2\\0\end{pmatrix}$ 是 $\boldsymbol{Ax}=\boldsymbol{0}$ 的基础解系。

由 $\boldsymbol{\beta}=\boldsymbol{\alpha}_1-\boldsymbol{\alpha}_2+\boldsymbol{\alpha}_3-\boldsymbol{\alpha}_4$ 可知，

$$(\boldsymbol{\alpha}_1,\boldsymbol{\alpha}_2,\boldsymbol{\alpha}_3,\boldsymbol{\alpha}_4)\begin{pmatrix}1\\-1\\1\\-1\end{pmatrix}=\boldsymbol{\beta}$$

所以 $\begin{pmatrix}1\\-1\\1\\-1\end{pmatrix}$ 是 $\boldsymbol{Ax}=\boldsymbol{\beta}$ 的一个特解。方程 $\boldsymbol{Ax}=\boldsymbol{\beta}$ 的通解为

$$k(1,-2,2,0)^{\mathrm{T}}+(1,-1,1,-1)^{\mathrm{T}},k\text{ 为任意实数}$$

4.答案：2,5。

解　$\begin{pmatrix}1&2&x&2\\2&3&3&y\\1&1&1&3\end{pmatrix}\overset{r}{\sim}\begin{pmatrix}1&1&1&3\\0&1&1&y-6\\0&0&x-2&5-y\end{pmatrix}$

所以 $x=2,y=5$。

5.答案：2。

解　$\begin{pmatrix}1&1&1\\1&-1&3\\2&6&-2\end{pmatrix}\overset{r}{\sim}\begin{pmatrix}1&1&1\\0&1&-1\\0&0&0\end{pmatrix}$，所以向量组的秩为 2。

6.答案：$\boldsymbol{\alpha}_1,\boldsymbol{\alpha}_2,\boldsymbol{\alpha}_3$。

解　4 个三维向量一定线性相关。又知道 $\boldsymbol{\alpha}_1,\boldsymbol{\alpha}_2,\boldsymbol{\alpha}_3$ 线性无关，所以 $\boldsymbol{A}$ 的一个最大无关组是 $\boldsymbol{\alpha}_1,\boldsymbol{\alpha}_2,\boldsymbol{\alpha}_3$。

7.答案：$\begin{pmatrix}-\frac{1}{2}&-\frac{1}{2}&-\frac{3}{2}\\\frac{1}{2}&\frac{1}{2}&\frac{3}{2}\\0&2&-1\end{pmatrix}$。

解　$\boldsymbol{A}(\boldsymbol{x},2\boldsymbol{Ax}+\boldsymbol{x},\boldsymbol{A}^2\boldsymbol{x})=(\boldsymbol{Ax},2\boldsymbol{A}^2\boldsymbol{x}+\boldsymbol{Ax},\boldsymbol{A}^3\boldsymbol{x})$

$$=(\boldsymbol{x},2\boldsymbol{Ax}+\boldsymbol{x},\boldsymbol{A}^2\boldsymbol{x})\begin{pmatrix}-\frac{1}{2}&-\frac{1}{2}&-\frac{3}{2}\\\frac{1}{2}&\frac{1}{2}&\frac{3}{2}\\0&2&-1\end{pmatrix}$$

所以 $\boldsymbol{B}=\begin{pmatrix}-\frac{1}{2}&-\frac{1}{2}&-\frac{3}{2}\\\frac{1}{2}&\frac{1}{2}&\frac{3}{2}\\0&2&-1\end{pmatrix}$。

8. 答案：$\boldsymbol{x}=k(1,1,\cdots,1)^{\mathrm{T}}$。

解 由题设知线性方程组 $\boldsymbol{Ax}=\boldsymbol{0}$ 的基础解系里有一个解向量，且 $\boldsymbol{A}\begin{pmatrix}1\\1\\\vdots\\1\end{pmatrix}=\boldsymbol{0}$，所以通解为 $\boldsymbol{x}=k(1,1\cdots,1)^{\mathrm{T}}$。

9. 答案：是一个基础解系。

解 $(\boldsymbol{a}_1+\boldsymbol{a}_2,\boldsymbol{a}_2+\boldsymbol{a}_3,\boldsymbol{a}_3+\boldsymbol{a}_1)=(\boldsymbol{a}_1,\boldsymbol{a}_2,\boldsymbol{a}_3)\begin{pmatrix}1&0&1\\1&1&0\\0&1&1\end{pmatrix}$

并且$\begin{pmatrix}1&0&1\\1&1&0\\0&1&1\end{pmatrix}$可逆。因为 $\boldsymbol{a}_1,\boldsymbol{a}_2,\boldsymbol{a}_3$ 是齐次线性方程组的一个基础解系，所以

$$r(\boldsymbol{a}_1+\boldsymbol{a}_2,\boldsymbol{a}_2+\boldsymbol{a}_3,\boldsymbol{a}_3+\boldsymbol{a}_1)=r(\boldsymbol{a}_1,\boldsymbol{a}_2,\boldsymbol{a}_3)=3$$

又容易知道 $\boldsymbol{a}_1+\boldsymbol{a}_2,\boldsymbol{a}_2+\boldsymbol{a}_3,\boldsymbol{a}_3+\boldsymbol{a}_1$ 是齐次线性方程组的解，所以 $\boldsymbol{a}_1+\boldsymbol{a}_2,\boldsymbol{a}_2+\boldsymbol{a}_3,\boldsymbol{a}_3+\boldsymbol{a}_1$ 是一个基础解系。

二、选择题

1. 应选(A)。

解 由于 4 阶方阵 $\boldsymbol{A}$ 的秩 $r(\boldsymbol{A})=2$，所以对应的齐次线性方程组的基础解系里含有两个解向量，可以由 $\boldsymbol{\alpha}_1,\boldsymbol{\alpha}_2,\boldsymbol{\alpha}_3$ 的任意两个相减得到。得到对应的齐次线性方程组的通解后，再加上任意个特解即可得到非齐次线性方程组的解。

(A)选项里基础解系不对。

2. 应选(B)。

解 因为 $\boldsymbol{AB}=\boldsymbol{C}$，所以 $\boldsymbol{C}$ 的列向量组能由 $\boldsymbol{A}$ 的列向量组线性表示，矩阵 $\boldsymbol{B}$ 是表示的系数矩阵。注意到题设中又已知 $\boldsymbol{B}$ 可逆，得到 $\boldsymbol{A}=\boldsymbol{CB}^{-1}$，所以 $\boldsymbol{A}$ 的列向量组能由 $\boldsymbol{C}$ 的列向量组线性表示，矩阵 $\boldsymbol{B}^{-1}$ 是表示的系数矩阵。因此矩阵 $\boldsymbol{C}$ 的列向量组与矩阵 $\boldsymbol{A}$ 的列向量组等价。

3. 应选(C)。

解 选项 A 中，$|\boldsymbol{\alpha}_1,\boldsymbol{\alpha}_2,\boldsymbol{\alpha}_3|=-C_1$，因为 C_1 是任意的常数，所以可以有 $|\boldsymbol{\alpha}_1,\boldsymbol{\alpha}_2,\boldsymbol{\alpha}_3|=-C_1\neq\boldsymbol{0}$，此时 $\boldsymbol{\alpha}_1,\boldsymbol{\alpha}_2,\boldsymbol{\alpha}_3$ 线性无关。

选项 B 中，$|\boldsymbol{\alpha}_1,\boldsymbol{\alpha}_2,\boldsymbol{\alpha}_4|=C_1$，同理，不能判断 $\boldsymbol{\alpha}_1,\boldsymbol{\alpha}_2,\boldsymbol{\alpha}_4$ 线性相关。

选项 D 中，$|\boldsymbol{\alpha}_2,\boldsymbol{\alpha}_3,\boldsymbol{\alpha}_4|=-C_4-\boldsymbol{1}$，同理，不能判断 $\boldsymbol{\alpha}_2,\boldsymbol{\alpha}_3,\boldsymbol{\alpha}_4$ 线性相关。

选项 C 中，$|\boldsymbol{\alpha}_1,\boldsymbol{\alpha}_3,\boldsymbol{\alpha}_4|=\boldsymbol{0}$，所以判断 $\boldsymbol{\alpha}_1,\boldsymbol{\alpha}_3,\boldsymbol{\alpha}_4$ 线性相关。

4. 应选(B)。

解 注意到线性方程组 $(\boldsymbol{AB})\boldsymbol{x}=\boldsymbol{0}$ 中的系数矩阵 $(\boldsymbol{AB})$ 是 $m\times m$ 矩阵，说明方程组中未知数的个数为 m 。当 $m>n$ 时，$r(\boldsymbol{AB})\leqslant n<m$ ，根据齐次线性方程组解的判别定理，方程组必有非零解。

5.应选(D)。

解　可以看出

$$(\boldsymbol{\alpha}_1-\boldsymbol{\alpha}_2)-2(\boldsymbol{\alpha}_1-\boldsymbol{\alpha}_3)+(\boldsymbol{\alpha}_1+\boldsymbol{\alpha}_2-2\boldsymbol{\alpha}_3)=\mathbf{0}$$

向量组 $\boldsymbol{\alpha}_1-\boldsymbol{\alpha}_2,\boldsymbol{\alpha}_1-\boldsymbol{\alpha}_3,\boldsymbol{\alpha}_1+\boldsymbol{\alpha}_2-2\boldsymbol{\alpha}_3$ 线性相关。

6.应选(B)。

解　因为 $\boldsymbol{A}$ 的行向量组线性无关,因此可以得到 $r(\boldsymbol{A})=3$。由于 $\boldsymbol{A}$ 有 4 个列向量,则 $\boldsymbol{A}$ 的列向量组必定线性相关,因此可以得到 $\boldsymbol{A}$ 中必有一个列向量是其余列向量的线性组合。

7.应选(A)。

解　由非齐次线性方程组 $\boldsymbol{Ax}=\boldsymbol{b}$ 有唯一解,可知 $r(\boldsymbol{A})=r(\boldsymbol{A},\boldsymbol{b})=n$ 。所以 $\boldsymbol{A}$ 的列向量线性无关。

8.应选(B)。

解　由已知 n 维向量 $\boldsymbol{\alpha}_1,\boldsymbol{\alpha}_2,\cdots,\boldsymbol{\alpha}_s$　$(3\leqslant s\leqslant n)$ 线性无关,可以得到 $\boldsymbol{\alpha}_1,\boldsymbol{\alpha}_2,\cdots,\boldsymbol{\alpha}_s$ 中任意一个向量都不能用其余向量线性表示。否则,若 $\boldsymbol{\alpha}_1,\boldsymbol{\alpha}_2,\cdots,\boldsymbol{\alpha}_s$ 中有一个向量能用其余向量线性表示,则 $\boldsymbol{\alpha}_1,\boldsymbol{\alpha}_2,\cdots,\boldsymbol{\alpha}_s$ 线性相关,矛盾。

反之,当 $\boldsymbol{\alpha}_1,\boldsymbol{\alpha}_2,\cdots,\boldsymbol{\alpha}_s$ 中任意一个向量都不能用其余向量线性表示时,可以得到向量组 $\boldsymbol{\alpha}_1,\boldsymbol{\alpha}_2,\cdots,\boldsymbol{\alpha}_s$　$(3\leqslant s\leqslant n)$ 线性无关。否则,若 $\boldsymbol{\alpha}_1,\boldsymbol{\alpha}_2,\cdots,\boldsymbol{\alpha}_s$ 线性相关,则可以得到 $\boldsymbol{\alpha}_1,\boldsymbol{\alpha}_2,\cdots,\boldsymbol{\alpha}_s$ 中至少有一个向量能用其余向量线性表示,矛盾。

9.应选(C)。

解　可以计算出

$$\boldsymbol{A}(\boldsymbol{\eta}_1+\boldsymbol{\eta}_2-\boldsymbol{\eta}_3)=\boldsymbol{A\eta}_1+\boldsymbol{A\eta}_2-\boldsymbol{A\eta}_3=\boldsymbol{b}+\boldsymbol{b}-\boldsymbol{b}=\boldsymbol{b}$$

所以 $\boldsymbol{\eta}_1+\boldsymbol{\eta}_2-\boldsymbol{\eta}_3$ 是 $\boldsymbol{Ax}=\boldsymbol{b}$ 的解向量。

三、计算题

1.**解**

$$(\boldsymbol{\alpha}_1,\boldsymbol{\alpha}_2,\boldsymbol{\alpha}_3,\boldsymbol{\alpha}_4)=\begin{pmatrix}1&2&-2&0\\0&1&-1&-1\\-1&-2&0&2\\1&0&1&1\end{pmatrix}\sim\begin{pmatrix}1&2&-2&0\\0&1&-1&-1\\0&0&1&-1\\0&0&0&0\end{pmatrix}\sim\begin{pmatrix}1&0&0&2\\0&1&0&-2\\0&0&1&-1\\0&0&0&0\end{pmatrix}$$

$\boldsymbol{\alpha}_1,\boldsymbol{\alpha}_2,\boldsymbol{\alpha}_3$ 是最大无关组,$\boldsymbol{\alpha}_4=2\boldsymbol{\alpha}_1-2\boldsymbol{\alpha}_2-\boldsymbol{\alpha}_3$。

2.**解**　向量 $\boldsymbol{\beta}=\begin{pmatrix}2\\a+1\\1\end{pmatrix}$ 能被向量组 $\boldsymbol{\alpha}_1=\begin{pmatrix}1\\0\\3\end{pmatrix},\boldsymbol{\alpha}_2=\begin{pmatrix}1\\-1\\a\end{pmatrix},\boldsymbol{\alpha}_3=\begin{pmatrix}1\\1\\6-a\end{pmatrix}$ 线性表示等价于增广矩阵为

$$\begin{pmatrix}1&1&1&2\\0&-1&1&a+1\\3&a&6-a&1\end{pmatrix}$$

的方程组 $x_1\boldsymbol{\alpha}_1+x_2\boldsymbol{\alpha}_2+x_3\boldsymbol{\alpha}_3=\boldsymbol{\beta}(*)$ 有解。

将上述矩阵化为行阶梯形：

$$\begin{pmatrix}1&1&1&2\\0&-1&1&a+1\\3&a&6-a&1\end{pmatrix}\sim\begin{pmatrix}1&1&1&2\\0&-1&1&a+1\\0&a-3&3-a&-5\end{pmatrix}\sim\begin{pmatrix}1&0&2&a+3\\0&-1&1&a+1\\0&0&0&a^2-2a-8\end{pmatrix}$$

(1) 由方程组(＊)有解，得 $a^2-2a-8=0$，即 $a=4$ 或 $a=-2$。

(2) 方程组(＊)的一般解为 $x_1=-2x_3+a+3, x_2=x_3-a-1$。

$\boldsymbol{\beta}$ 由 $\boldsymbol{\alpha}_1\boldsymbol{\alpha}_2\boldsymbol{\alpha}_3$ 线性表示的一般表达式：

当 $a=4$ 时，$\boldsymbol{\beta}=(-2x_3+7)\boldsymbol{\alpha}_1+(x_3-5)\boldsymbol{\alpha}_2+x_3\boldsymbol{\alpha}_3$，其中 x_3 取任意的实数。

当 $a=-2$ 时，$\boldsymbol{\beta}=(-2x_3+1)\boldsymbol{\alpha}_1+(x_3+1)\boldsymbol{\alpha}_2+x_3\boldsymbol{\alpha}_3$，其中 x_3 取任意的实数。

3. **证明**　设有 $k_1\boldsymbol{\alpha}_1+k_2\boldsymbol{\alpha}_2+k_3\boldsymbol{\alpha}_3+k_4(\boldsymbol{\alpha}_5-\boldsymbol{\alpha}_4)=\mathbf{0}$　　(1)

由题设 $r(\boldsymbol{A})=r(\boldsymbol{B})=3$，可知向量组 $\boldsymbol{A}$ 线性无关，向量组 $\boldsymbol{B}$ 线性相关。所以，可有

$$\boldsymbol{\alpha}_4=\lambda_1\boldsymbol{\alpha}_1+\lambda_2\boldsymbol{\alpha}_2+\lambda_3\boldsymbol{\alpha}_3$$

代入式(1)得：

$$(k_1-\lambda_1k_4)\boldsymbol{\alpha}_1+(k_2-\lambda_2k_4)\boldsymbol{\alpha}_2+(k_3-\lambda_3k_4)\boldsymbol{\alpha}_3+k_4\boldsymbol{\alpha}_5=\mathbf{0}$$

由 $r(\boldsymbol{C})=4$ 可知向量组 $\boldsymbol{C}$ 线性无关，所以得到

$$\begin{cases}k_1-\lambda_1k_4=0\\k_2-\lambda_2k_4=0\\k_3-\lambda_3k_4=0\\k_4=0\end{cases},\Rightarrow k_1=k_2=k_3=k_4=0$$

所以向量组 $\boldsymbol{\alpha}_1,\boldsymbol{\alpha}_2,\boldsymbol{\alpha}_3,\boldsymbol{\alpha}_5-\boldsymbol{\alpha}_4$ 线性无关。

4. **证明**　(1) 由于向量组 $\boldsymbol{\alpha}_2,\boldsymbol{\alpha}_3,\boldsymbol{\alpha}_4$ 的秩为 3，所以 $\boldsymbol{\alpha}_2,\boldsymbol{\alpha}_3$ 线性无关。又向量组 $\boldsymbol{\alpha}_1,\boldsymbol{\alpha}_2,\boldsymbol{\alpha}_3$，的秩为 2，所以 $\boldsymbol{\alpha}_1,\boldsymbol{\alpha}_2,\boldsymbol{\alpha}_3$ 线性相关。所以向量 $\boldsymbol{\alpha}_1$ 必能由向量 $\boldsymbol{\alpha}_2,\boldsymbol{\alpha}_3$ 线性表示。

(2) 反证：若 $\boldsymbol{\alpha}_4$ 能由 $\boldsymbol{\alpha}_1,\boldsymbol{\alpha}_2,\boldsymbol{\alpha}_3$ 线性表示，则 $\boldsymbol{\alpha}_4$ 能由 $\boldsymbol{\alpha}_2,\boldsymbol{\alpha}_3$ 线性表示，推出 $\boldsymbol{\alpha}_2,\boldsymbol{\alpha}_3,\boldsymbol{\alpha}_4$ 线性相关，推出矛盾。所以 $\boldsymbol{\alpha}_4$ 不能由 $\boldsymbol{\alpha}_1,\boldsymbol{\alpha}_2,\boldsymbol{\alpha}_3$ 线性表示。

5. **解**　设 $k_1\boldsymbol{\beta}_1+k_2\boldsymbol{\beta}_2+\cdots+k_{m-1}\boldsymbol{\beta}_{m-1}+k_m\boldsymbol{\beta}_m=\mathbf{0}$，将 $\boldsymbol{\alpha}_1,\boldsymbol{\alpha}_2,\cdots,\boldsymbol{\alpha}_m$ 代入，得

$$(k_1+k_m)\boldsymbol{\alpha}_1+(k_1+k_2)\boldsymbol{\alpha}_2+\cdots+(k_{m-1}+k_m)\boldsymbol{\alpha}_m=\mathbf{0}$$

因为 $\boldsymbol{\alpha}_1,\boldsymbol{\alpha}_1,\cdots,\boldsymbol{\alpha}_m$ 线性无关，所以

$$\begin{cases}k_1+k_m=0\\k_1+k_2=0\\\vdots\qquad\vdots\\k_{m-1}+k_m=0\end{cases}$$

该方程组的系数行列式 $\begin{vmatrix} 1 & 0 & \cdots & 0 & 1 \\ 1 & 1 & \cdots & 0 & 0 \\ 0 & 1 & \cdots & 0 & 0 \\ \vdots & \vdots & & \vdots & \vdots \\ 0 & 0 & \cdots & 1 & 1 \end{vmatrix} = \begin{cases} 2 & 当 m 为奇数 \\ 0 & 当 m 为偶数 \end{cases}$,即

当 m 为奇数时,$k_1=k_2=\cdots=k_m=0$,$\boldsymbol{\beta}_1,\boldsymbol{\beta}_2,\cdots,\boldsymbol{\beta}_m$ 线性无关。

当 m 为偶数时,$k_1,k_2,\cdots,k_m$ 不全为零,$\boldsymbol{\beta}_1,\boldsymbol{\beta}_2,\cdots,\boldsymbol{\beta}_m$ 线性相关。

6. **解** $(A,b)\sim\begin{pmatrix} 4 & 2 & 1 & q & 2 \\ 5 & 2 & 1 & 11 & 3 \\ 3 & 6 & 3 & 12 & p \\ 1 & 2 & 1 & 3 & -1 \end{pmatrix}\sim\begin{pmatrix} 1 & 2 & 1 & 3 & -1 \\ 0 & -8 & -4 & -4 & 8 \\ 0 & 0 & 0 & 3 & 3+p \\ 0 & -6 & -3 & -12+q & 6 \end{pmatrix}\sim$

$$\begin{pmatrix} 1 & 2 & 1 & 3 & -1 \\ 0 & 2 & 1 & 1 & -2 \\ 0 & 0 & 0 & 3 & p+3 \\ 0 & 0 & 0 & q-9 & 0 \end{pmatrix}\sim\begin{pmatrix} 1 & 0 & 0 & 2 & 1 \\ 0 & 1 & 1/2 & 1/2 & -1 \\ 0 & 0 & 0 & 3 & 3+p \\ 0 & 0 & 0 & 0 & -1/3(p+3)(q-9) \end{pmatrix}$$

(1) 当 $p\neq-3$,且 $q\neq 9$ 时,方程组无解;

(2) 当 $p=-3$,或 $q=9$ 时,方程组有无穷多解;

(3) 方程组不存在唯一解。

7. **解** (1)$b=-1$ 时,$\begin{bmatrix} a & -1 & 2 & 1 \\ 0 & -2 & 1 & 0 \\ 0 & 0 & 0 & -4 \end{bmatrix}$,$r(\mathbf{A})\neq r(\mathbf{A},\boldsymbol{b})$,所以方程组无解。

(2)$b=1$ 时,$\begin{bmatrix} a & 1 & 2 & 1 \\ 0 & 0 & 1 & 0 \\ 0 & 0 & 2 & 0 \end{bmatrix}\sim\begin{bmatrix} a & 1 & 2 & 1 \\ 0 & 0 & 1 & 0 \\ 0 & 0 & 0 & 0 \end{bmatrix}\sim\begin{bmatrix} a & 1 & 0 & 1 \\ 0 & 0 & 1 & 0 \\ 0 & 0 & 0 & 0 \end{bmatrix}$,则$\begin{cases} x=-\dfrac{1}{a}y+\dfrac{1}{a}, \\ z=0 \end{cases}$

方程的解为 $\begin{bmatrix} x \\ y \\ z \end{bmatrix}=k\begin{bmatrix} -\dfrac{1}{a} \\ 1 \\ 0 \end{bmatrix}+\begin{bmatrix} \dfrac{1}{a} \\ 0 \\ 0 \end{bmatrix}$。

(3)$b\neq 1$ 且 $b\neq-1$ 时,有唯一解。

8. **证明** 必要性:$\mathbf{A}$ 为 n 阶方阵,$\mathbf{A}\boldsymbol{x}=\mathbf{0}$ 有非零解,可得基础解系为 $\xi_1,\xi_2,\cdots,\xi_r$,$r=n-r(\mathbf{A})$。设 $\mathbf{B}=(\xi_1,\xi_2,\cdots,\xi_r,\boldsymbol{b}_{r+1},\cdots,\boldsymbol{b}_n)$,其中 $\boldsymbol{b}_i(i=r+1,\cdots,n)$ 是零向量或取为 $\xi_1,\xi_2,\cdots,\xi_r$ 的线性组合,于是

$$\mathbf{AB}=\mathbf{A}(\boldsymbol{\xi}_1,\boldsymbol{\xi}_2,\cdots,\boldsymbol{\xi}_r,\boldsymbol{b}_{r+1},\cdots,\boldsymbol{b}_n)=(\mathbf{A}\boldsymbol{\xi}_1,\mathbf{A}\boldsymbol{\xi}_2,\cdots,\mathbf{A}\boldsymbol{\xi}_r,\mathbf{A}\boldsymbol{b}_{r+1},\cdots,\mathbf{A}\boldsymbol{b}_n)=\mathbf{0}$$

充分性:有非零 n 阶矩阵 $\mathbf{B}$ 使 $\mathbf{AB}=\mathbf{0}$,记 $\mathbf{B}=(\boldsymbol{b}_1,\boldsymbol{b}_2,\cdots,\boldsymbol{b}_r,\boldsymbol{b}_{r+1},\cdots,\boldsymbol{b}_n)$,则

$$\mathbf{AB}=\mathbf{A}(\boldsymbol{b}_1,\boldsymbol{b}_2,\cdots,\boldsymbol{b}_r,\boldsymbol{b}_{r+1},\cdots,\boldsymbol{b}_n)=(\mathbf{A}\boldsymbol{b}_1,\mathbf{A}\boldsymbol{b}_2,\cdots,\mathbf{A}\boldsymbol{b}_r,\mathbf{A}\boldsymbol{b}_{r+1},\cdots,\mathbf{A}\boldsymbol{b}_n)=\mathbf{0}$$

由于 $\mathbf{B}$ 不是零矩阵,所以存在非零列向量 $\boldsymbol{b}_i$ 使得 $\mathbf{A}\boldsymbol{b}_i=\mathbf{0}$,则 $\mathbf{A}\boldsymbol{x}=\mathbf{0}$ 有非零解。

第九章　线性方程组

考试内容

线性方程组解的判定；齐次线性方程组的基础解系和通解；非齐次线性方程组的通解。

考试要求

1. 掌握非齐次线性方程组有解和无解的判定方法。
2. 掌握齐次线性方程组有非零解的判别方法。
3. 掌握齐次线性方程组的基础解系和通解的求法。
4. 了解非齐次线性方程组解的结构及通解的求法。
5. 掌握用初等行变换求解线性方程组的方法。

本章重点

1. 求齐次线性方程组及非齐次线性方程组的通解。
2. 含参数的线性方程组解的判别。

一、线性方程组

1. 线性方程组的矩阵和向量的表示形式

$$\begin{cases} a_{11}x_1+a_{12}x_2+\cdots+a_{1n}x_n=b_1 \\ a_{21}x_1+a_{22}x_2+\cdots+a_{2n}x_2=b_2 \\ \cdots \\ a_{m1}x_1+a_{m2}x_2+\cdots+a_{mn}x_n=b_m \end{cases} \tag{1}$$

记系数矩阵 $\boldsymbol{A}=\begin{pmatrix} a_{11} & a_{12} & \cdots & a_{1n} \\ a_{21} & a_{22} & \cdots & a_{2n} \\ \cdots & \cdots & \cdots & \cdots \\ a_{m1} & a_{m2} & \cdots & a_{mn} \end{pmatrix}$，$\boldsymbol{x}=\begin{pmatrix} x_1 \\ x_2 \\ \vdots \\ x_n \end{pmatrix}$，$\boldsymbol{b}=\begin{pmatrix} b_1 \\ b_2 \\ \vdots \\ b_m \end{pmatrix}$，线性方程组(1)可以表示成

$$\boldsymbol{Ax}=\boldsymbol{b} \tag{2}$$

当 $\boldsymbol{b}=\boldsymbol{0}$ 时方程组称为齐次线性方程组，$\boldsymbol{b}\neq\boldsymbol{0}$ 时方程组称为非齐次线性方程组。

记 $\boldsymbol{A}=(\boldsymbol{a}_1,\boldsymbol{a}_2,\cdots,\boldsymbol{a}_n)$，其中 $\boldsymbol{a}_1,\boldsymbol{a}_2,\cdots,\boldsymbol{a}_n$ 为系数矩阵 $\boldsymbol{A}$ 的 n 个列向量，则线性方程组(1)还可表示为

$$x_1\boldsymbol{a}_1+x_2\boldsymbol{a}_2+\cdots+x_n\boldsymbol{a}_n=\boldsymbol{b} \tag{3}$$

方程组(3)有解的充分必要条件是常数项向量 $\boldsymbol{b}$ 可以由系数矩阵的列向量组线性表示。

2. 线性方程组解的性质

性质 1　若 $\boldsymbol{\alpha}_1,\boldsymbol{\alpha}_2$ 是齐次线性方程组 $\boldsymbol{Ax}=\boldsymbol{0}$ 的解，则 $k_1\boldsymbol{\alpha}_1+k_2\boldsymbol{\alpha}_2$ 也是 $\boldsymbol{Ax}=\boldsymbol{0}$ 的解，其中 k_1,k_2 是任意的实数。

性质 2　若 $\boldsymbol{\beta}_1,\boldsymbol{\beta}_2$ 是非齐次线性方程组 $\boldsymbol{Ax}=\boldsymbol{b}$ 的解，则 $\boldsymbol{\beta}_1-\boldsymbol{\beta}_2$ 是其对应齐次线性方程组 $\boldsymbol{Ax}=\boldsymbol{0}$ 的解。

3. 线性方程组解的结构

(1)齐次线性方程组 $\boldsymbol{Ax}=\boldsymbol{0}$ 必定有解，因为 $\boldsymbol{x}=\boldsymbol{0}$ 是它的零解。齐次线性方程组的重点是何时有非零解，以及非零解如何表示。

定理 1　n 元齐次线性方程组 $\boldsymbol{Ax}=\boldsymbol{0}$ 有非零解的充分必要条件是 $r(\boldsymbol{A})<n$；它只有零解的充分必要条件是 $r(\boldsymbol{A})=n$。

当齐次线性方程组 $\boldsymbol{Ax}=\boldsymbol{0}$ 的系数矩阵是 n 阶方阵时，$r(\boldsymbol{A})<n\Leftrightarrow|\boldsymbol{A}|=0$，所以此时齐次线性方程组 $\boldsymbol{Ax}=\boldsymbol{0}$ 有非零解的充分必要条件是 $|\boldsymbol{A}|=\boldsymbol{0}$；只有零解的充分必要条件是 $|\boldsymbol{A}|\neq\boldsymbol{0}$。

定义　当齐次线性方程组 $\boldsymbol{Ax}=\boldsymbol{0}$ 有非零解时，其解空间的基称为该方程组的一个基础解系。

定理 2　如果 n 元齐次线性方程组 $\boldsymbol{Ax}=\boldsymbol{0}$ 有非零解，则其基础解系所含解向量的个数为 $n-r$，这里 $r=r(\boldsymbol{A})$。设这些解向量为 $\boldsymbol{\alpha}_1,\boldsymbol{\alpha}_2,\cdots,\boldsymbol{\alpha}_{n-r}$，则方程组的通解为

$$\boldsymbol{x}=k_1\boldsymbol{\alpha}_1+k_2\boldsymbol{\alpha}_2+\cdots+k_{n-r}\boldsymbol{\alpha}_{n-r} \tag{4}$$

其中 $k_1,k_2,\cdots,k_{n-r}$ 为任意常数。

(2)非齐次线性方程组解的判别、解的结构

定理 3　n 元非齐次线性方程组 $\boldsymbol{Ax}=\boldsymbol{b}$ 有解的充分必要条件是 $r(\boldsymbol{A},\boldsymbol{b})=r(\boldsymbol{A})$，其中 $m\times(n+1)$ 阶矩阵 $(\boldsymbol{A},\boldsymbol{b})$ 是方程组 $\boldsymbol{Ax}=\boldsymbol{b}$ 的增广矩阵。

推论　设 n 元非齐次线性方程组 $\boldsymbol{Ax}=\boldsymbol{b}$ 有解，如果 $r(\boldsymbol{A},\boldsymbol{b})=r(\boldsymbol{A})=n$，则它有唯一解；如果 $r(\boldsymbol{A},\boldsymbol{b})=r(\boldsymbol{A})<n$，则它有无穷多解。

设非齐次线性方程组 $\boldsymbol{Ax}=\boldsymbol{b}$ 有无穷多解，$\boldsymbol{\beta}^*$ 是其一个解，$\boldsymbol{\alpha}_1,\boldsymbol{\alpha}_2,\cdots,\boldsymbol{\alpha}_{n-r}$ 是其对应的齐次线性方程组 $\boldsymbol{Ax}=\boldsymbol{0}$ 的基础解系，则 $\boldsymbol{Ax}=\boldsymbol{b}$ 的全部解可表示为

$$\boldsymbol{x}=\boldsymbol{\beta}^*+k_1\boldsymbol{\alpha}_1+k_2\boldsymbol{\alpha}_2+\cdots+k_{n-r}\boldsymbol{\alpha}_{n-r} \tag{5}$$

其中 $k_1,k_2,\cdots,k_{n-r}$ 为任意常数。

4. 线性方程组的等价描述

当方程组有解时，线性方程组的解向量 $\boldsymbol{x}$ 与系数矩阵 $\boldsymbol{A}$、常数项向量 $\boldsymbol{b}$ 之间的关系，可以用向量组的线性相关、线性无关以及向量的线性表示描述。

设方程组由式(3)描述，则：

(1)当 $\boldsymbol{b}=\boldsymbol{0}$ 时，由于

$$\boldsymbol{Ax}=\boldsymbol{0}\Leftrightarrow(\boldsymbol{a}_1,\boldsymbol{a}_2,\cdots,\boldsymbol{a}_n)\begin{pmatrix}x_1\\x_2\\\vdots\\x_n\end{pmatrix}=\boldsymbol{0}\Leftrightarrow x_1\boldsymbol{a}_1+x_2\boldsymbol{a}_2+\cdots+x_n\boldsymbol{a}_n=\boldsymbol{0} \tag{6}$$

由此可见，齐次线性方程组只有零解的充分必要条件是方程组的系数列向量组 $\boldsymbol{a}_1,\boldsymbol{a}_2,\cdots,\boldsymbol{a}_n$ 线性无关。

(2)当 $\boldsymbol{b}\neq\boldsymbol{0}$ 时，由于

$$\boldsymbol{Ax}=\boldsymbol{b}\Leftrightarrow(\boldsymbol{a}_1,\boldsymbol{a}_2,\cdots,\boldsymbol{a}_n)\begin{pmatrix}x_1\\x_2\\\vdots\\x_n\end{pmatrix}=\boldsymbol{b}\Leftrightarrow x_1\boldsymbol{a}_1+x_2\boldsymbol{a}_2+\cdots+x_n\boldsymbol{a}_n=\boldsymbol{b} \tag{7}$$

非齐次线性方程组有解的充分必要条件是常数项向量 $\boldsymbol{b}$ 可以用系数列向量组 $\boldsymbol{a}_1,\boldsymbol{a}_2,\cdots,\boldsymbol{a}_n$ 线性表示。

5. 克莱姆(Cramer)法则

定理 4 设方程组由式(2)描述，当系数矩阵 $\boldsymbol{A}$ 为 n 阶方阵时，方程组有唯一解的充分必要条件是系数矩阵的行列式 $D=|\boldsymbol{A}|\neq0$，且方程组的解可表示为

$$x_i=\frac{D_i}{D},\quad i=1,2,\cdots,n \tag{8}$$

其中 D_i 是行列式 D 的第 i 列由常数项向量 $\boldsymbol{b}$ 替代后得到的行列式。

二、典 型 题 型

例 1 设 $\boldsymbol{A}=\begin{bmatrix}1&-2&3&2\\2&4&1&-1\\3&2&4&2\end{bmatrix}$，求方程组 $\boldsymbol{Ax}=\boldsymbol{0}$ 的一个基础解系和通解。

分析 这种题型是线性方程组的基本题型，解题的基本方法是：首先对系数矩阵 $\boldsymbol{A}$ 进行初等行变换，化为阶梯形矩阵；然后写出阶梯形矩阵对应的线性方程组，求出基础解系，最后写出方程组的通解。

解 $\boldsymbol{A}=\begin{bmatrix}1&-2&3&2\\2&4&1&-1\\3&2&4&2\end{bmatrix}\xrightarrow{r_2-2r_1,r_3-3r_1}\begin{bmatrix}1&-2&3&2\\0&8&-5&-5\\0&8&-5&-4\end{bmatrix}\xrightarrow{r_3-r_2}$

$\begin{bmatrix}1&-2&3&2\\0&8&-5&-5\\0&0&0&1\end{bmatrix}\xrightarrow{r_2+5r_3,r_1-2r_3}\begin{bmatrix}1&-2&3&0\\0&8&-5&0\\0&0&0&1\end{bmatrix}\xrightarrow{\frac{1}{8}r_2}$

$$\begin{bmatrix}1 & -2 & 3 & 0\\ 0 & 1 & \frac{-5}{8} & 0\\ 0 & 0 & 0 & 1\end{bmatrix}\xrightarrow{r_1+2r_2}\begin{bmatrix}1 & 0 & \frac{7}{4} & 0\\ 0 & 1 & \frac{-5}{8} & 0\\ 0 & 0 & 0 & 1\end{bmatrix}$$

原方程组与下列方程组等价

$$\begin{cases}x_1+\dfrac{7}{4}x_3=0\\ x_2-\dfrac{5}{8}x_3=0\\ x_4=0\end{cases}$$

即

$$\begin{cases}x_1=-\dfrac{7}{4}x_3\\ x_2=\dfrac{5}{8}x_3\\ x_4=0\end{cases}$$

取自由未知数的值为 $x_3=8$,得方程组的基础解系

$$\xi=(-14,5,8,0)^{\mathrm{T}}$$

方程组的通解为

$$\begin{bmatrix}x_1\\ x_2\\ x_3\\ x_4\end{bmatrix}=k\begin{bmatrix}-14\\ 5\\ 8\\ 0\end{bmatrix}$$

其中 k 为任意常数。

例 2　求下列方程组的通解

$$\begin{cases}x_1+2x_2+4x_3-3x_4=1\\ 3x_1+5x_2+6x_3-4x_4=2\\ 4x_1+5x_2-2x_3+3x_4=1\\ 3x_1+8x_2+24x_3-19x_4=5\end{cases}$$

分析　这种题型也是线性方程组的基本题型,解题的基本方法是:首先对方程组的增广矩阵 $\overline{\boldsymbol{A}}$ 进行初等行变换,化为阶梯形矩阵;然后写出阶梯形矩阵对应的齐次线性方程组,求出基础解系;再求出非齐次线性方程组的一个特解,最后写出通解。

解　增广矩阵

$$\overline{\boldsymbol{A}}=\begin{bmatrix}1 & 2 & 4 & -3 & 1\\ 3 & 5 & 6 & -4 & 2\\ 4 & 5 & -2 & 3 & 1\\ 3 & 8 & 24 & -19 & 5\end{bmatrix}\xrightarrow[\substack{r_3-4r_1\\ r_4-3r_1}]{r_2-3r_1}\begin{bmatrix}1 & 2 & 4 & -3 & 1\\ 0 & -1 & -6 & 5 & -1\\ 0 & -3 & -18 & 15 & -3\\ 0 & 2 & 12 & -10 & 2\end{bmatrix}\xrightarrow[r_4+2r_2]{r_3-3r_2}$$

$$\begin{bmatrix}1&2&4&-3&1\\0&-1&-6&5&-1\\0&0&0&0&0\\0&0&0&0&0\end{bmatrix}\xrightarrow[r_2\times(-1)]{r_1+2r_2}\begin{bmatrix}1&0&-8&7&-1\\0&1&6&-5&1\\0&0&0&0&0\\0&0&0&0&0\end{bmatrix}$$

。原方程组与下列方程组等价

$$\begin{cases}x_1-8x_3+7x_4=-1\\x_2+6x_3-5x_4=1\end{cases}$$

对应的齐次线性方程组为

$$\begin{cases}x_1-8x_3+7x_4=0\\x_2+6x_3-5x_4=0\end{cases}$$

分别取自由未知数的值为 $x_3=1,x_4=0$ 和 $x_3=0,x_4=1$，得到对应的齐次线性方程组的基础解系为 $\boldsymbol{\xi}_1=\begin{bmatrix}8\\-6\\1\\0\end{bmatrix},\boldsymbol{\xi}_2=\begin{bmatrix}-7\\5\\0\\1\end{bmatrix}$。再取自由未知数的值 $x_3=x_4=0$，得原方程组的一个特解 $\boldsymbol{\eta}=\begin{bmatrix}-1\\1\\0\\0\end{bmatrix}$。所以原方程组的通解为 $\begin{bmatrix}x_1\\x_2\\x_3\\x_4\end{bmatrix}=\begin{bmatrix}-1\\1\\0\\0\end{bmatrix}+k_1\begin{bmatrix}8\\-6\\1\\0\end{bmatrix}+k_2\begin{bmatrix}-7\\5\\0\\1\end{bmatrix}$，其中 k_1,k_2 为任意常数。

例 3　确定当 λ 取何值时，下列方程组有唯一解、无解、无穷多组解。有无穷多组解时，求出其一般解。

$$\begin{cases}(2-\lambda)x_1+2x_2-2x_3=1\\2x_1+(5-\lambda)x_2-4x_3=2\\-2x_1-4x_2+(5-\lambda)x_3=-\lambda-1\end{cases}$$

分析　本题是讨论含参数的线性方程组解的情况。这类问题的解法有两种：当系数矩阵是方阵的时候，可以根据系数行列式的值是否等于零研究方程组解的情况，本例采用这种方法求解；另一种方法是对增广矩阵进行初等行变换。需要注意的是：计算行列式或对增广矩阵进行初等行变换的过程中，某一行乘以含参数的因子，可能产生增根；某一行消去含参数的公因子，可能丢根。

解　$|\boldsymbol{A}|=\begin{vmatrix}2-\lambda&2&-2\\2&5-\lambda&-4\\-2&-4&5-\lambda\end{vmatrix}=\begin{vmatrix}2-\lambda&2&-2\\2&5-\lambda&-4\\0&1-\lambda&1-\lambda\end{vmatrix}=\begin{vmatrix}2-\lambda&4&-2\\2&9-\lambda&-4\\0&0&1-\lambda\end{vmatrix}$

$$=(1-\lambda)\begin{vmatrix}2-\lambda&4\\2&9-\lambda\end{vmatrix}=-(\lambda-1)^2(\lambda-10)$$

当 $\lambda\neq1,\lambda\neq10$ 时，$|\boldsymbol{A}|\neq0$，根据克莱姆法则，方程有唯一解。

当 $\lambda=10$ 时，

$$\bar{A}=\begin{bmatrix}-8&2&-2&1\\2&-5&-4&2\\-2&-4&-5&-11\end{bmatrix}\to\begin{bmatrix}2&4&5&11\\2&-5&-4&2\\-8&2&-2&1\end{bmatrix}$$

$$\to\begin{bmatrix}2&4&5&11\\0&-9&-9&-9\\0&18&18&45\end{bmatrix}\to\begin{bmatrix}2&4&5&11\\0&-9&-9&-9\\0&0&0&27\end{bmatrix}$$

$r(A)=2,r(\bar{A})=3$,此时方程组无解。

当$\lambda=1$时,

$$\bar{A}=\begin{bmatrix}1&2&-2&1\\2&4&-4&2\\-2&-4&4&-2\end{bmatrix}\to\begin{bmatrix}1&2&-2&1\\0&0&0&0\\0&0&0&0\end{bmatrix}$$

对应的方程为$x_1+2x_2-2x_3=1$,对应的齐次线性方程组为$\begin{cases}x_1=-2x_2+2x_3\\x_2=x_2\\x_3=x_3\end{cases}$　分别取自由未知数的值为$x_2=1,x_3=0$和$x_2=0,x_3=1$,得到对应的齐次线性方程组的基础解系为$\boldsymbol{\xi}_1=\begin{bmatrix}-2\\1\\0\end{bmatrix}$,$\boldsymbol{\xi}_2=\begin{bmatrix}2\\0\\1\end{bmatrix}$。再取自由未知数的值$x_2=x_3=0$,得原方程组的一个特解$\boldsymbol{\eta}=\begin{bmatrix}1\\0\\0\end{bmatrix}$。方程组的通解为

$$\boldsymbol{x}=k_1(-2,1,0)^{\mathrm{T}}+k_2(2,0,1)^{\mathrm{T}}+(1,0,0)^{\mathrm{T}}$$

其中k_1,k_2为任意常数。

例4　a,b取何值时,下面的方程有解?在有解时,求出方程组的全部解。

$$\begin{pmatrix}1&1&1&1\\0&1&2&2\\0&-1&a-3&-2\\3&2&1&a\end{pmatrix}\begin{pmatrix}x_1\\x_2\\x_3\\x_4\end{pmatrix}=\begin{pmatrix}0\\1\\b\\-1\end{pmatrix}$$

解　$$\bar{A}=\begin{pmatrix}1&1&1&1&0\\0&1&2&2&1\\0&-1&a-3&-2&b\\3&2&1&a&-1\end{pmatrix}\to\begin{pmatrix}1&1&1&1&0\\0&1&2&2&1\\0&-1&a-3&-2&b\\0&-1&-2&a-3&-1\end{pmatrix}$$

$$\to\begin{pmatrix}1&1&1&1&0\\0&1&2&2&1\\0&0&a-1&0&b+1\\0&0&0&a-1&0\end{pmatrix}$$

当$a-1\neq0$,即$a\neq1$时,方程组有唯一解,利用回代法得:

$$x_4=0,\quad x_3=\frac{b+1}{a-1},\quad x_2=1-\frac{2(b+1)}{a-1},\quad x_1=-1+\frac{b+1}{a-1};$$

当 $a-1=0$，且 $b+1\neq 0$，即 $a=1,b\neq -1$ 方程组无解；

当 $a-1=0$，且 $b+1=0$，即 $a=1,b=-1$ 方程组有无穷多组解；

这时 $$\bar{A}\to\begin{pmatrix}1&1&1&1&0\\0&1&2&2&1\\0&0&0&0&0\\0&0&0&0&0\end{pmatrix}\to\begin{pmatrix}1&0&-1&-1&-1\\0&1&2&2&1\\0&0&0&0&0\\0&0&0&0&0\end{pmatrix}$$

对应的方程为：

$$\begin{cases}x_1=-1+x_3+x_4\\x_2=1-2x_3-2x_4\end{cases},\text{即}\begin{cases}x_1=-1+x_3+x_4\\x_2=1-2x_3-2x_4\\x_3=x_3\\x_4=x_4\end{cases}$$

对应的齐次线性方程组为

$$\begin{cases}x_1=x_3+x_4\\x_2=-2x_3-2x_4\\x_3=x_3\\x_4=x_4\end{cases}$$

分别取自由未知数的值为 $x_3=1,x_4=0$ 和 $x_3=1,x_4=1$，得到对应的齐次线性方程组的基础解系为 $\boldsymbol{\xi}_1=\begin{pmatrix}1\\-2\\1\\0\end{pmatrix},\boldsymbol{\xi}_2=\begin{pmatrix}1\\-2\\0\\1\end{pmatrix}$。再取自由未知数的值 $x_3=x_4=0$，得原方程组的一个特解 $\boldsymbol{\eta}=\begin{pmatrix}-1\\1\\0\\0\end{pmatrix}$。

方程组的通解为 $\begin{pmatrix}x_1\\x_2\\x_3\\x_4\end{pmatrix}=\begin{pmatrix}-1\\1\\0\\0\end{pmatrix}+k_1\begin{pmatrix}1\\-2\\1\\0\end{pmatrix}+k_2\begin{pmatrix}1\\-2\\0\\1\end{pmatrix}$。

其中 k_1,k_2 为任意常数。

例 5 设 $\boldsymbol{A}=(\boldsymbol{\alpha}_1,\boldsymbol{\alpha}_2,\boldsymbol{\alpha}_3,\boldsymbol{\alpha}_4)$ 是 $m\times 4$ 矩阵，其中 $\boldsymbol{\alpha}_1,\boldsymbol{\alpha}_2,\boldsymbol{\alpha}_3$ 线性无关，$\boldsymbol{\alpha}_4=3\boldsymbol{\alpha}_1-\boldsymbol{\alpha}_2+5\boldsymbol{\alpha}_3$，如果 $\boldsymbol{\beta}=\boldsymbol{\alpha}_1-\boldsymbol{\alpha}_2+2\boldsymbol{\alpha}_3+3\boldsymbol{\alpha}_4$，求线性方程组 $\boldsymbol{Ax}=\boldsymbol{\beta}$ 的通解。

分析 本题给出的方程组的系数矩阵是按列分块的形式，相当于方程组按式(3)描述。此时，方程组 $\boldsymbol{Ax}=\boldsymbol{\beta}$ 的解应是 $\boldsymbol{\beta}$ 由向量组 $\boldsymbol{\alpha}_1,\boldsymbol{\alpha}_2,\boldsymbol{\alpha}_3,\boldsymbol{\alpha}_4$ 线性表示的系数组成的向量。

解　由 $\boldsymbol{\beta}=\boldsymbol{\alpha}_1-\boldsymbol{\alpha}_2+2\boldsymbol{\alpha}_3+3\boldsymbol{\alpha}_4$，得 $\boldsymbol{Ax}=\boldsymbol{\beta}$ 的一个特解为 $\boldsymbol{\eta}=\begin{pmatrix}1\\-1\\2\\3\end{pmatrix}$。由于 $\boldsymbol{\alpha}_1,\boldsymbol{\alpha}_2,\boldsymbol{\alpha}_3$ 线性无关，故向量组 $\boldsymbol{\alpha}_1,\boldsymbol{\alpha}_2,\boldsymbol{\alpha}_3,\boldsymbol{\alpha}_4$ 的秩至少是 3；又 $\boldsymbol{\alpha}_4=3\boldsymbol{\alpha}_1-\boldsymbol{\alpha}_2+5\boldsymbol{\alpha}_3$，得向量组 $\boldsymbol{\alpha}_1,\boldsymbol{\alpha}_2,\boldsymbol{\alpha}_3,\boldsymbol{\alpha}_4$ 秩为 3，从而 $\boldsymbol{A}$ 的秩为 3，所以对应的齐次线性方程组 $\boldsymbol{Ax}=\boldsymbol{0}$ 的基础解系包含一个解向量。下面根据已知信息将 $\boldsymbol{Ax}=\boldsymbol{0}$ 的基础解系构造出来。由 $\boldsymbol{\alpha}_4=3\boldsymbol{\alpha}_1-\boldsymbol{\alpha}_2+5\boldsymbol{\alpha}_3$，得 $3\boldsymbol{\alpha}_1-\boldsymbol{\alpha}_2+5\boldsymbol{\alpha}_3-\boldsymbol{\alpha}_4=0$，所以 $\boldsymbol{Ax}=\boldsymbol{0}$ 的一个基础解系为 $\boldsymbol{\xi}=\begin{pmatrix}3\\-1\\5\\-1\end{pmatrix}$。由此可得所求的方程的通解为 $\boldsymbol{x}=k\boldsymbol{\xi}+\boldsymbol{\eta}$，其中 k 为任意常数。

例 6　已知 $\boldsymbol{\xi}_1,\boldsymbol{\xi}_2$ 是方程组 $\begin{cases}x_1-x_2+2x_3=3\\2x_1+ax_2+3x_3=1\\-2x_1+x_2-5x_3=4\end{cases}$ 的两个不同的解向量，求 a 的值。

分析　本题是求解非齐次线性方程组的反问题，即已知方程组解的信息，反过来求系数矩阵中的未知参数。本题没有给出具体的解，需要将问题适当转化后，根据非线性方程组解的性质建立含有未知参数的方程，求出未知参数。

解　因为 $\boldsymbol{\xi}_1,\boldsymbol{\xi}_2$ 是方程组的两个不同的解，所以 $\boldsymbol{\xi}_1-\boldsymbol{\xi}_2$ 是齐次线性方程组

$$\begin{cases}x_1-x_2+2x_3=0\\2x_1+ax_2+3x_3=0\\-2x_1+x_2-5x_3=0\end{cases}$$

的一个非零解，这说明上述齐次线性方程组的系数行列式等于零，即有

$$\begin{vmatrix}1&-1&2\\2&a&3\\-2&1&-5\end{vmatrix}=0$$

容易求得　$a=-3$。

例 7　设 $\boldsymbol{A}$ 是秩为 3 的 5×4 矩阵，$\boldsymbol{\alpha}_1,\boldsymbol{\alpha}_2,\boldsymbol{\alpha}_3$ 是非齐次线性方程组 $\boldsymbol{Ax}=\boldsymbol{b}$ 的三个不同的解，若 $\boldsymbol{\alpha}_1+\boldsymbol{\alpha}_2+2\boldsymbol{\alpha}_3=(2,0,0,0)^{\mathrm{T}}$，$3\boldsymbol{\alpha}_1-\boldsymbol{\alpha}_2=(2,4,6,8)^{\mathrm{T}}$，试求方程组 $\boldsymbol{Ax}=\boldsymbol{b}$ 的通解。

分析　由题设，方程组 $\boldsymbol{Ax}=\boldsymbol{b}$ 是一个由 5 个方程 4 个未知数组成的非线性方程组，系数矩阵的秩 $r(\boldsymbol{A})=3$，故方程组有无穷多个解，且其对应的齐次线性方程组的基础解系含有 $4-r(\boldsymbol{A})=1$ 个解向量。又题目给出了三个不同的解 $\boldsymbol{\alpha}_1,\boldsymbol{\alpha}_2,\boldsymbol{\alpha}_3$ 的两种线性组合得到的确定向量，因此方程组 $\boldsymbol{Ax}=\boldsymbol{b}$ 的通解必须是确定的通解表达式。为此，需要求出方程组 $\boldsymbol{Ax}=\boldsymbol{b}$ 的一个特解和它对应的齐次线性方程组的基础解系。

解　首先求方程组 $\boldsymbol{Ax}=\boldsymbol{b}$ 的一个特解。因为

$$A(\boldsymbol{\alpha}_1+\boldsymbol{\alpha}_2+2\boldsymbol{\alpha}_3)=A\boldsymbol{\alpha}_1+A\boldsymbol{\alpha}_2+2A\boldsymbol{\alpha}_3=\boldsymbol{b}+\boldsymbol{b}+2\boldsymbol{b}=4\boldsymbol{b}$$

所以$\frac{1}{4}(\boldsymbol{\alpha}_1+\boldsymbol{\alpha}_2+2\boldsymbol{\alpha}_3)=\frac{1}{4}(2,0,0,0)^{\mathrm{T}}=\left(\frac{1}{2},0,0,0\right)^{\mathrm{T}}$是方程组$A\boldsymbol{x}=\boldsymbol{b}$的一个特解。再求相应的齐次线性方程组的基础解系,它含有1个解向量。由于

$$A(3\boldsymbol{\alpha}_1-\boldsymbol{\alpha}_2)=3A\boldsymbol{\alpha}_1-A\boldsymbol{\alpha}_2=3\boldsymbol{b}-\boldsymbol{b}=2\boldsymbol{b}$$

所以$\frac{1}{2}(3\boldsymbol{\alpha}_1-\boldsymbol{\alpha}_2)=\frac{1}{2}(2,4,6,8)^{\mathrm{T}}=(1,2,3,4)^{\mathrm{T}}$是方程组$A\boldsymbol{x}=\boldsymbol{b}$的一个解。则$\frac{1}{2}(3\boldsymbol{\alpha}_1-\boldsymbol{\alpha}_2)-\frac{1}{4}(\boldsymbol{\alpha}_1+\boldsymbol{\alpha}_2+2\boldsymbol{\alpha}_3)=\left(\frac{1}{2},2,3,4\right)^{\mathrm{T}}$是齐次线性方程组$A\boldsymbol{x}=\boldsymbol{0}$的一个非零解,可作为其基础解系。所以方程组$A\boldsymbol{x}=\boldsymbol{b}$的通解为

$$\boldsymbol{x}=\left(\frac{1}{2},0,0,0\right)^{\mathrm{T}}+k\left(\frac{1}{2},2,3,4\right)^{\mathrm{T}}$$

其中k为任意实数。

练 习 题

一、填空题

1. 设$\boldsymbol{\alpha}_1,\boldsymbol{\alpha}_2$是某齐次线性方程组的基础解系,$\boldsymbol{\beta}_1=2\boldsymbol{\alpha}_2-\boldsymbol{\alpha}_2,\boldsymbol{\beta}_2=\boldsymbol{\alpha}_1+\boldsymbol{\alpha}_2$,则$\boldsymbol{\beta}_1,\boldsymbol{\beta}_2$是线性________(相关、无关)的。

2. 设$\boldsymbol{\alpha},\boldsymbol{\beta}$是非齐次线性方程组$(\lambda E-A)\boldsymbol{x}=\boldsymbol{b}$的两个不同的解,则$A$对应于特征值$\lambda$的特征向量为________。

3. 设$A=(\boldsymbol{\alpha}_1,\boldsymbol{\alpha}_2,\boldsymbol{\alpha}_3,\boldsymbol{\alpha}_4)$,矩阵$A$的秩为3,且$\boldsymbol{\alpha}_1+2\boldsymbol{\alpha}_2-\boldsymbol{\alpha}_3=0,\boldsymbol{\alpha}_1-\boldsymbol{\alpha}_2+\boldsymbol{\alpha}_3-\boldsymbol{\alpha}_4=\boldsymbol{b}$,则方程组$A\boldsymbol{x}=\boldsymbol{b}$的通解为________。

4. 设四元非齐次方程组$A\boldsymbol{x}=\boldsymbol{B}$的系数矩阵$A$的秩为3,已知$\boldsymbol{\eta}_1,\boldsymbol{\eta}_2,\boldsymbol{\eta}_3$是它的三个解向量,且$2\boldsymbol{\eta}_1-\boldsymbol{\eta}_2=\begin{bmatrix}1\\2\\1\\0\end{bmatrix},\boldsymbol{\eta}_3=\begin{bmatrix}0\\2\\1\\1\end{bmatrix}$,则方程组$A\boldsymbol{x}=\boldsymbol{b}$的通解为________。

5. 已知三阶矩阵A的特征值互不相同,且$|A|=0$,又$\boldsymbol{\eta}_1,\boldsymbol{\eta}_2,\boldsymbol{\eta}_3$是非齐次方程组$A\boldsymbol{x}=\boldsymbol{b}$的三个不同解向量,则方程组$A\boldsymbol{x}=\boldsymbol{0}$的通解为________。

6. 设n阶矩阵A的各行元素之和均为零,且$r(A)=n-1$,则线性方程组$A\boldsymbol{x}=\boldsymbol{0}$的通解为________。

7. 设三阶实对称矩阵A的两个非零特征值对应的特征向量分别为$\boldsymbol{\alpha}_1=(1,1,1)^{\mathrm{T}},\boldsymbol{\alpha}_2=(0,-1,1)^{\mathrm{T}}$,且秩$r(A)=2$,则齐次方程组$A\boldsymbol{x}=\boldsymbol{0}$的通解为________。

8. 设A是四阶矩阵,A^*为A的伴随矩阵,若线性方程组$A\boldsymbol{x}=\boldsymbol{0}$的基础解系中只有两个向量,则$A^*$的秩是________。

二、选择题

1. 设 $\boldsymbol{A}$ 为 n 阶方阵，$\boldsymbol{B}$ 为 n 阶非零矩阵，如果 $\boldsymbol{B}$ 的每个列向量都为 $\boldsymbol{Ax}=\boldsymbol{0}$ 的解，则 $|\boldsymbol{A}|$（　　）。

(A)1　　(B)-1　　(C)0　　(D)无法确定

2. 设矩阵 $\boldsymbol{A}$ 为 $m\times n$ 矩阵，矩阵 $\boldsymbol{B}$ 为 $n\times m$ 矩阵，则线性方程组 $(\boldsymbol{AB})\boldsymbol{x}=\boldsymbol{0}$（　　）。

(A) 当 $m>n$ 时仅有零解　　(B) 当 $m>n$ 时必有非零解

(C) 当 $n>m$ 时仅有零解　　(D) 当 $n>m$ 时必有非零解

3. 设 $\boldsymbol{\alpha}_1,\boldsymbol{\alpha}_2,\boldsymbol{\alpha}_3$ 是齐次线性方程组 $\boldsymbol{Ax}=0$ 的基础解系，则下面不是基础解系的是（　　）。

(A)$\boldsymbol{\alpha}_1+\boldsymbol{\alpha}_2,\boldsymbol{\alpha}_2+\boldsymbol{\alpha}_3,\boldsymbol{\alpha}_3+\boldsymbol{\alpha}_1$　　(B)$\boldsymbol{\alpha}_1-\boldsymbol{\alpha}_2,\boldsymbol{\alpha}_2-\boldsymbol{\alpha}_3,\boldsymbol{\alpha}_3-\boldsymbol{\alpha}_1$

(C)$-\boldsymbol{\alpha}_1-\boldsymbol{\alpha}_2,-\boldsymbol{\alpha}_2-\boldsymbol{\alpha}_3,-\boldsymbol{\alpha}_3-\boldsymbol{\alpha}_1$　　(D)$3\boldsymbol{\alpha}_1,3\boldsymbol{\alpha}_2,3\boldsymbol{\alpha}_3$

4. 设 $\boldsymbol{A}$ 为 $m\times n$ 矩阵，且 $\boldsymbol{A}$ 的列向量组线性无关，则（　　）。

(A)方程组 $\boldsymbol{Ax}=\boldsymbol{b}$ 有无穷多解　　(B)方程组 $\boldsymbol{Ax}=\boldsymbol{b}$ 有唯一解

(C)方程组 $\boldsymbol{Ax}=\boldsymbol{b}$ 有无解　　(D)以上结论都不对

5. 设 $\boldsymbol{A}=\begin{bmatrix}3&2&-2\\5&t&8\\1&-1&1\end{bmatrix}$，$\boldsymbol{B}$ 为 3 阶非零矩阵，且 $\boldsymbol{AB}=\boldsymbol{0}$，则 $t=$（　　）。

(A)8　　(B)-8　　(C)6　　(D)-6

6. 设 $\boldsymbol{A},\boldsymbol{B}$ 都为 n 阶非零矩阵，且 $\boldsymbol{AB}=\boldsymbol{0}$，则（　　）。

(A)方程组 $\boldsymbol{Ax}=\boldsymbol{b}$ 有无穷多解　　(B)方程组 $\boldsymbol{Ax}=\boldsymbol{0}$ 有唯一解

(C)方程组 $\boldsymbol{Ax}=\boldsymbol{0}$ 有无穷多解　　(D)方程组 $\boldsymbol{Ax}=\boldsymbol{0}$ 仅有零解

7. 设 $\boldsymbol{A}$ 是 $m\times n$ 矩阵，$\boldsymbol{Ax}=\boldsymbol{0}$ 是非齐次线性方程组 $\boldsymbol{Ax}=\boldsymbol{b}$ 对应的齐次线性方程组，则下列结论正确的是（　　）。

(A)若 $\boldsymbol{Ax}=\boldsymbol{0}$ 仅有零解，则 $\boldsymbol{Ax}=\boldsymbol{b}$ 有唯一解

(B)若 $\boldsymbol{Ax}=\boldsymbol{0}$ 有非零解，则 $\boldsymbol{Ax}=\boldsymbol{b}$ 有无穷多解

(C)若 $\boldsymbol{Ax}=\boldsymbol{b}$ 有无穷多解，则 $\boldsymbol{Ax}=\boldsymbol{0}$ 仅有零解

(D)若 $\boldsymbol{Ax}=\boldsymbol{b}$ 有无穷多解，则 $\boldsymbol{Ax}=\boldsymbol{0}$ 有非零解

8. 线性方程组 $\boldsymbol{Ax}=\boldsymbol{b}$ 的系数矩阵 $\boldsymbol{A}$ 是 3×4 的矩阵，且 $\boldsymbol{A}$ 的行向量组线性无关，则下列命题错误的是（　　）。

(A)$\boldsymbol{A}^{\mathrm{T}}\boldsymbol{x}=\boldsymbol{0}$ 只有零解　　(B)$\boldsymbol{A}^{\mathrm{T}}\boldsymbol{Ax}=\boldsymbol{0}$ 必有无穷多解

(C)对任意 $\boldsymbol{b}$，$\boldsymbol{A}^{\mathrm{T}}\boldsymbol{x}=\boldsymbol{b}$ 总有唯一解　　(D)对任意 $\boldsymbol{b}$，$\boldsymbol{Ax}=\boldsymbol{b}$ 总有无穷多解

三、计算题

1. 求方程组 $\begin{cases}-x_1-3x_2+3x_3+8x_4=11\\3x_1+9x_2-15x_4=3\\x_1+3x_2+x_3-4x_4=5\\2x_1+6x_2+x_3-9x_4=6\end{cases}$ 的通解。

2. 设有向量组 $\boldsymbol{A}:\boldsymbol{\alpha}_1=\begin{bmatrix}-1\\1\\4\end{bmatrix}$，$\boldsymbol{\alpha}_2=\begin{bmatrix}-2\\1\\5\end{bmatrix}$，$\boldsymbol{\alpha}_3=\begin{bmatrix}a\\2\\10\end{bmatrix}$，及向量 $\boldsymbol{\beta}=\begin{bmatrix}1\\b\\-1\end{bmatrix}$，问 a,b 为何值时

(1)向量 $\boldsymbol{\beta}$ 不能由 $\boldsymbol{\alpha}_1,\boldsymbol{\alpha}_2,\boldsymbol{\alpha}_3$ 线性表示；

(2)向量 $\boldsymbol{\beta}$ 能由 $\boldsymbol{\alpha}_1,\boldsymbol{\alpha}_2,\boldsymbol{\alpha}_3$ 线性表示，且表示式唯一；

(3)向量 $\boldsymbol{\beta}$ 能由 $\boldsymbol{\alpha}_1,\boldsymbol{\alpha}_2,\boldsymbol{\alpha}_3$ 线性表示，且表示式不唯一，并求一般表示式。

3.当 a,b 为何值时，线性方程组 $\begin{cases} x_1+x_2+x_3+x_4=0 \\ x_2+2x_3+2x_4=1 \\ -x_2+(a-3)x_3-2x_4=b \\ 3x_1+2x_2+x_3+ax_4=-1 \end{cases}$ 有唯一解？无解？有无穷多组解？并求出有无穷多组解时的通解。

4.设四元非齐次线性方程组 $\boldsymbol{Ax}=\boldsymbol{b}$ 的系数矩阵的秩为 3，已知 $\boldsymbol{\eta}_1,\boldsymbol{\eta}_2,\boldsymbol{\eta}_3$ 是它的解向量，且 $2\boldsymbol{\eta}_1+\boldsymbol{\eta}_2=\begin{pmatrix}1\\2\\1\\3\end{pmatrix}$，$\boldsymbol{\eta}_1+\boldsymbol{\eta}_3=\begin{pmatrix}2\\1\\1\\2\end{pmatrix}$，求该方程组的通解。

5. 已知 $\boldsymbol{A}=\begin{pmatrix}1 & 2 & -2\\ 2 & a & 4\\ 1 & 3 & a\end{pmatrix}$，$\boldsymbol{B}=\begin{pmatrix}1 & 0\\ 6 & a\\ a & 0\end{pmatrix}$，试求当参数 a 为何值时，方程组 $\boldsymbol{Ax}=\boldsymbol{B}$ 无解，有唯一解，有无穷多解.

6.已知方程组 $\begin{cases} x_1+2x_2+3x_3=0 \\ 2x_1+3x_2+5x_3=0 \\ x_1+4x_2+ax_3=0 \end{cases}$ 与 $\begin{cases} x_1+bx_2+cx_3=0 \\ 2x_1+b^2x_2+(c+1)x_3=0 \end{cases}$ 同解，求 a,b,c 的值。

练习题答案

一、填空题

1.答案：无关。

解析 设 $k_1\boldsymbol{\beta}_1+k_2\boldsymbol{\beta}_2=0$，代入 $\boldsymbol{\beta}_1=2\boldsymbol{\alpha}_1-\boldsymbol{\alpha}_2,\boldsymbol{\beta}_2=\boldsymbol{\alpha}_1+\boldsymbol{\alpha}_2$ 整理得到 $(2k_1+k_2)\boldsymbol{\alpha}_1+(k_2-k_1)\boldsymbol{\alpha}_2=0$。由于 $\boldsymbol{\alpha}_1,\boldsymbol{\alpha}_2$ 是基础解系，故 $\boldsymbol{\alpha}_1,\boldsymbol{\alpha}_2$ 线性无关，由定义必有 $\begin{cases} 2k_1+k_2=0 \\ k_2-k_1=0 \end{cases}$ 得到 $k_1=k_2=0$，故由定义 $\boldsymbol{\beta}_1,\boldsymbol{\beta}_2$ 线性无关。

2.答案：$\boldsymbol{\alpha}-\boldsymbol{\beta}$

解析 $\boldsymbol{A}$ 对应于特征值 λ 的特征向量为满足 $(\lambda\boldsymbol{E}-\boldsymbol{A})x=0$ 的解，由于 $\boldsymbol{\alpha},\boldsymbol{\beta}$ 是非齐次线性方程组 $(\lambda\boldsymbol{E}-\boldsymbol{A})x=\boldsymbol{b}$ 的两个不同的解，所以 $(\lambda\boldsymbol{E}-\boldsymbol{A})(\boldsymbol{\alpha}-\boldsymbol{\beta})=0$。所以 $\boldsymbol{\alpha}-\boldsymbol{\beta}$ 是 $\boldsymbol{A}$ 对应于特征值 λ 的一个特征向量。

3.答案：$k(1,2,-1,0)^{\mathrm{T}}+(1,-1,1,-1)^{\mathrm{T}},k\in R$。

解析 由 $\boldsymbol{A}$ 有 4 列，故 $\boldsymbol{Ax}=\boldsymbol{b}$ 有 4 个未知数，又因为 $\boldsymbol{A}$ 的秩为 3，故基础解系含有 1 个线

性无关的解向量。$\boldsymbol{\alpha}_1+2\boldsymbol{\alpha}_2-\boldsymbol{\alpha}_3=\mathbf{0}$ 即 $(\boldsymbol{\alpha}_1,\boldsymbol{\alpha}_2,\boldsymbol{\alpha}_3,\boldsymbol{\alpha}_4)\begin{pmatrix}1\\2\\-1\\0\end{pmatrix}=0$，故 $\begin{pmatrix}1\\2\\-1\\0\end{pmatrix}$ 是 $\boldsymbol{Ax}=\mathbf{0}$ 的非零解，构成基础解系。$\boldsymbol{\alpha}_1-\boldsymbol{\alpha}_2+\boldsymbol{\alpha}_3-\boldsymbol{\alpha}_4=\boldsymbol{b}$ 即 $(\boldsymbol{\alpha}_1,\boldsymbol{\alpha}_2,\boldsymbol{\alpha}_3,\boldsymbol{\alpha}_4)\begin{pmatrix}1\\-1\\1\\-1\end{pmatrix}=\boldsymbol{b}$，故 $\begin{pmatrix}1\\-1\\1\\-1\end{pmatrix}$ 是 $\boldsymbol{Ax}=\boldsymbol{b}$ 的一个特解。故 $\boldsymbol{Ax}=\boldsymbol{b}$ 的通解为 $k(1,2,-1,0)^{\mathrm{T}}+(1,-1,1,-1)^{\mathrm{T}},k\in R$。

4. 答案：$x=k[(2\boldsymbol{\eta}_1-\boldsymbol{\eta}_2)-\boldsymbol{\eta}_3]+\boldsymbol{\eta}_3,k\in R$

解析　由于 $r(\mathbf{A})=3$，未知数的个数为 $n=4$，则齐次方程的基础解系有 $n-r(\mathbf{A})=1$ 个向量。已知 $\boldsymbol{\eta}_1,\boldsymbol{\eta}_2,\boldsymbol{\eta}_3$ 是 $\mathbf{A}\boldsymbol{x}=\boldsymbol{b}$ 的三个解向量，则 $\mathbf{A}(2\boldsymbol{\eta}_1-\boldsymbol{\eta}_2)=2\mathbf{A}\boldsymbol{\eta}_1-A\boldsymbol{\eta}_2=b,\mathbf{A}\boldsymbol{\eta}_3=\boldsymbol{b}$，$\mathbf{A}[(2\boldsymbol{\eta}_1-\boldsymbol{\eta}_2)-\boldsymbol{\eta}_3]=0$，所以 $\boldsymbol{\xi}=(2\boldsymbol{\eta}_1-\boldsymbol{\eta}_2)-\boldsymbol{\eta}_3$ 是齐次方程的基础解系，方程组 $\mathbf{A}\boldsymbol{x}=\boldsymbol{b}$ 的通解为 $x=k[(2\boldsymbol{\eta}_1-\boldsymbol{\eta}_2)-\boldsymbol{\eta}_3]+\boldsymbol{\eta}_3,k\in R$。

5. 答案：$k(\boldsymbol{\eta}_1-\boldsymbol{\eta}_2),k\in R$；或者 $k(\boldsymbol{\eta}_1-\boldsymbol{\eta}_3),k\in R$；或者 $k(\boldsymbol{\eta}_2-\boldsymbol{\eta}_3),k\in R$。

解析　由 $|\mathbf{A}|=\boldsymbol{\lambda}_1\boldsymbol{\lambda}_2\boldsymbol{\lambda}_3=0$ 得特征值 $\boldsymbol{\lambda}_1,\boldsymbol{\lambda}_2,\boldsymbol{\lambda}_3$ 至少有一个为 0。由 $\mathbf{A}$ 的特征值互不相同，得 $\boldsymbol{\lambda}_1,\boldsymbol{\lambda}_2,\boldsymbol{\lambda}_3$ 中一个为 0，另两个不为 0，所以由 $\mathbf{A}$ 的秩为 2，从而 $\mathbf{A}\boldsymbol{x}=0$ 的基础解系含一个向量。由 $\boldsymbol{\eta}_1,\boldsymbol{\eta}_2,\boldsymbol{\eta}_3$ 是非齐次方程组 $\mathbf{A}\boldsymbol{x}=\boldsymbol{b}$ 的三个不同解向量，得 $\boldsymbol{\eta}_1-\boldsymbol{\eta}_2$，或者 $\boldsymbol{\eta}_1-\boldsymbol{\eta}_3$，或者 $\boldsymbol{\eta}_2-\boldsymbol{\eta}_3$ 为 $\mathbf{A}\boldsymbol{x}=0$ 的非零解，都可以作为基础解系。所以，方程组 $\mathbf{A}\boldsymbol{x}=0$ 的通解为 $k(\boldsymbol{\eta}_1-\boldsymbol{\eta}_2),k\in R$；或者 $k(\boldsymbol{\eta}_1-\boldsymbol{\eta}_3),k\in R$；或者 $k(\boldsymbol{\eta}_2-\boldsymbol{\eta}_3),k\in R$。

6. 答案：$k\begin{pmatrix}1\\1\\M\\1\end{pmatrix},k\in R$。

解析　$\mathbf{A}$ 的各行元素之和均为零，等价于 $\mathbf{A}\begin{pmatrix}1\\1\\M\\1\end{pmatrix}=0$。由于 $r(\mathbf{A})=\boldsymbol{n}-1$，说明线性方程组 $\mathbf{A}\boldsymbol{x}=0$ 基础解系中含有一个向量。由上基础解系可取成 $\begin{pmatrix}1\\1\\M\\1\end{pmatrix}$。方程组的通解为 $k\begin{pmatrix}1\\1\\M\\1\end{pmatrix},k\in R$。

7. 答案：$x=k(-2,1,1)^{\mathrm{T}},(k\in R)$。

解析　因为三阶实对称矩阵的秩 $r(\mathbf{A})=2$，所以该矩阵有特征值零，设零特征值对应的特征向量为 $\boldsymbol{\alpha}$，由于不同特征值对应的特征向量正交，所以 $\begin{pmatrix}\boldsymbol{\alpha}_1^{\mathrm{T}}\\\boldsymbol{\alpha}_2^{\mathrm{T}}\end{pmatrix}\boldsymbol{\alpha}=0$，即 $\begin{pmatrix}1&1&1\\0&-1&1\end{pmatrix}\boldsymbol{\alpha}=0$，解得

一个非零解 $\boldsymbol{\alpha}=(-2,1,1)^{\mathrm{T}}$，因此有 $\boldsymbol{A\alpha}=0$，又因为 $r(\boldsymbol{A})=2$，所以齐次方程组 $\boldsymbol{Ax}=\boldsymbol{0}$ 的通解为 $\boldsymbol{x}=k(-2,1,1)^{\mathrm{T}}$，$(k\in R)$。

8. 答案：0

分析 由于线性方程组 $\boldsymbol{Ax}=\boldsymbol{0}$ 的基础解系中只有两个向量，所以 $r(\boldsymbol{A})=2$。因此 $\boldsymbol{A}^*=0$，$r(\boldsymbol{A}^*)=0$。

二、选择题

1. 答案：(C)

解析 $\boldsymbol{A}$ 为 n 阶方阵，$\boldsymbol{Ax}=\boldsymbol{0}$ 有非零解等价于 $|\boldsymbol{A}|=0$。

2. 答案：(B)

解析 由 $\boldsymbol{AB}$ 是 $\boldsymbol{m}\times\boldsymbol{m}$ 矩阵，故方程 $(\boldsymbol{AB})\boldsymbol{x}=\boldsymbol{0}$ 有 m 个未知数。又矩阵的秩不超过它的行列数，故 $r(\boldsymbol{A})\leqslant m$，$r(\boldsymbol{A})\leqslant n$，$r(\boldsymbol{B})\leqslant m$，$r(\boldsymbol{B})\leqslant n$，从而 $r(\boldsymbol{AB})\leqslant \min\{r(\boldsymbol{A}),r(\boldsymbol{B})\}\leqslant \min\{m,n\}$，因此当 $m>n$ 时必有 $r(\boldsymbol{AB})\leqslant n<m$，即方程的系数矩阵的秩少于未知数的个数，因此该齐次方程必有非零解。

3. 答案：(B)

解析 选项(B)中的向量组线性相关，这是因为 $\boldsymbol{\alpha}_1-\boldsymbol{\alpha}_2=-(\boldsymbol{\alpha}_2-\boldsymbol{\alpha}_3)-(\boldsymbol{\alpha}_3-\boldsymbol{\alpha}_1)$，因此该向量组不是基础解系。其他选项的向量组均和 $\boldsymbol{\alpha}_1,\boldsymbol{\alpha}_2,\boldsymbol{\alpha}_3$ 等价，且线性无关，因此它们都是基础解系。

4. 答案：(D)

解析 若 $\boldsymbol{A}$ 的列向量组线性无关，则矩阵 $r(\boldsymbol{A})=n\leqslant m$，则 $r(\boldsymbol{A})=n\leqslant r(\boldsymbol{A},b)\leqslant m$。不能确定系数矩阵和增广矩阵的秩是否相等。

5. 答案：(B)

解析 若 $\boldsymbol{AB}=\boldsymbol{0}$，则矩阵 $r(\boldsymbol{A})+r(\boldsymbol{B})\leqslant 3$。

又因为 $\boldsymbol{B}$ 为 3 阶非零矩阵，则 $r(\boldsymbol{B})\geqslant 1$，所以 $r(\boldsymbol{A})\leqslant 3-r(\boldsymbol{B})\leqslant 2$。

则 $|\boldsymbol{A}|=0$，可得 $t=-8$。

6. 答案：(C)

解析 $\boldsymbol{AB}=\boldsymbol{0}$ 表明 $\boldsymbol{B}$ 的列向量都是 $\boldsymbol{Ax}=\boldsymbol{0}$ 的解，由 $\boldsymbol{B}$ 为 n 阶非零矩阵得 $\boldsymbol{Ax}=\boldsymbol{0}$ 有非零解，从而 $r(\boldsymbol{A})<n$，$\boldsymbol{Ax}=\boldsymbol{0}$ 有无穷多解。

7. 答案：(D)

解析 $\boldsymbol{Ax}=\boldsymbol{0}$ 仅有零解，可得 $r(\boldsymbol{A})=n$，但不能得出 $r(\boldsymbol{A})=r(\boldsymbol{A},\boldsymbol{b})$，所以 $\boldsymbol{Ax}=\boldsymbol{b}$ 不一定有解。$\boldsymbol{Ax}=\boldsymbol{0}$ 有非零解，可得 $r(\boldsymbol{A})<n$，但不能得出 $r(\boldsymbol{A})=r(\boldsymbol{A},\boldsymbol{b})$，所以 $\boldsymbol{Ax}=\boldsymbol{b}$ 不一定有解。$\boldsymbol{Ax}=\boldsymbol{b}$ 有无穷多解，可得 $r(\boldsymbol{A})=r(\boldsymbol{A},\boldsymbol{b})<n$，所以 $\boldsymbol{Ax}=\boldsymbol{0}$ 有非零解。

8. 答案：(C)

解析 由 $\boldsymbol{A}$ 的行向量组线性无关知 $r(\boldsymbol{A})=r(\boldsymbol{A}^{\mathrm{T}})=3$，因 $\boldsymbol{A}^{\mathrm{T}}$ 为 4×3 矩阵，

对于(A) $r(\boldsymbol{A}^{\mathrm{T}})=r(\boldsymbol{A})=3$，故 $\boldsymbol{A}^{\mathrm{T}}\boldsymbol{x}=0$ 只有零解；

对于(B)因 $\boldsymbol{A}^{\mathrm{T}}\boldsymbol{A}$ 为 4×4 矩阵，$r(\boldsymbol{A}^{\mathrm{T}}\boldsymbol{A})=r(\boldsymbol{A})=3<4$，故 $\boldsymbol{A}^{\mathrm{T}}\boldsymbol{Ax}=0$ 必有无穷多解；

对于(C) $\boldsymbol{A}^{\mathrm{T}}$ 为 4×3 矩阵，当 $r(\boldsymbol{A}^{\mathrm{T}})=3<r(\boldsymbol{A}^{\mathrm{T}},\boldsymbol{b})=4$ 时，$\boldsymbol{A}^{\mathrm{T}}\boldsymbol{x}=\boldsymbol{b}$ 无解；

对于(D)对任意的 $\boldsymbol{b}$，$r(\boldsymbol{A})=r(\boldsymbol{A},\boldsymbol{b})=3<4$，$\boldsymbol{Ax}=\boldsymbol{b}$ 总有无穷多解。

三、计算题

1. **解析**　对方程的增广矩阵做行初等变换，得

$$(\boldsymbol{A},\boldsymbol{b})=\begin{pmatrix}-1&-3&3&8&11\\3&9&0&-15&3\\1&3&1&-4&5\\2&6&1&-9&6\end{pmatrix}\sim\begin{pmatrix}1&3&1&-4&5\\0&0&-3&-3&-12\\0&0&4&4&16\\0&0&-1&-1&-4\end{pmatrix}\sim$$

$$\begin{pmatrix}1&3&1&-4&5\\0&0&1&1&4\\0&0&0&0&0\\0&0&0&0&0\end{pmatrix}\sim\begin{pmatrix}1&3&0&-5&1\\0&0&1&1&4\\0&0&0&0&0\\0&0&0&0&0\end{pmatrix}$$

由上，$r(\boldsymbol{A},\boldsymbol{b})=r(\boldsymbol{A})=2$ 方程组有无穷多解，

方程组的通解为 $\begin{pmatrix}x_1\\x_2\\x_3\\x_4\end{pmatrix}=c_1\begin{pmatrix}-3\\1\\0\\0\end{pmatrix}+c_2\begin{pmatrix}5\\0\\-1\\1\end{pmatrix}+\begin{pmatrix}1\\0\\4\\0\end{pmatrix}$，$c_1,c_2\in R$。

2. **解析**　$\boldsymbol{A}=(\boldsymbol{\alpha}_1,\boldsymbol{\alpha}_2,\boldsymbol{\alpha}_3)$，构造方程组 $\boldsymbol{Ax}=\boldsymbol{\beta}$，对增广矩阵行变换得，

$$(\boldsymbol{A},\boldsymbol{\beta})=\begin{pmatrix}-1&-2&a&1\\1&1&2&b\\4&5&10&-1\end{pmatrix}\sim\begin{pmatrix}-1&-2&a&1\\0&-1&a+2&b+1\\0&0&a+4&-3b\end{pmatrix}$$

(1)当 $a=-4,b\neq0$，方程组 $\boldsymbol{Ax}=\boldsymbol{\beta}$ 无解，向量 $\boldsymbol{\beta}$ 不能由 $\boldsymbol{\alpha}_1,\boldsymbol{\alpha}_2,\boldsymbol{\alpha}_3$ 线性表示；

(2)当 $a\neq-4$，方程组 $\boldsymbol{Ax}=\boldsymbol{\beta}$ 有唯一解，向量 $\boldsymbol{\beta}$ 能由 $\boldsymbol{\alpha}_1,\boldsymbol{\alpha}_2,\boldsymbol{\alpha}_3$ 线性表示，且表示式唯一；

(3)当 $a=-4,b=0$，方程组 $\boldsymbol{Ax}=\boldsymbol{\beta}$ 有无穷多解，且 $\boldsymbol{\beta}=\boldsymbol{\alpha}_1-(2k+1)\boldsymbol{\alpha}_2+k\boldsymbol{\alpha}_3$。

3. **解析**　$\boldsymbol{A}=\begin{pmatrix}1&1&1&1&0\\0&1&2&2&1\\0&-1&a-3&-2&b\\3&2&1&a&-1\end{pmatrix}\sim\begin{pmatrix}1&0&-1&-1&-1\\0&1&2&2&1\\0&0&a-1&0&b+1\\0&0&0&a-1&0\end{pmatrix}$

(1)当 $a=1,b\neq-1$ 时，方程组无解；

(2)因为 $a\neq1$，方程组有唯一解；

(3)当 $a=1,b=-1$ 时，方程组有无穷多解，

$$\boldsymbol{A}=\begin{pmatrix}1&0&-1&-1&-1\\0&1&2&2&1\\0&0&0&0&0\\0&0&0&0&0\end{pmatrix}$$

且通解为 $k_1\begin{pmatrix}1\\-2\\1\\0\end{pmatrix}+k_2\begin{pmatrix}1\\-2\\0\\1\end{pmatrix}+\begin{pmatrix}-1\\1\\0\\0\end{pmatrix}$，其中 k_1,k_2 为任意常数。

4. **解析** 因为系数矩阵的秩为 3，所以齐次方程组的基础解系有一个向量，又已知 $\boldsymbol{\eta}_1$，$\boldsymbol{\eta}_2$，$\boldsymbol{\eta}_3$ 是它的解向量，且 $2\boldsymbol{\eta}_1+\boldsymbol{\eta}_2=\begin{pmatrix}1\\2\\1\\3\end{pmatrix}$，$\boldsymbol{\eta}_1+\boldsymbol{\eta}_3=\begin{pmatrix}2\\1\\1\\2\end{pmatrix}$，所以齐次方程组的基础解系为 $\boldsymbol{\xi}=2(2\boldsymbol{\eta}_1+\boldsymbol{\eta}_2)-3(\boldsymbol{\eta}_1+\boldsymbol{\eta}_3)=\begin{pmatrix}-4\\1\\-1\\0\end{pmatrix}$，非齐次方程组的特解为 $\boldsymbol{\eta}^*=2\boldsymbol{\eta}_1+\boldsymbol{\eta}_2-(\boldsymbol{\eta}_1+\boldsymbol{\eta}_3)=\begin{pmatrix}-1\\1\\0\\1\end{pmatrix}$，所以通解为 $\boldsymbol{x}=k\boldsymbol{\xi}+\boldsymbol{\eta}^*$。

5. **解析**

$$(\boldsymbol{A},\boldsymbol{B})=\begin{bmatrix}1&2&-2&1&0\\2&a&4&6&a\\1&3&a&a&a\end{bmatrix}\sim\begin{bmatrix}1&2&2&1&0\\0&a-4&8&4&a\\0&1&a+2&a-1&0\end{bmatrix}\sim$$

$$\begin{bmatrix}1&2&2&1&0\\0&1&a+2&a-1&0\\0&0&-a^2+2a+16&-a^2+5a&a\end{bmatrix}\sim$$

$$\begin{bmatrix}1&2&2&1&0\\0&1&a+2&a-1&0\\0&0&-a^2+2a+16&-a(a-5)&a\end{bmatrix}$$

当 $a\neq1\pm\sqrt{17}$ 时，方程组有唯一解；

当 $a=1\pm\sqrt{17}$ 时，方程组无解；

方程组有无穷多解的情形不存在。

6. **解析** 做初等变换 $\begin{bmatrix}1&2&3\\2&3&5\\1&4&a\end{bmatrix}:\begin{bmatrix}1&2&3\\0&-1&-1\\0&2&a-3\end{bmatrix}:\begin{bmatrix}1&2&3\\0&1&1\\0&0&a-5\end{bmatrix}$

$$\begin{bmatrix}1&b&c\\2&b^2&c+1\end{bmatrix}:\begin{bmatrix}1&b&c\\0&b^2-2b&1-c\end{bmatrix}$$

因为两个方程组同解，可以得到两系数矩阵的秩都为 2，于是 $a=5$ 根据第一个方程组可以取公共解为 $\boldsymbol{\alpha}=\begin{bmatrix}-1\\-1\\1\end{bmatrix}$，代入第二个方程组得 $\begin{cases}-1-b+c=0\\-b^2=1-c\end{cases}$，解得 $\begin{cases}b=0\\c=1\end{cases}$（舍去），或者 $\begin{cases}b=1\\c=2\end{cases}$，于是 $a=5,b=1,c=2$。

第十章　矩阵的特征值和特征向量

考试内容

矩阵的特征值和特征向量的概念、性质，矩阵相似的概念及性质，矩阵可对角化的充分必要条件及相似对角矩阵，实对称矩阵的特征值、特征向量及其相似对角矩阵。

考试要求

1. 掌握矩阵特征值的性质、求矩阵特征值和特征向量的方法。
2. 掌握矩阵可相似对角化的充分必要条件，会将矩阵化为相似对角矩阵。
3. 掌握实对称矩阵的特征值和特征向量的性质。

本章重点

1. 矩阵的特征值和特征向量的概念和求法。
2. 矩阵特征值的性质。
3. 矩阵相似的概念及性质。
4. 矩阵可对角化的充分必要条件。
5. 实对称矩阵的特征值、特征向量及其相似对角矩阵。

一、特征值和特征向量

1. 特征值与特征向量的定义

设 $\boldsymbol{A}$ 为 n 阶矩阵，若存在数 λ 和非零的 n 维列向量 $\boldsymbol{\alpha}$，使得

$$\boldsymbol{A\alpha}=\lambda\boldsymbol{\alpha}$$

则称数 λ 为矩阵 $\boldsymbol{A}$ 的特征值，$\boldsymbol{\alpha}$ 为对应于特征值 λ 的特征向量。

如果 $\boldsymbol{\alpha}$ 是 $\boldsymbol{A}$ 的属于特征值 λ 的特征向量，则对任一非零数 $k\neq0$，$k\boldsymbol{\alpha}$ 也是 $\boldsymbol{A}$ 的属于特征值 λ 的特征向量. 因此，属于某个特征值的特征向量不是唯一的。

特征向量 $\boldsymbol{\alpha}$ 满足如下齐次线性方程组：

$$(\boldsymbol{A}-\lambda\boldsymbol{E})\boldsymbol{X}=\boldsymbol{0},$$

其中 $\boldsymbol{E}$ 为 n 阶单位矩阵。

求矩阵 $\boldsymbol{A}$ 的特征值及特征向量的步骤如下：

(1)计算特征方程 $|\boldsymbol{A}-\lambda\boldsymbol{E}|=0$ 的全部根，即求出 $\boldsymbol{A}$ 的全部特征值；

(2)对于 $\boldsymbol{A}$ 的每个特征值 λ，求出齐次线性方程组 $(\boldsymbol{A}-\lambda\boldsymbol{E})\boldsymbol{x}=\boldsymbol{0}$ 的一个基础解系

$$\boldsymbol{\xi}_1,\boldsymbol{\xi}_2,\cdots,\boldsymbol{\xi}_r$$

则对于不全为零的数 $k_1,k_2,\cdots,k_r$，

$$\boldsymbol{\alpha}=k_1\boldsymbol{\xi}_1+k_2\boldsymbol{\xi}_2+\cdots+k_r\boldsymbol{\xi}_r$$

为 $\boldsymbol{A}$ 的对应于 λ_0 的全部特征向量。

2. 特征值与特征向量的性质

(1)设 λ 是 n 阶矩阵 $\boldsymbol{A}$ 的特征值，则 λ^k 是 n 阶矩阵 $\boldsymbol{A}^k$ 的特征值，其中 k 为 $\geqslant 1$ 的正整数。

(2)设 λ 是 n 阶矩阵 $\boldsymbol{A}$ 的特征值，如果 $\boldsymbol{A}$ 是 n 阶可逆矩阵，则 λ^{-1} 是 $\boldsymbol{A}^{-1}$ 的特征值，$\lambda^{-1}|\boldsymbol{A}|$ 是伴随矩阵 $\boldsymbol{A}^*$ 的特征值。

(3)设 $\lambda_1,\lambda_2,\cdots,\lambda_n$ 是 n 阶方阵 $\boldsymbol{A}$ 的 n 个特征值，则

①$\lambda_1\lambda_2\cdots\lambda_n=|\boldsymbol{A}|$；

②$\lambda_1+\lambda_2+\cdots+\lambda_n=\mathrm{tr}(\boldsymbol{A})$[其中 $\mathrm{tr}(\boldsymbol{A})$ 为 $\boldsymbol{A}$ 的迹，$\mathrm{tr}(\boldsymbol{A})=a_{11}+a_{22}+\cdots+a_{nn}$]

(4)设 $\lambda_1,\lambda_2,\cdots,\lambda_n$ 是矩阵 $\boldsymbol{A}$ 的 n 个互不相同的特征值，$\boldsymbol{\alpha}_i$ 是对应于 λ_i 的特征向量($i=1,2,\cdots,n$)，则 $\boldsymbol{\alpha}_1,\boldsymbol{\alpha}_2,\cdots,\boldsymbol{\alpha}_n$ 线性无关。

(5)设 $\lambda_1,\lambda_2,\cdots,\lambda_r$ 是 $\boldsymbol{A}$ 的 r 个互不相同的特征值，q_i 是 λ_i 的几何重数，$\boldsymbol{\alpha}_{i1},\boldsymbol{\alpha}_{i2},\cdots,\boldsymbol{\alpha}_{iq_i}$ 是对应于 λ_i 的 q_i 个线性无关的特征向量，则 $\boldsymbol{A}$ 的所有这些特征向量 $\boldsymbol{\alpha}_{11},\boldsymbol{\alpha}_{12},\cdots,\boldsymbol{\alpha}_{1q_1}$；$\boldsymbol{\alpha}_{21},\boldsymbol{\alpha}_{22},\cdots,\boldsymbol{\alpha}_{2q_2}$；$\cdots$，$\boldsymbol{\alpha}_{r1},\boldsymbol{\alpha}_{r2},\cdots,\boldsymbol{\alpha}_{rq_r}$ 仍然线性无关。

例 1 求下列矩阵的特征值和特征向量。

$$\boldsymbol{A}=\begin{bmatrix}2&-2&0\\-2&1&-2\\0&-2&0\end{bmatrix}。$$

解 矩阵 $\boldsymbol{A}$ 的特征多项式为

$$|\boldsymbol{A}-\lambda\boldsymbol{E}|=\begin{vmatrix}2-\lambda&-2&0\\-2&1-\lambda&-2\\0&-2&-\lambda\end{vmatrix}=-(\lambda-1)(\lambda-4)(\lambda+2)$$

故矩阵 $\boldsymbol{A}$ 的特征值为

$$\lambda_1=1,\lambda_2=4,\lambda_3=-2。$$

对上述特征值 $\lambda_1=1$，求解如下齐次方程组

$$(\boldsymbol{A}-\lambda_1\boldsymbol{E})\boldsymbol{x}=\boldsymbol{0},$$

即

$$\begin{bmatrix}1&-2&0\\-2&0&-2\\0&-2&-1\end{bmatrix}\begin{bmatrix}x_1\\x_2\\x_3\end{bmatrix}=0。$$

对系数矩阵进行初等行变换得

$$\begin{bmatrix}1&-2&0\\-2&0&-2\\0&-2&-1\end{bmatrix}\longrightarrow\begin{bmatrix}1&-2&0\\0&-2&-1\\0&0&0\end{bmatrix}\longrightarrow\begin{bmatrix}1&0&-1\\0&1&\frac{1}{2}\\0&0&0\end{bmatrix},$$

因此，齐次方程组$(\boldsymbol{A}-\lambda_1\boldsymbol{E})\boldsymbol{x}=\boldsymbol{0}$的解等价于

$$\begin{cases}x_1-x_3=0\\ x_2+\dfrac{1}{2}x_3=0\end{cases},$$

它的基础解系为

$$\boldsymbol{\xi}_1=\begin{bmatrix}2\\-1\\2\end{bmatrix}。$$

所以对应特征值$\lambda_1=1$的特征向量为$k_1\boldsymbol{\xi}_1,k_1\neq0$。

同样方法，可以求得特征值$\lambda_1(i=2,3)$对应的齐次方程组

$$(\boldsymbol{A}-\lambda_1\boldsymbol{E})\boldsymbol{x}=\boldsymbol{0}$$

的基础解系分别为

$$\boldsymbol{\xi}_2=\begin{bmatrix}2\\-2\\1\end{bmatrix},\boldsymbol{\xi}_3=\begin{bmatrix}1\\2\\2\end{bmatrix}。$$

所以对应特征值$\lambda_2=4,\lambda_3=-2$的特征向量分别为$k_2\boldsymbol{\xi}_2,k_3\boldsymbol{\xi}_3,k_2\neq0,k_3\neq0$。

例 2　设矩阵$\boldsymbol{A}$满足$\boldsymbol{A}^2=\boldsymbol{E}$，证明

(1)矩阵$\boldsymbol{A}$的特征值只能为1或者-1；

(2)$3\boldsymbol{E}-\boldsymbol{A}$可逆。

证明　(1)设$\boldsymbol{A}$的特征值为λ，对应的特征向量为$\boldsymbol{x}$，则$\boldsymbol{A}\boldsymbol{x}=\lambda\boldsymbol{x}$。在等式两边左乘矩阵$\boldsymbol{A}$得$\boldsymbol{A}^2\boldsymbol{x}=\lambda\boldsymbol{A}\boldsymbol{x}=\lambda^2\boldsymbol{x}$。

又因为$\boldsymbol{A}^2=\boldsymbol{E}$，所以$\boldsymbol{A}^2\boldsymbol{x}=\boldsymbol{E}\boldsymbol{x}=\boldsymbol{x}$，于是$\lambda^2\boldsymbol{x}=\boldsymbol{x}$，即$(\lambda^2-1)\boldsymbol{x}=0$，又因为$\boldsymbol{x}\neq\boldsymbol{0}$，所以$\lambda=\pm1$。

(2)由(1)可知，3不是矩阵$\boldsymbol{A}$的特征值，所以$|\boldsymbol{A}-3\boldsymbol{E}|\neq0$。

又因为$|3\boldsymbol{E}-\boldsymbol{A}|=(-1)^n|\boldsymbol{A}-3\boldsymbol{E}|\neq0$，所以$3\boldsymbol{E}-\boldsymbol{A}$可逆。

例 3　已知0是矩阵

$$\boldsymbol{A}=\begin{bmatrix}1&2&3\\2&1&3\\3&3&a\end{bmatrix}$$

的特征值，求a的值及$\boldsymbol{A}$的特征值。

解　因为0是$\boldsymbol{A}$的特征值，且由特征值的性质$|\boldsymbol{A}|=\lambda_1\lambda_2\lambda_3$，可以得到$|\boldsymbol{A}|=0$。

又$|\boldsymbol{A}|=\begin{vmatrix}1&2&3\\2&1&3\\3&3&a\end{vmatrix}=3(6-a)$，所以$a=6$。

将$a=6$代入矩阵$\boldsymbol{A}$，得

$$|\boldsymbol{A}-\lambda\boldsymbol{E}|=\begin{vmatrix}1-\lambda&2&3\\2&1-\lambda&3\\3&3&6-\lambda\end{vmatrix}=-\lambda(\lambda+1)(\lambda-9)$$

故$\boldsymbol{A}$的特征值为$\lambda_1=0,\lambda_2=-1,\lambda_3=9$。

例 4 设矩阵 $\boldsymbol{A}=\begin{bmatrix}0&0&1\\x&1&y\\1&0&0\end{bmatrix}$ 有三个线性无关的特征向量，求 x 与 y 的关系。

解 特征方程为 $|\boldsymbol{A}-\lambda\boldsymbol{E}|=-(\lambda-1)^2(\lambda+1)=0$，特征值为 $\lambda_1=\lambda_2=1,\lambda_3=-1$。

因矩阵 $\boldsymbol{A}=\begin{bmatrix}0&0&1\\x&1&y\\1&0&0\end{bmatrix}$ 有三个线性无关的特征向量，所以二重根 $\lambda_1=\lambda_2=1$ 应有两个线性无关的特征向量，即 $r(\boldsymbol{A}-\boldsymbol{E})=1$

$$\boldsymbol{A}-\boldsymbol{E}\begin{bmatrix}-1&0&1\\x&0&y\\1&0&-1\end{bmatrix}\sim\begin{bmatrix}-1&0&1\\0&0&y+x\\0&0&0\end{bmatrix}$$

所以 $y+x=0$。

例 5 设 $\boldsymbol{A}$ 为 3 阶方阵，$\lambda_1,\lambda_2,\lambda_3$ 为 $\boldsymbol{A}$ 的三个不同特征值，$\boldsymbol{\alpha}_1,\boldsymbol{\alpha}_2,\boldsymbol{\alpha}_3$ 为相应的特征向量，又 $\boldsymbol{\beta}=\boldsymbol{\alpha}_1-\boldsymbol{\alpha}_2+\boldsymbol{\alpha}_3$。试证明向量组 $\boldsymbol{\beta},\boldsymbol{A\beta},\boldsymbol{A}^2\boldsymbol{\beta}$ 线性无关。

解 设存在常数 k_1,k_2,k_3 使得 $k_1\boldsymbol{\beta}+k_2\boldsymbol{A\beta}+k_3\boldsymbol{A}^2\boldsymbol{\beta}=0$ （＊）

$\lambda_1,\lambda_2,\lambda_3$ 为 $\boldsymbol{A}$ 的三个不同特征值，$\boldsymbol{\alpha}_1,\boldsymbol{\alpha}_2,\boldsymbol{\alpha}_3$ 为相应的特征向量，可得

$$\boldsymbol{A\alpha}_i=\lambda_i\boldsymbol{\alpha}_i,i=1,2,3$$

代入(＊)有

$$(k_1+k_2\lambda_1+k_3\lambda_1^2)\alpha_1-(k_1+k_2\lambda_2+k_3\lambda_2^2)\alpha_2+(k_1+k_2\lambda_3+k_3\lambda_3^2)\alpha_3=0$$

又因为 $\boldsymbol{\alpha}_1,\boldsymbol{\alpha}_2,\boldsymbol{\alpha}_3$ 线性无关可得

$$k_1+k_2\lambda_1+k_3\lambda_1^2=k_1+k_2\lambda_2+k_3\lambda_2^2=k_1+k_2\lambda_3+k_3\lambda_3^2=0$$

因为系数阵 $\begin{bmatrix}1&\lambda_1&\lambda_1^2\\1&\lambda_2&\lambda_2^2\\1&\lambda_3&\lambda_3^2\end{bmatrix}$ 的行列式不等于零，所以有 $k_1=k_2=k_3=0$，所以向量组 $\boldsymbol{\beta},\boldsymbol{A\beta},\boldsymbol{A}^2\boldsymbol{\beta}$ 线性无关。

二、相 似 矩 阵

1. 相似矩阵的定义与性质

设 $\boldsymbol{A},\boldsymbol{B}$ 都是 n 阶矩阵，若存在可逆矩阵 $\boldsymbol{P}$，使

$$\boldsymbol{P}^{-1}\boldsymbol{AP}=\boldsymbol{B},$$

则称 $\boldsymbol{B}$ 是 $\boldsymbol{A}$ 的相似矩阵或称 $\boldsymbol{A}$ 与 $\boldsymbol{B}$ 相似。

对于相似矩阵，有如下性质：

(1)若 n 阶矩阵 $\boldsymbol{A}$ 与 $\boldsymbol{B}$ 相似，则它们的特征多项式相同，从而 $\boldsymbol{A}$ 与 $\boldsymbol{B}$ 的特征值也相同。

(2)若 n 阶矩阵 $\boldsymbol{A}$ 与对角阵

$$A=\begin{pmatrix}\lambda_1 & & & \\ & \lambda_2 & & \\ & & \ddots & \\ & & & \lambda_n\end{pmatrix}$$

相似,则 $\lambda_1,\lambda_2,\cdots,\lambda_n$ 是 $\boldsymbol{A}$ 的特征值。若 $\boldsymbol{A}$ 相似于对角阵,则称 $\boldsymbol{A}$ 可对角化。

可以利用下面的重要性质,来判断矩阵是否可对角化。

n 阶矩阵 $\boldsymbol{A}$ 可对角化的充要条件是 $\boldsymbol{A}$ 具有 n 个线性无关的特征向量. 在这种情况下,对角阵的 n 个主对角元素恰是 $\boldsymbol{A}$ 的 n 个特征值。

2. 实对称矩阵的对角化

(1)实对称矩阵的特征值必定是实数,并且对应于不同特征值的特征向量是相互正交的。

(2)实对称矩阵 $\boldsymbol{A}$ 一定可以对角化,即,存在正交矩阵 $\boldsymbol{P}$,使

$$\boldsymbol{P}^{-1}\boldsymbol{A}\boldsymbol{P}=\Lambda,$$

其中 Λ 是以 $\boldsymbol{A}$ 的 n 个特征值为对角元素的对角矩阵。

例 6　设三阶实对称矩阵 $\boldsymbol{A}$ 的特征值为 1,2,3,$\boldsymbol{A}$ 的属于特征值 1,2 的特征向量为 $\boldsymbol{\alpha}_1=(-1,-1,1)^{\mathrm{T}}$,$\boldsymbol{\alpha}_2=(1,-2,1)^{\mathrm{T}}$

(1)求 $\boldsymbol{A}$ 的属于特征值 3 的特征向量;

(2)求方阵 $\boldsymbol{A}$。

解:(1)设 $\boldsymbol{A}$ 的属于特征值 3 的特征向量为 $\boldsymbol{\alpha}_3=(x_1,x_2,x_3)^{\mathrm{T}}$,则 $\begin{cases}x^{\mathrm{T}}\boldsymbol{\alpha}_1=0\\ x^{\mathrm{T}}\boldsymbol{\alpha}_2=0\end{cases}$,即

$$\begin{cases}-x_1-x_2+x_3=0\\ x_1-2x_2-x_3=0\end{cases}$$

解得 $\boldsymbol{\alpha}_3=(1,0,1)^{\mathrm{T}}$

(2) $\boldsymbol{P}=(\boldsymbol{\alpha}_1,\boldsymbol{\alpha}_2,\boldsymbol{\alpha}_3)$,$\boldsymbol{A}=\boldsymbol{P}\begin{pmatrix}1 & & \\ & 2 & \\ & & 3\end{pmatrix}\boldsymbol{P}^{-1}\begin{pmatrix}2\frac{1}{6} & -\frac{1}{3} & \frac{5}{6}\\ -\frac{1}{3} & \frac{5}{3} & \frac{1}{3}\\ \frac{5}{6} & \frac{1}{3} & 2\frac{1}{6}\end{pmatrix}=\frac{1}{6}\begin{pmatrix}13 & -2 & 5\\ -2 & 10 & 2\\ 5 & 2 & 13\end{pmatrix}$

例 7　设 3 阶实对称矩阵 $\boldsymbol{A}$ 满足 $\boldsymbol{A}^2+2\boldsymbol{A}=\boldsymbol{0}$,且 $r(\boldsymbol{A})=2$,

(1)求 $\boldsymbol{A}$ 的全部特征值;

(2) m 为何值时,$m\boldsymbol{E}+\boldsymbol{A}$ 为正定矩阵。

解　(1)设 λ 为 $\boldsymbol{A}$ 的特征值,$\boldsymbol{p}$ 是与 λ 对应的特征向量,则 $\boldsymbol{A}\boldsymbol{p}=\lambda\boldsymbol{p}$

由 $\boldsymbol{A}^2+2\boldsymbol{A}=\boldsymbol{0}$ 得 $(\lambda^2+2\lambda)\boldsymbol{p}=0$,

由 $\boldsymbol{p}\neq 0$ 得,$(\lambda^2+2\lambda)=0$,则有 $\lambda=-2$ 或 $\lambda=0$,

由 $r(\boldsymbol{A})=2$ 知,$\boldsymbol{A}$ 的三个特征值为 $\lambda_1=0,\lambda_2=\lambda_3=-2$。

(2) $m\boldsymbol{E}+\boldsymbol{A}$ 的特征值为 $m,m-2$,

则当 $m>2$ 时,$m\boldsymbol{E}+\boldsymbol{A}$ 为正定矩阵。

例 8 已知二次型

$$f(x_1,x_2,x_3)=4x_2^2-3x_3^2+2ax_1x_2-4x_1x_3+8x_2x_3$$

的一个特征值为 1，

(1)求 a 的值；

(2)求正交变换将此二次型化成标准形，并写出标准形。

解 (1)该二次型的矩阵为 $\boldsymbol{A}=\begin{bmatrix}0 & a & -2\\ a & 4 & 4\\ -2 & 4 & -3\end{bmatrix}$。

因该二次型的一个特征值为 1，所以有

$$|\boldsymbol{A}-\boldsymbol{E}|=\begin{vmatrix}-1 & a & -2\\ a & 3 & 4\\ -2 & 4 & -4\end{vmatrix}=(4-2a)^2=0\Rightarrow a=2。$$

(2)该二次型的矩阵为 $\boldsymbol{A}=\begin{bmatrix}0 & 2 & -2\\ 2 & 4 & 4\\ -2 & 4 & -3\end{bmatrix}$。

$$|\boldsymbol{A}-\lambda\boldsymbol{E}|=\begin{vmatrix}-\lambda & 2 & -2\\ 2 & 4-\lambda & 4\\ -2 & 4 & -3-\lambda\end{vmatrix}=-(\lambda-1)(\lambda-6)(\lambda+6),$$

$\boldsymbol{A}$ 的特征值为 $\lambda_1=1,\lambda_2=6,\lambda_3=-6$。

当 $\lambda_1=1$ 时，$(\boldsymbol{A}-\boldsymbol{E})\boldsymbol{x}=\boldsymbol{0}$ 的基础解系为：$\boldsymbol{\xi}_1=\begin{bmatrix}-2\\ 0\\ 1\end{bmatrix}$，单位化得 $\boldsymbol{p}_1=\begin{bmatrix}\frac{-2}{\sqrt{5}}\\ 0\\ \frac{1}{\sqrt{5}}\end{bmatrix}$；

当 $\lambda_2=6$ 时，$(\boldsymbol{A}-6\boldsymbol{E})\boldsymbol{x}=\boldsymbol{0}$ 的基础解系为：$\boldsymbol{\xi}_2=\begin{bmatrix}1\\ 5\\ 2\end{bmatrix}$，单位化得 $\boldsymbol{p}_2=\begin{bmatrix}\frac{1}{\sqrt{30}}\\ \frac{5}{\sqrt{30}}\\ \frac{2}{\sqrt{30}}\end{bmatrix}$；

当 $\lambda_3=-6$ 时，$(\boldsymbol{A}+6\boldsymbol{E})\boldsymbol{x}=\boldsymbol{0}$ 的基础解系为：$\boldsymbol{\xi}_3=\begin{bmatrix}1\\ -1\\ 2\end{bmatrix}$，单位化得 $\boldsymbol{p}_3=\begin{bmatrix}\frac{1}{\sqrt{6}}\\ \frac{-1}{\sqrt{6}}\\ \frac{2}{\sqrt{6}}\end{bmatrix}$；

令 $P=\begin{bmatrix} \frac{-2}{\sqrt{5}} & \frac{1}{\sqrt{30}} & \frac{1}{\sqrt{6}} \\ 0 & \frac{5}{\sqrt{30}} & \frac{-1}{\sqrt{6}} \\ \frac{1}{\sqrt{5}} & \frac{2}{\sqrt{30}} & \frac{2}{\sqrt{6}} \end{bmatrix}$，则 P 为正交矩阵，正交变换 $x=Py$，将此二次型化为标准形 $f=y_1^2+6y_2^2-6y_3^2$。

例 9　设 A 为 n 阶实方阵，且满足 $A^2-3A+2E=0$，

(1)求 A 的特征值；

(2)证明 $r(A-E)+r(A-2E)=n$；

(3)A 是否可以和对角阵相似？请说明理由。

解　(1)设 λ 为 A 的特征值，A 对应于特征值 λ 的特征向量为 x，即

$$Ax=\lambda x, x\neq 0,$$

又由于 A 满足 $A^2-3A+2E=0$，所以有

$(A^2-3A+2E)x=(\lambda^2-3\lambda+2)x=0, x\neq 0$，

从而 $\lambda^2-3\lambda+2=0\Rightarrow\lambda=1$，或 $\lambda=2$

故 A 的特征值只可能为 1 或 2。

(2)一方面，$\because A^2-3A+2E=(A-E)(A-2E)=0$

$$\therefore r(A-E)+r(A-2E)\leqslant n,$$

另一方面，

$$r(A-E)+r(A-2E)=r(A-E)+r(2E-A)$$
$$\geqslant r(A-E+2E-A)=r(E)=n,$$

综上所述，有 $r(A-E)+r(A-2E)=n$。

(3)当 A 的特征值都是 2 时，$A-E$ 可逆，由 $A^2-3A+2E=0$ 得 $A=2E$，则 A 可以和对角阵相似；

当 A 的特征值都是 1 时，$A-2E$ 可逆，由 $A^2-3A+2E=0$ 得 $A=E$，则 A 可以和对角阵相似；

当 1 和 2 均为 A 的特征值时，$A-E$ 不可逆且 $A-2E$ 不可逆，

$(A-E)x=0$ 的基础解系所含向量个数为 $l_1=n-r(A-E)$，

$(A-2E)x=0$ 的基础解系所含向量个数为 $l_2=n-r(A-2E)$，

由 2 知 $r(A-E)+(A-2E)=n$，从而有 $l_1+l_2=2n-n=n$，

故 n 阶方阵 A 有 n 个线性无关的特征向量，从而 A 可以和对角阵相似。

例 10　设 A,B 是两个 n 阶矩阵，A 有 n 个不同特征值，且 A 的特征向量都是 B 的特征向量，求证：$AB=BA$。

证　设 A 的特征值为 $\lambda_1,\lambda_2,\cdots,\lambda_n$，对应的特征向量为 $\xi_1,\xi_2,\cdots,\xi_n$。由于特征值 $\lambda_1,\lambda_2,\cdots,\lambda_n$ 互不相同，所以对应的特征向量 $\xi_1,\xi_2,\cdots,\xi_n$ 线性无关，故矩阵 $P=(\xi_1,\xi_2,\cdots,\xi_n)^T$ 可逆，并且使得

$$P^{-1}AP=\begin{pmatrix}\lambda_1 & & & \\ & \lambda_2 & & \\ & & \ddots & \\ & & & \lambda_n\end{pmatrix}。$$

据题设知，$\xi_1,\xi_2,\cdots,\xi_n$ 都是 B 的特征向量，可设所对应的的特征值为 $\mu_1,\mu_2,\cdots,\mu_n$，则

$$P^{-1}BP=\begin{pmatrix}\mu_1 & & & \\ & \mu_2 & & \\ & & \ddots & \\ & & & \mu_n\end{pmatrix}。$$

因此，

$$\begin{aligned}BAP&=BP\begin{pmatrix}\lambda_1 & & & \\ & \lambda_2 & & \\ & & \ddots & \\ & & & \lambda_n\end{pmatrix}=P\begin{pmatrix}\mu_1 & & & \\ & \mu_2 & & \\ & & \ddots & \\ & & & \mu_n\end{pmatrix}\begin{pmatrix}\lambda_1 & & & \\ & \lambda_2 & & \\ & & \ddots & \\ & & & \lambda_n\end{pmatrix}\\&=P\begin{pmatrix}\lambda_1 & & & \\ & \lambda_2 & & \\ & & \ddots & \\ & & & \lambda_n\end{pmatrix}\begin{pmatrix}\mu_1 & & & \\ & \mu_2 & & \\ & & \ddots & \\ & & & \mu_n\end{pmatrix}=ABP。\end{aligned}$$

由上式得到 $BAP=ABP$。再由 P 可逆知：$AB=BA$。

练　习　题

一、填空题

1. A 为 n 阶矩阵，且 $r(A-E)<n$，则 A 的一个特征值为________。

2. 若 $\lambda=2$ 为可逆矩阵 A 的特征值，则 $\left(\frac{1}{2}A^2\right)^{-1}$ 的一个特征值为________。

3. 设 n 阶矩阵 A 与 B 相似，且 $|A-3E|=0$，则 B^2+3E 的一个特征值为________。

4. 已知矩阵 $A=\begin{bmatrix}1&1&0\\1&1&3\\0&3&a\end{bmatrix}$ 与 $B=\begin{bmatrix}1&0&0\\1&0&3\\0&0&-3\end{bmatrix}$ 相似，则 $a=$________。

5. 设 A 为 3 阶矩阵，P 为 3 阶可逆矩阵，且 $P=(\alpha_1,\alpha_2,\alpha_3)$，$P^{-1}AB=\begin{bmatrix}1&0&0\\0&1&0\\0&0&2\end{bmatrix}$，若 $Q=(\alpha_3,\alpha_1+\alpha_2,\alpha_2)$，则 $Q^{-1}AQ=$________。

6. 若二次型 $f(x_1,x_2,x_3)=3x_1^2+5x_2^2+3x_3^2+2ax_1x_2+4x_2x_3$ 为正定二次型，那么 a 的取值范围是________。

7. 设 $\boldsymbol{A}=\begin{bmatrix}-1&0&0\\0&2&0\\0&0&1\end{bmatrix}$，要使 $\boldsymbol{A}+k\boldsymbol{E}$ 为正定矩阵，k 应满足________。

8. 设 $\boldsymbol{A}$ 是三阶实对称矩阵，$\boldsymbol{A}$ 的秩 $r(\boldsymbol{A})=1$，若 $\boldsymbol{A}^2-5\boldsymbol{A}=\boldsymbol{0}$，则 $\boldsymbol{A}$ 的非零特征值是________。

二、选择题

1. 设 $\boldsymbol{A}=\begin{bmatrix}a&-1&1\\-1&0&1\\1&b&0\end{bmatrix}$，$\boldsymbol{\alpha}=\begin{bmatrix}1\\-1\\1\end{bmatrix}$ 为 $\boldsymbol{A}$ 属于特征值 λ 的特征向量，则 a,b 的值为(　　)。

(A) $a=-2,b=1$；　　(B) $a=2,b=-1$；

(C) $a=-2,b=-1$；　　(D) $a=2,b=1$。

2. 设 $\boldsymbol{A}$ 是一个 $n(n\geqslant3)$ 阶矩阵，下列陈述中正确的是(　　)。

(A) 如果存在数 λ 和向量 $\boldsymbol{\alpha}$，使得 $\boldsymbol{A\alpha}=\lambda\boldsymbol{\alpha}$，则向量 $\boldsymbol{\alpha}$ 是 $\boldsymbol{A}$ 的属于特征值 λ 的特征向量；

(B) 如果存在数 λ 和非零向量 $\boldsymbol{\alpha}$，使得 $(\boldsymbol{A}-\lambda\boldsymbol{E})\boldsymbol{\alpha}=\boldsymbol{0}$，则 λ 是 $\boldsymbol{A}$ 的特征值；

(C) 矩阵 $\boldsymbol{A}$ 的两个不同的特征值可以有同一个特征向量；

(D) 如果 $\lambda_1,\lambda_2,\lambda_3$ 是 $\boldsymbol{A}$ 的 3 个互不相同的特征值，$\boldsymbol{\alpha}_1,\boldsymbol{\alpha}_2,\boldsymbol{\alpha}_3$ 是 $\boldsymbol{A}$ 的属于 $\lambda_1,\lambda_2,\lambda_3$ 的特征向量，则 $\boldsymbol{\alpha}_1,\boldsymbol{\alpha}_2,\boldsymbol{\alpha}_3$ 线性相关。

3. 下列矩阵中，不能相似于对角阵的是(　　)。

(A) $\begin{bmatrix}0&0&1\\0&1&0\\1&0&0\end{bmatrix}$　　(B) $\begin{bmatrix}1&1&1\\0&2&2\\0&0&3\end{bmatrix}$

(C) $\begin{bmatrix}1&-2&1\\2&-4&2\\1&-2&1\end{bmatrix}$　　(D) $\begin{bmatrix}-2&1&1\\0&2&0\\-4&0&3\end{bmatrix}$

4. 设 $\boldsymbol{A},\boldsymbol{B}$ 都是 n 阶实对称矩阵，则如下结论正确的是(　　)。

(A) $\boldsymbol{A}$ 与 $\boldsymbol{B}$ 等价，则 $\boldsymbol{A}$ 与 $\boldsymbol{B}$ 相似；　　(B) $\boldsymbol{A}$ 与 $\boldsymbol{B}$ 相似，则 $\boldsymbol{A}$ 与 $\boldsymbol{B}$ 合同；

(C) $\boldsymbol{A}$ 与 $\boldsymbol{B}$ 合同，则 $\boldsymbol{A}$ 与 $\boldsymbol{B}$ 相似；　　(D) $\boldsymbol{A}$ 与 $\boldsymbol{B}$ 等价，则 $\boldsymbol{A}$ 与 $\boldsymbol{B}$ 合同.

5. n 阶实对称矩阵 $\boldsymbol{A}$ 和 $\boldsymbol{B}$ 相似的充分必要条件是(　　)。

(A) $\boldsymbol{A}$ 和 $\boldsymbol{B}$ 都有 n 个线性无关的特征向量；　　(B) $r(\boldsymbol{A})=r(\boldsymbol{B})$；

(C) $\boldsymbol{A}$ 和 $\boldsymbol{B}$ 的主对角线上元素之和相等；　　(D) $\boldsymbol{A}$ 和 $\boldsymbol{B}$ 有 n 个相同的特征值。

6. 矩阵 $\begin{bmatrix}1&a&1\\a&b&a\\1&a&1\end{bmatrix}$ 与 $\begin{bmatrix}2&0&0\\0&b&0\\0&0&0\end{bmatrix}$ 相似的充分必要条件为(　　)。

(A) $a=0$，b 为任意常数；　　(B) $a=0,b=2$；

(C) $a=2$，b 为任意常数；　　(D) $a=2,b=0$。

7. 若二次型 $f(\boldsymbol{x}_1,\boldsymbol{x}_2,\boldsymbol{x}_3)=2\boldsymbol{x}_1^2+a\boldsymbol{x}_3^2+2\boldsymbol{x}_2\boldsymbol{x}_3$ 经正交变换 $\boldsymbol{x}=\boldsymbol{Py}$ 可化成标准形 $\boldsymbol{y}_1^2+b\boldsymbol{y}_2^2-\boldsymbol{y}_3^2$，则(　　)。

(A) $a=1,b=2$；　　(B) $a=0,b=2$；

(C) $a=1,b=-2$；　　(D) $a=0,b=-2$。

8. 设 $\boldsymbol{A}$ 是 4 阶实对称矩阵，且满足 $\boldsymbol{A}^2+\boldsymbol{A}=\boldsymbol{0}$，若 $\boldsymbol{A}$ 的秩为 3，则 $\boldsymbol{A}$ 相似于（　　）。

(A) $\begin{bmatrix}1&&&\\&1&&\\&&1&\\&&&0\end{bmatrix}$　　(B) $\begin{bmatrix}1&&&\\&1&&\\&&-1&\\&&&0\end{bmatrix}$

(C) $\begin{bmatrix}-1&&&\\&-1&&\\&&-1&\\&&&0\end{bmatrix}$　　(D) $\begin{bmatrix}1&&&\\&-1&&\\&&-1&\\&&&0\end{bmatrix}$

三、计算题

1. 设 $\boldsymbol{\alpha}$ 为 n 维单位列向量，$\boldsymbol{E}$ 为 n 阶单位矩阵，求 n 阶矩阵 $\boldsymbol{A}=\boldsymbol{E}-\boldsymbol{\alpha\alpha}^{\mathrm{T}}$ 的全部特征值并证明其不可逆。

2. 设 $\boldsymbol{\alpha}=(a_1,a_2,\cdots,a_n)^{\mathrm{T}}$，$a_1\neq 0$，$\boldsymbol{A}=\boldsymbol{\alpha\alpha}^{\mathrm{T}}$

(1) 证明 $\lambda=0$ 是 $\boldsymbol{A}$ 的 $n-1$ 重特征值；

(2) 求 $\boldsymbol{A}$ 的非零特征值及 n 个线性无关的特征向量。

3. 已知三阶方阵 $\boldsymbol{A}$ 的三个特征值分别为 $\lambda_1=1,\lambda_2=0,\lambda_3=-1$，对应的特征向量依次为 $\boldsymbol{p}_1=(1,2,2)^{\mathrm{T}}$，$\boldsymbol{p}_2=(2,-2,1)^{\mathrm{T}}$，$\boldsymbol{p}_3=(-2,-1,2)^{\mathrm{T}}$，求矩阵 $\boldsymbol{A}$。

4. 设 3 阶矩阵 $\boldsymbol{A}=\begin{bmatrix}3&2&-2\\k&-1&-k\\4&2&-3\end{bmatrix}$。

(1) 问 k 为何值时，$\boldsymbol{A}$ 相似于对角阵？

(2) 当 $\boldsymbol{A}$ 相似于对角阵时，求可逆矩阵 $\boldsymbol{P}$，使 $\boldsymbol{P}^{-1}\boldsymbol{ABP}$ 为对角矩阵。

5. 用正交变换将下列实二次型化为标准形，并写出所作的正交变换。

$$f(x_1,x_2,x_3)=x_1^2+4x_2^2+4x_3^2-4x_1x_2+4x_1x_3-8x_2x_3$$

6. 已知二次型 $f(x_1,x_2,x_3)=x_1^2+2x_2^2+kx_3^2+4x_2x_3$，

(1) 求 k 为何值时，此二次型为正定二次型；

(2) 当 $k=2$ 时，求一正交变换 $\boldsymbol{x}=\boldsymbol{Py}$，将此二次型化为标准型；

(3) 写出正交变换和标准型。

7. 设 n 阶矩阵 $\boldsymbol{A}$ 的非零互异特征值为 $\lambda_1,\lambda_2,\cdots,\lambda_s$，对应的特征向量为 $\eta_1,\eta_2,\cdots,\eta_s$，又有齐次线性方程组 $\boldsymbol{Ax}=\boldsymbol{0}$ 的一个基础解系为 $\boldsymbol{\zeta}_1,\boldsymbol{\zeta}_2,\cdots,\boldsymbol{\zeta}_m$，试问：当 $1\leqslant m\leqslant s$ 时，向量组 $\boldsymbol{\zeta}_1,\boldsymbol{\zeta}_2,\cdots,\boldsymbol{\zeta}_m,\boldsymbol{\zeta}_1+\boldsymbol{\eta}_1\boldsymbol{\zeta}_2+\boldsymbol{\eta}_2,\cdots,\boldsymbol{\zeta}_m+\boldsymbol{\eta}_m$ 是否线性无关，证明你的结论。

练习题答案

一、填空题

1. 答案：1

解析　由于 $r(\boldsymbol{A}-\boldsymbol{E})<n$，所以 $|\boldsymbol{A}-\boldsymbol{E}|=0$，所以 $\boldsymbol{A}$ 的一个特征值为 1。

2. 答案：$\dfrac{1}{2}$。

解析　由 $\lambda=2$ 是 $\boldsymbol{A}$ 的特征值可知：$\left(\frac{1}{2}\lambda^2\right)^{-1}$ 是 $\left(\frac{1}{2}\boldsymbol{A}^2\right)^{-1}$ 的特征值，即 $\frac{1}{2}$ 是 $\left(\frac{1}{2}\boldsymbol{A}^2\right)^{-1}$ 的一个特征值。

3. 答案：12

解析　由 $|\boldsymbol{A}-3\boldsymbol{E}|=\boldsymbol{0}$ 知 3 是 $\boldsymbol{A}$ 的特征值，又 $\boldsymbol{A}$ 与 $\boldsymbol{B}$ 相似，故 3 是 $\boldsymbol{B}$ 的特征值，$\boldsymbol{B}^2+3\boldsymbol{E}$ 有特征值 $3^2+3=12$。

4. 答案：-1

解析　矩阵 $\boldsymbol{A},\boldsymbol{B}$ 相似，故有相同的特征值，因此 $1+1+a=1+3-3$，可知 $a=-1$。

5. 答案：$\begin{bmatrix}2&0&0\\0&1&0\\0&0&1\end{bmatrix}$

解析　由于 $\boldsymbol{Q}=\boldsymbol{P}\begin{bmatrix}0&1&0\\0&1&1\\1&0&0\end{bmatrix}$，$\boldsymbol{A}^{-1}\boldsymbol{A}\boldsymbol{Q}=\begin{bmatrix}0&1&0\\0&1&1\\1&0&0\end{bmatrix}^{-1}\boldsymbol{P}^{-1}\boldsymbol{A}\boldsymbol{P}\begin{bmatrix}0&1&0\\0&1&1\\1&0&0\end{bmatrix}$

$$=\begin{bmatrix}0&0&1\\1&0&0\\-1&1&0\end{bmatrix}\begin{bmatrix}1&0&0\\0&1&0\\0&0&2\end{bmatrix}\begin{bmatrix}0&1&0\\0&1&1\\1&0&0\end{bmatrix}=\begin{bmatrix}2&0&0\\0&1&0\\0&0&1\end{bmatrix}$$

6. 答案：$a\in(-\sqrt{11},\sqrt{11})$

解析　二次型的矩阵为 $\begin{bmatrix}3&a&0\\a&5&2\\0&2&3\end{bmatrix}$，由正定二次型的性质知，其对应的顺序主子式大于零。所以 $\begin{vmatrix}3&a\\a&5\end{vmatrix}=15-a^2>0$，$\begin{vmatrix}3&a&0\\a&5&2\\0&2&3\end{vmatrix}=33-3a^2>0$，解得 $a^2<11$，

所以 $a\in(-\sqrt{11},\sqrt{11})$

7. 答案：$k>1$

解析　$\boldsymbol{A}=\begin{bmatrix}-1&0&0\\0&2&0\\0&0&1\end{bmatrix}$ 特征值为 $\lambda=-1,2,1$，则 $\boldsymbol{A}+k\boldsymbol{E}$ 的特征值为 $\lambda=-1+k,2+k,1+k$，若 $\boldsymbol{A}+k\boldsymbol{E}$ 为正定矩阵，则 $-1+k>0,2+k>0,1+k>0$，故 $k>1$。

8. 答案：5

解析　由 $\boldsymbol{A}^2-5\boldsymbol{A}=\boldsymbol{0}$ 知矩阵 $\boldsymbol{A}$ 的特征值为 $\lambda=0$ 或 $\lambda=5$，由 $\boldsymbol{A}$ 的秩 $r(\boldsymbol{A})=1$，知 $\boldsymbol{A}$ 的非零特征值是 5。

二、选择题

1. 答案 A

解析　由 $\boldsymbol{A\alpha}=\lambda\boldsymbol{\alpha}$，得

$$\begin{cases}a+1+1=\lambda\\-1+1=-\lambda\\1-b=\lambda\end{cases}$$，解得 $a=-2,b=1$。

2. 答案：B

解析　A 选项缺少 $\boldsymbol{\alpha}$ 是非零向量，错误。

B 选项 $(\boldsymbol{A}-\lambda\boldsymbol{E})\boldsymbol{\alpha}=\boldsymbol{0}$ 展开即为 $\boldsymbol{A\alpha}=\lambda\boldsymbol{\alpha}$，与定义一致，正确。

C 选项，不同特征值的特征向量线性无关，故不可能相同，错误。

D 选项，不同特征值的特征向量线性无关，故错误。

3. 答案：D

解析

A 选项中矩阵$\begin{pmatrix}0&0&1\\0&1&0\\1&0&0\end{pmatrix}$是实对称矩阵，能与对角阵相似；

B 选项中矩阵$\begin{pmatrix}1&1&1\\0&2&2\\0&0&3\end{pmatrix}$有三个不同的特征值 $\lambda=1,2,3$，则能对角化；

C 选项中矩阵$\begin{pmatrix}1&-2&1\\2&-4&2\\1&-2&1\end{pmatrix}$特征值为，$\lambda=0,0,3$，$\lambda=0$ 为二重特征值，但对应两个线性无关的特征向量，因此能对角化；

D 选项中矩阵$\begin{pmatrix}-2&1&1\\0&2&0\\-4&0&3\end{pmatrix}$特征值 $\lambda=2$ 为二重特征值，但对应一个线性无关的特征向量，因此不能对角化。

4. 答案：B

解析　$\boldsymbol{A},\boldsymbol{B}$ 都是 n 阶实对称矩阵，$\boldsymbol{A}$ 与 $\boldsymbol{B}$ 相似，则存在正交矩阵 $\boldsymbol{P}$，$\boldsymbol{P}^{-1}\boldsymbol{AP}=\boldsymbol{B}$，从而有 $\boldsymbol{P}^{\mathrm{T}}\boldsymbol{AP}=\boldsymbol{B}$，即 $\boldsymbol{A},\boldsymbol{B}$ 合同。选项 B 正确。

5. 答案：D

解析　必要性：当 n 阶实对称矩阵 $\boldsymbol{A}$ 和 $\boldsymbol{B}$ 相似时，由于相似矩阵具有相同的特征值，所以 $\boldsymbol{A}$ 和 $\boldsymbol{B}$ 有 n 个相同的特征值。

充分性：设实对称矩阵 $\boldsymbol{A}$ 和 $\boldsymbol{B}$ 有相同的特征值 $\lambda_1,\lambda_2,\cdots,\lambda_n$，则存在着正交矩阵 $\boldsymbol{P}_1,\boldsymbol{P}_2$，使得

$$\boldsymbol{P}_1^{-1}\boldsymbol{AP}_1=\begin{pmatrix}\lambda_1&&&\\&\lambda_2&&\\&&\ddots&\\&&&\lambda_n\end{pmatrix}=\boldsymbol{P}_2^{-1}\boldsymbol{AP}_2，即\ \boldsymbol{P}_2\boldsymbol{P}_1^{-1}\boldsymbol{AP}_1\boldsymbol{P}_2^{-1}=\boldsymbol{B}$$

令 $\boldsymbol{P}=\boldsymbol{P}_1\boldsymbol{P}_2^{-1}$，则 $\boldsymbol{P}^{-1}\boldsymbol{AP}=\boldsymbol{B}$，即 $\boldsymbol{A}$ 和 $\boldsymbol{B}$ 相似。

6.答案:A

解析　由矩阵相似的定义知,存在一个可逆矩阵 $\boldsymbol{P}$,使得

$$\begin{bmatrix}1&a&1\\a&b&a\\1&a&1\end{bmatrix}=\boldsymbol{P}^{-1}\begin{bmatrix}2&0&0\\0&b&0\\0&0&0\end{bmatrix}\boldsymbol{P},$$

相似的矩阵具有相同的特征值,因此 $\begin{bmatrix}1&a&1\\a&b&a\\1&a&1\end{bmatrix}$ 的特征值为 $2,b,0$,由特征值的定义得,$\begin{bmatrix}1&a&1\\a&b&a\\1&a&1\end{bmatrix}-\lambda\boldsymbol{E}$ 的行列式为 0,于是

$$\begin{vmatrix}-1&a&1\\a&b-2&a\\1&a&1\end{vmatrix}=0,\quad\begin{vmatrix}1-b&a&1\\a&0&a\\1&a&1-b\end{vmatrix}=0,\quad\begin{vmatrix}1&a&1\\a&b&a\\1&a&1\end{vmatrix}=0,$$

解得 $a=0$,b 为任意常数。

7.答案:B

解析　二次型的矩阵为 $\boldsymbol{A}\begin{bmatrix}2&0&0\\0&0&1\\0&1&a\end{bmatrix}$,经正交变换后其标准型的矩阵为 $\boldsymbol{B}=diag(1,b,-1)$,则 $\boldsymbol{A}$ 相似于 $\boldsymbol{B}$。由 $\mathrm{tr}\boldsymbol{A}=\mathrm{tr}\boldsymbol{B}$,$|\boldsymbol{A}|=|\boldsymbol{B}|$ 得 $2+a=b$,$b=2$。故 $a=0$,$b=2$。

8. 答案:C

分析　设 $\boldsymbol{\lambda}$ 是 $\boldsymbol{A}$ 的特征值,则 $\lambda^2+\lambda$ 是 $\boldsymbol{A}^2+\boldsymbol{A}$ 的特征值,所以 $\lambda^2+\lambda=0$。又 $\boldsymbol{A}$ 是 4 阶实对称矩阵,且秩为 3,所以 $\boldsymbol{A}$ 的特征值为 $-1,-1,-1,0$。所以选 C。

三、计算题

1.**解析**　因为 $\boldsymbol{E}-\boldsymbol{A}=\boldsymbol{\alpha\alpha}^{\mathrm{T}}$ 为对称矩阵,由 $r(\boldsymbol{\alpha\alpha}^{\mathrm{T}})=1$,知 $r(\boldsymbol{E}-\boldsymbol{A})=1$,则 $r(\boldsymbol{A}-\boldsymbol{E})=1$。所以 $\boldsymbol{A}-\boldsymbol{E}$ 的特征值有一个是非零的,其余 $n-1$ 个都是 0。设矩阵 $\boldsymbol{A}$ 的所有特征值为 λ_1,$\lambda_2,\cdots,\lambda_n$,则 $\boldsymbol{A}-\boldsymbol{E}$ 的特征值为 $\lambda_1-1,\lambda_2-1,\cdots,\lambda_n-1$。因此,$\lambda_1-1,\lambda_2-1,\cdots,\lambda_n-1$ 中有 $n-1$ 个都是 0,即 $\lambda_1,\lambda,\cdots,\lambda_n$ 有 $n-1$ 个都是 1。

由 $\lambda_1-1,\lambda_2-1,\cdots,\lambda_n-1$ 中有一个非零知,$\lambda_1,\lambda_2,\cdots,\lambda_n$ 中有一个不等于 1。

又因为 $\boldsymbol{A\alpha}=\boldsymbol{E\alpha}-\boldsymbol{\alpha\alpha}^{\mathrm{T}}=\boldsymbol{0}$,所以 0 是 $\boldsymbol{A}$ 的特征值。

所以矩阵 $\boldsymbol{A}$ 的所有特征值为 $1,1,\cdots,1,0$.

因为 0 是 $\boldsymbol{A}$ 的特征值,所以 $\boldsymbol{A}$ 不可逆。

2.**解析**　(1)$\boldsymbol{A}$ 是对称矩阵,且 $r(\boldsymbol{A})=1$,所以 $\lambda=0$ 是 $\boldsymbol{A}$ 的 $n-1$ 重特征值。

(2)由 $\boldsymbol{A}=\boldsymbol{\alpha\alpha}^{\mathrm{T}}$ 有

$\boldsymbol{A\alpha}=\boldsymbol{\alpha\alpha}^{\mathrm{T}}\boldsymbol{\alpha}=\boldsymbol{\alpha}(\boldsymbol{\alpha}^{\mathrm{T}}\boldsymbol{\alpha})=(\boldsymbol{\alpha}^{\mathrm{T}}\boldsymbol{\alpha})\boldsymbol{\alpha}$

所以 $\lambda_1=\boldsymbol{\alpha}^{\mathrm{T}}\boldsymbol{\alpha}=\sum_{i=1}^{n}a_i^2$ 是对应特征向量 $\boldsymbol{\alpha}$ 的非零特征值。

当 $\lambda=0$ 时,对应的特征向量是齐次线性方程组 $\boldsymbol{Ax}=\boldsymbol{0}$ 的非零解,由

$$A=\begin{bmatrix} a_1^2 & a_1a_2 & \cdots & a_1a_n \\ a_2a_1 & a_2^2 & \cdots & a_2a_n \\ \vdots & \vdots & & \vdots \\ a_na_1 & a_na_2 & \cdots & a_n^2 \end{bmatrix} \sim \begin{bmatrix} a_1 & a_2 & \cdots & a_n \\ 0 & 0 & \cdots & 0 \\ \vdots & \vdots & & \vdots \\ 0 & 0 & \cdots & 0 \end{bmatrix}$$

$\boldsymbol{A}$ 的对应于特征值$\lambda=0$ 的全部特征向量为

$$\boldsymbol{\alpha}=k_1\begin{bmatrix} -\frac{a_2}{a_1} \\ 1 \\ 0 \\ \vdots \\ 0 \end{bmatrix}+k_2\begin{bmatrix} -\frac{a_3}{a_1} \\ 1 \\ 0 \\ \vdots \\ 0 \end{bmatrix}+\cdots+k_{n-1}\begin{bmatrix} -\frac{a_n}{a_1} \\ 1 \\ 0 \\ \vdots \\ 0 \end{bmatrix},$$

其中 $k_1,k_2,\cdots,k_{n-1}$ 是不同时为零的实数。

当 $\lambda_1=\sum_{i=1}^{n}a_i^2$ 时,对应的特征向量是 $\boldsymbol{\alpha}$。

3. **解析** 由已知,$\boldsymbol{A}$ 可以对角化。令 $\boldsymbol{P}=(\boldsymbol{p}_1,\boldsymbol{p}_2,\boldsymbol{p}_3)=\begin{bmatrix} 1 & 2 & -2 \\ 2 & -2 & -1 \\ 2 & 1 & 2 \end{bmatrix}$,则

$\boldsymbol{P}^{-1}\boldsymbol{AP}=\begin{bmatrix} 1 & & \\ & 0 & \\ & & -1 \end{bmatrix}$,从而 $\boldsymbol{A}=\boldsymbol{P}=\begin{bmatrix} 1 & & \\ & 0 & \\ & & -1 \end{bmatrix}\boldsymbol{P}^{-1}$。

$\boldsymbol{P}^{-1}=\frac{1}{9}\begin{bmatrix} 1 & 2 & 2 \\ 2 & -2 & 1 \\ -2 & -1 & 2 \end{bmatrix}$,$\boldsymbol{A}=\frac{1}{3}\begin{bmatrix} -1 & 0 & 2 \\ 0 & 1 & 2 \\ 2 & 2 & 0 \end{bmatrix}$。

4. **解析** $|\boldsymbol{A}-\lambda\boldsymbol{E}|=\begin{vmatrix} 3-\lambda & 2 & -2 \\ k & -1-\lambda & -k \\ 4 & 2 & -3-\lambda \end{vmatrix}=-(\lambda+1)^2(\lambda-1)$

特征值 1 的几何重数等于代数重数 1,因此 $\boldsymbol{A}$ 相似于对角阵当且仅当特征值-1 的几何重数等于代数重数 2,从而秩 $r(\boldsymbol{A}+\boldsymbol{E})=3-2=1$。所以 $k=0$。

(2)对应于特征值 $\lambda_1=\lambda_2=-1$ 的两个线性无关特征向量为

$$\boldsymbol{\eta}_1=\begin{bmatrix} -1 \\ 2 \\ 0 \end{bmatrix},\boldsymbol{\eta}_2=\begin{bmatrix} 1 \\ 0 \\ 2 \end{bmatrix};$$

对应于特征值 $\lambda_3=1$ 的特征向量为 $\boldsymbol{\eta}_3=\begin{bmatrix} 1 \\ 0 \\ 1 \end{bmatrix}$。

5. **解析** 二次型的矩阵

$$\boldsymbol{A}=\begin{bmatrix} 1 & -2 & 2 \\ -2 & 4 & -4 \\ 2 & -4 & 4 \end{bmatrix}$$

A 的特征多项式

$$|A-\lambda E|=\begin{vmatrix}1-\lambda & -2 & 2\\ -2 & 4-\lambda & -4\\ 2 & -4 & 4-\lambda\end{vmatrix}=-\lambda^2(\lambda-9)。$$

由此可得 A 的特征值 $\lambda_1=\lambda_2=0,\lambda_3=9$。

对于 $\lambda_1=\lambda_2=0$，解方程组 $(A-0E)x=\mathbf{0}$，得其基础解系

$$a_1=(2,1,0)^T,a_2=(-2,1,0)^T。$$

利用施密特正交化方程将 a_1,a_2 正交化：

$$\beta_1=a_1=(2,1,0)^T,$$

$$\beta_2=a_2-\frac{a_2^T\beta_1}{\beta_1^T\beta_1}\beta_1=\left(-\frac{2}{5},\frac{4}{5},1\right)^T,$$

单位化后得

$$\gamma_1=\left[\frac{2}{\sqrt5},\frac{1}{\sqrt5},0\right]^T,\gamma_2=\left[-\frac{2}{3\sqrt5},\frac{4}{3\sqrt5},\frac{5}{3\sqrt5}\right]^T。$$

对于 $\lambda_3=9$，解方程组 $(A-9E)x=\mathbf{0}$，得其基础解系 $a_3=(1,-2,2)^T$。将 a_3 单位化，得 $\gamma_3=\left(\frac{1}{3},-\frac{2}{3},\frac{2}{3}\right)$。令矩阵

$$Q=(\gamma_1,\gamma_2,\gamma_3)=\begin{bmatrix}\frac{2}{\sqrt5} & -\frac{2}{3\sqrt5} & \frac{1}{3}\\ \frac{1}{\sqrt5} & \frac{4}{3\sqrt5} & -\frac{2}{3}\\ 0 & \frac{5}{3\sqrt5} & \frac{2}{3}\end{bmatrix},$$

作线性变换 $x=Qy$，则二次型的标准形为 $f=9y_3^2$。

6. **解析** 二次型对应的对称矩阵为 $A=\begin{bmatrix}1&0&0\\0&2&2\\0&2&k\end{bmatrix}$

(1) $\Delta_1=|1|>0,\Delta_2=\begin{vmatrix}1&0\\0&2\end{vmatrix}>0,\Delta_3=\begin{vmatrix}1&0&0\\0&2&2\\0&2&k\end{vmatrix}=2k-4>0$；

可得 $k>2$

(2) 当 $k=2$ 时，$A=\begin{bmatrix}1&0&0\\0&2&2\\0&2&2\end{bmatrix}$

对应的特征多项式为

$$|\lambda E-A|=\begin{vmatrix}\lambda-1&0&0\\0&\lambda-2&2\\0&-2&\lambda-2\end{vmatrix}=(\lambda-1)(\lambda^2-4\lambda)=0;$$

特征值为 $\lambda_1=0;\lambda_2=1,\lambda_3=4$。

当 $\lambda_1=0$ 时，对应的特征向量为方程组 $\boldsymbol{A}\boldsymbol{x}=\boldsymbol{0}$ 的基础解系，解得 $\boldsymbol{x}_1=(0,-1,1)^{\mathrm{T}}$，单位化得 $\boldsymbol{e}_1=\left(0,\frac{-\sqrt{2}}{2},\frac{\sqrt{2}}{2}\right)^{\mathrm{T}}$；

当 $\lambda_1=1$ 时，对应的特征向量为方程组 $(\boldsymbol{A}-\boldsymbol{E})\boldsymbol{x}=\boldsymbol{0}$ 的基础解系，解得 $\boldsymbol{x}_2=(1,0,0)^{\mathrm{T}}$ 单位化得 $\boldsymbol{e}_2=(1,0,0)^{\mathrm{T}}$；

当 $\lambda_1=4$ 时，对应的特征向量为方程组 $(\boldsymbol{A}-4\boldsymbol{E})\boldsymbol{x}=\boldsymbol{0}$ 的基础解系，解得 $\boldsymbol{x}_3=(0,1,1)^{\mathrm{T}}$，单位化得 $\boldsymbol{e}_3=\left(0,\frac{\sqrt{2}}{2},\frac{\sqrt{2}}{2}\right)^{\mathrm{T}}$；

因此，正交变换为 $\boldsymbol{x}=\boldsymbol{P}\boldsymbol{y}=\begin{bmatrix}0 & 1 & 0\\ -\frac{\sqrt{2}}{2} & 0 & \frac{\sqrt{2}}{2}\\ \frac{\sqrt{2}}{2} & 0 & \frac{\sqrt{2}}{2}\end{bmatrix}y$，标准型为 $f(x_1,x_2,x_3)=y_2^2+4y_3^2$。

7. **解析** 向量组线性无关。

证明 不妨假设存在 $k_1,k_2,\cdots,k_m,x_1,x_2,\cdots,x_m$，使得 $k_1\zeta_1+k_2\zeta_2+\cdots+k_m\zeta_m+x_1(\zeta 1+\eta_1)+x_2(\zeta_2+\eta_2)+\cdots+x_m(\zeta_m+\eta_m)=0$，即 $(k_1+x_1)\zeta_1+(k_2+x_2)\zeta_2+\cdots+(k_m+x_m)\zeta_m+x_1\eta_1+x_2\eta_2+\cdots+x_m\eta_m=0$. 又因 $\zeta_1,\zeta_2,\cdots,\zeta_m,\eta_1,\eta_2,\cdots,\eta_s$ 是矩阵 $\boldsymbol{A}$ 的属于不同特征值的特征向量，因此线性无关，所以有 $k_1+x_1=k_2+x_2=\cdots=k_m+x_m=x_1=x_2=\cdots=x_m=0$，即 $k_1=k_2=\cdots=k_m=x_1=x_2=\cdots=x_m=0$，因此向量组 $\zeta_1,\zeta_2,\cdots,\zeta_m,\zeta_1+\eta_1,\zeta_2+\eta_2,\cdots,\zeta_m+\eta_m$ 线性无关。

第三篇　概率论与数理统计

第十一章　随机事件与概率

考试内容

随机事件与样本空间;事件的关系与运算;概率的基本性质;古典型概率;条件概率;概率的基本公式;事件的独立性;重复独立试验。

考试要求

1. 了解样本空间的概念,理解随机事件的基本概念,掌握事件间的关系及运算;

2. 理解概率、条件概率的概念,掌握概率的基本性质,会计算古典概率,掌握概率的加法公式、减法公式、乘法公式、全概率公式及贝叶斯公式;

3. 理解事件独立性概念,掌握用事件的独立性进行概率的计算,理解重复独立试验的概念,掌握计算有关事件概率的方法。

本章重点

事件间的关系及运算,将随机现象、随机试验用随机事件恰当表示;古典概型及其概率的计算;概率的性质,条件概率;事件的独立性;乘法公式、全概率公式及贝叶斯公式。

一、随机事件及其关系运算

1. 随机现象

在一次试验中,其结果呈现不确定性,但在一定条件下进行大量重复观测(或试验)后其结果呈现一定的规律性的现象,称为随机现象。

2. 随机试验

把对某种随机现象的一次观察、观测或测量等称为一个试验。如果这个试验在相同的条件下可以重复进行,且每次试验的结果事前不可预知,则称此试验为随机试验,也简称为试验,记为 E。

3. 样本空间

对于随机试验,尽管在每次试验之前不能预知其试验结果,但试验的所有可能结果却是已知的。试验所有可能结果所组成的集合即称为样本空间,记为 Ω。随机试验的单个结果,即构成样本空间的每一元素,称为样本点。

4. 随机事件

把样本空间的任意一个子集称为一个随机事件,简称事件。特别地,如果事件只含一个试验结果(即样本空间的一个元素),则称该事件为基本事件。

必然事件——Ω，不可能事件——$\varnothing$

例 1　设 A，B，C 三个事件，试用 A，B，C 表示下列事件：

(1)恰有 A 发生；

(2)A 与 B 都发生而 C 不发生；

(3)A，B，C 都发生；

(4)恰有一个事件发生；

(5)至少有一个事件发生；

(6)恰有两个事件发生；

(7)不多于两个事件发生；

(8)A，B 至少有一个发生，而 C 不发生。

解　(1)$A\bar{B}\bar{C}$ 或 $A-B-C$；

(2)$AB\bar{C}$ 或 $AB-C$；

(3)ABC；

(4)$A\bar{B}\bar{C}\cup\bar{A}B\bar{C}\cup\bar{A}\bar{B}C$；

(5)$A\cup B\cup C$；

(6)$AB\bar{C}\cup\bar{A}BC\cup A\bar{B}C$；

(7)$\overline{ABC}$；

(8)$(A\cup B)\bar{C}$。

例 2　求事件“甲产品滞销，且乙产品畅销”的对立事件。

解　记 A 为“甲产品畅销”，B 为“乙产品畅销”，则由题意，有

$$\overline{\bar{A}B}=A\cup\bar{B}$$

即所求对立事件为“甲产品畅销或乙产品滞销”。

二、事件的频率与概率，古典概型

1. 频率

在相同条件下，进行了 n 次试验，事件 A 发生了 m 次，则称 $f_n(A)=\frac{m}{n}$ 为事件 A 在 n 次试验中发生的频率。

2. 概率的统计定义

在相同条件下重复进行了 n 次试验，随试验次数的增大，事件 A 发生的频率 $f_n(A)$ 稳定地在一个常数 p 附近摆动，而且一般随着试验次数的增加，摆动的幅度越来越小，则称 p 为事件 A 发生的概率，记为 $p(A)=p$。

3. 概率的公理化定义

定义　设随机试验 E 的基本事件空间为 S，对于 E 的任一事件 A，赋予一个实数 $P(A)$，如果它满足以下三条公理：

(1)非负性:$P(A)\geqslant 0$

(2)规范性:$P(S)=1$

(3)可列可加性:对于可列无限个两两互不相容的事件 $A_1,A_2,\cdots$

$$P\left(\bigcup_{i=1}^{\infty}A_i\right)=\sum_{i=1}^{\infty}P(A_i)$$

则称 $P(A)$ 为事件 A 的概率。

4. 概率的基本性质

性质 1　对任何事件 A 有:$0\leqslant P(A)\leqslant 1$

性质 2　不可能事件的概率为 0,$P(\varnothing)=0$

性质 3　有限可加性:对于有限个两两互不相容的事件 $A_1,A_2,\cdots,A_n$,有

$$P\left(\bigcup_{i=1}^{n}A_i\right)=\sum_{i=1}^{n}P(A_i)$$

性质 4　对任何事件 A,有

$$P(\overline{A})=1-P(A)$$

性质 5　对于两个事件 A,B,若 $A\subset B$,则有

$$P(B-A)=P(B)-P(A)$$

性质 6　(加法公式)对任意两个事件 A,B,有

$$P(A\cup B)=P(A)+P(B)-P(AB)$$

5. 古典概型

设随机试验 E 的基本事件空间 $\Omega=\{\omega_1,\omega_2,\cdots,\omega_n\}$,$n$ 为有限正整数,且每个基本事件 ω_i 发生的可能性相等(即 $P(\omega_1)=P(\omega_2)=\cdots=P(\omega_n)=\frac{1}{n}$),若 E 下的事件 A 是由 m 个不同的基本事件组成,则定义 A 的概率为

$$P(A)=\frac{m}{n}=\frac{A\text{ 包含的基本事件个数}}{\text{基本事件总数}}=\frac{A\text{ 的有利场合数}}{\text{基本事件总数}}$$

例 3　将 C,C,E,E,I,N,S 等七个字母随机地排成一行,那么恰好排成英文单词 SCIENCE 的概率是多少?

解　基本事件总数:$n=A_7^7=7!$。

假设排成一行的七个字母恰好为单词 SCIENCE 的事件为 A,完成该事件 A,可分为 7 个步骤,各个步骤的事件数分别为:$A_1^1,A_2^1,A_1^1,A_2^1,A_1^1,A_1^1,A_1^1$,这些步骤需依次完成,事件 A 才能完成,由乘法原理知,事件 A 含的基本事件数

$$m=A_1^1A_2^1A_1^1A_2^1A_1^1A_1^1A_1^1$$

故所求概率

$$P(A)=\frac{m}{n}=\frac{4}{7!}$$

例 4 设事件 A,B 的概率分别为 $\frac{1}{3}$ 和 $\frac{1}{2}$，试求下列三种情况下 $P(\overline{A}B)$ 的值：

(1)A,B 互不相容；

(2)$A\subset B$；

(3)$P(AB)=\frac{1}{8}$。

解 (1)由于 A 与 B 互不相容，则 $B\subset\overline{A}$。于是 $B=B\overline{A}=\overline{A}B$，从而

$$P(\overline{A}B)=P(B)=\frac{1}{2}$$

(2)由于 $A\subset B$，且 $B\overline{A}=B-A$，所以

$$P(\overline{A}B)=P(B\overline{A})=P(B-A)=P(B)-P(A)=\frac{1}{2}-\frac{1}{3}=\frac{1}{6}$$

(3)由于 $B=BS=(A\cup\overline{A})B=AB\cup\overline{A}B$，且 AB 与 $\overline{A}B$ 互不相容，则

$$P(B)=P(AB)+P(\overline{A}B)$$

即 $P(\overline{A}B)=P(B)-P(AB)=\frac{1}{2}-\frac{1}{8}=\frac{3}{8}$。

例 5 一间宿舍内住有 6 位同学，求这 6 位同学中至少有 2 位的生日在同一个月份(不考虑出生所在的年份)的概率。

解 设 $A=\{$6 位同学中至少有 2 位的生日在同一个月份$\}$，所求概率为 $P(A)$。考虑事件 A 的逆事件：$\overline{A}=\{$6 位同学的生日各在不同的月份$\}$，有

$$P(A)=1-P(\overline{A})=1-\frac{\mathrm{P}_{12}^{6}}{12^{6}}=1-\frac{665\ 280}{2\ 985\ 984}=0.777\ 199\ 074$$

例 6 一袋中装有 $N-1$ 只黑球及 1 只白球，每次从袋中随机地摸出一球，并换入一只黑球。这样继续下去，问第 k 次摸到黑球的概率是多少？

解 若以 A 记“第 k 次摸到黑球”这一事件，则 $\overline{A}$ 表示“第 k 次摸到白球”，先计算 $P(\overline{A})$。因为袋中只有一只白球，而每次摸出的球总是换入黑球，故为了在第 k 次摸到白球，则前面的 $k-1$ 次一定不能摸到白球，因此 $\overline{A}$ 等价于“在前 $k-1$ 次都摸出黑球而第 k 次摸出白球”这一事件。该事件的概率为 $\frac{(N-1)^{k-1}\cdot 1}{N^{k}}=\left(1-\frac{1}{N}\right)^{k-1}\cdot\frac{1}{N}$。

故所求概率

$$P(A)=1-P(\overline{A})=1-\left(1-\frac{1}{N}\right)^{k-1}\cdot\frac{1}{N}$$

例 7 树的主人外出，委托邻居浇水。设已知如果不浇水，树死去的概率 0.8；若浇水，树死去的概率为 0.1；有 0.9 的把握确定邻居会记得浇水。

(1)求主人回来树还活着的概率；

(2)若主人回来树已死去，求邻居忘记浇水的概率。

解 (1)设 $B=\{$主人回来树还活着$\}$，再设 $A=\{$邻居记得浇水$\}$。

由题意知 $P(A)=0.9, P(\bar{B}|A)=0.1, P(\bar{B}|\bar{A})=0.8$，则有

$$P(\bar{A})=0.1, P(B|\bar{A})=1-P(\bar{B}|\bar{A})=0.2, P(B|A)=1-P(B|\bar{A})=0.9$$

则由全概率公式有

$$P(B)=P(A)P(B \mid A)+P(\bar{A})P(B \mid \bar{A})=0.9\times(1-0.1)+0.1\times(1-0.8)=0.83$$

(2)由 Bayes(见本章第 303 页)公式有

$$P(\bar{A} \mid \bar{B})=\frac{P(\bar{A})P(\bar{B} \mid \bar{A})}{P(\bar{B})}=\frac{0.1\times0.8}{1-0.83}=\frac{8}{17}=0.471$$

例 8 设某批产品中有 a 件次品和 b 件正品，我们采用有放回抽样及不放回抽样方式从中任意抽取 n 件产品，问恰有 k 件是次品的概率各是多少？

解 所求概率显然与抽样方式有关，下面分别进行讨论。

有放回抽样场合 设想把 $a+b$ 个产品进行编号，有放回地抽取 n 个。我们将可能的重复排列全体作为基本事件，总数为 $(a+b)^n$，其中有利场合(即次品恰好出现 k 次)的数目为 $C_n^k a^k b^{n-k}$，故所求概率

$$d_k=\frac{C_n^k a^k b^{n-k}}{(a+b)^n}=C_n^k\left(\frac{a}{a+b}\right)^k\left(\frac{b}{a+b}\right)^{n-k}$$

不放回抽样场合 将从 $a+b$ 个产品中取出 n 个产品的可能组合全体作为基本事件，总数为 C_{a+b}^n，而有利场合数为 $C_a^k C_b^{n-k}$，则所求概率

$$h_k=\frac{C_a^k C_b^{n-k}}{C_{a+b}^n}$$

读者可以验证，当产品总数很大而抽样数目不大时，有 $d_k \approx h_k$，即对所求的概率影响不大。这就是为什么在实际工作中，经常采用不放回抽样的原因。

三、条件概率、乘法公式、独立性

1. 条件概率

设 A、B 是两个事件，且 $P(B)>0$，则称

$$P(A \mid B)=\frac{P(AB)}{P(B)}$$

2. 乘法公式

$$P(AB)=P(A \mid B)P(B), P(B)>0; P(AB)=P(B \mid A)P(A), P(A)>0$$

3. 事件独立性

$$P(AB)=P(A)P(B)$$

4. 可加性

若 $P(B)>0$,则

$$P(A\mid B)+P(\overline{A}\mid B)=1$$

若 A_i 互不相容,则

$$P\left(\sum_{i=1}^{n}A_i\mid B\right)=\sum_{i=1}^{n}P(A_i\mid B)$$

5. 四对事件

A 与 B,$\overline{A}$ 与 $\overline{B}$,A 与 $\overline{B}$,$\overline{A}$ 与 B 中,有一对事件相互独立,其他三对事件也相互独立。

例 9 证明若 $P(A)\neq0$,$P(B)\neq0$,则"事件 A 与 B 相互独立"与"事件 A 与 B 互不相容"不能同时成立。

证明 若事件 A 与 B 相互独立,$P(AB)=P(A)P(B)\neq0$,所以 $AB\neq\varnothing$,即事件 A 与 B 不是互不相容的。

反之,若事件 A 与 B 互不相容,$AB=\varnothing$,$P(AB)=0$;又 $P(A)\neq0$,$P(B)\neq0$,知

$$P(A)P(B)>0,\ P(AB)\neq P(A)P(B)$$

所以事件 A 与 B 不是相互独立的。

例 10 设事件 A,B,C 两两独立,且

$$ABC=\varnothing,\ P(A)=P(B)=P(C)<\frac{1}{2},\ P(A\cup B\cup C)=\frac{9}{16}$$

则 $P(A)=$__________。

解 $\dfrac{9}{16}=P(A\cup B\cup C)$

$$\begin{aligned}P(A\cup B\cup C)&=P(A)+P(B)+P(C)-P(AB)-P(BC)-P(AC)+P(ABC)\\&=3P(A)-3[P(A)]^2\end{aligned}$$

$$[P(A)]^2-P(A)+\frac{3}{16}=0$$

$P(A)=\dfrac{1}{4}$,或 $P(A)=\dfrac{3}{4}$(舍去)。

例 11 设 $0<P(B)<1$,证明随机事件 A 与 B 相互独立的充分必要条件是

$$P(A|B)+P(\overline{A}|\overline{B})=1$$

证明 必要性:

设随机事件 A 与 B 相互独立,所以随机事件 $\overline{A}$ 与 $\overline{B}$ 也相互独立,因此有

$$P(A|B)=P(A),\qquad P(\overline{A}|\overline{B})=P(\overline{A})$$

因此有

$$P(A|B)+P(\bar{A}|\bar{B})=P(A)+P(\bar{A})=1$$

充分性：

由于　$P(A \mid B)+P(\bar{A} \mid \bar{B})=1$，所以有

$$P(A \mid B)=1-P(\bar{A} \mid \bar{B})=P(A \mid \bar{B})$$

因此有

$$\frac{P(AB)}{P(B)}=\frac{P(A\bar{B})}{P(\bar{B})}=\frac{P(A-AB)}{1-P(B)}=\frac{P(A)-P(AB)}{1-P(B)}$$

由 $0<P(B)<1$，得 $1-P(B)>0$，因此有

$$P(AB)(1-P(B))=P(B)(P(A)-P(AB))$$

整理，得

$$P(AB)-P(B)P(AB)=P(A)P(B)-P(B)P(AB)$$

即得 $P(AB)=P(A)P(B)$。这表明随机事件 A 与 B 相互独立。

四、全概率公式与贝叶斯(Bayes)公式

1. 样本空间的划分

设 S 为试验 E 的样本空间，$B_1,B_2,\cdots,B_n$ 为 E 的一组随机事件。若

(1)$B_iB_j=\varnothing$，$i\neq j$，$i,j=1,2,\cdots,n$；

(2)$B_1\cup B_2\cup\cdots\cup B_n=S$；

则称 $B_1,B_2,\cdots,B_n$ 为样本空间 S 的一个划分。

2. 全概率公式

设试验 E 的样本空间为 S，$B_1,B_2,\cdots,B_n$ 为样本空间 S 的一个划分，$P(B_i)>0$ $(i=1,2,\cdots,n)$，事件 A 为 E 的一个随机事件，则

$$P(A)=\sum_{i=1}^{n}P(A \mid B_i)P(B_i)$$

称为全概率公式。

3. 贝叶斯(Bayes)公式

设试验 E 的样本空间为 S，$B_1,B_2,\cdots,B_n$ 为样本空间 S 的一个划分，事件 A 为 E 的一个随机事件，$P(A)>0$，$P(B_i)>0$，$(i=1,2,\cdots,n)$，则称

$$P(B_i \mid A)=\frac{P(A \mid B_i)P(B_i)}{\sum_{j=1}^{n}P(A \mid B_j)P(B_j)},(i=1,2,\cdots,n)$$

为贝叶斯(Bayes)公式。

例 12 有朋友自远方来访，他乘火车、轮船、汽车、飞机来的概率分别是 0.3，0.1，0.4 和 0.2。如果他乘火车、轮船、汽车、飞机来的话，迟到的概率分别为 $\frac{1}{3}$、$\frac{2}{7}$、$\frac{2}{5}$、$\frac{1}{6}$，结果他未迟到，试问他乘火车来的概率是多少？

解 设 $B=\{$朋友来访迟到$\}$，

$A_1=\{$朋友乘火车来访$\}$，　$A_2=\{$朋友乘轮船来访$\}$，

$A_3=\{$朋友乘汽车来访$\}$，　$A_4=\{$朋友乘飞机来访$\}$

所求概率为 $P(A_1|\bar{B})$，由 Bayes 公式得

$$P(A_1 \mid \bar{B})=\frac{P(A_1)P(\bar{B} \mid A_1)}{P(A_1)P(\bar{B} \mid A_1)+P(A_2)P(\bar{B} \mid A_2)+P(A_3)P(\bar{B} \mid A_3)+P(A_4)P(\bar{B} \mid A_4)}$$

$$=\frac{0.3\times\left(1-\frac{1}{3}\right)}{0.3\times\left(1-\frac{1}{3}\right)+0.1\times\left(1-\frac{2}{7}\right)+0.4\times\left(1-\frac{2}{5}\right)+0.2\times\left(1-\frac{1}{6}\right)}$$

$$=\frac{0.3\times\frac{2}{3}}{0.3\times\frac{2}{3}+0.1\times\frac{5}{7}+0.4\times\frac{3}{5}+0.2\times\frac{5}{6}}$$

$$=\frac{105}{356}=0.294\ 943\ 82$$

例 13 某厂有甲、乙、丙三个车间生产同一种产品，各车间产量分别占全厂的 30%，30%，40%，各车间产品的合格品率分别为 95%，96%，98%。

(1)求全厂该种产品的合格品率；

(2)若任取一件产品发现为合格品，求它分别是由甲、乙、丙三车间生产的概率。

解 设 $A=\{$任取一件产品为合格品$\}$，$B_1=\{$任取一件产品来自甲车间$\}$

$B_2=\{$任取一件产品来自乙车间$\}$，$B_3=\{$任取一件产品来自丙车间$\}$

(1)$P(A)=P(A \mid B_1)P(B_1)+P(A \mid B_2)P(B_2)+P(A \mid B_3)P(B_3)$

$=0.3\times0.95+0.3\times0.96+0.4\times0.98=0.965$

所以该种产品的合格率为 0.965。

(2) $$P(B_1 \mid A)=\frac{P(A \mid B_1)P(B_1)}{\sum_{i=1}^{3}P(A \mid B_i)P(B_i)}=\frac{0.95\times0.3}{0.965}=0.295$$

同理，$P(B_2 \mid A)=\frac{0.96\times0.3}{0.965}=0.298$，　$P(B_3 \mid A)=\frac{0.98\times0.4}{0.965}=0.406$。

例 14 某人外出旅游两天。据气象预报，第一天下雨的概率为 0.6，第二天下雨的概率为 0.3，两天都下雨的概率为 0.1。试求：

(1)第一天下雨而第二天不下雨的概率；

(2)第一天不下雨而第二天下雨的概率；

(3)至少有一天下雨的概率；

(4)两天都不下雨的概率；

(5)至少有一天不下雨的概率。

解　设事件 $A_i=\{第\ i\ 天下雨\}, i=1,2$。由题意，则

$$P(A_1)=0.6, P(A_2)=0.3, P(A_1A_2)=0.1$$

(1)记 $B=\{第一天下雨而第二天不下雨\}$，则

$$\begin{aligned}P(B)&=P(A_1\overline{A_2})=P(A_1-A_2)=P(A_1-A_1A_2)\\&=P(A_1)-P(A_1A_2)=0.6-0.1=0.5\end{aligned}$$

(2)记 $C=\{第一天不下雨而第二天下雨\}$，则

$$\begin{aligned}P(C)&=P(\overline{A_1}A_2)=P(A_2\overline{A_1})=P(A_2-A_1)\\&=P(A_2-A_1A_2)=P(A_2)-P(A_1A_2)\\&=0.3-0.1=0.2\end{aligned}$$

(3) 记 $D=\{至少有一天下雨\}$，则 $D=A_1\cup A_2$，于是

$$P(D)=P(A_1\cup A_2)=P(A_1)+P(A_2)-P(A_1A_2)=0.6+0.3-0.1=0.8$$

(4) 记 $E=\{两天都不下雨\}$，则

$$P(E)=P(\overline{A_1}\ \overline{A_2})=P(\overline{A_1\cup A_2})=1-P(A_1\cup A_2)=1-0.8=0.2$$

(5)记 $F=\{至少有一天不下雨\}$，则

$$P(F)=P(\overline{A_1A_2})=1-P(A_1A_2)=1-0.1=0.9$$

例 15　某旅客在乌鲁木齐托运一件行李到北京。已知乌鲁木齐有甲、乙、丙三个客运站，每天的平均客运量之比为 3∶2∶5，且甲、乙、丙三站不能及时运转行李的概率分别为 0.1，0.2，0.4。若已知目前该旅客的行李没有及时被转运，问该行李由哪个客运站转运的可能性大？

解　设 A_1,A_2,A_3 分别表示行李由甲、乙、丙客运站托运；B 表示某旅客的行李没有及时被转运。则

$$P(A_1)=\frac{3}{10},\ P(A_2)=\frac{2}{10},\ P(A_3)=\frac{5}{10}$$

$$P(B\mid A_1)=0.1,\ P(B\mid A_2)=0.2,\ P(B\mid A_3)=0.4$$

由全概率公式可得

$$P(B)=\sum_{i=1}^{3}P(B\mid A_i)=\frac{3}{10}\cdot 0.1+\frac{2}{10}\cdot 0.2+\frac{5}{10}\cdot 0.4=0.27$$

由贝叶斯公式可得

$$P(A_1\mid B)=\frac{P(BA_1)}{P(B)}=\frac{P(A_1)P(B\mid A_1)}{P(B)}=\frac{3}{27}$$

同理：

$$P(A_2\mid B)=\frac{P(BA_2)}{P(B)}=\frac{4}{27}$$

$$P(A_3 \mid B)=\frac{P(BA_3)}{P(B)}=\frac{20}{27}$$

故该行李由丙客运站转运的可能性大。

例 16 现有一个相对简单的飞机探测雷达系统。飞机出现的概率是 5%,如果飞机出现它被雷达发现的概率是 99%,雷达探测到,但飞机没有出现的概率是 10%。只要探测到飞机,雷达系统就会发出相应的信号。试回答以下问题:

(1)写出雷达系统的样本空间;

(2)雷达发出一个错误警报的概率;

(3)一架飞机没有被雷达探测到的概率;

(4)雷达探测到飞机的概率。

解 (1)用 A,B 分别表示飞机出现和雷达探测到飞机,雷达系统的样本空间为

$$S=\{(A,B),(\overline{A},B),(A,\overline{B}),(\overline{A},\overline{B})\}$$

(2)由题意 $P(A)=0.05,P(B \mid A)=0.99,P(B \mid \overline{A})=0.1$,则发出一个错误警报指的是 $(\overline{A},B)$ 发生的概率:$P(\overline{A},B)=P(\overline{A}B)=P(B \mid \overline{A})P(\overline{A})=0.95\times 0.1=0.095$。

(3)一架飞机没有被雷达探测到是指事件 $(A,\overline{B})$,即 $P(A,\overline{B})=0.000\,5$。

(4)若用 C 表示飞机被雷达探测到,由全概率公式得

$$P(C)=P(B \mid A)P(A)+P(B \mid \overline{A})P(\overline{A})=0.144\,5$$

例 17 为了了解高校考试作弊的情况,今在某高校进行调查。考虑到被调查者一般不愿意真实地回答是否作过弊这一问题,特采用如下方案:准备两个问题,一个是"考试是否作过弊",另一个是"是否是男生"。让每一个被调查者,掷一个均匀的骰子,如出现 1,2,3,4,被调查者则回答第一个问题;出现 5,6,被调查者则回答第二个问题。假定学生中考试作过弊的人的比例是 θ,男生所占的比例是 $\frac{1}{2}$,且设回答都是真实的。试求:

(1)一个学生回答"是"的概率;

(2)如果一个学生回答"是",则其回答的是第一个问题的可能性有多大?

解 (1)利用全概率公式,设

$A_1=\{$被调查者掷出 1,2,3,4$\}$,$A_2=\{$被调查者掷出 5,6$\}$,

$B=\{$被调查者回答"是"$\}$

那么

$$\begin{aligned}P(B)&=P(A_1)P(B \mid A_1)+P(A_2)P(B \mid A_2)\\&=\frac{4}{6}\theta+\frac{2}{6}\times\frac{1}{2}=\frac{2}{3}\theta+\frac{1}{6}\end{aligned}$$

(2)利用贝叶斯公式:

$$P(A_1 \mid B)=\frac{P(A_1)P(B \mid A_1)}{P(B)}=\frac{4\theta}{4\theta+1}$$

练　习　题

一、填空题

1. 已知 $P(A)=0.3, P(B \mid A)=0.5, P(A \mid B)=0.6$，则 $P(A \cup B)=$________。

2. 已知 $P(AB)=0.7$，则 $1-P(\bar{A})-P(\bar{B})+P(\bar{A}\bar{B})=$________。

3. 设 $P(A)=3P(B)=\frac{2}{3}$，A 与 B 都不发生的概率是 A 与 B 同时发生的概率的 2 倍，则 $P(A-B)=$________。

4. 设 A, B 为两个事件，已知 $P(A \cup B)=\frac{1}{2}, P(\bar{A}B)=\frac{1}{3}$，则 $P(A)=$________。

5. 设事件 $A \supset B$，$P(B)=0.3$，则 $P(\bar{A} \cup \bar{B})=$________。

6. 设事件 A、B 相互独立，$P(A)=0.1, P(B)=0.6$，则 $P(AB)=$________，$P(A \cup B)=$________，$P(\bar{A}\bar{B})=$________，$P(\bar{A} \cup \bar{B})=$________。

7. 设 A、B 是两随机事件，且 $P(A)=0.6, P(B)=0.7$，则：

在条件__________下，$P(AB)$ 取到最大值__________；

在条件__________下，$P(AB)$ 取到最小值__________。

8. 设 N 件产品中有 D 件是不合格品，从这 N 件产品中任取 2 件产品。则 2 件中有 1 件合格品、1 件不合格品的概率为________。

9. 设随机事件 A, B 互不相容，且 $P(A)=0.3, P(\bar{B})=0.6$，则 $P(B \mid \bar{A})=$________。

二、选择题

1. 设 A, B 为任意两事件，则 $P(A-B)=$(　　)。

(A) $P(A)-P(B)$　　(B) $P(A)-P(B)+P(A\bar{B})$

(C) $P(A)+P(AB)$　　(D) $P(A)-P(AB)$

2. 随机事件 $\bar{A}\bar{B} \cup A\bar{B} \cup \bar{A}B$ 发生，意味着(　　)。

(A) A, B 都发生　　(B) A, B 至多有一个发生

(C) A, B 恰好有一个发生　　(D) A, B 至少有一个发生

3. 设 A, B, C 三个事件两两独立，则 A, B, C 相互独立的充分必要条件是(　　)。

(A) AB 与 AC 独立　　(B) AB 与 $A \cup C$ 独立

(C) A 与 BC 独立　　(D) $A \cup B$ 与 $A \cup C$ 独立

4. 若 $P(AB)=0$，则下列正确的是(　　)。

(A) $P(A \cup B)=P(A)+P(B)$　　(B) $P(A)=0$ 或 $P(B)=0$

(C) A, B 互不相容　　(D) A, B 互为对立事件

5. 设 A, B 是两个事件，$P(A) \neq P(B) > 0$，且 $B \subset A$，则一定成立的是(　　)。

(A) $P(B \mid A)=1$　　(B) $P(A \mid B)=1$

(C) $P(B \mid \bar{A})=1$　　(D) $P(A \mid \bar{B})=0$

6. 设 A、B 为两个事件，已知 $P(A \cup B)=\frac{1}{2}, P(\bar{A}B)=\frac{1}{3}$，则 $P(A)=$(　　)。

A. $\frac{1}{6}$　　B. $\frac{1}{3}$

C. $\frac{1}{2}$　　D. $\frac{3}{4}$

7. 设事件 A,B 的概率均大于零小于 1，且 A,B 相互独立，则(　　)。

(A) A,B 互不相容　　(B) A,B 一定相容

(C) $\overline{A},\overline{B}$ 互不相容　　(D) $\overline{A},B$ 互不相容

8. 设 $0<P(A)<1,0<P(B)<1,P(B\mid\overline{A})=P(B)$，则与式子不等价的是(　　)。

(A) A 与 B 不相容　　(B) $P(B\mid A)=P(B\mid\overline{A})$

(C) $P(\overline{A}\mid\overline{B})=P(\overline{A})$　　(D) $P(A\mid\overline{B})=P(A)$

9. 设 A,B 互不相容，且 $P(A)>0,P(B)>0$，则(　　)。

(A) $P(B\mid A)=0$　　(B) $P(A\mid B)=P(A)$

(C) $P(A\mid B)>0$　　(D) $P(AB)=P(A)P(B)$

10. 设 A,B 是两个随机事件，事件 $(\overline{A}\cup\overline{B})(\overline{A}\cup B)$ 可化简为(　　)。

(A) $A\cup B$　　(B) AB

(C) $\overline{A}$　　(D) ABC

三、计算题

1. 已知事件 A,B 满足 $P(AB)=P(\overline{A}\overline{B})$，且 $P(A)=p$，试求 $P(B)$。

2. 在 25 盒同类电子元件中有 8 盒是甲厂生产的，7 盒是乙厂生产的，6 盒是丙厂生产的，其余是丁厂生产的，该四厂的产品合格品率依次为 0.6，0.7，0.5，0.8。现从所有元件中任取一个，则取到的是合格品的概率是多少？若现在取出的是不合格品，试问该元件属于哪一个厂生产的可能性最大？

3. 试解释“在大量独立重复试验中，小概率事件几乎必然发生”的含义。

4. 根据以往的临床记录，得到某种疾病的诊断数据。若以 A 表示事件“试验结果为阳性”，以 C 表示事件“被诊断者患病”，则有 $P(A\mid C)=0.95,P(\overline{A}\mid\overline{C})=0.95$。现对自然人群进行普查，设患此类疾病的概率为 0.005，即 $P(C)=0.005$，试求某人在试验结果为阳性的条件下，其患病的概率是多少？

5. 编号为 1，2，3 的三台仪器正在工作的概率分别为 0.9，0.8 和 0.4，从中任选一台。

(1)求此台仪器正在工作的概率；

(2)已知选到的仪器正在工作，求它编号为 2 的概率。

6. 某商店收进甲厂生产的产品 30 箱，乙厂生产的同种产品 20 箱。甲厂每箱装 100 个产品，废品率为 0.06，乙厂每箱装 120 个产品，废品率为 0.05。求：

(1)任取一箱，从中任取一个为废品的概率；

(2)若将所有产品开箱混放，任取一个为废品的概率。

7. 已知男人中有 5%是色盲患者，女人中有 0.25%是色盲患者。今从男女人数相等的人群中随机地挑选一人，此人是色盲患者的概率是多少？若此人恰好是色盲患者，此人是男性的概率是多少？

8. 甲、乙、丙三射手独立地用炮弹向一飞机射击，设三人的命中率分别为 0.4，0.5 和 0.8。

现在他们同时各发射一颗炮弹,结果有两颗炮弹击中飞机。求乙发射的炮弹没有击中飞机的概率。

9. 设水杯成箱出售,每箱 12 个水杯,每箱中含 0 个,1 个,2 个残次品的概率分别为 0.7,0.19,0.11。某人欲购一箱,售货员随机取一箱,然后再从中任取 3 只查看,若无残次品,则此人购买此箱,否则,拒绝购买。求:

(1)此人购买一箱的概率;

(2)在此人购买一箱的条件下,确无残次品的概率。

10. 今从装有一等品 2 件,二等品 4 件的甲箱子中任取 2 件产品,然后将 2 件产品放入含有 3 件一等品,2 件二等品的乙箱中,再从乙箱中任取 1 件产品,求:

(1)从乙箱中取到 1 件一等品的概率;

(2)已知从乙箱中取出 1 件一等品的条件下,从甲箱中取出 1 件一等品和 1 件二等品的概率。

11. 设第一个盒子中装有 3 只蓝球,2 只绿球,2 只白球;第二个盒子中装有 2 只蓝球,3 只绿球,4 只白球。独立地分别在两个盒子中各取 1 只球。求

(1)至少有 1 只蓝球的概率;

(2)有 1 只蓝球、1 只白球的概率;

(3)已知至少有 1 只蓝球,求有 1 只蓝球、1 只白球的概率。

12. 将 12 名工人随机地分配到三个班组中去,其中有 3 名熟练工。问

(1)每一班组各分配到 1 名熟练工的概率是多少?

(2)3 名熟练工分配在同一班组的概率是多少?

练习题答案

一、填空题

1. 答案:0.4。

解析　因为 $P(A|B)=\dfrac{P(AB)}{P(B)}=0.6$,已知 $P(B|A)=\dfrac{P(AB)}{P(A)}=0.5$,$P(A)=0.3$,所以

$$P(AB)=P(A)P(B|A)=0.5\times0.3=0.15$$

$$P(B)=\frac{P(AB)}{P(A|B)}=\frac{0.15}{0.6}=0.25$$

$$P(A\cup B)=P(A)+P(B)-P(AB)=0.3+0.25-0.15=0.4$$

2. 答案:0.7。

解析　$P(\bar{A}\cup\bar{B})=P(\bar{A})+P(\bar{B})-P(\bar{A}\bar{B})$,$P(AB)+P(\bar{A}\cup\bar{B})=1$,所以

$$\begin{aligned}1-P(\bar{A})-P(\bar{B})+P(\bar{A}\bar{B})&=1-(P(\bar{A})+P(\bar{B})-P(\bar{A}\bar{B}))\\&=1-P(\bar{A}\cup\bar{B})=P(AB)=0.7\end{aligned}$$

3. 答案:$\dfrac{5}{9}$。

解析 $P(A)=\frac{2}{3}$, $P(B)=\frac{2}{9}$, $P(\overline{A}\overline{B})=2P(AB)$, $P(A\cup B)+P(\overline{A}\overline{B})=1$, $P(A\cup B)=P(A)+P(B)-P(AB)$,所以

$$P(A)+P(B)-P(AB)+P(\overline{A}\overline{B})=P(A)+P(B)+P(AB)=1$$

可得 $P(AB)=1-P(A)-P(B)=\frac{1}{9}$,$P(A-B)=P(A)-P(AB)=\frac{5}{9}$。

4. 答案:$\frac{1}{6}$。

解析 $P(B)=P(AB)+P(\overline{A}B)$,因为

$$P(B)-P(AB)=P(\overline{A}B)$$

又因为

$$\begin{aligned}P(A\cup B)&=P(A)+P(B)-P(AB)\\&=P(A)+P(\overline{A}B)\end{aligned}$$

所以

$$P(A)=P(A\cup B)-P(\overline{A}B)=\frac{1}{2}-\frac{1}{3}=\frac{1}{6}$$

5. 答案:0.7。

解析 $P(\overline{A}\cup\overline{B})=1-P(AB)$,因为 $A\supset B$,所以

$$P(AB)=P(B)=0.3$$

可得 $P(\overline{A}\cup\overline{B})=1-0.3=0.7$。

6. 答案:0.06,0.64,0.36,0.94。

解析 事件 A 和事件 B 相互独立,事件 $\overline{A}$ 和事件 $\overline{B}$ 相互独立。

$$P(AB)=P(A)P(B)=0.06$$

$$P(A\cup B)=P(A)+P(B)-P(A)P(B)=0.64$$

$$P(\overline{A}\overline{B})=P(\overline{A})P(\overline{B})=(1-P(A))(1-P(B))=0.36$$

$$P(\overline{A}\cup\overline{B})=P(\overline{A})+P(\overline{B})-P(\overline{A})P(\overline{B})=0.94$$

7. 答案:$B\supset A$, 0.6, $A\cup B=S$, 0.3。

解析 $P(A\cup B)=P(A)+P(B)-P(AB)$,则

$$P(AB)=P(A)+P(B)-P(A\cup B)$$

当 $A\subset B$,$A\cup B=B$,$AB=A$,$P(AB)$ 取到最大值:$P(AB)=P(A)=0.6$;

当 $A\cup B=\Omega$,$P(AB)$ 取到最小值:$P(AB)=P(A)+P(B)-P(A\cup B)=0.3$。

8. 答案:$\frac{D(N-D)}{C_N^2}$。

解析 由古典概率知 2 件中有 1 件合格品、1 件不合格品的概率为 $\frac{D(N-D)}{C_N^2}$。

9.答案：$\frac{4}{7}$。

解析
$$P(B\overline{A})=P(B)-P(BA)=1-P(\overline{B})-0=0.4$$
$$P(B\mid\overline{A})=\frac{P(B\overline{A})}{P(\overline{A})}=\frac{P(B\overline{A})}{1-P(A)}=\frac{0.4}{1-0.3}=\frac{4}{7}$$

二、选择题

1.应选(D)。

解析　$AB\subset B$，则
$$P(A-B)=P(A-AB)=P(A)-P(AB)$$

2.应选 (B)。

解析　$\overline{A}\overline{B}\cup A\overline{B}\cup\overline{A}B$ 意味着 A,B 至多有一个发生。

3.应选 (C)。

解析　A 与 BC 独立，又 A,B,C 三个事件两两独立，则
$$P(ABC)=P(A)P(BC)=P(A)P(B)P(C)$$
即 A,B,C 相互独立。

4.应选 (A)。

解析　$P(A\cup B)=P(A)+P(B)-P(AB)$，则 $P(AB)=0$ 时，
$$P(A\cup B)=P(A)+P(B)$$

注　(C)不一定正确，概率为零的事件不一定是不可能事件。

5.应选 (B)。

解析　因 $P(A\mid B)=\frac{P(AB)}{P(B)}=\frac{P(B)}{P(B)}=1$，故选(B)。

6.应选 (A)。

解析　$P(A\cup B)=P(A)+P(B)-P(AB)$，因为
$$P(\overline{A}B)=P(B-AB)=P(B)-P(AB)$$
$$P(A\cup B)=P(A)+P(\overline{A}B)$$
所以 $P(A)=P(A\cup B)-P(\overline{A}B)=\frac{1}{6}$。

7.应选 (B)。

解析　知 $P(AB)=P(A)P(B)>0$，则 A,B 一定相容。

8.应选(A)。

解析　$P(B\mid\overline{A})=P(B)$ 说明事件 $\overline{A}$ 与事件 B 相互独立，所以 $\overline{A}$ 与 $\overline{B}$ 独立，A 与 B 独立，A 与 $\overline{B}$ 独立，(B)(C)(D)正确。

9. 应选(A)。

解析 $P(B\mid A)=\dfrac{P(BA)}{P(A)}=0$。

10. 应选(C)。

解析 $(\bar{A}\cup\bar{B})(\bar{A}\cup B)=(\bar{A}(\bar{A}\cup B))\cup(\bar{B}(\bar{A}\cup B))$
$=(\bar{A}\cup\bar{A}B)\cup\bar{B}\bar{A}=\bar{A}\cup\bar{B}\bar{A}=\bar{A}$

三、计算题

1. **解** 因为

$$P(AB)=P(\bar{A}\bar{B})=P(\overline{A\cup B})=1-P(A\cup B)=1-P(A)-P(B)+P(AB)$$

所以

$$1-P(A)-P(B)=0$$

因此

$$P(B)=1-P(A)=1-p$$

2. **解** 设 $A_i(i=1,2,3,4)$ 表示“所取元件属于甲、乙、丙、丁厂生产”,B 表示“ 所取一个元件为合格品 ”,则

$$P(A_1)=\frac{8}{25},\quad P(A_2)=\frac{7}{25},\quad P(A_3)=\frac{6}{25},\quad P(A_4)=\frac{4}{25}$$

$$P(B\mid A_1)=0.6,\quad P(B\mid A_2)=0.7,\quad P(B\mid A_3)=0.5,\quad P(B\mid A_4)=0.8$$

由全概率公式:

$$P(B)=\sum_{i=1}^{4}P(A_i)P(B\mid A_i)=\frac{159}{250}$$

$$P(\bar{B})=1-P(B)=\frac{91}{250}$$

又 $P(B\mid A_i)+P(\bar{B}\mid A_i)=1$,则 $P(\bar{B}\mid A_i)=1-P(B\mid A_i)$,$(i=1,2,3,4)$,由贝叶斯公式有:

$$P(A_i\mid\bar{B})=\frac{P(A_i)P(\bar{B}\mid A_i)}{P(\bar{B})}\quad(i=1,2,3,4)$$

得

$$P(A_1\mid\bar{B})=\frac{32}{91},\quad P(A_2\mid\bar{B})=\frac{3}{13},\quad P(A_3\mid\bar{B})=\frac{30}{91},\quad P(A_4\mid\bar{B})=\frac{8}{91}$$

故该盒产品由甲厂生产的可能性最大。

3. **解**　设 A 是一随机事件，其概率 $0<P(A)<1$。

现独立重复做试验，则在 n 次独立重复试验中，事件 A 至少发生一次的概率为

$$1-(1-P(A))^n$$

令 $n\to\infty$，则有

$$\lim_{n\to\infty}(1-(1-P(A))^n)=1-\lim_{n\to\infty}(1-P(A))^n=1$$

这表明，只要试验次数 n 充分大，不管随机事件 A 的概率多么小，随机事件 A 在 n 次独立重复试验中至少发生一次的概率与 1 可以任意接近，即随机事件 A 在 n 次独立重复试验中至少发生一次是几乎必然的。

4. **解**　已知　$P(A\mid C)=0.95, P(A\mid \bar{C})=1-P(\bar{A}\mid \bar{C})=1-0.95=0.05$；

$P(C)=0.005, P(\bar{C})=0.995$；

$P(A)=P(C)P(A\mid C)+P(\bar{C})P(A\mid \bar{C})=0.0545$

$$P(C\mid A)=\frac{P(AC)}{P(A)}=\frac{P(A\mid C)P(C)}{P(A\mid C)P(C)+P(A\mid \bar{C})P(\bar{C})}=0.087$$

5. **解**　设 $A=\{$从三台仪器中任选的一台正在工作$\}$，$B_i=\{$所选仪器编号为 $i\}$　$(i=1,2,3)$，知

$$P(A\mid B_1)=0.9,\quad P(A\mid B_2)=0.8,\quad P(A\mid B_3)=0.4,\quad P(B_i)=\frac{1}{3}\quad(i=1,2,3)$$

(1)由全概率公式有

$$\begin{aligned}P(A)&=P(A\mid B_1)P(B_1)+P(A\mid B_2)P(B_2)+P(A\mid B_3)P(B_3)\\&=0.9\times\frac{1}{3}+0.8\times\frac{1}{3}+0.4\times\frac{1}{3}=0.7\end{aligned}$$

(2)由 Bayes 公式有

$$P(B_2\mid A)=\frac{P(A\mid B_2)P(B_2)}{\sum_{i=1}^{3}P(A\mid B_i)P(B_i)}=\frac{0.8\times\frac{1}{3}}{0.7}=\frac{8}{21}$$

6. **解**　记事件 A,B 分别为甲、乙两厂的产品，C 为废品，则

(1)$P(A)=\frac{30}{50}=\frac{3}{5}, P(B)=\frac{20}{50}=\frac{2}{5}, P(C\mid A)=0.06, P(C\mid B)=0.05$，由全概率公式，得

$$P(C)=P(A)P(C\mid A)+P(B)P(C\mid B)=0.056$$

(2)若将所有产品开箱混放，则

$$P(A)=\frac{30\times100}{30\times100+20\times120}=\frac{5}{9},\quad P(B)=\frac{20\times120}{30\times100+20\times120}=\frac{4}{9}$$

又知
$$P(C \mid A)=0.06, P(C \mid B)=0.05$$
由全概率公式，得
$$P(C)=P(A)P(C \mid A)+P(B)P(C \mid B)=\frac{1}{18}$$

7. **解**　记 $A=\{$挑选出的人是男人$\}$，$B=\{$挑选出的人是色盲患者$\}$。

取 $\{A, \overline{A}\}$ 为样本空间的划分。知
$$P(A)=P(\overline{A})=\frac{1}{2},\quad P(B \mid A)=0.05,\quad P(B \mid \overline{A})=0.0025$$
由全概率公式有
$$P(B)=P(B \mid A)P(A)+P(B \mid \overline{A})P(\overline{A})=0.05\times 0.5+0.0025\times 0.5=0.02625$$
由贝叶斯公式有
$$P(A \mid B)=\frac{P(B \mid A)P(A)}{P(B \mid A)P(A)+P(B \mid \overline{A})P(\overline{A})}=\frac{0.05\times 0.5}{0.05\times 0.5+0.0025\times 0.5}=\frac{20}{21}$$

8. **解**　设 A 表示"两颗炮弹击中飞机"；$B_i(i=1,2,3)$ 分别表示"甲、乙、丙发射一炮弹命中飞机"，$B_i(i=1,2,3)$ 相互独立。则 $P(B_1)=0.4, P(B_2)=0.5, P(B_3)=0.8$。
$$P(A \mid \overline{B_1})=P(B_2B_3)=P(B_2)P(B_3)=0.4$$
$$P(A \mid \overline{B_2})=P(B_1B_3)=P(B_1)P(B_3)=0.32$$
$$P(A \mid \overline{B_3})=P(B_1B_2)=P(B_1)P(B_2)=0.2$$
由全概率公式有
$$P(A)=\sum_{i=1}^{3}P(A \mid \overline{B_i})P(\overline{B_i})=\sum_{i=1}^{3}P(A \mid \overline{B_i})(1-P(B_i))$$
$$=0.4\times 0.6+0.32\times 0.5+0.2\times 0.2=0.44$$
由 Bayes 公式有
$$P(\overline{B_2} \mid A)=\frac{P(\overline{B_2})P(A \mid \overline{B_2})}{P(A)}=\frac{(1-0.5)\times 0.32}{0.44}=\frac{4}{11}$$

9. **解**　(1)设 $A=\{$此人买下一箱$\}$，再设 $A_i=\{$取到了有 i 只残次品的箱子$\}$，$i=0,1,2$，则由全概率公式有
$$P(A)=\sum_{i=0}^{2}P(A_i)P(A \mid A_i)=0.7\times 1+0.19\times\frac{C_{11}^{3}}{C_{12}^{3}}+0.11\times\frac{C_{10}^{3}}{C_{12}^{3}}=0.9025$$
(2)由贝叶斯公式有
$$P(A_0 \mid A)=\frac{P(A_0)P(A \mid A_0)}{P(A)}=\frac{0.7\times 1}{0.9025}\approx 0.7756$$

10. **解**　(1)设 $A=\{$从乙箱中取到1件产品是一等品$\}$；$B_i=\{$从甲箱中恰好取到 i 件一等品$\}$，$i=0,1,2$。

$$P(B_i)=\frac{C_2^iC_4^{2-i}}{C_6^2},\quad P(A\mid B_i)=\frac{3+i}{7},\quad i=0,1,2$$

由全概率公式有

$$P(A)=\sum_{i=0}^{2}P(B_i)P(A\mid B_i)=\sum_{i=0}^{2}\frac{C_2^iC_4^{2-i}}{C_6^2}\times\frac{3+i}{7}$$
$$=\frac{C_2^0C_4^2}{C_6^2}\times\frac{3}{7}+\frac{C_2^1C_4^1}{C_6^2}\times\frac{4}{7}+\frac{C_2^2C_4^0}{C_6^2}\times\frac{5}{7}=\frac{11}{21}$$

(2)由贝叶斯公式有

$$P(B_1\mid A)=\frac{P(B_1)P(A\mid B_1)}{P(A)}=\frac{\frac{C_2^1C_4^1}{C_6^2}\times\frac{4}{7}}{\frac{11}{21}}=\frac{21}{11}\times\frac{2\times4}{\frac{6\times5}{2\times1}}\times\frac{4}{7}=\frac{32}{55}$$

11. **解**　设 A_i 表示"从第 i 个盒子中取出一只蓝球"，B_i 表示"从第 i 个盒子中取出一只白球"，$i=1,2$。由题设可知，从不同的盒子中取球是独立的。

由题意知

$$P(A_1)=\frac{3}{7},\ P(A_2)=\frac{2}{9},\ P(B_1)=\frac{2}{7},\ P(B_2)=\frac{4}{9}$$

(1)至少有1只蓝球的概率：

$$P(A_1\cup A_2)=1-P(\overline{A_1\cup A_2})=1-P(\overline{A_1}\ \overline{A_2})=1-P(\overline{A_1})P(\overline{A_2})=1-\frac{4}{7}\cdot\frac{7}{9}=\frac{5}{9}$$

(2)有1只蓝球、1只白球的概率：

$$P(A_1B_2\cup A_2B_1)=P(A_1B_2)+P(A_2B_1)=P(A_1)P(B_2)+P(A_2)P(B_1)$$
$$=\frac{3}{7}\cdot\frac{4}{9}+\frac{2}{9}\cdot\frac{2}{7}=\frac{16}{63}$$

(3)设 C 表示"至少有1只蓝球"，D 表示"有1只蓝球、1只白球"，则

$$P(C)=P(A_1\cup A_2)=\frac{5}{9},P(D)=P(A_1B_2\cup A_2B_1)=\frac{16}{63}$$
$$\frac{P(D)}{P(C)}=\frac{P(A_1B_2\cup A_2B_1)}{P(A_1\cup A_2)}=\frac{16}{35}$$

12. **解**　由相异元素分堆的算法，12名工人平均分配到三个班组的分法总数为

$$C_{12}^4C_8^4C_4^4=\frac{12!}{4!4!4!}$$

(1)每班各分配到 1 名熟练工的分法有 3! 种，对应于这一分法，其余 9 名工人平均分配到三个班组的分法共有$\frac{9!}{3!3!3!}$种。于是，事件(1)的有利场合数$\frac{3!9!}{3!3!3!}$。故所求概率

$$P_1=\frac{\frac{3!9!}{3!3!3!}}{\frac{12!}{4!4!4!}}=\frac{16}{55}$$

(2)将 3 名熟练工人分配在同一班组的分法有 3 种。对应于这一分法，其余 9 名工人的分法共有$\frac{9!}{1!4!4!}$种，于是，事件(2)的有利场合数为$\frac{3\cdot 9!}{1!4!4!}$。故所求概率

$$P=\frac{\frac{3\cdot 9!}{1!4!4!}}{\frac{12!}{4!4!4!}}=\frac{3}{55}$$

第十二章　随机变量及其分布

考试内容

随机变量；随机变量分布函数的概念及其性质；离散型随机变量的概率分布；连续型随机变量的概率密度；常见随机变量的分布；随机变量函数的分布。

考试要求

1. 理解随机变量的概念，理解分布函数

$$F(x)=P\{X\leqslant x\},\quad -\infty<x<+\infty$$

的概念及其性质，会计算与随机变量相联系事件的概率。

2. 理解离散型随机变量及其概率分布的概念，掌握 0-1 分布、二项分布 $B(n,p)$、泊松分布 $P(\lambda)$及其应用。

3. 理解连续型随机变量及其概率密度的概念，掌握均匀分布$U(a,b)$、正态分布$N(\mu,\sigma^2)$、指数分布及其应用，其中参数为 λ ($\lambda>0$) 的指数分布的概率密度为

$$f(x)=\begin{cases}\lambda e^{-\lambda x}, & x\leqslant 0\\ 0, & x>0\end{cases}$$

4. 会求随机变量简单函数的分布。

本章重点

离散型随机变量的分布列及其分布函数；连续型随机变量的密度函数及其分布函数；密度函数与分布函数的性质；密度函数和分布函数的判别，及其它们之间的关系和转化；常见的离散型随机变量的分布律；0-1 分布，二项分布，泊松分布，几何分布和超几何分布；常见的连续型随机变量的概率密度；均匀分布，指数分布和正态分布；随机变量函数的分布。

一、随机变量及其概率分布

1. 随机变量

$X(\omega)$是定义在样本空间的单值函数，即对样本空间 **R** 中每一个可能结果 ω，$X(\omega)$有唯一实数与其对应，则称 $X(\omega)$为一个随机变量。

2. 随机变量的两种类型

(1)离散型随机变量：若随机变量 ξ 的所有可能取值是有限个或无穷可列个，称 ξ 为离散型随机变量。

(2)连续型随机变量：若随机变量 ξ 的取值充满某个区间时，称 ξ 为连续型随机变量。

3. 连续型随机变量及其密度函数

密度函数的性质如下：

(1)$f(x)\geqslant 0$；

(2)$\int_{-\infty}^{+\infty} f(x)\mathrm{d}x=1$；

(3)对任意 $a,b\ (a<b)$，$P(a\leqslant X\leqslant b)=\int_a^b f(x)\mathrm{d}x$；

4. 分布函数

设 X 是一个随机变量，对 $\forall x\in\mathbf{R}$，函数

$$F(x)=P(X\leqslant x)$$

称为随机变量 X 的分布函数。

分布函数的性质如下：

(1)$0\leqslant F(x)\leqslant 1$，$\forall x\in\mathbf{R}$；

(2)$F(x)$是单调非减函数，右连续；

(3)$\lim\limits_{x\to+\infty}F(x)=F(+\infty)=1$，$\lim\limits_{x\to-\infty}F(x)=F(-\infty)=0$；

(4) 对任意实数 $a,b\ (a<b)$，随机变量 X 取值落入区间$(a,b]$，

$$P(a<X\leqslant b)=F(b)-F(a)$$

5. 离散型随机变量的分布函数

设离散型随机变量 X 的概率分布 $P(X=x_k)=p_k$，$(k=1,2,\cdots)$，则随机变量 X 的分布函数为

$$F(x)=\sum_{x_k\leqslant x}p(X=x_k)$$

可知离散型随机变量的分布函数 $F(x)$是分段函数。

6. 连续型随机变量的分布函数

设连续型随机变量 X 的密度函数为 $f(x)$，则 X 的分布函数为 $F(x)$，

$$F(x)=\int_{-\infty}^{x}f(u)\mathrm{d}u$$

连续型随机变量的分布函数是一个连续函数。且具有以下性质：

(1)若连续型随机变量 X 的密度函数 $f(x)$在点 x 处连续，则分布函数 $F(x)$与密度函数 $f(x)$有下列关系：

$$\frac{\mathrm{d}F(x)}{\mathrm{d}x}=f(x),\quad \forall x\in\mathbf{R}$$

(2)对任意实数 $a,b\ (a<b)$，$P(a<X\leqslant b)=F(b)-F(a)=\int_a^b f(x)\mathrm{d}x$。

二、常见随机变量的分布

1. 常见离散型随机变量的分布

(1)两点分布(或 0-1 分布)　设随机变量 X 只可能取 0 和 1 两个值,它的分布律为

$$P(X=k)=p^k(1-p)^{1-k},\quad k=0,1,\quad 0<p<1$$

则称随机变量 X 服从两点分布(或 0-1 分布)。

(2)二项分布　在 n 次重复独立试验中,每次试验的结果只有两个:事件 A 发生和事件 $\overline{A}$ 发生。设每一次试验中事件 A 发生的概率为 $p\ (0<p<1)$,则在 n 次试验中事件 A 发生的次数 X 服从二项分布,其分布律为

$$P(X=k)=\mathrm{C}_n^k p^k(1-p)^{1-k},\quad k=0,1,\cdots,n,\quad 0<p<1$$

记为　$X\sim b(n,p)$。

设随机变量 $X_1,X_2,\cdots,X_n$ 相互独立同分布,X_i 服从两点分布,令 $X=\sum\limits_{i=1}^{n}X_i$,则 X 服从二项分布,$X\sim b(n,p)$。

(3)泊松分布　设离散型随机变量 X 可能取值 $0,1,2,\cdots$,其分布律为

$$P(X=k)=\frac{\lambda^k \mathrm{e}^{-\lambda}}{k!},\quad k=0,1,2,\cdots$$

则称随机变量 X 服从参数 $\lambda\ (\lambda>0)$ 的泊松分布,记为 $X\sim P(\lambda)$。

(4)几何分布　在重复独立试验中,每次试验的结果只有两个:事件 A 发生和事件 $\overline{A}$ 发生。设每一次试验中事件 A 发生的概率为 $p\ (0<p<1)$,设事件 A 首次发生所需的试验次数为 X,则随机变量 X 服从几何分布,其分布律为

$$P(X=k)=(1-p)^{k-1}p^k,\quad k=0,1,2,\cdots$$

(5)超几何分布　设 N 个产品中有 M 个次品,从中任取 n 个产品,则 n 个产品中所含次品数 X 服从超几何分布,其分布律:

$$P(X=k)=\frac{C_M^k C_{N-M}^{n-k}}{C_N^n},\quad (k=1,2,\cdots\min\{M,n\})$$

2. 常见连续型随机变量的分布

(1)均匀分布　设随机变量 X 的概率密度

$$f(x)=\begin{cases}\dfrac{1}{b-a}, & a<x<b\\ 0, & 其他\end{cases}$$

则称 X 在区间$[a,b]$上服从均匀分布,记为 $X\sim U[a,b]$。其分布函数为

$$F(x)=\begin{cases}0, & x<a\\ \dfrac{x-a}{b-a}, & a\leqslant x<b\\ 1, & x\geqslant b\end{cases}$$

(2)指数分布　设随机变量 X 概率密度

$$f(x)=\begin{cases}\lambda e^{-\lambda x}, & x>0\\ 0, & \text{其他}\end{cases}$$

则称 X 服从参数 λ 的指数分布,记为 $E(\lambda)$。其分布函数为

$$F(x)=\begin{cases}1-e^{-\lambda x}, & x>0\\ 0, & \text{其他}\end{cases}$$

(3)正态分布　设随机变量 X 概率密度

$$f(x)=\frac{1}{\sqrt{2\pi}\sigma}e^{-\frac{(x-\mu)^2}{2\sigma^2}},\quad \sigma>0$$

其中 $-\infty<\mu<+\infty,\sigma>0$ 为常数,则称随机变量 X 为服从参数 μ,σ,的正态分布,记为 $X\sim N(\mu,\sigma^2)$。其分布函数为

$$F(x)=\frac{1}{\sqrt{2\pi}\sigma}\int_{-\infty}^{x}e^{-\frac{(u-\mu)^2}{2\sigma^2}}du$$

三、随机变量函数的分布

已知随机变量 X,设 $y=g(x)$ 是连续函数,求随机变量函数 $Y=g(X)$ 的分布。

(1)离散型随机变量 X 的概率分布:

$$P(X=x_k)=p_k\quad(k=1,2,\cdots)$$

若 $y_k=g(x_k)$ $(k=1,2,\cdots)$ 的值互不相等,则 Y 的概率分布律:

$$P(Y_k=g(x_k))=p_k\quad(k=1,2,\cdots)$$

(2)若 X 是连续型随机变量,其概率密度函数为 $f_X(x)$。求随机变量函数 $Y=g(X)$ 的概率密度函数。

①分布函数法。随机变量函数 Y 的分布函数为

$$F_Y(y)=P(Y\leqslant y)=P(g(X)\leqslant y)=P(X\in D)$$

其中 D 是使 $g(x)<y$ 成立的 x 的集合。然后,随机变量函数 Y 的概率密度函数为

$$f_Y(y)=\frac{dF_Y(y)}{dy}$$

②公式法。设随机变量 X 的概率密度函数为 $f_X(x)$,函数 $y=g(x)$ 是可导函数且有 $g'(x)$ 不变号,则 $Y=g(X)$ 是连续型随机变量,其概率密度

$$f_Y(y)=\begin{cases}f_X[h(y)]|h'(y)|, & \alpha<y<\beta\\ 0, & \text{其他}\end{cases}$$

其中 $\alpha=\min(g(-\infty),g(\infty)),\beta=\max(g(-\infty),g(\infty)),h(y)$ 是 $g(x)$ 的反函数。

例 1　某人射击中靶的概率为 0.75。求若射击直到中靶为止，则射击次数为 3 的概率。

解　设射击直到中靶为止所需的射击次数为 X，则随机变量 X 服从几何分布。

由题意知，中靶则停止射击，某人的射击次数为 3 次，因此第三次才中靶，概率为 0.75，第一次、第二次均未中靶，概率为 $0.25\times0.25=0.25^2$，因此射击次数为 3 射中的概率

$$P(X=3)=0.75\cdot0.25^2$$

例 2　设随机变量 X 的分布函数

$$F(x)=\begin{cases}0, & x<-1\\ 0.4, & -1\leqslant x<1\\ 0.8, & 1\leqslant x<3\\ 1, & x\geqslant3\end{cases}$$

求 X 的分布律。

解　显然 $F(x)$ 为右连续函数，其间断点即为 X 的可能取值点 $x_1=-1, x_2=1, x_3=3$，则 X 的分布律为

$$P(x_1=-1)=F(-1)-F(-1^-)=0.4-0=0.4$$
$$P(x_2=1)=F(1)-F(1^-)=0.8-0.4=0.4$$
$$P(x_3=3)=F(3)-F(3^-)=1-0.8=0.2$$

例 3　汽车通过 4 盏信号灯才能到达目的地。设各信号灯处是否停车相互独立，汽车在每盏信号灯处通过的概率为 0.6，求：

(1)汽车首次停车通过的信号灯数 X 的概率分布律。

(2)半路停车次数 Y 的概率分布。

(3)前两盏信号灯处不停车的概率。

解　(1)由题意知，汽车首次停车通过的信号灯的个数为 X，则其概率分布律：

$$P\{X=k\}=\begin{cases}0.6^k\times0.4, & k=0,1,2,3\\ 0.6^4, & k=4\end{cases}$$

(2)汽车通过 4 盏信号灯半路停车次数 Y 服从二项分布，则 $Y\sim b(4,0.4)$，

$$P(Y=k)=C_4^k(0.4)^k(0.6)^{4-k},\quad k=0,1,2,3,4$$

(3)前两盏信号灯处不停车的概率：

$$P(X\geqslant2)=1-P(X<2)=1-P(X=0)-P(X=1)=1-0.4-0.4\times0.6=0.36$$

例 4　一个篮球运动员的投篮命中率为 45%，以 X 表示他首次投中时累计已投篮的次数，写出 X 的概率分布律，并计算 X 取偶数的概率。

解　随机变量 X 所有可能的取值为 $1,2,\cdots$，概率分布律为：

$$P(X=k)=(1-0.45)^{k-1}0.45,\quad k=1,2,\cdots$$

$\{X$ 取偶数$\}=\bigcup\limits_{k=1}^{\infty}\{X=2k\}$：一系列互不相容的事件的和，所以

$$P\{X\text{ 取偶数}\}=P\left[\bigcup_{k=1}^{\infty}\{X=2k\}\right]=\sum_{k=1}^{\infty}P\{X=2k\}=\sum_{k=1}^{\infty}0.55^{2k-1}0.45=\frac{11}{33}$$

例 5 有一大批产品,其验收方案如下。先作第一次检验:从中任取 10 件,经检验无次品接受这批产品;次品数大于 2 件拒收,否则作第二次检验,其做法是从这批产品中再任取 5 件,仅当 5 件中无次品时接受这批产品。若产品的次品率为 10% ,求下列事件的概率:

(1)这批产品经第一次检验就能被接受的概率;

(2)这批产品需作第二次检验的概率;

(3)这批产品按第二次检验的标准被接受的概率;

(4)这批产品在第一次检验未能被确定且第二次检验时被接受的概率;

(5)这批产品被接受的概率。

解 设 X 为第一次检验的次品数,$X\sim b(10,0.1)$,Y 为第二次检验的次品数,$Y\sim b(5,0.1)$。

(1) 这批产品经第一次检验被接受的概率:

$$p_1=P(X=0)=(0.9)^{10}=0.349$$

(2) 这批产品需作第二次检验的概率:

$$p_2=P(0<X\leqslant 2)=P(X=1)+P(X=2)=C_{10}^{1}0.1\times 0.9^{9}+C_{10}^{2}0.1^{2}\times 0.9^{8}=0.581$$

(3) 这批产品按第二次检验的标准被接受的概率:

$$p_3=P(Y=0)=0.9^{5}=0.59$$

(4) 这批产品在第一次检验未能被确定且第二次检验时被接受的概率:

$$p_4=P(0<X\leqslant 2,Y=0)=p_2\times p_3=0.581\times 0.59=0.343$$

(5) 这批产品被接受的概率:

$$p_5=p_1+p_4=0.349+0.343=0.692$$

例 6 设随机变量 X 的概率密度为 $f(x)=\begin{cases}e^{-x}, & x>0\\ 0, & x\leqslant 0\end{cases}$,试求:

(1)$P(X\geqslant 1)$;

(2)$Y=X^2$ 的概率密度函数 $f_Y(y)$。

解 (1)$P(X>1)=\int_1^{+\infty}e^{-x}\,dx=\frac{1}{e}$

(2) 先求 Y 的分布函数

$$F_Y(y)=P(Y\leqslant y)=P(X^2\leqslant y)$$

当 $y<0$ 时,$F_Y(y)=0$

当 $y\geqslant 0$ 时,$F_Y(y)=P(X^2\leqslant y)=P(-\sqrt{y}\leqslant X\leqslant\sqrt{y})=\int_0^{\sqrt{y}}e^{-x}\,dx=1-e^{-\sqrt{y}}$

再求 Y 的概率密度函数:

$$f_Y(y)=F'_Y(y)=\begin{cases}\dfrac{1}{2\sqrt{y}}\mathrm{e}^{-\sqrt{y}}, & y\geqslant 0\\ 0, & y<0\end{cases}$$

例 7　设随机变量 X 的概率密度为 $f(x)=\begin{cases}A\mathrm{e}^{-x}, & x>0\\ 0, & x\leqslant 0\end{cases}$，试求：

(1) 常数 A；

(2) $P(X\geqslant 1)$；

(3) $Y=\mathrm{e}^X$ 的概率密度 $f_Y(y)$。

解　(1) 由 $\int_{-\infty}^{+\infty}f(x)\mathrm{d}x=1$，得 $1=\int_0^{+\infty}A\mathrm{e}^{-x}\mathrm{d}x=A\int_0^{+\infty}\mathrm{e}^{-x}\mathrm{d}x=A$，即 $A=1$。

(2)

$$P(X\geqslant 1)=\int_1^{+\infty}\mathrm{e}^{-x}\mathrm{d}x=\frac{1}{\mathrm{e}}$$

(3) 先求 Y 的分布函数

$$F_Y(y)=P(Y\leqslant y)=P(\mathrm{e}^x\leqslant y)$$

当 $y<1$ 时，$F_y(y)=0$

当 $y\geqslant 1$ 时，$F_y(y)=P(X\leqslant \ln y)=\int_0^{\ln y}\mathrm{e}^{-x}\mathrm{d}x=1-\dfrac{1}{y}$

再求 Y 的概率密度

$$f_Y(y)=\frac{\mathrm{d}F_Y(y)}{\mathrm{d}y}=\begin{cases}\dfrac{1}{y^2}, & y\geqslant 1\\ 0, & y<1\end{cases}$$

例 8　在区间 $[0,a]$ $(a>0)$ 上任意投掷一个质点，以 X 表示这个质点的坐标，设这个质点落在 $[0,a]$ 的任意小区间内的概率与这个小区间长度成正比。试求：

(1) X 的分布函数；

(2) X 的概率密度；

(3) $P\left(-\dfrac{a}{3}<X\leqslant\dfrac{a}{3}\right)$。

解　(1) 由分布函数的定义知，$F(x)=P(X\leqslant x)$。

当 $x<0$ 时，$\{X\leqslant x\}$ 表示点 X 落在 $[0,a]$ 之外，则 $\{X\leqslant x\}$ 是不可能事件，故

$$F(x)=P(X\leqslant x)=0$$

当 $0\leqslant x<a$ 时，依题知

$$F(x)=P(X\leqslant x)=P(0\leqslant X<x)=kx$$

因为 $1=P(0\leqslant x<a)=ka$，故 $k=\dfrac{1}{a}$，即当 $0\leqslant x<a$ 时，$F(X)=\dfrac{x}{a}$；当 $x\geqslant a$ 时，$\{X\leqslant x\}$ 是必然事件，故

$$F(x)=P(X\leqslant x)=1$$

所以概率分布函数

$$F(x)=\begin{cases}0, & x<0\\ \dfrac{x}{a}, & 0\leqslant x<a\\ 1, & x\geqslant a\end{cases}$$

(2)X 的概率密度

$$f(x)=\frac{\mathrm{d}F(x)}{\mathrm{d}x}=\begin{cases}\dfrac{1}{a}, & 0<x<a\\ 0, & 其他\end{cases}$$

(3) $P\left(-\dfrac{a}{3}<X\leqslant\dfrac{a}{3}\right)=F\left(\dfrac{a}{3}\right)-F\left(-\dfrac{a}{3}\right)=\dfrac{1}{3}$。

例 9 设顾客在某银行窗口等待服务的时间(以分钟计)X 服从指数分布,其概率密度函数

$$f(x)=\begin{cases}\dfrac{1}{5}\mathrm{e}^{-\frac{x}{5}}, & x>0\\ 0, & 其他\end{cases}$$

某顾客在窗口等待服务,若超过 10 分钟,他就离开。他一个月到银行 5 次。以 Y 表示一个月内他未等到服务而离开窗口的次数,写出 Y 的概率分布律,并求概率 $P\{Y\geqslant 1\}$。

解 顾客在某银行窗口等待服务的时间(以分钟计)X 服从指数分布,某一次在窗口等待时间超过 10 分钟的概率

$$P(X\geqslant 10)=\int_{10}^{+\infty}\frac{1}{5}\mathrm{e}^{(-\frac{x}{5})}\mathrm{d}x=\mathrm{e}^{-2}$$

注意到某顾客每月到银行五次也就是进行了五重的贝努利试验,每次试验得不到服务的概率为 e^{-2}。所以 $Y\sim b(5,\mathrm{e}^{-2})$,即

$$P\{Y=k\}=C_5^k(\mathrm{e}^{-2})^k(1-\mathrm{e}^{-2})^{5-k}\qquad k=0,1,\cdots,5$$

$$P\{Y\geqslant 1\}=1-P\{y=0\}=1-(1-\mathrm{e}^{-2})^5$$

例 10 设随机变量 X 的概率密度函数 $f(x)=\begin{cases}C(3+2x), & 2<x<4\\ 0, & 其他\end{cases}$,求:

(1)常数 C 的值;

(2)X 的分布函数 $F(X)$;

(3)$P(1<X\leqslant 3)$;

(4)$Y=3-2X$ 的概率密度函数 $f_Y(y)$。

解 (1) 由 $\int_{-\infty}^{+\infty}f(x)\mathrm{d}x=1$,可得 $\int_2^4 C(3+2x)\mathrm{d}x=1$,$C=1/18$。

(2)注意到概率密度函数是分段函数,因此分布函数也要分段表示,

$$F(x)=P(X\leqslant x)=\int_{-\infty}^{x}f(t)\mathrm{d}t$$

当 $x<2$ 时，$f(x)=0$，故 $F(x)=0$；

当 $2\leqslant x<4$ 时，

$$F(x)=\int_{-\infty}^{x} f(u)\mathrm{d}u=\int_{2}^{x} C(3+2u)\mathrm{d}u=\frac{1}{18}(x^2+3x-10)$$

当 $x\geqslant 4$ 时，

$$F(x)=\int_{-\infty}^{x} f(u)\mathrm{d}u=\int_{2}^{4} C(3+2u)\mathrm{d}u+\int_{4}^{x} 0\mathrm{d}u=1$$

故

$$F(x)=\begin{cases}0, & x<2\\ \frac{1}{18}(x^2+3x-10), & 2\leqslant x<4\\ 1, & x\geqslant 4\end{cases}$$

(3) $P(1<x\leqslant 3)=F(3)-F(1)=\frac{1}{18}(3^2+3\times 3-10)-0=\frac{4}{9}$。

(4)随机变量 $Y=3-2X$ 的概率密度函数 $f_Y(y)$ 有 2 种解法。

解法 1　先求随机变量 $Y=3-2X$ 的分布函数：$\forall y\in\mathbf{R}$。

$$F_Y(y)=P(Y\leqslant y)=P(3-2X\leqslant y)=P(X\geqslant \frac{3-y}{2})=\int_{\frac{3-y}{2}}^{+\infty} f_X(x)\mathrm{d}x$$

由 $2\leqslant\frac{3-y}{2}<4$，可得　$-5<y\leqslant -1$，

$$F_Y(y)=\int_{\frac{3-y}{2}}^{4} f_X(x)\mathrm{d}x=\int_{\frac{3-y}{2}}^{4} C(3+2x)\mathrm{d}x$$

随机变量 $Y=3-2X$ 的概率密度函数

$$f_Y(y)=\frac{\mathrm{d}F_Y(y)}{\mathrm{d}y}=\frac{\mathrm{d}}{\mathrm{d}y}\int_{\frac{3-y}{2}}^{4} C(3+2x)\mathrm{d}x=\frac{1}{36}(6-y)$$

故

$$f_Y(y)=\begin{cases}\frac{1}{36}(6-y), & -5<y<-1\\ 0, & \text{其他}\end{cases}$$

解法 2　根据求随机变量函数的概率密度函数公式有：

$$f_Y(y)=-f_X\left(\frac{3-y}{2}\right)\cdot\left(-\frac{1}{2}\right)$$

$$=\begin{cases}\frac{1}{36}(6-y), & -5<y<-1\\ 0, & \text{其他}\end{cases}$$

例 11　设二维随机变量 (X,Y) 在区域 $D=\{(x,y)\mid 0<x<1,x^2<y<\sqrt{x}\}$ 上服从均匀分布，令 $U=\begin{cases}1, & X\leqslant Y\\ 0, & X>Y\end{cases}$

(1)写出(X,Y)的联合密度函数；

(2)问X与Y是否相互独立，并说明理由；

(3)求$Z=U+X$的分布函数$F(z)$。

解 (1)区域D的面积$S(D)=\int_0^1 dx\int_{x^2}^{\sqrt{x}} dy=\frac{1}{3}$，则$(X,Y)$的联合密度函数

$$f(x,y)=\begin{cases}3, & (x,y)\in D\\ 0, & \text{其他}\end{cases}$$

(2)X,Y的边缘概率密度

$$f_X(x)=\int_{-\infty}^{+\infty} f(x,y)dy=\begin{cases}\int_{x^2}^{\sqrt{x}} 3dx=3(\sqrt{x}-x^2), & 0<x<1,\\ 0, & \text{其他}\end{cases}$$

$$f_Y(x)=\int_{-\infty}^{+\infty} f(x,y)dx=\begin{cases}\int_{y^2}^{\sqrt{y}} 3dx=3(\sqrt{y}-y^2), & 0<y<1,\\ 0, & \text{其他}\end{cases}$$

由于$f(x,y)\neq f_X(x)f_Y(y)$，故X与Y不相互独立。

(3)由$Z=U+X$，知随机变量$Z\in[0,2)$，则

当$z\leqslant 0$时，$F(z)=P(Z\leqslant z)=0$；

当$z\geqslant 2$时，$F(z)=P(Z\leqslant z)=1$；

当$0<z<1$时，

$$\begin{aligned}F(z)&=P(Z\leqslant z)=P(U=0,X\leqslant z)+P(U=1,X\leqslant z-1)\\&=P(X>Y,X\leqslant z)+P(X\leqslant Y,X\leqslant z-1)\\&=\int_0^z dx\int_{x^2}^{x} 3dy=\frac{3}{2}z^2-z^3\end{aligned}$$

当$1\leqslant z<2$时，

$$\begin{aligned}F(z)&=P(Z\leqslant z)=P(U=0,X\leqslant z)+P(U=1,X\leqslant z-1)\\&=P(X>Y,X\leqslant z)+P(X\leqslant Y,X\leqslant z-1)\\&=\int_0^1 dx\int_{x^2}^{x} 3dy+\int_0^{z-1} dx\int_{x}^{\sqrt{x}} 3dy=\frac{1}{2}+2(z-1)^{\frac{2}{3}}-\frac{3}{2}(z-1)^2\end{aligned}$$

例12 某种电子元件的寿命X(单位：小时)的概率密度为

$$f(x)=\begin{cases}\dfrac{100}{x^2}, & x>100\\ 0, & x\leqslant 100\end{cases}$$

一台仪器装有三个这种电子元件(假设三个电子元件的寿命是相互独立的)：

(1)求在最初使用的150小时内，三个电子元件都未被替换的概率；

(2)求在最初使用的150小时内，恰有一个电子元件被替换的概率。

解 求在最初使用的150小时以上的概率

$$P(X>150)=\int_{150}^{+\infty}\frac{100}{x^2}\mathrm{d}x=-\frac{100}{x}\Big|_{150}^{+\infty}=\frac{2}{3}$$

令 Y 表示三个电子元件中使用的 150 小时被替换的电子元件的个数，则 $Y\sim b(3,p)$，故

$$p=P(X\leqslant 150)=1-\frac{2}{3}=\frac{1}{3}$$

(1)三只电子元件都完好的概率

$$P(Y=0)=C_3^0\left(\frac{2}{3}\right)^3=\frac{8}{27}$$

(2)恰有一只电子元件被替换的概率

$$P(Y=1)=C_3^1\cdot\frac{1}{3}\cdot\left(\frac{2}{3}\right)^2=\frac{4}{9}$$

例 13　同时掷两枚骰子，求：

(1)点数之和大于 3 的概率；

(2)直到一枚出现 6 点为止，需掷次数 Z 的分布律。

解　设 X,Y 分别表示两枚骰子出现的点数，设 A 表示两枚骰子点数之和大于 3，则

(1)$P(\overline{A})=P(X=1,Y=2)+P(X=2,Y=1)+P(X=1,Y=1)=\frac{1}{36}+\frac{1}{36}+\frac{1}{36}=\frac{1}{12}$

$$P(\overline{A})=P(X+Y\leqslant 3),P(A)=1-P(\overline{A})=1-\frac{1}{12}=\frac{11}{12}$$

(2)同时掷两枚骰子都不出现 6 点的概率 $P(X\leqslant 5,Y\leqslant 5)=\frac{25}{36}$，首次一枚出现 6 点的概率 $P(X=6,Y\neq 6)+P(X\neq 6,Y=6)+P(X=6,Y=6)=\frac{11}{36}$，故直到一枚出现 6 点为止，需掷次数 Z 的分布律

$$P(Z=k)=\left(\frac{25}{36}\right)^{k-1}\frac{11}{36},\quad k=1,2,\cdots$$

例 14　设随机变量 X 的分布函数为严格单调增加的连续函数 $F(x)$，证明随机变量 $Y=F(X)$ 在区间[0,1]上服从均匀分布。

证明　由于 $F(x)$ 为分布函数，因此 Y 的取值范围为[0,1]，于是对于 Y 的分布函数

$$F_Y(y)=P(Y\leqslant y)$$

当 $y<0$ 时，$Y\leqslant y$ 为不可能事件，因此 $F_Y(y)=0$；

当 $y>1$ 时，$Y\leqslant y$ 为必然事件，因此 $F_Y(y)=1$；

当 $0\leqslant y\leqslant 1$ 时，由于 $F(x)$ 是单调增加的连续函数，因此

$$F_Y(y)=P(Y\leqslant y)=P(F(X)\leqslant y)=P(X\leqslant F^{-1}(y))=F(F^{-1}(y))=y$$

即
$$F_Y(y)=P(Y\leqslant y)=\begin{cases}0, & y<0\\ y, & 0\leqslant y\leqslant 1\\ 1, & y>1\end{cases}$$

根据分布函数,可证明 Y 在区间$[0,1]$上服从均匀分布。

例 15 某校学生在校图书馆等待借书时间 X 服从指数分布,假设学生平均等待的时间为 3 分钟。若某一学生借书等待时间超过 6 分钟便离去。现知他一个月内 4 次去图书馆借书。令 Y 表示他在一个月内因借书等待时间过长而离去的次数。试求 Y 的分布律及概率 $P(Y\leqslant 3)$。

解 (1)由题意知 $E(X)=3$,所以 X 的概率密度函数

$$f(x)=\begin{cases}\dfrac{1}{3}e^{-\frac{x}{3}}, & x\geqslant 0\\ 0, & x<0\end{cases}$$

从而,可知

$$P=P\{X>6\}=1-\int_0^6\frac{1}{3}e^{-\frac{x}{3}}dx=1+(e^{-2}-1)=e^{-2}$$

即 $Y\sim b(4,e^{-2})$。

(2)$P\{Y\leqslant 3\}=1-P\{Y=4\}=1-e^{-8}$。

练　习　题

一、填空题

1. 一射手对同一目标独立地进行 4 次射击,若至少命中一次的概率为$\dfrac{80}{81}$,则该射手的命中率为________。

2. 甲、乙两人独立地对同一目标射击一次,其命中率分别为 0.6,0.5,现已知目标被命中,则它是甲射中的概率为________。

3. 某射手的射击命中率为 3/4,现对一目标连续射击,直到第二次命中为止,令 X 表示第二次为止所用的射击次数,求 X 的概率分布________。

4. 设 $X\sim N(1,4)$,且 $P(X>C)=P(X\leqslant C)$,则 $C=$________。

5. 袋中有 6 只球,其中 3 只白球,3 只红球。从袋中任取 3 只球,则取出的 3 只球中恰好有 1 只白球的概率为________。

6. 设 $X\sim N(2,2^2)$,且 $aX+b\sim N(0,1)$,$(a>0)$,则 $a=$________,$b=$________。

7. 设离散型随机变量 X 的分布律为 $P(X=k)=\dfrac{C}{k!}$ $(k=0,1,2,\cdots)$,则常数 $C=$______。

8. 设连续型随机变量 X 的分布函数为

$$F(x)=\begin{cases}0, & x<0\\ kx+b, & 0\leqslant x\leqslant \pi\\ 1, & x>\pi\end{cases}$$

则 $b=$________，$k=$________。

二、选择题

1. 设随机变量 X 服从参数为$(2,p)$的二项分布，随机变量 Y 服从参数为$(4,p)$的二项分布，若 $P(X\geqslant 1)=\frac{5}{9}$，则 $P(Y\geqslant 1)=($　　$)$。

(A)$\frac{1}{81}$　　(B)$\frac{1}{2}\ln 2$

(C)$\frac{65}{81}$　　(D)$\frac{61}{81}$

2. 设 X_1,X_2 是两个相互独立的连续型随机变量，它们的概率密度函数分别为 $f_1(x)$与 $f_2(x)$，分布函数分别为 $F_1(x)$与 $F_2(x)$，则(　　)。

(A)$f_1(x)+f_2(x)$必为某随机变量的概率密度

(B)$f_1(x)f_2(x)$必为某随机变量的概率密度

(C)$F_1(x)+F_2(x)$必为某随机变量的分布函数

(D)$F_1(x)F_2(x)$必为某随机变量的分布函数

3. 设离散型随机变量 X 的分布律为 $P(X=k)=b\lambda^k$　$(k=1,2,3,\cdots)$，且 $b>0$ 为常数，则(　　)。

(A)λ 为大于 0 的任意实数　　(B)$\lambda=b+1$

(C)$\lambda=\frac{1}{b+1}$　　(D)$\lambda=\frac{1}{b-1}$

4. 设 $X\sim N(\mu,\sigma_1^2)$，$Y\sim N(\mu_2,\sigma_2^2)$，且 $P\{|X-\mu_1|<1\}>P\{|Y-\mu_2|<1\}$，则(　　)。

(A)$\sigma_1<\sigma_2$　　(B)$\sigma_1>\sigma_2$

(C)$\mu_1<\mu_2$　　(D)$\mu_1>\mu_2$

5. 设随机变量 $X\sim N(0,1)$，则方程 $t^2+2Xt+4=0$ 没有实根的概率为(　　)。

(A)$2\Phi(2)-1$　　(B)$\Phi(4)-\Phi(2)$

(C)$\Phi(-4)-\Phi(-2)$　　(D)$\Phi(2)-\Phi(4)$

6. 设随机变量 X 服从标准正态分布，对给定的 $\alpha(0<\alpha<1)$，数 z_α 满足 $P(X>z_\alpha)=\alpha$，若 $P\{|X|<x\}=\alpha$，则 x 等于(　　)。

(A)$z_{\frac{\alpha}{2}}$　　(B)$z_{1-\frac{\alpha}{2}}$

(C)$z_{\frac{1-\alpha}{2}}$　　(D)$z_{\frac{-\alpha}{2}}$

7. $F(a)=P\{X\leqslant a\}$，则 $P\{X=a\}=($　　$)$。

(A)$F(a)-F(a+0)$　　(B) 0

(C)$F(a+0)-F(a)$　　(D)$F(a)-F(a-0)$

8. 设 $F_1(x)$与 $F_2(x)$分别为随机变量 X_1 与 X_2 的分布函数，令 $F(x)=aF_1(x)-bF_2(x)$，为使 $F(x)$是某一随机变量的分布函数，在下列给定的各组数值中应取(　　)。

(A)$a=\frac{3}{5},b=-\frac{2}{5}$　　(B)$a=\frac{2}{3},b=\frac{2}{3}$

(C)$a=-\frac{1}{2},b=\frac{3}{2}$　　(D)$a=\frac{1}{2},b=-\frac{3}{2}$

9. 设随机变量 X 和 Y 相互独立，其概率分布为

X	-1	1
P	0.5	0.5

Y	-1	1
P	0.5	0.5

则下面式子正确的是(　　)。

(A)$X=Y$　　(B)$P\{X=Y\}=0$

(C)$P\{X=Y\}=\frac{1}{2}$　　(D)$P\{X=Y\}=1$

10. 下列函数中，(　　)可以作为某个随机变量的分布函数。

(A)$F(x)=\frac{1}{1+x^2}$，$-\infty<x<\infty$　　(B)$F(x)=\begin{cases}\frac{1-e^{-x}}{2}, & x\geqslant 0\\ 0, & x<0\end{cases}$

(C)$F(x)=\frac{1}{\pi}\arctan x+\frac{1}{2}$，$-\infty<x<\infty$　　(D) $F(x)=\int_{-\infty}^{x} f(t)\mathrm{d}t$，其中$\int_{-\infty}^{+\infty} f(t)\mathrm{d}t=1$

三、计算题

1. 设随机变量 X 的概率密度为 $f(x)=\begin{cases}ke^{-3x}, & x\geqslant 0\\ 0, & x<0\end{cases}$，试求：

(1)常数 k；

(2)X 的分布函数 $F(x)$；

(3)$P(X>0.1)$。

2. 某型号元件的寿命 X(以小时计)具有以下概率密度：

$$f(x)=\begin{cases}\frac{1\ 000}{x^2}, & x>1\ 000\\ 0, & x\leqslant 1\ 000\end{cases}$$

现有一大批此种元件(设每个元件损坏与否相互独立)，任取 5 只元件，问其中至少有 2 只元件寿命大于 1 500 小时的概率是多少？

3. 试决定常数 C，使得 $p_k=C\frac{\lambda^k}{k!}$ $(k=1,2,\cdots)$为某一离散型随机变量 X 的分布列，其中 $\lambda>0$ 为参数。

4. 设随机变量 X 的概率密度为 $f(x)=\begin{cases}ke^{-2x}, & x\geqslant 0\\ 0, & x<0\end{cases}$，试求：

(1)常数 k；

(2)X 的分布函数 $F(x)$；

(3)$P(X>1)$。

5. 设连续型随机变量 X 的分布函数 $F(x)=\begin{cases}A+Be^{-\lambda x}, & x\geqslant 0\\ 0, & x<0\end{cases}$　$(\lambda>0)$，试求：

(1)常数 A，B 的值；

(2)$P\{-1<X<1\}$；

(3)$Y=X^2$ 的概率密度。

6. 设随机变量 X 的概率密度函数

$$f(x)=\begin{cases}\dfrac{x}{25}, & 0\leqslant x<5\\ \dfrac{2}{5}-\dfrac{x}{25}, & 5\leqslant x<10\\ 0, & \text{其他}\end{cases}$$

试求随机变量 X 的分布函数 $F(x)$。

7. 设随机变量 X 服从区间 $(-2,1)$ 上的均匀分布，试求随机变量 $Y=X^2$ 的概率密度函数 $p_Y(y)$。

8. 设连续型随机变量 X 的分布函为

$$F(x)=a+b\arctan x$$

求：a,b 及 $P\{X^2>1\}$。

9. 设随机变量 X 的概率密度为

$$f_X(x)=\begin{cases}2x, & 0<x<1\\ 0, & \text{其他}\end{cases}$$

对 X 进行三次独立重复观察，用 Y 表示事件"$X\leqslant\dfrac{1}{2}$"出现的次数，求 $P(Y=1)$。

10. 设 X 为取正整数值的离散型随机变量，证明 X 服从参数为 p 的几何分布的充要条件是 X 具有无记忆性，即 $P(X=k+n|X>k)$ 与 k 无关（k,n 为任意正整数）。

11. 一批产品共有 10 个正品和 2 个次品，任意抽取两次，每次抽取一个，抽出后不再放回，求第二次抽出的是次品的概率。

练习题答案

一、填空题

1. 答案：$\dfrac{2}{3}$。

解析　至少命中一次的概率为 $\dfrac{80}{81}$，那么 4 次全部没命中的概率为 $\dfrac{1}{81}$。所以一次不命中的概率为 $\sqrt[4]{\dfrac{1}{81}}=\dfrac{1}{3}$，则一次命中的概率为 $1-\dfrac{1}{3}=\dfrac{2}{3}$。

2. 答案：$\dfrac{3}{4}$。

解析　设甲射中为事件 A，乙射中为事件 B，目标被射中为事件 C。则 $C=A\cup B$。现在要求的是 $P(A|C)$，根据题目得 $P(A)=0.6$，$P(B)=0.5$，

$$\begin{aligned}P(C)&=1-P(\bar{C})=1-P(\overline{A\cup B})\\&=1-P(\bar{A}\bar{B})=1-P(\bar{A})P(\bar{B})=1-0.4\times0.5=0.8\end{aligned}$$

$$P(A|C)=\frac{P(AC)}{P(C)}=\frac{P(A)}{P(C)}=\frac{3}{4}$$

3. 答案：$P(X=k)=C_{k-1}^{1}(1/4)^{k-2}(3/4)^{2}=(k-1)(1/4)^{k-2}(3/4)^{2}$，$k=2,3,\cdots$

解析 X 表示第二次命中为止所用的射击次数，则 X 的概率分布为

$$P(X=k)=C_{k-1}^{1}(1/4)^{k-2}(1/4)^{2},\ k=2,3,\cdots$$

4. 答案：1。

解析 因为 $X\sim N(1,4)$，可知 X 服从均值为 1 的正态分布。由于正态分布的密度函数图像关于均值对称，所以 $C=1$。

5. 答案：$\frac{9}{20}$。

解析 根据题目可知，求取出的 3 只球中有 1 只白球、2 只红球的概率：$P=\frac{C_3^2C_3^1}{C_6^3}=\frac{9}{20}$。

6. 答案：$a=\frac{1}{2},b=-1$；或 $a=-\frac{1}{2},b=1$；

解析 由 $X\sim N(2,2^2)$，得到：$E(X)=2,D(X)=4$，又由 $aX+b\sim N(0,1)$ 知：

$$E(aX+b)=aE(X)+b=0,D(aX+b)=a^2D(X)=1$$

得到：$2a+b=0,4a^2=1$；因此，$a=\frac{1}{2},b=-1$；或 $a=-\frac{1}{2},b=1$。

7. 答案：e^{-1}。

解析 因为 $P(X=0)+P(X=1)+P(X=2)+\cdots=1$，则

$$\left(\frac{1}{0!}+\frac{1}{1!}+\frac{1}{2!}+\frac{1}{3!}+\cdots\right)\cdot C=1$$

根据 e 的泰勒展开可知，上式为 $e\cdot C=1$，所以 $C=e^{-1}$。

8. 答案：$b=0$，$k=\frac{1}{\pi}$。

解析 由分布函数的右连续性有：$\lim\limits_{x\to 0^+}F(x)=\lim\limits_{x\to 0^+}(kx+b)=F(0),b=0$；

$$\lim_{x\to\pi^+}F(x)=\lim_{x\to\pi^+}(kx+b)=F(\pi)=1$$

可得 $k\pi=1,k=\frac{1}{\pi}$。

二、选择题

1. 应选(C)。

解析 因为 X 服从参数为 $(2,p)$ 的二项分布，且 $P(X\geqslant 1)=\frac{5}{9}$，所以

$$P(X=0)=1-P(X\geqslant 1)=\frac{4}{9}$$

即 $C_2^0p^0(1-p)^2=\frac{4}{9}$，求解得 $p=\frac{1}{3}$。

因为 Y 服从参数为$(4,p)$的二项分布，则 $P(Y=0)=(1-p)^4=\frac{16}{81}$，所以

$$P(Y\geqslant 1)=1-P(Y=0)=\frac{65}{81}$$

2. 应选(D)。

解析　$f(x)$ 为概率密度的充要条件是：$f(x)\geqslant 0$ 且 $\int_{-\infty}^{+\infty}f(x)\mathrm{d}x=1$。

$F(x)$ 为分布函数的充要条件是满足：

①$0\leqslant F(x)\leqslant 1, F(-\infty)=0, F(+\infty)=1$；

②$F(x)$ 单调不减；

③ 右连续。

因此只需检验上述条件是否成立即可。

由于 $\int_{-\infty}^{+\infty}[f_1(x)+f_2(x)]\mathrm{d}x=2\neq 1, F_1(+\infty)+F_2(+\infty)=2\neq 1$，因此可先排除(A)，(C)。又设　$f_1(x)=\begin{cases}\mathrm{e}^{-x}, & x>0\\ 0, & x\leqslant 0\end{cases}$，$f_2(x)=\begin{cases}\mathrm{e}^{-2x}, & x>0\\ 0, & x\leqslant 0\end{cases}$

则 $f_1(x)f_2(x)=\begin{cases}2\mathrm{e}^{-3x}, & x>0\\ 0, & x\leqslant 0\end{cases}$，显然不满足概率密度函数的要求，进一步排除(B)。

事实上，可验证 $F_1(x)F_2(x)$ 确实满足分布函数的三个条件。

3. 应选(C)。

解析　$P(X=1)+P(X=2)+P(X=3)+\cdots=b\cdot(\lambda+\lambda^2+\lambda^3+\cdots)=b\cdot\frac{\lambda}{1-\lambda}=1$，所以 $\lambda=\frac{1}{b+1}$。

4. 应选 (A)。

解析　由题设可得：$P\left\{\frac{|X-\mu_1|}{\sigma_1}<\frac{1}{\sigma_1}\right\}>P\left\{\frac{|Y-\mu_2|}{\sigma_2}<\frac{1}{\sigma_2}\right\}$，则

$$2\Phi\left(\frac{1}{\sigma_1}\right)-1>2\Phi\left(\frac{1}{\sigma_2}\right)-1$$

即 $\Phi\left(\frac{1}{\sigma_1}\right)>\Phi\left(\frac{1}{\sigma_2}\right)$，其中 $\Phi(x)$ 是标准正态分布的分布函数。又因 $\Phi(x)$ 是单调不减函数，可得 $\frac{1}{\sigma_1}>\frac{1}{\sigma_2}$，即 $\sigma_1<\sigma_2$。

5. 应选 (A)。

解析　判别式 $\Delta=4X^2-16<0$，则 $-2<X<2$。将正态分布化为标准正态分布

$$P\{-2<X<2\}=P\left\{\frac{-2-0}{1}<Z<\frac{2-0}{1}\right\}=\Phi(2)-\Phi(-2)=2\Phi(2)-1$$

6. 应选(C)。

解析　由标准正态分布概率密度函数的对称性知 $P(X<-z_\alpha)=\alpha$。于是：

$$1-\alpha=1-P\{|X|<x\}=P\{|X|\geqslant x\}=P\{X\geqslant x\}+P\{X\leqslant -x\}=2P\{X\geqslant x\}$$

即有 $P\{X\geqslant x\}=\dfrac{1-\alpha}{2}$。根据 z_α 的定义有：$x=z_{\frac{1-\alpha}{2}}$。

7. 应选(D)。

解析 $F(a)=P\{X\leqslant a\}$ 表示随机变量取值小于等于 a 的概率。$F(a-0)$ 表示 $F(x)$ 在 $x=a$ 处的左极限，$F(a)-F(a-0)$ 就是 a 点处的概率。

8. 应选(A)。

解析 因为 $F_1(x)$ 与 $F_2(x)$ 分别为随机变量 X_1 与 X_2 的分布函数，则 $\lim\limits_{x\to+\infty}F_1(x)=1$，$\lim\limits_{x\to+\infty}F_2(x)=1$，于是 $\lim\limits_{x\to+\infty}F(x)=a\lim\limits_{x\to+\infty}F_1(x)-b\lim\limits_{x\to+\infty}F_2(x)=a-b=1$，故选(A)。

9. 应选 (C)。

解析 根据题目可知，随机变量 X 和 Y 相互独立，则

$$P\{X=Y=1\}=P\{X=1\}\cdot P\{Y=1\}=0.25$$
$$P\{X=Y=-1\}=P\{X=-1\}\cdot P\{Y=-1\}=0.25$$
$$P\{X=Y\}=\frac{1}{2}$$

10. 应选(C)。

解析 $F(x)$ 为分布函数的充要条件是满足：

①$0\leqslant F(x)\leqslant 1, F(-\infty)=0, F(+\infty)=1$；

②$F(x)$ 单调不减；

③ 右连续。

在(A)中，$\lim\limits_{x\to+\infty}F(x)=0\neq 1$，故排除；(B)中，$\lim\limits_{x\to+\infty}F(x)=\dfrac{1}{2}\neq 1$，故排除。对于选项(D)中的 $f(t)$ 无法知道更多信息，只有当其为密度函数时，$F(x)$ 才是分布函数，故进一步排除(D)；事实上，可验证(C)中 $F(x)$ 确实满足分布函数的三个条件。

三、计算题

1. **解** (1)由于 $\int_{-\infty}^{+\infty}f(x)\mathrm{d}x=1$，得

$$1=\int_{-\infty}^{+\infty}k\mathrm{e}^{-3x}\mathrm{d}x=k\int_{0}^{+\infty}\mathrm{e}^{-3x}\mathrm{d}x=\frac{k}{3}$$

因此 $k=3$。

(2)当 $x<0$ 时，$F(x)=0$；

当 $x\geqslant 0$，$F(x)=\int_{-\infty}^{x}f(x)\mathrm{d}x=\int_{-\infty}^{x}3\mathrm{e}^{-3x}\mathrm{d}x=1-\mathrm{e}^{-3x}$

所以 X 的分布函数

$$F(x)=\begin{cases}1-\mathrm{e}^{-3x}, & x\geqslant 0\\ 0 & x<0\end{cases}$$

(3)$P(X>0.1)=\int_{0.1}^{+\infty}3\mathrm{e}^{-3x}\mathrm{d}x=\mathrm{e}^{-0.3}$

2. **解**　依题意

$$P(X>1\ 500)=\int_{1\ 500}^{+\infty}\frac{1\ 000}{x^2}\mathrm{d}x=\frac{2}{3}$$

又设 Y 表示 5 个元件寿命大于 1 500 小时的个数，则

$$Y\sim b\left(5,\frac{2}{3}\right)$$

于是所求得概率为

$$P(Y\geqslant 2)=1-P(Y=0)-P(Y=1)=1-\left(\frac{1}{3}\right)^5-C_5^1\left(\frac{2}{3}\right)\left(\frac{1}{3}\right)^4=\frac{232}{243}$$

3. **解**　若使 $p_k=C\frac{\lambda^k}{k!}\ (k=1,2,\cdots)$ 是某一离散型随机变量 X 的分布列，当且仅当

$$p_k=C\frac{\lambda^k}{k!},(k=1,2,\cdots)$$

而且 $\sum\limits_{k=1}^{\infty}p_k=1$，因此有

$$1=\sum_{k=1}^{\infty}p_k=\sum_{k=1}^{\infty}C\frac{\lambda^k}{k!}=C\sum_{k=1}^{\infty}\frac{\lambda^k}{k!}=C(\mathrm{e}^{\lambda}-1)$$

所以有 $C=\frac{1}{\mathrm{e}^{\lambda}-1}$。

4. **解**　(1)由于 $\int_{-\infty}^{+\infty}f(x)\mathrm{d}x=1$，得

$$1=\int_{-\infty}^{+\infty}k\mathrm{e}^{-2x}\mathrm{d}x=k\int_0^{\infty}\mathrm{e}^{-2x}\mathrm{d}x=\frac{k}{2}$$

因此 $k=2$。

(2)当 $x<0$ 时，$F(x)=0$；

当 $x\geqslant 0$ 时，$F(x)=\int_{-\infty}^{x}f(x)\mathrm{d}x=\int_0^x 2\mathrm{e}^{-2t}\mathrm{d}t=1-\mathrm{e}^{-2x}$，所以 X 的分布函数

$$F(x)=\begin{cases}1-\mathrm{e}^{-2x}, & x\geqslant 0\\ 0, & x<0\end{cases}$$

(3)$P(X>1)=\int_1^{+\infty}2\mathrm{e}^{-2x}\mathrm{d}x=\mathrm{e}^{-2}$。

5. **解**　(1)由分布函数的性质，$\lim\limits_{x\to\infty}F(x)=\lim\limits_{x\to\infty}(A+B\mathrm{e}^{-\lambda x})=A=1$，同时注意到随机变量是连续型的，则

$$\lim_{x\to 0+}F(x)=\lim_{x\to 0+}(A+B\mathrm{e}^{-\lambda x})=A+B=0$$

得到 $B=-1$。

(2)$P\{-1<X<1\}=F(1)-F(-1)=1-e^{-\lambda}-0=1-e^{-\lambda}$。

(3) 计算 X 的概率密度为

$$f_X(x)=F'(x)=\begin{cases}\lambda e^{-\lambda x}, & x\geqslant 0\\ 0, & x<0\end{cases}$$

当 $y\leqslant 0$ 时，$f_Y(y)=0$

当 $y>0$ 时，$f_Y(y)=f_X(\sqrt{y})\,|(\sqrt{y})'|=\dfrac{\lambda}{2\sqrt{y}}e^{-\lambda\sqrt{y}}$

综上所述，

$$f_Y(y)=\begin{cases}\dfrac{\lambda}{2\sqrt{y}}e^{-\lambda\sqrt{y}}, & y>0\\ 0, & y\leqslant 0\end{cases}$$

6. **解** 当 $x<0$ 时，

$$F(x)=\int_{-\infty}^{x}f(t)\mathrm{d}t=\int_{-\infty}^{x}0\mathrm{d}t=0$$

当 $0\leqslant x<5$ 时，

$$F(x)=\int_{-\infty}^{x}f(t)\mathrm{d}t=\int_{-\infty}^{0}0\mathrm{d}t+\int_{0}^{x}\frac{t}{25}\mathrm{d}t=\frac{x^2}{50}$$

当 $5\leqslant x<10$ 时，

$$F(x)=\int_{-\infty}^{x}f(t)\mathrm{d}t=\int_{-\infty}^{0}0\mathrm{d}t+\int_{0}^{5}\frac{t}{25}\mathrm{d}t+\int_{5}^{x}\left(\frac{2}{5}-\frac{t}{25}\right)\mathrm{d}t=-2+\frac{2}{5}x-\frac{1}{50}x^2$$

当 $x\geqslant 10$ 时，

$$F(x)=\int_{-\infty}^{x}f(t)\mathrm{d}t=\int_{-\infty}^{0}0\mathrm{d}t+\int_{0}^{5}\frac{t}{25}\mathrm{d}t+\int_{5}^{10}\left(\frac{2}{5}-\frac{t}{25}\right)\mathrm{d}t+\int_{10}^{x}0\mathrm{d}t=1$$

因此，随机变量 X 的分布函数 $F(x)=\begin{cases}0, & x<0\\ \dfrac{x^2}{50}, & 0\leqslant x<5\\ -2+\dfrac{2}{5}x-\dfrac{1}{50}x^2, & 5\leqslant x<10\\ 1, & x\geqslant 10\end{cases}$

7. **解** 随机变量 X 的概率密度函数

$$p_X(x)=\begin{cases}\dfrac{1}{3}, & -2<x<1\\ 0, & \text{其他}\end{cases}$$

设 $Y=X^2$ 的分布函数为 $F_Y(y)$，则有

$$F_Y(y)=P(Y\leqslant y)=P(X^2\leqslant y)$$

当 $y\leqslant 0$ 时，$F_Y(y)=0$；

当 $0<y\leqslant 4$ 时，

$$F_Y(y)=P(X^2\leqslant y)=P(-\sqrt{y}\leqslant X\leqslant \sqrt{y})=F_X(\sqrt{y})-F_X(-\sqrt{y})$$

当 $y>4$ 时，$F_Y(y)=1$。

综上所述，得随机变量 $Y=X^2$ 的分布函数

$$F_Y(y)=\begin{cases}0, & y\leqslant 0\\ F_X(\sqrt{y})-F_X(-\sqrt{y}), & 0<y\leqslant 4\\ 1, & y>4\end{cases}$$

因此，随机变量 $Y=X^2$ 的概率密度函数

$$p_Y(y)=F'_Y(y)=\begin{cases}\dfrac{1}{2\sqrt{y}}(p_X(\sqrt{y})+p_X(-\sqrt{y})), & 0<y<4\\ 0, & \text{其他}\end{cases}$$

当 $0<y\leqslant 1$ 时，$0<\sqrt{y}\leqslant 1$，$-1\leqslant-\sqrt{y}<0$，于是有

$$p_X(\sqrt{y})=\frac{1}{3},\quad p_X(-\sqrt{y})=\frac{1}{3}$$

因此有 $p_Y(y)=\dfrac{1}{2\sqrt{y}}(p_X(\sqrt{y})+p_X(-\sqrt{y}))=\dfrac{1}{2\sqrt{y}}\left(\dfrac{1}{3}+\dfrac{1}{3}\right)=\dfrac{1}{3\sqrt{y}}$；

当 $1<y<4$ 时，$1<\sqrt{y}<2$，$-2<-\sqrt{y}<-1$，于是有

$$p_X(\sqrt{y})=0,\quad p_X(-\sqrt{y})=\frac{1}{3}$$

因此有 $p_Y(y)=\dfrac{1}{2\sqrt{y}}(p_X(\sqrt{y})+p_X(-\sqrt{y}))=\dfrac{1}{2\sqrt{y}}\left(0+\dfrac{1}{3}\right)=\dfrac{1}{6\sqrt{y}}$。

因此，随机变量 $Y=X^2$ 的概率密度函数为

$$p_Y(y)=\begin{cases}\dfrac{1}{3\sqrt{y}}, & 0<y\leqslant 1\\ \dfrac{1}{6\sqrt{y}}, & 0<y<4\\ 0, & \text{其他}\end{cases}$$

8. **解** 由分布函数性质 $F(-\infty)=0, F(+\infty)=1$

得 $$\begin{cases} \lim\limits_{x\to-\infty}(a+b\arctan x)=a-b\dfrac{\pi}{2}=0 \\ \lim\limits_{x\to+\infty}(a+b\arctan x)=a+b\dfrac{\pi}{2}=1 \end{cases}$$

解得：$a=\dfrac{1}{2}, b=\dfrac{1}{\pi}$

X 的分布函数为：

$$F(x)=\frac{1}{2}+\frac{1}{\pi}\arctan x$$

$$P\{X^2>1\}=1-P\{-1<X\leqslant 1\}=1-F\{F(1)-F(-1)\}=\frac{1}{2}$$

9. **解** $P\left(X\leqslant\dfrac{1}{2}\right)=\displaystyle\int_0^{\frac{1}{2}}2x\,\mathrm{d}x=x^2\Big|_0^{\frac{1}{2}}=\dfrac{1}{4}, Y\sim b\left(3,\dfrac{1}{4}\right)$,

$$P(Y=1)=C_3^1\left(\frac{1}{4}\right)^1\left(\frac{3}{4}\right)^2=\frac{27}{64}$$

10. **证明** 必要性：X 是服从参数为 p 的几何分布，则对任意正整数 k, n，有条件概率

$$\begin{aligned} P(X=k+n \mid X>k)&=\frac{P(X=k+n, X>k)}{P(X>k)} \\ &=\frac{P(X=n+k)}{P(X>k)}=\frac{p(1-p)^{n+k-1}}{\sum\limits_{m=k+1}^{\infty}p(1-p)^{m-1}} \\ &=\frac{(1-p)^{n+k-1}}{\dfrac{(1-p)^k}{1-(1-p)}}=p(1-p)^{n-1} \\ &=P(X=n),\quad n=1,2,\cdots \end{aligned}$$

与 k 无关。即几何分布具有无记忆性。

充分性：对任意正整数 k, n 有 $P(X=k+n|X>k)$ 与 k 无关，不妨令

$$P(X=k+1|X>k)=p,\quad q_k=P(X>k),\quad k=0,1,2,\cdots$$

易知 $q_0=1, p_k=P(X=k)$，所以

$$P(X=k+1|X>k)=\frac{p_{k+1}}{q_k}=p,\ p_{k+1}=q_k-q_{k+1}$$

于是 $\dfrac{q_{k+1}}{q_k}=1-p=q,\ q_{k+1}=qq_k=\cdots=q^{k+1}q_0=q^{k+1}$

$$p_k=q^{k-1}p=P(X=k),\ k=1,2,\cdots$$

11.**解** 令 $X_i=\begin{cases}1, & 第\ i\ 次抽到正品\\0, & 第\ i\ 次抽到次品\end{cases}$,$i=1,2$,由概率乘法公式知:第一次抽到次品且第二次也抽到次品的概率为

$$P(X_1=0,X_2=0)=P(X_1=0)\cdot P(X_2=0/X_1=0)=\frac{C_2^1}{C_{12}^1}\cdot\frac{C_1^1}{C_{11}^1}=\frac{1}{66}$$

第一次抽到正品且第二次抽到次品的概率为

$$P(X_1=1,X_2=0)=P(X_1=1)\cdot P(X_2=0/X_1=1)=\frac{C_{10}^1}{C_{12}^1}\cdot\frac{C_2^1}{C_{11}^1}=\frac{5}{33}$$

由概率加法公式知,第二次抽出的是次品的概率为

$$P(X_2=0)=P(X_1=0,X_2=0)+P(X_1=1,X_2=0)=\frac{1}{6}$$

第十三章　二维随机变量及其分布

考试内容

二维随机变量及其分布；二维离散型随机变量的概率分布和边缘分布；二维连续型随机变量的概率密度和边缘密度函数；随机变量的独立性和不相关；常用二维随机变量的分布；两个随机变量简单函数的分布。

考试要求

1. 理解二维随机变量的概念，理解二维随机变量分布的概念和性质，理解二维离散型随机变量的概率分布和边缘分布，理解二维连续型随机变量的概率密度和边缘密度，会求与二维离散型随机变量相关事件的概率。

2. 理解随机变量的独立性及不相关的概念，了解随机变量相互独立的条件。

3. 了解二维均匀分布，了解二维正态分布 $N(\mu_1,\mu_2,\sigma_1^2,\sigma_2^2,\rho)$ 的密度函数，了解其中参数的概率意义。

4. 会求两个独立随机变量和的分布。

本章重点

二维随机变量的联合分布函数及其性质；二维离散型随机变量的联合分布律及其边缘分布律；二维连续型随机变量的联合密度函数及其边缘密度函数；二维随机变量的独立性；常见二维随机变量的分布；随机变量函数的分布。

一、二维随机变量的联合分布

1. 二维随机变量的联合分布函数

设(X,Y)是二维随机变量，对于任意实数 x,y，随机事件$(X\leqslant x,Y\leqslant y)$ 的概率

$$F(x,y)=P(X\leqslant x,Y\leqslant y)$$

称为二维随机变量(X,Y)的联合分布函数。

2. 二维随机变量分布函数的性质

(1)$0\leqslant F(x,y)\leqslant 1$；

(2)二元函数 $F(x,y)$是变量 x(或 y)的单调非减函数，右连续函数。

(3) $\forall y\in \mathbf{R}, F(-\infty,y)=\lim\limits_{x\to-\infty}F(x,y)=0$

$\forall x\in \mathbf{R}, F(x,-\infty)=\lim\limits_{y\to-\infty}F(x,y)=0$

$F(-\infty,-\infty)=0,\ F(+\infty,+\infty)=1$

(4)对任意(a,b),(c,d),$a<b$,$c<d$,有

$$P(a<X<b,c<Y<d)=F(b,d)-F(b,c)-F(a,d)+F(a,c)$$

3. 二维离散型随机变量及其分布

若二维随机变量(X,Y)全部可能取值是有限个或可列无穷多个,则称(X,Y)是二维离散型随机变量。

若二维随机变量(X,Y)全部可能取值为(x_i,y_j),$i,j=1,2,\cdots$,称

$$P(X=x_i,Y=y_j)=p_{ij}$$

为二维离散型随机变量(X,Y)的联合分布律,且具有下列性质:

(1)$0\leqslant p_{ij}\leqslant 1$;

(2) $\sum\limits_{i=1}^{\infty}\sum\limits_{j=1}^{\infty}p_{ij}=1$。

4. 二维连续型随机变量及其分布

设二维随机变量(X,Y)的分布函数为$F(x,y)$,若存在非负函数$f(x,y)$使得对$\forall x\in\mathbf{R}$,$\forall y\in\mathbf{R}$,有

$$F(x,y)=\int_{-\infty}^{x}\int_{-\infty}^{y}f(u,v)\mathrm{d}u\mathrm{d}v$$

则称(X,Y)是二维连续型随机变量,函数$f(x,y)$称为二维连续型随机变量(X,Y)的联合密度函数。且密度函数$f(x,y)$具有性质:

(1)$f(x,y)\geqslant 0$;

(2)$\int_{-\infty}^{+\infty}\int_{-\infty}^{+\infty}f(x,y)\mathrm{d}x\mathrm{d}y=1$;

(3)设G是xOy平面上的一区域,密度函数为$f(x,y)$,随机点(X,Y)落在G内的概率

$$P\{(X,Y)\in G\}=\iint\limits_{(x,y)\in G}f(x,y)\mathrm{d}x\mathrm{d}y$$

(4)设$F(x,y)$和$f(x,y)$分别为(X,Y)的分布函数和密度函数。若$f(x,y)$在点(x,y)处连续,则有

$$\frac{\partial^2F(x,y)}{\partial x\partial y}=f(x,y)$$

二、二维随机变量的边缘分布及独立性

1. 边缘分布函数

设$F(x,y)$为(X,Y)的联合分布函数,则二维随机变量(X,Y)关于随机变量X和Y的边缘分布函数分别为

$$F_X(x)=F(x,+\infty)=P(X\leqslant x,Y<+\infty)=P(X\leqslant x)$$

$$F_Y(y)=F(+\infty,y)=P(X<+\infty,Y\leqslant y)=P(Y\leqslant y)$$

2. 二维连续型随机变量的边缘密度函数

设 $f(x,y)$为(X,Y)的联合密度函数，则二维随机变量(X,Y)关于随机变量 X 和 Y 的边缘密度函数分别为

$$f_X(x)=\int_{-\infty}^{+\infty}f(x,y)\mathrm{d}y$$

$$f_Y(y)=\int_{-\infty}^{+\infty}f(x,y)\mathrm{d}x$$

3. 二维离散型随机变量的边缘分布

设(X,Y)的联合分布律为 $P(X=x_i,\ Y=y_j)=p_{ij}(i,j=1,2,\cdots)$，则二维随机变量$(X,Y)$关于 X 的边缘分布律为

$$P(X=x_i)=\sum_{j=1}^{\infty}P(X=x_i,\ Y=y_j)=\sum_{j=1}^{\infty}P_{ij}=P_{i\cdot}$$

关于 Y 的边缘分布律为

$$P(Y=y_j)=\sum_{i=1}^{\infty}P(X=x_i,\ Y=y_j)=\sum_{i=1}^{\infty}P_{ij}=P_{\cdot j}$$

4. 二维离散型随机变量的独立性

(1)设 $F(x,y),F_X(x),F_Y(y)$分别是二维随机变量(X,Y)的联合分布函数和边缘分布函数。则 X 和 Y 相互独立的充分必要条件为

$$F(x,y)=F_X(x)\cdot F_Y(y),\quad \forall x,\ y\in\mathbf{R}$$

(2)设二维离散型随机变量(X,Y)的联合分布律

$$P(X=x_i,Y=y_j)=p_{ij},\quad (i,j=1,2,\cdots)$$

则 X 和 Y 相互独立的充分必要条件为对一切可能取值(x_i,y_j)，$i,j=1,2,\cdots$，有

$$P(X=x_i,Y=y_j)=P(X=x_i)\cdot P(Y=y_j)$$

(3)设二维连续型随机变量(X,Y)的联合密度函数为 $f(x,y)$，则 X 和 Y 相互独立的充分必要条件为

$$f(x,y)=f_X(x)\cdot f_Y(y),\quad \forall x,y\in\mathbf{R}$$

三、二维随机变量函数的分布

随机变量函数 $Z=X+Y$ 的概率分布。

(1)设二维连续型随机变量(X,Y)的联合密度函数为 $f(x,y)$,则随机变量函数 $Z=X+Y$ 的分布函数：

$$F_Z(z)=P(Z\geqslant z)=P(X+Y\geqslant z)=\iint\limits_{x+y\leqslant z} f(x,y)\mathrm{d}x\,\mathrm{d}y$$

随机变量 $Z=X+Y$ 的密度函数：

$$f_Z(z)=\frac{\mathrm{d}F_Z(z)}{\mathrm{d}z}=\int_{-\infty}^{+\infty} f(z-y,y)\mathrm{d}y$$

或
$$f_Z(z)=\frac{\mathrm{d}F_Z(z)}{\mathrm{d}z}=\int_{-\infty}^{+\infty} f(x,z-x)\mathrm{d}x$$

特别地,若 X 和 Y 相互独立,则随机变量 $Z=X+Y$ 的密度函数为

$$f_Z(z)=\int_{-\infty}^{+\infty} f_X(z-y)f_Y(y)\mathrm{d}y$$

或
$$f_Z(z)=\int_{-\infty}^{+\infty} f_X(x)f_Y(z-x)\mathrm{d}x$$

(2)设二维离散型随机变量(X,Y)的联合分布律 $P(X=x_i,Y=y_j)=p_{ij}$,$(i,j=1,2,\cdots)$,则随机变量 $Z=X+Y$ 的分布律：

$$P(Z=z)=\sum_i P(X=x_i,Y=z-x_i)$$

或
$$P(Z=z)=\sum_j P(X=z-y_j,Y=y_j)$$

特别地,若 X 和 Y 相互独立,则随机变量 $Z=X+Y$ 的分布律：

$$P(Z=z)=\sum_i P(X=x_i)\cdot P(Y=z-x_i)$$

或
$$P(Z=z)=\sum_j P(X=z-y_j)\cdot P(Y=y_j)$$

结论　(1)设随机变量 X_1,X_2 相互独立,$X_i\sim P(\lambda_i)$,$\lambda_i>0$,$(i=1,2)$,则

$$X_1+X_2\sim P(\lambda_1+\lambda_2)$$

即有限个相互独立服从泊松分布的随机变量之和仍服从泊松分布。

(2)设随机变量 X_1,X_2 相互独立同分布,$X_i\sim N(\mu_i,\sigma_i^2)$,$(\sigma_i>0)i=1,2$,则

$$X_1+X_2\sim N(\mu_1+\mu_2,\sigma_1^2+\sigma_2^2)$$

即有限个相互独立服从正态分布的随机变量之和仍服从正态分布。

四、常见的二维随机变量及其分布

1. 设二维随机变量 (X,Y) 的联合概率密度函数为：

$$f(x,y)=\frac{1}{2\pi\sqrt{1-\rho^2}}\exp\left\{\frac{-1}{2(1-\rho^2)}\left[\frac{(1-\mu_1)^2}{\sigma_1^2}-2\rho\frac{(x-\mu_1)(y-\mu_2)}{\sigma_1\sigma_2}+\frac{(y-\mu_2)^2}{\sigma_2^2}\right]\right\}$$

$$-\infty<x<+\infty,-\infty<y<+\infty$$

其中 $\mu_1,\mu_2,\sigma_1,\sigma_2,\rho$ 均为常数，且 $\sigma_1>0,\sigma_2>0,|\rho|<1$，则称二维 (X,Y) 服从参数为 μ_1，$\mu_2,\sigma_1,\sigma_2,\rho$ 的二维正态分布，记为 $(X,Y)\sim N(\mu_1,\mu_2,\sigma_1,\sigma_2,\rho)$。

注释：(1)若 (X,Y) 服从二维正态分布，则 X 与 Y 相互独立的充要条件是它们不相关(即参数 $\rho=0$).

(2)二维正态随机变量 (X,Y) 的边缘分布仍服从正态分布：

$$X\sim N(\mu_1,\sigma_1^2),\quad Y\sim N(\mu_2,\sigma_2^2)$$

但当随机变量 X 和 Y 都服从正态分布时，二维随机变量 (X,Y) 联合分布不一定是二维正态分布。

2. 若二维随机变量 (X,Y) 落在平面区域 D 内任意子区域的概率只与子区域的面积成正比，而与子区域的位置无关，则二维随机变量 (X,Y) 服从区域 D 的均匀分布，其联合概率密度函数为

$$f(x,y)=\begin{cases}\dfrac{1}{A},(x,y)\in D\\ 0,(x,y)\notin D\end{cases}$$

其中 A 为区域 D 的面积。

例 1 设二维随机变量 (X,Y) 的联合密度函数为

$$f(x,y)=\begin{cases}Ay(1-x), & 0\leqslant x\leqslant 1,0\leqslant y\leqslant x\\ 0, & \text{其他}\end{cases}$$

(1)试确定常数 A；

(2)求 (X,Y) 的边缘密度函数；

(3)判断 X 与 Y 是否独立；

(4)求 $Z=X+Y$ 的密度函数。

解 (1)由联合密度的性质得

$$\int_0^1\int_0^x Ay(1-x)\mathrm{d}y\mathrm{d}x=A\int_0^1\frac{1}{2}x^2(1-x)\mathrm{d}x=\frac{A}{24}=1$$

所以 $A=24$；

(2) $f_X(x)=\begin{cases}\int_0^x 24y(1-x)\mathrm{d}y=12x^2(1-x), & 0\leqslant x\leqslant 1\\ 0, & \text{其他}\end{cases}$

$$f_Y(y)=\begin{cases}\int_y^1 24y(1-x)\mathrm{d}x=12y(1-y)^2, & 0\leqslant y\leqslant 1\\ 0, & \text{其他}\end{cases}$$

(3) 由于 $f(x,y)\neq f_X(x)f_Y(y)$，故 X,Y 不相互独立。

(4) 由 $f_Z(z)=\int_{-\infty}^{+\infty}f(x,z-x)\mathrm{d}x$，得

当 $z\leqslant 0$ 时，$f_Z(z)=0$；

当 $0<z<1$ 时，由条件 $0\leqslant x\leqslant 1,0\leqslant z-x<x$，得 $\frac{z}{2}<x\leqslant z$，因此

$$f_Z(z)=\int_{\frac{z}{2}}^{z}24(1-x)(z-x)\mathrm{d}x=3z^2-2z^3$$

当 $1\leqslant z<2$ 时，有 $\frac{z}{2}<x\leqslant 1$，

$$f_Z(z)=\int_{\frac{z}{2}}^{1}24(1-x)(z-x)\mathrm{d}x=2z^3-9z^2+12z-4$$

当 $z\geqslant 2$ 时，显然 $f_Z(z)=0$。故

$$f_Z(z)=\begin{cases}3z^2-2z^3, & 0<z<1\\ 2z^3-9z^2+12z-4, & 1\leqslant z<2\\ 0, & \text{其他}\end{cases}$$

例 2　设连续型随机变量 X 的分布函数为

$$F(x)=\begin{cases}A+B\mathrm{e}^{-\lambda x}, & x\geqslant 0\\ 0, & x<0\end{cases}\quad(\lambda>0)$$

求：(1) 常数 A,B 的值；

(2) $P\{-1<X<1\}$；

(3) $Y=X^2$ 的概率密度。

解　(1) 由分布函数的性质，有

$$\lim_{x\to+\infty}F(x)=\lim_{x\to+\infty}(A+B\mathrm{e}^{-\lambda x})=A=1$$

X 是连续型随机变量，则

$$\lim_{x\to 0^+}F(x)=\lim_{x\to 0^+}(A+B\mathrm{e}^{-\lambda x})=A+B=0$$

得到 $B=-1$。

(2) $P\{-1<X<1\}=F(1)-F(-1)=1-\mathrm{e}^{-\lambda}-0=1-\mathrm{e}^{-\lambda}$。

(3) X 的概率密度为

$$f_X(x)=F'(x)=\begin{cases}0, & x<0\\ \lambda e^{-\lambda x}, & x\geqslant 0\end{cases}$$

当 $y\leqslant 0$ 时，$f_Y(y)=0$；

当 $y>0$ 时，$f_Y(y)=f_X(\sqrt{y})\mid(\sqrt{y})'\mid=\dfrac{\lambda}{2\sqrt{y}}e^{-\lambda\sqrt{y}}$。

综上所述，$f_Y(y)=\begin{cases}0, & y\leqslant 0\\ \dfrac{\lambda}{2\sqrt{y}}e^{-\lambda\sqrt{y}}, & y>0\end{cases}$

例 3 设随机变量 X 和 Y 相互独立，同服从标准正态分布，求随机变量 $Z=\sqrt{X^2+Y^2}$ 的概率密度函数。

解 由随机变量 X 和 Y 独立同服从标准正态分布，有

$$f(x,y)=f_X(x)f_Y(y)=\frac{1}{2\pi}e^{-\frac{1}{2}(x^2+y^2)}$$

当 $z<0$ 时，$F_Z(z)=p(Z\leqslant z)=0$；

当 $z\geqslant 0$ 时，

$$\begin{aligned}F_Z(z)&=p(Z=\sqrt{X^2+Y^2}\leqslant z)\\&=\iint\limits_{x^2+y^2\leqslant z^2}\frac{1}{2\pi}e^{-\frac{1}{2}(x^2+y^2)}dx\,dy\\&=\int_0^{2\pi}d\theta\int_0^z\frac{1}{2\pi}e^{-\frac{r^2}{2}}r\,dr=\int_0^z e^{-\frac{r^2}{2}}r\,dr\end{aligned}$$

所以

$$f_Z(z)=F_Z'(z)=\begin{cases}z e^{-\frac{z^2}{2}}, & z\geqslant 0\\ 0, & \text{其他}\end{cases}$$

例 4 设二维随机变量 (X,Y) 的概率密度为

$$f(x,y)=\begin{cases}2-x-y, & 0<x<1,0<y<1\\ 0, & \text{其他}\end{cases}$$

试求：(1)$P(X>2Y)$；

(2)$Z=X+Y$ 的概率密度 $f_Z(z)$。

解 (1)$P(X>2Y)=\iint\limits_{x>2y}f(x,y)dx\,dy=\int_0^1dx\int_0^{\frac{x}{2}}(2-x-y)dy=\int_0^1\left(x-\dfrac{x^2}{2}-\dfrac{x^2}{8}\right)dx$

$$=\int_0^1\left(x-\frac{5x^2}{8}\right)dx=\frac{7}{24}$$

(2) $f_Z(z)=\int_{-\infty}^{+\infty}f(x,z-x)dx$

由于$\begin{cases}0<x<1\\0<z-x<1\end{cases}$，$x<z<1+x$，故当$0<z<2$时，$f_Z(z)>0$，在其他点$f_Z(z)=0$。

又 $\begin{cases}0<x<1\\0<z-x<1\end{cases}$，$\begin{cases}0<x<1\\z-1<x<z\end{cases}$，故

当$0<z<1$时，$0<x<z$，

$$f_Z(z)=\int_{-\infty}^{+\infty}f(x,z-x)\mathrm{d}x=\int_0^z[2-x-(z-x)]\mathrm{d}x=z(2-z)$$

当$1\leqslant z<2$时，$z-1<x<1$，

$$f_Z(z)=\int_{z-1}^{1}[2-x-(z-x)]\mathrm{d}x=(2-z)^2$$

综上有

$$f_Z(z)=\begin{cases}\int_0^z[2-x-(z-x)]\mathrm{d}x=z(2-z), & 0<z<1\\ \int_{z-1}^{1}[2-x-(z-x)]\mathrm{d}x=(2-z)^2, & 1\leqslant z<2\\ 0, & 其他\end{cases}$$

例 5　设二维随机变量(X,Y)的概率密度为$f(x,y)=\begin{cases}1, & 0<2x<y<2\\0, & 其他\end{cases}$

求：(1)(X,Y)的边缘概率密度$f_X(x)$，$f_Y(y)$；

(2)$Z=2X-Y$的概率密度$f_Z(z)$以及$P\left(Y\leqslant\frac{1}{2}\,\middle|\,X\leqslant\frac{1}{2}\right)$。

解　(1)边缘概率密度

$$f_X(x)=\int_{-\infty}^{+\infty}f(x,y)\mathrm{d}y=\begin{cases}\int_{2x}^{2}\mathrm{d}y=2(1-x), & 0<x<1\\0, & 其他\end{cases}$$

$$f_Y(y)=\int_{-\infty}^{+\infty}f(x,y)\mathrm{d}x=\begin{cases}\int_0^{\frac{y}{2}}1\mathrm{d}x=\frac{y}{2}, & 0<y<2\\0, & 其他\end{cases}$$

(2)$Z=2X-Y$的概率密度

$$f_Z(z)=\int_{-\infty}^{+\infty}f(x,2x-z)\mathrm{d}x$$

由于$0<2x<y<2$，即$\begin{cases}0<x<1,\\2x<2x-z<2,\end{cases}$有$-2<z<0$。

故当$-2<z<0$时，$f_Z(z)>0$，在其他点，$f_Z(z)=0$。

又由于　$\begin{cases}0<x<1\\2x<2x-z<2\end{cases}$

有
$$\begin{cases}0<x<1\\ x<\dfrac{2+z}{2}\end{cases}$$

因此

$$f_Z(z)=\int_{-\infty}^{+\infty}f(x,2x-z)\mathrm{d}x=\begin{cases}\displaystyle\int^{\frac{2+z}{2}}\mathrm{d}x=\frac{1}{2}(2+z), & -2<z<0\\ 0, & \text{其他}\end{cases}$$

$$P\left(Y\leqslant\frac{1}{2}\middle|X\leqslant\frac{1}{2}\right)=\frac{P\left(X\leqslant\frac{1}{2},Y\leqslant\frac{1}{2}\right)}{P\left(X\leqslant\frac{1}{2}\right)}=\frac{\int_0^{\frac{1}{2}}\mathrm{d}y\int_0^{\frac{y}{2}}\mathrm{d}x}{\int_0^{\frac{1}{2}}2(1-x)\mathrm{d}x}=\frac{1}{12}$$

例 6 设离散型随机向量(X,Y)的联合分布律为

X \ Y	1	2	3
0	0.2	0	0.1
1	0.1	0.1	0.2
2	0.1	0.2	0

求:(1)X,Y 的边缘分布列;

(2)判断 X 与 Y 是否相互独立;

(3)计算 $P(X\leqslant 2,Y\leqslant 2)$。

解 (1)由事件的不相容性得 X,Y 的边缘分布列:

X \ Y	1	2	3	$p_{\cdot j}$
0	0.2	0	0.1	0.3
1	0.1	0.1	0.2	0.4
2	0.1	0.2	0	0.3
$p_{i\cdot}$	0.4	0.3	0.3	1

(2)因为 $P(X=0,Y=1)\neq P(X=0)P(Y=1)$,$X$ 与 Y 是不相互独立的。

(3)$P(X\leqslant 2,Y<2)=P(Y=1)=0.4$。

例 7 设 $X\sim N(0,1)$,且 $P(Y=0)=P(Y=1)=\dfrac{1}{2}$,$X$ 与 Y 独立,$Z=XY$。

求:(1)随机变量 $Z=XY$ 的分布函数 $F_Z(z)$;

(2)讨论 $F_Z(z)$的连续性。

解 (1)$\forall z\in\mathbf{R}$,$F_Z(z)=P(Z\leqslant z)=P(XY\leqslant z)$,又 X,Y 是同一样本空间的随机变量,样本空间 $S=(Y=1)\cup(Y=0)$。

由全概率公式,有

$$F_Z(z)=P(Y=0)P(XY\leqslant z\,|\,Y=0)+P(Y=1)P(XY\leqslant z\,|\,Y=1)$$
$$=\frac{1}{2}P(0\leqslant z\,|\,Y=0)+\frac{1}{2}P(X\leqslant z\,|\,Y=1)$$

由 X,Y 相互独立知

$$F_Z(z)=\frac{1}{2}P(0\leqslant z\,|\,Y=0)+\frac{1}{2}P(X\leqslant z\,|\,Y=1)=\frac{1}{2}P(0\leqslant z)+\frac{1}{2}P(X\leqslant z)$$

当 $z<0$ 时，

$$F_Z(z)=\frac{1}{2}P(0\leqslant z)+\frac{1}{2}P(X\leqslant z)=\frac{1}{2}\times 0+\frac{1}{2}\Phi(z)=\frac{1}{2}\Phi(z)$$

当 $z\geqslant 0$ 时，

$$F_Z(z)=\frac{1}{2}P(0\leqslant z)+\frac{1}{2}P(X\leqslant z)=\frac{1}{2}\times 1+\frac{1}{2}\Phi(z)=\frac{1}{2}(1+\Phi(z))$$

(2) $F_Z(z)$ 有一个间断点 $(z=0)$，

$$\lim_{z\to 0^+}F_Z(z)=\frac{1}{2}(1+\Phi(0))\neq\lim_{z\to 0^-}F_Z(z)=\lim_{z\to 0^-}\left(\frac{1}{2}\Phi(z)\right)=\frac{1}{4}$$

例 8　已知二维随机变量 (X,Y) 的密度函数

$$f(x,y)=\begin{cases}e^{-y}, & 0<x<1,y>0\\ 0, & \text{其他}\end{cases}$$

(1)求 (X,Y) 的联合分布函数；

(2)求 $Z=\max(X,Y)$ 的分布函数 $F_Z(z)$ 和密度函数 $f_Z(z)$。

解　(1)通过寻找非零积分区域来计算，对任意 $(x,y)\in\mathbf{R}^2$，令 $D=\{(s,t)\,|\,s\leqslant x,t\leqslant y\}$，二维随机变量 (X,Y) 的联合分布函数

$$F(x,y)=P\{X\leqslant x,Y\leqslant y\}=\iint_{(s,t)\in D}f(s,t)\,\mathrm{d}s\,\mathrm{d}t$$

当 $x<0$ 或 $y<0$，$F(x,y)=0$；

当 $0\leqslant x<1$ 且 $y\geqslant 0$，$F(x,y)=\iint_{(s,t)\in D}f(s,t)\,\mathrm{d}s\,\mathrm{d}t=\int_0^x\mathrm{d}s\int_0^y e^{-t}\,\mathrm{d}t=x(1-e^{-y})$；

当 $x\geqslant 1$ 且 $y\geqslant 0$，$F(x,y)=\iint_{(s,t)\in D}f(s,t)\,\mathrm{d}s\,\mathrm{d}t=\int_0^1\mathrm{d}s\int_0^y e^{-t}\,\mathrm{d}t=1-e^{-y}$。

(2) 对任意 $z\in\mathbf{R}$，Z 分布函数

$$F_Z(z)=P\{Z\leqslant z\}=P\{\max(X,Y)\leqslant z\}=P\{X\leqslant z,Y\leqslant z\}$$

当 $z<0$ 时，$F_Z(z)=0$；

当 $0\leqslant z<1$ 时，$F_Z(z)=\int_0^z\mathrm{d}s\int_0^z e^{-t}\,\mathrm{d}t=z(1-e^{-z})$；

当 $z\geqslant 1$ 时，$F_Z(z)=\int_0^1\mathrm{d}s\int_0^z e^{-t}\,\mathrm{d}t=1-e^{-z}$。

所以，有 $Z=\max(X,Y)$ 的密度函数

$$f_Z(z)=\frac{\mathrm{d}F(z)}{\mathrm{d}z}=\begin{cases}0, & z<0\\ 1+(z-1)\mathrm{e}^{-z}, & 0\leqslant z<1\\ \mathrm{e}^{-z}, & z\geqslant 1\end{cases}$$

例 9 设 X 和 Y 是两个相互独立的随机变量，X 在区间 $(0,1)$ 上服从均匀分布，Y 的概率密度为

$$f_Y(y)=\begin{cases}\frac{1}{2}\mathrm{e}^{-\frac{y}{2}}, & y>0\\ 0, & y\leqslant 0\end{cases}$$

(1) 试求 X 和 Y 的联合概率密度；

(2) 设含有未知数 λ 的二次方程为 $\lambda^2+2X\lambda+Y=0$，试求二次方程有实根的概率（可能用到的数值 $\Phi(1)=0.841\ 3$）。

解 (1)X 的概率密度

$$f_X(x)=\begin{cases}1, & 0<x<1\\ 0, & \text{其他}\end{cases}$$

X 与 Y 相互独立，联合概率密度为 $f(x,y)=f_X(x)f_Y(y)$，即

$$f(x,y)=f_X(x)f_Y(y)=\begin{cases}\frac{1}{2}\mathrm{e}^{-\frac{y}{2}}, & 0<x<1,y>0\\ 0, & \text{其他}\end{cases}$$

(2)根据求根公式，二次方程有实根需 $4X^2-4Y\geqslant 0$，于是，求该方程有实根的概率为

$$\begin{aligned}P(Y\leqslant X^2)&=\iint\limits_{y\leqslant x^2} f(x,y)\mathrm{d}x\,\mathrm{d}y=\int_0^1\mathrm{d}x\int_0^{x^2}\frac{1}{2}\mathrm{e}^{-\frac{y}{2}}\mathrm{d}y\\ &=\int_0^1\left(1-\mathrm{e}^{-\frac{x^2}{2}}\right)\mathrm{d}x=1-\sqrt{2\pi}(\Phi(1)-\Phi(0))\\ &=1-\sqrt{2\pi}(0.841\ 3-0.5)=0.144\ 5\end{aligned}$$

例 10 设二维随机变量 (X,Y) 在曲线 $y=x^2$ 与 $x=y^2$ 所围成的区域 D 中服从均匀分布，求：

(1)(X,Y) 的联合密度函数；

(2)X,Y 的边缘密度函数 $f_X(x)$，$f_Y(y)$，并判断 X,Y 是否相互独立；

(3)$P\{Y\geqslant X\}$。

解 (1)区域 D 的面积为

$$A=\int_0^1(\sqrt{x}-x^2)\mathrm{d}x=\left(\frac{2}{3}x^{\frac{3}{2}}-\frac{1}{3}x^3\right)\Big|_0^1=\frac{1}{3}$$

(X,Y) 的联合密度函数为

$$f(x,y)=\begin{cases}3, & 0\leqslant x\leqslant 1,x^2\leqslant y\leqslant\sqrt{x}\\ 0, & \text{其他}\end{cases}$$

(2) 当 $0 \leqslant x \leqslant 1$ 时，$f_X(x)=\int_{x^2}^{\sqrt{x}} 3\mathrm{d}y=3(\sqrt{x}-x^2)$，所以 X 的边缘密度函数为

$$f_X(x)=\begin{cases}3(\sqrt{x}-x^2), & 0 \leqslant x \leqslant 1 \\ 0, & \text{其他}\end{cases}$$

当 $0 \leqslant y \leqslant 1$ 时，$f_Y(y)=\int_{y^2}^{\sqrt{y}} 3\mathrm{d}x=3(\sqrt{y}-y^2)$，所以 Y 的边缘密度函数为

$$f_Y(y)=\begin{cases}3(\sqrt{y}-y^2), & 0 \leqslant y \leqslant 1 \\ 0, & \text{其他}\end{cases}$$

因为 $f(x,y) \neq f_X(x)f_Y(y)$，所以 X,Y 不相互独立。

$$(3)P\{Y \geqslant X\}=\iint_{y>x} f(x,y)\mathrm{d}x\mathrm{d}y=3\int_0^1 \mathrm{d}x\int_x^{\sqrt{x}}\mathrm{d}y=3\int_0^1(\sqrt{x}-x)\mathrm{d}x$$

$$=3\left(\frac{2}{3}x^{\frac{3}{2}}-\frac{1}{2}x^2\right)\Big|_0^1=\frac{1}{2}$$

例 11　已知随机变量 X 和 Y 的概率分布

$$X \sim \begin{pmatrix}-1 & 0 & 1 \\ \frac{1}{4} & \frac{1}{2} & \frac{1}{4}\end{pmatrix},\quad Y \sim \begin{pmatrix}0 & 1 \\ \frac{1}{2} & \frac{1}{2}\end{pmatrix}$$

且 $P(XY=0)=1$，求 X 和 Y 的联合分布。

解　$(XY=0)=(X=-1,Y=0)\cup(X=0,Y=0)\cup(X=0,Y=1)\cup(X=1,Y=0)$，由互不相容事件概率性质有

$$P(XY=0)=P(X=-1,Y=0)+P(X=0,Y=0)+P(X=0,Y=1)+P(X=1,Y=0)$$
$$=p_{11}+p_{21}+p_{22}+p_{31}$$

由 $P(XY=0)=1$ 和 $p_{11}+p_{21}+p_{22}+p_{31}+p_{12}+p_{32}=1$，得

$$p_{12}=P(X=-1,Y=1)=0, p_{32}=P(X=1,Y=1)=0$$

又因 X 和 Y 的概率分布可看作 X 和 Y 的联合分布的边缘分布，由题设及 $p_{12}=p_{32}=0$ 得到

Y \ X	-1	0	1	$p_{\cdot j}$
0	p_{11}	p_{21}	p_{31}	$\frac{1}{2}$
1	p_{12}	p_{22}	p_{32}	$\frac{1}{2}$
$p_{i\cdot}$	$\frac{1}{4}$	$\frac{1}{2}$	$\frac{1}{4}$	1

于是，由 $p_{11}+0=\frac{1}{4}$，得到 $p_{11}=\frac{1}{4}$；

由 $p_{31}+0=\frac{1}{4}$，得到 $p_{31}=\frac{1}{4}$；

由 $p_{11}+p_{21}+p_{31}=p_{\cdot 1}$，即$\frac{1}{4}+p_{21}+\frac{1}{4}=\frac{1}{2}$，得 $p_{21}=0$；

最后由 $p_{21}+p_{22}=p_{2\cdot}$，即 $0+p_{22}=\frac{1}{2}$，得 $p_{22}=\frac{1}{2}$。

所求 X 和 Y 的联合分布为

Y \ X	-1	0	1	$p_{\cdot j}$
0	$\frac{1}{4}$	0	$\frac{1}{4}$	$\frac{1}{2}$
1	0	$\frac{1}{2}$	0	$\frac{1}{2}$
$p_{i\cdot}$	$\frac{1}{4}$	$\frac{1}{2}$	$\frac{1}{4}$	1

例 12 设(X,Y)的联合分布函数为

$$F(x,y)=\frac{1}{\pi^2}\left(\text{arctg}x+\frac{\pi}{2}\right)\left(\text{arctg}y+\frac{\pi}{2}\right),\quad -\infty<x,\ y<+\infty$$

求 X 和 Y 的边缘分布函数 $F_X(x)$，$F_Y(y)$。

解 X 的边缘分布函数

$$\begin{aligned}F_X(x)&=\lim_{y\to+\infty}F(x,y)\\&=\lim_{y\to+\infty}\left[\frac{1}{\pi^2}\text{arctg}x\cdot\text{arctg}y+\frac{1}{2\pi}(\text{arctg}x+\text{arctg}y)+\frac{1}{4}\right]\\&=\frac{1}{\pi^2}\text{arctg}x\cdot\frac{\pi}{2}+\frac{1}{2\pi}\left(\text{arctg}x+\frac{\pi}{2}\right)+\frac{1}{4}\\&=\frac{\text{arctg}x}{\pi}+\frac{1}{2}\qquad x\in(-\infty,+\infty)\end{aligned}$$

同理(或由对称性)，可得随机变量 Y 的边缘分布函数

$$F_Y(y)=\frac{\text{arctg}y}{\pi}+\frac{1}{2},\quad y\in(-\infty,+\infty)$$

例 13 设 X,Y 是两个相互独立的随机变量，X 在$(0,1)$上服从均匀分布。

Y 的概率密度为 $f_Y(y)=\begin{cases}\frac{1}{2}e^{\frac{y}{2}}, & y>0\\ 0, & y\leqslant 0.\end{cases}$

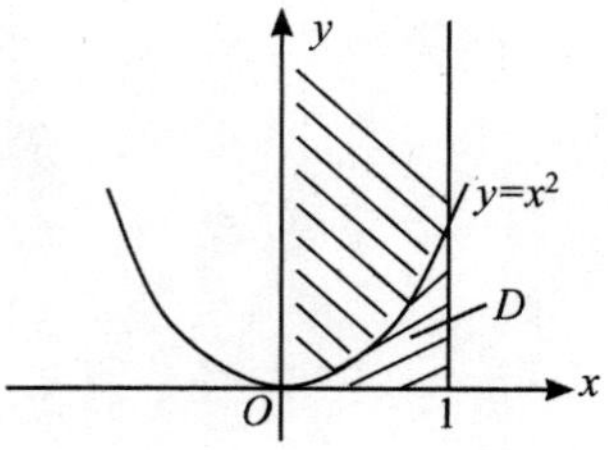

(1) 求 X 和 Y 的联合密度。

(2) 设含有 a 的二次方程为 $a^2+2Xa+Y=0$，试求有实根的概率。

解 (1)X 的概率密度为 $f_X(x)=\begin{cases}1, & x\in(0,1)\\ 0, & 其他\end{cases}$

Y 的概率密度为

$$f_Y(y)=\begin{cases}\frac{1}{2}e^{-\frac{y}{2}}, & y>0\\ 0, & y\leqslant 0.\end{cases}$$ 且知 X,Y 相互独立，

于是(X,Y)的联合密度为

$$f(x,y)=f_X(x)f_Y(y)=\begin{cases}\frac{1}{2}e^{-\frac{y}{2}}, & 0<x<1,y>0\\ 0, & \text{其他}\end{cases}$$

(2) 由于 a 有实根，从而判别式 $\Delta=4X^2-4Y\geqslant 0$

即：$Y\leqslant X^2$　记 $D=\{(x,y)\mid 0<x<1,0<y<x^2\}$

$$P(Y\leqslant X^2)=\iint\limits_D f(x,y)\mathrm{d}x\,\mathrm{d}y=\int_0^1\mathrm{d}x\int_0^{x^2}\frac{1}{2}e^{-\frac{y}{2}}\mathrm{d}y=-\int_0^1\mathrm{d}x\int_0^{x^2}\mathrm{d}e^{-\frac{y}{2}}=1-\int_0^1 e^{-\frac{x^2}{2}}\mathrm{d}x$$

$$=1-\sqrt{2\pi}\cdot\frac{1}{\sqrt{2\pi}}\int_0^0 e^{-\frac{x^2}{2}}\mathrm{d}x=1-\sqrt{2\pi}(\Phi(1)-\Phi(0))=0.1445$$

例 14　一电子仪器由两部件构成，以 X 和 Y 分别表示两部件的寿命(单位：千小时)，已知 X 和 Y 的联合分布函数为

$$F(x,y)=\begin{cases}1-e^{-0.5x}-e^{-0.5y}+e^{-0.5(x+y)}, & x\geqslant 0,y\geqslant 0\\ 0, & \text{其他}\end{cases}$$

问 X 和 Y 是否相互独立？并求两个部件的寿命都超过 100 个小时的概率 α。

解　(1) 求出边缘分布函数：

$$F_X(x)=F(x,+\infty)=\lim_{y\to+\infty}F(x,y)=\begin{cases}1-e^{-0.5x}, & x\geqslant 0\\ 0, & x<0\end{cases}$$

$$F_Y(y)=F(+\infty,y)=\lim_{x\to+\infty}F(x,y)=\begin{cases}1-e^{-0.5y}, & y\geqslant 0\\ 0, & y<0\end{cases}$$

易算得：当 $x\geqslant 0$，且 $y\geqslant 0$ 时，有 $F_X(x)F_Y(y)=F(x,y)$；又当 x 与 y 取其他值时，显然有 $F_X(x)F_Y(y)=F(x,y)=0$。

于是对定义域内的任意实数 x 与 y 均有

$$F(x,y)=F_X(x)F_Y(y)$$

故 X 与 Y 相互独立。

(2) 由于 X 与 Y 相互独立，两个部件的寿命都超过 100 个小时的概率为

$$\begin{aligned}\alpha&=P(X>0.1,Y>0.1)=P(X>0.1)P(Y>0.1)\\&=[1-P(X\leqslant 0.1)][1-P(Y\leqslant 0.1)]\\&=[1-F_X(0.1)][1-F_Y(0.1)]\\&=e^{-0.05}\cdot e^{-0.05}=e^{-0.1}\end{aligned}$$

练　习　题

一、填空题

1. 设随机变量 X,Y 相互独立，均在 $[0,1]$ 上服从均匀分布，则 $P\{X^2+Y^2\leqslant 1\}=$______。

2. 设随机变量 (X,Y) 的概率密度

$$f(x,y)=\begin{cases}\dfrac{9y^2}{x}, & 0<y<x<1\\ 0, & \text{其他}\end{cases}$$

则随机变量 X 的边缘概率密度为______。

3. 设随机变量 X，Y 相互独立，且均服从区间 $[0,1]$ 上的均匀分布，则 $P\left(X+Y\leqslant\dfrac{1}{2}\right)=$______。

4. 设二维随机变量 $(X,Y)\sim N(0,0,1,1,0)$，则 $P(X\leqslant 0,Y\leqslant 0)=$______。

5. 设二维离散型随机变量 (X,Y) 的联合分布律为

(X,Y)	$(1,1)$	$(1,2)$	$(1,3)$	$(2,1)$	$(2,2)$	$(2,3)$
P	$\frac{1}{6}$	$\frac{1}{9}$	$\frac{1}{18}$	$\frac{1}{3}$	α	β

若 X 与 Y 相互独立，则 $\alpha=$______，$\beta=$______。

6. 设有 N 个产品，其中有 M 个次品，进行放回抽样，定义 X_i 如下：

$$X_i=\begin{cases}1, & \text{当第 } i \text{ 次取到次品}\\ 0, & \text{当第 } i \text{ 次取到正品}\end{cases}$$

则 X_i 服从______分布，样本 $(X_1,X_2,\cdots,X_{10})$ 的分布(即联合分布律)为______。

7. 设随机变量 X_1,X_2 独立同分布：

X_i	0	1
P	$\frac{1}{2}$	$\frac{1}{2}$

则随机变量 $Y=\min\{X_1,X_2\}$ 的概率分布函数为______。

8. 设二维随机变量 (X,Y) 的联合密度函数

$$f(x,y)=\begin{cases}b\mathrm{e}^{-(x+y)}, & 0<x<1,\ 0<y<+\infty\\ 0, & \text{其他}\end{cases}$$

则常数 $b=$______。

9. 设随机变量 (X,Y) 的概率密度函数

$$f(x,y)=\begin{cases}1, & |y|<x,\ 0<x<1\\ 0, & \text{其他}\end{cases}$$

则概率密度函数 $f_X(x)=$________，$f_Y(y)=$________。

二、单选题

1.设二维随机向量(X,Y)的联合分布函数为$F(x,y)$，则(X,Y)关于Y的边缘分布函数$F_Y(y)=($　　$)$。

(A)$F(x,+\infty)$　　(B)$F(x,-\infty)$

(C)$F(+\infty,y)$　　(D)$F(-\infty,y)$

2.设随机变量$X\sim N(0,2)$，$Y\sim N(1,3)$，$Z\sim N(2,1)$，且X,Y,Z相互独立，则$P\{1\leqslant 2X+3Y-Z\leqslant 7\}=($　　$)$。

(A)$\frac{1}{2}$　　(B)$\Phi(1)-\frac{1}{2}$

(C)$\Phi(1)+\frac{1}{2}$　　(D)$\Phi(1)$

3.若二维随机变量(X,Y)的概率密度

$$f(x,y)=\begin{cases}1, & 1<x<2,\ 1<y<2\\ 0, & \text{其他}\end{cases}$$

则$P(X\leqslant Y)=($　　$)$。

(A)$\frac{1}{4}$　　(B)$\frac{1}{2}$

(C)$\frac{2}{3}$　　(D)$\frac{1}{3}$

4.设随机变量$X\sim N(\mu,\sigma_1^2)$，$Y\sim N(\mu,\sigma_2^2)$，且$P\{|X-\mu|<1\}>P\{|Y-\mu|<1\}$，则下列结果正确的是(　　)。

(A)$\sigma_1=\sigma_2$　　(B)$\sigma_1<\sigma_2$

(C)$\sigma_1>\sigma_2$　　(D)无法确定

5.设随机变量X与Y均服从正态分布，$X\sim N(\mu,4^2)$，$Y\sim N(\mu,5^2)$，记

$$p_1=P\{X\leqslant\mu-4\},\ p_2=P\{Y\geqslant\mu+5\}$$

则有(　　)。

(A)对任意实数μ，都有$p_1=p_2$　　(B)对任意实数μ，都有$p_1<p_2$

(C)只对μ的个别值，才有$p_1=p_2$　　(D)对任意实数μ，都有$p_1>p_2$

6.二维随机变量(X,Y)中X与Y相互独立，则(　　)一定不成立。

(A)$f(x,y)=f_X(x)f_Y(y)$　　(B)$F(x,y)=F_X(x)F_Y(y)$

(C)$P_{i,j}=P_{\cdot j}\cdot P_{i\cdot}$　　(D)$f(x+y)=f(x)+f(y)$

7.设X_1,X_2,X_3相互独立，都服从$b(1,0.5)$，$X=X_1+X_2+X_3$，则$P(X>1)=($　　$)$。

(A)0　　(B)$\frac{1}{2}$

(C)1　　(D)2

8. 设二维随机变量(X,Y)是$G:x^2+y^2\leqslant R^2$上的均匀分布，其概率密度是

$$f(x,y)=\begin{cases}C, & x^2+y^2\leqslant R^2\\ 0, & 其他\end{cases}$$

则C的值为(　　)。

(A)πR^2　　　　(B)$2\pi R$

(C)$\dfrac{1}{\pi R^2}$　　　　(D)$\dfrac{1}{2\pi R}$

三、计算题

1. 设二维随机变量(X,Y)的概率密度为

$$f(x,y)=\begin{cases}4.8y(2-x), & 0\leqslant x\leqslant 1,\ 0\leqslant y\leqslant x\\ 0, & 其他\end{cases}$$

(1)求X,Y的边缘概率密度$f_X(x),f_Y(y)$；

(2)问X与Y是否相互独立？

2. 设二维随机变量(X,Y)的概率密度为

$$f(x,y)=\begin{cases}\dfrac{1}{2}(x+y)\mathrm{e}^{-(x+y)}, & x>0,y>0\\ 0, & 其他\end{cases}$$

(1)问X与Y是否相互独立；

(2)求X的边缘分布函数$F_X(x)$。

3. 设(X,Y)的联合密度函数

$$f(x,y)=\begin{cases}\mathrm{e}^{-ay}, & 0\leqslant x\leqslant 1,\ y\geqslant 0\\ 0, & 其他\end{cases}$$

(1)求常数a的值；

(2)求$Z=2X+Y$的密度函数$f_Z(z)$和分布函数$F_Z(z)$；

(3)求$P(Z>3)$。

4. 若X和Y相互独立，且具有共同的概率密度

$$f(x)=\begin{cases}1, & 0\leqslant x\leqslant 1\\ 0, & 其他\end{cases}$$

求$Z=X+Y$的概率密度。

5. 设(X,Y)的概率密度为$f(x,y)=\begin{cases}\mathrm{e}^{-y}, & x>0,y>x\\ 0, & 其他\end{cases}$，试求$X,Y$的边缘概率密度$f_X(x)$和$f_Y(y)$，并判断$X,Y$的独立性。

6. 二维随机变量(X,Y)在区域$D:0\leqslant x\leqslant 1,y^2\leqslant x$内服从均匀分布，求：

(1)(X,Y)的联合概率密度；

(2)X和Y的边缘概率密度，并判其是否独立；

(3)$P(X<\dfrac{1}{4}),P\left(X<\dfrac{1}{4},Y<\dfrac{1}{2}\right)$。

7. 设(X,Y)的联合概率密度为

$$f(x,y)=\begin{cases}\dfrac{1}{\pi}, & x^2+y^2\leqslant 1\\ 0, & \text{其他}\end{cases}$$

(1)求 X,Y 的边缘密度函数；

(2)X,Y 是否相互独立？

(3)求 $Z=X^2+Y^2$ 的概率密度函数。

8. 设随机变量 X,Y 相互独立，其概率密度函数分别为

$$f_X(x)=\begin{cases}1, & 0\leqslant x\leqslant 1\\ 0, & \text{其他}\end{cases}\qquad f_Y(y)=\begin{cases}2y, & 0\leqslant y\leqslant 1\\ 0, & \text{其他}\end{cases}$$

求 $Z=X+Y$ 的概率密度。

9. 设(X,Y)的联合密度函数

$$f(x,y)=\begin{cases}\dfrac{1+xy}{4}, & |x|<1,|y|<1\\ 0, & \text{其他}\end{cases}$$

证明 X 与 Y 不相互独立。

10. 设 X 和 Y 是两个相互独立的随机变量，且都服从 $N(0,1)$，求 $Z=X+Y$ 的概率密度。

11. 设二维随机变量(X,Y)的联合密度函数

$$f(x,y)=\begin{cases}cxy, & 0\leqslant x\leqslant 1,0\leqslant y\leqslant 1\\ 0, & \text{其他}\end{cases}$$

试求：(1)系数 c；

(2)$P(X<Y)$；

(3)条件密度函数 $f_{X|Y}(x|y)$；

(4)X 与 Y 相互独立吗？为什么？

12. 设随机变量(X,Y)的联合密度函数

$$f(x,y)=\begin{cases}A, & 0<x<2,|y|<x\\ 0, & \text{其他}\end{cases}$$

试求：(1)常数 A；

(2)X 与 Y 是否相互独立？

(3)条件密度函数 $f_{Y|X}(y|x)$。

练习题答案

一、填空题

1. 答案：$\frac{\pi}{4}$。

解析　(X,Y)的联合密度函数

$$f(x,y)=f_X(x)f_Y(y)=\begin{cases}1, & 0\leqslant x,y\leqslant 1\\ 0, & \text{其他}\end{cases}$$

所以　$P(X^2+Y^2\leqslant 1)=\iint\limits_{x^2+y^2\leqslant 1,x>0,y>0} 1\cdot \mathrm{d}x\,\mathrm{d}y=\frac{\pi}{4}$

2. 答案：$f_X(x)=\begin{cases}3x^2, & 0<x<1\\ 0, & \text{其他}\end{cases}$

解析　$f_X(x)=\int_{-\infty}^{+\infty}f(x,y)\mathrm{d}y=\int_0^x\frac{9y^2}{x}\mathrm{d}y=3x^2,\ 0<x<1$

3. 答案：$\frac{1}{8}$。

解析　$f(x,y)=f_X(x)f_Y(y)=\begin{cases}1, & 0\leqslant x,y\leqslant 1\\ 0, & \text{其他}\end{cases}$

$$P\left(X+Y\leqslant\frac{1}{2}\right)=P\{(x,y)\in D_1\}=\frac{S_{D_1}}{S_D}=\frac{1}{8}$$

S_D 表示边长为 1 的正方形面积，S_{D_1} 表示边长为 1/2 的三角形面积。

4. 答案：$\frac{1}{4}$。

解析　由$(X,Y)\sim N(0,0,1,1,0)$，知 $\mu_1=\mu_2=0,\sigma_1^2=\sigma_2^2=1,\rho=0$。

$$P(X\leqslant 0,Y\leqslant 0)=\int_{-\infty}^0\mathrm{d}x\int_{-\infty}^0\frac{1}{2\pi}\mathrm{e}^{-\frac{x^2+y^2}{2}}\mathrm{d}y$$

$$=\frac{1}{2\pi}\int_{-\infty}^0\mathrm{e}^{-\frac{x^2}{2}}\mathrm{d}x\int_{-\infty}^0\mathrm{e}^{-\frac{y^2}{2}}\mathrm{d}y=\frac{1}{2\pi}\cdot\left(\sqrt{\frac{\pi}{2}}\right)^2=\frac{1}{4}$$

5. 答案：$\frac{2}{9},\frac{1}{9}$。

解析　边缘概率分布：$P(X=1)=P(1,1)+P(1,2)+P(1,3)=\frac{1}{6}+\frac{1}{9}+\frac{1}{18}=\frac{1}{3}$

$$P(X=2)=P(2,1)+P(2,2)+P(2,3)=\frac{1}{3}+\alpha+\beta$$

$$P(Y=2)=P(1,2)+P(2,2)=\frac{1}{9}+\alpha$$

$$P(Y=1)=P(1,1)+P(2,1)=\frac{1}{2}$$

$$P(Y=3)=P(1,3)+P(2,3)=\frac{1}{18}+\beta$$

且有 $P(X=1)+P(X=2)=1$,得 $\alpha+\beta=\frac{1}{3}$。

由 X 与 Y 相互独立,有 $P(2,2)=P(X=2)P(Y=2)$,得:

$$\alpha=\left(\frac{1}{3}+\alpha+\beta\right)\left(\frac{1}{9}+\alpha\right)$$

解得:$\alpha=\frac{2}{9}$, $\beta=\frac{1}{9}$。

6.答案:0—1,$\left(\frac{M}{N}\right)^{\sum_{i=1}^{10}x_i}\left(1-\frac{M}{N}\right)^{10-\sum_{i=1}^{10}x_i}$。

解析　知 X_i 服从 0—1 分布,

$$P(X=1)=\frac{M}{N},\ P(X=0)=1-\frac{M}{N},$$

且 $X_1,X_2,\cdots,X_{10}$ 相互独立同分布;样本($X_1,X_2,\cdots,X_{10}$)的分布(即联合分布律)

$$P(X=x_i)=\left(\frac{M}{N}\right)^{x_i}\left(1-\frac{M}{N}\right)^{1-x_i},\ x_i=0,1$$

$$P(X_1=x_1,\cdots,X_{10}=x_{10})=\prod_{i=1}^{10}P(X_i=x_i)=\left(\frac{M}{N}\right)^{\sum_{i=1}^{10}x_i}\left(1-\frac{M}{N}\right)^{10-\sum_{i=1}^{10}x_i}$$

7.答案:$P(Y=1)=\frac{1}{4}$,$P(Y=0)=\frac{3}{4}$。

解析　显然 Y 服从 0—1 分布,且

$$P(Y=1)=P(X_1=1,X_2=1)=P(X_1=1)\cdot P(X_2=1)=\frac{1}{4}$$

$$P(Y=0)=1-P(Y=1)=\frac{3}{4}$$

8.答案:$\frac{1}{1-e^{-1}}$。

解析　由 $\int_0^1 dx\int_0^{+\infty}be^{-(x+y)}dy=1$,得 $b=\frac{1}{1-e^{-1}}$。

9.答案:$f_X(x)=\begin{cases}2x, & 0<x<1\\ 0, & 其他\end{cases}$

$$f_Y(y)=\begin{cases}1-y, & 0\leqslant y<1\\ 1+y, & -1<y<0\\ 0, & 其他\end{cases}$$

解析

$$f_X(x)=\begin{cases}\int_{-x}^{x}\mathrm{d}y, & 0<x<1\\ 0, & \text{其他}\end{cases}=\begin{cases}2x, & 0<x<1\\ 0, & \text{其他}\end{cases}$$

$$f_Y(y)=\begin{cases}\int_{-y}^{1}\mathrm{d}x, & -1<y<0\\ \int_{y}^{1}\mathrm{d}x, & 0\leqslant y<1\\ 0, & \text{其他}\end{cases}=\begin{cases}1+y, & -1<y<0\\ 1-y, & 0\leqslant y<1\\ 0, & \text{其他}\end{cases}$$

二、单选题

1\. 应选(C)。

解析 Y 的边缘分布函数 $F_Y(y)=\lim\limits_{x\to+\infty}F(x,y)=F(+\infty,y)$。

2\. 应选(B)。

解析 令 $U=2X+3Y-Z$，由 X,Y,Z 相互独立有 $E(U)=2E(X)+3E(Y)-E(Z)=1$。

$$D(U)=4D(X)+9D(Y)+D(Z)=36$$

$$P(1\leqslant 2X+3Y-Z\leqslant 7)=P(1\leqslant U\leqslant 7)=P\left(\frac{1-1}{6}\leqslant\frac{U-1}{6}\leqslant\frac{7-1}{6}\right)$$

$$=P\left(0\leqslant\frac{U-1}{6}\leqslant 1\right)=\Phi(1)-\Phi(0)=\Phi(1)-\frac{1}{2}$$

3\. 应选(B)。

解析 令区域 $D=\{(x,y),1\leqslant x\leqslant 2,x\leqslant y\leqslant 2\}$

$$P(X\leqslant Y)=\iint\limits_{(x,y)\in D}1\mathrm{d}x\,\mathrm{d}y=\int_1^2\mathrm{d}x\int_x^2 1\mathrm{d}y=\frac{1}{2}$$

4\. 应选(B)。

解析 $$P\{|X-\mu|<1\}=P\left\{\frac{-1}{\sigma_1}<\frac{X-\mu}{\sigma_1}<\frac{1}{\sigma_1}\right\}=\Phi\left(\frac{1}{\sigma_1}\right)-\Phi\left(\frac{-1}{\sigma_1}\right)=2\Phi\left(\frac{1}{\sigma_1}\right)-1$$

$$P\{|Y-\mu|<1\}=P\left\{\frac{-1}{\sigma_2}<\frac{Y-\mu}{\sigma_2}<\frac{1}{\sigma_2}\right\}=\Phi\left(\frac{1}{\sigma_2}\right)-\Phi\left(\frac{-1}{\sigma_2}\right)=2\Phi\left(\frac{1}{\sigma_2}\right)-1$$

由 $P\{|X-\mu|<1\}>P\{|Y-\mu|<1\}$，知 $\Phi\left(\frac{1}{\sigma_2}\right)<\Phi\left(\frac{1}{\sigma_1}\right)$，$\sigma_1<\sigma_2$，故选(B)。

5\. 应选(A)。

解析 $$p_1=P\{X\leqslant\mu-4\}=P\{X-\mu\leqslant -4\}=P\left\{\frac{X-\mu}{4}\leqslant -1\right\}=\Phi(-1)=1-\Phi(1)$$

$$p_2=P\{Y\geqslant\mu+5\}=P\left\{\frac{Y-\mu}{5}\geqslant 1\right\}=1-\Phi(1)$$

故 $p_1=p_2$，选(A)。

6. 应选(D)。

解析　(A),(B),(C)都成立。(D)不一定成立。

7. 应选(B)。

解析　$X=X_1+X_2+X_3$ 服从 $b\left(3,\frac{1}{2}\right)$,

$$P(X>1)=1-P(X\leqslant 1)=1-P(X=0)-P(X=1)$$
$$=1-C_3^0\left(\frac{1}{2}\right)^0\left(\frac{1}{2}\right)^3-C_3^1\left(\frac{1}{2}\right)^1\left(\frac{1}{2}\right)^2=\frac{1}{2}$$

8. 应选(C)。

解析　$\iint\limits_{(x,y)\in G} C\mathrm{d}x\mathrm{d}y=1$,得 $C=\frac{1}{\pi R^2}$,故选(C)。

三、计算题

1. **解**　(1)X 的边缘概率密度

$$f_X(x)=\begin{cases}\int_0^x 4.8y(2-x)\mathrm{d}y=2.4(2-x)x^2, & 0\leqslant x\leqslant 1\\ 0, & 其他\end{cases}$$

Y 的边缘概率密度

$$f_Y(y)=\begin{cases}\int_y^1 4.8y(2-x)\mathrm{d}x=2.4y(3-4y+y^2), & 0\leqslant x\leqslant 1\\ 0, & 其他\end{cases}$$

(2) 由于 $f(x,y)\neq f_X(x)f_Y(y)$,故 X,Y 不相互独立。

2. **解**　(1)X 的边缘概率密度

$$f_X(x)=\int_{-\infty}^{+\infty}f(x,y)\mathrm{d}y=\int_0^{+\infty}\frac{x+y}{2}\mathrm{e}^{-(x+y)}\mathrm{d}y=\frac{x\mathrm{e}^{-x}}{2}\int_0^{+\infty}\mathrm{e}^{-y}\mathrm{d}y+\frac{\mathrm{e}^{-x}}{2}\int_0^{+\infty}y\mathrm{e}^{-y}\mathrm{d}y$$
$$=\frac{x\mathrm{e}^{-x}}{2}\Gamma(1)+\frac{\mathrm{e}^{-x}}{2}\Gamma(2)=\frac{x+1}{2}\mathrm{e}^{-x},\quad x>0$$

$f_X(x)=0$, $x\leqslant 0$。

类似地,Y 的边缘概率密度

$$f_Y(y)=\int_{-\infty}^{+\infty}f(x,y)\mathrm{d}x=\begin{cases}\frac{y+1}{2}\mathrm{e}^{-y}, & y>0\\ 0, & y\leqslant 0\end{cases}$$

由于 $f(x,y)\neq f_X(x)f_Y(y)$,故 X,Y 不相互独立。

(2)$x\leqslant 0$,$F_X(x)=0$;

$x>0$,$F_X(x)=\int_0^x f_X(u)\mathrm{d}u=\int_0^x\frac{u+1}{2}\mathrm{e}^{-u}\mathrm{d}u=\frac{1}{2}(2-x\mathrm{e}^{-x}-2\mathrm{e}^{-x})$。

3. **解**　(1)由 $\iint f(x,y)\mathrm{d}x\mathrm{d}y=1$,即 $\int_0^1\mathrm{d}x\int_0^{+\infty}\mathrm{e}^{-ay}\mathrm{d}y=1$,得 $a=1$。

(2)$F_Z(z)=P(Z\leqslant z)=P(2X+Y\leqslant z)=\iint_{2x+y\leqslant z}f(x,y)\mathrm{d}x\mathrm{d}y$,

$z<0$ 时,$F_Z(z)=0$;

$0\leqslant z<2$ 时,$F_Z(z)=\int_0^{\frac{z}{2}}\mathrm{d}x\int_0^{z-2x}\mathrm{e}^{-y}\mathrm{d}y=\frac{1}{2}(z-1+\mathrm{e}^{-z})$;

$z\geqslant 2$ 时,$F_Z(z)=\int_0^1\mathrm{d}x\int_0^{z-2x}\mathrm{e}^{-y}\mathrm{d}y=1-\frac{1}{2}(\mathrm{e}^2-1)\mathrm{e}^{-z}$。

由 $f_Z(z)=F'_Z(z)$,故 $f_Z(z)=\begin{cases}0, & z<0\\ \frac{1}{2}(1-\mathrm{e}^{-z}), & 0\leqslant z<2\\ \frac{1}{2}(\mathrm{e}^2-1)\mathrm{e}^{-z}, & z\geqslant 2\end{cases}$

(3)$P(Z>3)=1-P(Z\leqslant 3)=1-F_Z(3)=\frac{1}{2}(\mathrm{e}^2-1)\mathrm{e}^{-3}\approx 0.159\ 1$。

4.**解** 由卷积公式

$$f_Z(z)=\int_{-\infty}^{\infty}f_X(x)f_Y(z-x)\mathrm{d}x$$

为确定积分限,先找出使被积函数不为0的区域:

$$\begin{cases}0\leqslant x\leqslant 1\\ 0\leqslant y\leqslant 1\end{cases}\Rightarrow\begin{cases}0\leqslant x\leqslant 1\\ 0\leqslant z-x\leqslant 1\end{cases}\Rightarrow\begin{cases}0\leqslant x\leqslant 1\\ z-1\leqslant x\leqslant z\end{cases}$$

当 $z<0$ 或 $z\geqslant 2$ 时,$f_Z(z)=0$;

当 $0\leqslant z<1$ 时,$f_Z(z)=\int_0^z\mathrm{d}x=z$;

当 $1\leqslant z<2$ 时,$f_Z(z)=\int_{z-1}^1\mathrm{d}x=2-z$;

于是

$$f_Z(z)=\begin{cases}z, & 0\leqslant z<1\\ 2-z, & 1\leqslant z<2\\ 0, & \text{其他}\end{cases}$$

5.**解** X 的边缘概率密度

$$f_X(x)=\int_{-\infty}^{+\infty}f(x,y)\mathrm{d}y=\begin{cases}\int_x^{+\infty}\mathrm{e}^{-y}\mathrm{d}y=\mathrm{e}^{-x}, & x>0\\ 0, & x\leqslant 0\end{cases}$$

Y 的边缘概率密度

$$f_Y(y)=\int_{-\infty}^{+\infty}f(x,y)\mathrm{d}x=\begin{cases}\int_0^y\mathrm{e}^{-y}\mathrm{d}x=y\mathrm{e}^{-y}, & y>0\\ 0, & y\leqslant 0\end{cases}$$

由于 $f(x,y)\neq f_X(x)f_Y(y)$,故 X,Y 不相互独立。

6.**解**　(1) D 的面积　$A=2\int_0^1\sqrt{x}\,\mathrm{d}x=\frac{4}{3}$，$(X,Y)$ 的联合密度函数为

$$f(x,y)=\begin{cases}\frac{3}{4}, & 0\leqslant x\leqslant 1, y^2\leqslant x\\ 0, & \text{其他}\end{cases}$$

$$(2)\ f_X(x)=\int_{-\infty}^{+\infty}f(x,y)\mathrm{d}y=\begin{cases}\int_{-\sqrt{x}}^{\sqrt{x}}\frac{3}{4}\mathrm{d}y, & 0\leqslant x\leqslant 1\\ 0, & \text{其他}\end{cases}=\begin{cases}\frac{3}{2}\sqrt{x}, & 0\leqslant x\leqslant 1\\ 0, & \text{其他}\end{cases}$$

$$f_Y(y)=\int_{-\infty}^{+\infty}f(x,y)\mathrm{d}x=\begin{cases}\int_{y^2}^{1}\frac{3}{4}\mathrm{d}x, & -1\leqslant y\leqslant 1\\ 0, & \text{其他}\end{cases}=\begin{cases}\frac{3}{4}(1-y^2), & -1\leqslant y\leqslant 1\\ 0, & \text{其他}\end{cases}$$

则 $f_X(x)\cdot f_Y(y)\neq f(x,y)$，因此 X 和 Y 不相互独立。

$$(3)P\left(X<\frac{1}{4}\right)=\int_{-\infty}^{\frac{1}{4}}f_X(x)\mathrm{d}x=\int_0^{\frac{1}{4}}\frac{3}{2}\sqrt{x}\,\mathrm{d}x=\frac{1}{8}$$

$$P\left(X<\frac{1}{4},Y<\frac{1}{2}\right)=\int_{-\infty}^{\frac{1}{4}}\int_{-\infty}^{\frac{1}{2}}f(x,y)\mathrm{d}y\mathrm{d}x=\int_0^{\frac{1}{4}}\mathrm{d}x\int_{-\sqrt{x}}^{\sqrt{x}}\frac{3}{4}\mathrm{d}x=\int_0^{\frac{1}{4}}\frac{3}{2}\sqrt{x}\,\mathrm{d}x=\frac{1}{8}$$

7.**解**　(1)边缘密度函数

$$f_X(x)=\int_{-\infty}^{+\infty}f(x,y)\mathrm{d}y=\begin{cases}0\\ \int_{-\sqrt{1-x^2}}^{\sqrt{1-x^2}}\frac{1}{\pi}\mathrm{d}y\end{cases}=\begin{cases}0, & |x|\geqslant 1\\ \frac{2\sqrt{1-x^2}}{\pi}, & |x|<1\end{cases}$$

同理可得

$$f_Y(y)=\int_{-\infty}^{+\infty}f(x,y)\mathrm{d}x=\begin{cases}0, & |y|\geqslant 1\\ \frac{2\sqrt{1-y^2}}{\pi}, & |y|<1\end{cases}$$

(2)显然 $f(x,y)\neq f_X(x)\cdot f_Y(y)$，所以 X 与 Y 不相互独立。

$$(3)\ F(z)=P(Z\leqslant z)=P(X^2+Y^2\leqslant z)=\begin{cases}0, & z<0\\ \iint\limits_{x^2+y^2\leqslant z}\frac{1}{\pi}\mathrm{d}x\mathrm{d}y & 0\leqslant z<1\\ 1, & z\geqslant 1\end{cases}=\begin{cases}0, & z<0\\ z, & 0\leqslant z<1\\ 1, & z\geqslant 1\end{cases}$$

故密度函数为

$$f_Z(z)=\begin{cases}1, & 0\leqslant z\leqslant 1\\ 0, & \text{其他}\end{cases}$$

8.**解**　因 $f_Z(z)=\int_{-\infty}^{+\infty}f_X(x)f_Y(z-x)\mathrm{d}x$ 与 z 有关，且当 $f_X(x)f_Y(z-x)>0$ 时，积分才不等于 0。而欲使 $f_X(x)f_Y(z-x)>0$，必须 $f_X(x)>0$，$f_Y(z-x)>0$，因而必有

$$0\leqslant x\leqslant 1, 0\leqslant z-x\leqslant 1$$

将此关系式(它们的公共部分)描在 xOz 平面上为图 13-1 中标有阴影的部分。

由此阴影部分易看出为求出对 x 的积分,必须对参数 z 进行分段讨论。

当 $z<0$ 或 $z>2$ 时,由图 13-1 中易看出 $f_X(x)\cdot f_Y(z-x)=0$,故 $f_Z(z)=0$;

当 $0\leqslant z<1$ 时,$f_Z(z)=\int_0^z 2(z-x)\mathrm{d}x=z^2$;

当 $1\leqslant z\leqslant 2$ 时,$f_Z(z)=\int_{z-1}^1 2(z-x)\mathrm{d}x=2z-z^2$。

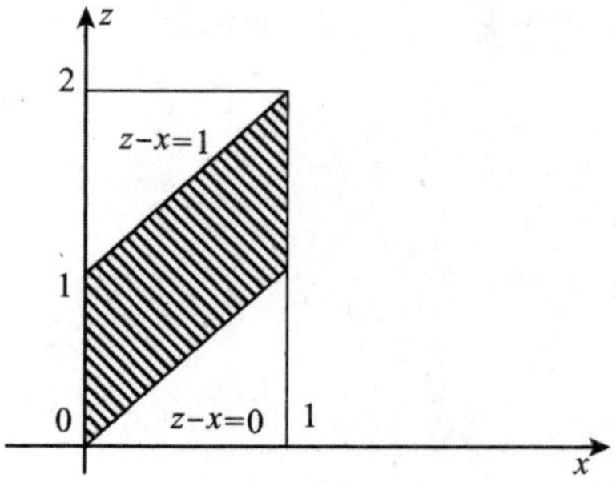

图 13-1

综上得到

$$f_Z(z)=\begin{cases}z^2, & 0\leqslant z<1\\ 2z-z^2, & 1\leqslant z\leqslant 2\\ 0, & 其他\end{cases}$$

9. **证明**

$$f_X(x)=\begin{cases}\displaystyle\int_{-1}^{+1}\frac{1+xy}{4}\mathrm{d}y=\frac{1}{2}, & |x|<1\\ 0, & 其他\end{cases}$$

$$f_Y(y)=\begin{cases}\displaystyle\int_{-1}^{+1}\frac{1+xy}{4}\mathrm{d}x=\frac{1}{2}, & |y|<1\\ 0, & 其他\end{cases}$$

因此,$f_X(x)f_Y(y)\neq f(x,y)$,所以 X 与 Y 不相互独立。

10. **解** $f_Z(z)=\int_{-\infty}^{+\infty}\frac{1}{2\pi}\mathrm{e}^{-\frac{x^2}{2}}\mathrm{e}^{-\frac{(z-x)^2}{2}}\mathrm{d}x=\frac{\mathrm{e}^{-\frac{z^2}{4}}}{2\pi}\int_{-\infty}^{+\infty}\mathrm{e}^{-(x-\frac{z^2}{4})^2}\mathrm{d}x$

令 $t=x-z/2$,得

$$f_Z(z)=\frac{1}{2\pi}\mathrm{e}^{-\frac{z^2}{4}}\int_{-\infty}^{+\infty}\mathrm{e}^{-t^2}\mathrm{d}t=\frac{1}{2\pi}\mathrm{e}^{-\frac{z^2}{4}}\sqrt{\pi}=\frac{1}{2\sqrt{\pi}}\mathrm{e}^{-\frac{z^2}{4}}$$

即 $Z\sim N(0,2)$。

11. **解** (1) $\int_{-\infty}^{+\infty}\int_{-\infty}^{+\infty}f(x,y)\mathrm{d}x\mathrm{d}y=1$

$\int_0^1\int_0^1 cxy\mathrm{d}x\mathrm{d}y=1$

即 $\frac{1}{4}c=1$,所以 $c=4$。

(2) 令 $G=\{(x,y)\mid y>x\}$,$P(X<Y)=\iint\limits_G f(x,y)\mathrm{d}x\mathrm{d}y=\int_0^1\mathrm{d}x\int_x^1 4xy\mathrm{d}y=\frac{1}{2}$。

(3) $f(x,y)=\begin{cases}4xy, & 0\leqslant x\leqslant 1,0\leqslant y\leqslant 1\\ 0, & 其他\end{cases}$

所以 $f_Y(y)=\int_{-\infty}^{+\infty} f(x,y)\mathrm{d}x=\begin{cases}\int_0^1 4xy\mathrm{d}x=2y, & 0\leqslant y\leqslant 1\\ 0, & \text{其他}\end{cases}$

所以 $0\leqslant y\leqslant 1$ 时，$f_{X|Y}(x\mid y)=\dfrac{f(x,y)}{f_Y(y)}=\begin{cases}2x, & 0\leqslant x\leqslant 1\\ 0, & \text{其他}\end{cases}$

(4) $f_X(x)=\begin{cases}2x, & 0\leqslant x\leqslant 1\\ 0, & \text{其他}\end{cases}$　$f_Y(y)=\begin{cases}2y, & 0\leqslant y\leqslant 1\\ 0, & \text{其他}\end{cases}$

$$f(x,y)=f_X(x)\cdot f_Y(y)$$

所以 X,Y 相互独立。

12. **解**　(1) $\int_{-\infty}^{+\infty}\int_{-\infty}^{+\infty} f(x,y)\mathrm{d}x\mathrm{d}y=\int_0^2\int_{-x}^{x} A\mathrm{d}y\mathrm{d}x=4A=1$，则 $A=\dfrac{1}{4}$。

(2) X 的边缘概率密度

$$f_X(x)=\int_{-\infty}^{+\infty} f(x,y)\mathrm{d}y=\begin{cases}\int_{-x}^{x}\dfrac{1}{4}\mathrm{d}y=\dfrac{x}{2}, & 0<x<2\\ 0, & \text{其他}\end{cases}$$

Y 的边缘概率密度

$$f_Y(y)=\int_{-\infty}^{+\infty} f(x,y)\mathrm{d}x=\begin{cases}\int_{|y|}^{2}\dfrac{1}{4}\mathrm{d}x=\dfrac{1}{4}(2-|y|), & |y|<2\\ 0, & \text{其他}\end{cases}$$

有 $f_X(x)f_Y(y)\neq f(x,y)$，则 X 与 Y 不相互独立。

(3) 当 $0<x<2$ 时：$f_X(x)>0$，条件密度函数

$$f_{Y|X}(y\mid x)=\frac{f(x,y)}{f_X(x)}=\begin{cases}\dfrac{1}{2x}, & |y|<x\\ 0, & \text{其他}\end{cases}$$

第十四章　随机变量的数字特征

考试内容

随机变量的数学期望、方差、标准差及其性质；随机变量函数的数学期望、矩、协方差、相关系数及其性质。

考试要求

1. 理解随机变量的数字特征(数学期望、方差、标准差、矩、协方差、相关系数)的概念，会运用数字特征的基本性质，并掌握常用分布的数字特征。

2. 会求随机变量简单函数的数学期望。

本章重点

随机变量及其函数的期望、方差、相关系数的概念、性质和计算及其简单证明。

一、随机变量的数学期望

1. 离散型随机变量的数学期望

(1) 设 X 为离散型随机变量，其分布律为 $p(X=x_i)=p_i, i=1,2,\cdots$，且级数 $\sum_i x_i p_i$ 绝对收敛，则称 $E(X)=\sum_i x_i p_i$ 为随机变量 X 的数学期望。

(2) 设 $Y=g(X)$ 是随机变量 X 的函数[$g(x)$ 为连续函数]，且级数 $\sum_i g(x_i)p_i$ 绝对收敛，则称 $E[g(X)]=\sum_i g(x_i)p_i$ 为随机变量函数 $g(X)$ 的数学期望。

(3) 设(X,Y) 为离散型二维随机变量，X 与 Y 的联合分布律为

$$p(X=x_i,Y=y_j)=p_{ij},\quad i,j=1,2,\cdots$$

$Z=g(X,Y)$ 为连续函数，且级数 $\sum_i\sum_j g(x_i,y_j)p_{ij}$ 绝对收敛，则称 $E[g(X,Y)]=\sum_i\sum_j g(x_i,y_j)p_{ij}$ 为二维随机变量函数 $g(X,Y)$ 的数学期望。

特殊地，由离散型二维随机变量(X,Y) 的联合分布律，可求得随机变量 X 及 Y 的数学期望：

$$E(X)=\sum_i\sum_j x_i p_{ij},\quad E(Y)=\sum_j\sum_i y_j p_{ij}$$

2. 连续型随机变量的数学期望

(1) 设 X 为连续型随机变量，其密度函数为 $f(x)$，若$\int_{-\infty}^{+\infty}|x|f(x)\mathrm{d}x$ 收敛，则称

$E(X)=\int_{-\infty}^{+\infty}xf(x)\mathrm{d}x$ 为随机变量 X 的数学期望。

(2) 设 $Y=g(X)$ 是随机变量 X 的函数[$g(x)$ 为连续函数]，且$\int_{-\infty}^{+\infty}|g(x)|f(x)\mathrm{d}x$ 收敛，则称 $E[g(X)]=\int_{-\infty}^{+\infty}g(x)f(x)\mathrm{d}x$ 为随机变量函数 $g(X)$ 的数学期望。

(3) 设(X,Y)为连续型二维随机变量，X 与 Y 的联合密度函数为 $f(x,y)(-\infty<x<+\infty,-\infty<y<+\infty)$，$Z=g(X,Y)$ 为二元连续函数，且$\int_{-\infty}^{+\infty}\int_{-\infty}^{+\infty}|g(x,y)|f(x,y)\mathrm{d}x\mathrm{d}y$ 收敛，则称 $E[g(X,Y)]=\int_{-\infty}^{+\infty}\int_{-\infty}^{+\infty}g(x,y)f(x,y)\mathrm{d}x\mathrm{d}y$ 为二维随机变量函数 $g(X,Y)$ 的数学期望。

特殊地，由离散型二维随机变量(X,Y)的联合密度函数，可求得随机变量 X 及 Y 的数学期望：$E(X)=\int_{-\infty}^{+\infty}\int_{-\infty}^{+\infty}xf(x,y)\mathrm{d}x\mathrm{d}y$，　$E(Y)=\int_{-\infty}^{+\infty}\int_{-\infty}^{+\infty}yf(x,y)\mathrm{d}x\mathrm{d}y$。

3. 数学期望的性质

(1)$E(c)=c$　(c 为常数)；

(2)$E(aX+b)=aE(X)+b$　(a,b 为常数)；

(3)$E(X\pm Y)=E(X)\pm E(Y)$；

(4) 若随机变量 X 与 Y 相互独立，则有 $E(XY)=E(X)E(Y)$。

例 1　已知连续型随机变量 X 的密度函数为

$$f(x)=\frac{1}{\sqrt{\pi}}\mathrm{e}^{-x^2+2x-1},\quad -\infty<x<+\infty$$

求 $E(X)$ 及 $D(X)$。

解　因为

$$f(x)=\frac{1}{\sqrt{2\pi}\cdot\sqrt{\frac{1}{2}}}\cdot\exp\left\{-\frac{(x-1)^2}{2\times\frac{1}{2}}\right\}$$

是 $N\left(1,\frac{1}{2}\right)$ 的密度函数，因此 $E(X)=1,D(X)=\frac{1}{2}$。

分析　本题是 1987 年的考题。解决本题的关键是熟悉常用分布的密度函数，否则，直接计算将会带来较大的工作量。

例 2　一个零件的横截面是圆，对截面直径进行测量，设其直径服从区间[0,2]上的均匀分布，求截面面积的数学期望和方差。

解　设截面直径为 X，$X\sim U[0,2]$，即 X 的密度函数为

$$f(x)=\begin{cases}\frac{1}{2}, & 0\leqslant x\leqslant 2\\ 0, & \text{其他}\end{cases}$$

设截面面积为 Y，$Y=\frac{\pi}{4}X^2$

$$E(Y)=E\left(\frac{\pi}{4}X^2\right)=\int_{-\infty}^{+\infty}\frac{\pi}{4}x^2 f_X(x)\mathrm{d}x=\int_0^2\frac{1}{2}\cdot\frac{\pi}{4}x^2\mathrm{d}x=\frac{\pi}{3}$$

$$E(Y^2)=E\left(\frac{\pi^2}{16}X^4\right)=\int_{-\infty}^{+\infty}\frac{\pi^2}{16}x^4 f_X(x)\mathrm{d}x=\int_0^2\frac{\pi^2}{16}x^4\cdot\frac{1}{2}\mathrm{d}x=\frac{\pi^2}{5}$$

因此

$$D(Y)=E(Y^2)-[E(Y)]^2=\frac{\pi^2}{5}-\left(\frac{\pi}{3}\right)^2=\frac{4}{45}\pi^2$$

例 3 设 X 的密度函数为 $P(x)$ 满足

$$P(c+x)=P(c-x),\quad -\infty<x<+\infty$$

其中 c 为常数，又 $\int_{-\infty}^{+\infty}|x|p(x)\mathrm{d}x$ 收敛，试证明 $E(x)=c$。

证明 $E(x)=\int_{-\infty}^{+\infty}xp(x)\mathrm{d}x=\int_{-\infty}^{+\infty}(x-c+c)p(x)\mathrm{d}x=\int_{-\infty}^{+\infty}(x-c)p(x)\mathrm{d}x+\int_{-\infty}^{+\infty}cp(x)\mathrm{d}x$

令 $y=x-c$，则 $x=y+c$

$$\int_{-\infty}^{+\infty}(x-c)p(x)\mathrm{d}x=\int_{-\infty}^{+\infty}yp(y+c)\mathrm{d}y$$

$$E(x)=\int_{-\infty}^{+\infty}yp(y+c)\mathrm{d}y+c\int_{-\infty}^{+\infty}p(x)\mathrm{d}x=\int_{-\infty}^{+\infty}yp(y+c)\mathrm{d}y+c$$

令 $f(y)=yp(y+c)$，则 $f(y)$ 为奇函数。

事实上

$$f(-y)=-yp(c-y)=-[yp(c+y)]=-f(y)$$

故 $\int_{-\infty}^{+\infty}yp(y+c)\mathrm{d}y=0$，从而 $E(x)=c$。

例 4 设二维随机变量 X 与 Y 的联合概率密度函数为

$$f(x,y)=\begin{cases}\frac{3}{2}(x+y), & 0<x<1,\quad |y|<x\\ 0, & \text{其他}\end{cases}$$

求：(1) 概率 $p\{X>2Y\}$；(2) X 的数学期望；(3) $Z=X+Y$ 的概率密度函数。

解 (1) $D=\{(x,y)\mid 0<x<1,|y|<x\}$，$G=\{(x,y)\mid x>2y\}$

$$p\{X>2Y\}=\iint\limits_{x>2y}f(x,y)\mathrm{d}x\mathrm{d}y$$

只有在区域 D 上联合密度函数 $f(x,y)$ 才不为零，因此

$$p\{X>2Y\}=\iint\limits_{x>2y}f(x,y)\mathrm{d}x\mathrm{d}y=\iint\limits_{D\cap G}\frac{3}{2}(x+y)\mathrm{d}x\mathrm{d}y$$

$$=\int_0^1\mathrm{d}x\int_{-x}^{\frac{x}{2}}\frac{3}{2}(x+y)\mathrm{d}y=\frac{9}{16}$$

(2) 随机变量 X 的数学期望

$$E(X)=\int_{-\infty}^{+\infty}xf_X(x)\mathrm{d}x=\int_{-\infty}^{+\infty}x\left[\int_{-\infty}^{+\infty}f(x,y)\mathrm{d}y\right]\mathrm{d}x=\iint_D x\cdot\frac{3}{2}(x+y)\mathrm{d}x\mathrm{d}y$$
$$=\int_0^1 x\mathrm{d}x\int_{-x}^{x}\frac{3}{2}(x+y)\mathrm{d}y=\frac{3}{4}$$

(3)$Z=X+Y$ 的概率密度函数

$$f_Z(z)=\int_{-\infty}^{+\infty}f(x,z-x)\mathrm{d}x$$

由$\begin{cases}0<x<1\\|z-x|<x\end{cases}\Rightarrow\begin{cases}0<x<1\\z>0,2x>z\end{cases}$，需对 z 进行讨论：

当 $z\leqslant 0$ 或 $z\geqslant 2$ 时，$f_Z(z)=0$

当 $0<z<2$ 时，$f_Z(z)=\int_{-\infty}^{+\infty}f(x,z-x)\mathrm{d}x=\int_{\frac{z}{2}}^{1}\frac{3}{2}z\mathrm{d}x=\frac{3}{2}z\left(1-\frac{z}{2}\right)$

所以 $Z=X+Y$ 的概率密度函数

$$f_Z(z)=\begin{cases}\frac{3}{2}z\left(1-\frac{z}{2}\right), & 0<z<2\\0, & \text{其他}\end{cases}$$

例 5　10 个人随机进入 15 个房间，每个房间容纳的人数不限。设 X 表示有人的房间数，并设每个人进入每个房间是等可能的，且每个人是否进入房间是相互独立的，求 $E(X)$。

解　因每个房间只有“有人”与“无人”两种情况，因而可定义随机变量

$$X_i=\begin{cases}1, & \text{第 } i \text{ 个房间有人}\\0, & \text{第 } i \text{ 个房间无人}\end{cases},\quad i=1,2,\cdots,15$$

且随机变量 X_i 相互独立，则随机变量 X 可分解为随机变量 X_i 之和：

$$X=\sum_{i=1}^{15}X_i,\quad E(X)=E\left(\sum_{i=1}^{15}X_i\right)=\sum_{i=1}^{15}E(X_i)$$

为求 $E(X_i)$，先求出 X_i 的分布列，只需求出 $p(X_i=0)$，$p(X_i=1)$。

由题意，任一人不进入第 i 个房间时，因每个房间容纳的人数不限，可进入其余 14 个房间中的任一个，故任一人不进入第 i 个房间的概率为 14/15。又因为每个人是否进入房间是相互独立的，故 10 个人都不进入第 i 个房间的概率为$(14/15)^{10}$，而 10 个人都不进入第 i 个房间的对立事件为第 i 个房间有人进入，因此

$$p(X_i=1)=1-p(X_i=0)=1-\left(\frac{14}{15}\right)^{10}$$

于是 X_i 服从两点分布：

X_i	0	1
P	$\left(\frac{14}{15}\right)^{10}$	$1-\left(\frac{14}{15}\right)^{10}$

$$E(X_i)=1-\left(\frac{14}{15}\right)^{10}=0.498,\quad i=1,2,\cdots,15$$

故
$$E(X)=E\left(\sum_{i=1}^{15}X_i\right)=\sum_{i=1}^{15}E(X_i)=7.47$$

例 6 设盒中有 m 个颜色各不相同的球，有放回地摸取 n 次，设摸到球的颜色的种数为 X，求 $E(X)$。

解 因对每一种颜色而言在 n 次摸球中只有 2 种可能的结果：至少 1 次摸到球和 1 次也未摸到球，因此引入随机变量 X_i：

$$X_i=\begin{cases}1, & \text{在 } n \text{ 次摸取中至少 1 次摸到第 } i \text{ 种颜色的球}\\ 0, & \text{在 } n \text{ 次摸取中 1 次也未摸到第 } i \text{ 种颜色的球}\end{cases},\quad i=1,2,\cdots,m$$

则有 $X=\sum_{i=1}^{m}X_i$，又多次摸取相互独立，1 次摸球中摸到第 i 种颜色球的概率为 $1/m$，未摸到第 i 种颜色球的概率为 $1-1/m$，故 n 次摸球中 1 次也未摸到第 i 种颜色球的概率为

$$p(X_i=0)=\left(1-\frac{1}{m}\right)^n,\quad i=1,2,\cdots,n$$

从而
$$p(X_i=1)=1-p(X_i=0)=1-\left(1-\frac{1}{m}\right)^n,\quad i=1,2,\cdots,n$$

随机变量 X_i 的分布律为

X_i	0	1
P	$\left(1-\frac{1}{m}\right)^n$	$1-\left(1-\frac{1}{m}\right)^n$

$$E(X_i)=p(X_i=1)=1-p(X_i=0)=1-\left[1-\frac{1}{m}\right]^n$$

所以有
$$E(X)=E\left(\sum_{i=1}^{m}X_i\right)=\sum_{i=1}^{m}E(X_i)=m\left[1-\left(1-\frac{1}{m}\right)^n\right]$$

例 7 假设公共汽车起点站于每时的 10 分、30 分、50 分发车，某乘客不知发车的时间，在每小时内任一时刻到达车站是随机的，求乘客到达车站等车时间的数学期望。

解 设 ξ 为该乘客到达车站的时间，因乘客在每小时任一时刻到达车站是随机的，故 ξ 的概率密度为

$$p(x)=\begin{cases}\dfrac{1}{60}, & 0\leqslant x\leqslant 60\\ 0, & \text{其他}\end{cases}$$

再令 η 为该乘客等车的时间，则 η 是 ξ 的函数：

$$\eta=g(\xi)=\begin{cases}10-\xi, & 0<\xi\leqslant 10\\ 30-\xi, & 10<\xi\leqslant 30\\ 50-\xi, & 30<\xi\leqslant 50\\ 60-\xi+10, & 50<\xi\leqslant 60\end{cases}$$

所以
$$E(\eta)=E[g(\xi)]=\int_{-\infty}^{+\infty}g(x)p(x)\mathrm{d}x$$
$$=\int_{0}^{10}\frac{10-x}{60}\mathrm{d}x+\int_{10}^{30}\frac{30-x}{60}\mathrm{d}x+\int_{30}^{50}\frac{50-x}{60}\mathrm{d}x+\int_{50}^{60}\frac{70-x}{60}\mathrm{d}x$$
$$=10$$

例 8　向平面区域

$$D=\{(x,y)\mid 0\leqslant y\leqslant 4-x^2,x>0\}$$

内随机投掷一点，即二维随机变量(X,Y)服从平面区域D上的均匀分布，$(X,Y)\in D$。过点(X,Y)作Y轴的平行线，设S为此平行线与X轴、Y轴以及曲线$y=4-x^2$所围曲边梯形的面积。

(1)试求二维随机变量(X,Y)的联合分布密度；

(2)点(X,Y)到Y轴距离的概率密度；

(3)求$E(S)$。

解　(1)由定积分的几何意义知：平面区域D的面积

$$A=\int_{0}^{2}(4-x^2)\mathrm{d}x=\frac{16}{3}$$

则二维随机变量(X,Y)的联合分布密度

$$f(x,y)=\begin{cases}\frac{3}{16}, & (x,y)\in D\\ 0, & \text{其他}\end{cases}$$

(2)点(X,Y)到Y轴距离的概率密度即分量X的边缘概率密度。

当$0\leqslant x\leqslant 2$时

$$f_X(x)=\int_{-\infty}^{+\infty}f(x,y)\mathrm{d}y=\int_{0}^{4-x^2}\frac{3}{16}\mathrm{d}y=\frac{3}{16}(4-x^2)$$

分量X的边缘概率密度

$$f_X(x)=\begin{cases}\frac{3}{16}(4-x^2), & 0\leqslant x\leqslant 2\\ 0, & \text{其他}\end{cases}$$

(3)由题设曲边梯形的面积$S=\int_{0}^{X}(4-x^2)\mathrm{d}x=4X-\frac{X^3}{3}$，由随机变量函数的均值得

$$E(S)=E\left(4X-\frac{X^3}{3}\right)=\int_{-\infty}^{+\infty}\left(4x-\frac{x^3}{3}\right)f_X(x)\mathrm{d}x=\int_{0}^{2}\left(4x-\frac{x^3}{3}\right)\cdot\frac{3}{16}(4-x^2)\mathrm{d}x=\frac{8}{3}$$

例 9　设随机变量X,Y相互独立同分布，$X\sim N(\mu,\sigma^2)$。证明$E[\max(X,Y)]=\mu+\frac{\sigma}{\sqrt{n}}$。

证明　**方法 1**　由随机变量函数的数学期望公式，有

$$E[\max(X,Y)]=\int_{-\infty}^{+\infty}\int_{-\infty}^{+\infty}\max(x,y)f(x,y)\mathrm{d}x\mathrm{d}y$$

其中 $f(x,y)=f_X(x,y)f_Y(x,y)=\dfrac{1}{2\pi\sigma^2}\exp\left[-\dfrac{(x-\mu)^2+(y-\mu)^2}{2\sigma^2}\right]$

所以
$$
\begin{aligned}
E[\max(X,Y)]&=\int_{-\infty}^{+\infty}\mathrm{d}x\int_{-\infty}^{x}xf(x,y)\mathrm{d}y+\int_{-\infty}^{+\infty}\mathrm{d}x\int_{x}^{+\infty}yf(x,y)\mathrm{d}y\\
&=\int_{-\infty}^{+\infty}\mathrm{d}x\int_{-\infty}^{x}(x-\mu)f(x,y)\mathrm{d}y+\int_{-\infty}^{+\infty}\mathrm{d}x\int_{x}^{+\infty}(y-\mu)f(x,y)\mathrm{d}y+\mu\\
&=\int_{-\infty}^{+\infty}\mathrm{d}y\int_{y}^{+\infty}(x-\mu)f(x,y)\mathrm{d}x+\int_{-\infty}^{+\infty}\mathrm{d}y\int_{y}^{+\infty}(x-\mu)f(x,y)\mathrm{d}x+\mu\\
&=\mu+2\int_{-\infty}^{+\infty}\mathrm{d}y\int_{y}^{+\infty}(x-\mu)f(x,y)\mathrm{d}x\\
&=\mu+2\int_{-\infty}^{+\infty}\frac{1}{2\pi\sigma^2}\cdot\mathrm{e}^{-\frac{(y-\mu)^2}{2\sigma^2}}\mathrm{d}y\int_{y}^{+\infty}(x-\mu)\mathrm{e}^{-\frac{(x-\mu)^2}{2\sigma^2}}\mathrm{d}x\\
&=\mu+\frac{1}{\pi}\int_{-\infty}^{+\infty}\mathrm{e}^{-\frac{(y-\mu)^2}{\sigma^2}}\mathrm{d}y=\mu+\frac{\sigma}{\sqrt{\pi}}\quad\text{（利用概率积分）}
\end{aligned}
$$

方法 2 令
$$X_1=\frac{X-\mu}{\sigma},\quad Y_1=\frac{Y-\mu}{\sigma}$$
则 X_1,Y_1 相互独立，都服从标准正态分布。
$$X=\sigma X_1+\mu,\quad Y=\sigma Y_1+\mu,\quad \max(X,Y)=\mu+\max(X_1,Y_1)\sigma$$
令
$$Z=\max(X_1,Y_1)$$
$$
\begin{aligned}
E(Z)&=\int_{-\infty}^{+\infty}\int_{-\infty}^{+\infty}\max(x,y)\frac{1}{2\pi}\mathrm{e}^{-\frac{x^2+y^2}{2}}\mathrm{d}x\mathrm{d}y\\
&=\iint\limits_{x>y}x\frac{1}{2\pi}\mathrm{e}^{-\frac{x^2+y^2}{2}}\mathrm{d}x\mathrm{d}y+\iint\limits_{x\leqslant y}y\frac{1}{2\pi}\mathrm{e}^{-\frac{x^2+y^2}{2}}\mathrm{d}x\mathrm{d}y\\
&=\int_0^{+\infty}\int_{-3\pi/4}^{\pi/4}\frac{1}{2\pi}r^2\cos\theta\cdot\mathrm{e}^{-\frac{r^2}{2}}\mathrm{d}\theta\mathrm{d}r+\int_0^{+\infty}\int_{\pi/4}^{5\pi/4}r^2\frac{1}{2\pi}\cos\theta\cdot\mathrm{e}^{-\frac{r^2}{2}}\mathrm{d}\theta\mathrm{d}r=\frac{1}{\sqrt{\pi}}
\end{aligned}
$$
所以
$$E[\max(X,Y)]=\mu+\frac{\sigma}{\sqrt{\pi}}$$

方法 3 令
$$X_1=\frac{X-\mu}{\sigma},\quad Y_1=\frac{Y-\mu}{\sigma}$$
则 X_1,Y_1 相互独立，都服从标准正态分布，且
$$\max(X,Y)=\max(\mu+\sigma X_1,\mu+\sigma Y_1)=\mu+\sigma\max(X_1,Y_1)$$
$$\max(X_1,Y_1)=\frac{1}{2}(X_1+Y_1+|X_1-Y_1|)$$

因此，
$$
\begin{aligned}
E[\max(X_1,Y_1)]&=\frac{1}{2}[E(X_1)+E(Y_1)+E(|X_1-Y_1|)]\\
&=\frac{1}{2}E(|X_1-Y_1|)
\end{aligned}
$$
因为 $X_1-Y_1\sim N(0,2)$，故

$$E(|X_1-Y_1|)=\int_{-\infty}^{+\infty}|u|\cdot\frac{1}{\sqrt{2\pi}}e^{-\frac{u^2}{4}}du=\frac{1}{\sqrt{\pi}}\int_0^{+\infty}u\cdot e^{-\frac{u^2}{4}}du=\frac{2}{\sqrt{\pi}}$$

$$E[\max(X,Y)]=E[\mu+\sigma\max(X_1,Y_1)]=\mu+\sigma\cdot E[\max(X_1,Y_1)]$$

$$=\mu+\sigma\cdot\frac{1}{2}E(|X_1-Y_1|)=\mu+\frac{\sigma}{\sqrt{\pi}}$$

例 10　有 2 个相互独立工作的电子装置，其寿命 $X_k(k=1,2)$ 服从同一指数分布，其分布函数为

$$F(x)=\begin{cases}1-e^{-\lambda x}, & x>0\\ 0, & x\leqslant 0\end{cases}\quad \lambda>0$$

(1)若将这 2 个电子装置串联成整机，求整机的寿命的分布函数及数学期望；

(2)若将这 2 个电子装置并联成整机，求整机的寿命的分布函数及数学期望。

解　(1) 设 Y 表示将这 2 个电子装置串联成整机时的寿命，则有 $Y=\min\{X_1,X_2\}$，则随机变量 Y 的分布函数

$$F_Y(y)=1-[1-F(y)]^2=\begin{cases}1-e^{-2\lambda y}, & y>0\\ 0, & y\leqslant 0\end{cases}$$

Y 的概率密度函数

$$f_Y(y)=F'_Y(y)=\begin{cases}2\lambda e^{-2\lambda y}, & y>0\\ 0, & y\leqslant 0\end{cases}$$

随机变量 Y 的数学期望

$$E(Y)=\int_{-\infty}^{+\infty}yf_Y(y)dy=\int_0^{+\infty}y\cdot 2\lambda e^{-2\lambda y}dy=\frac{1}{2\lambda}$$

(2)设 Z 表示将这 2 个电子装置并联成整机时的寿命，则有 $Y=\max\{X_1,X_2\}$ 则随机变量 Z 的分布函数

$$F_Z(z)=[F(z)]^2=\begin{cases}(1-e^{-\lambda z})^2, & z>0\\ 0, & z\leqslant 0\end{cases}$$

Z 的概率密度函数

$$f_Z(z)=F'_Z(z)=\begin{cases}2\lambda(1-e^{-\lambda z})e^{-\lambda z}, & z>0\\ 0, & z\leqslant 0\end{cases}$$

随机变量 Z 的数学期望

$$E(Z)=\int_{-\infty}^{+\infty}zf_Z(z)dz=\int_0^{+\infty}z\cdot 2\lambda(1-e^{-\lambda z})e^{-\lambda z}dz=\frac{3}{2\lambda}$$

例 11　(1)设 $X\sim U[0,1]$，$Y\sim U[0,1]$，且 X 与 Y 相互独立，求 $E|X-Y|$；

(2)设 $X\sim N[0,1]$，$Y\sim N[0,1]$，且 X 与 Y 相互独立，求 $E|X-Y|$。

解 (1)因 X 与 Y 相互独立，则(X,Y) 的联合概率密度

$$f(x,y)=f_X(x)\cdot f_Y(y)=\begin{cases}1, & 0<x<1,\quad 0<y<1\\ 0, & \text{其他}\end{cases}$$

由二维随机变量函数的数学期望的定义有

$$E|X-Y|=\int_{-\infty}^{+\infty}\int_{-\infty}^{+\infty}|x-y|f(x,y)\mathrm{d}x\,\mathrm{d}y$$
$$=\int_0^1\int_0^x(x-y)\mathrm{d}x\,\mathrm{d}y+\int_0^1\int_x^1(y-x)\mathrm{d}x\,\mathrm{d}y=\frac{1}{3}$$

(2)此题也可按(1)的解法求解，但计算量较大。下面介绍另一简单解法。

利用正态分布的特性，设 $Z=X-Y$，则有 $Z\sim N(0,2)$，从而

$$E|Z|=\int_{-\infty}^{+\infty}|z|\frac{1}{\sqrt{2\pi}\sqrt{2}}\mathrm{e}^{-\frac{z^2}{4}}\mathrm{d}z=\frac{1}{2\sqrt{\pi}}\int_{-\infty}^{+\infty}|z|\mathrm{e}^{-\frac{z^2}{4}}\mathrm{d}z$$
$$=\frac{1}{\sqrt{\pi}}\int_0^{+\infty}z\mathrm{e}^{-\frac{z^2}{4}}\mathrm{d}z=\frac{2}{\sqrt{\pi}}$$

例 12 如图 14-1 所示，在一个半径为 R 的半圆弧 BC(BC 为直径)上任取一点 A，作一个三角形 ABC，求三角形 ABC 面积的数学期望。

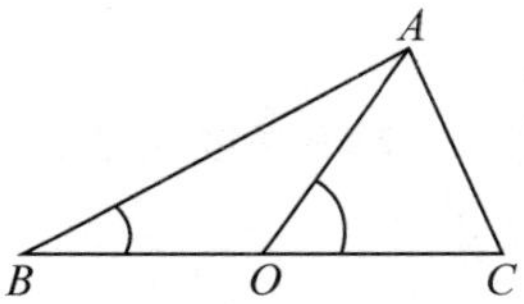

图 14-1

解法 1 设 $X=\angle ABC$，$\overline{AB}=2R\cos X$，$\overline{AC}=2R\sin X$，三角形 ABC 的面积 $Y=\frac{1}{2}\cdot\overline{AB}\cdot\overline{AC}=2R^2\cos X\cdot\sin X$，因为 A 为半圆弧上任一点，所以随机变量 X 在区间 $\left[0,\frac{\pi}{2}\right]$ 上服从均匀分布，即 $X\sim U\left[0,\frac{\pi}{2}\right]$，$X$ 的密度函数

$$f(x)=\begin{cases}\frac{2}{\pi}, & 0\leqslant x\leqslant\frac{\pi}{2}\\ 0, & \text{其他}\end{cases}$$

利用随机变量 X 的分布可求得随机变量 Y 的数学期望，即三角形 ABC 面积的数学期望

$$E(Y)=E(2R^2\cos X\cdot\sin X)=\int_0^{\frac{\pi}{2}}2R^2\cos x\sin x\cdot\frac{2}{\pi}\mathrm{d}x$$
$$=\frac{4R^2}{\pi}\int_0^{\frac{\pi}{2}}\sin x\,\mathrm{d}(\sin x)=\frac{2R^2}{\pi}$$

解法 2 设 $X=\angle AOC$，$\overline{AB}=2R\cos\frac{X}{2}$，$\overline{AC}=2R\sin\frac{X}{2}$，三角形 ABC 的面积

$$Y=\frac{1}{2}\cdot\overline{AB}\cdot\overline{AC}=2R^2\cos\frac{X}{2}\cdot\sin\frac{X}{2}=R^2\sin X$$

因为 A 为半圆弧上任一点，所以随机变量 X 在区间$[0,\pi]$上服从均匀分布，即 $X\sim U[0,\pi]$，X 的密度函数

$$f(x)=\begin{cases}\dfrac{1}{\pi}, & 0\leqslant x\leqslant \pi\\ 0, & \text{其他}\end{cases}$$

利用随机变量 X 的分布可求得随机变量 Y 的数学期望,即三角形 ABC 面积的数学期望

$$E(Y)=E(R^2\sin X)=\int_0^{\pi}R^2\sin x\cdot\frac{1}{\pi}\mathrm{d}x=\frac{R^2}{\pi}\int_0^{\pi}\sin x\,\mathrm{d}x=\frac{2R^2}{\pi}$$

例 13 设总体 X 服从正态分布 $N(\mu,\sigma^2)(\sigma>0)$,从该总体中抽取简单随机样本 X_1,$X_2,\cdots,X_{2n}$,其样本均值为$\dfrac{1}{2n}\sum\limits_{i=1}^{2n}X_i$。

求统计量 $Y=\sum\limits_{i=1}^{n}(X_i+X_{n+i}-2\overline{X})^2$ 的数学期望。

解法 1 $E(X_i)=\mu,D(X_i)=\sigma^2$,考虑$(X_1+X_{n+1}),(X_2+X_{n+2}),\cdots,(X_n+X_{2n})$,则可将其视为取自总体 $N(2\mu,2\sigma^2)$ 的简单随机样本,则其样本均值为

$$\frac{1}{n}\sum_{i=1}^{n}(X_i+X_{n+i})=\frac{1}{n}\sum_{i=1}^{2n}X_i=2\overline{X}$$

样本方差为$\dfrac{1}{n-1}Y$,由于 $E\left(\dfrac{1}{n-1}Y\right)=2\sigma^2$,所以

$$E(Y)=(n-1)2\sigma^2$$

解法 2 记

$$Z_1=\frac{1}{n}\sum_{i=1}^{n}X_i,Z_2=\frac{1}{n}\sum_{i=1}^{n}X_{n+i},$$

显然

$$2\overline{X}=Z_1+Z_2,E(Z_1)=E(Z_2)=\mu,D(Z_1)=D(Z_2)=\frac{\sigma^2}{n}$$

因此

$$\begin{aligned}E(Y)&=E\left[\sum_{i=1}^{n}(X_i+X_{n+i}-2\overline{X})^2\right]=E\left\{\sum_{i=1}^{n}\left[(X_i-Z_1)+(X_{n+i}-Z_2)\right]^2\right\}\\&=E\left\{\sum_{i=1}^{n}\left[(X_i-Z_1)^2+(X_{n+i}-Z_2)^2\right]\right\}\\&=(n-1)\sigma^2+(n-1)\sigma^2=2(n-1)\sigma^2\end{aligned}$$

例 14 设随机变量 X 与 Y 相互独立,且都服从参数为 1 的指数分布,记

$$U=\max\{X,Y\},\ V=\min\{X,Y\}$$

(1)求 V 的概率密度 $f_V(v)$;

(2)求 $E(U+V)$。

解 (1)方法 1:X 和 Y 的密度函数均为 $f(x)=\begin{cases}\mathrm{e}^{-x}, & x>0\\ 0, & x\leqslant 0\end{cases}$,$V$ 的分布函数

$$\begin{aligned}F_V(v)&=P\{V\leqslant v\}=P\{\min\{X,Y\}\leqslant v\}=P\{(X\leqslant v)\cup(Y\leqslant v)\}\\&=P\{X\leqslant v\}+P\{Y\leqslant v\}-P\{X\leqslant v\}P\{Y\leqslant v\}\\&=2F(v)-F^2(v)\end{aligned}$$

V 的密度函数

$$f_V(v)=F'_V(v)=2f(v)-2f(v)F(v)=\begin{cases}2e^{-2v}, & v>0\\ 0, & v\leqslant 0\end{cases}$$

方法 2：$P\{X>t\}=P\{Y>t\}=e^{-t},t>0$

$$\begin{aligned}F_V(v)&=P\{V\leqslant v\}=P\{\min\{X,Y\}\leqslant v\}\\&=1-P\{\min(X,Y)>v\}\\&=1-P\{X>v,Y>v\}\\&=1-P\{X>v\}P\{Y>v\}\\&=\begin{cases}1-e^{-2v}, & v>0\\ 0, & \text{其他}\end{cases}\end{aligned}$$

所以
$$f_V(v)=F'_V(v)=\begin{cases}2e^{-2v}, & v>0\\ 0, & v\leqslant 0\end{cases}$$

(2)方法 1：$U=\max\{X,Y\}$，则

$$\begin{aligned}F_U(u)&=P\{\max\{X,Y\}\leqslant u\}=P\{X\leqslant u,Y\leqslant u\}\\&=P\{X\leqslant u\}P\{Y\leqslant u\}=F^2(u)\\&=\begin{cases}(1-e^{-u})^2, & u>0\\ 0, & u\leqslant 0\end{cases}\end{aligned}$$

$$f_U(u)=F'_U(u)=\begin{cases}2e^{-u}(1-e^{-u}), & u>0\\ 0, & u\leqslant 0\end{cases}$$

$$\begin{aligned}E(U+V)&=E(U)+E(V)=\int_0^{+\infty}2ue^{-u}(1-e^{-u})\mathrm{d}u+\int_0^{+\infty}2ve^{-2v}\mathrm{d}v\\&=\int_0^{+\infty}2ue^{-u}(1-e^{-u})\mathrm{d}u+\int_0^{+\infty}2ue^{-2u}\mathrm{d}u=\int_0^{+\infty}2ue^{-u}\mathrm{d}u=2\end{aligned}$$

方法 2：因为$U+V=\max\{X,Y\}+\min\{X,Y\}=X+Y$

故
$$E(U+V)=E(X+Y)=E(X)+E(Y)=2$$

例 15 某巴士车站从早上 6 点到晚上 9 点于每个整数点后的第 5、第 15、第 35、第 55 分钟均有一辆巴士到达。假设乘客在一个整数点内到达是等可能的，求一个乘客由于等车而浪费的平均时间。

解 设 X 表示一个乘客到达的时刻，则 X 服从区间$[0,60]$上的均匀分布，即 X 有密度函数

$$f(x)=\begin{cases}\dfrac{1}{60}, & x\in[0,60]\\ 0, & x\notin[0,60]\end{cases}$$

并设 Y 为乘客候车时间，于是有

$$Y=g(X)=\begin{cases}5-X, & 0<x\leqslant 5\\ 15-X, & 5<x\leqslant 15\\ 35-X, & 15<x\leqslant 35\\ 55-X, & 35<x\leqslant 55\\ 60-X+5, & 55<x\leqslant 60\end{cases}$$

所求平均时间为

$$
\begin{aligned}
E(Y) &= E[g(X)] = \int_{-\infty}^{+\infty} g(x) f(x) \mathrm{d}x \\
&= \int_0^{60} g(x) \frac{1}{60} \mathrm{d}x \\
&= \int_0^5 \frac{5-x}{60} \mathrm{d}x + \int_5^{15} \frac{15-x}{60} \mathrm{d}x + \int_{15}^{35} \frac{35-x}{60} \mathrm{d}x + \int_{35}^{55} \frac{55-x}{60} \mathrm{d}x + \int_{55}^{60} \frac{65-x}{60} \mathrm{d}x \\
&= \frac{1}{60}(12.5 + 50 + 200 + 200 + 37.5) \\
&\approx 8.33
\end{aligned}
$$

即达到车站的每个乘客由于候车平均要浪费 8.3 分钟。

例 16　假设一部机器在一天内发生故障的概率为 0.2，机器发生故障时全天停止工作，若一周 5 个工作日里无故障可获利润 10 万元，发生 1 次故障可获利润 5 万元，发生 3 次或 3 次以上故障就要亏损 2 万元，求一周内期望利润是多少？

解　用 X 表示 1 周内机器发生故障的天数，则 X 服从二项分布 $B(5,0.2)$，即

$$P(X=k) = C_5^k (0.2)^k (0.8)^{5-k},\ k=0,1,2,\cdots,5$$

以 Y 表示 1 周内获得的利润，则

$$Y = f(X) = \begin{cases} 10, & X=0 \\ 5, & X=1 \\ 0, & X=2 \\ -2, & X \geqslant 3 \end{cases}$$

$$
\begin{aligned}
E(Y) &= 10 \times P\{X=0\} + 5 \times P\{X=1\} + 0 - 2 \times P(X \geqslant 3) \\
&= 10(0.8)^5 + 5C_5^1 \cdot (0.2) \cdot (0.8)^4 - 2[C_5^3 \cdot (0.2)^3 \cdot (0.8)^2 + C_5^4 \cdot (0.2)^4 \cdot (0.8) + (0.2)^5] \\
&= 5.2089
\end{aligned}
$$

例 17　甲、乙两篮球队进行比赛，若有一队胜 4 场比赛宣布结束，假设甲、乙两队在各场比赛中获胜的概率都是 $\frac{1}{2}$，求需比赛场数的期望。

解　设 X 为需比赛场数。由题意知各场比赛中甲、乙两队获胜概率都是 $\frac{1}{2}$，赛 k 场以甲队获胜宣布结束的概率：

$$P_k = C_{k-1}^3 \left(\frac{1}{2}\right)^3 \left(\frac{1}{2}\right)^{k-1-3} \frac{1}{2} = C_{k-1}^3 \left(\frac{1}{2}\right)^k \qquad k=4,5,6,7$$

$$P\{\text{赛 } k \text{ 场以乙队获胜宣布结束}\} = P\{\text{赛 } k \text{ 场以甲队获胜宣布结束}\}$$

X 的可能取值为 4,5,6,7，则 X 的概率分布为：

X	4	5	6	7
P	$2\left(\frac{1}{2}\right)^4$	$2C_4^3\left(\frac{1}{2}\right)^5$	$2C_5^3\left(\frac{1}{2}\right)^6$	$2C_6^3\left(\frac{1}{2}\right)^7$
	$\left(=\frac{2}{16}\right)$	$\left(=\frac{4}{16}\right)$	$\left(=\frac{5}{16}\right)$	$\left(=\frac{5}{16}\right)$

$$E(X)=4\times\frac{2}{16}+5\times\frac{4}{16}+6\times\frac{5}{16}+7\times\frac{5}{16}=\frac{93}{16}=5.8125$$

例 18 已知甲、乙两箱中装有同种产品，其中甲箱中装有 3 件合格品和 3 件次品。乙箱中仅装有 3 件合格品。从甲箱中任取 3 件产品放入乙箱后，求：

(1)乙箱中次品件数 X 的数学期望；

(2)从乙箱中任取一件产品是次品的概率。

解 (1) X 的可能取值为 0,1,2,3，X 的概率分布为

$$P\{X=k\}=\frac{C_3^k C_3^{3-k}}{C_6^3},\quad k=0,1,2,3$$

即

X	0	1	2	3
P	$\frac{1}{20}$	$\frac{9}{20}$	$\frac{9}{20}$	$\frac{1}{20}$

因此
$$E(X)=0\times\frac{1}{20}+1\times\frac{9}{20}+2\times\frac{9}{20}+3\times\frac{1}{20}=\frac{3}{2}$$

(2)设 A 表示事件“从乙箱中任取一件产品是次品”，由于 $\{X=0\}$，$\{X=1\}$，$\{X=2\}$，$\{X=3\}$ 构成完备事件组，因此根据全概率公式有

$$\begin{aligned}P(A)&=\sum_{k=0}^{3}P\{X=k\}P\{A\mid X=k\}\\&=\sum_{k=0}^{3}P\{X=k\}\cdot\frac{k}{6}=\frac{1}{6}\sum_{k=0}^{3}kP\{X=k\}\\&=\frac{1}{6}E(X)=\frac{1}{6}\cdot\frac{3}{2}=\frac{1}{4}\end{aligned}$$

本题数学期望的计算也可用分解法。

设
$$X_i=\begin{cases}0, & \text{从甲箱中取出的第 } i \text{ 件产品是合格品}\\1, & \text{从甲箱中取出的第 } i \text{ 件产品是次品}\end{cases}$$

则 X_i 的概率分布为

X_i	0	1
P	$\frac{1}{2}$	$\frac{1}{2}$

$i=1,2,3$

因为
$$X=X_1+X_2+X_3$$

所以
$$E(X)=E(X_1)+E(X_2)+E(X_3)=\frac{3}{2}$$

二、随机变量的方差、协方差和相关系数

1. 方差

随机变量 X 的函数 $[X-E(X)]^2$ 的数学期望称为随机变量 X 的方差，记作 $D(X)$，即

$$D(X)=E([X-E(X)]^2)$$

随机变量方差的计算方法有如下 2 种，其中 $E(X)$ 是随机变量 X 的均值。

(1)利用定义计算

①离散型随机变量的方差

$$D(X)=\sum_{k=1}^{\infty}[x_k-E(X)]^2 p_k$$

其中 $P\{X=x_k\}=p_k, k=1,2,\cdots$ 是 X 的分布律。

②连续型随机变量的方差

$$D(X)=\int_{-\infty}^{+\infty}[x-E(X)]^2 f(x)\,\mathrm{d}x$$

其中 $f(x)$ 为分布密度。

(2)利用公式计算

$$D(X)=E(X^2)-[E(X)]^2$$

2. 方差的性质

(1)$D(c)=0$；

(2)$D(aX+b)=a^2D(X)$(a,b 为常数)；

(3)若随机变量 X 与 Y 相互独立，则有 $D(X\pm Y)=D(X)+D(Y)$；

(4)$D(X)=0$ 的充要条件是 X 以概率 1 取常数 C，即

$$P\{X=C\}=1$$

3. 标准差

方差的算术平方根$\sqrt{D(X)}$ 称为随机变量 X 的标准差。

4. 随机变量的协方差

(1)协方差　设(X,Y)为二维随机变量，称 $\mathrm{Cov}(X,Y)=E([X-E(X)][Y-E(Y)])$ 为随机变量 X 与 Y 的协方差。

计算协方差的常用公式为

$$\mathrm{Cov}(X,Y)=E(XY)-E(X)E(Y)$$

当 $X=Y$ 时，$\mathrm{Cov}(X,Y)=D(X)$。

(2)协方差的性质

①$\mathrm{Cov}(X,c)=0$ （c 为常数）；

②$\mathrm{Cov}(X,Y)=\mathrm{Cov}(Y,X)$；

③$\mathrm{Cov}(aX,bY)=ab\mathrm{Cov}(X,Y)$ （a,b 为常数）；

④$\mathrm{Cov}(X,Y\pm Z)=\mathrm{Cov}(X,Y)\pm\mathrm{Cov}(X,Z)$；

⑤ 若随机变量 X 与 Y 相互独立，则 $\mathrm{Cov}(X,Y)=0$。

5. 相关系数

(1)相关系数

设(X,Y)为二维随机变量，称

$$\rho_{XY}=\frac{\mathrm{Cov}(X,Y)}{\sqrt{D(X)D(Y)}}$$

为随机变量 X 与 Y 的相关系数；相关系数 ρ_{XY} 反映了随机变量 X 与 Y 之间的线性关系的紧密程度. 当相关系数 $\rho_{XY}=0$ 时，称 X 与 Y 之间不相关。

(2)相关系数的性质

①$|\rho_{XY}|\leqslant 1$；

②$|\rho_{XY}|=1$ 的充要条件是 X 与 Y 之间存在线性关系的概率为 1。

定理 下列 4 个命题等价：

(1)$\rho_{XY}=0$；

(2)$\mathrm{Cov}(X,Y)=0$；

(3)$E(XY)=E(X)E(Y)$；

(4)$D(X\pm Y)=D(X)+D(Y)$。

定理 若随机变量 X 与 Y 相互独立，则 X 与 Y 不相关。

定理 若$(X,Y)\sim N(\mu_1,\mu_2,\sigma_1^2,\sigma_2^2,\rho)$，则 X 与 Y 相互独立等价于 X 与 Y 不相关。

利用协方差或相关系数可以得到

$$\begin{aligned}D(X\pm Y)&=D(X)+D(Y)\pm 2\mathrm{Cov}(X,Y)\\&=D(X)+D(Y)\pm 2\rho\sqrt{D(X)D(Y)}\end{aligned}$$

6. 常用分布的数字特征

常用分布的数字特征如下表所示。

分布	分布率或密度函数	期望	方差
(0－1) 分布	$p(X=k)=p^k(1-p)^{1-k},k=0,1$	p	$p(1-p)$
二项分布 $B(n,p)$	$p(X=k)=C_n^k p^k(1-p)^{n-k},k=0,1,2,\cdots,n$	np	$np(1-p)$
泊松分布 $P(\lambda)$	$p(X=k)=\dfrac{\lambda^k}{k!}e^{-\lambda},k=0,1,2,\cdots$	λ	λ
均匀分布 $U(a,b)$	$f(x)=\begin{cases}\dfrac{1}{b-a}, & a<x<b\\ 0, & 其他\end{cases}$	$\dfrac{b+a}{2}$	$\dfrac{(b+a)^2}{12}$
正态分布 $N(\mu,\sigma^2)$	$f(x)=\dfrac{1}{\sqrt{2\pi}\sigma}e^{-\frac{(x-\mu)^2}{2\sigma^2}}$	μ	σ^2
指数分布 $E(\lambda)$	$f(x)=\begin{cases}\lambda e^{-\lambda x}, & x>0\\ 0, & x\leqslant 0\end{cases}$	$\dfrac{1}{\lambda}$	$\dfrac{1}{\lambda^2}$
几何分布	$p(X=k)=p(1-p)^{k-1},k=1,2,\cdots$	$\dfrac{1}{p}$	$\dfrac{1-p}{p^2}$
超几何分布	$P(X=k)=C_M^k C_{N-M}^{n-k}/C_N^n$ $k=0,1,2,\cdots,\min(M,n)$	$\dfrac{nM}{N}$	$\dfrac{nM}{N}\left(1-\dfrac{M}{N}\right)\left(\dfrac{M-n}{N-1}\right)$

7. 随机变量的矩

设 X 是随机变量，称 $E(X^k),k=1,2,3,\cdots$ 为随机变量 X 的 k 阶原点矩；称 $E([X-E(X)]^k),k=2,3,4,\cdots$ 为随机变量 X 的 k 阶中心矩。

期望是一阶原点矩，方差是二阶中心矩。

设 $c_{ij}=\mathrm{Cov}(X_i,Y_j)$，矩阵 $\boldsymbol{C}=(c_{ij})_{n\times n}$ 为 n 维随机变量 $(X_1,X_2,\cdots,X_n)$ 的协方差矩阵，为 n 阶对称矩阵。

8. 关于正态分布

若随机变量 (ξ,η) 服从参数为 $\mu_1,\mu_2,\sigma_1,\sigma_2,\rho$ 的二维正态分布，则：

(1) $\xi\sim N(\mu_1,\sigma_1^2),\eta\sim N(\mu_2,\sigma_2^2)$；

(2) $(a\xi+b)\sim N(a\mu_1+b,a^2\sigma_1^2)$　　(a,b 为常数)；

(3) ξ 与 η 相互独立的充要条件为 $\rho=0$；

(4) 若 ξ 与 η 相互独立，则 $(\xi+\eta)\sim N(\mu_1+\mu_2,\sigma_1^2+\sigma_2^2)$；

(5) n 维随机变量 $(X_1,X_2,\cdots,X_n)$ 服从 n 维正态分布的充要条件是 $X_1,X_2,\cdots,X_n$ 的任意线性组合都服从一维正态分布；

(6) 若 $(X_1,X_2,\cdots,X_n)$ 服从 n 维正态分布，$Y_1,Y_2,\cdots,Y_k$ 是 $X_j(j=1,2,\cdots,n)$ 的线性函数也服从多维正态分布。

9. 求随机变量数字特征的一般方法

(1) 对分布律或密度函数已知的情形，直接按定义计算随机变量的数字特征；对由试验给出的随机变量，先求概率分布再按定义计算其数字特征。

(2)利用随机变量的数学期望、方差的性质以及常见分布的数学期望和方差计算。

(3)对较复杂的随机变量，将其分解为简单随机变量计算。

(4)求随机变量函数的数学期望，一般不需先求随机变量函数的分布，而是直接利用随机量函数的数学期望公式进行计算。

(5)二维随机变量(X,Y)的数字特征主要指$E(X)$,$E(Y)$,$D(X)$,$D(Y)$,$\mathrm{Cov}(X,Y)$和ρ_{XY}，故只要已知(X,Y)的联合分布或联合密度，均可用相应的公式求出其数字特征，二维随机变量函数的数字特征主要是期望$E[g(X,Y)]$，其他的数字特征均可转化为函数的数学期望，故重点掌握随机变量函数的数学期望公式。

例 19 设随机变量X的密度函数

$$f(x)=\begin{cases}c(1-x^2)^\alpha, & -1<x<1,\\ 0, & \text{其他},\end{cases}\qquad (\alpha>0)$$

求$E(X)$和$D(X)$。

解 因为$f(x)$是偶函数，则

$$E(X)=\int_{-\infty}^{+\infty}xf(x)\mathrm{d}x=\int_{-1}^{1}cx(1-x^2)^\alpha\mathrm{d}x=0$$

又

$$D(X)=E(X^2)-(E(X))^2$$

$$1=\int_{-1}^{1}f(x)\mathrm{d}x=\int_{-1}^{1}c(1-x^2)^\alpha\mathrm{d}x$$

则有

$$\begin{aligned}D(X)=E(X^2)&=\int_{-1}^{1}cx^2(1-x^2)^\alpha\mathrm{d}x\\&=-\frac{c}{2(\alpha+1)}x(1-x^2)^{\alpha+1}\Big|_{-1}^{1}+\frac{c}{2(\alpha+1)}\int_{-1}^{1}(1-x^2)^{\alpha+1}\mathrm{d}x\\&=\frac{c}{2(\alpha+1)}\int_{-1}^{1}(1-x^2)^{\alpha+1}\mathrm{d}x\\&=\frac{1}{2(\alpha+1)}\left(\int_{-1}^{1}c(1-x^2)^\alpha\mathrm{d}x-\int_{-1}^{1}cx^2(1-x^2)^\alpha\mathrm{d}x\right)\\&=\frac{1}{2(\alpha+1)}(1-D(X))\end{aligned}$$

即 $D(X)=\dfrac{1}{2(\alpha+1)}-\dfrac{1}{2(\alpha+1)}D(X)$，故$D(X)=\dfrac{1}{2\alpha+3}$。

例 20 设X的概率密度为

$$f(x)=\begin{cases}\dfrac{3}{2}x^2, & -1<x<1\\ 0, & \text{其他}\end{cases}$$

求：(1)$E(X)$,$D(X)$；(2)$p[|X-E(X)|\leqslant D(X)]$。

解　(1)

$$E(X)=\int_{-\infty}^{+\infty}xf(x)\mathrm{d}x=\int_{-1}^{1}x\ \frac{3}{2}x^2\mathrm{d}x=0$$

$$E(X^2)=\int_{-\infty}^{+\infty}x^2f(x)\mathrm{d}x=\int_{-1}^{1}x^2\ \frac{3}{2}x^2\mathrm{d}x=\frac{3}{5}$$

$$D(X)=E(X^2)-[E(X)]^2=\frac{3}{5}$$

(2)$p\,[|X-E(X)|\leqslant D(X)]=p(|X|\leqslant\frac{3}{5})=\int_{-\frac{3}{5}}^{\frac{3}{5}}\frac{3}{2}x^2\mathrm{d}x=\frac{27}{125}$

例 21　证明随机事件在一次试验中发生次数的方差不超过 1/4。

证明　对任一随机事件 A,在一次试验中只有发生与不发生两种情况。设 $p(A)=p>0$,以 X 表示随机事件 A 在一次试验中发生的次数,即

$$X=\begin{cases}1, & \text{事件 } A \text{ 发生}\\0, & \text{事件 } A \text{ 不发生}\end{cases}$$

于是　　$p(X=1)=p(A)=p>0,\quad p(X=0)=p(\bar{A})=1-p(A)=1-p$

可得 X 及 X^2 的分布律

X	0	1
P	$1-p$	p

X^2	0	1
P	$1-p$	p

因而 $E(X)=p,E(X^2)=p$,则有

$$D(X)=E(X^2)-[E(X)]^2=p-p^2=p(1-p)\leqslant\frac{1}{4}$$

注意,常将 $p(1-p)$ 配成完全平方,即

$$p(1-p)=\frac{1}{4}-\left(p-\frac{1}{2}\right)^2\leqslant\frac{1}{4}$$

例 22　设在线段$[0,a]$上任意掷两点(各自独立地服从均匀分布),以 Z 表示两点之间的距离。(1)求 Z 的概率密度函数;(2)求 $E(Z)$ 和 $D(Z)$。

解　(1)设两点坐标分别为 X,Y(图 14-2);则 X,Y 相互独立,且均服从$[0,a]$上均匀分布,所以(X,Y)的联合密度为

$$f(x,y)=\begin{cases}\frac{1}{a^2}, & 0\leqslant x\leqslant a,0\leqslant y\leqslant a\\0, & \text{其他}\end{cases}$$

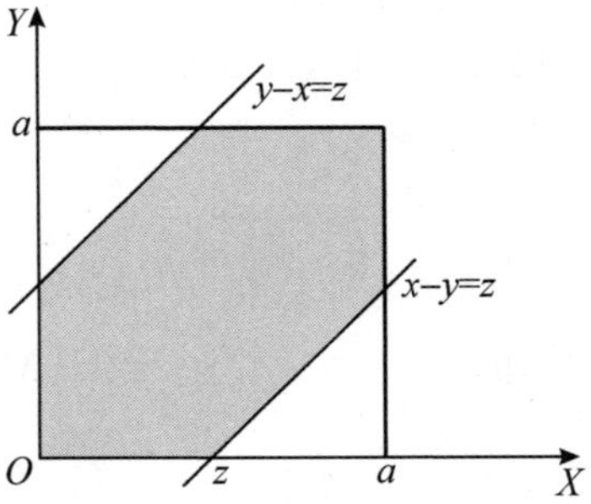

图 14-2

$Z=|X-Y|$的值域为$[0,a]$。

Z 的分布函数

$$F_Z(z)=P\{Z\leqslant z\}=P\{|X-Y|\leqslant z\}$$

当 $z<0$ 时

$$F_Z(z)=0$$

当 $z > a$ 时

$$F_Z(z)=1$$

当 $0<z<a$ 时

$$F_Z(z)=P\{|X-Y|\leqslant z\}=\iint_{|x-y|\leqslant z}\frac{1}{a^2}\mathrm{d}x\mathrm{d}y=1-\frac{(a-z)^2}{a^2}$$

所以

$$F_Z(z)=\begin{cases}0, & z\leqslant 0\\ 1-\dfrac{(a-z)^2}{a^2}, & 0<z<a\\ 1, & z\geqslant a\end{cases}$$

对 $F_Z(z)$ 求导得 Z 的密度函数

$$\varphi_Z(z)=\begin{cases}\dfrac{2(a-z)}{a^2}, & 0<z<a\\ 0, & \text{其他}\end{cases}$$

(2)

$$E(Z)=\int_{-\infty}^{+\infty}z\varphi(z)\mathrm{d}z=\int_0^a z\,\frac{2(a-z)}{a^2}\mathrm{d}z=\frac{1}{3}a$$

$$E(Z^2)=\int_{-\infty}^{+\infty}z^2\varphi(z)\mathrm{d}x=\int_0^a z^2\,\frac{2(a-z)}{a^2}\mathrm{d}z=\frac{1}{6}a^2$$

$$D(Z)=E(Z^2)-[E(Z)]^2=\frac{1}{18}a^2$$

例 23　一台设备由三大部件构成，在设备运转中各部件需要调整的概率分别为 0.10，0.20，0.30。假设各部件的状态相互独立，以 X 表示同时需要调整的部件数，试求 X 的数学期望 $E(X)$ 和方差 $D(X)$。

解　X 的取值为调整的部件数，又每一部件是否需要调整只有 2 种可能，因此引入随机变量 X_i，且设三大部件中第 i 件需要调整的事件为 $A_i(i=1,2,3)$，令

$$X_i=\begin{cases}1, & \text{若 } A_i \text{ 发生}\\ 0, & \text{若 } A_i \text{ 不发生}\end{cases},i=1,2,3$$

则随机变量 X_i 与 X_i^2 的分布律分别为

X_i	0	1
P	$1-p(A_i)$	$p(A_i)$

X_i^2	0	1
P	$1-p(A_i)$	$p(A_i)$

从而

$$E(X_i)=p(A_i),\ E(X_i^2)=p(A_i),\ i=1,2,3$$

$$D(X_i)=E(X_i^2)-[E(X_i)]^2=p(A_i)[1-p(A_i)]$$

因 $X=X_1+X_2+X_3$，且 X_i 相互独立，有

$$E(X)=\sum_{i=1}^{3}E(X_i)=\sum_{i=1}^{3}p(A_i)=0.1+0.2+0.3=0.6$$

$$D(X)=\sum_{i=1}^{3}D(X_i)=\sum_{i=1}^{3}p(A_i)[1-p(A_i)]$$

$$=0.1\times0.9+0.2\times0.8+0.3\times0.7=0.46$$

例 24　设连续型随机变量 X 的分布函数为

$$F(x)=\begin{cases}0, & x<0\\ kx+b, & 0\leqslant x\leqslant\pi\\ 1, & x>\pi\end{cases}$$

(1)试确定常数 k,b 的值;(2)求 $E(X),D(X)$;(3)若 $Y=\sin X$,求 $E(Y)$。

解　(1)由 $\lim\limits_{x\to0}F(x)=F(0),\lim\limits_{x\to\pi^-}F(x)=F(\pi),\lim\limits_{x\to\pi^+}F(x)=1$

得到

$$b=0,k=1/\pi$$

则 X 的分布函数为

$$F(x)=\begin{cases}0, & x<0\\ \dfrac{1}{\pi}x, & 0\leqslant x\leqslant\pi\\ 1, & x>\pi\end{cases}$$

X 的概率密度函数为

$$f(x)=F'(x)=\begin{cases}\dfrac{1}{\pi}, & 0\leqslant x<\pi\\ 0, & 其他\end{cases}$$

(2)随机变量 X 的数学期望及方差分别为

$$E(X)=\int_{-\infty}^{+\infty}xf(x)\mathrm{d}x=\int_0^{\pi}\frac{1}{\pi}x\,\mathrm{d}x=\frac{\pi}{2},\quad E(X^2)=\int_0^{\pi}x^2\cdot\frac{1}{\pi}\mathrm{d}x=\frac{\pi^2}{3}$$

$$D(X)=E(X^2)-[E(X)]^2=\frac{\pi^2}{3}-\left(\frac{\pi}{2}\right)^2=\frac{\pi^2}{12}$$

(3)随机变量 $Y=\sin X$ 的数学期望

$$E(Y)=E(\sin X)=\int_{-\infty}^{+\infty}\sin x\cdot f(x)\mathrm{d}x=\int_0^{\pi}\frac{1}{\pi}\sin x\,\mathrm{d}x=\frac{2}{\pi}$$

例 25　设随机变量 X 与 Y 相互独立,且方差 $D(X),D(Y),D(XY)$ 均存在,证明

$$D(XY)\geqslant D(X)D(Y)$$

证明　由 $D(XY)=E(XY)^2-[E(XY)]^2$ 可得 $D(XY)=E(X^2Y^2)-[E(XY)]^2$。因为随机变量 X 与 Y 相互独立,则有 $E(XY)=E(X)E(Y)$,且 X^2 与 Y^2 也相互独立,又

$$D(X)=E(X)^2-[E(X)]^2$$

且方差的非负性，则

$$\begin{aligned}D(XY)&=E(X^2Y^2)-[E(XY)]^2=E(X^2)E(Y^2)-[E(X)]^2[E(Y)]^2\\&=(D(X)+[E(X)]^2)(D(Y)+[E(Y)]^2)-[E(X)]^2[E(Y)]^2\\&=D(X)D(Y)+[E(X)]^2D(Y)+[E(Y)]^2D(X)\\&\geqslant D(X)D(Y)\end{aligned}$$

例 26 设二维随机变量(X,Y)在区域D上服从均匀分布，$D:x^2+y^2\leqslant 1$。

(1)求(X,Y)的概率密度；

(2)试证X与Y是不相关的，但X与Y不是相互独立的。

解 (1)因为D是单位圆，所以$S_D=\pi$。当$x^2+y^2\leqslant 1$，$f(x,y)=1/\pi$；$x^2+y^2>1$时，$f(x,y)=0$。

(2)$E(X)=\int_0^{2\pi}\mathrm{d}\theta\int_0^1\frac{r\cos\theta}{\pi}r\,\mathrm{d}r=\frac{1}{\pi}\int_0^{2\pi}\cos\theta\,\mathrm{d}\theta\int_0^1 r^2\,\mathrm{d}r=0=E(Y)$

$$E(XY)=\frac{1}{\pi}\int_0^{2\pi}\mathrm{d}\theta\int_0^1 r^2\sin\theta\cos\theta r\,\mathrm{d}r=\frac{1}{\pi}\int_0^{2\pi}\sin\theta\,\mathrm{d}(\sin\theta)\int_0^1 r^3\,\mathrm{d}r=0$$

$\mathrm{Cov}(X,Y)=E(XY)-E(X)E(Y)=0$，故$X$与$Y$不相关。

又 $|x|\leqslant 1,f_X(x)=\int_{-\sqrt{1-x^2}}^{\sqrt{1-x^2}}\frac{1}{\pi}\mathrm{d}y=\frac{2\sqrt{1-x^2}}{\pi}$； $|x|>1,f_X(x)=0$

类似有 $|y|\leqslant 1,f_Y(y)=\int_{-\sqrt{1-y^2}}^{\sqrt{1-y^2}}\frac{1}{\pi}\mathrm{d}y=\frac{2\sqrt{1-y^2}}{\pi}$； $|y|>1,f_Y(y)=0$

$f(x,y)\neq f_X(x)f_Y(y)$，X与Y不相互独立。

例 27 设二维连续型随机变量(X,Y)的联合密度函数为

$$f(x,y)=\begin{cases}\frac{6}{7}\left(x^2+\frac{1}{2}xy\right), & 0<x<1,0<y<2\\0, & 其他\end{cases}$$

求(X,Y)的协方差矩阵及相关系数。

解

$$\begin{aligned}E(X)&=\int_{-\infty}^{+\infty}\int_{-\infty}^{+\infty}xf(x,y)\mathrm{d}x\mathrm{d}y=\int_0^1\int_0^2\frac{6}{7}x\left(x^2+\frac{1}{2}xy\right)\mathrm{d}y\mathrm{d}x\\&=\int_0^1\left(\frac{12}{7}x^3+\frac{6}{7}x^2\right)\mathrm{d}x=\frac{5}{7}\end{aligned}$$

$$E(X^2)=\int_0^1\int_0^2\frac{6}{7}x^2\left(x^2+\frac{1}{2}xy\right)\mathrm{d}y\mathrm{d}x=\frac{39}{70}$$

故 $$D(X)=\frac{39}{70}-\left(\frac{5}{7}\right)^2=\frac{23}{490}$$

因为$E(Y)=\int_0^1\int_0^2\frac{6}{7}y\left(x^2+\frac{1}{2}xy\right)\mathrm{d}y\mathrm{d}x=\frac{8}{7}$，$E(Y^2)=\int_0^1\int_0^2\frac{6}{7}y^2\left(x^2+\frac{1}{2}xy\right)\mathrm{d}y\mathrm{d}x=\frac{34}{21}$

故
$$D(Y)=\frac{34}{21}-\left(\frac{8}{7}\right)^2=\frac{46}{147}$$
$$E(XY)=\int_0^1\int_0^2\frac{6}{7}xy\left(x^2+\frac{1}{2}xy\right)\mathrm{d}y\mathrm{d}x=\frac{17}{21}$$
$$C(X,Y)=E(XY)-E(X)E(Y)=\frac{17}{21}-\frac{5}{7}\cdot\frac{8}{7}=-\frac{1}{147}$$
于是(X,Y)的协方差矩阵为
$$\begin{bmatrix}C_{11} & C_{12}\\ C_{21} & C_{22}\end{bmatrix}=\begin{bmatrix}\frac{23}{490} & -\frac{1}{147}\\ -\frac{1}{147} & \frac{46}{147}\end{bmatrix}$$

X 与 Y 的相关系数：
$$\rho_{XY}=\frac{\mathrm{Cov}(X,Y)}{\sqrt{D(X)}\sqrt{D(Y)}}=-\frac{\sqrt{15}}{69}$$

例 28　设 $X_1,X_2,\cdots,X_n(n>2)$ 为独立同分布的随机变量，且均服从 $N(0,1)$，记 $\overline{X}=\frac{1}{n}\sum_{i=1}^{n}X_i,Y_i=X_i-\overline{X}\quad(i=1,2,\cdots,n)$。

求：(1)Y_i 的方差 $DY_i(i=1,2,\cdots,n)$；

(2)Y_1 与 Y_n 的协方差 $\mathrm{Cov}(Y_1,Y_n)$。

解　(1) $E(Y_i)=E(X_i)-E(\overline{X})=0;E(X_i)=0,D(X_i)=1$
$$D(Y_i)=E(Y_i^2)-(E(Y_i))^2=E(Y_i^2)$$
$$=E(X_i-\overline{X})^2=E(X_i^2)-2E(X_i\overline{X})+E(\overline{X}^2)$$
$$E(X_i\overline{X})=\frac{1}{n}\sum_{j=1}^{n}E(X_iX_j)=\frac{1}{n}E(X_i^2)=\frac{1}{n}$$
$$E(\overline{X})=E\left(\frac{1}{n}\sum_{i=1}^{n}X_i\right)=\frac{1}{n}\sum_{i=1}^{n}E(X_i)=0$$
$$D(\overline{X})=D\left(\frac{1}{n}\sum_{i=1}^{n}X_i\right)=\frac{1}{n^2}\sum_{i=1}^{n}D(X_i)=\frac{1}{n}$$
$$E(\overline{X}^2)=D(\overline{X})+(E(\overline{X}))^2=D(\overline{X})=\frac{1}{n}$$
其中，$i\neq j$ 时，由于 X_i 与 X_j 独立，$E(X_iX_j)=E(X_jX_i)=0$；
$$D(Y_i)=E(X_i^2)-2E(X_i\overline{X})+E(\overline{X}^2)=1-\frac{2}{n}+\frac{1}{n}=\frac{n-1}{n}$$

(2)$X_1,X_2,\cdots,X_n(n>2)$ 为独立同分布的随机变量，则有
$$\mathrm{Cov}(Y_1,Y_n)=\mathrm{Cov}(X_1-\overline{X},X_n-\overline{X})$$
$$=\mathrm{Cov}(X_1,X_n)-\mathrm{Cov}(X_1,\overline{X})-\mathrm{Cov}(X_n,\overline{X})+\mathrm{Cov}(\overline{X},\overline{X})$$

$$\mathrm{Cov}(X_1,\overline{X})=\frac{1}{n}\sum_{i=1}^{n}\mathrm{Cov}(X_1,X_i)=\frac{1}{n}\mathrm{Cov}(X_1,X_1)=\frac{1}{n}D(X_1)=\frac{1}{n}$$

$$\mathrm{Cov}(X_n,\overline{X})=\frac{1}{n}D(X_n)=\frac{1}{n},\mathrm{Cov}(X_1,X_n)=0,\mathrm{Cov}(\overline{X},\overline{X})=D(\overline{X})=\frac{1}{n}$$

又 $$Y_1=X_1-\overline{X},\ Y_n=X_n-\overline{X}$$

$$\begin{aligned}\mathrm{Cov}(Y_1,Y_n)&=\mathrm{Cov}(X_1-\overline{X},X_n-\overline{X})\\&=\mathrm{Cov}(X_1,X_n)-\mathrm{Cov}(X_1,\overline{X})-\mathrm{Cov}(\overline{X},X_n)+\mathrm{Cov}(\overline{X},\overline{X})\\&=-\frac{1}{n}\end{aligned}$$

评注 本题主要考查随机变量数字特征的性质，该题的另一种解法如下：

$$\begin{aligned}(1)D(Y_i)&=D(X_i-\overline{X})=D\left[\left(1-\frac{1}{n}\right)X_i-\frac{1}{n}\sum_{\substack{j=1\\j\neq i}}^{n}X_j\right]\\&=\left(1-\frac{1}{n}\right)^2DX_i+\frac{1}{n^2}\sum_{\substack{j=1\\j\neq i}}^{n}DX_j=\left(1-\frac{1}{n}\right)^2+\frac{n-1}{n^2}=\frac{n-1}{n}\end{aligned}$$

$$\begin{aligned}(2)\mathrm{Cov}(Y_1,Y_n)&=\mathrm{Cov}\left(X_1-\frac{1}{n}\sum_{i=1}^{n}X_i,X_n-\frac{1}{n}\sum_{i=1}^{n}X_i\right)\\&=\mathrm{Cov}\left(\frac{n-1}{n}X_1-\frac{1}{n}\sum_{i=2}^{n}X_i,\frac{n-1}{n}X_n-\frac{1}{n}\sum_{i=1}^{n-1}X_i\right)\\&=-\frac{n-1}{n^2}D(X_1)+\frac{1}{n^2}D(X_2)+\cdots+\frac{1}{n^2}D(X_{n-1})-\frac{n-1}{n^2}D(X_n)\\&=-\frac{2n-2}{n^2}+\frac{n-2}{n^2}=-\frac{1}{n}\end{aligned}$$

例 29 设随机变量 X 和 Y 的联合分布在以点(0,1),(1,0),(1,1)为顶点的三角形区域上服从均匀分布，试求随机变量 $Z=X+Y$ 的方差。

解法 1 三角形区域为

$$G=\{(x,y):0\leqslant x\leqslant 1,0\leqslant y\leqslant 1,x+y\geqslant 1\}$$

利用随机变量函数的数学期望公式，即

$$E[g(x,y)]=\int_{-\infty}^{+\infty}\int_{-\infty}^{+\infty}g(x,y)f(x,y)\mathrm{d}x\mathrm{d}y$$

随机变量 X 和 Y 的联合密度为

$$f(x,y)=\begin{cases}2, & (x,y)\in G\\0, & (x,y)\notin G\end{cases}$$

$$\begin{aligned}E(Z)=E(X+Y)&=\int_{-\infty}^{+\infty}\int_{-\infty}^{+\infty}(x+y)f(x,y)\mathrm{d}x\mathrm{d}y\\&=\int_0^1\mathrm{d}y\int_{1-y}^{1}2(x+y)\mathrm{d}x=\frac{4}{3}\end{aligned}$$

$$E(Z^2)=E(X+Y)^2=\int_{-\infty}^{+\infty}\int_{-\infty}^{+\infty}(x+y)^2 f(x,y)\mathrm{d}x\mathrm{d}y$$
$$=\int_0^1\mathrm{d}y\int_{1-y}^1 2(x^2+2xy+y^2)\mathrm{d}x$$
$$=\int_0^1(2y+2y^2+\frac{2}{3}y^3)\mathrm{d}y=\frac{11}{6}$$
$$D(Z)=E(Z^2)-[E(Z)]^2=\frac{11}{6}-\frac{16}{9}=\frac{1}{18}$$

解法 2　分别求出 X,Y 的边缘密度，再应用方差的性质计算。

三角形区域为

$$G=\{(x,y):0\leqslant x\leqslant 1,0\leqslant y\leqslant 1,x+y\geqslant 1\}$$

随机变量 X 和 Y 的联合密度为

$$f(x,y)=\begin{cases}2, & (x,y)\in G\\ 0, & (x,y)\notin G\end{cases}$$

X 的边缘概率密度为：当 $0\leqslant x\leqslant 1$ 时，

$$f_X(x)=\int_{-\infty}^{+\infty}f(x,y)\mathrm{d}y=\int_{1-x}^1 2\mathrm{d}y=2x$$

当 $x<0$ 或 $x>1$ 时，$f_X(x)=0$。

$$E(X)=\int_{-\infty}^{+\infty}xf_X(x)\mathrm{d}x=\int_0^1 2x^2\mathrm{d}x=\frac{2}{3}$$
$$E(X^2)=\int_0^1 2x^3\mathrm{d}x=\frac{1}{2},\quad D(X)=E(X^2)-[E(X)]^2=\frac{1}{18}$$

同理得 $E(Y)=\frac{2}{3}$，$D(Y)=\frac{1}{18}$。

再求 X 和 Y 的协方差

$$E(XY)=\iint_G 2xy\mathrm{d}x\mathrm{d}y=2\int_0^1 x\mathrm{d}x\int_{1-x}^1 y\mathrm{d}y=\frac{5}{12}$$
$$\mathrm{Cov}(X,Y)=E(XY)-E(X)E(Y)=\frac{5}{12}-\frac{4}{9}=-\frac{1}{36}$$
$$D(Z)=D(X+Y)=D(X)+D(Y)+2\mathrm{Cov}(X,Y)=\frac{1}{18}$$

解法 3　求出 $Z=X+Y$ 的概率密度 $f(z)$，再由数学期望的定义求 $E(X+Y)$，$E(X+Y)^2$，$D(X+Y)$。

当 $1\leqslant z\leqslant 2$ 时：

$$f(z)=\int_{-\infty}^{+\infty}f(x,z-x)\mathrm{d}x=\int_{z-1}^{1}2\mathrm{d}x=2(2-z)$$

$$E(X+Y)=E(Z)=\int_{-\infty}^{+\infty}zf(z)\mathrm{d}z=\int_{0}^{2}2z(2-z)\mathrm{d}z=\frac{4}{3}$$

当 $z<1$ 或 $z>2$ 时：

$$f(z)=0$$

$$E(X+Y)^2=\int_{-\infty}^{+\infty}z^2f(z)\mathrm{d}z=2\int_{1}^{2}z^2(2-z)\mathrm{d}z=\frac{11}{6}$$

$$D(X+Y)=E(X+Y)^2-[E(X+Y)]^2=\frac{1}{18}$$

解法 4 与解法 3 思路相同，求出 $Z=X+Y$ 的概率密度 $f(z)$，但方法直观简捷。利用均匀分布的性质计算 $Z=X+Y$ 的分布函数：当 $1\leqslant z\leqslant 2$ 时，

$$F(z)=P(X+Y\leqslant z)=\frac{\frac{1}{2}-\frac{1}{2}(2-z)^2}{\frac{1}{2}}=1-(2-z)^2$$

当 $z<1$ 时，$F(z)=0$；$z>2$ 时，$F(z)=1$。

$$f(z)=F'(z)=\begin{cases}2(2-z), & 1\leqslant z\leqslant 2\\ 0, & 其他\end{cases}$$

与解法 3 相同求出 $D(Z)$。

评注 比较 4 种方法，显然解法 1 较解法 2 简便。解法 3 是利用了两个不独立的随机变量的卷积公式求和的密度函数，这对有些学生是困难的，而解法 4 最直观简捷。

例 30 设随机变量 X 与 Y 同分布，X 的概率密度为

$$f(x)=\begin{cases}\dfrac{3x^2}{8}, & 0<x<2\\ 0, & 其他\end{cases}$$

已知事件 $A=\{X>a\}$，$B=\{Y>a\}$ 相互独立，且 $P(A+B)=\frac{3}{4}$，求常数 a。

解 由题设有 $P(A)=P(B)$，$P(AB)=P(A)P(B)$，则

$$\begin{aligned}P(A+B)&=P(A)+P(B)-P(AB)\\&=2P(A)-[P(A)]^2=\frac{3}{4}\end{aligned}$$

解之得 $P(A)=\frac{1}{2}$。又由题设有

$$\frac{1}{2}=P(A)=P\{X>a\}=\int_{a}^{+\infty}f(x)\mathrm{d}x$$

$$=\frac{3}{8}\int_a^2 x^2\mathrm{d}x=\frac{1}{8}(8-a^3)$$

解得　$a=\sqrt[3]{4}$。

例 31　设随机变量 X 与 Y 的相关系数为 $\rho_{XY}=1/2, X\sim N(1,4), Y\sim U[0,2]$。求 $E(XY), E[(X-Y)^2], \mathrm{Cov}(X+Y, 2X-3Y)$。

解　由 $X\sim N(1,4), Y\sim U[0,2]$ 可知 $E(X)=1, D(X)=4, E(Y)=1, D(Y)=1/3$。又因为

$$\rho_{XY}=\frac{\mathrm{Cov}(X,Y)}{\sqrt{D(X)}\cdot\sqrt{D(Y)}},\ \mathrm{Cov}(X,Y)=E(XY)-E(X)E(Y)$$

则有

$$E(XY)=\mathrm{Cov}(X,Y)+E(X)E(Y)=\rho_{XY}\sqrt{D(X)}\sqrt{D(Y)}+E(X)E(Y)=\frac{1}{\sqrt{3}}+1$$

由 $D(X)=E(X^2)-[E(X)]^2$，得

$$\begin{aligned}E(X-Y)^2&=E(X^2)-2E(XY)+E(Y^2)\\&=D(X)+[E(X)]^2-2E(XY)+D(Y)+[E(Y)]^2\\&=\frac{13}{3}-\frac{2}{\sqrt{3}}\end{aligned}$$

由协方差运算性质得

$$\mathrm{Cov}(X+Y,2X-3Y)=2D(X)-\mathrm{Cov}(X,Y)-3D(Y)=7-\frac{1}{\sqrt{3}}$$

例 32　设随机变量 X 与 Y 的联合概率密度为

$$f(x,y)=\begin{cases}\frac{1}{3}, & 0\leqslant x\leqslant 1, 0\leqslant y\leqslant 6-6x\\ 0, & 其他\end{cases}$$

求：(1) 边缘概率密度；(2) X 与 Y 的协方差，并问 X 与 Y 是否不相关？

解　(1) X 的边缘概率密度

$$f_X(x)=\int_{-\infty}^{+\infty}f(x,y)\mathrm{d}y$$

当 $0\leqslant x\leqslant 1$ 时，$f_X(x)=\int_0^{6-6x}\frac{1}{3}\mathrm{d}y=2(1-x)$，因此 X 的概率密度

$$f_X(x)=\begin{cases}2(1-x), & 0\leqslant x\leqslant 1\\ 0, & 其他\end{cases}$$

Y 的边缘概率密度

$$f_Y(y)=\int_{-\infty}^{+\infty}f(x,y)\mathrm{d}x$$

当 $0\leqslant y\leqslant 6$ 时，$f_Y(y)=\int_0^{1-\frac{y}{6}}\frac{1}{3}\mathrm{d}x=\frac{1}{3}\left(1-\frac{y}{6}\right)$，因此 Y 的概率密度

$$f_Y(y)=\begin{cases}\dfrac{1}{3}\left(1-\dfrac{y}{6}\right), & 0\leqslant y\leqslant 6\\ 0, & \text{其他}\end{cases}$$

$$E(X)=\int_{-\infty}^{+\infty}xf_X(x)\mathrm{d}x=\int_0^1 2x(1-x)\mathrm{d}x=\frac{1}{3}$$

$$E(Y)=\int_{-\infty}^{+\infty}yf_Y(y)\mathrm{d}y=\int_0^6 \frac{1}{3}y\left(1-\frac{y}{6}\right)\mathrm{d}y=2$$

$$(2)E(XY)=\int_{-\infty}^{+\infty}\int_{-\infty}^{+\infty}xyf(x,y)\mathrm{d}x\mathrm{d}y=\int_0^1\int_0^{6-6x}\frac{1}{3}xy\mathrm{d}y\mathrm{d}x=\frac{1}{2}$$

X 与 Y 的协方差 $\mathrm{Cov}(X,Y)=E(XY)-E(X)E(Y)=-1/6$ 不为零，则 X 与 Y 相关。

例 33 对任意两事件 A 和 B，$0<p(A)<1$，$0<p(B)<1$，

$$\rho=\frac{p(AB)-p(A)p(B)}{\sqrt{p(A)p(B)p(\overline{A})p(\overline{B})}}$$

称为事件 A 和 B 的相关系数。

(1)证明事件 A 和 B 独立的充要条件是相关系数为零。

(2)利用随机变量相关系数的性质，证明 $|\rho|\leqslant 1$。

证明 (1)由相关系数 ρ 的定义，可知 $\rho=0$ 当且仅当

$$p(AB)=p(A)p(B)$$

而这恰为两事件独立的定义，即事件 A 和 B 独立的充要条件是相关系数为零。

(2)考虑随机变量 X,Y：

$$X=\begin{cases}1, & A\text{ 发生}\\ 0, & A\text{ 不发生}\end{cases};\qquad Y=\begin{cases}1, & B\text{ 发生}\\ 0, & B\text{ 不发生}\end{cases}$$

由条件知，X,Y 均服从 $0-1$ 分布：

$$X\sim\begin{pmatrix}0 & 1\\ 1-p(A) & p(A)\end{pmatrix},\mathrm{Y}\sim\begin{pmatrix}0 & 1\\ 1-p(B) & p(B)\end{pmatrix}$$

易知
$$E(X)=p(A),E(Y)=p(B)$$

$$D(X)=p(A)p(\overline{A}),\quad D(Y)=p(B)p(\overline{B})$$
$$\mathrm{Cov}(X,Y)=p(AB)-p(A)p(B)$$

因此，事件 A 和 B 的相关系数即为随机变量 X,Y 的相关系数。

由随机变量相关系数的性质可见：$|\rho|\leqslant 1$。

例 34 随机向量(X,Y)的分布密度函数为

$$f(x,y)=\begin{cases}8xy & 0<x<a,0<y<1\\ 0 & \text{其他}\end{cases},\quad \text{求}$$

(1)常数 a；

(2)$E(2X+3Y)$；

(3)$E(X)$。

解　(1) $\int_0^a dx\int_0^1 8xy\,dy=1$，$a=\frac{1}{\sqrt{2}}$。

(2) $E(2X+3Y)=\int_0^{\frac{1}{\sqrt{2}}}dx\int_0^1(2x+3y)8xy\,dy=\frac{2\sqrt{2}+6}{3}$。

(3) $f_X(x)=\int_{-\infty}^{+\infty}f(x,y)dy=\begin{cases}4x & 0<x<\frac{1}{\sqrt{2}}\\ 0 & \text{其他}\end{cases}$

$$E(X)=\int_0^{\frac{1}{\sqrt{2}}}xf_X(x)dx=\frac{4}{3}x^3\Big|_0^{\frac{1}{\sqrt{2}}}=\frac{\sqrt{2}}{3}$$

例 35　已知二维随机变量(X,Y)的概率分布为

X \ Y	−1	0	1
−1	1/8	1/8	1/8
0	1/8	0	1/8
1	1/8	1/8	1/8

求：(1)随机变量 X,Y 的数学期望及方差 $E(X),E(Y),D(X),D(Y)$；

(2)协方差 $\mathrm{Cov}(X,Y)$ 及相关系数 ρ_{XY}；

(3)问 X 与 Y 是否相互独立？是否相关？说明理由。

解　(1)先求出随机变量 X,Y 的边缘分布：

$$p(X=-1)=p(X=-1,Y=-1)+p(X=-1,Y=0)+p(X=-1,Y=1)=\frac{3}{8}$$

同理可求得 $p(X=0)=\frac{1}{8}+0+\frac{1}{8}=\frac{1}{4}$，$p(X=1)=\frac{1}{8}+\frac{1}{8}+\frac{1}{8}=\frac{3}{8}$，且 Y 与 X 的分布律相同：

X	−1	0	1
P	3/8	1/4	3/8

Y	−1	0	1
P	3/8	1/4	3/8

$$E(X)=-1\times\frac{3}{8}+0\times\frac{1}{4}+1\times\frac{3}{8}=0,E(Y)=0$$

X^2 的分布律为

X^2	0	1
P	1/4	3/4

因此 $E(X^2)=3/4$，$D(X)=E(X^2)-[E(X)]^2=E(X^2)=3/4$；同理可求得 $D(Y)=3/4$。

(2)随机变量 X,Y 的协方差

$$\mathrm{Cov}(X,Y)=E(XY)-E(X)E(Y)=E(XY)$$

XY 的分布律

$$p(XY=-1)=p(X=-1,Y=1)+p(X=1,Y=-1)=1/4$$
$$p(XY=1)=p(X=1,Y=1)+p(X=-1,Y=-1)=1/4$$
$$p(XY=0)=1-p(XY=-1)-p(XY=1)=1/2$$

因此可得 $E(XY)=0$，所以协方差 $\mathrm{Cov}(X,Y)=E(XY)=0$，相关系数 $\rho_{XY}=0$。

(3)由相关系数 $\rho_{XY}=0$，可知随机变量 X 与 Y 不相关。因为

$$p(X=-1,Y=-1)\neq p(X=-1)p(Y=-1)$$

因此 X 与 Y 不相互独立。

例 36　设随机变量 X 和 Y 独立同服从参数为 λ 的泊松分布，令 $U=2X+Y,V=2X-Y$，求 U 和 V 的相关系数 ρ_{UV}。

解　由题设知 $E(X)=E(Y)=D(X)=D(Y)=\lambda$，因而

$$E(X^2)=D(X)+(EX)^2=\lambda+\lambda^2$$
$$E(Y^2)=D(Y)+(EY)^2=\lambda+\lambda^2$$
$$E(U)=2E(X)+E(Y)=3\lambda;\quad E(V)=2E(X)-E(Y)=\lambda$$
$$\begin{aligned}E(UV)&=E[(2X+Y)(2X-Y)]\\&=E(4X^2-Y^2)=4E(X^2)-E(Y^2)\\&=3\lambda+3\lambda^2\end{aligned}$$
$$D(U)=D(V)=4D(X)+D(Y)=4\lambda+\lambda=5\lambda$$
$$\mathrm{Cov}(U,V)=E(UV)-E(U)E(V)=3\lambda$$

故 $\rho_{UV}=\dfrac{\mathrm{Cov}(U,V)}{\sqrt{D(U)\cdot D(V)}}=\dfrac{3\lambda}{5\lambda}=\dfrac{3}{5}$。

例 37　设随机变量(X,Y)在区域$G=\{(x,y)\mid 0<x<2,0<y<1\}$上服从均匀分布。令

$$U=\begin{cases}0,X<Y\\1,X\geqslant Y\end{cases},\quad V=\begin{cases}0,X<2Y\\1,X\geqslant 2Y\end{cases}$$

求：(1)(U,V)的联合分布律；(2)U 和 V 的相关系数。

解　(1)由题意知，(X,Y) 的联合分布密度

$$f(x,y)=\begin{cases}\dfrac{1}{2}, & (x,y)\in G\\0, & (x,y)\notin G\end{cases}$$

$$\begin{aligned}p(U=0,V=0)&=p(X<Y,X<2Y)=p(X<Y)=\iint\limits_{x<y}f(x,y)\mathrm{d}x\mathrm{d}y\\&=\int_0^1\mathrm{d}y\int_0^y\frac{1}{2}\mathrm{d}x=\frac{1}{4}\end{aligned}$$

$$p(U=1,V=0)=p(X\geqslant Y,X<2Y)=P(Y\leqslant X<2Y)=\iint\limits_{y\leqslant x<2y}f(x,y)\mathrm{d}x\mathrm{d}y$$

$$=\int_0^1\mathrm{d}y\int_y^{2y}\frac{1}{2}\mathrm{d}x=\frac{1}{4}$$

$$p(U=0,V=1)=p(X<Y,X\geqslant 2Y)=0$$

$$p(U=1,V=1)=p(X\geqslant Y,X\geqslant 2Y)=p(X\geqslant 2Y)=\iint\limits_{x\geqslant 2y}f(x,y)\mathrm{d}x\mathrm{d}y$$

$$=\int_0^2\mathrm{d}x\int_0^{x/2}\frac{1}{2}\mathrm{d}y=\frac{1}{2}$$

综上所述可得(U,V)的联合分布律：

V \ U	0	1
0	1/4	1/4
1	0	1/2

(2)白(1)知UV,U,V的分布律分别为：

$$UV\sim\begin{pmatrix}0&1\\\frac{1}{2}&\frac{1}{2}\end{pmatrix};U\sim\begin{pmatrix}0&1\\\frac{1}{4}&\frac{3}{4}\end{pmatrix};V\sim\begin{pmatrix}0&1\\\frac{1}{2}&\frac{1}{2}\end{pmatrix}$$

因此

$$E(U)=\frac{3}{4},\quad E(V)=\frac{1}{2}$$

$$E(U^2)=\frac{3}{4},\quad E(V^2)=\frac{1}{2}$$

$$D(U)=\frac{3}{16},\quad D(V)=\frac{1}{4}$$

$$E(UV)=\frac{1}{2},\quad \mathrm{Cov}(U,V)=\frac{1}{2}-\frac{3}{4}\times\frac{1}{2}=\frac{1}{8}$$

$$\rho=\frac{\mathrm{Cov}(U,V)}{\sqrt{D(U)D(V)}}=\frac{\sqrt{3}}{3}$$

例 38　设二维随机变量(X,Y)的密度函数

$$f(x,y)=\frac{1}{2}[\varphi_1(x,y)+\varphi_2(x,y)]$$

其中$\varphi_1(x,y),\varphi_2(x,y)$是二维正态密度函数，且它们对应的二维随机变量的相关系数分别为$\frac{1}{3}$和$-\frac{1}{3}$，它们的边缘密度函数所对应的随机变量的期望都是零，方差都是1。

求：(1)随机变量X和Y的密度函数$f_1(x)$和$f_2(y)$；(2)问X和Y是否相互独立？为什么？

解　(1)因为$\varphi_1(x,y)$与$\varphi_2(x,y)$都是二维正态密度函数，它们的边缘密度函数所对应的随机变量的期望都是零，方差都是1，所以

$$\int_{-\infty}^{+\infty}\varphi_1(x,y)\mathrm{d}y=\int_{-\infty}^{+\infty}\varphi_2(x,y)\mathrm{d}y=\frac{1}{\sqrt{2\pi}}\mathrm{e}^{-\frac{x^2}{2}}$$

又因为(X,Y)的密度函数为

$$f(x,y)=\frac{1}{2}[\varphi_1(x,y)+\varphi_2(x,y)]$$

所以

$$f_1(x)=\int_{-\infty}^{+\infty}f(x,y)\mathrm{d}y=\frac{1}{\sqrt{2\pi}}\mathrm{e}^{-\frac{x^2}{2}}$$

同理：$f_2(y)=\frac{1}{\sqrt{2\pi}}\mathrm{e}^{-\frac{y^2}{2}}$。

(2)设$\varphi_1(x,y)$与$\varphi_2(x,y)$对应的二维随机变量分别为(X_1,Y_1)及(X_2,Y_2)，则

$$\rho_{X_1Y_1}=\frac{1}{3},\quad \rho_{X_2Y_2}=-\frac{1}{3}$$
$$E(X_1)=E(X_2)=0,\quad D(X_1)=D(X_2)=1$$
$$E(X_1Y_1)=\rho_{X_1Y_1}\sqrt{D(X_1)D(Y_1)}=\frac{1}{3}$$

同理：$E(X_2Y_2)=-\frac{1}{3}$。

由(1)知：$E(X)=E(Y)=0,D(X)=D(Y)=1$，所以

$$\begin{aligned}\mathrm{Cov}(X,Y)=E(XY)&=\int_{-\infty}^{+\infty}xy\varphi_1(x,y)\mathrm{d}x\mathrm{d}y+\int_{-\infty}^{+\infty}xy\varphi_2(x,y)\mathrm{d}x\mathrm{d}y\\&=\frac{1}{2}[E_1(X_1Y_1)+E_1(X_2Y_2)]=\frac{1}{3}-\frac{1}{3}=0\end{aligned}$$

所以$\rho_{XY}=\frac{\mathrm{Cov}(X,Y)}{\sqrt{D(X)D(Y)}}=0$。

又因为X与Y都服从正态分布，而服从正态分布的随机变量相互独立的充要条件是不相关，所以X与Y相互独立。

例39 设随机变量X的分布密度为

$$f(x)=\frac{1}{2}\mathrm{e}^{-|x|},-\infty<x<+\infty$$

(1)求X的数学期望$E(X)$和方差$D(X)$；

(2)求X与$|X|$的协方差，并问X与$|X|$是否相关？

(3)问X与$|X|$是否相互独立？

解 (1) $E(X)=\int_{-\infty}^{+\infty}xf(x)\mathrm{d}x=\frac{1}{2}\int_{-\infty}^{+\infty}x\mathrm{e}^{-|x|}\mathrm{d}x=0$

$$D(X)=\int_{-\infty}^{+\infty}x^2f(x)\mathrm{d}x=\int_{-\infty}^{+\infty}x^2\cdot\frac{1}{2}\mathrm{e}^{-|x|}\mathrm{d}x=2$$

(2)由协方差的定义知：

$$\mathrm{Cov}(X,|X|)=E(X|X|)-E(X)E(|X|)$$

$$E(X|X|)=\frac{1}{2}\int_{-\infty}^{+\infty}x|x|\mathrm{e}^{-|x|}\,\mathrm{d}x=0$$

因此
$$\mathrm{Cov}(X,|X|)=0$$

X 与 $|X|$ 的相关系数　$\rho_{X|X|}=\dfrac{\mathrm{Cov}(X,|X|)}{\sqrt{D(X)}\cdot\sqrt{D(|X|)}}=0$

故 X 与 $|X|$ 不相关。

(3)对给定 $0<a<+\infty$，显然事件 $\{|X|<a\}$ 包含在事件 $\{X<a\}$ 内，且

$$P\{X<a\}<1$$

故
$$P\{X<a,|X|<a\}=P\{|X|<a\}$$
但
$$P\{X<a\}\cdot P\{|X|<a\}<P\{|X|<a\}$$
因此
$$P\{X<a,|X|<a\}\neq P\{X<a\}\cdot P\{|X|<a\}$$
故 X 与 $|X|$ 不独立。

例 40　已知随机变量 X 和 Y 分别服从正态分布 $N(1,3^2)$ 和 $N(0,4^2)$，且 X 与 Y 的相关系数 $\rho_{XY}=-\frac{1}{2}$，设 $Z=\frac{X}{3}+\frac{Y}{2}$。

(1)求 Z 的数学期望 $E(Z)$ 和方差 $D(Z)$；

(2)求 X 与 Z 的相关系数 ρ_{XZ}；

(3)问 X 与 Z 是否相互独立？为什么？

解　(1)由题意知

$$E(Z)=E(X)\times\frac{1}{3}+E(Y)\times\frac{1}{2}=\frac{1}{3}$$

因为
$$\rho_{XY}=-\frac{1}{2}$$

所以
$$\mathrm{Cov}(X,Y)=\rho_{XY}\sqrt{D(X)D(Y)}=-\frac{1}{2}\times3\times4=-6$$

$$D(Z)=\frac{1}{9}D(X)+\frac{1}{4}D(Y)+2E\left[\left(\frac{X}{3}-E\left(\frac{X}{3}\right)\right)\left(\frac{Y}{2}-E\left(\frac{Y}{2}\right)\right)\right]$$
$$=\frac{1}{9}D(X)+\frac{1}{4}D(Y)+\frac{1}{3}\mathrm{Cov}(X,Y)=3$$

(2) $\mathrm{Cov}(X,Z)=E(XZ)-E(Z)E(X)=E(XZ)-\dfrac{1}{3}$

$$E(XZ)=E\left(\frac{X^2}{3}+\frac{XY}{2}\right)=\frac{1}{3}\{D(X)+[E(X)]^2\}+\frac{E(XY)}{2}$$
$$=\frac{1}{3}(9+1)+\frac{1}{2}[\mathrm{Cov}(X,Y)+E(X)E(Y)]=\frac{1}{3}$$

因为
$$\mathrm{Cov}(X,Z)=0$$

所以
$$D(Z) \neq 0, D(X) \neq 0$$
$$\rho_{XZ} = 0$$

(3)因为 $X \sim N(1,3^2), Y \sim N(0,4^2)$

所以
$$Z = \frac{X}{3} + \frac{Y}{2} \sim N\left(\frac{1}{3}, 3\right)$$

又因为 $\rho_{XZ} = 0$,所以 X 与 Z 相互独立。

评注 两正态分布随机变量的线性组合服从正态分布。

练　习　题

一、填空题

1.设随机变量 X 与 Y 相互独立,$D(X)=2, D(Y)=4, D(X-2Y)=$________。

2.设100个产品中有10个次品,求任取5个产品中次品数的数学期望为________,方差为________。

3.已知随机变量 X 服从二项分布 $b(n,p)$,求随机变量 $Y=e^{mX}$ 的数学期望 $E(Y)=$________,方差 $D(Y)=$________。

4.设 X 表示10次独立重复射击命中目标的次数,每次射中目标的概率为0.4,则 X^2 的数学期望 $E(X^2)=$________。

5.设随机变量 X 和 Y 的相关系数为0.5,$E(X)=E(Y)=0, E(X^2)=E(Y^2)=2$,则 $E(X+Y)^2=$________。

6.设随机变量 X 和 Y 的相关系数为0.9,若 $Z=X-0.4$,则 Y 与 Z 的相关系数为________。

7.设随变量 X 服从正态分布 $N(\mu,\sigma^2)(\sigma>0)$,且二次方程 $y^2+4y+X=0$ 无实根的概率为0.5,则 $\mu=$________。

8.随机变量 X 服从参数为 λ 的泊松分布,且已知 $E[(X-1)(X-2)]=1$,则 $\lambda=$________。

二、选择题

1.设 X 是一个随机变量,$E(X)=\mu; D(X)=\sigma^2$,($\mu,\sigma>0$ 是常数)则对任意常数 c,必有(　　)。

(A)$E(X-c)^2=E(X^2)-c^2$　　(B)$E(X-c)^2=E(X-\mu)^2$

(C)$E(X-c)^2<E(X-\mu)^2$　　(D)$E(X-c)^2\geqslant E(X-\mu)^2$

2.随机变量 $\xi=X+Y$ 与 $\eta=X-Y$ 不相关的充要条件为(　　)。

(A)$E(X)=E(Y)$　　(B)$D(X)=D(Y)$

(C)$E(X^2)=E(Y^2)$　　(D)$E(X^2)+[E(X)]^2=E(Y^2)+[E(Y)]^2$

3.设 $X\sim N(\mu,4^2), Y\sim N(\mu,5^2)$,令 $P_1=P\{X\leqslant\mu-4\}, P_2=P\{Y\geqslant\mu+5\}$,则(　　)。

(A)$\forall\mu: P_1=P_2$　　(B)$\forall\mu: P_1<P_2$

(C) 存在 $\mu: P_1 = P_2$　　(D) 存在 $\mu: P_1 > P_2$

4. 现有 10 张奖券，其中 8 张 2 元，2 张 5 元，今无放回地随机取 3 张，则此人得奖金额的数学期望为（　　）。

(A)6　(B)12　(C)7.8　(D)9

5. 对于任意两个事件 A 和 B，有（　　）。

(A) 若 $AB \neq \varnothing$，则 A,B 一定独立　　(B) 若 $AB \neq \varnothing$，则 A,B 有可能独立

(C) 若 $AB = \varnothing$，则 A,B 一定独立　　(D) 若 $AB = \varnothing$，则 A,B 一定不独立

6. 设随机变量 X 和 Y 都服从正态分布，且它们不相关，则（　　）。

(A) X 与 Y 一定独立　　(B) (X,Y) 服从二维正态分布

(C) X 与 Y 未必独立　　(D) $X+Y$ 服从一维正态分布

7. 若两个随机变量 X,Y 满足：$E(XY)=E(X)E(Y)$，则（　　）。

(A) $D(XY)=D(X)D(Y)$　　(B) $D(X+Y)=D(X)+D(Y)$

(C) X 与 Y 相互独立　　(D) X 与 Y 不相互独立

8. 设 $F_1(x)$ 与 $F_2(x)$ 分别为随机变量 X_1 与 X_2 的分布函数。设 $F(x)= aF_1(x)-bF_2(x)$ 是某一随机变量的分布函数。在下列给定的各组数值中应取（　　）。

(A) $a=\frac{3}{5}, b=-\frac{2}{5}$　　(B) $a=\frac{2}{3}, b=\frac{2}{3}$

(C) $a=-\frac{1}{2}, b=\frac{3}{2}$　　(D) $a=\frac{1}{2}, b=-\frac{3}{2}$

三、计算题

1. 设 X 的分布函数为

$$F(x)=\begin{cases}0, & x<a \\ 1-a^3/x^3, & x \geqslant a\end{cases} \quad (a>0)$$

求 $E(X), D(X), E(2X/3-a), D(2X/3-a)$。

2. 证明：$D(\xi+\eta)=D\xi+D\eta+2\mathrm{Cov}(\xi\eta)$。

3. 若随机变量 X 的概率密度 $f(x)$ 在 $x<0$ 时恒为零，且 $E(X)$ 存在。试证

$$P(X>a) \leqslant \frac{E(x)}{a}, \forall a$$

4. 设二维随机变量 (X,Y) 具有概率密度

$$f(x,y)=\begin{cases}2-x-y, & 0 \leqslant x \leqslant 1, 0 \leqslant y \leqslant 1, \\ 0, & \text{其他}\end{cases}$$

(1) 判别 X 与 Y 是否相互独立？

(2) 求 $D(X)$；

(3) 求 $P(X+Y \leqslant 1)$。

5. 设随机变量 $X \sim N(1,4)$，随机变量 Y 服从参数为 $\lambda=1/2$ 的指数分布，其密度函数为

$$f_Y(y)=\begin{cases}\frac{1}{2}e^{-\frac{1}{2}y}, & y>0\\ 0, & y\leqslant 0\end{cases}$$

而且 X 与 Y 的相关系数 $\rho_{X,Y}=\frac{1}{2}$，求协方差 $\mathrm{Cov}(X,Y)$。

6.已知二维随机变量 (X,Y) 的联合密度为

$$f(x,y)=\begin{cases}2/3, & 0\leqslant x\leqslant 1,\quad 0\leqslant y\leqslant 3x\\ 0, & 其他\end{cases}$$

求(1) 边缘密度函数；(2) $\mathrm{Cov}(X,Y)$，并问 X 与 Y 是否不相关。

7.某系统由三个独立元件串联而成元件 k 的寿命 $X_k(k=1,2,3)$ 服从相同的指数分布，其分布函数为：

$$F_K(x)=\begin{cases}1-e^{-2x}, & x>0\\ 0, & x\leqslant 0\end{cases}\qquad (k=1,2,3)$$

求此系统寿命 Z 的方差。

练习题答案

一、填空题

1.答案：18。

解析 $D(X-2Y)=D(X)+4D(Y)=18$。

2.答案：0.5，0.45。

解析 设 5 个产品中次品数为 X，$X\sim b(5,0.1)$；

$$E(X)=np=0.5,\ D(X)=np(1-p)=0.45$$

3.答案：$(pe^m+q)^n$，$(pe^{2m}+q)^n-(pe^m+q)^{2n}$。

解析 随机变量 $Y=e^{mX}$ 的均值：

$$E(Y)=\sum_{k=0}^{n}e^{mk}P(X=k)=\sum_{k=0}^{n}e^{mk}C_n^k p^k q^{n-k}$$
$$=\sum_{k=0}^{n}C_n^k(pe^m)^k q^{n-k}=(pe^m+q)$$

$$E(Y^2)=\sum_{k=0}^{n}e^{2mk}P(X=k)=\sum_{k=0}^{n}e^{2mk}C_n^k p^k q^{n-k}$$
$$=\sum_{k=0}^{n}e^{mk}C_n^k(e^{2m}p)^k q^{n-k}=(pe^{2m}+q)^n$$

$$D(X)=E(X^2)-[E(X)]^2$$
$$=(pe^{2m}+q)^n-(pe^m+q)^{2n}$$

4.答案：18.4。

解析 设 X 表示 10 次独立重复射击命中目标的次数；$X\sim b(10,0.4)$

$$E(X)=np=4,\ D(X)=np(1-p)=2.4$$
$$E(X^2)=D(X)+[E(X)]^2=18.4$$

5. 答案：6。

解析　$\mathrm{Cov}(X,Y)=E(XY)-E(X)E(Y)$

$$E(X)=E(Y)=0;$$
$$E(X+Y)^2=E(X^2)+2E(XY)+E(Y^2)=6$$

6. 答案：0.9。

解析

$$\rho_{YZ}=\frac{\mathrm{Cov}(Y,Z)}{\sqrt{D(Y)D(Z)}}=\frac{\mathrm{Cov}(Y,X-0.4)}{\sqrt{D(Y)D(X-0.4)}}=\frac{\mathrm{Cov}(Y,X)}{\sqrt{D(Y)D(X)}}=\rho_{YX}=0.9$$

7. 答案：4。

解析　方程 $y^2+4y+X=0$ 无实根，$\Delta=16-4X<0$，$X>4$

$$X\sim N(\mu,\sigma^2),\ P(X>4)=0.5,\ E(X)=4$$

8. 答案：1。

解析　$E[(X-1)(X-2)]=1$，$E(X^2)-3E(X)+2=1$，

$$\lambda^2-2\lambda+1=0,\ \lambda=1$$

二、选择题

1. 应选(D)。

解析　$E(X-c)^2=E[(X-\mu)-(c-\mu)]^2$

$$=E(X-\mu)^2-2E[(X-\mu)(c-\mu)]+E(c-\mu)^2$$
$$=E(X-\mu)^2+E(c-\mu)^2\geqslant E(X-\mu)^2$$

2. 应选(B)。

解析　随机变量 $\xi=X+Y$ 与 $\eta=X-Y$ 不相关。

$$\Leftrightarrow\mathrm{Cov}(\xi,\eta)=0\Leftrightarrow\mathrm{Cov}(X+Y,X-Y)=0$$
$$\Leftrightarrow D(X)-D(Y)=0\Leftrightarrow D(X)=D(Y)$$

3. 应选(A)。

解析

$$P_1=P(X\leqslant\mu-4)=P\left(\frac{X-\mu}{4}\leqslant-1\right)=\Phi(-1)=1-\Phi(1)$$

$$p_2=P(Y\geqslant\mu+5)=P\left(\frac{Y-\mu}{5}\geqslant1\right)$$
$$=1-\Phi(1)$$

所以 $P_1=F_2$。

4. 应选(C)。

解析　得奖金额 X 的可能取值：6，9，12；其分布列：

$$P(X=6)=\frac{C_8^3}{C_{10}^3}=\frac{7}{15};\ P(X=9)=\frac{C_8^2C_2^1}{C_{10}^3}=\frac{7}{15}$$

$$P(X=12)=\frac{C_8^1C_2^2}{C_{10}^3}=\frac{1}{15}$$

$$E(X)=\frac{117}{15}=7.8$$

5. 应选(B)。

解析 推不出 $P(AB)=P(A)P(B)$，因此推不出 A,B 一定独立，排除(A)；若 $AB=\varnothing$，则 $P(AB)=0$，但 $P(A)P(B)$ 是否为零不确定，因此(C)，(D) 也不成立。

6. 应选(C)。

解析 若(X,Y) 服从二维正态分布，则 X 与 Y 相互独立的充要条件是不相关。

7. 应选 (B)

解析 若 X 与 Y 相互独立，则 $E(XY)=E(X)E(Y)$；反之不一定。

所以 排除(C) 和(D)。而 $D(XY)=E((XY)^2)-E(X^2)E(Y^2)\neq D(X)D(Y)$，故排除(A)。

又因为 $D(X+Y)=D(X)+D(Y)+2[E(XY)-E(X)E(Y)]$，因此，选(B)。

8. 应选(A)。

解析 $a,-b>0, a+(-b)=1$。

三、计算题

1. 解 概率密度为

$$f(x)=\begin{cases}0, & x<a\\ \dfrac{3a^3}{x^4}, & x\geqslant a\end{cases}$$

$$E(X)=\int_a^{+\infty}xf(x)\mathrm{d}x=\int_a^{+\infty}\frac{3a^3}{x^3}\mathrm{d}x=\frac{3a}{2}$$

$$E(X^2)=\int_a^{+\infty}x^2f(x)\mathrm{d}x=\int_a^{+\infty}\frac{3a^3}{x^2}\mathrm{d}x=3a^2$$

$$D(X)=E(X^2)-[E(X)]^2=\frac{3}{4}a^2$$

$$E\left(\frac{2X}{3}-a\right)=\frac{2}{3}E(X)-a=0$$

$$D\left(\frac{2X}{3}-a\right)=\left(\frac{2}{3}\right)^2D(X)=\frac{a^2}{3}$$

2. **证明**
$$\begin{aligned}D(\xi+\eta)&=E(\xi+\eta)^2-[E(\xi+\eta)]^2\\&=E(\xi^2+2\xi\eta+\eta^2)-[(E\xi)^2+2E\xi E\eta+(E\eta)^2]\\&=E\xi^2-(E\xi)^2+[E\eta^2-(E\eta)^2]+(2E\xi\eta-2E\xi E\eta)\\&=D\xi+D\eta+2\mathrm{Cov}(\xi\eta)\end{aligned}$$

3. **证明**

$$P(X > a) = \int_a^{+\infty} f(x)\mathrm{d}x \leqslant \frac{1}{a}\int_a^{+\infty} xf(x)\mathrm{d}x$$
$$\leqslant \frac{1}{a}\int_0^{+\infty} xf(x)\mathrm{d}x \leqslant \frac{1}{a}\int_{-\infty}^{+\infty} xf(x)\mathrm{d}x = \frac{E(X)}{a}$$

4. **解**　(1)$f_X(x) = \begin{cases} \int_0^1 (2-x-y)\mathrm{d}y, & 0 \leqslant x \leqslant 1, \\ 0, & 其他; \end{cases} = \begin{cases} \frac{3}{2} - x, & 0 \leqslant x \leqslant 1, \\ 0, & 其他; \end{cases}$

同理 $f_Y(x) = \begin{cases} \int_0^1 (2-x-y)\mathrm{d}x, & 0 \leqslant y \leqslant 1, \\ 0, & 其他; \end{cases} = \begin{cases} \frac{3}{2} - y, & 0 \leqslant y \leqslant 1, \\ 0, & 其他; \end{cases}$

因　$f(x,y) \neq f_X(x)f_Y(y)$，所以 X 与 Y 不相互独立。

(2)$E(X) = \int_0^1 x\left(\frac{3}{2} - x\right)\mathrm{d}x = \frac{5}{12}$，

$E(X^2) = \int_0^1 x^2\left(\frac{3}{2} - x\right)\mathrm{d}x = \frac{1}{4}$，$D(X) = \frac{1}{4} - \left(\frac{5}{12}\right)^2 = \frac{11}{144}$。

(3)$P(X + Y \leqslant 1) = \int_0^1 \mathrm{d}x \int_0^{1-x} (2-x-y)\mathrm{d}y$

$$= \int_0^1 \left(\frac{3}{2} - 2x + \frac{x^2}{2}\right)\mathrm{d}x = \frac{2}{3}。$$

5. **解**　$\rho_{XY} = \frac{\mathrm{Cov}(X,Y)}{\sqrt{D(X)D(Y)}}$

$$D(X) = 4,\ D(Y) = 4$$
$$\mathrm{Cov}(X,Y) = \rho_{XY}\sqrt{D(X)D(Y)} = 2$$

6. **解**　(1)$f_X(x) = \int_0^{3x} \frac{2}{3}\mathrm{d}y = 2x, 0 < x < 1$，

$$f_Y(y) = \int_{\frac{y}{3}}^1 \frac{2}{3}\mathrm{d}x = \frac{2}{3}\left(1 - \frac{y}{3}\right), 0 < y < 3。$$

(2)$E(X) = \int_0^1 2x^2\mathrm{d}x = \frac{2}{3}$，

$E(Y) = \int_0^3 \frac{2}{3}y\left(1 - \frac{y}{3}\right)\mathrm{d}y = 1$，

$E(XY) = \int_0^1 \mathrm{d}x \int_0^{3x} xy\frac{2}{3}\mathrm{d}y = \frac{3}{4}$；

$\mathrm{Cov}(X,Y) = E(XY) - E(X)E(Y) = \frac{1}{12} \neq 0$；

因此，X 与 Y 相关。

7. **解**　$Z = \min(X_1, X_2, X_3)$。

$$F_Z(z) = 1 - [1 - F(z)]^3 = \begin{cases} 1 - \mathrm{e}^{-6z}, & z > 0 \\ 0, & z \leqslant 0 \end{cases}$$

Z 的概率密度为：

$$f_Z(z)=F'_Z(z)=\begin{cases}6\mathrm{e}^{-6z}, & z>0\\ 0, & z\leqslant 0\end{cases}$$

Z 服从参数为 6 的指数分布，故 $D(Z)=\dfrac{1}{36}$。

第十五章　大数定律、中心极限定理

考试内容

切比雪夫不等式；切比雪夫大数定律；贝努里大数定律；棣莫佛-拉普拉斯定理；列维-林德伯格定理。

考试要求

1. 了解切比雪夫不等式。
2. 了解切比雪夫大数定律、贝努里大数定律。
3. 了解棣莫佛-拉普拉斯定理、列维-林德伯格定理。

本章重点

切比雪夫不等式及切比雪夫大数定律的简单应用。

一、切比雪夫不等式

1. 切比雪夫不等式

设随机变量具有数学期望 $E(\xi)$ 和方差 $D(\xi)$，则对任意 $\varepsilon > 0$，有：

$$P\{|\xi - E(\xi)| \geqslant \varepsilon\} \leqslant \frac{D(\xi)}{\varepsilon^2}$$

或

$$P\{|\xi - E(\xi)| < \varepsilon\} \geqslant 1 - \frac{D(\xi)}{\varepsilon^2}$$

2. 切比雪夫不等式的应用

(1) 估计随机变量落入有限区间的概率；

(2) 求解或证明有关概率不等式。

二、几个常用的大数定律

1. 独立同分布的切比雪夫大数定律

设 $\xi_1, \xi_2, \cdots, \xi_n, \cdots$ 是独立的随机变量序列，都具有有限期望与方差，则对任意 $\varepsilon > 0$，有：

$$\lim_{n \to +\infty} P\left\{\left|\frac{1}{n}\sum_{i=1}^{n}\xi_i - \frac{1}{n}\sum_{i=1}^{n}E(\xi_i)\right| < \varepsilon\right\} = 1$$

2. 贝努里大数定律

设 μ 是 n 次独立试验中事件 A 发生的次数，P 是事件 A 在每次试验中发生的概率。则对

任意 $\varepsilon>0$，有 $\lim\limits_{n\to+\infty}P\left\{\left|\dfrac{\mu}{n}-p\right|\geqslant\varepsilon\right\}=0$。

3. 辛钦大数定律

设有独立、同分布的随机变量列 $\{\xi_i\}$，$(i=1,2,\cdots)$，若 $E(\xi_i)=\mu$ 存在，有限 $(i=1,2,\cdots)$，则对任意 $\varepsilon>0$，都有

$$\lim_{n\to+\infty}P\left\{\left|\frac{1}{n}\sum_{i=1}^{n}\xi_i-\mu\right|<\varepsilon\right\}=1$$

三、几个常用的中心极限定理

1. 列维-林德伯格(独立同分布的中心极限定理)定理

设 $\xi_1,\xi_2,\cdots,\xi_n,\cdots$ 是独立同分布的随机变量列，而且 $E(\xi_i)=\mu$，$D(\xi_i)=\sigma^2\neq 0$，$i=1,2,\cdots$，则对于任何实数 x，有：

$$\lim_{n\to+\infty}P\left\{\frac{\sum\limits_{i=1}^{n}\xi_i-n\mu}{\sqrt{n}\sigma}\leqslant x\right\}=\int_{-\infty}^{x}\frac{1}{\sqrt{2\pi}}e^{-\frac{t^2}{2}}dt$$

此定理表明，当 n 充分大时，随机变量：$\eta_n=\dfrac{\sum\limits_{i=1}^{n}\xi_i-n\mu}{\sqrt{n}\sigma}$ 近似服从标准正态分布；$\sum\limits_{i=1}^{n}\xi_i$ 近似服从参数为 $n\mu,n\sigma^2$ 的正态分布。

2. 独立同分布的中心极限定理的应用

(1)求随机变量和的概率；

(2)已知随机变量和的概率，求随机变量的个数。

3. 棣莫佛-拉普拉斯定理

设随机变量 $\eta_n(n=1,2,\cdots)$ 服从参数为 $n,p(0<p<1)$ 的二项分布，则对于任意区间 (a,b) 有 $\lim\limits_{n\to+\infty}P\left\{a\leqslant\dfrac{\eta_n-np}{\sqrt{np(1-p)}}\leqslant b\right\}=\int_a^b\dfrac{1}{\sqrt{2\pi}}e^{-\frac{t^2}{2}}dt$，此定理表明，正态分布是二项分布的极限分布。当 n 充分大时，二项分布可用标准正态分布来做近似计算。

4. 拉普拉斯中心极限定理的应用

(1)近似计算服从二项分布的随机变量取值的概率；

(2)已知服从二项分布的随机变量在某区间的概率，估计该区间；

(3)与用频率估计概率有关的二项分布的近似计算；

(4)估计产品中合格品的个数及确保一定量的合格品，应抽取的产品数。

例 1　设随机变量 X 的分布密度为

$$f(x)=\begin{cases}x^n e^{-x}/n!, & x\geqslant 0\\ 0, & x<0\end{cases}$$

其中 n 为正整数，试证 $P\{0<X<2(n+1)\}\geqslant\frac{n}{n+1}$。

证明　因为 $E(x)=\int_{-\infty}^{+\infty}xf(x)\mathrm{d}x=\frac{1}{n!}\int_0^{+\infty}x^{n+1}e^{-x}\mathrm{d}x=n+1$

$$E(X^2)=\int_{-\infty}^{+\infty}x^2f(x)\mathrm{d}x=\frac{1}{n!}\int_0^{+\infty}x^2\cdot x^n e^{-x}\mathrm{d}x=(n+2)(n+1)$$

所以 $D(X)=E(X^2)-[E(X)]^2=(n+2)(n+1)-(n+1)^2=n+1$。

又因为
$$\begin{aligned}P\{0<X<2(n+1)\}&=P(-(n+1)<X-(n+1)<n+1)\\&=P\{|X-(n+1)|<n+1\}\\&=P\{|X-E(x)|<n+1\}\\&=1-P\{|X-E(x)|\geqslant(n+1)\}\\&\geqslant 1-\frac{D(x)}{(n+1)^2}=1-\frac{n+1}{(n+1)^2}=\frac{n}{n+1}\end{aligned}$$

故得 $P\{0<X<2(n+1)\}\geqslant\frac{n}{n+1}$。

例 2　设 $X_1,X_2,\cdots,X_n$ 是相互独立的随机变量序列，且它们均服从参数为 2 的指数分布，试证 $Y_n=\frac{1}{n}\sum_{i=1}^{n}X_i^2$ 依概率收敛于 $\frac{1}{2}$。

证明　随机变量序列 $\{X_n\}$ 是独立同分布，且均服从参数为 2 的指数分布，则有

$$E(X_i)=\frac{1}{2},D(X_i)=\frac{1}{4}$$

又

$$E(Y_n)=\frac{1}{n}\sum_{i=1}^{n}E(X_i^2)=E(X_i^2)=D(X_i)+[E(X_i)]^2=\frac{1}{2}$$

$$D(Y_n)=\frac{1}{n^2}\sum_{i=1}^{n}D(X_i^2)=\frac{1}{n}D(X_i^2)$$

而

$$D(X_i^2)=E(X_i^4)-[E(X_i^2)]^2$$

由于

$$E(X_i^4)=\int_0^{+\infty}2x^4e^{-2x}\mathrm{d}x=\frac{1}{16}\int_0^{+\infty}t^4e^{-t}\mathrm{d}t=\frac{1}{16}\Gamma(5)=\frac{4!}{16}=\frac{3}{2}$$

故

$$D(X_i^2)=\frac{5}{4}$$

$$D(Y_n)=\frac{5}{4n}$$

再由切比雪夫不等式，得

$$P\left(\left|Y_n-\frac{1}{2}\right|\geqslant\varepsilon\right)=P(|Y_n-E(Y_n)|\geqslant\varepsilon)\leqslant\frac{D(Y_n)}{\varepsilon^2}=\frac{5}{4n\varepsilon^2}$$

所以
$$\lim_{n\to\infty}P\left(\left|Y_n-\frac{1}{2}\right|\geqslant\varepsilon\right)=0$$

即随机变量序列 $Y_n=\frac{1}{n}\sum_{i=1}^{n}X_i^2$ 依概率收敛于 $\frac{1}{2}$。

例 3 假设测量的随机误差 $X\sim N(0,10^2)$，试求 100 次独立重复测量中，至少有 3 次测量误差的绝对值大于 19.6 的概率 α，并利用泊松分布求出 α 的近似值(要求小数点后取两位有效数字，$\Phi(1.96)=0.975$)。

解 设 p 为每次测量误差的绝对值大于 19.6 的概率，

$$p=P\{|X|>19.6\}=P\left\{\frac{|X|}{10}>\frac{19.6}{10}\right\}=2-2\Phi(1.96)=0.05$$

设 k 为 100 次独立测量中事件 $\{|X|>19.6\}$ 出现的次数，则 k 服从参数为 $n=100,p=0.05$ 的二项分布，故

$$\begin{aligned}\alpha&=P\{k\geqslant 3\}=1-P\{k<3\}\\&=1-0.95^{100}-100\times 0.95^{99}\times 0.05-\frac{100\times 99}{2}\times 0.95^{98}\times 0.05^2\end{aligned}$$

由泊松定理知，k 近似服从参数 $\lambda=np=100\times 0.05$ 的泊松分布，故

$$\begin{aligned}\alpha&=P\{k\geqslant 3\}=1-P\{k<3\}\approx 1-\frac{5^0e^{-5}}{0!}-\frac{5e^{-5}}{1!}-\frac{5^2e^{-5}}{2!}\\&=1-e^{-5}\left(1+5+\frac{25}{2}\right)\approx 0.87\end{aligned}$$

例 4 有一大批种子，其中良种约占 $\frac{1}{6}$，试用切比雪夫不等式估计在任意选出的 6 000 粒种子中，良种所占比例与 $\frac{1}{6}$ 比较上下不超过 $\frac{1}{100}$ 的概率。

解 一次任选 6 000 粒种子，相当于做 6 000 次重复试验，每次选一粒种子，每次选到良种的概率为 $\frac{1}{6}$。

设 X 表示任选 6 000 粒种子中含良种粒数。$n=6\,000,p=\frac{1}{6}$，由题意知：

$$E(X)=np=1\,000;D(X)=np(1-p)=\frac{5\,000}{6}$$

由假设，此 6 000 粒中有 X 粒良种，因为

$$\left|\frac{X}{6\,000}-\frac{1}{6}\right|<\frac{1}{100}\text{，即 }|X-1\,000|<60$$

所以取 $\varepsilon=60$，根据切比雪夫不等式，有：

$$P\left\{\left|\frac{X}{6\,000}-\frac{1}{6}\right|<\frac{1}{100}\right\}=P\{|X-1\,000|<60\}\geqslant 1-\frac{5\,000/6}{60^2}=0.768\,5$$

即所求概率为 0.768 5。

例 5　某农贸市场的某商品每日的价格为：

$$Y_n = Y_{n-1} + X_n, \quad n \geqslant 1$$

Y_n 表示第 n 天商品的价格，X_n 表示第 n 天较前一天商品价格的变化：

(1) 写出 Y_n 与 $Y_0, X_1, X_2, \cdots, X_n$ 之间的关系；

(2) 知 $X_1, X_2, \cdots, X_n, \cdots$ 相互独立，且 $E(X_n)=0, D(X_n)=2, n=1,2,\cdots$，若今天该商品的价格为 100 元，用中心极限定理估计 18 天后该商品的价格在 96 元与 104 元之间的概率。

解　(1) 由题意得：

$$Y_n = Y_0 + \sum_{i=1}^{n} X_i$$

(2) 18 天后该商品的价格 $Y_{18} = Y_0 + \sum_{i=1}^{18} X_i$，且 $\sum_{i=1}^{18} X_i \sim N(0,36)$，因此，

$$P(96 < Y_{18} < 104) = P\left(-4 < \sum_{i=1}^{18} X_i < 4\right) = \Phi\left(\frac{4}{6}\right) - \Phi\left(-\frac{4}{6}\right) = 2\Phi\left(\frac{2}{3}\right) - 1 = 0.497\,2$$

例 6　在人寿保险公司里有 3 000 个同龄人参加人寿保险，在一年内该年龄人的死亡率为 0.1%，投保人在一年的头一天付 10 元保险费，死后家属可从保险公司领取 2 000 元。

(1) 求保险公司一年中获利不少于 10 000 元的概率？

(2) 求保险公司亏本的概率是多少？

解　设：$\xi_i = \begin{cases} 1 & \text{第 } i \text{ 个投保人在一年内死亡} \\ 0 & \text{第 } i \text{ 个投保人在一年内没死} \end{cases}$，$\xi$ 为一年内死亡的投保人总数；则 $\xi = \sum_{i=1}^{3\,000} \xi_i$，且 $\xi_1, \xi_2, \cdots, \xi_{3\,000}$ 独立同分布。

由题意知：　$E(\xi_i) = 0.1\%, D(\xi_i) = 0.1\% \times 99.9\%$

所以　$E(\xi) = \sum_{i=1}^{3\,000} E(\xi_i) = 3, D(\xi) = \sum_{i=1}^{3\,000} D(\xi_i) = 0.999 \times 3$

由中心极限定理：

$$\begin{aligned} P\{\text{一年获利不小于 } 10\,000 \text{ 元}\} &= P(3\,000 \times 10 - 2\,000\xi \geqslant 10\,000) \\ &= P(\xi \leqslant 10) = P(0 \leqslant \xi \leqslant 10) \\ &\approx \Phi\left(\frac{10-3}{\sqrt{3 \times 0.999}}\right) - \Phi\left(\frac{-3}{\sqrt{3 \times 0.999}}\right) \\ &\approx \Phi(4.043) - \Phi(-1.733) \\ &\approx 1 - [1 - \Phi(1.733)] = 0.958 \end{aligned}$$

$$\begin{aligned} P\{\text{保险公司亏本}\} &= P\{3\,000 \times 10 - 2\,000\xi < 0\} = P\{\xi > 15\} = 1 - P\{0 \leqslant \xi \leqslant 15\} \\ &\approx 1 - \left[\Phi\left(\frac{15-3}{\sqrt{3 \times 0.999}}\right) - \Phi\left(\frac{-3}{\sqrt{3 \times 0.999}}\right)\right] \\ &= 1 - \Phi(6.93) + 1 - \Phi(1.733) = 1 - \Phi(1.733) = 0.041\,8 \end{aligned}$$

例 7　一生产线生产的产品成箱包装，每箱的重量是随机的，假设每箱平均重 50 kg，标准差为 5 kg。若用最大载重量为 5 t 的汽车承运，试利用中心极限定理说明每辆汽车最多可以装多少箱才能保障不超载的概率大于 0.997。($\Phi(2)=0.997$，其中 $\Phi(x)$ 是标准正态分布函数)

解 设 n 是所求箱数，且假定第 i 箱的重量是 $X_i, i=1,2,\cdots,n$。由题设条件知 $X_1, X_2,\cdots,X_n$ 为独立同分布随机变量序列，而 n 箱的总重量为

$$T_n = X_1 + X_2 + \cdots + X_n$$

是独立同分布随机变量之和。

根据题目条件有

$$E(X_i)=50,\ \sqrt{D(X_i)}=5,\ E(T_n)=50n,\ \sqrt{D(T_n)}=5\sqrt{n}$$

根据列维-林德伯格中心极限定理，T_n 近似服从正态分布 $N(50n,25n)$

从而

$$P\{T_n \leqslant 5\,000\} = P\left\{\frac{T_n-50n}{5\sqrt{n}} \leqslant \frac{5\,000-50n}{5\sqrt{n}}\right\}$$

$$\approx \Phi\left(\frac{1\,000-10n}{\sqrt{n}}\right) > 0.977 = \Phi(2)$$

由此可得 $\dfrac{1\,000-10n}{\sqrt{n}} > 2$，解得 $n<98.019\,9$，所以最多可以装 98 箱。

例 8 在一个罐子中，装有 10 个编号为 $0\sim9$ 的同样的球，从罐中有放回地抽取若干次，每次抽一个，并记下号码：

$$X_k = \begin{cases} 1 & \text{第 } k \text{ 次取到号码 } 0 \\ 0 & \text{否则} \end{cases},\ k=1,2,\cdots$$

(1) 问对序列 $\{X_k\}$，能否应用大数定律？

(2) 至少应取球多少次才能使"0"出现的频率在 $0.09\sim0.11$ 之间的概率至少是 0.95？

(3) 用中心极限定理计算在 100 次抽取中，数码"0"出现次数在 7 和 13 之间的概率。

解 (1) $X_k \sim \begin{Bmatrix} 1 & 0 \\ 0.1 & 0.9 \end{Bmatrix}$，$E(X_k)=0.1, k=1,2,\cdots, X_K$ 独立同分布，且期望存在，故能使用大数定律。

即对任意的 $\varepsilon>0$

$$\lim_{n\to\infty} P\{|\frac{1}{n}\sum_{k=1}^{n} X_k - 0.1| < \varepsilon\} = 1$$

(2) 设应取球 n 次，0 出现频率为 $\dfrac{1}{n}\sum_{k=1}^{n} X_k$

$$E\left(\frac{1}{n}\sum_{k=1}^{n} X_k\right)=0.1,\quad D\left(\frac{1}{n}\sum_{k=1}^{n} X_k\right)=\frac{0.09}{n}$$

由中心极限定理：

$$\frac{\sum_{k=1}^{n} X_k - 0.1n}{0.3\sqrt{n}} = \frac{\frac{1}{n}\sum_{k=1}^{n} X_k - 0.1}{0.3/\sqrt{n}} \text{ 近似 } N(0,1)$$

$$\frac{\frac{1}{n}\sum_{k=1}^{n}X_k-0.1}{0.3/\sqrt{n}} \text{ 近似 } N(0,1)$$

$$P\left\{0.09\leqslant\frac{1}{n}\sum_{k=1}^{n}X_k\leqslant 0.11\right\}=P\left\{\left|\frac{1}{n}\sum_{k=1}^{n}X_k-0.1\right|\leqslant 0.01\right\}$$

$$=P\left\{\left|\frac{\frac{1}{n}\sum_{k=1}^{n}X_k-0.1}{0.3/\sqrt{n}}\right|\leqslant\frac{\sqrt{n}}{30}\right\}$$

$$\approx 2\Phi\left(\frac{\sqrt{n}}{30}\right)-1$$

欲使 $2\Phi\left(\frac{\sqrt{n}}{30}\right)-1\geqslant 0.95$，即 $\Phi\left(\frac{\sqrt{n}}{30}\right)\geqslant 0.975$，查表得 $\frac{\sqrt{n}}{30}\geqslant 1.96$，从中解得：$n\geqslant 3\,458$。

(3)在 100 次抽取中，数码“0”出现次数为：$\sum_{k=1}^{100}X_k$，由中心极限定理

$$\frac{\sum_{k=1}^{100}X_k-\sum_{k=1}^{100}E(X_k)}{\sqrt{\sum_{k=1}^{100}D(X_k)}} \text{ 近似 } N(0,1)$$

$$E(X_k)=0.1, D(X_k)=0.09, \text{即} \frac{\sum_{k=1}^{100}X_k-10}{3} \text{ 近似 } N(0,1)$$

$$P\left(7\leqslant\sum_{k=1}^{100}X_k\leqslant 13\right)=P\left(-1\leqslant\frac{\sum_{k=1}^{100}X_k-10}{3}\leqslant 1\right)\approx\Phi(1)-\Phi(-1)$$

$$=2\Phi(1)-1=0.682\,6$$

即在 100 次抽取中，数码“0”出现次数在 7 和 13 之间的概率为 0.682 6。

练　习　题

一、填空题

1. 设随机变量 X 服从 $(-1,b)$ 上的均匀分布，由切比雪夫不等式有：$P\{|X-1|<\varepsilon\}\geqslant\frac{2}{3}$，则 $b=$ ________，$\varepsilon=$ ________。

2. 设 $X_1,X_2,\cdots,X_{100}$ 为相互独立同分布的随机变量，若 $E(X_i)=1, D(X_i)=2.4, (i=1,2,\cdots,100)$ 则：$P\left(\sum_{i=1}^{100}X_i\geqslant 90\right)\approx$ ________。

3. 设 $X_1, X_2, \cdots, X_n$ 为相互独立同分布的随机变量，$E(X_1)=\mu$，$D(X_1)=8$，

$\overline{X}=\dfrac{1}{n}\sum\limits_{k=1}^{n}X_i$，用切比雪夫不等式估计：$P\{|\overline{X}-\mu|<4\}\geqslant$ ________。

4. 随机变量 X 与 Y 的期望分别为 -2 和 2；方差分别为 1 和 4，相关系数为 -0.5，根据切比雪夫不等式：$P\{|X+Y|\geqslant 6\}\leqslant$ ________。

5. 设产品废品率为 0.01，从中任取 500 件，分别用二项分布、泊松分布、中心极限定理三种方法求恰有 5 件废品的概率为________、________、________。

6. 设随机变量 X 的数学期望 $E(X)=\mu$，$D(X)=\sigma^2$，则 $P\{|X-\mu|\geqslant 3\sigma\}\leqslant$ ________。

7. 设总体 X 服从参数为 2 的指数分布，$X_1,X_2,\cdots,X_n$ 为来自总体 X 的简单随机样本，则当 $n\to\infty$ 时，$Y_n=\dfrac{1}{n}\sum\limits_{i=1}^{n}X_i^2$ 依概率收敛于________。

二、选择题

1. 仅知随机变量 ξ 的期望 $E(\xi)$ 及方差 $D(\xi)$，而分布未知，则对于任何实数 $a,b(a<b)$，都可估计出概率(　　)。

(A) $P(a<\xi<b)$；　　(B) $P(a<\xi-E(\xi)<b)$；

(C) $P(-a<\xi<a)$；　　(D) $P(|\xi-E(\xi)|\geqslant b-a)$。

2. 已知随机变量 ξ 满足 $P\{|\xi-E(\xi)|\geqslant 2\}=\dfrac{1}{16}$，则必有(　　)。

(A) $D(\xi)=\dfrac{1}{4}$；　　(B) $D(\xi)\geqslant\dfrac{1}{4}$；

(C) $P\{|\xi-E(\xi)|<2\}=\dfrac{15}{16}$；　　(D) $D(\xi)<\dfrac{1}{4}$。

3. 若 $X_1,X_2,\cdots,X_{1\,000}$ 相互独立同分布，$X_i\sim B(1,p)$，$i=1,2,\cdots,1\,000$，则下列(　　)不正确。

(A) $\dfrac{1}{1\,000}\sum\limits_{i=1}^{1\,000}X_i\approx p$；

(B) $\sum\limits_{i=1}^{1\,000}X_i\sim B(1\,000,p)$；

(C) $P\left\{a<\sum\limits_{i=1}^{n}X_i<b\right\}=\Phi(b)-\Phi(a)$；

(D) $P\left\{a<\sum\limits_{i=1}^{n}X_i<b\right\}=\Phi\left(\dfrac{b-1\,000p}{\sqrt{1\,000p(1-p)}}\right)-\Phi\left(\dfrac{a-1\,000p}{\sqrt{1\,000p(1-p)}}\right)$。

4. $\xi_1,\xi_2,\cdots$ 相互独立同分布，ξ_i 的密度函数为：$\varphi(x)=\begin{cases}2x^{-3}, & x\geqslant 1\\ 0, & x<1\end{cases}$，$i=1,2,\cdots$，则(　　)不成立。

(A) 每个 $\xi_i(i=1,2,\cdots)$ 都满足切比雪夫不等式；

(B) $\xi_i(i=1,2,\cdots)$ 都不满足切比雪夫不等式的条件；

(C) $\xi_i(i=1,2,\cdots)$ 满足大数定律；

(D) $\xi_i(i=1,2,\cdots)$ 不满足切比雪夫大数定律的条件。

5. 若 $X_1, X_2, \cdots, X_9$ 相互独立同分布，$E(X_1) = D(X_1) = 1$ 则对于任意给定的 $\varepsilon > 0$，有(　　)。

(A) $P\left\{\left|\sum_{i=1}^{9} X_i - 1\right| < \varepsilon\right\} \geqslant 1 - \varepsilon^{-2}$；　　(B) $P\left\{\left|\frac{1}{9}\sum_{i=1}^{9} X_i - 1\right| < \varepsilon\right\} \geqslant 1 - \varepsilon^{-2}$；

(C) $P\left\{\left|\sum_{i=1}^{9} X_i - 9\right| < \varepsilon\right\} \geqslant 1 - \varepsilon^{-2}$；　　(D) $P\left\{\left|\frac{1}{9}\sum_{i=1}^{9} X_i - 1\right| < \varepsilon\right\} \geqslant 1 - \frac{1}{9\varepsilon^2}$。

6. 设随机变量 $X_1, X_2, \cdots, X_n$，相互独立，$S_n = X_1 + X_2 + \cdots + X_n$，则根据列维-林德伯格中心极限定理，当 n 充分大时，S_n 近似服从正态分布，只要 $X_1, X_2, \cdots, X_n$(　　)。

(A) 有相同的数学期望；　　(B) 有相同的方差；

(C) 服从同一指数分布；　　(D) 服从同一离散分布。

三、计算题

1. 设在每次试验中，事件 **A** 发生的概率为 0.5，利用切比雪夫不等式估计：在 1 000 次重复独立试验中 **A** 发生的次数在 400 ～ 600 之间的概率。

2. 抽样检查产品时，如果发现次品多于 10 个，则不接收此批产品。应检查多少个产品，可使次品率为 10% 的一批产品不被接受的概率达到 0.9？

3. 一生产线生产的产品成箱包装，每箱重量是随机的。假设每箱平均重 50 千克，标准差为 5 千克，若用最大载重量为 5 吨的汽车承运，试利用中心极限定理说明每辆车最多可以装多少箱，才能保证不超载的概率大于 0.977[$\Phi(2) = 0.977$，其中 $\Phi(x)$ 是标准正态分布函数]。

4. 一船舶在某海域航行，已知每遭受一次波浪的冲击，纵摇角度大于 3° 的概率为 $p = \frac{1}{3}$，若船舶遭受了 90 000 次波浪冲击，并假设各次冲击是独立的，问其中有 29 500 ～ 30 500 次纵摇角度大于 3° 的概率是多少？

练习题答案

一、填空题

1. 答案：$b = 3, \varepsilon = 2$。

解析　$P(|X - E(X)| < \varepsilon) \geqslant 1 - \frac{D(X)}{\varepsilon^2}$，

$$X \sim U(-1, b),\ E(X) = \frac{b-1}{2},\ D(X) = \frac{(b+1)^2}{12}$$

$b = 3, \varepsilon = 2$。

2. 答案：0.742 2。

解析
$$P\left(\sum_{i=1}^{100} X_i \geqslant 90\right) = P\left(\frac{\sum_{i=1}^{100} X_i - n\mu}{\sqrt{n}\sigma} \geqslant \frac{90 - 100}{10\sqrt{2.4}}\right)$$
$$= 1 - \Phi(-0.645) = \Phi(0.645) = 0.742\ 2$$

3. 答案：$1 - \frac{1}{2n}$。

解析 $P\left(\left|\frac{1}{n}\sum_{i=1}^{n}X_i-\mu\right|<4\right)\frac{D(X)}{4^2}\geqslant 1-\frac{D(\overline{X})}{4^2}=1-\frac{1}{2n}$。

4. 答案：$\frac{1}{12}$。

解析 由切比雪夫不等式有：

$$E(X+Y)=0,\ D(X+Y)=D(X)+D(Y)+2\rho_{XY}\sqrt{D(X)D(Y)}=3$$

$$P(|X+Y|\geqslant 6)=P(|(X+Y)-E(X+Y)|\geqslant 6)$$
$$\leqslant\frac{D(X+Y)}{36}=\frac{1}{12}$$

5. 答案：0.176 4，0.175 5，0.179 3。

解析 (1)用二项分布计算：$P\{X=5\}=C_{500}^{5}(0.01)^5(0.99)^{495}\approx 0.176\ 4$。

(2)用泊松分布近似，取 $\lambda=np=500\times 0.01=5$，

$$P\{X=5)\approx\frac{\lambda^5}{5!}e^{-\lambda}\approx 0.175\ 5$$

(3)用中心极限定理：这里 $E(X)=np=500\times 0.01=5$，$D(X)=np(1-p)=4.95$。

$$P\{X=5)\approx\frac{1}{\sqrt{2\pi 4.95}}e^{-\frac{(5-5)^2}{2\times 4.95}}\approx 0.179\ 3$$

6. 答案：$\frac{1}{9}$。

解析 $P(|X-\mu|\geqslant 3\sigma)\leqslant\frac{D(X)}{(3\sigma)^2}=\frac{1}{9}$。

7. 答案：$\frac{1}{2}$。

解析 由辛钦大数定律知：

$$\frac{1}{n}\sum_{i=1}^{n}X_i^k\xrightarrow{P}\mu_k,k=1,2,\cdots$$

$$\mu_2=E(X^2)=D(X)+[E(X)]^2=\frac{1}{2}$$

二、选择题

1. 应选(D)。

解析 由切比雪夫不等式可得。

2. 应选(C)。

解析 由 $P(|\xi-E(\xi)|\geqslant 2)=\frac{1}{16}$ 知

$$P(|\xi-E(\xi)|<2)=1-P(|\xi-E(\xi)|\geqslant 2)=\frac{15}{16}$$

3. 应选(C)。

解析 由大数定律和中心极限定理知，应选(C)。

4. 应选(B)。

解析 $E(\xi_i)=\int_{-\infty}^{+\infty}x\varphi(x)\mathrm{d}x=2$

$$D(\xi_i)=\int_{-\infty}^{+\infty}[x-E(\xi_i)]^2\varphi(x)\mathrm{d}x=2\int_1^{+\infty}(x-2)^2x^{-3}\mathrm{d}x\to\infty \text{ 不存在。}$$

ξ_i 不满足切比雪夫不等式及大数定律。

5. 应选(D)。

解析 $P(|\sum_{i=1}^{9}\xi_i-9|<\varepsilon)\geqslant 1-\dfrac{D\left(\sum_{i=1}^{9}\xi_i\right)}{\varepsilon^2}=1-\dfrac{9}{\varepsilon^2}$

$$P(|\frac{1}{9}\sum_{i=1}^{9}\xi_i-1|<\varepsilon)\geqslant 1-\frac{D\left(\frac{1}{9}\sum_{i=1}^{9}\xi_i\right)}{\varepsilon^2}=1-\frac{1}{9\varepsilon^2}$$

6. 应选(D)。

解析 因为列维-林德伯格中心极限定理要求是独立同分布的随机变量列。

三、计算题

1. 答案:0.975。

解析 以 X 表示 1 000 次重复独立试验中 A 发生的次数,则 $X\sim B(1\ 000,0.5)$。因此

$$E(X)=np=1\ 000\times 0.5=500,D(X)=npq=1\ 000\times 0.5\times 0.5=250$$

由切比雪夫不等式得

$$P(400<X<600)=P(|X-500|<100)\geqslant 1-\frac{250}{100^2}=0.975$$

2. **解** 设抽样 n 个产品中次品数 X,则 $X\sim b(n,p)$,$p=0.1$,$q=1-p$

由中心极限定理知:$X\overset{\text{近似}}{\sim}N(np,npq)$

$$P(10<X\leqslant n)\approx\Phi(3\sqrt{n})-\Phi\left(\frac{10-0.1n}{0.3\sqrt{n}}\right)\geqslant 0.9$$

由 $\Phi(3\sqrt{n})\approx 1$ 可得 $\qquad \Phi\left(\dfrac{10-0.1n}{0.3\sqrt{n}}\right)\leqslant 0.1$

$n\geqslant 146.47$,取 $n=147$。

3. **解** 设 $X_i(i=1,2,\cdots,n)$ 是装运的第 i 箱的重量(单位:千克),n 是所求箱数。则:X_1,X_2,$\cdots$,X_n 相互独立同分布,而 n 箱的总重量:

$$T_n=X_1+X_2+\cdots+X_n$$

是独立同分布的随机变量之和。

由已知: $\qquad E(X_i)=50,\sqrt{D(X_i)}=5$

$$E(T_n)=50n,\sqrt{D(T_n)}=5\sqrt{n}$$

根据列维-林德伯格中心极限定理,T_n 近似服从正态分布:$N(50n,25n)$。

根据 $\quad P\{T_n\leqslant 5\ 000\}=P\left\{\dfrac{T_n-50n}{5\sqrt{n}}\leqslant\dfrac{5\ 000-50n}{5\sqrt{n}}\right\}$

$$\approx\Phi\left(\frac{1\ 000-10n}{\sqrt{n}}\right)>0.977=\Phi(2)$$

所以 $\dfrac{1\,000-10n}{\sqrt{n}}>2$。从而 $n<98.019\,9$,即最多可装 98 箱。

4.**解** 设 $X_i=\begin{cases}1 & \text{第 } i \text{ 次波浪冲击纵摇角度大于 } 3^\circ \\ 0 & \text{第 } i \text{ 次波浪冲击纵摇角度不大于 } 3^\circ\end{cases}$

$i=1,2,\cdots,90\,000$,则 $X_i\sim B\left(1,\dfrac{1}{3}\right)$,

$\sum\limits_{i=1}^{90\,000}X_i\sim B\left(90\,000,\dfrac{1}{3}\right)$,从而所求的概率为

$$P\left(29\,500\leqslant\sum_{i=1}^{90\,000}X_i\leqslant 30\,500\right)=\sum_{i=29\,500}^{30\,500}C_{90\,000}^{i}\left(\frac{1}{3}\right)^{i}\left(1-\frac{1}{3}\right)^{90\,000-i}$$

直接运算十分不便,利用中心极限定理知 $\dfrac{\sum\limits_{i=1}^{90\,000}X_i-\sum\limits_{i=1}^{90\,000}EX_i}{\sqrt{\sum\limits_{i=1}^{90\,000}DX_i}}$ 渐近服从于 $N(0,1)$,从而

$$\begin{aligned}&P\left(29\,500\leqslant\sum_{i=1}^{90\,000}X_i\leqslant 30\,500\right)\\&=P\left(\frac{29\,500-\sum\limits_{i=1}^{90\,000}\frac{1}{3}}{\sqrt{\sum\limits_{i=1}^{90\,000}\frac{1}{3}\cdot\frac{2}{3}}}\leqslant\frac{\sum\limits_{i=1}^{90\,000}X_i-\sum\limits_{i=1}^{90\,000}EX_i}{\sqrt{\sum\limits_{i=1}^{90\,000}DX_i}}\leqslant\frac{30\,500-\sum\limits_{i=1}^{90\,000}\frac{1}{3}}{\sqrt{\sum\limits_{i=1}^{90\,000}\frac{1}{3}\cdot\frac{2}{3}}}\right)\\&\approx\Phi\left(\frac{5}{\sqrt{2}}\right)-\Phi\left(-\frac{5}{\sqrt{2}}\right)\\&=2\Phi\left(\frac{5}{\sqrt{2}}\right)-1\end{aligned}$$

第十六章　数理统计的基本概念

考试内容

简单随机样本,样本总体,个体,统计量,样本均值,样本方差,样本标准差,样本矩。常用的样本分布,正态总体常用抽样分布,正态分布,χ^2 分布,t 分布,F 分布,分位点和分位数。

考试要求

(1)了解总体、简单随机样本、统计量、样本均值、样本方差级样本矩的概念,其中样本方差定义为

$$S^2=\frac{1}{n-1}\sum_{i=1}^{n}(X_i-\overline{X})^2$$

2. 了解 χ^2 分布、t 分布和 F 分布的概念及性质,了解分位数的概念并会查表计算。

3. 了解正态总体的常用抽样分布。

本章重点

随机样本,样本均值、样本方差,统计量,正态总体的常用统计量的分布:χ^2 分布、t 分布和 F 分布,上 α 分位点。

一、统　计　量

1. 总体、个体和样本

随机变量 X 所有可能取值的全体称为总体。总体 X 的概率分布称为总体分布。

个体:总体中每一个随机变量称为一个个体。

样本:从总体中抽取 n 个个体,称为来自总体的样本。

2. 随机样本

设随机变量 $X_1,X_2,\cdots,X_n$ 来自总体X 且相互独立,则称 $X_1,X_2,\cdots,X_n$ 为来自总体X 的一个简单随机样本,简称样本,n 称为样本容量。

样本观测值:随机样本 $X_1,X_2,\cdots,X_n$ 的观测值称为样本观测值,用 $x_1,x_2,\cdots,x_n$ 表示。

3. 统计量

设 $X_1,X_2,\cdots,X_n$ 是来自总体X 的样本,$g(X_1,X_2,\cdots,X_n)$ 是 $X_1,X_2,\cdots,X_n$ 的函数,其中 g 不含未知参数,则称 $g(X_1,X_2,\cdots,X_n)$ 为统计量。

样本均值

$$\overline{X}=\frac{1}{n}\sum_{i=1}^{n}X_i$$

样本方差

$$S^2=\frac{1}{n-1}\sum_{i=1}^{n}(X_i-\overline{X})^2=\frac{1}{n-1}\left(\sum_{i=1}^{n}X_i^2-n\overline{X}\right)$$

k 阶样本原点矩

$$A_k=\frac{1}{n}\sum_{i=1}^{n}X_i^k$$

k 阶样本中心矩

$$B_k=\frac{1}{n}\sum_{i=1}^{n}(X_i-\overline{X})^k$$

4. 常用统计量的分布及性质

(1) χ^2 分布

设 $X_1,X_2,\cdots,X_n$ 是来自总体 $X\sim N(0,1)$ 的样本，则称统计量

$$\chi^2=X_1^2+X_2^2+\cdots+X_n^2$$

服从自由度为 n 的 χ^2 分布，记为 $\chi^2\sim\chi^2(n)$。

χ^2 分布的可加性：设 $\chi_1^2\sim\chi^2(n_1)$，$\chi_2^2\sim\chi^2(n_2)$，且 χ_1^2 与 χ_2^2 相互独立，则

$$\chi_1^2+\chi_2^2\sim\chi^2(n_1+n_2)$$

χ^2 分布的数字特征：设 $\chi^2\sim\chi^2(n)$，则有 $E(\chi^2)=n$，$D(\chi^2)=2n$

χ^2 分布的分位点：设 $\chi^2\sim\chi^2(n)$。对于给定的实数 $\alpha(0<\alpha<1)$，称满足 $P\{\chi^2>\chi_\alpha^2(n)\}=\alpha$ 的点 $\chi_\alpha^2(n)$ 为 $\chi^2(n)$ 分布的上 α 分位点，如图 16-1。

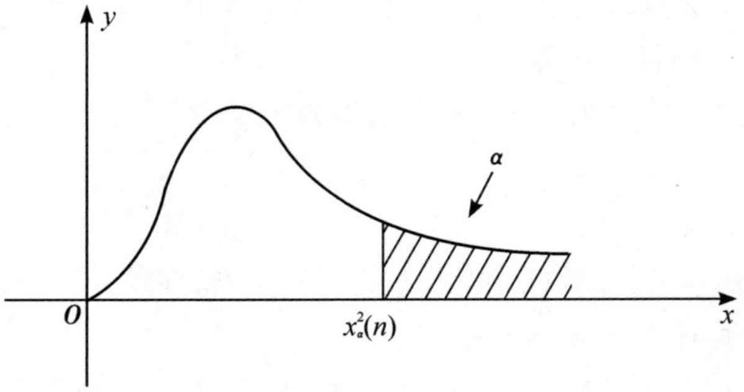

图 16-1

(2) t 分布

设 $X \sim N(0,1)$，$Y \sim \chi^2(n)$，且 X 与 Y 相互独立，则称随机变量 $t=\dfrac{X}{\sqrt{\dfrac{Y}{n}}}$ 服从自由度为 n 的 t 分布，记为 $t \sim t(n)$。

t 分布的分位数：设 $t \sim t(n)$，对给定的实数 $\alpha(0<\alpha<1)$，称满足 $P\{t>t_\alpha(n)\}=\alpha$ 的点 $t_\alpha(n)$ 为 $t(n)$ 的上 α 分位点，如图 16-2。

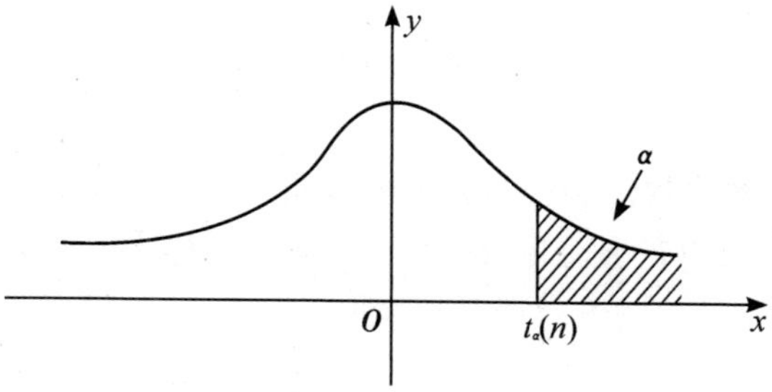

图 16-2

由 t 分布的对称性知 $t_{1-\alpha}(n)=-t_\alpha(n)$。称满足 $P\{|t|>t_{\frac{\alpha}{2}}(n)\}=\alpha$ 的点 $t_{\frac{\alpha}{2}}(n)$ 为 $t(n)$ 的双侧分位点，如图 16-3。

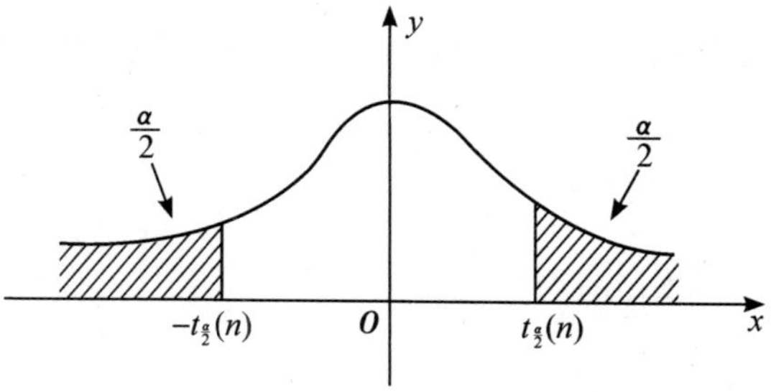

图 16-3

(3) F 分布

设 $X \sim \chi^2(m)$，$Y \sim \chi^2(n)$，且 X 与 Y 相互独立，则称随机变量

$$F=\frac{X/m}{Y/n}$$

服从自由度为 (m,n) 的 F 分布，记作 $F \sim F(m,n)$。若 $F \sim F(m,n)$，则 $\dfrac{1}{F} \sim F(n,m)$。

F 分布点的分位点：设 $F \sim F(m,n)$，对给定的实数 $\alpha(0<\alpha<1)$，称满足条件 $P\{F>F_\alpha(m,n)\}=\alpha$ 的点 $F_\alpha(m,n)$ 为 F 分布的上 α 分位点，如图 16-4。而且满足：

$$F_\alpha(m,n)=\frac{1}{F_{1-\alpha}(n,m)}$$

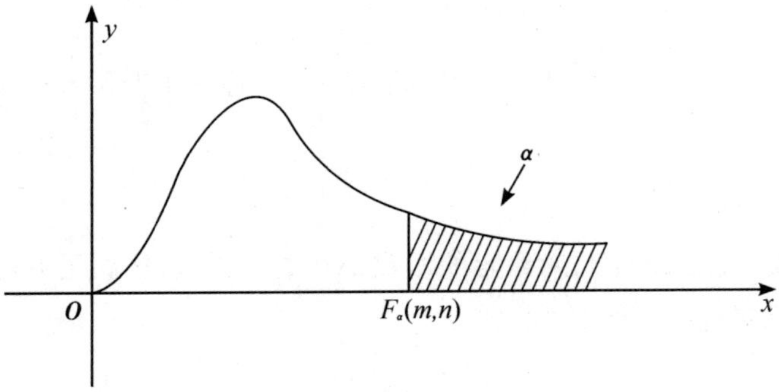

图 16-4

(4) 单个正态总体的样本均值和样本方差的分布

设 $X_1,X_2,\cdots,X_n$ 是来自正态总体 $X\sim N(\mu,\sigma^2)$ 的样本，$\overline{X}$，S^2 分别是样本均值和样本方差，则有

①$\overline{X}\sim N\left(\mu,\dfrac{\sigma^2}{n}\right)$，　　②$\dfrac{\overline{X}-\mu}{\sigma/\sqrt{n}}\sim N(0,1)$，

③ $\dfrac{(n-1)S^2}{\sigma^2}\sim\chi^2(n-1)$ 且 $\overline{X}$ 与 S^2 独立，　　④ $\dfrac{\overline{X}-\mu}{S/\sqrt{n}}\sim t(n-1)$。

(5) 两个正态总体样本均值和样本方差的分布

设 $X_1,X_2,\cdots,X_m$ 与 $Y_1,Y_2,\cdots,Y_n$ 分别是来自正态总体 $X\sim N(\mu_1,\sigma_1^2)$ 和 $Y\sim N(\mu_2,\sigma_2^2)$ 的样本，且这两个样本相互独立，S_1^2，S_2^2 分别表示来自 X 与 Y 的样本方差，$S_1^2=\dfrac{1}{m-1}\sum\limits_{i=1}^{m}(X_i-\overline{X})^2$，$S_2^2=\dfrac{1}{n-1}\sum\limits_{i=1}^{m}(X_i-\overline{X})^2$，则有：

①$U=\dfrac{(\overline{X}-\overline{Y})-(\mu_1-\mu_2)}{\sqrt{\sigma_1^2/m+\sigma_2^2/n}}\sim N(0,1)$

② 令 $S_w^2=\dfrac{(m-1)S_1^2+(n-1)S_2^2}{m+n-2}$，则当 $\sigma_1^2=\sigma_2^2$ 时

$$t=\frac{(\overline{X}-\overline{Y})-(\mu_1-\mu_2)}{S_w\sqrt{\dfrac{1}{m}+\dfrac{1}{n}}}\sim t(m+n-2)$$

③$F=\dfrac{S_1^2\Big/\sigma_1^2}{S_2^2\Big/\sigma_2^2}\sim F(m-1,n-1)$

注释：1. 正态随机变量是统计量分布的基础，下列正态分布的性质常用：若 $X_1,X_2,\cdots,X_n$ 相互独立均服从正态分布，则其线性组合 $a_1X_1+a_2X_2+\cdots+a_nX_n$（$a_i$ 不全为 0）也服从正态分布 $N\left(\sum\limits_{i=1}^{n}a_iE(X_i),\sum\limits_{i=1}^{n}a_i^2D(X_i)\right)$。

2. 在一些统计量分布中，注意验证独立性条件。

二、典型题型

1. 选择题

例 1　设 $X_1,X_2,\cdots,X_{16}$ 是来自总体 $X\sim N(2,\sigma^2)$ 的样本，$\overline{X}=\frac{1}{16}\sum_{i=1}^{16}X_i$ 则 $\frac{4\overline{X}-8}{\sigma}$ 服从________。

(A) $t(15)$　　(B) $t(16)$　　(C) $\chi^2(15)$　　(D) $N(0,1)$

应选(D)。

解析　若总体 $X\sim N(\mu,\sigma^2)$，$\overline{X}$ 是样本均值，则 $\overline{X}\sim N\left(\mu,\frac{\sigma^2}{n}\right)$

故 $\frac{\overline{X}-\mu}{\sigma/\sqrt{n}}\sim N(0,1)$。本题中，$\mu=2,n=16$，

因此：$\frac{\overline{X}-2}{\sigma/4}\sim N(0,1)$，即 $\frac{4\overline{X}-8}{\sigma}\sim N(0,1)$。

例 2　设随机变量 $X\sim N(0,1),Y\sim N(0,1)$ 则________。

(A) $X+Y\sim N(0,2)$　　(B) $X^2+Y^2\sim\chi^2(2)$

(C) $X^2/Y^2\sim F(1,1)$　　(D) X^2 与 Y^2 均服从 $\chi^2(1)$

应选(D)。

解析　选项 (A)，(B)，(C) 成立必须满足 X,Y 独立的条件，而题目未给出 X,Y 独立的条件，故选项(D).

例 3　设总体 $X\sim N(\mu,\sigma)$，$(X_1,X_2,\cdots,X_n)$ 是来自 X 的样本，则下列结论正确的是________。

(A) $\frac{1}{\sigma^2}\sum_{i=1}^{n}(X_i-\overline{X})^2\sim\chi^2(n)$　　(B) $\frac{1}{\sigma^2}\sum_{i=1}^{n}(X_i-\mu)^2\sim\chi^2(n)$

(C) $\frac{\overline{X}-\mu}{S/\sqrt{n}}\sim t(n)$　　(D) $\frac{\overline{X}-\mu}{S/\sqrt{n-1}}\sim t(n-1)$

应选(B)。

解析　根据样本方差的性质知 $\frac{1}{\sigma^2}\sum_{i=1}^{n}(X_i-\overline{X})^2\sim\chi^2(n-1)$。故 A 错

根据样本均值的性质知

$$\frac{\overline{X}-\mu}{S/\sqrt{n}}\sim t(n-1)$$

故(C)、(D) 均错。

而 $\frac{X_1-\mu}{\sigma^2},\frac{X_2-\mu}{\sigma^2},\cdots,\frac{X_n-\mu}{\sigma^2}$ 相互独立

$$\frac{1}{\sigma^2}\sum_{i=1}^{n}(X_i-\mu)^2=\sum_{i=1}^{n}\frac{(X_i-\mu)^2}{\sigma^2}\sim\chi^2(n)\left[\text{其中}\frac{(X_i-\mu)}{\sigma^2}\sim N(0,1)\right]。$$

据 χ^2 分布的定义知 (B)为正确选项。

例 4 设总体 $X \sim N(-1,4)$，$Y \sim N(2,25)$，且 X 与 Y 相互独立。$X_1, X_2, \cdots, X_8$ 和 $Y_1, Y_2, \cdots, Y_{10}$ 是分别来自 X 和 Y 的独立样本. S_1^2, S_2^2 分别为其样本方差。则服从 $F(7,9)$ 的统计量为________。

(A) $\dfrac{2S_1^2}{2S_2^2}$　　(B) $\dfrac{5S_1^2}{4S_2^2}$　　(C) $\dfrac{4S_1^2}{5S_2^2}$　　(D) $\dfrac{5S_1^2}{2S_2^2}$

应选(B)。

解析 因 $X \sim N(-1,2^2)$，$Y \sim N(2,5^2)$，由样本方差性质知 $\dfrac{(n-1)S^2}{\sigma^2} \sim \chi^2(n-1)$

故 $U = \dfrac{7S_1^2}{4} \sim \chi^2(7)$，$V = \dfrac{9S_2^2}{5} \sim \chi^2(9)$。

因总体 X 与 Y 相互独立，因此，样本方差 S_1^2, S_2^2 相互独立。

由 F 分布定义知：$\dfrac{\dfrac{7S_1^2}{4}\Big/7}{\dfrac{9S_2^2}{5}\Big/9} \sim F(7,9)$，即 $\dfrac{5S_1^2}{4S_2^2} \sim F(7,9)$，故选 B。

例 5 设总体 X 服从均匀分布，$X \sim U(0,\theta)$，$X_1, X_2, \cdots, X_5$ 是来自 X 的独立样本，$\overline{X}$ 是样本均值，则下列各选项中不是统计量的是________。

(A) $\min\{X_1, X_2, \cdots, X_5\}$　　(B) $X - \theta\overline{X}$

(C) $\max\{X_1, X_2, \cdots, X_5\}$　　(D) $X_5 - 5\overline{X}$

应选 B。

解析 选项(A)，(C)，(D) 中均不含未知参数，只有选项 B 中含未知参数。

例 6 设 $X_1, X_2, \cdots, X_n$ 是来自总体 $X \sim N(\mu,\sigma)$ 的一组样本。令 $S^2 = \dfrac{1}{n-1}\sum\limits_{i=1}^{n}(X_i - \overline{X})^2$，则 $D(S^2) =$ ________。

(A) $\dfrac{\sigma^4}{n}$　　(B) $\dfrac{\sigma^4}{n-1}$　　(C) $\dfrac{2\sigma^4}{n-1}$　　(D) $\dfrac{2\sigma^2}{n-1}$

应选(C)。

解析 $\overline{X} \sim N\left(\mu, \dfrac{\sigma^2}{n}\right)$，则有 $\dfrac{(n-1)S^2}{\sigma^2} \sim \chi^2(n-1)$

因此：$D\left(\dfrac{(n-1)S^2}{\sigma^2}\right) = 2(n-1)$，又 $D\left(\dfrac{(n-1)S^2}{\sigma^2}\right) = \dfrac{(n-1)^2 D(S^2)}{\sigma^4}$

故 $D(S^2) = \dfrac{\sigma^4}{(n-1)^2} \cdot 2(n-1) = \dfrac{2\sigma^4}{n-1}$

2. 填空题

例 7 设 X_1, X_2, X_3, X_4 是来自正态总体 $N(0,1)$ 的 $Y = \dfrac{(X_1 - 2X_2)^2}{p} + \dfrac{(3X_3 - 4X_4)^2}{q}$，则当 $p =$ ________，$q =$ ________时，Y 服从 χ^2 分布，自由度为________。

解析 因正态随机变量的线性组合仍服从正态分布，知 $X_1 - 2X_2$，$3X_3 - 4X_4$ 均服从正态分布，由 $E(X_i) = 0$，$D(X_i) = 1$，$(i = 1,2,3,4)$，

得　$E(X_1-2X_2)=E(X_1)-2E(X_2)=0, D(X_1-2X_2)=D(X_1)+4D(X_2)=5,$
$E(3X_3-4X_4)=3E(X_3)-4E(X_4)=0, D(3X_3-4X_4)=9D(X_3)+16D(X_4)=25$

因此：$X_1-2X_2\sim N(0,5), 3X_1-4X_2\sim N(0,5^2)$。

令 $Y_1=\dfrac{X_1-2X_2}{\sqrt{5}}, Y_2=\dfrac{3X_3-4X_4}{\sqrt{25}}$，则有：$Y_i\sim N(0,1)(i=1,2)$。

而且 $Y_1^2=\dfrac{(X_1-2X_2)^2}{5}\sim\chi^2(1), Y_2^2=\dfrac{(3X_1-4X_2)^2}{25}\sim\chi^2(1)$，$Y_1,Y_2$ 独立。

由 χ^2 分布之定义知 $Y=\dfrac{(X_1-2X_2)^2}{5}+\dfrac{(3X_3-4X_4)^2}{25}\sim\chi^2(2)$

故选择 $p=5, q=25$，自由度为 2。

3. 计算题

例 8　设正态随机变量 $N(20,3)$ 中随机取两个独立样本，样本均值分别为 $\overline{X}$ 和 $\overline{Y}$，且样本容量分别为 10 和 15。求 $P\{|\overline{X}-\overline{Y}|>0.3\}$。

解　当总体 $X\sim N(\mu,\sigma^2)$ 时，设两个独立样本容量分别为 m 和 n。

则 $\overline{X}\sim N\left(\mu,\dfrac{\sigma^2}{m}\right)$，$\overline{Y}\sim N\left(\mu,\dfrac{\sigma^2}{n}\right)$，且 $\overline{X}-\overline{Y}\sim N\left(0,\left(\dfrac{1}{m}+\dfrac{1}{n}\right)\sigma^2\right)$

本题中，$m=10, n=15, \sigma^2=3$，有 $\overline{X}-\overline{Y}\sim N\left(0,\dfrac{1}{2}\right)$

$$
\begin{aligned}
P\{|\overline{X}-\overline{Y}|>0.3\}&=1-P\{|\overline{X}-\overline{Y}|\leqslant 0.3\}\\
&=1-P\{-0.3\leqslant\overline{X}-\overline{Y}\leqslant 0.3\}\\
&=1-P\left\{\frac{-0.3-0}{\sqrt{1/2}}\leqslant\frac{\overline{X}-\overline{Y}-0}{\sqrt{1/2}}\leqslant\frac{0.3-0}{\sqrt{1/2}}\right\}\\
&=1-\left[\Phi\left(\frac{0.3}{\sqrt{1/2}}\right)-\Phi\left(\frac{-0.3}{\sqrt{1/2}}\right)\right]\\
&=2-2\Phi(0.424)=0.6744
\end{aligned}
$$

例 9　设总体 $X\sim B(1,p)$，p 为未知参数，$X_1,X_2,\cdots,X_n$ 是来自总体 X 的样本，$\overline{X}$ 为样本均值，求 $P\left\{\overline{X}=\dfrac{k}{n}\right\}$。

解　总体 X 服从两点分布，则 $\sum\limits_{i=1}^{n}X_i\sim B(n,p)$，故有

$$P\left\{\sum_{i=1}^{n}X_i=k\right\}=C_n^k p^k(1-p)^{n-k},(k=0,1,\cdots)$$

$$P\left\{\overline{X}=\frac{k}{n}\right\}=P\left\{\frac{1}{n}\sum_{i=1}^{n}X_i=\frac{k}{n}\right\}=P\left\{\sum_{i=1}^{n}X_i=k\right\}$$

因此：$P\left\{\overline{X}=\dfrac{k}{n}\right\}=C_n^k p^k(1-p)^{n-k},(k=0,1,\cdots)$

例 10　设 $X_1,X_2,\cdots,X_n,X_{n+1},\cdots,X_{n+m}$ 是来自正态总体 $X\sim N(0,\sigma^2)$ 的样本，样本容量为 $n+m$，求下列统计量的抽样分布：

(1)$Y=\frac{1}{\sigma^2}\sum_{i=1}^{n+m}X_i^2$，　(2)$Z=\frac{\sqrt{m}\sum_{i=1}^{n}X_i}{\sqrt{n}\sqrt{\sum_{i=n+1}^{n+m}X_i^2}}$，　(3)$Q=\frac{m\sum_{i=1}^{n}X_i^2}{n\sum_{i=n+1}^{n+m}X_i^2}$

解　(1)$X_i\sim N(0,\sigma^2)$，则$\frac{X_i}{\sigma}\sim N(0,1)(i=1,\cdots,n+m)$，且相互独立。

因此$\left(\frac{X_i}{\sigma}\right)^2\sim\chi^2(1)$，$(i=1,\cdots,n+m)$。由$\chi^2$分布的可加性知：

$$Y=\frac{1}{\sigma^2}\sum_{i=1}^{n+m}X_i^2\sim\chi^2(n+m)$$

(2) 由$X_i\sim N(0,\sigma^2)$且相互独立有：$\sum_{i=1}^{n}X_i\sim N(0,n\sigma^2)$，故

$U=\frac{\sum_{i=1}^{n}X_i}{\sqrt{n}\sigma}\sim N(0,1)$，$V\sum_{i=n+1}^{n+m}\left(\frac{X_i}{\sigma}\right)^2\sim\chi^2(m)$，且$U$与$V$相互独立。

根据t分布的定义有：$\frac{U}{\sqrt{V/m}}\sim t(m)$

即$\frac{U}{\sqrt{V/m}}=\frac{(\sum_{i=1}^{n}X_i)/(\sqrt{n}\sigma)}{\sqrt{\frac{1}{\sigma^2}\sum_{i=n+1}^{n+m}X_i^2/m}}=\frac{\sqrt{m}\sum_{i=1}^{n}X_i}{\sqrt{n}\sqrt{\sum_{i=n+1}^{n+m}X_i^2}}$

因此：$Z=\frac{\sqrt{m}\sum_{i=1}^{n}X_i}{\sqrt{n}\sqrt{\sum_{i=n+1}^{n+m}X_i^2}}=\frac{U}{\sqrt{V/m}}\sim t(m)$

(3) 由以上分析知：$V=\sum_{i=n+1}^{n+m}\left(\frac{X_i}{\sigma}\right)^2\sim\chi^2(m)$，$H=\frac{1}{\sigma^2}\sum_{i=1}^{n}X_i^2\sim\chi^2(n)$，且$V$与$H$相互独立，

由F分布的定义有：$\frac{H/n}{V/m}\sim F(n,m)$，则$\frac{m\sum_{i=1}^{n}X_i^2}{n\sum_{i=n+1}^{n+m}X_i^2}=\frac{H/n}{V/m}\sim F(n,m)$。

例 11　设总体$X\sim B(1,p)$，$X_1,X_2,\cdots,X_n$是来自总体X的样本，$\overline{X}$，S^2分别是样本均值和样本方差。

(1) 求$(X_1,X_2,\cdots,X_n)$的联合分布律；

(2) 求$\sum_{i=1}^{n}X_i$的分布律；

(3)$E(\overline{X})$，$D(\overline{X})$，$E(S^2)$，$D(S^2)$。

解　(1) 因$X_1,X_2,\cdots,X_n$来自总体$X\sim B(1,p)$，相互独立，

则$X_i\sim B(1,p)(i=1,2,\cdots)$，

即X_i的分布律：$P\{X_i=x_i\}=p^{x_i}(1-p)^{1-x_i}$，$(x_i=\{0,1\},i=1,2,\cdots)$

因此，$(X_1,X_2,\cdots,X_n)$ 的联合分布律：

$$P\{X_1=x_1,X_2=x_2,\cdots,X_n=x_n\}=P(X_1=x_1)\cdot P(X_2=x_2)\cdots P(X_n=x_n)$$

$$=\prod_{i=1}^{n}P(X_i=x_i)=p^{\sum_{i=1}^{n}x_i}(1-p)^{n-\sum_{i=1}^{n}x_i}$$

(2) 因 $(X_1,X_2,\cdots,X_n)$ 相互独立同分布，且 $X_i\sim B(1,p)$，$(i=1,2,\cdots)$，则 $\sum_{i=1}^{n}X_i\sim B(n,p)$，

其分布律为：$P\{\sum_{i=1}^{n}X_i=k\}=C_n^kp^k(1-p)^{n-k}$，$(k=0,1,\cdots)$

(3) 因 $X_1,X_2,\cdots,X_n$ 相互独立同分布，且 $X_i\sim B(1,p)$，$(i=1,2,\cdots)$。

$E(X_i)=p$，$D(X_i)=p(1-p)$. 则有 $E(\overline{X})=E\left(\frac{1}{n}\sum_{i=1}^{n}X_i\right)=\frac{1}{n}\sum_{i=1}^{n}E(X_i)=p$

$D(\overline{X})=D\left(\frac{1}{n}\sum_{i=1}^{n}X_i\right)=\frac{1}{n^2}\sum_{i=1}^{n}D(X_i)=\frac{p(1-p)}{n}$

因 $S^2=\frac{1}{n-1}\sum_{i=1}^{n}(X_i-\overline{X})^2=\frac{1}{n-1}(\sum_{i=1}^{n}X_i^2-n\overline{X}^2)$

则 $E(S^2)=\frac{1}{n-1}E\left(\sum_{i=1}^{n}(X_i-\overline{X})^2\right)=\frac{1}{n-1}\left(\sum_{i=1}^{n}E(X_i^2)-nE(\overline{X}^2)\right)$

$E(X^2)=D(X)+(E(X))^2$，故 $E(X_i^2)=D(X_i)+(E(X_i))^2=p(1-p)+p^2=p$，

$E(\overline{X}^2)=D(\overline{X})+(E(\overline{X})^2)=\frac{p(1-p)}{n}+p^2=\frac{p+(n-1)p^2}{n}$

$E(S^2)=\frac{1}{n-1}(\sum_{i=1}^{n}E(X_i^2)-nE(\overline{X}^2)=p(1-p)$

例 12　设总体 X 服从均匀分布 $U[0,\theta]$，求来自总体 X 的随机样本 $(X_1,X_2,\cdots,X_n)$ 的联合概率密度。

解　设总体 X 的概率密度函数为：

$$f(x)=\begin{cases}\frac{1}{\theta},x\in[0,\theta]\\0，其他\end{cases}$$

又 $X_1,X_2,\cdots,X_n$ 相互独立同分布，均来自总体 X。故 $X_i\sim U[0,\theta](i=1,2,\cdots n)$。

设 X_i 的概率密度函数为 $f(x)$，$(X_1,X_2,\cdots,X_n)$ 的概率密度函数为 $f(x_1,x_2,\cdots x_n)$

因此，$f(x_1,x_2,\cdots,x_n)=\prod_{i=1}^{n}f(x)=\begin{cases}\prod_{i=1}^{n}\frac{1}{\theta},0\leqslant x_i\leqslant\theta,i=1,2,\cdots n\\0,\quad 其他\end{cases}$

$$=\begin{cases}\frac{1}{\theta^n},0\leqslant x_i\leqslant\theta,i=1,2,\cdots n\\0，其他\end{cases}$$

4. 证明题

例 13　设随机变量 X 与 Y 均服从标准正态分布。$X_1,X_2,\cdots X_8$ 与 $Y_1,Y_2,\cdots Y_9$ 分别来自

总体 X 与 Y 的两个相互独立的样本，其样本均值分别为 $\overline{X}$ 和 $\overline{Y}$。

令
$$Q=\sum_{i=1}^{8}(X_i-\overline{X})^2+\sum_{i=1}^{9}(Y_i-\overline{Y})^2$$

试证明随机变量 $T=3\overline{Y}\sqrt{\dfrac{15}{Q}}$ 服从自由度为 15 的 t 分布。

证明 因 $X\sim N(0,1),Y\sim N(0,1)$，则样本 $X_i\sim N(0,1),Y_i\sim N(0,1)$

故其样本均值满足：$\overline{X}\sim N\left(0,\dfrac{1}{8}\right),\overline{Y}\sim N\left(0,\dfrac{1}{9}\right),3\overline{Y}\sim N(0,1)$

$\sum\limits_{i=1}^{8}(X_i-\overline{X})^2\sim\chi^2(7),\sum\limits_{i=1}^{9}(Y_i-\overline{Y})^2\sim\chi^2(8)$ 且相互独立

所以 $Q=\sum\limits_{i=1}^{8}(X_i-\overline{X})^2+\sum\limits_{i=1}^{9}(Y_i-\overline{Y})^2\sim\chi^2(15)$

因 Y 与 $\sum\limits_{i=1}^{8}(X_i-\overline{X})^2$ 相互独立，Y 与 $\sum\limits_{i=1}^{9}(Y_i-\overline{Y})^2$ 相互独立

所以 Y 与 $Q=\sum\limits_{i=1}^{8}(X_i-\overline{X})^2+\sum\limits_{i=1}^{9}(Y_i-\overline{Y})^2$ 相互独立，又 $3\overline{Y}\sim N(0,1)$

则 $T=3\overline{Y}\sqrt{\dfrac{15}{Q}}=\dfrac{3\overline{Y}}{\sqrt{Q/15}}\sim t(15)$。

练 习 题

一、单选题

1. 设总体 $X\sim N(\mu,\sigma^2)$，$X_i(i=1,2,\cdots,n)$ 是来自总体 X 的一个样本，$\overline{X}$ 是样本均值，则有(　　)。

(A) $P\{|X-\mu|<\varepsilon\}\leqslant P\{|\overline{X}-\mu|<\varepsilon\}$

(B) $P\{|X-\mu|<\varepsilon\}\geqslant P\{|\overline{X}-\mu|<\varepsilon\}$

(C) $P\{|X-\mu|<\varepsilon\}<P\{|\overline{X}-\mu|<\varepsilon\}$

(D) $P\{|X-\mu|<\varepsilon\}>P\{|\overline{X}-\mu|<\varepsilon\}$

2. 若设 $\overline{X},\overline{Y}$ 均来自正态总体 $N(\mu,\sigma^2)$ 样本容量为 n 的两组样本 $(X_1,X_2,\cdots X_n)$ 和 $(Y_1,Y_2,\cdots Y_n)$ 的均值。试确定 n 使两组样本均值之差的绝对值超过 σ 的概率小于 0.05。

(A)2　　(B)5　　(C)7　　(D)8

3. 若 $T\sim t(n)$，则 T^2 服从________分布。

(A) $F(1,n)$　　(B) $F(n,1)$　　(C) $\chi^2(n)$　　(D) $t(n)$

二、填空题

1. 设 $X_1,X_2,\cdots X_{15}$ 是来自正态总体 $X\sim N(0,2^2)$ 的简单随机样本，则统计量

$$Z=\frac{2}{3}\,\frac{X_1^2+X_2^2+\cdots+X_9^2}{X_{10}^2+X_{12}^2+\cdots+X_{15}^2}$$

服从________分布。

2. 设总体 $X \sim t(n)$，$(n>1)$，$Y=\frac{1}{X^2}$，则 Y 服从________分布。

3. 设总体 $X \sim N(\mu,\sigma^2)$，$X_i(i=1,2,\cdots,n)$ 是来自总 X 的一个样本，$\overline{X}$，S^2 分别是样本均值和样本方差，$\overline{X}=\frac{1}{n}\sum_{i=1}^{n}X_i$，$S^2=\frac{1}{n-1}\sum_{i=1}^{n}(X_i-\overline{X})^2$。则统计量 $U=n\left(\frac{\overline{X}-\mu}{\sigma}\right)^2$ 服从________分布；$V=n\left(\frac{\overline{X}-\mu}{S}\right)^2$ 服从________分布。

三、计算题

1. $X_1,X_2,\cdots X_n$ 是来自正态总体 $X \sim N(0,1)$ 的样本，则下列统计量服从什么分布？

(1) $\frac{X_1-X_2}{\sqrt{X_3^2+X_4^2}}$；　(2) $\frac{\sqrt{n-1}X_1}{\sqrt{X_2^2+X_3^2+\cdots+X_n^2}}$；　(3) $\frac{\left(\frac{n}{3}-1\right)\sum_{i=1}^{3}X_1^2}{\sum_{i=4}^{n}X_i^2}$

2. 设在总体 $N(\mu,\sigma^2)$ 中抽取一个容量为 16 的样本，求 $P\left\{\frac{S^2}{\sigma^2}\leqslant 1.664\right\}$。

3. 设 $X_1,X_2,\cdots,X_n,X_{n+1}$ 是来自总体 $N(0,\sigma^2)$ 的样本。令

$V_i=X_i-\frac{1}{n+1}\sum_{i=1}^{n+1}X_i$，$(i=1,2,\cdots,n,n+1)$，问 $V_i(i=1,2,\cdots,n)$ 服从什么分布？

练习题答案

一、单选题

1. 应选（C）。

解析　因为　$\frac{X-\mu}{\sigma}\sim N(0,1)$，$\frac{\overline{X}-\mu}{\sigma/\sqrt{n}}\sim N(0,1)$

所以　$P\{|X-\mu|<\varepsilon\}=P\left\{\left|\frac{X-\mu}{\sigma}\right|<\frac{\varepsilon}{\sigma}\right\}=2\Phi\left(\frac{\varepsilon}{\sigma}\right)-1$

$$P\{|\overline{X}-\mu|<\varepsilon\}=P\left\{\left|\frac{\overline{X}-\mu}{\sigma/\sqrt{n}}\right|<\frac{\varepsilon}{\sigma/\sqrt{n}}\right\}=2\Phi\left(\frac{\sqrt{n}\varepsilon}{\sigma}\right)-1$$

由于 $\frac{\sqrt{n}\varepsilon}{\sigma}>\frac{\varepsilon}{\sigma}$，故 $P\{|X-\mu|<\varepsilon\}<P\{|\overline{X}-\mu|<\varepsilon\}$。故选（C）。

注：这里 Φ 是正态随机变量的分布函数。

2. 应选（D）。

解析　$\overline{X}\sim N\left(\mu,\frac{\sigma^2}{n}\right)$，$\overline{Y}\sim N\left(\mu,\frac{\sigma^2}{n}\right)$ 且 $\overline{X}$，$\overline{Y}$ 相互独立。

故有　$\overline{X}-\overline{Y}\sim N\left(0,\frac{2\sigma^2}{n}\right)$，$\frac{\overline{X}-\overline{Y}}{\sigma\sqrt{2/n}}\sim N(0,1)$

$$P\{|\overline{X}-\overline{Y}|>\sigma\}=P\left\{\frac{|\overline{X}-\overline{Y}|}{\sigma\sqrt{2/n}}>\sqrt{\frac{n}{2}}\right\}=1-P\left\{\frac{|\overline{X}-\overline{Y}|}{\sigma\sqrt{2/n}}\leqslant\sqrt{\frac{n}{2}}\right\}$$

$$=1-\left[\Phi\left(\sqrt{\frac{n}{2}}\right)-\Phi\left(-\sqrt{\frac{n}{2}}\right)\right]=2-\left[1-\Phi\left(\sqrt{\frac{n}{2}}\right)\right]$$

因此欲使 $P\{|\overline{X}-\overline{Y}|>\sigma\}<0.05$,则有 $\Phi\left(\sqrt{\frac{n}{2}}\right)>0.975$,

查正态分布表得:$\sqrt{\frac{n}{2}}\geqslant 1.96, n>7.68$。因此取 $n=8$。故选(D)。

3.应选(A)。

解析 因 $T\sim t(n)$,可设 $T=\frac{U}{V/\sqrt{n}}$,$U\sim N(0,1)$,$V\sim\chi^2(n)$

则有:$U^2\sim\chi^2(1)$,由 F 分布的定义知:$T^2=\frac{U^2}{V^2/\sqrt{n}}\sim F(1,n)$

二、填空题

1.**解** 由 $X_1,X_2,\cdots,X_{15}$ 相互独立同分布,均服从 $N(0,2^2)$,

因此$\frac{X_i}{2}\sim N(0,1)$,$\left(\frac{X_i}{2}\right)^2\sim\chi^2(1)(i=1,2,\cdots,15)$,由 χ^2 分布可加性知

$$U=\left(\frac{X_1+X_2+\cdots X_9}{2}\right)^2\sim\chi^2(9),V=\left(\frac{X_{10}+X_{12}+\cdots X_{15}}{2}\right)^2\sim\chi^2(6)$$

由 $X_1,X_2,\cdots,X_{10}$ 与 $X_{11},X_{12},\cdots,X_{15}$ 相互独立,故 U 与 V 相互独立。由 F 分布的定义知

$$\frac{U/9}{V/6}\sim F(9,6)$$

因此:$Z=\frac{2}{3}\frac{X_1^2+X_2^2+\cdots+X_9^2}{X_{10}^2+X_{12}^2+\cdots+X_{15}^2}=\frac{U/9}{V/6}\sim F(9,6)$。

2.**解** 因 $X\sim t(n)$,$(n>1)$,由 t 分布的定义知,令随机变量 X 可表为:

$X=\frac{Z}{\sqrt{Q/n}}$,$Z\sim N(0,1)Q\sim\chi^2(n)$,则 $X^2=\frac{Z^2}{Q/n}$,$Z^2\sim\chi^2(1)$。

随机变量 Y 可表为 $Y=\frac{1}{X^2}=\frac{Q/n}{Z^2/1}$,$Z^2\sim\chi^2(1)$,$Q\sim\chi^2(n)$,

因此,随机变量 Y 服从 F 分布:$Y\sim F(n,1)$。

3.**解** 总体 $X\sim N(\mu,\sigma)$,$\overline{X}$,S^2 分别是样本均值和样本方差。则 $\overline{X}\sim N\left(\mu,\frac{\sigma^2}{n}\right)$

$\frac{\overline{X}-\mu}{\sigma/\sqrt{n}}\sim N(0,1)$,由 χ^2 分布性质有:$\left(\frac{\overline{X}-\mu}{\sigma/\sqrt{n}}\right)^2\sim\chi^2(1)$

即 $U=n\left(\frac{\overline{X}-\mu}{\sigma}\right)^2\sim\chi^2(1)$,且$\frac{\overline{X}-\mu}{S/\sqrt{n}}\sim t(n-1)$,即 $T=\sqrt{n}\,\frac{\overline{X}-\mu}{S}\sim t(n-1)$,

由前第 3 题知$\frac{1}{T^2}\sim F(n-1,1)$,由 F 分布的性质有:$V=T^2\sim F(1,n-1)$